Außerschulisches Lernen in der naturwissenschaftlichen Bildung

Annkathrin Wenzel · Till Schmäing
(Hrsg.)

Außerschulisches Lernen in der naturwissenschaftlichen Bildung

Eine multiperspektivische Betrachtung

Springer VS

Hrsg.
Annkathrin Wenzel
Universität Osnabrück
Osnabrück, Deutschland

Till Schmäing
Universität Vechta
Vechta, Deutschland

ISBN 978-3-658-50863-0 ISBN 978-3-658-50864-7 (eBook)
https://doi.org/10.1007/978-3-658-50864-7

Die Deutsche Nationalbibliothek verzeichnet diese Publikation in der Deutschen Nationalbibliografie; detaillierte bibliografische Daten sind im Internet über https://portal.dnb.de abrufbar.

Planung/Lektorat: Rebecca Jakobi
Springer VS ist ein Imprint der eingetragenen Gesellschaft Springer Fachmedien Wiesbaden GmbH und ist ein Teil von Springer Nature.
Die Anschrift der Gesellschaft ist: Abraham-Lincoln-Str. 46, 65189 Wiesbaden, Germany

Einführung

In der aktuellen Zeit gilt die naturwissenschaftliche Grundbildung als eine zentrale Voraussetzung für eine erfolgreiche gesellschaftliche und berufliche Teilhabe (Kleine 2021; Köller 2019). Um diese bei Lernenden zu fördern, werden außerschulische Lernorte in Deutschland auch seit den ersten PISA-Ergebnissen zunehmend bedeutender (Deinet & Derecik 2016) und rücken als eine Ergänzung zum Unterricht im Klassenraum in den Fokus. Die Kombination von schulischen und außerschulischen Lernorten stellt eine Veränderung der deutschen Schullandschaft dar (Budde & Hummrich 2016). Dies gilt besonders für die naturwissenschaftlichen Fächer. Aus diesen Gründen betrachtet der vorliegende Sammelband diesen Bereich aus theoretischen und empirischen Perspektiven. Dabei werden innovative Konzepte und aktuelle Forschungsergebnisse zu außerschulischen Lehr- und Lernprozessen in den naturwissenschaftlichen Fächerneingebunden. Einleitend wird hiermit ein kurzer allgemeiner Überblick zum Themenbereich gegeben.

Außerschulische Lernorte zeichnen sich primär dadurch aus, dass der Lernprozess außerhalb von Klassenräumen und dem Schulgelände stattfindet (Baar & Schönknecht 2018; Karpa et al. 2015a; Sauerborn & Brühne 2020). Eine Klassifizierung von außerschulischen Lernorten kann unterschiedlich erfolgen. So wird in der Literatur unter anderem zwischen primären und sekundären Lernorten unterschieden (Baar & Schönknecht 2018; Dühlmeier 2022). Primäre Lernorte werden als Einrichtungen, die vor allem dem Lernen dienen, definiert. Schulen und Universitäten können dafür als Beispiele angeführt werden. Im Gegensatz dazu sind sekundäre Lernorte Orte, welche erst durch die Einbeziehung in den unterrichtlichen Kontext zu Lernorten werden (Dühlmeier 2022). Hierfür stellen Supermärkte, Wiesen, Theater oder Bauernhöfe Beispiele dar. Eine weitere Unterscheidung besteht zwischen Lernorten mit einem direkten Bildungsauftrag (z. B. Naturkundemuseen) und ohne einen direkten Bildungsauftrag (z. B. Wald). Diese Klassifizierung kann durch die Unterteilung in Lernorte mit oder ohne vor Ort angebotenem pädagogisch-didaktischem Konzept weiter differenziert werden. Entscheidend dafür, ob ein Lernort als außerschulischer Lernort bezeichnet werden kann, ist letztlich die Einbindung in den schulischen Unterricht. Somit kann prinzipiell jeder Ort bei einer entsprechender Berücksichtigung zu einem außerschulischen Lernort werden (Baar & Schönknecht 2018). Die Angebotsstruktur außerschulischer Bildungsangebote ist sehr breit gefächert. So bilden für den naturwissenschaftlichen Bereich beispielsweise Museen, zoologische und botanische Einrichtungen, Schüler*innenlabore, Science Center sowie vielfältige Orte in der Natur außerschulische Lernorte.

Eine aktuelle vollständige Übersicht aller außerschulischen Lernorte in Deutschland liegt nicht vor. Einzelne Institutionen, wie zum Beispiel der *Lernort-Kompass* oder das *LernortLabor* sowie einzelne Bundesländer führen zwar eigene Listen zur Übersicht außerschulischer Lernorte. Diese decken meist jedoch nur Teilbereiche ab und bieten daher keine vollständigen Übersichten. Die Vielfalt der Einrichtungen und Orte sowie die dynamische (Neu-)Gründungen gestalten eine solche Erfassung zudem sehr herausfordernd. Eine Schätzung von Haupt (2023) geht von bis zu 20.000 verschiedenen Angeboten an außerschulischen Lernorten in Deutschland aus. Dass sich die Anzahl der außerschulischen Lernorte stetig vergrößert, lässt sich am Beispiel der Schüler*innenlabore verdeutlichen. Seit Ende der 1990er Jahre sind im deutschsprachigen Raum zahlreiche Schüler*innenlabore gegründet worden (ebd.). Von 2019 bis 2022 ist ihre Anzahl von 374 (LernortLabor 2019) auf mehr als 460 Schüler*innenlabore gestiegen (LernortLabor 2023).

Zusätzlich wurden insbesondere seit der Covid-19-Pandemie stetig neue (auch digitale) Angebote geschaffen (Siegmund-Jürgens et al. 2023). Des Weiteren werden zunehmend Querschnittsthemen, wie beispielsweise Digitalisierung oder Bildung für nachhaltige Entwicklung berücksichtigt und sind bedeutsame Kriterien bei der Gründung neuer außerschulischer Lernorte.

Ein zentrales Anliegen von außerschulischen Lernorte ist es, Schüler*innen Erfahrungen zu ermöglichen, die in der Schule in dieser Formn nicht umsetzbar sind (Thomas 2009). Darüber hinaus bieten sie ein besonderes Potenzial für problemorientiertes und fächerübergreifendes Lernen (Baar & Schönknecht 2018) sowie das Sammeln von Primärerfahrungen durch originale Begegnungen (Karpa et al. 2015a). Das fächerübergreifende Arbeiten bietet die Möglichkeit, die von Klafki (1998) dargestellten epochalen Schlüsselprobleme zu adressieren und somit das Denken in Zusammenhängen zu fördern sowie das Lernen in authentischen und lebensnahen Situationen zu begünstigen (Dühlmeier 2022; Sauerborn & Brühne 2020). Dieses Denken in Zusammenhängen kann zur Vermeidung der Entstehung von trägem Wissen beitragen (Dühlmeier 2022).

Häufig werden an den außerschulischen Lernorten auf unterschiedlichen Ebenen vielperspektivische Zugänge ermöglicht, ebenso wie ein hohes Maß an Handlungsorientierung und selbständigem Arbeiten (Sauerborn & Brühne 2020). Diese vielperspektivischen Zugänge bieten das Potential, die verschiedenen Interessen der Schüler*innen aufzugreifen und zugleich ihre Motivation zu fördern (Favre & Metzger 2019; Karpa et al. 2015b). Zusätzlich können weitere Aspekte, wie die unterschiedlichen Methodenkompetenzen und Schlüsselqualifikationen sowie soziales Lernen zeitgleich zum Gegenstand der Förderung werden (Baar & Schönknecht 2018; Dühlmeier 2022). Somit bieten außerschulische Lernorte generell ein hohes Bildungspotenzial für den (naturwissenschaftlichen) Unterricht (Mayer 2020).

Allerdings sollen neben diesen skizzierten positiven Aspekten ebenso die Herausforderungen und Limitationen des Besuchs von außerschulischen Lernorten ausgeführt werden. Eine wesentliche Herausforderung stellt der meist hohe zeitliche und organisatorische Mehraufwand für die Lehrkräfte dar (Dühlmeier 2022; Kuske-Janßen et al. 2020), welcher sich auf die Organisation, wie schulinterne Absprachen und Genehmigungen sowie anspruchsvolle Entscheidungs- und Gestaltungsaufgaben, bezieht (Baar & Schönknecht 2018; Sauerborn & Brühne 2020). Zudem weist Dühlmeier (2022) darauf hin, dass Lehrkräfte ihre fachlichen Kompetenzen für die eigenständige fachliche Betreuung am außerschulischen Lernort oftmals als nicht ausreichend einschätzen, um einen selbstorganisierten Besuch am außerschulischen Lernort durchzuführen.

Insgesamt geht der Besuch eines außerschulischen Lernortes für die Lehrperson daher meist mit einer höheren Belastung einher (Mitzlaff 2020). Darüber hinaus weißen einige Lernsituationen an außerschulischen Lernorten diverse Unvorhersehbarkeiten auf. So ist es an manchen außerschulischen Lernorten nicht absehbar, ob es zu der antizipierten Originalbegegnung kommt oder ob bei Freilandexkursionen die Rahmenbedingung, wie beispielsweise das Wetter, am Tag der Exkursion geeignet sind. Des Weiteren kann der außerschulische Lernort durch seine vielfältigen Lerngelegenheiten für die Schüler*innen ablenkend oder überfordernd wirken (Dühlmeier 2022; Kuske-Janßen et al. 2020). Ebenfalls können sich in Bezug auf die Expert*innen vor Ort weitere Herausforderungen ergeben. Zum Beispiel hängt der Erfolg des Besuches auch von ihren pädagogischen Fähigkeiten ab (Dühlmeier 2022; Karpa et al. 2015a).

Die Beiträge des vorliegenden Sammelbandes betrachten außerschulische Lernorte und an diesen stattfindenden Lehr- und Lernprozessen der naturwissenschaftlichen Bildung in unterschiedlicher Form und nehmen dabei sowohl theoretische als auch empirische Perspektiven ein. Der Sammelband gliedert sich dabei in sieben Schwerpunkte. Die Schwerpunkte **Lehramtsausbildung,**

Schüler*innenlabore, Vielfalt fachlicher Zugänge und **Vernetzung** bilden den ersten Teil des Sammelbandes. In diesem werden theoretische Näherungen und innovative konzeptionelle Ansätze vorstellt. Im zweiten Teil des Sammelbandes stehen Erkenntnisse aus der empirischen Beforschung im Fokus. Die Beiträge bilden die Schwerpunkte **Forschungsvielfalt Indoor, Forschungsvielfalt Outdoor** und **Perspektiven.** Nachfolgend wird eine kurze Übersicht zu der Gestaltung aller Schwerpunkte gegeben.

Im Schwerpunkt **Lehramtsausbildung** geben Schmidt und Steinhoff Einblicke in ein Konzept für Kooperationsexkursionen, die angehende Sachunterrichtslehrkräfte für die Wahrnehmung von Exkursionen aus der Perspektive von Lernenden sensibilisiert. Zudem stellt Schmäing ein Seminarkonzept für lehramtsbezogene Studiengänge in Biologie und im Sachunterricht mit dem Fokus auf außerschulischem Lernen in heimischen Lebensräumen vor.

Vier konzeptionelle Beiträge zu **Schüler*innenlabore** als außerschulische Lernorte bilden den zweiten Schwerpunkt. So führen Krey, Menner, Peter, Schleicher und Thurner-Irmler das Programm der *andere Magnetismus* des DLR_School_Lab aus. Im Beitrag von Panhorst, Thomas und Grotjohann wird das Experimentieren und Online-Lernen im teutolab-biotechnologie mit der Vorstellung des Kurses *Genetik und Evolution des Menschen* thematisiert. Wegner, Rohwetter, Horstmann, Rahe-Meyer und Dumcke geben Einblicke in das Feriencamp *Medizin* im teutolab Biologie-hautnah. Düsing, van den Bogaert, Brandt, Bruckermann, Greving, Harms, Kimmerle, Lewanzik, Schumann, Thomas und Wirth erörtern die Entwicklung eines videobasierten Transferinstruments mit authentischen Fällen zur Vermittlung naturwissenschaftlicher Forschungsprozesse und beschreiben verschiedene Einsatzmöglichkeiten in Schüler*innenlaboren. Pannullo und Stinken-Rösner kombinieren die ersten beiden Schwerpunkte mit einer Gestaltung von Angeboten für das teutolab-physik von angehenden Physiklehrkräften.

Mit dem Schwerpunkt **Vielfalt fachlicher Zugänge** wird die Breite der Themenbereiche im Sammelband im besonderen Maße ersichtlich. Im Beitrag von Simon und Simon wird Wildnisbildung und deren Relevanz für naturwissenschaftliche Bildung und Bildung für nachhaltige Entwicklung in der Primarstufe sowie für das Lernen an Lernorten außerhalb der Schule vorgestellt. Bildung für nachhaltige Entwicklung wird ebenso mit dem transdisziplinären außerschulischen Lehr-Lern-Arrangements zu Netto-Null-Technologien von Schmid und Hermann aufgenommen. Greving, van den Bogaert, Weißschädel, Maier und Bruckermann stellen vor dem Hintergrund zunehmender Digitalisierung das extracurriculare Angebot *Hackdays von Make Your School* vor. Amel, Korte, von Einem und Beeken zeigen *Make@thons* als eine kreative Problemlösechallenge an der Schnittstelle (außer-)schulischen Lernens.

Der Schwerpunkt **Vernetzung** nimmt eine übergeordnete Perspektive ein. Aus dieser legen Tischer und Komorek eine komplementäre Vernetzung außerschulischer und schulischer Lernangebote dar und ebnen damit einen multidisziplinären Zugang zu komplexen Herausforderungen.

Der zweite Teil des Sammelbandes wird von Erkenntnissen der empirischen Beforschung geprägt. Mit dem Schwerpunkt **Forschungsvielfalt Indoor** werden wissenschaftliche Erkenntnisse unterschiedlicher Forschungsprojekte an verschiedenen außerschulischen Lernorten gebündelt. Schäfers und Wegner schildern die Auswirkungen unterschiedlicher E-Learning-Einheiten auf den Cognitive Load von Schüler*innen. Im Beitrag von Wenzel, Röllke und Grotjohann wird der Wissenserwerb im Schüler*innenlabor aufgegriffen und dabei ein Vergleich zwischen einem Präsenz- und einem Onlinekurs zur Enzymkinetik vorgenommen. Schäfers, Schuba und Temmen beziehen sich mit der Entwicklung und Erprobung des Lernszenarios *Retrofitting mit 5G* auf die berufliche Bildung. Zu Freizeitbildungsangeboten an außerschulischen Lernorten wie Bibliotheken, Museen und Jugendzentren haben Reckmann, Blomberg und Temmen Forschung mit einem Schwerpunkt auf Motivation durchgeführt. Auch Bliesmer, Komorek und Gorr berücksichtigen in ihren Ausführungen mit Nationalpark-Häusern, Discovery Centern und Schüler*innenlaboren verschiedene außerschulische Lernorte, fokussieren dabei jedoch auf eine kooperative didaktische Rekonstruktion. Kubi und Wenzel stellen die Ergebnisse ihrer Forschung zu virtuellen Führungen im Kontext der Interessensforschung im Naturkundemuseum vor.

Im Schwerpunkt **Forschungsvielfalt Outdoor** werden Studien zum außerschulischen Lernen in natürlichen Umgebungen zusammengefasst. Dabei legt Kleespies die Entwicklung und Erprobung einer illustrierten Naturverbundenheitsskala dar. Kreher und Retzlaff-Fürst berichten die Ergebnisse einer Interventionsstudie im Schulgarten, die sich auf das Verständnis vom Wesen der Naturwissenschaften richtet. Städtische Naturerfahrungsräume als informelle außerschulische Stadtkinder werden von Molitor und Friede mit einer empirischen Arbeit betrachtet.

Der zweite Teil und damit der gesamte Sammelband schließt mit dem Schwerpunkt **Perspektiven** ab. Böning und Pospiech stellen mit einer Vergleichsstudie das Potenzial außerschulischer Lernorte für einen Perspektivwechsel dar. Verheggen, Schellhammer und Tiller erforschen die Perspektive von Akteur*innen non-formaler Lernorte mit einem Fokus auf Potenziale und Herausforderungen für die MINT-Bildung. Mit den Überzeugungen von Lehrkräften zu außerschulischen Lernorten erschließen Foss-Jähn, Greving und Bruckermann eine weitere

Perspektive. Groß, Hofer und Abels richten ihre Forschung auf die Adressierung von Mädchen an außerschulischen MINT-Lernorten. Der Beitrag von van den Bogaert und Finger, welcher die Perspektive Citizen Science öffnet, schließt den Sammelband ab.

Literatur

Baar, R. & Schönknecht, G. (2018). *Außerschulische Lernorte: didaktische und methodische Grundlagen.* Beltz.

Budde, J. & Hummrich, M. (2016). Die Bedeutung außerschulischer Lernorte im Kontext der Schule – eine erziehungswissenschaftliche Perspektive. In J. Erhorn & J. Schwier (Hrsg.), *Pädagogik. Pädagogik außerschulischer Lernorte: Eine interdisziplinäre Annäherung* (S. 29–52). transcript Verlag.

Deinet, U. & Derecik, A. (2016). Die Bedeutung außerschulischer Lernorte für Kinder und Jugendliche: Eine raumtheoretische und aneignungsorientierte Betrachtungsweise. In J. Erhorn & J. Schwier (Hrsg.), *Pädagogik. Pädagogik außerschulischer Lernorte: Eine interdisziplinäre Annäherung* (S. 15–28). transcript Verlag.

Dühlmeier, B. (2022). Grundlagen außerschulischen Lernens. In B. Dühlmeier (Hrsg.), *Mehr außerschulische Lernorte in der Grundschule: Neun Beispiele für den fachübergreifenden Sachunterricht* (4. Auflage, S. 6–50). Schneider Verlag Hohengehren GmbH.

Favre, P. & Metzger, S. (2019). Außerschulische Lernorte nutzen. In P. Labudde & S. Metzger (Hrsg.), *Fachdidaktik Naturwissenschaft: 1.- 9. Schuljahr* (3., erweiterte und aktualisierte Auflage, S. 167–182). Haupt Verlag.

Haupt, O. (2023). In Zahlen und Fakten: 70 Jahre Schülerlabore. In LernortLabor (Hrsg.), *Schülerlabor-Atlas: Schülerlabore in Europa - analog bis digital* (S. 8–27). LernortLabor-Bundesverband der Schülerlabore e. V.

Karpa, D., Lübbeke, G. & Adam, B. (2015a). Außerschulische Lernorte: Theoretische Grundlagen und praktische Beispiele. In D. Karpa, G. Lübbeke & B. Adam (Hrsg.), *Reihe: Band 31. Außerschulische Lernorte: Theorie, Praxis und Erforschung außerschulischer Lerngelegenheiten* (11–27). Prolog Verlag.

Karpa, D., Lübbeke, G. & Adam, B. (2015b). Zur Einführung. In D. Karpa, G. Lübbeke & B. Adam (Hrsg.), *Reihe: Band 31. Außerschulische Lernorte: Theorie, Praxis und Erforschung außerschulischer Lerngelegenheiten* (S. 7–9). Prolog Verlag.

Klafki, W. (1998). Fächerübergreifender Unterricht - Begründungsargumente und Verwirklichungsstufen. In S. Popp (Hrsg.), *Grundrisse einer humanen Schule: Festschrift für Rupert Vierlinger* (S. 41–57). Studien-Verlag.

Kleine, M. (2021). Mathematische Grundbildung als Baustein einer demokratischen Meinungsbildung. *PraxisForschungLehrer*innenBildung. Zeitschrift für Schul- und Professionsentwicklung,. 3*(3), 113–121. https://doi.org/10.11576/PFLB-4957

Köller, O. (2019). Das IPN – Leibniz Institut für die Pädagogik der Naturwissenschaften und Mathematik: Forschen und Entwickeln für bessere mathematisch- naturwissenschaftliche Bildung. *Erziehungswissenschaft,. 30*(2), 21–28. https://doi.org/10.3224/ezw.v30i2.03

Kuske-Janßen, W., Niethammer, M., Pospiech, G., Wieser, D., Wils, J.-T. & Wilsdorf, R. (2020). Außerschulische Lernorte – theoretische Grundlagen und Forschungsstand. In

G. Pospiech, M. Niethammer, D. Wieser & F.-M. Kuhlemann (Hrsg.), *Begegnungen mit der Wirklichkeit (E-Book): Chancen für fächerübergreifendes Lernen an außerschulischen Lernorten* (1st ed., S. 21–49). hep verlag.

LernortLabor (Hrsg.). (2019). *Schülerlabor-Atlas 2019: Schülerlabore im deutschsprachigen Raum.* LernortLabor-Bundesverband der Schülerlabore e.V.

LernortLabor (Hrsg.). (2023). *Schülerlabor-Atlas: Schülerlabore in Europa - analog bis digital.* LernortLabor-Bundesverband der Schülerlabore e.V.

Mayer, J. (2020). Freiland, Umweltzentren und Lernlabore. In H. Gropengießer, U. Harms, U. Kattmann, D. Eschenhagen & D. Rodi (Hrsg.), *Fachdidaktik Biologie: Die Biologiedidaktik* (12. Auflage, S. 429–440). Aulis Verlag in Friedrich Verlag GmbH.

Mitzlaff, H. (2020). Exkursionen im Sachunterricht - Der Königsweg zu den „Sachen"? In A. Kaiser & D. Pech (Hrsg.), *Basiswissen Sachunterricht: Bd. 5. Unterrichtsplanung und Methoden* (7., unveränderte Auflage, S. 136–144). Schneider.

Sauerborn, P. & Brühne, T. (2020). *Didaktik des außerschulischen Lernens* (7. unveränderte Auflage). Schneider Verlag Hohengehren GmbH. https://ebookcentral.proquest.com/lib/kxp/detail.action?docID=6914424

Siegmund-Jürgens, I., Stamer, I. & Haupt, O. (2023). Digital- und Online-Angebote im Schülerlabor. Entwicklung von Online-Angeboten im Schülerlabor - Aktueller Stand und Perspektiven. In O. Haupt (Hrsg.), *Schülerlabor-Atlas: Schülerlabore in Europa - analog bis digital* (S. 56–65). LernortLabor, Bundesverband der Schülerlabore.

Thomas, B. (2009). Lernorte außerhalb der Schule. In K.-H. Arnold, U. Sandfuchs & J. Wiechmann (Hrsg.), *Handbuch Unterricht* (2. Aufl., S. 283–287). UTB GmbH.

Inhaltsverzeichnis

Theoretische Näherungen und innovative konzeptionelle Ansätze

Außerschulische Lernorte aus der Perspektive von Schüler*innen wahrnehmen lernen – Potenziale für die Lehramtsausbildung im Sachunterricht

Floreana Alma Schmidt und Christopher Steinhoff

1 Einleitung

Das Einbeziehen von außerschulischen Lernorten im Sachunterricht bietet viele Potenziale, mit der Welt in Beziehung zu treten und Wissen über verschiedene Wahrnehmungs- und Lernkanäle zu erlangen. Allein der Lernortswechsel löst oftmals eine hohe Motivation seitens der Schüler*innen zur Auseinandersetzung mit verschiedenen Inhalten aus (vgl. Brade und Dühlmeier 2022, S. 455; Erhorn und Schwier 2016, S. 8). Als Lehrkraft ist es wichtig, eben diese Potenziale zu kennen, um sie für Lernprozesse nutzbar zu machen. Dennoch ist zu beachten, dass die Vorstellungen der Schüler*innen meistens nicht vollständig fachwissenschaftlich korrekt und differenziert ausgebildet sind und ein unreflektierter Umgang damit zu Lernbarrieren führen kann. Duit (2010, S. 1; Herv. i. O.) konstatiert: *„Vorstellungen bestimmen das Lernen, weil man das Neue nur durch die Brille des bereits Bekannten ‚sehen' kann"*. Sich als Lehrkraft dessen bewusst zu sein und die Vorstellungen miteinzubeziehen, ist daher eine grundlegende Aufgabe, um einen möglichst hohen Lernertrag zu erzielen.

F. Schmidt (✉) · C. Steinhoff
Institut für Sonderpädagogik (Abt. Sachunterricht), Leibniz Universität Hannover, Hannover, Deutschland
E-Mail: floreana.schmidt@ifs.uni-hannover.de

C. Steinhoff
E-Mail: christopher.steinhoff@stud.uni-hannover.de

A. Wenzel und T. Schmäing (Hrsg.), *Außerschulisches Lernen in der naturwissenschaftlichen Bildung,* https://doi.org/10.1007/978-3-658-50864-7_1

Aus diesen Gründen ist die Auseinandersetzung mit außerschulischen Lernorten im Sachunterrichtsstudium an der Leibniz Universität Hannover Teil der Lehramtsausbildung. Die Teilnahme an Exkursionen ist verpflichtend, um Selbsterfahrungen in Bezug auf das Lernen an außerschulischen Lernorten zu ermöglichen. Die Erkundung dieser erfolgt meistens in universitätsinternen Gruppen, sodass Studierende im Sinne des *didaktischen Doppeldeckers* eine zweifache Perspektive einnehmen: Sie erleben den Lernort aus der Perspektive als Lernende*r und aus der als angehende Lehrkraft. Die kindliche Perspektive kann dabei oft nur, z. B. durch Beobachtungen am Lernort, erahnt werden. Um dieser Herausforderung zu begegnen, wurde das vorliegende Konzept entwickelt, welches vorsieht, dass Studierende mit Schüler*innen einer Grund- oder Förderschule gemeinsam einen Lernort erkunden. Die Vorstellung und Evaluation des Konzepts bilden daher den Kern dieses Beitrags. Ausgehend von der Bedeutung außerschulischer Lernorte im Sachunterricht im Allgemeinen (Kap. 2) werden Konzepte zur Erschließung von außerschulischen Lernorten für Studierende (Kap. 3) vorgestellt. Diese theoretischen Vorüberlegungen bilden die Grundlage für das in Kap. 4 erläuterte Konzept der Kooperationsexkursionen. Im Fazit werden die wichtigsten Erkenntnisse zusammengefasst (Kap. 5).

2 Außerschulische Lernorte im Sachunterricht

Die Erkundung außerschulischer Lernorte stellt einen wesentlichen Bestandteil eines zeitgemäßen und praxisorientierten Sachunterrichts dar. Neben der Relevanz werden fortan Potenziale und Herausforderungen beschrieben, die mit einer Erkundung außerschulischer Lernorte einhergehen, um im Anschluss daran die Konzepte zur Erschließung außerschulischen Lernens zu begründen.

2.1 Bedeutung außerschulischer Lernorte und Verortung im Sachunterricht

Ziel des Sachunterrichts ist es, „Schülerinnen und Schüler darin zu unterstützen, ihre natürliche, kulturelle, soziale und technische Umwelt sachbezogen zu verstehen, sie sich auf dieser Grundlage bildungswirksam zu erschließen und sich drin zu orientieren, mitzuwirken und zu handeln“ (GDSU 2013, S. 9). In Anbetracht dieser Kriterien kommt es aufgrund der vielseitigen Anforderungen und Bedürfnisse der Schüler*innen an den Sachunterricht zu einer Vielzahl an Herausforderungen, welche die Konzipierung eines an die individuellen Lebenswelten angepassten Unterrichts erschweren. Infolgedessen bedarf es bei der Vermittlung schulischer Inhalte differenzierte sowie offene Zugangsmöglichkeiten für alle Lernenden, welche im schulischen Raum allerdings nur begrenzt gewährleistet werden können. So werden im Unterricht u. a. „Lerngegenstände der kulturellen und gesellschaftlichen Welt […] oft rational-abstrakt dargestellt und dabei in ihrer Komplexität reduziert" (Baar und Schönknecht 2018, S. 11), was deren Erschließung für Lernende erschwert.

Die Erkundung von Lernorten bietet dabei in vielerlei Hinsicht die Gelegenheit, passende Lernbedingungen zu schaffen und einer Kohärenz zwischen den theoretisch vermittelten Ansätzen sowie einer praktischen Umsetzung dieser beizusteuern. Nach Brade und Dühlmeier (2022, S. 455) „kann jeder Ort ein Lernort sein, wenn er Möglichkeiten des Entdeckens, des Fragens, des Forschens und Erfahrens bereithält". Im pädagogischen Kontext ist dabei entscheidend, dass der Lernort eine bestimmte Intention, meist ein durch die Lehrkraft festgelegtes Lernziel, vertritt (vgl. Dühlmeier 2010, S. 17). Diesbezüglich ermöglicht die *Sachbegegnung* oder *originale Begegnung* am Lernort selbst, enger in Beziehung mit einem Lerngegenstand zu treten und eine tiefgehende Auseinandersetzung mit einem Objekt zu gewährleisten (vgl. Nießeler 2022, S. 463 f.). Nach Sauerborn und Brühne (2020) findet an außerschulischen Lernorten die „unmittelbare Auseinandersetzung des Lernenden mit seiner räumlichen Umgebung statt" (ebd., S. 27), was eine Verbindung zwischen Alltagswissen und Schulwissen fördert (vgl. Brade und Dühlmeier 2022, S. 462).

Unterschieden werden können außerschulische Lernorte hinsichtlich ihrer Funktionen in primäre und sekundäre Lernorte sowie in Anbetracht ihrer „thematischen Beschaffenheit und dem damit verbundenen Lernpotential" (ebd., S. 459). Zunächst beschreibt Münch (1985) primäre Lernorte als Bildungsstätten, deren Fokus gezielt auf das Lernen und Fördern der Besuchenden ausgerichtet ist. Im Gegensatz dazu können sekundäre Lernorte als Orte verstanden werden, die außerhalb von Bildungseinrichtungen wie Schulen oder Universitäten liegen und vorrangig auf andere Aufgaben als die Förderung von Lernprozessen hinsteuern (vgl. ebd., S. 25). Infolgedessen werden sekundäre Lernorte „nicht schon lediglich durch ihre Existenz zu Lernorten […], sondern erst dadurch, daß [sic] sie planvoll und absichtlich für Lernprozesse in Anspruch genommen werden" (ebd., S. 26).

Stolz und Feiler (2018) präsentieren eine alternative Unterteilung von Exkursionstypen anhand ihrer methodischen Grundtypen. Im Mittelpunkt stehen Faktoren wie der Grad der Aktivität und der Selbstbestimmung der Lernenden im Lernprozess, die Lehrform, die verwendeten Methoden sowie angestrebten Lernziele. Unter Anbetracht der Unterscheidungsmerkmale kristallisieren sich vier Exkursionstypen heraus. Als weitgehend fremdbestimmt, deskriptiv und überwiegend kognitivistisch grenzt sich die *Fahrt ins Blaue* als erster Exkursionstyp ab, welcher durch Frontalunterricht und demnach durch eine hohe Passivität der Lernenden gekennzeichnet ist. Die *problemorientierte Überblicksexkursion* verfügt im Vergleich zum vorherigen Exkursionstypen über eine Problem- bzw. Fragestellung. Zwar ist das Maß an Selbstbestimmung aufseiten der Lernenden auch hier sehr gering, der Grad der Aktivität steigt aber leicht an, was sich besonders in Interaktionen zwischen Lehrenden und Lernenden zeigt. Die *handlungsorientierte Arbeitsexkursion* ist gekennzeichnet durch einen erhöhten Grad an Selbstbestimmung und eine intensivere Aktivität der Lernenden. Trotz festgelegter Lerninhalte und Methoden bleibt das Ergebnis in diesem Fall offen. Der vierte Exkursionstyp wird als *konstruktivistische Arbeitsexkursion* betitelt und zeichnet sich, im Vergleich zu den bisherigen Typen, durch den höchsten Grad an Selbstbestimmung und Aktivität der Lernenden aus. Diese Form der Exkursion basiert auf konstruktivistischen Prinzipien, wobei die verwendeten Methoden entweder frei gewählt oder nur grob vorgegeben sind. Die Ergebnisse bleiben offen und sind nicht von vornherein festgelegt (vgl. ebd., S. 25 f.). Eine solche Systematisierung legt im Vergleich zur thematischen einen stärkeren Fokus auf den Lernprozess der Schüler*innen und die methodische Herangehensweise. Dabei wird insbesondere das Maß an Selbstbestimmung und die Möglichkeiten zur aktiven Beteiligung der Lernenden betont, wodurch der Blick gezielt auf das Individuum und dessen Lernprozess gelenkt wird, anstatt auf den spezifischen Exkursionsort.

2.2 Potenziale und Herausforderungen außerschulischen Lernens

Die Erkundung außerschulischer Lernorte bietet eine Vielzahl an Möglichkeiten, das Lernangebot im Sachunterricht gezielter zu gestalten. Allerdings stellt nicht per se jede originale Begegnung mit einem Lerngegenstand außerhalb der Schule einen Vorteil dar. Vielmehr ist es wichtig, bei der Planung und Durchführung von Exkursionen eine angemessene Einbettung in den Unterricht zu gewährleisten. Daher werden nun einige Potenziale und Herausforderungen erarbeitet, die mit der Erkundung solcher Lernorte einhergehen.

Bei der Erkundung außerschulischer Lernorte stehen die Schüler*innenperspektiven, inklusive der individuellen Lebenswelten, als Ausgangspunkt im Mittelpunkt (vgl. GDSU 2013, S. 10). Deren Berücksichtigung ist sowohl für den Sachunterricht im schulischen Raum als auch für die Planung sowie Durchführung von Exkursionen essenziell, da so gezielter an die Anforderungen und

Präkonzepte der Schüler*innen angeknüpft werden kann. Die Planung außerschulischer Lernorte erfordert eine enge Verzahnung mit den kindlichen Vorstellungen und schulischen Rahmenbedingungen, was für Lehrkräfte mit einem erhöhten organisatorischen Aufwand verbunden ist (vgl. Möller 2018, S. 39; Sauerborn und Brühne 2020, S. 17). Zentral ist dabei die wohlüberlegte Planung der Exkursion: Zum einen müssen während der Erkundung des außerschulischen Lernortes die angestrebten Ziele realisiert werden können, zum anderen muss der Zeitpunkt der Exkursion stimmig mit dem Lernstand der Schüler*innen sowie dem Stand der Unterrichtseinheit im Lehrplan sein. „Grundlegend für eine Didaktik außerschulischer Lernorte ist daher nicht der konkrete außerschulische Lernort selbst, sondern vor allem, wie dieser von Lehrkräften und Schulklassen genutzt wird" (Baar und Schönknecht 2018, S. 22). Dühlmeier (2010) verweist dabei auf das Risiko, dass Lerngelegenheiten an außerschulischen Orten nicht immer kalkulierbar sind und unerwartete Ablenkungen bei den Schüler*innen aufkommen können (vgl. ebd., S. 30).

Obgleich mit der Erkundung außerschulischer Lernorte vielseitige Herausforderungen einhergehen, ergeben sich dennoch zahlreiche Potenziale, die einen Besuch vorteilhaft erscheinen lassen. Besonders attraktiv ist die Vielfalt der Lernorte, die je nach Thema und Ziel der Exkursion passend ausgewählt werden können. Nach Baar und Schönknecht (2018) bringt diese Vielzahl an Lernorten „verschiedene Arten des Lernens, wie problemlösendes, handlungsorientiertes und situiertes Lernen" (ebd., S. 12) mit sich, was einer „Verengung schulischen Unterrichts auf rein kognitive Lernprozesse" (ebd.) entgegenwirkt und gleichzeitig interessens- sowie motivationsfördernd wirken kann. Weiterhin bietet die Vieldimensionalität außerschulischer Lernorte die Möglichkeit des fächerübergreifenden und vernetzenden Lernens (vgl. ebd., S. 24).

Außerschulische Lernorte ermöglichen Lernformen, die im schulischen Raum nur begrenzt umsetzbar sind. Sie bieten die Chance der originalen Begegnung, wodurch das Gelernte durch verschiedene Sinne besser erfasst und langfristig abgespeichert werden kann (vgl. Sauerborn und Brühne 2020, S. 17). Dühlmeier (2010) bestätigt, dass eine aktive Auseinandersetzung mit dem Lerngegenstand effektiver als reine verbale Vermittlung ist. Forschungen zeigen zudem, dass Schüler*innen schulisches Wissen oft schwer auf Alltagssituationen übertragen können (vgl. ebd., S. 23). Aus diesem Grund ist die Schaffung einer Kohärenz zwischen dem schulisch vermittelten Wissen sowie einer praktischen und direkten Begegnung dieser Inhalte für den eigentlichen Verstehensprozess essenziell. Exkursionen machen den Unterricht dahingehend lebensnäher und bieten Gelegenheit dazu, Routinen zu durchbrechen, um ein attraktives und anregendes Lernangebot zu schaffen (vgl. Kuske-Jansen et al. 2020, S. 24). Darüber hinaus bietet die Erkundung außerschulischer Lernorte den Schüler*innen die Chance, eigenständig, sei es in Form von Einzel-, Tandem- oder Gruppenarbeit, aktiv zu werden und einen Lerngegenstand selbstständig zu erforschen, was wiederum soziale Fähigkeiten wie Empathie, Toleranz und Teamfähigkeit fördert (vgl. Dühlmeier 2010, S. 27).

Zusammenfassend lässt sich eine Vielzahl an Chancen sowie Herausforderungen herausarbeiten, die mit einer Erkundung außerschulischer Lernorte im Sachunterricht einhergeht. Während Exkursionen das Lernen für Schüler*innen praxisnäher und motivierender gestalten können, erfordert ihre erfolgreiche Umsetzung eine sorgfältige Planung und Organisation durch die Lehrkräfte. Trotz des erhöhten Aufwands bietet das außerschulische Lernen ein erhebliches Potenzial für kindliche Lernprozesse. Es ermöglicht Schüler*innen, originale Begegnungen zu erleben und tiefgreifende Erfahrungen mit dem Lernort zu sammeln, was sich im schulischen Kontext begrenzt wahrnehmen lässt und das außerschulische Lernen somit besonders attraktiv gestaltet.

3 Konzepte zur Erschließung von außerschulischen Lernorten für Studierende

An außerschulischen Lernorten ergeben sich u. a. durch die Möglichkeit der Originalbegegnung, die Nähe zur Lebenswelt und das hohe Maß an Anschaulichkeit viele Lernchancen, die im Primarbereich im Sachunterricht, aber auch an weiterführenden Schulen und in anderen Fächern genutzt werden. Meistens werden diese Schulexkursionen von der entsprechenden Fachlehrkraft geplant und schließlich mit einer weiteren Begleitperson (Lehrkraft, pädagogische*r Mitarbeiter*in oder Elternteil) durchgeführt (vgl. Amend und Wirth 2020, S. 97). Insbesondere im Fachbereich der Geografie, einem Bezugsfach des Sachunterrichts, spielt die Auseinandersetzung mit dem Planen, Durchführen und Reflektieren von Exkursionen im Rahmen des Lehramtstudiums eine zentrale Rolle, da das Orientieren im und die Erkundung von Raum so praktisch erprobt werden kann. In den letzten Jahren wurden daher Ideen entwickelt, wie Exkursionen mit Schüler*innen bereits in das Lehramtsstudium integriert werden können (vgl. exemplarisch Vogt & Upmeier zu Belzen, 1997; Böing und Sachs 2007; Peschel 2014; Amend und Wirth 2020; Hiller und Schuler 2022). Lindau (2020) weist auf die Notwendigkeit solcher Seminare hin: „Durch das Bewältigen von Herausforderungen in Form von komplexen Praxiserfahrungen wird das Zutrauen in die eigenen Fähigkeiten, eine Exkursion zu planen, durchzuführen und auszuwerten, gestärkt“ (ebd., S. 133). Ihre Ergebnisse weisen aber auch darauf hin, dass Studierende zwar über theoretisches Wissen zu Exkursionen verfügen, „jedoch fehlen Erfahrungen, die Theorie in eine professionelle Handlungsweise zu überführen“ (ebd.). Zur Förderung dieses Theorie-Praxis-Transfers können besondere Exkursionskonzepte Einsatz finden, die beispielsweise auf Studierende und Schüler*innen ausgerichtet sind. So zielt beispielsweise das Würzburger Modell der Lehr-Lern-Exkursion (Amend und Wirth 2020) darauf ab, dass Studierende der Geografie mehrtägige Exkursionen für Schulklassen vorbereiten und diese schließlich praktisch erproben und auswerten. Dabei gibt es Vorteile für alle Beteiligten: Studierende profitieren von der engen Begleitung des Prozesses durch die dozierende Person und der anschließenden Supervision mit der Lehrkraft. Sie erhalten durch die Erfahrungen in Vorbereitung und Durchführung Einblicke in die Aufgaben einer Lehrperson und können zugleich Potenziale und Herausforderungen (fachlich, didaktisch, methodisch, pädagogisch, rechtlich und organisatorisch) in Bezug auf Exkursionen selbst erleben. Die Aufsichtspflicht und damit ebenfalls die pädagogische Verantwortung bleiben dennoch seitens der Lehrkraft bestehen. Durch die Kooperation zwischen Universität und Schule ergibt sich meistens eine Gruppenzusammensetzung, in der im Vergleich zu regulären Schulexkursionen der Betreuungsschlüssel höher ist und dadurch eine individuellere Begleitung in Bezug auf die verschiedenen Fähigkeiten, Präkonzepte und Interessen der Schüler*innen während der Exkursion möglich wird (vgl. ebd., S. 95, 97). Der Kontakt zur Universität informiert begleitende Lehrkräfte über aktuelle exkursionsdidaktische Forschungserkenntnisse, die dann in den Schulalltag einfließen können. Darüber hinaus kann sich die Lehrkraft während der Exkursion zurücknehmen und durch das Einnehmen einer beobachtenden Rolle das Verhalten der Schüler*innen distanzierter als im Unterricht wahrnehmen. Die Kooperation bietet zuletzt auch für die dozierende Person die Gelegenheit, theoretische Kenntnisse auf die Praxis zu übertragen und die Wirkweise von Methoden oder Fachwissen zu beobachten. Dadurch können studienrelevante Inhalte und Prozesse zeitgemäß an die Schulpraxis angepasst werden. Obwohl diese Form der Exkursion einen hohen zeitlichen Aufwand bei der Vorbereitung fordert, ist es von entscheidender Bedeutung, dass alle Beteiligten sich ausreichend Zeit für die Vorbereitung nehmen, um das volle Potenzial der Exkursion zu entfalten (vgl. Amend und Wirth 2020, S. 95, 99). Böing und Sachs (2007) entwickelten ebenfalls ein Seminarkonzept im Kontext des Geografiestudiums, das den Aufbau von zentralen Kompetenzen (z. B. fachliche Kompetenzen, räumliche Orientierungskompetenzen, Organisationskompetenzen, etc.) in Bezug auf die Exkursionsleitung in den Vordergrund rückt. Studierende erarbeiten im Rahmen dieses Seminars sog. fachdidaktische Exkursionen, die theoriegeleitet, ausgehend von Methoden und Konzepten des Fachbereichs der Geografie, geplant und anschließend erprobt werden. Ausgerichtet werden alle Überlegungen auf die Zielgruppe

Schüler*innen, dennoch erfolgt die Erprobung meistens ohne diese, sondern findet während des Seminars mit Kommiliton*innen statt. Eine ausführliche Reflexionsphase rundet das Seminar ab (vgl. ebd., S. 40 f.). Hiller und Schuler (2022) erarbeiteten ebenfalls für Geografiestudierende ein exkursionsdidaktisches Konzept, welches wiederum mit Schüler*innen durchgeführt wird. Diese Idee zeichnet sich dadurch aus, dass sie das digitale außerschulische Lernen in den Vordergrund rückt. Planung und Umsetzung erfolgen nach den Prinzipien des Design-Based-Research-Ansatzes mit dem Ziel, „digitale Themenrallyes oder Exkursionen mit Apps" (ebd., S. 10) zu entwickeln. Die Schüler*innen arbeiten schließlich selbst mit den zur Verfügung gestellten Apps und werden von Studierenden hinsichtlich ihrer Handlungen während der Exkursion beobachtet, um zuletzt die Umgangsweisen zu reflektieren und das eigene Programm zu evaluieren (vgl. ebd., S. 10, 17).

Auch im Rahmen des Sachunterrichtsstudiums gibt es verschiedene Ideen, wie Studierende und Schüler*innen gemeinsam an außerschulischen Lernorten arbeiten. So entwickelte Peschel (2014) ein Seminarkonzept, das darauf abzielt, außerschulisches Lernen und den Einsatz von digitalen Medien zu verknüpfen. Im Sinne des handlungs- und problemorientierten Sachunterrichts werden in Kleingruppen selbstgewählte Lernorte erkundet und dokumentiert. Dabei dürfen sowohl die methodisch-didaktische, die inhaltliche als auch die mediale Umsetzung frei gewählt werden. Eigenständiges Arbeiten und kreatives Denken stehen dabei im Fokus. Der Einsatz digitaler Medien unterstützt, beispielsweise durch Recherche, die inhaltlichen und organisatorischen Vor- und Nachbereitungen einer Exkursion. Außerdem können verschiedene Gerätschaften, wie Digitalkamera, Camcorder, Audiorecorder oder digitale Endgeräte, während der Exkursion eingesetzt werden, um eine „multimediale Präsentation" (ebd., S. 132) zu erstellen, mit der „eine virtuelle Besichtigung des außerschulischen Lernortes" (ebd.) möglich wird und eine „mediale Verbindung zu Lernorten" (ebd., S. 134) hergestellt werden kann. In diesem Setting ergeben sich ähnliche Vorteile wie bei dem Würzburger Modell der Lehr-Lern-Exkursion. Mehr im Fokus ist hier jedoch die Zusammenarbeit zwischen Studierenden und Schüler*innen auf Augenhöhe. Studierende nehmen weniger die Rolle der Lehrperson bzw. des/der Anleiter*in ein, sondern denken mit den Schüler*innen gemeinsam über die Sachverhalte und die Dokumentation nach. Durch die gleichberechtigte Einbindung in den Prozess erhalten sie bessere Einblicke in die Schüler*innenperspektive und können daraus Ableitungen für „lebensweltliche Anwendungsbezüge" (ebd.) treffen. Gleichzeitig werden Medienkompetenzen angeregt und gefördert sowie die Vermittlungskompetenz mit Blick auf verschiedene Zielgruppen gestärkt (vgl. ebd., 132 ff.). Beudels et al. (2021) forschten ebenfalls im Sachunterricht und untersuchten das

Kohärenzerleben von Sachunterrichtsstudierenden in Bezug auf die Planung, Durchführung und Nachbereitung einer Exkursion. Hervorzuheben ist, dass in dieser Studie während des gesamten Prozesses explizit das zentrale Prinzip der Vielperspektivität[1] in den Blick genommen wurde, um festzustellen, wie sich die Selbstwirksamkeitserwartungen durch die aktive Teilnahme am Seminar in Bezug auf einen inklusionsorientierten, vielperspektivischen Sachunterricht verändern. Zusammenfassend konnte festgestellt werden, dass sich die Selbstwirksamkeitserwartungen positiv entwickeln und insbesondere die Handlungsorientierung aktivierend wirkt, das Erleben von Kompetenzen ermöglicht und die Motivation der Studierenden erhöht (vgl. ebd., S. 96 f.).

4 Außerschulische Lernorte im Sachunterricht: Idee und Umsetzung im sonderpädagogischen Lehramtsstudium

Im Studium werden immer wieder Praxisbezüge durch Studierende eingefordert. Schon Vogt und Upmeier zu Belzen stellten 1997 fest, dass Studierende Praxisbezüge im Studium wünschen. Fast 30 Jahre später ist diese Forderung noch aktuell, um den Theorie-Praxis-Transfer zu erleichtern. Klaes (2008) konstatiert, dass sich bereits „zukünftige Lehrkräfte […] im Studium mit ausserschulischem [sic] Lernen befassen [sollten]. Dies beinhaltet im besten Fall, dass sie Exkursionen selbst erleben und auf der Metaebene darüber nachdenken“ (ebd., S. 265). Um angehende Sonderpädagogikstudierende im Fach Sachunterricht auf ihre spätere Tätigkeit als Fachlehrkraft vorzubereiten, ist die Teilnahme an je vier Exkursionstagen im Bachelor und Master an der Universität Hannover verpflichtend (vgl. Gottfried Wilhelm Leibniz Universität Hannover 2023, S. 30). Die Exkursionen finden in der Regel nur für Studierende entweder seminarintern oder semesterübergreifend in Gruppen von 15–25 Personen statt. Dabei stehen verschiedene Exkursionsorte zur Auswahl, die im Rahmen von halb-, ein- und zweitägigen Exkursionen erkundet werden können. Ziel ist es, dass Studierende aufgrund von Selbsterfahrungen Chancen und Herausforderungen diverser Lernorte und die

[1] Vielperspektivität ist ein zentrales Prinzip im Sachunterricht und beschreibt die Berücksichtigung der fünf Perspektiven (technisch, naturwissenschaftlich, geografisch, sozialwissenschaftlich und historisch) im Sachunterricht (vgl. GDSU 2013). Die Vernetzung der verschiedenen Perspektiven im zweiten Schritt ist dabei Voraussetzung, um Vielperspektivität zu erzeugen (vgl. Giest et al. 2017).

damit verbundenen Wirkungen auf außerschulisches Lernen reflektieren. Da anzunehmen ist, dass sich die kindliche Wahrnehmung von der Perspektive erwachsener Personen unterscheiden kann (vgl. Lo 2015, S. 72), wurde 2022 ein neues Konzept entwickelt, welches die Kooperation mit Schulklassen vorsieht. Durch die Zusammenarbeit von Studierenden und Schüler*innen wird ein Zugang zur kindlichen Perspektive möglich, der andernfalls nur erahnt werden kann. Ausgehend von der Idee zu den Kooperationsexkursionen (Abschn. 4.1) werden die Konzeption und der damit verbundene Ablauf und relevante Aspekte zur Vorbereitung erläutert (Abschn. 4.2). Nach einer kurzen methodischen Einführung der wissenschaftlichen Begleitstudie einer Exkursion (Abschn. 4.3) werden wesentliche Ergebnisse dieser Untersuchung dargelegt, um das Konzept solcher Kooperationsexkursionen zu evaluieren und zu diskutieren (Abschn. 4.4).

4.1 Idee zur Kooperationsexkursion

Ausgehend von der Herausforderung, dass Lehrkräfte die Vorstellungen ihrer Schüler*innen kennen sollten, um möglichen Lernbarrieren – die entstehen können, wenn Schüler*innen es nicht schaffen, sich von ihren Vorstellungen zu lösen, ihr Wissen anzupassen oder weiterzuentwickeln (vgl. Möller 2018, S. 36) – entgegenzuwirken, entstand die Idee für die vorliegende Konzeption der Kooperationsexkursionen zwischen der Universität und den Schulen. Ziel war es, das typische Machtgefälle (exemplarisch Drinck 2023), welches i. d. R. zwischen Lehrkraft und Schüler*in besteht, abzubauen, indem Studierende und Schüler*innen als Exkursionsteilnehmende gemeinsam einen Exkursionsort erkunden. Das Arbeiten auf Augenhöhe ermöglicht den Studierenden Einblicke in die kindliche Perspektive zu Fragen wie: Was interessiert Schüler*innen an diesem Lernort (nicht)? Wie nehmen Schüler*innen einen Lernort wahr? Wovon lassen sie sich bei der Erkundung leiten? Was bietet Ablenkungspotenzial? Welche Zugänge zu Themen des Lernorts sind kindgerecht?

4.2 Ablauf und Durchführung der Kooperationsexkursion

Üblicherweise werden in der Schule im Sachunterricht keine mehrtägigen Exkursionen angeboten, da die personellen, zeitlichen und finanziellen Ressourcen oftmals begrenzt sind (s. Abschn. 2.2). Daher sind schulisch eher halbtägige Exkursionen gängig, die im Rahmen eines regulären Schultages umgesetzt werden können. Daran wurde sich bei der Entwicklung der Kooperationsexkursion orientiert, um eine realistische Umsetzung zu gewähren. Die beschriebene Konzeption wurde seit 2022 fortlaufend weiterentwickelt und mehrfach an verschiedenen Lernorten in Hannover (z. B. Kindermuseum Zinnober zum Thema Wetter oder Waldstation Eilenriede) erprobt. Insbesondere für Schulklassen sind meistens die räumliche Nähe zum Lernort und eine gute Erreichbarkeit entscheidend, sodass für die Kooperationsexkursionen Lernorte in Hannover gewählt wurden, die für die betreffenden Schulklassen gut erreichbar waren. Die Zeit am Lernort selbst betrug bei allen durchgeführten Exkursionen ca. drei Stunden. Kürzer sollten die Exkursionen aufgrund der besonderen Gruppenzusammensetzung nicht sein. Stolz und Feiler (2018) folgend, handelt es sich bei dieser Art von Exkursion um eine *selbstgesteuerte Erkundung,* welche durch die Offenheit des Lernprozesses ein hohes Maß an selbstständigem Arbeiten voraussetzt. Trotz der klar formulierten Aufgabenstellung in Form von Forscher*innenfragen steht eine aktive, ergebnisoffene Wissens- und Methodenkonstruktion im Vordergrund, bei der problemorientiert gearbeitet wird (vgl. ebd., S. 38 f.). Folgend wird die Struktur unserer Kooperationsexkursionen anhand eines exemplarischen Ablaufplans verdeutlicht.

Die zeitlichen Angaben in Tab. 1 sind als Richtwert zu verstehen und können je nach Gruppe, verfügbarer Zeit und Lernort angepasst werden. Der Umfang von ca. drei Stunden ist zu empfehlen, damit die Teilnehmenden sich aufeinander

Tab. 1 Exemplarischer Ablaufplan

Zeitliche Planung	Umsetzung
Ankommen ca. 15 min	• Treffen mit Studierenden und Schüler*innen am Lernort • Aufsuchen einer Sammelstelle • Toiletten- und Frühstückspause für Schüler*innen • Ankommen am Lernort
Einstieg ca. 20 min	• Kennenlernspiel, ggf. in Kleingruppen (Studierende und Schüler*innen gemischt) • Bekanntgabe der Partner*innen für selbstständige Erkundungsphase des Lernortes (Tandems aus studierender Person und Schüler*in) und Verteilen der Forscher*innenfragen
Arbeitsphase ca. 90–120 min	• Selbstständige Erforschung des Lernortes und Erarbeitung der Forscher*infrage
Abschluss ca. 30 min	• Vorstellen der Ergebnisse zu Forscher*innenfragen und Reflexion, ggf. in gleichen Kleingruppen wie beim Einstieg • Verabschiedung
Reflexion ca. 15 min	• Reflexionsgespräch nur mit Studierenden zur Zusammenarbeit und dem Erleben der kindlichen Perspektive

einstellen können und ausreichend Zeit zur freien Erkundung ist. Die erste Viertelstunde dient der Organisation in mehrfachem Sinne. Nachdem eine Sammelstelle als Treffpunkt ausgewählt wurde, können v. a. die Schüler*innen eine Pause nach der Anreise machen, während letzte Absprachen zwischen der dozierenden Person und der Lehrkraft für den Ablauf der Exkursion besprochen werden. Auch die Studierenden können in Ruhe am Lernort ankommen und erste Beobachtungen vornehmen, bevor sie voll in Interaktionen involviert sind. Ein entspannter Start ist damit für alle Beteiligten gesichert. Es schließt eine Kennlernphase an, die dem *Eisbrechen* dient. Kurze Kennlernspiele ermöglichen einen spielerischen Einstieg in die Exkursion und sorgen für eine vertrauensvolle Atmosphäre, um sich in der Gruppe zu öffnen. Dies ist besonders in dieser Gruppenkonstellation relevant, da durch die Altersunterschiede zwischen Schüler*innen und Studierenden und durch die gewöhnlichen Positionen (Erwachsene*r vs. Kind) ein gewisses Machtgefälle besteht, welchem so begegnet werden soll. Zum Abschluss des Einstiegs werden die Tandems, bestehend aus einer studierenden Person und einem Kind, bekannt gegeben und eine Forscher*innenfrage zugeteilt. Es hat sich bewährt, die Zuteilung der Tandems vorab vorzunehmen, damit die Aufteilung und der Beginn der Erkundungsphase klar strukturiert sind. Das Zuteilen der Forscher*innenfragen ist zudem sinnvoll, um jedem Tandem entsprechend der kindlichen Fähigkeiten eine umsetzbare Aufgabe zu geben. Die Tandems sollen sich aber nicht nur mit der Forscher*innenfrage beschäftigen, sie sollen sich zusätzlich mit anderen Themen auseinandersetzen. Sie entscheiden selbst, wann sie sich der Frage widmen und wie sie die Ergebnisse dokumentieren – etwa durch Zeichnungen, Notizen oder mündlich. Klemmbretter und Stifte sollten bereitstehen; die Aufgabenverteilung obliegt den Tandems. Es wird zudem empfohlen, „Puffer"-Aufgaben im Falle eines Beschäftigungsbedarfs bereitzuhalten.

Der gemeinsame Abschluss dient der Ergebnissicherung. Die Tandems erhalten nun die Möglichkeit, ihre Ergebnisse vorzustellen. Dabei können sie ihre angefertigten Zeichnungen zeigen, gesammelte Gegenstände herumgeben oder einfach erzählen, was sie erlebt haben. Eine kurze Reflexion, z. B. via Daumen (gut, mittel, schlecht), zur Tandemarbeit und der Gestaltung der Exkursion rundet die Exkursion ab. Einzelne Personen können freiwillig etwas ergänzen. Zuletzt steht die Verabschiedung, bevor die Schulklasse den Rückweg zur Schule antritt.

Eine Abschlussreflexion nur mit den Studierenden bietet die Möglichkeit, sich über ihre Erfahrungen, einschließlich Erwartungen, Unsicherheiten und Erkenntnisse, auszutauschen und diese auf die spätere Rolle als Lehrkraft zu übertragen. Dabei sollten Chancen und Herausforderungen der kindlichen Perspektive in Bezug auf den Besuch des Lernortes reflektiert und Ideen gesammelt werden, wie mit den verschiedenen Herausforderungen umgegangen werden kann. Aufgrund der unterschiedlichen Interessen und Persönlichkeiten aller Teilnehmenden können die Erkundungsgänge sehr verschieden abgelaufen sein, sodass hier der Austausch gewinnbringend erscheint.

Nun werden noch weitere Aspekte für die Exkursionsvorbereitung ergänzt, die von üblichen Planungen (dazu z. B. Schulte 2019, S. 137–140: „Checkliste *Lernortswechsel* für die Lehrkraft") abweichen bzw. in diesem Kontext besonders relevant erscheinen. Eine Kooperationsexkursion zwischen Universität und Schule erfordert mehr Zeit, da weitere Faktoren für einen reibungslosen Ablauf berücksichtigt werden müssen. Eine studentische Hilfskraft kann hierbei unterstützend wirken.

Nachdem eine Lehrkraft mit ihrer Klasse zur Kooperation gewonnen wurde, sollten Absprachen hinsichtlich der Lernortswahl getroffen werden. Dabei ist die thematische Ausrichtung des Unterrichts zu berücksichtigen, um für die Schüler*innen eine Exkursion vorzubereiten, die anschlussfähig an ihr Unterrichtsthema ist. Schließlich ist es wie bei jeder anderen Exkursion wichtig, sich Informationen zum Lernort (z. B. Öffnungszeiten oder Eintrittspreise) einzuholen. Auch eine Lernortsbegehung im Vorhinein ist empfehlenswert, um verschiedene Aspekte, wie z. B. Barrierefreiheit, abzuklären.

Für die Arbeit am Lernort ist es wichtig, vorab zu klären, welche inhaltlichen Aspekte am Lernort zu finden sind. Dabei können unterschiedliche Medien eingebunden werden, wie z. B. Infotafeln, Bücher oder Audioguides. Auf dieser Basis werden dann mögliche Forscher*innenfragen formuliert. Sollte die Lehrkraft bei der Begehung nicht dabei sein, ist es nützlich eine Auswahl an Fragen bereitzustellen, damit die entsprechende Lehrkraft für die jeweiligen Schüler*innen eine passende Forscher*innenfrage wählen kann. Dabei sollten individuelle Fähigkeiten, sei es motorisch, kognitiv oder sprachlich, berücksichtigt werden. Es ist möglich, dass mehrere Tandems zur gleichen Frage arbeiten; die Ergebnisse können dennoch sehr verschieden sein. Ein Austausch über die Fähigkeiten und Besonderheiten der Schüler*innen ist zur Tandemeinteilung hilfreich. Es ist dabei ebenso von Vorteil, wenn die dozierende Person die Studierenden kennt und ein Gefühl dafür hat, wer mit welchem Kind gut zusammenarbeiten könnte.

4.3 Wissenschaftliche Begleitstudie – Methodisches Vorgehen

Das Konzept der Kooperationsexkursionen zielt u. a. darauf ab, Studierenden Einblicke in die Perspektiven von Schüler*innen beim Erkunden von Lernorten zu ermöglichen. Zur empirischen Validierung des Konzepts wurde daher im

Rahmen einer Abschlussarbeit untersucht, welche Potenziale und Herausforderungen Studierende in Bezug auf das gemeinsame Erkunden eines Lernortes mit Schüler*innen wahrnehmen. Im Folgenden wird die methodische Vorgehensweise dieser qualitativ ausgerichteten Abschlussarbeit (Steinhoff 2024) zur Transparenz der Ergebnisse dargelegt. Die Ergebnisse bilden die Grundlage für die Evaluation und Diskussion der Kooperationsexkursionen.

Im Rahmen der Untersuchung wurden sechs Sonderpädagogikstudierende der Leibniz Universität Hannover mit Zweitfach Sachunterricht mittels *fokussierter Interviews* (vgl. Lamnek 2005, S. 368 ff.) zu ihren Erfahrungen nach einer Kooperationsexkursion mit Schüler*innen des Förderschwerpunktes geistige Entwicklung befragt. Die Erfahrungsberichte der Studierenden wurden aufgezeichnet und im Anschluss unter Anbetracht der Regeln für ein inhaltlich-systematisches Interview nach Dresing und Pehl (2018) transkribiert (vgl. ebd., S. 21 f.). Die Transkripte wurden anschließend mithilfe der Methode des *zirkulären Dekonstruierens* nach Jaeggi et al. (1998) ausgewertet, welche auf eine intensive Auseinandersetzung mit dem Textmaterial abzielt und sich in zwei Arbeitsphasen gliedert. In der ersten Arbeitsphase werden die Transkripte zunächst isoliert voneinander analysiert, um interviewspezifische Kategorien herauszuarbeiten. Die zweite Auswertungsphase greift diese Kategorien auf und fasst sie in der *Synopsis* tabellarisch zusammen. In einem weiteren Schritt, der *Verdichtung,* werden unter Anbetracht der interviewspezifischen Kategorien Konstrukte gebildet, um zentrale Elemente des Materials hervorzuheben. Den Abschluss der Auswertung bildet die *komparative Paraphrasierung,* bei der die aus den Kategorien abgeleiteten Konstrukte ausführlich verschriftlicht werden. Von zentraler Bedeutung sind die Herausarbeitung und Beschreibung der unterschiedlichen Perspektiven der Proband*innen, durch die eine Identifikation von Überschneidungen und Abweichungen ermöglicht wird (vgl. ebd.).

Das beschriebene methodische Vorgehen zeichnet sich durch eine detaillierte Auseinandersetzung mit den Erfahrungsberichten der Studierenden aus und zielt auf die Erfassung spezifischer und tiefgreifender Eindrücke ab, die im folgenden Kapitel aufgegriffen werden.

4.4 Evaluation des Konzepts

Die vorliegende Evaluation des Konzepts der Kooperationsexkursionen stützt sich neben den Aussagen der Studierenden aus der beschriebenen Abschlussarbeit (Steinhoff 2024) auch auf Beobachtungen und Reflexionen der Exkursionsleitungen (Dozentin und Lehrkräfte).

Die Auswertung der Abschlussarbeit zeigt eine praxisnahe Gelegenheit auf, Lehramtsstudierende in die didaktische und methodische Arbeit mit Schüler*innen einzubinden. Von zentraler Bedeutung ist dabei die enge Zusammenarbeit mit Schüler*innen in Tandems, welche den Studierenden ermöglicht, die kindliche Perspektive, die sonst nur schwer zugänglich ist, einzunehmen und nachzuvollziehen. Studierende erhalten demnach in einer authentischen Situation die Gelegenheit, im Sinne der „originalen Begegnung" (Nießeler 2022, S. 463) einen außerschulischen Lernort mit Schüler*innen zu erkunden und primäre Erfahrungen zu sammeln. Besonders soziale Kompetenzen wie Empathie, Toleranz sowie Teamfähigkeit, welche für eine gelingende Zusammenarbeit essenziell sind, können im Kontext dieser Exkursionen gefördert werden (vgl. Dühlmeier 2010, S. 27). Selbstreflexionsprozesse regen sowohl während der Exkursion als auch im Nachhinein den Lernprozess der Studierenden an. So erklärt eine Studentin: „Du lernst immer was. Du denkst ja auch im Nachhinein, das habe ich ja schon gesagt, da hättest du vielleicht noch mal anders reagieren können. Du siehst ja auch dann die anderen Studierenden, die mit den anderen Kindern rumgehen und schnappst ja zwischendurch noch mal was auf" (P1[2]).

Außerdem erhalten Studierende Einblicke in die Durchführung von Exkursionen. Sie können didaktische Ansätze erproben und beobachten, wie Schüler*innen einen Lernort wahrnehmen. Dabei kann ein Bewusstsein dafür entstehen, dass Schüler*innen einen Lernort möglicherweise anders als Erwachsene erleben (vgl. Lo 2015, S. 72). Auf diese Komplikationen sollten Lehrkräfte mit einer hohen Flexibilität reagieren. Diese Flexibilität wird bereits während der Exkursion von Studierenden gefordert, da die Schüler*innen oftmals unerwartete, nicht planbare Reaktionen auf den Lernort zeigen. Ein Handeln aus dem Lehrbuch gibt es dafür nicht, der flexible Umgang mit dem Verhalten der Schüler*innen wird daher geübt: „Es wird halt dann gesagt, so macht man das, aber ich finde, es fehlt einem auch irgendwie so ein bisschen […]. Also so hast du es geplant, aber wie machst du es denn, wenn das dann nicht so aufgeht, wie du dachtest?" (P2).

Das Tandemsetting sowie die Einnahme der Schüler*innenperspektive durch die Studierenden stellen sich auch für die Schüler*innen als Vorteil heraus. Mit den Studierenden als Bezugspersonen besteht trotz des eingeschränkten zeitlichen Umfangs die Chance, eine Beziehung möglichst auf Augenhöhe aufzubauen, welche ein angenehmeres Lernklima schafft, was sich wiederum positiv auf das

[2] Um die Anonymität der sechs Interviewpartner*innen sicher zu stellen, wurden sie mit jeweiligen Kürzeln versehen (z. B. Person 1 = P1).

Wohlbefinden und die damit verbundene Motivation von Schüler*innen auswirkt (vgl. Brühwiler 2014, S. 46): „Man kann den Kindern so viel bieten dadurch, weil man eine komplett andere Aufmerksamkeit hat" (P1). Dem Machtgefälle (exemplarisch Drinck 2023), welches üblicherweise zwischen Erwachsenen und Kindern im schulischen Kontext besteht, soll durch die Tandemarbeit auf Augenhöhe begegnet werden. Wenn auch für alle Teilnehmer*innen der Exkursionsort meistens unbekannt ist und die Erkundung und Aufgabenverteilung innerhalb des Teams selbstständig erfolgen sollen, kann es dennoch passieren, dass das Machtgefälle nicht gänzlich abgebaut werden kann. So pointiert eine Studentin: „[I] ch kann jetzt nicht sagen, ich war nach zweieinhalb Stunden ihre Freundin […]. Ich war vielleicht eher so etwas wie eine Arbeitspartnerin, aber auch ein bisschen gemischt mit so einer Hilfestellung" (P1). Es sollte berücksichtigt werden, dass die Rollenverteilung zwischen Gleichaltrigen, egal ob Schüler*innen oder Studierende, sehr unterschiedlich ausfallen kann und dass dies z. B. in Bezug auf die Dynamik der Tandems beobachtbar war. In manchen Gruppen lag die Führung eher bei den Studierenden, in anderen mehr bei den Schüler*innen.

Die Tandemarbeit ermöglicht Schüler*innen und Studierenden, frei vom möglicherweise herrschenden Leistungsdruck bei der Anwesenheit ihrer Lehrkräfte bzw. Dozierenden, ihren Interessen nachzugehen und in einem sicheren Raum zu lernen. Der geschaffene Rahmen erlaubt das Unterlaufen von Fehlern und ermöglicht im Anschluss, ohne gravierende Konsequenzen an diesen zu wachsen: „Da hat man dann irgendwie einen geschützten Raum, wo es nicht schlimm ist, wenn es einfach nicht funktioniert. Wo es nicht schlimm ist, wenn man mal einen Fehler macht. Und wo man in dem Moment dann halt auch einfach irgendwie umplanen kann" (P1). Diese positive Fehlerkultur wurde später im Interview nochmals hervorgehoben, denn durch die Arbeit mit einer temporären Bezugsperson wird es möglich, ohne Leistungsdruck und Erwartungen auf Augenhöhe zu lernen und neue Erfahrungen zu sammeln, während man gleichzeitig Unterstützung erhält. Das Kennenlernen einer neuen Person in so einem kurzen Zeitraum wirft allerdings auch Herausforderungen auf, die mit der Exkursionsteilnahme einhergehen: „[E]s ist natürlich jedes Mal eine neue Erfahrung. Du musst dich jedes Mal auf einen neuen Menschen einlassen" (P1). Für eher zurückhaltende, schüchterne Schüler*innen sowie Studierende kann es insbesondere in diesem kurzen Zeitraum schwierig sein, eine Beziehung zum Gegenüber aufzubauen. Dies kann wiederum einer angenehmen Lernatmosphäre entgegenwirken. P1 beschreibt: „Am Anfang hatte ich das Gefühl, dass die Schülerin noch sehr zurückgezogen war. Die hat […] sehr wenig geredet, eigentlich nur auf Ansprache. Und auch bei Input, was man reingegeben hat, kam sehr, sehr wenig überhaupt zurück erst mal." Die anfängliche, zurückhaltende Haltung der Schüler*innen kann allerdings genauso gut aufseiten der Studierenden bestehen: „Ich glaube schon, dass wir vertrauter geworden sind, weil am Anfang ist man ja schon auf Abstand gewesen. Ich glaube auch eher so ein bisschen von meiner Seite, weil ich ja auch erstmal so gucken wollte, was er kann, was er möchte“ (P3). Insgesamt werden aber mit der Zeit bei allen Beteiligten Berührungsängste abgebaut und das Einlassen aufeinander gelingt durch das Kennenlernen besser. Die adäquate Einschätzung und Einordnung der Fähigkeiten der Schüler*innen bleibt dennoch eine anspruchsvolle Aufgabe. Die Einschätzung ist hilfreich, da sie Aufschluss über realistische Erwartungen an die Fähigkeiten der Schüler*innen und deren Unterstützungsbedarf bietet. Durch das Herantasten an die kindlichen Kompetenzen können sich Studierende ein Bild über die „Zone der nächsten Entwicklung“ (Vygotsky 1987) machen, um die Tiefe der Inhalte als auch eine passende Methode zur Aneignung der Inhalte zu wählen: „[G]erade bei Kindern im GE-Bereich, da hast du einfach immer Sachen, wo du weißt, ich weiß nie ganz genau, wie viel Sprache verstehen die eigentlich, wie viel Sprache können sie selber anwenden. Braucht sie eigentlich visuelle Unterstützung oder auditive Unterstützung oder taktile Unterstützung? Ich weiß gar nicht genau, wie körperlich, motorisch sie unterwegs ist“ (P1). Diese Erfahrung veranschaulicht die Problematik, die sich aus einem geringen Kenntnisstand über das Kind ergibt. Der Mangel an Wissen über die Fähigkeiten und Bedürfnisse der Schüler*innen führt zu möglichen Schwierigkeiten im Umgang mit den Schüler*innen: „[I]ch musste sie sehr motivieren, dass wir in die Richtung etwas machen und ich war mir nicht mal sicher, ob sie es verstanden hat, da es halt auch eine Sprachbarriere gab“ (P4). Solche Herausforderungen gibt es aber nicht nur im Förderschulkontext. Die Zusammenarbeit mit Grundschüler*innen kann sich ebenso aufgrund diverser Persönlichkeitsmerkmale und Fähigkeiten herausfordernd gestalten. Die Exkursion bietet daher die Möglichkeit, sich in der Interaktion mit Schüler*innen zu professionalisieren und Erfahrungen für den zukünftigen Werdegang als Lehrkraft zu sammeln. Dabei können soziale Kompetenzen gestärkt werden und die angehenden Lehrkräfte erhalten die Gelegenheit, methodisches Wissen anzuwenden und authentische Erfahrungen im Umgang mit Schüler*innen zu sammeln. Es zeigt sich, dass Studierende bei mehrfacher Teilnahme an diesen Kooperationsexkursionen an Selbstsicherheit gewinnen und Strategien entwickeln, um mit möglichen Herausforderungen während der Durchführung von Exkursionen umzugehen.

In Anbetracht der Aussagen der Studierenden sowie den Beobachtungen der Exkursionsleitenden bietet das Konzept der Kooperationsexkursion eine attraktive Fülle an Potenzialen, die didaktisch geprägte Lehramtsausbildung mit praktischen Erarbeitungsmöglichkeiten zu ergänzen. Obgleich das Konzept einem höheren Aufwand aufseiten der Exkursionsleitenden unterliegt und zwischenmenschliche

Komplikationen zwischen Studierenden und Schüler*innen auftreten können, werden andererseits durchgängig Erfahrungen gesammelt, welche die Realität verdeutlichen und Studierende auf ihren Werdegang zu Lehrkräften vorbereiten.

5 Fazit und Ausblick

Die praxisnahe Einbindung der Studierenden in die Arbeit mit Schüler*innen, insbesondere im Tandemsetting, ermöglicht, wertvolle Erfahrungen zu sammeln und die kindliche Perspektive, v. a. in Bezug auf das Entdecken von außerschulischen Lernorten, besser zu verstehen. Dabei werden nicht nur didaktische Kompetenzen gestärkt, sondern auch soziale Fähigkeiten wie Empathie und Flexibilität gefördert. Trotz einiger Herausforderungen, wie die kurze Zeitspanne zur Beziehungsgestaltung und Unsicherheiten in der Einschätzung der Fähigkeiten der Schüler*innen, erweist sich das Konzept als äußerst lehrreich. Es bietet den Studierenden die Möglichkeit, sich auf die zukünftige Lehrpraxis vorzubereiten, indem sie sich in einem geschützten Rahmen ausprobieren und ihre Handlungsstrategien weiterentwickeln können. Nicht nur die Studierenden profitieren von den Exkursionen, sondern auch für die Schüler*innen ist dieses Vorgehen mit vielen Potenzialen mit Blick auf die heterogenen Klassenzusammensetzungen verbunden, sodass der erhöhte Vorbereitungsaufwand seitens der Dozierenden und Lehrkräfte gerechtfertigt erscheint.

Obgleich die Konzeption im Kontext des Sachunterrichtsstudiums verortet ist, empfiehlt sich ein Übertrag auf andere Lehramtsstudiengänge oder pädagogische Kontexte, da Exkursionen nicht nur im Fach Sachunterricht, sondern auch in anderen Fächern oder anderen Institutionen als der Schule (z. B. Kindergarten) Einsatz finden. Das Potenzial, das Studierende während einer Exkursion durch die Zusammenarbeit mit Kindern einen Einblick in die kindliche Perspektive gewinnen, bleibt bestehen und ist auch in anderen Kontexten relevant, um mit Kindern unter Berücksichtigung ihrer individuellen Lernausgangslagen zu arbeiten.

Literatur

Amend, T. & Wirth, D. (2020). Das Würzburger Modell der Lehr-Lern-Exkursion. Exkursionsdidaktik jenseits des Elfenbeinturms: Lehramtsstudierende führen Mehrtagesexkursionen mit Schülerinnen und Schülern durch. In A. Seckelmann & A. Hof (Hrsg.), Exkursionen und Exkursionsdidaktik in der Hochschullehre (S. 93–106). Berlin: Springer.

Baar, R. & Schönknecht, G. (2018). Außerschulische Lernorte: didaktische und methodische Grundlagen. Weinheim: Beltz.

Beudels, M., Jeske, I. & Preisfeld, A. (2021). Wasser, Wald & Wuppertal. Kohärenzerleben von Sachunterrichtsstudierenden bei der Planung, Durchführung und Nachbereitung einer Exkursion. PFLB Zeitschrift für Schul- und Professionsentwicklung, 3(1), 71–103.

Böing, M. & Sachs, U. (2007). Fachdidaktische Exkursionen. Ein Baustein zur Förderung exkursionsdidaktischer Kompetenzen in der Lehrerbildung. Geographie und Schule, 29(169), 39–46.

Brade, J. & Dühlmeier, B. (2022). Lehren und Lernen in außerschulischen Lernorten. In J. Kahlert, M. Fölling-Albers, M. Götz, A. Hartinger, S. Miller & S. Wittkowske (Hrsg.), Handbuch Didaktik des Sachunterrichts (3. Aufl., S. 455–463). Bad Heilbrunn: Klinkhardt.

Brühwiler, C. (2014). Adaptive Lehrkompetenz und schulisches Lernen. Münster u. a.: Waxmann.

Dresing, T. & Pehl, T. (2018). Praxisbuch Interview, Transkription & Analyse. Anleitung und Regelsystem für qualitativ Forschende (8. Aufl.). Marburg.

Drinck, B. (2023). Schule und ihre Macht. In N. Leonhardt, A. Goldbach, L. Staib & S. Schuppener (Hrsg.), Macht in Schule. Wissen – Sichtweisen – Erfahrungen (S. 127–138). Bad Heilbrunn: Klinkhardt.

Dühlmeier, B. (2010). Mehr außerschulische Lernorte in der Grundschule: Neun Beispiele für den fachübergreifenden Sachunterricht (2. Aufl.). Baltmannsweiler: Schneider Verlag Hohengehren.

Duit, R. (2010). Schülervorstellungen und Lernen von Physik. Piko-Brief Nr. 1, 1–5. Verfügbar unter: https://www.ipn.uni-kiel.de/de/das-ipn/abteilungen/didaktik-der-physik/piko/pikobriefe032010.pdf [Zugriff am: 06.09.2024].

Erhorn, J. & Schwier, J. (2016). Außerschulische Lernorte. Eine Einleitung. In ders. (Hrsg.), Pädagogik außerschulischer Lernorte. Eine interdisziplinäre Annäherung (S. 7–13). Bielefeld: transcript.

Gesellschaft für Didaktik des Sachunterrichts (GDSU)(2013). Perspektivrahmen Sachunterricht. Bad Heilbrunn: Klinkhardt.

Giest, H., Hartinger, A. & Tänzer, S. (2017). Editorial. In ders. (Hrsg.), Vielperspektivität im Sachunterricht (S. 9–12). Bad Heilbrunn: Klinkhardt.

Gottfried Wilhelm Leibniz Universität Hannover (2023). Verkündungsblatt der Gottfried Wilhelm Leibniz Universität Hannover vom 24.03.2023. Verfügbar unter: https://www.uni-hannover.de/fileadmin/luh/studium/ordnungen/stpo/f_sonderpaed_bpo23.pdf [letzter Zugriff am 06.08.2024].

Hiller, J. & Schuler, S. (2022). Exkursionsdidaktische Konzepte für das digitale außerschulische Lernen kollaborativ entwickeln und erproben – Die Integration von BNE-Projektseminaren mit Lehramtsstudierenden im DBR-Projekt ExpeditioN Stadt. In J. Weselek, F. Kohler & A. Siegmund (Hrsg.), Digitale Bildung für nachhaltige Entwicklung (S. 9–22). Berlin: Springer.

Jaeggi, E, Faas, A. & Mruck, K. (1998). Denkverbote gibt es nicht! Vorschlag zur interpretativen Auswertung kommunikativ gewonnener Daten. Forschungsbericht der TU Berlin, Nr. 98-2, 4–31.

Klaes, E. (2008). Stand der Forschung zum Lehren und Lernen an ausserschulischen Lernorten. In D. Höttecke (Hrsg.), Kompetenzen, Kompetenzmodelle, Kompetenzentwicklung – Empirische Forschung in den Fachdidaktiken. Gesellschaft für Didaktik der Chemie und Physik. Jahrestagung in Essen 2007 (S. 263–265). Münster: LIT.

Kuske-Janßen, W., Niethammer, M., Pospiech, G., Wieser, D., Wils, J.-T. & Wilsdorf, R. (2020). Teil 1 – Außerschulische Lernorte – theoretische Grundlagen und Forschungsstand. In Kuhlemann, F.-M., Pospiech, G., Niethammer, M. & Wieser, D. (Hrsg.), Begegnung mit der Wirklichkeit. Chancen für fächerübergreifendes Lernen an außerschulischen Lernorten (S. 21–50). Bern: hep-Verlag.

Lamnek, S. (2005). Qualitative Sozialforschung. Lehrbuch (4. Aufl.). Weinheim: Beltz.

Lindau, A.-K. (2020). Subjektive Wahrnehmungen von Aspekten der professionellen Handlungskompetenz zu geographischen Exkursionen bei Lehramtsstudierenden – zwei Fallanalysen im Kontext von Gruppendiskussionen. In Hemmer, M., Lindau, A.-K., Peter, C., Rawohl, M. & Schrüfer, G. (Hrsg.), Lehrerprofessionalität und Lehrerbildung im Fach Geographie im Fokus von Theorie, Empirie und Praxis (S. 123–136). Münster: Münsterscher Verlag für Wissenschaft.

Lo, M. L. (2015). Lernen durch Variation. Implementierung der Variationstheorie in Schule und Bildungsforschung. Münster u. a.: Waxmann.

Möller, K. (2018). Die Bedeutung von Schülervorstellungen für das Lernen im Sachunterricht. In M. Adamina, M. Kübler, K. Kalcsics, S. Bietenhard & E. Engeli (Hrsg.), „Wie ich mir das denke und vorstelle..." Vorstellungen von Schülerinnen und Schülern zu Lerngegenständen des Sachunterrichts und des Fachbereichs Natur, Mensch, Gesellschaft (S. 35–50). Bad Heilbrunn: Klinkhardt.

Münch, J. (1985). Lernorte und Lernort-Kombinationen–begriffliche und theoretische Vorklärungen. In Europäisches Zentrum für die Förderung der Berufsbildung (Hrsg.), Lernorte und Lernort-Kombinationen im internationalen Vergleich (S. 23–35). Berlin: CEDEFOP.

Nießeler, A. (2022). Den Sachen Begegnen. In J. Kahlert, M. Fölling-Albers, M. Götz, A. Hartinger, S. Miller & S. Wittkowske (Hrsg.), Handbuch Didaktik des Sachunterrichts (3. Aufl., S. 463–470). Bad Heilbrunn: Klinkhardt.

Peschel, M. (2014). Außerschulische Lernorte in der Sachunterrichtsausbildung. Impulse aus der Praxis, 131–135.

Sauerborn, P. & Brühne, T. (2020). Didaktik des außerschulischen Lernens (7. Aufl.). Baltmannsweiler: Schneider Verlag Hohengehren.

Schulte, A. (2019). Außerschulische Lernorte. Berlin: Cornelsen.

Steinhoff, C. (2024). „[…] es ist halt unberechenbar"–Über die Wahrnehmung von Studierenden zu möglichen Chancen und Herausforderungen von Exkursionen mit Schüler*innen des Förderschwerpunktes der geistigen Entwicklung–eine qualitativ-empirische Studie. Leibniz Universität Hannover (unveröffentlichte Abschlussarbeit).

Stolz, C. & Feiler, B. (2018). Exkursionsdidaktik. Ein fächerübergreifender Praxisratgeber. Stuttgart: Ulmer.

Vogt, H. & Upmeier zu Belzen, A. (1997). Didaktische Geländeübung. Studentische Exkursion mit Schülern. Zeitschrift für Didaktik der Biologie–Biologie Lehren und Lernen, 6, S. 99–109.

Vygotsky, L. S. (1987). Ausgewählte Schriften. Köln: Pahl-Rugenstein.

Außerschulisches Lernen in Biologie und im Sachunterricht: Konzeptionelle Betrachtung eines universitären Seminars

Till Schmäing

1 Einleitung

Lehr- und Lernprozesse an außerschulischen Lernorten bieten vielseitige Möglichkeiten, biologische Inhalte besonders spannend und anschaulich zu vermitteln (Scheersoi 2013). Zudem wird ihnen infolge der Option einer Verknüpfung von naturwissenschaftlichen mit künstlerischen, kulturellen oder gesellschaftspolitischen Fragestellungen sowie der Durchführung fächerübergreifender Angebote ein hohes interdisziplinäres Potenzial zugeschrieben (Knoblich 2020). Die Spannbreite außerschulischer Lernorte ist sehr groß und umfasst neben unterschiedlichen Lebensräumen im Freiland unter anderem Schulgärten, biologische Sammlungen, zoologische oder botanische Einrichtungen, Schüler*innenlabore und Wissenschaftszentren (Gebhard et al. 2018). Auch in den Steuerungsdokumenten für schulische Bildung wird außerschulisches Lernen berücksichtigt und zum Beispiel in den Bildungsstandards der Naturwissenschaften als ein wichtiger Beitrag des Fachs Biologie zur Bildung herausgestellt. So kann gemäß diesen insbesondere mit dem Besuch außerschulischer Lernorte durch Begegnungen mit biologischen Originalen ein emotionaler und werteorientierter Zugang geschaffen werden, welcher auf eine Entwicklung von Achtung vor dem Lebendigen sowie auf eine Sensibilisierung für die Verantwortung menschlichen Handelns und auf einen nachhaltigen Umgang mit der Natur und ihren Ressourcen fokussiert (KMK 2024).

T. Schmäing (✉)
Sachunterricht, Universität Vechta, Vechta, Deutschland
E-Mail: till.schmaeing@uni-vechta.de

A. Wenzel und T. Schmäing (Hrsg.), *Außerschulisches Lernen in der naturwissenschaftlichen Bildung*, https://doi.org/10.1007/978-3-658-50864-7_2

Um angehende Lehrkräfte bereits in einer frühen Phase für die Relevanz dieses Bereichs sensibilisieren und zugleich konkrete Implikationen für ihre zukünftige berufliche Praxis ermöglichen zu können, wurde ein Lehrangebot in Form eines Seminars konzipiert und in mehreren Semestern in lehramtsbezogenen Studiengängen an der Universität Bielefeld durchgeführt. Diese Veranstaltung adressiert nicht nur Studierende des Lehramts Biologie, sondern ebenso des Faches Sachunterricht in der Primarstufe mit einem naturwissenschaftlichen Schwerpunkt. Gerade infolge des bereits angeführten interdisziplinären Potenzials außerschulischen Lernens schaffen außerschulische Angebote für Grundschüler*innen besondere Lerngelegenheiten. Daher sind außerschulische Lernorte ebenso in den curricularen Vorgaben für den Sachunterricht fest verankert (z. B. in Nordrhein-Westfalen: MSB Nrw 2012).

Der vorliegende Beitrag richtet sich auf das universitäre Seminar „außerschulisches Lernen in heimischen Lebensräumen" und stellt es mitsamt der Entwicklung und einer Evaluation vor. Dazu werden eingangs grundlegende konzeptionelle Überlegungen zur konkreten Ausgestaltung dargelegt. In diesem Kontext werden die verschiedenen inhaltlichen Perspektiven und ebenso allgemeine Prinzipien für die Umsetzung ausgeführt. Darauf aufbauend wird das Seminarkonzept mit seinen drei verschiedenen Blöcken, welche die Sitzungen des Seminars gliedern, im Detail beschrieben. Abschließend erfolgt ein Resümee, das unter anderem Einblicke in die Evaluation der Seminardurchführung eines Durchgangs gibt.

2 Konzeptionelle Vorüberlegungen

Das Seminar adressiert den spezifischen Bedarf an einer Veranstaltung im Lehramtsstudium in den Fächern Biologie und Sachunterricht an der Universität Bielefeld, die sich unmittelbar auf das außerschulische Lernen richtet und dieses aus einer fachdidaktischen Sichtweise betrachtet. Im Rahmen der Konzeptionsphase war es daher wichtig, direkt zu Beginn Zielsetzungen zu formulieren, die mit diesem Seminar verfolgt werden. Im Hinblick auf ein studierendenorientiertes universitäres Lehrangebot wurden inhaltliche Aspekte aus den nachfolgenden Perspektiven als relevant herausgestellt:

- *Historische Perspektive:* Herleitung der Relevanz des außerschulischen Lernens für die naturwissenschaftliche Bildung
- *Theoretische Perspektive:* Darstellung theoretischer Grundlagen des Bereichs mit Spezifizierungen für die naturwissenschaftliche Bildung
- *Unterrichtspraktische Perspektive:* Konzeption konkreter Angebote für den Biologie- bzw. Sachunterricht sowie Vorstellung ausgewählter Lernorte

- *Schulrechtliche Perspektive:* Sensibilisierung für rechtlich relevante Aspekte bei der Planung und Durchführung von außerschulischem Unterricht
- *Tätigkeitspraktische Perspektive:* Planung und Durchführung von Exkursionen zu außerschulischen Lernorten im Sinne des pädagogischen Doppeldeckers
- *Forschungstechnische Perspektive:* Einblicke in die Möglichkeit und Notwendigkeit des Beforschens außerschulischer Interventionen

Neben diesen inhaltlichen Komponenten wurden mit der *Handlungsorientierung*, der *Praxisorientierung*, der *Evidenzbasierung* und der *Kooperation* vier übergeordnete Prinzipien herausgestellt, die im Seminar in besonderem Maße eine Berücksichtigung erfahren sollten. Die Handlungsorientierung beschreibt, dass die Studierenden selbst einen hohen Grad an Aktivität im Seminar zeigen sollen und daher entsprechend in unterschiedlicher Weise einzubinden sind. Zu den zentralen Handlungen der Seminarteilnehmer*innen zählen in den einzelnen Sitzungen – neben diversen interaktiven Elementen, wie die Erarbeitung von Aufgaben in Partner*innenarbeit oder Diskussionen in Kleingruppen – vor allem die Konzeption einer außerschulischen Intervention zu einem spezifischen und selbstständig gewählten Lernort. Für die Erstellung dieser bilden zuvor im Seminar thematisierte theoretische Grundlagen für die Planung und die Durchführung von Unterricht an außerschulischen Lernorten eine zentrale fachdidaktische Fundierung. Insofern erhält die *Praxisorientierung* zugleich in zweierlei Hinsicht eine Relevanz. Zum einen soll die Konzeption unter der Beachtung der curricularen Vorgaben vorgenommen werden, sodass eine praktische Orientierung an den formalen Vorgaben gegeben ist. Zum anderen soll sich das zu entwickelnde Unterrichtskonzept auf die unterrichtliche Praxis beziehen. Im Konzeptionsprozess sollen von den Studierenden zudem Erkenntnisse aus der empirischen fachdidaktischen und der allgemeindidaktischen Forschung zugrunde gelegt und zum Beispiel im Kontext von Bildung für nachhaltige Entwicklung Gestaltungsmerkmale von außerschulischen Interventionen für eine Förderung des Umweltbewusstseins umgesetzt werden. Die Entwicklung soll daher *evidenzbasiert* vorgenommen werden. Um einerseits all diese Aspekte umsetzen zu können und andererseits eine Vorstellung der Planungen sowie eine Diskussion dieser ermöglichen zu können, ist die gemeinsame Erarbeitung eines Lehrkonzepts sinnvoll. Die Studierenden sollen also *kooperativ* arbeiten.

3 Seminarkonzept

Das Seminar „außerschulisches Lernen in heimischen Lebensräumen" greift vor dem Hintergrund der vier skizzierten Prinzipien die sechs unterschiedlichen inhaltlichen Perspektiven auf. Dazu wird eine Aufteilung der Seminarsitzungen in

Tab. 1 Verlauf des Seminars

Block	Seminarsitzung	Inhaltlicher Schwerpunkt
I	1	Einführung und Organisation
I	2	Geschichte und Theorie des außerschulischen Lernens
I	3	Exemplarische Vorstellungen von zwei Lernorten
I	4	Planung außerschulischen Unterrichts
I	5	Rechtliche Grundlagen zur Durchführung von Exkursionen
II	6	Sprechstunde zur Konzeption der außerschulischen Interventionen
II	7–13	Präsentation und Diskussion der entwickelten Konzepte
III	14	Außerschulisches Lehren und Lernen im Fokus der fachdidaktischen Forschung
III	15	Abschluss und Ausblick

drei verschiedene Blöcke vorgenommen. Im ersten Block „Einführung, Theorie & Praxis" werden unter anderem Grundlagen für die Entwicklung der Lehrkonzepte erarbeitet. Die Vorstellung von diesen erfolgt im zweiten Block „Vorstellung und Diskussion der Lehrkonzepte". Im letzten Teil des Seminars, dem Block „Forschung, Abschluss & Ausblick", wird unter anderem ein Einblick in die fachdidaktische Forschung zum außerschulischen Lernen sowie unter Berücksichtigung der Erkenntnisse aus dem Seminar ein Ausblick auf die zukünftigen Tätigkeiten in der unterrichtlichen Praxis gegeben. Tab. 1 gib einen Überblick über den Verlauf des Seminars und zeigt die Schwerpunkte der einzelnen Sitzungen. In den nachfolgenden Abschnitten werden diese drei Blöcke konkret ausgeführt. Dabei erfolgt eine Bezugnahme zu den dargestellten Perspektiven und Prinzipien.

3.1 Block I „Einführung, Theorie & Praxis"

In der ersten Sitzung werden die Studierenden im Sinne der Transparenz über die Zielsetzungen, den Aufbau, den allgemeinen Ablauf des Seminars sowie über die je nach Studiengang zu erbringenden Leistungen informiert. Um in den nachfolgenden Sitzungen einen konkreten Bezug zu den Anforderungen der Seminargruppe nehmen zu können, werden in Anlehnung an die Umsetzung in anderen naturwissenschaftsdidaktischen Lehrveranstaltungen (Baumann et al. 2023) die Präkonzepte der Studierenden zum außerschulischen Lernen erhoben. Daher wichen die konkreten Ausgestaltungen der nachfolgenden Sitzungen in den einzelnen Semestern infolge unterschiedlicher Voraussetzungen der Lernenden teilweise voneinander ab.

In der zweiten Sitzung liegt ein Schwerpunkt auf der historischen und der theoretischen Perspektive, um den Studierenden eine entsprechende Einbettung des Themenbereichs zu eröffnen. In der historischen Herleitung wird unter anderem ausgeführt, dass bereits zu den Schriften von Johann Amos Comenius aus der Mitte des 17. Jahrhunderts eine Bezugnahme zur Relevanz von außerschulischen Lernen genommen werden kann (Link 2023) und Friedrich August Finger in seinem Konzept eines Heimatkundekurses praktische Hinweise zur Erkundung der Umgebung gab (Dühlmeier 2021). Im zweiten Teil der Sitzung werden definitorische Grundlagen zum übergeordneten Themenbereich eingeführt. Zu diesen gehören unter anderem die mögliche Einteilung von außerschulischen Lernorten in primäre und sekundäre Lernorte sowie in Lernstandorte (Salzmann 2007). Darüber hinaus ist es möglich, außerschulische Lernorte auf zwei verschiedenen Kontinuen von informell bis formal und von Lernen bis Konsum (Groß 2011) einzuteilen. Des Weiteren wird in dieser Sitzung die Abgrenzung von Lernorten, Lernumgebungen und Lernsituationen (Kuhn et al. 2017) thematisiert. Zudem werden Argumente für das Potenzial, aber auch die Grenzen der Einbindung von Phasen des außerschulischen Lernens in den Biologie- und den Sachunterricht zusammengetragen und diskutiert (siehe z. B. Brade und Dühlmeier 2015).

Die dritte Sitzung des ersten Blockes bezieht sich auf die unterrichtspraktische Perspektive, da zwei konkrete außerschulische Lernorte vorgestellt werden. Dabei wurden das Wattenmeer und das UNESCO-Weltnaturerbe Wattenmeer-Besucherzentrum Cuxhaven als außerschulische Lernorte ausgewählt. Das Wattenmeer stellt einen besonderen Lernort in einer Bildung für nachhaltige Entwicklung dar (Schmäing und Grotjohann 2022a). So können mit einer geführten Exkursion in das Wattenmeer unter anderem die Umwelteinstellungen (Schmäing und Grotjohann 2022b) und die Naturverbundenheit (Schmäing und Grotjohann 2024) von Schüler*innen gefördert werden. Darüber hinaus haben Aufenthalte im Wattenmeer einen positiven Einfluss auf das Umweltwissen von Schüler*innen (Schmäing und Grotjohann 2025), aber auch auf die Artenkenntnis von angehenden Lehrkräften der Fächer Biologie und Sachunterricht (Schmäing und Grotjohann 2023). In der informellen Bildung hat dieser Lernort ebenso eine große Bedeutung (Puppe und Schmäing 2025). Das als UNESCO-Weltnaturerbe ausgezeichnete Wattenmeer bietet somit aus unterschiedlichen Gründen einen prädestinierten außerschulischen Lernort, sodass dieser bereits in der universitären Phase der Lehrkräftebildung aufgegriffen werden sollte. Bei den Vorstellungen der beiden außerschulischen Lernorte im Rahmen des Seminars wird eine kurze fachwissenschaftliche Darstellung des Ökosystems Wattenmeer vorgenommen und unter anderem die Relevanz des Wattenmeeres als Lebensraum für über 10.000 verschiedene Arten an Tieren, Pflanzen und Pilzen (Reise 2013) und für den Vogelzug (Schumacher et al. 2023) herausgestellt. Für die Vorstellung des Wattenmeer-Besucherzentrums wird ein virtueller Rundgang durch das Gebäude umgesetzt. Darüber hinaus wird unter einer Bezugnahme des Umweltbildungsprogramms des Nationalparks Niedersächsisches Wattenmeer (Nationalparkverwaltung Niedersächsisches Wattenmeer 2017) das spezifische außerschulische Lernangebot dieser Einrichtung vorgestellt.

In einer Arbeitsphase erfolgt die Anwendung der theoretischen Inhalte auf die beiden außerschulischen Lernorte, also auf das Wattenmeer und das UNESCO-Weltnaturerbe Wattenmeer-Besucherzentrum Cuxhaven. Dabei soll unter anderem analysiert werden, ob jeweils ein primärer Lernort, ein sekundärer Lernort oder ein Lernstandort vorliegt und zudem, ob jeweils formale, nicht formale und/oder informelle Lernprozesse umsetzbar sind. Überdies sollen zu konkreten Situationen jeweils der Lernort, die Lernumgebung und die Lernsituation selbst von den Studierenden ausgeführt werden. Des Weiteren werden in einer abschließenden Diskussion das Potenzial und die Grenzen beider außerschulischer Lernorte vor dem Hintergrund der Einbettung in den schulischen Unterricht diskutiert.

In der vierten Sitzung des Seminars wird auf die Diskussion aus der vorherigen Seminarsitzung aufgebaut und Erkenntnisse dieser aufgegriffen. Es werden Foki auf außerschulische Interventionen gerichtet und die Grundlagen der Planung und Durchführung von naturwissenschaftlichen Unterricht an außerschulischen Lernorten erarbeitet, sodass auch in dieser Sitzung primär die unterrichtspraktische Perspektive berücksichtigt wird. Dabei wird beispielsweise verdeutlicht, dass außerschulischer Unterricht gemäß den Vorgaben der Bildungssteuerungsdokumenten zu planen ist, aber auch zugleich gezielte Bezüge zu Bildungskonzepten der Einrichtungen eine sinnvolle Unterstützung sein können. Um eine Bezugnahme zu den Vorgaben zu illustrieren, werden unterschiedliche Beispiele gewählt und jeweils Anbindungen an die Lehrpläne für das Fach Biologie in der Sekundarstufe I (MSB Nrw 2019) und der Sekundarstufe II (MSB Nrw 2023) sowie für den Sachunterricht (MSB Nrw 2012) erörtert. Ebenso werden unter einer Berücksichtigung der jeweiligen Spezifitäten des Unterrichtsfaches und der Jahrgangsstufe die Bedeutung von Lernzielen für die fachdidaktische Unterrichtsplanung (Gropengießer und Harms 2023) aufgegriffen und mitsamt konkreter Beispiele in einer Arbeitsphase Zielsetzungen von Lernprozessen an außerschulischen Lernorten formuliert. Ferner wird dabei im besonderen Maße auf die Operationalisierung geachtet und die Studierenden für diesen Bereich sensibilisiert.

Die fünfte Sitzung stellt den Abschluss des ersten Blocks dar. In dieser Sitzung werden rechtliche Grundlagen für die Durchführung von Exkursionen behandelt. Dazu werden infolge des Standortes der Universität die in Nordrhein-Westfalen gültigen Richtlinien für Schulfahrten herangezogen (MSB Nrw 1997). Neben allgemeinen Hinweisen zu den übergeordneten Zielsetzungen von Exkursionen werden vor allem Inhalte zu den Bereichen Planung, Genehmigung, Teilnahmepflicht, Vertragsabschlüsse, Aufsichtspflicht sowie Unfallverhütung ausgeführt und auf unterschiedliche Situationen exemplarisch angewendet. In diesem Kontext wird unter anderem erneut das Wattenmeer aufgegriffen, da im Rahmen einer Exkursion in dieses vielerlei Sicherheitsaspekte zu berücksichtigen sind. Neben einer genauen Kenntnis der Tide sind zum Beispiel kurzfristig auftretende Wetterphänomene, wie Seenebel oder Gewitter, zu beachten. Außerschulisches Lernen im Wattenmeer mit einer Schulklasse ist daher, teilweise juristisch notwendig, nur mit einer ausgebildeten Begleitperson umsetzbar. Mit dieser Sitzung wird daher die schulrechtliche Perspektive eingenommen.

3.2 Block II „Vorstellung und Diskussion der Lehrkonzepte"

Im Zentrum des zweiten Blocks steht die tätigkeitspraktische Perspektive. Die Studierenden entwickeln Lehrkonzepte für außerschulische Interventionen, stellen diese vor und diskutieren im Anschluss in der Seminargruppe darüber. In Abhängigkeit von der Größe des Seminars arbeiten jeweils zwei bis vier Studierende gemeinsam an einem Konzept. In den meisten Durchgängen haben sich die Studierenden bereits im Verlauf des ersten Blocks nach eigenen Interessen in diesen Konstellationen zusammengefunden. Den Studierenden ist die Wahl eines konkreten außerschulischen Lernorts, wie einem Naturraum oder einer zoologischen Einrichtung, freigestellt, ebenso wie der Fokus des jeweiligen Lehrkonzepts. Um jedoch Dopplungen zu vermeiden und damit einhergehend eine Variabilität der Lernorte zu ermöglichen sowie des Weiteren spezifische Unterstützung bei der Entwicklung zu gewährleisten, wird der zweite Block mit einer gemeinsamen Sprechstunde und daher mit einem sehr offenen Format eingeführt.

Die Sprechstunde findet zum regulären Seminartermin statt und dient vor allem der Abstimmung und der Beratung. Die Studierenden tauschen sich gegenseitig über die außerschulischen Lernorte aus, für die sie Lehrkonzepte entwickeln möchten. Die Zielsetzung dieser Sitzung besteht darin, dass alle Teilnehmenden einer arbeitsfähigen Gruppe angehören. In dieser Gruppe ist ein allgemeiner thematischer Schwerpunkt der Intervention sowie ein konkreter außerschulischer Lernort festzulegen. Zudem wird die Sprechstunde dazu verwendet, dass die lehrende Person sich einen Überblick über den aktuellen Stand der Planung verschafft und zu all diesen Aspekten beratend tätig werden kann.

Im Anschluss entwickeln die Studierenden ihre Lehrkonzepte. Die verschiedenen Inhalte des ersten Blockes bilden eine Basis dafür. In dieser Entwicklungsphase erfolgen optional weitere Beratungen. Das Resultat des Prozesses soll eine Präsentation sein, welche neben einer kurzen fachwissenschaftlichen Sachanalyse des betrachteten Kontextes eine Vorstellung des außerschulischen Lernortes, eine Skizzierung der Unterrichtsreihe und eine konkrete Planung der spezifischen Intervention an diesem außerschulischen Lernort enthält. Zu dieser Planung gehören unter anderem eine Bezugnahme zu den Bildungssteuerungsdokumenten, eine tabellarische Übersicht über das geplante Vorhaben, die Formulierung von operationalisierten Lernzielen, eine ausführliche didaktisch-methodische Analyse, eine Bezugnahme zu den Bereichen Differenzierung und Inklusion sowie die dazugehörigen Arbeitsmaterialien.

Die nachfolgenden sieben Sitzungen werden allesamt mit demselben Vorgehen umgesetzt. In jeder Sitzung werden zwei Konzepte von den Studierenden präsentiert und im Anschluss leitfragenbasiert diskutiert. Die Dauer der Vorstellung soll bis zu einer halben Stunde betragen, die der Diskussion entsprechend etwa eine Viertelstunde. Bei der Präsentation können zur Vorstellung des außerschulischen Lernorts Fotos oder Videos eingebunden werden, um den anderen Studierenden einen möglichst konkreten Einblick zu geben. Dabei wurden von einigen Studierenden eigene Aufnahmen, die bei einem vorherigen Besuch des Lernorts entstanden sind, berücksichtigt. Sofern die ausgewählten außerschulischen Lernorte ein eigenständiges pädagogisches Angebot haben, so kann dieses ebenso skizziert werden.

3.3 Block III „Forschung, Abschluss & Ausblick"

Nachdem alle von den Studierenden entwickelten Lehrkonzepte vorgestellt und diskutiert worden sind, wird eine forschungstechnische Perspektive mit einem konkreten Zusammenhang zu diesen Präsentationeneingenommen. In der ersten Sitzung des dritten Blocks werden dazu Grundlagen der quantitativen und qualitativen empirischen fachdidaktischen Forschung mit einem Bezug zum außerschulischen Lernen skizziert und beide Zugänge vergleichend und ergänzend gegenübergestellt (Schumann 2018). Außerdem werden unter anderem exemplarisch konkrete fachdidaktische Studien mit ihren spezifischen Erkenntnissen zum außerschulischen Lernen vorgestellt. Daran anknüpfend sollen die Studierenden in einer Arbeitsphase angeleitet Überlegungen vornehmen, wie die von ihnen entwickelten Lehrkonzepte beforscht werden könnten. Nach einem Austausch der Ergebnisse aus dieser Phase werden im Plenum exemplarisch zwei Studien betrachtet, die in einem Mixed-Methods-Design außerschulische Lehr- und Lernprozesse in der Biologie bzw. im Sachunterricht mit naturwissenschaftlichem Schwerpunkt untersucht haben. Abschließend wird ein Ausblick gegeben, welcher die Relevanz für fachdidaktische Forschung im weiteren Verlauf des Studiums darstellt. Dabei werden vor allem Bezüge zum Praxissemester und zu den in dieser Praxisphase anzufertigenden Studienprojekten genommen.

In der letzten Sitzung des Seminars erfolgt neben einem Abschluss ein Ausblick. Im Rahmen des Abschlusses werden in Kürze die vorgestellten Konzepte aufgegriffen. Dies erfolgt mit einer thematischen Clusterung und einer geographischen Darstellung der außerschulischen Lernorte auf einer digitalen Karte. Der Ausblick bezieht sich darauf, inwiefern außerschulisches Lernen auch in den kommenden fachdidaktischen Lehrveranstaltungen sowie im Praxissemester, im Vorbereitungsdienst und in der beruflichen Praxis eine Berücksichtigung erfahren kann. Zudem wird eine schriftliche anonyme Evaluation der Veranstaltung vorgenommen.

4 Resümee

Das dargestellte universitäre Seminar ermöglicht es, den Bereich des außerschulischen Lernens aus mehreren Perspektiven in den lehramtsbezogenen Studiengängen der Fächer Biologie und Sachunterricht zu erschließen. Auf Basis der Durchführungen ist im besonderen Maße die Vielfalt der von den Studierenden ausgewählten außerschulischen Lernorten hervorzuheben. Diese reichen von einem Grünstreifen auf dem Gelände der Universität oder einer Schule über diverse zoologische und botanische Einrichtungen bis hin zu national bekannten Wissenschaftszentren. Daher haben die Studierenden weitreichende Einblicke in unterschiedliche außerschulische Lernorte erhalten, von denen sie in dem weiteren Verlauf ihres Studiums und im Beruf profitieren werden.

In der tätigkeitspraktischen Perspektive sind die Durchführungen von Exkursionen angedacht gewesen. Je nach Variante des jeweiligen Studiengangs ist mit dem Seminar eine Übung verbunden, die einen Exkursionsanteil beinhaltet. Leider fielen die Durchführungen des Seminars zum größten Teil unmittelbar in die Kernzeit der COVID-19-Pandemie, sodass die Besuche der außerschulischen Lernorte und die exemplarischen Durchführungen der Konzepte bis auf einige Ausnahmen nicht wie geplant umgesetzt werden konnten. Um trotzdem diese Perspektive einnehmen zu können, wurde von einigen Studierenden beispielsweise in einem Online-Tool ein Lernpfad mit interaktiven Elementen entwickelt. Dieser konnte von den anderen Studierenden jeweils einzeln und daher auch unter den Bedingungen der Pandemie durchgeführt werden. Wenngleich es mit dieser Form der Umsetzung nicht möglich war, vor Ort in den Situationen selbst über die Lehrkonzepte zu diskutieren, waren diese Durchführungen zumindest eine Möglichkeit der praktischen Umsetzung von einigen Planungen.

Auch in der Evaluation des Seminars spiegelt sich dieser Aspekt als bedeutsam wider. So wurde von mehreren Studierenden hervorgehoben, dass eine Durchführung ausgewählter Lehrkonzepte einen deutlichen Mehrwert gehabt hätte. Generell wurde jedoch der durchgängige Praxisbezug im Seminar sehr positiv bewertet, ebenso wie die vorgenommene Verknüpfung mit den theoretischen Inhalten. Weitere mehrfach positiv herausgestellte Punkte waren die Transparenz des konzeptionellen Vorgehens und der Anforderungen sowie die intensiven Diskussionen innerhalb des Seminars. Allerdings wurde von einigen Studierenden angemerkt, dass eine Präsentation von zwei Konzepten pro Sitzung für eine detaillierte Diskussion hinderlich war. Um einer angemessenen Anzahl an Studierenden eine Teilnahme am Seminar in dieser Form ermöglichen zu können, war jedoch diese Vorstellung von zwei Konzepten pro Sitzung notwendig. Da in der Evaluation die Sitzungen aus dem ersten Block als für die Planung der Konzepte sehr hilfreich bewertet worden sind, wurde in diesem Bereich keine Möglichkeit von Kürzungen ersichtlicht.

Im Sinne einer evidenzbasierten Weiterentwicklung des Seminars bietet sich eine begleitende wissenschaftliche Evaluierung an. Dazu sollten die Perspektiven der Studierenden auf das Seminarkonzept systematisch erschlossen werden. Darüber hinaus können aus der Konzeption und Evaluation des Seminars übertragbare Gestaltungsprinzipien für die Professionalisierung angehender Lehrkräfte im Umgang mit außerschulischen Lernorten abgeleitet und in weiteren fachdidaktischen Kontexten überprüft werden. Des Weiteren kann dabei eine fachdidaktische Beforschung der Auswirkungen des Seminars auf die Einstellungen der Teilnehmer*innen zu verschiedenen Bereichen des außerschulischen Lehrens und Lernens vorgenommen werden. Auf diese Weise ist es möglich, auch über die Fachgrenzen hinaus Implikationen für die Thematisierung von außerschulischen Lernorten innerhalb der ersten Phase der Lehrkräftebildung an Universitäten ableiten zu können.

Literatur

Baumann, R., Meyer, S., Bärtlein, L., & Martschinke, S. (2023). Bildung für nachhaltige Entwicklung ist mir schleierhaft: Präkonzepte von Grundschullehramtsstudierenden vor dem Besuch einer BNE-Lehrveranstaltung mit Sachunterrichtsbezug. *Nachhaltige Bildung in der Grundschule, Jahrbuch Grundschulforschung*. https://doi.org/10.25656/01:27727

Brade, J., & Dühlmeier, B. (2015). Lehren und Lernen in außerschulischen Lernorten. In J. Kahlert, M. Fölling Albers, M. Götz, A. Hartinger, & S. W. Miller (Hrsg.), *Handbuch Didaktik des Sachunterrichts* (S. 434–441). Bad Heilbrunn: utb/Klinkhardt.

Dühlmeier, B. (2021). Grundlagen außerschulischen Lernens. In B. Dühlmeier (Hrsg.), *Außerschulische Lernorte in der Grundschule* (S. 6–50). Schneider Verlag.

Gebhard, U., Lindner, M., Lude, A., Möller, A., Moormann, A., Retzlaff-Fürst, C., Scheersoi, A., & Wilde, M. (2018). Neue Arbeitsgruppe „Außerschulisches Biologielernen". *Biologie in unserer Zeit, 48*(1), 18–19. https://doi.org/10.1002/biuz.201870109

Gropengießer, H., & Harms, U. (Hrsg.). (2023). *Unterricht Biologie: Fachdidaktik Biologie*. Aulis. https://doi.org/10.5555/9783761430187

Groß, J. (2011). Orte zum Lernen - Ein kritischer Blick auf außerschulische Lehr-/Lernprozesse. In K. Messmer, R. von Niederhäusern, A. Rempfler, & M. Wilhelm (Hrsg.), *Außerschulische Lernorte - Positionen aus Geographie, Geschichte und Naturwissenschaften* (S. 25–49). LIT.

KMK. (2024). *Weiterentwickelte Bildungsstandards in den Naturwissenschaften für das Fach Biologie (MSA).* https://www.kmk.org/themen/qualitaetssicherung-in-schulen/bildungsstandards.html

Knoblich, L. (2020). *Biologieunterricht* (S. 117–171). Springer Spektrum. https://doi.org/10.1007/978-3-658-31210-7_4.pdf

Kuhn, J., Ropohl, M., & Jorge, G. (2017). Fachdidaktische Mehrwerte durch Einführung digitaler Werkzeuge. In J. Meßinger-Koppelt, S. Schanze, & J. Groß (Hrsg.), *Lernprozesse mit digitalen Werkzeugen unterstützen* (S. 11–32). Joachim Herz Stiftung Verlag.

Link, C. (2023). Außer(hoch)schulische Lernorte. *heiEDUCATION Journal. Transdisziplinäre Studien zur Lehrerbildung, 11*, 15–21. https://doi.org/10.17885/heiup.heied.2023.11.24872

MSB NRW. (1997). *Richtlinien für Schulfahrten.* https://bass.schule.nrw/288.htm

MSB NRW. (2012). *Richtlinien und Lehrpläne für die Grundschule in Nordrhein-Westfalen.* https://www.schulministerium.nrw/schule-bildung/schulorganisation/lehrplaene-richtlinien-rahmenvorgaben

MSB NRW. (2019). *Kernlehrplan für die Sekundarstufe I Gymnasium in Nordrhein-Westfalen Biologie.* https://lehrplannavigator.nrw.de/sekundarstufe-i/kernlehrplaene-fuer-das-gymnasium-ab-20192020/biologie-gymnasium

MSB NRW. (2023). *Kernlehrplan für die Sekundarstufe II Gymnasium/Gesamtschule in Nordrhein-Westfalen Biologie.* https://lehrplannavigator.nrw.de/sekundarstufe-ii/kernlehrplaene-fuer-die-gymnasiale-oberstufe-neue-klp/biologie-gymnasiale

Nationalparkverwaltung Niedersächsisches Wattenmeer. (2017). *Bildungskonzept der Nationalpark-Einrichtungen.* Nationalparkverwaltung Niedersächsisches Wattenmeer.

Puppe, R., & Schmäing, T. (2025). Species knowledge about a UNESCO Natural World Heritage Site and the importance of connectedness with nature. *Heritage, 8*(1), 27. https://doi.org/10.3390/heritage8010027

Reise, K. (2013). *A natural history of the Wadden Sea.* Common Wadden Sea Secretariat.

Salzmann, C. (2007). Lehren und Lernen in außerschulischen Lernorten. In J. Kahlert, M. Fölling-Albers, M. Götz, A. Hartiner, D. von Reeken, & S. Wittkowske (Hrsg.), *Handbuch Didaktik des Sachunterrichts* (S. 433–438). Klinkhardt.

Scheersoi, A. (2013). Biologielernen außerhalb der Schule. *Biologie in unserer Zeit, 43*(1), 15–16. https://doi.org/10.1002/biuz.201390005

Schmäing, T., & Grotjohann, N. (2022a). The potential and limitations of the Wadden Sea in university, school, and out-of-school contexts from the perspective of biology education. *Interdisciplinary Journal of Environmental and Science Education, 18*(4), e2286. https://doi.org/10.21601/ijese/12072

Schmäing, T., & Grotjohann, N. (2022b). Out-of-school learning in the Wadden Sea: The influence of a mudflat hiking tour on the environmental attitudes and environmental knowledge of secondary school students. *International Journal of Environmental Research and Public Health, 20*(1), 403. https://doi.org/10.3390/ijerph20010403

Schmäing, T., & Grotjohann, N. (2023). Die Artenkenntnis von angehenden Biologie- und Sachunterrichtslehrkräften zum Ökosystem Wattenmeer. *Zeitschrift für Didaktik der Naturwissenschaften, 29*(1), 1–13. https://doi.org/10.1007/s40573-023-00153-0

Schmäing, T., & Grotjohann, N. (2024). Exploring the Wadden Sea ecosystem through an educational intervention to promote connectedness with nature. *Ecopsychology, 16*(1), 32–40. https://doi.org/10.1089/eco.2022.0100

Schmäing, T., & Grotjohann, N. (2025). What factors are related to environmental knowledge concerning the Wadden Sea ecosystem? *Journal of Biological Education*, 1–13. https://doi.org/10.1080/00219266.2025.2468795

Schumacher, J., Schumacher, A., & Scherer, B. (2023). Wie wirksam ist der Schutz in deutschen Meeresschutzgebieten – dargestellt am Beispiel des Nationalparks Schleswig-Holsteinisches Wattenmeer. *Natur und Recht, 45*(7), 442–452. https://doi.org/10.1007/s10357-023-4207-9

Schumann, S. (2018). *Quantitative und qualitative empirische Forschung*. Springer Fachmedien Wiesbaden. https://doi.org/10.1007/978-3-658-17834-5

„Der andere Magnetismus" – Konzeption und Erprobung eines School_Lab-Bausteins mit Gamification-Elementen

Olaf Krey, Marietta Menner, Stefanie Peter,
Manuel Schleicher und Julia Thurner-Irmler

1 Von der Forschung in die Schule

Das tägliche Leben ist von Veränderungen geprägt. Gerade im Bereich der technischen Innovationen gab es in den letzten Jahren rasante Entwicklungen. Spätestens seitdem das Thema Quantencomputer auch medial aufgegriffen wurde, ist der Begriff der Quanten allgegenwärtig (Seegerer et al. 2021). Gerade im Industriekontext halten moderne Quantentechnologien bereits Einzug und erhalten daraus resultierend auch immer mehr Bedeutung in der täglichen Lebenswelt vieler Menschen. Hinzu kommt, dass Forschungsthemen, welche die Zukunft betreffen, häufig Bestandteil von Unterhaltungsmedien im Bereich Film und Fernsehen sind. Über diesen Zugang können Heranwachsende bereits sehr früh mit den

O. Krey (✉) · S. Peter · M. Schleicher
Institut für Physik, Didaktik der Physik, Universität Augsburg, Augsburg, Deutschland
E-Mail: olaf.krey@uni-a.de

S. Peter
E-Mail: stefanie.peter@uni-a.de

M. Schleicher
E-Mail: manuel.schleicher@uni-a.de

M. Menner · J. Thurner-Irmler
AMU Universität Augsburg, MINT_Bildung, Augsburg, Deutschland
E-Mail: marietta.menner@uni-a.de

J. Thurner-Irmler
E-Mail: julia.thurner@uni-a.de

A. Wenzel und T. Schmäing (Hrsg.), *Außerschulisches Lernen in der naturwissenschaftlichen Bildung*, https://doi.org/10.1007/978-3-658-50864-7_3

Begriffen der Quantenphysik in Kontakt kommen. Daraus kann ein Interesse für moderne Physik entstehen (Reinsch et al. 2021). Es können aber auch unangemessene Vorstellungen über die Funktionsweise und Nutzung von Quantentechnologien entstehen oder im schlimmsten Fall sogar Ängste vor Entwicklungen in diesem Themenbereich geschürt werden (Gall et al. 2019). Somit entsteht die Forderung nach einem grundlegenden Verständnis komplexer Zusammenhänge in diesem Themenfeld, die durch eine geeignete Schulausbildung untermauert werden müssen (Reinsch et al. 2021). Obwohl Themen aus der Quantenphysik in den Lehrplänen allgemeinbildender Schulen teilweise berücksichtigt werden und Unterrichtsmaterialien sowie Experimentierbeispiele zur Verfügung stehen, beschränken sich diese oft auf grundlegende Phänomene der Quantenphysik ohne direkten Bezug zu Anwendungen oder aktueller Forschung und sind zumeist in der Sekundarstufe II curricular verankert. An der Universität Augsburg wird seit Jahren zu Quantenmaterialien geforscht und das dem Institut für Physik zugehörige DLR_School_Lab Universität Augsburg dazu genutzt, den Transfer aktueller Forschung an den Schulen voranzutreiben. Schüler*innenlabore können als „Katalysatoren von Innovationen außerhalb des etablierten und eher trägen schulischen Systems [angesehen werden]" (Euler et al. 2015, S. 775). An der Universität Augsburg wurden im Themenfeld Automation bereits ausgiebige Erfahrungen im Bereich des Forschungstransfers durch School_Lab-Bausteine und dem Einsatz von Spielen bzw. der Gamifizierung von Inhalten gesammelt (Hendriks et al. 2023).

Um das Themenfeld Quantenmaterialien (be)greifbar zu machen, ist zunächst eine deutliche Erweiterung des schulischen Vorwissens notwendig. Hier wurde entschieden, in einem ersten Schritt Schüler*innen der 8. Jahrgangsstufe den *anderen Magnetismus* zugänglich zu machen. Damit dieses Thema verständlich und alltagsnah aufgearbeitet werden kann, wird vermutet, dass die Integration spielerischer Elemente potenziell von Vorteil ist, um das Interesse der Zielgruppe zu wecken und aufrechtzuerhalten. Im Folgenden soll das im Rahmen des Outreach-Projektes entwickelte Programm zum Thema *Der andere Magnetismus* vorgestellt werden. Das bereits bestehende Wissen zu einem auch aus dem Alltag bekannten Phänomen soll erweitert und um neue Inhalte ergänzt werden, um ein tieferes Verständnis des Magnetismus und seiner Ursachen zu ermöglichen. Dazu wird zunächst näher dargelegt, warum sich für den Einsatz von Gamification im Programm entschieden wurde, bevor die konkreten Lerninhalte und Abschnitte vorgestellt werden. Anschließend folgt eine Beschreibung der Durchführung und Evaluation, die in der Präsentation und Diskussion exemplarischer Ergebnisse mündet.

2 Gamification zur Förderung von Interesse in MINT

Der Ansatz, Gamification in MINT einzusetzen, ist nicht neu. *Gamification* beschreibt „the use of game design elements in non-game contexts" (Deterding et al. 2011, S. 10). Spielelemente werden in spielfremde Kontexte eingebunden, um deren Attraktivität zu erhöhen. Ziel ist es, dass sich die Gamifizierung positiv sowohl auf die Motivation als auch das eigenaktive und selbstgesteuerte Lernen auswirkt. Insbesondere kann dieser Ansatz die Beschäftigung mit Lerngegenständen, die umgangssprachlich als*trocken* bezeichnet werden, positiv beeinflussen (Beißwenger und Meyer 2020; Korn et al. 2022). Gamification nutzt das Prinzip kurzfristiger Belohnungen, um kurzfristiges Engagement für einen langfristigen Prozess zu fördern (Betts 2013).

Bei der Entwicklung von Lernszenarien mit Gamification sind die Spielelemente so zu gestalten, dass sie zum Lernstoff und den zu vermittelnden Fähigkeiten passen, denn nur dann sind die erhofften Vorteile des Gamification-Ansatzes erwartbar (Beißwenger und Meyer 2020). Insbesondere darf der Spielansatz nicht zu sehr vom Lerngegenstand ablenken, aber auch nicht als versteckte Lernhandlung wahrgenommen werden (Clark et al. 2016; Menner 2024). Im Bildungskontext werden jedoch nicht nur Gamification, sondern zum Beispiel auch das Prinzip des Game-Based Learning (GBL) häufig verwendet. Allerdings gibt es sowohl innerhalb als auch disziplinübergreifend Diskussionen darüber, wie diese verschiedenen Begriffe zu verwenden sind (Becker 2021): „There is no consensus on the definition of gamification among researchers, nor is there an agreement on the difference between GBL and gamification" (Alsawaier 2018, S. 57). Bei der vorliegenden Gestaltung eines Lernsettings mit Gamification geht es aber nicht darum, ein innovatives neues Spiel zu entwickeln, sondern die emotionalen und involvierenden Vorteile des Spielens zu nutzen und dadurch das Engagement zu steigern (Eppmann et al. 2018; Simões et al. 2013). Einfache, jedoch häufig eingesetzte Spielelemente sind z. B. Punkte, Fortschrittsanzeigen, Level, Bestenlisten, Abzeichen, Zeitlimits und Herausforderungen (Betts 2013; Dale 2014; Korn et al. 2022). Stöcklin (2024) ordnet derartige Elemente nach Interventionsart und -tiefe in vier Gamification-Stufen ein: Belohnungs-Gamification (z. B. Punkte), Status-Gamification (z. B. Levels, Avatare), Identifikations-Gamification (z. B. Storytelling) und Selbstbestimmungs-Gamification (z. B. Wettbewerbe). Es wird jedoch darauf hingewiesen, dass es sich hierbei um eine unvollständige und sehr grobe Einteilung handelt, da sich die Elemente gleichzeitig in mehreren Stufen befinden und je nach Ausgestaltung auch in anderen Stufen vorkommen können

(Stöcklin 2024). Ähnlich wie das Empfinden von Spaß bei Spielen kann der Einsatz und die Wirkung von Gamification nämlich sehr individuell ausfallen, denn die Einbindung von Spielelementen führt nicht automatisch dazu, dass Lernende sich aktiv mit dem Lerngegenstand auseinandersetzen (Beißwenger und Meyer 2020; Betts 2013).

Für den MINT-Bereich sind in der Literatur Erkenntnisse zum Einsatz von Gamification in Klassenzimmern oder außerschulischen Programmen dokumentiert. Beispielsweise führten Bestenlisten und Punktesysteme in Programmierkursen zu einem höheren Wissenszuwachs und gesteigerter Motivation (Venter 2020). Die Einführung eines gamifizierten Lernmanagement-Systems in einem Biologiekurs erhöhte die intrinsische Motivation sowie das Interesse am Thema und die Mitarbeit im Unterricht. Allerdings erwiesen sich Ablenkungen, zeitliche Beschränkungen und die Anwesenheit kompetitiver Gruppenmitglieder als hinderlich (Funa et al. 2021). In einem Online-Physikunterricht wurden durch den Einsatz von Punkten, Abzeichen und Bestenlisten keine Unterschiede in der Motivation, sich von sich aus mit dem Lerninhalt zu beschäftigen, festgestellt. Jedoch zeigten sich positive Auswirkungen auf die Lernleistung und das Engagement (Andrade et al. 2021). Eine zusammenfassende Meta-Literaturstudie, die veröffentlichte Untersuchungen von 2014 bis 2023 in MINT-Fächern analysierte, liegt ebenfalls vor. Die Forschenden kamen zu dem Schluss, dass Gamification einen positiven Effekt auf Lernergebnisse hat und daher in MINT-Fächern empfohlen wird (Arlinwibowo et al. 2023). Gerade bei der Vermittlung als *trocken* wahrgenommener Inhalte (zu denen aus Sicht der Schüler*innen auch die Konzepte des Magnetismus zählen können) spielen die Auslösung von Lernhandlungen und das Ausbilden und Beibehalten von Interesse eine große Rolle.

Im deutschsprachigen Raum hat die Person-Gegenstands-Theorie des Interesses (POI) (Krapp 2002) weite Verbreitung gefunden. Interesse lässt sich demzufolge als ein relationales Konstrukt zwischen Person und Gegenstand fassen. Der Gegenstand ist dabei nicht auf realweltliche Objekte beschränkt, sondern auch Themen oder Aktivitäten können Interesse konstituieren. Krapp (2000) unterscheidet dabei situationales und individuelles Interesse. Situationales Interesse stellt einen transitorischen psychologischen Zustand dar, der durch kognitive Komponenten und durch emotionale Involviertheit gekennzeichnet ist. Eine differenzierte Betrachtung des situationalen Interesses führt zu den Begriffen *catch-* und *hold-Phase,* wobei erstere die emotionale Lenkung der Aufmerksamkeit und letztere die kognitiv-rationale Identifikation der Lerngelegenheit beschreibt. Verschiedene Faktoren wie Neuartigkeit, Komplexität und Überraschung können die catch-Komponente aktivieren und somit das situationale Interesse initiieren (Krapp 2000). Individuelles Interesse entstehe, wenn die Gegenstandsabbildung als relativ dauerhafte mit kognitiven, wertbezogenen und emotionalen Valenzen verknüpfte Struktur im Langzeitgedächtnis einer Person vorliegt (Krapp 2000). Es gilt damit als zeitlich und über Kontexte hinweg stabile Disposition (Krapp 1992). Ausgangspunkt ist zunächst das situationale Interesse, das eine (wiederholte) Auseinandersetzung mit dem Interessensgegenstand anregt. Diese (wiederholte) Beschäftigung wiederum führt zu einer (erneuten) Aktivierung des situationalen Interesses, was zu einer Anbahnung oder Verstärkung des individuellen Interesses führt (Krapp 2002). Es hat sich gezeigt, dass situationales Interesse kurz- und langfristige Auswirkungen auf die Aufmerksamkeit, die Ziele und die Motivation in Lernsituationen hat (Hidi und Renninger 2006; Renninger et al. 1992).

Die Auseinandersetzung mit dem hier vorliegenden abstrakten und komplexen Lernthema soll durch Gamification unterstützt werden. Es wird erwartet, dass dadurch situationales Interesse gefördert wird und sich dies positiv auf die Wissensaufnahme auswirkt. Vor diesem Hintergrund wurde ein School_Lab-Baustein konzipiert, umgesetzt und evaluiert, der mit Spielelementen angereichert ist und Wissen zu den Grundlagen von Quantenmaterialien vermittelt. Im Rahmen einer Pilotstudie wird erhoben, inwiefern sich die Bewertung des Bausteins, der Wissensstand und das situationale Interesse bei einem nicht-gamifizierten und einem mit Spielelementen versehenen Baustein unterscheidet.

3 Entwicklung und Erprobung des Programms *Der andere Magnetismus*

Die physikalische Forschung zu eingeschränkter Quantenmaterie wird an der Universität Augsburg derzeit in einem durch die Deutsche Forschungsgemeinschaft (DFG) geförderten Sonderforschungsbereich TRR360 – Constrained Quantum Matter (ConQuMat) gebündelt. Ziel des Projektverbundes ist es, sowohl auf theoretischer als auch experimenteller Ebene ein tieferes Verständnis für die Entwicklung neuer Materialien mit einzigartigen Eigenschaften zu erlangen. Das Teilprojekt Outreach – *ConQuMat goes public* widmet sich dem Versuch, die aktuelle Forschung einer interessierten Öffentlichkeit zugänglich zu machen. Eine besondere Zielgruppe sind dabei Schüler*innen, die anknüpfend an ihr schulisches Vorwissen Schritt für Schritt an die Fragestellungen aktueller Forschung herangeführt werden sollen. Zu diesem Zweck entstehen im Rahmen des Projektes drei School_Lab-Bausteine. Der erste Baustein widmet sich einer Verbreiterung und Vertiefung des Wissens zum Magnetismus von Schüler*innen der Klassenstufen 7 bis 8. Der zweite Baustein soll exemplarisch Methoden und Analysetechniken aktueller physikalischer Forschung in den Blick nehmen (geeignet für Klassenstufen 9 und 10). Der dritte Baustein behandelt grundlegende Phänomene der Quantenmaterialien (gymnasiale Oberstufe).

Der Baustein *Der andere Magnetismus* wurde für die 7. und 8. Klassenstufe als halbtägiges Programm entwickelt und besteht sowohl aus thematischen Inputs wie auch verschiedenen interaktiven Experimenten. Um das komplexe Thema für die Zielgruppe ansprechend aufzubereiten, werden verschiedene Spielelemente eingesetzt. Zur Evaluation wurden während der zwei Pilot-Durchführungen jeweils drei Erhebungen durchgeführt, die darauf abzielten, sowohl den Wissensstand als auch das situationale Interesse und die Bewertung des Programms selbst sowie der einzelnen Experimentierstationen zu erfassen.

3.1 Beschreibung des *School_Lab-Bausteins*

Zunächst wird kurz die Zielgruppe charakterisiert. Anschließend werden die Experimentierstationen vorgestellt, an welchen die neuen Lerninhalte erworben werden. Es folgt eine Beschreibung des Programmablaufs, um einen Überblick über die Durchführung zu geben.

3.1.1 Zielgruppe und Lernziel

Das Programm richtet sich an Schüler*innen, die in der Schule bereits über Ferromagnetismus unterrichtet wurden und auch über grundlegende Fähigkeiten im Bereich Erkenntnisgewinnung verfügen, insbesondere die Auswertung von Experimenten und den Umgang mit Modellen betreffend. Für das Gymnasium ist das in der Regel ab Klassenstufe 8 der Fall. Ein Blick in die Lehrpläne zeigt, dass alle Heranwachsenden in den Klassen 7 oder 8 Wissen zu den Wirkungen von ferromagnetischen Dauermagneten und zur magnetischen Wirkung elektrischen Stroms erwerben sollen. Dabei kommt in der Regel das Elementarmagnetmodell zum Einsatz. Ferromagnetismus als phänomenologische Eigenschaft besonderer Materialien, Permanentmagnete, die beobachtbaren Wechselwirkungen zwischen Permanentmagneten bzw. einem Permanentmagnet und einem magnetischen Material, der Örstedversuch und eine Veranschaulichung mithilfe des Elementarmagnetmodells können also grundsätzlich als bekannt, wenn auch ggf. als reaktivierungsbedürftig, vorausgesetzt werden.

Ziel des Programms ist es, das vorhandene schulische Wissen substanziell zu erweitern. Die Lernenden können nach dem Absolvieren des Programms Ferro-, Dia-, Para- und Antiferromagnetismus beschreiben, experimentelle Beobachtungen der passenden Magnetismusart zuordnen und im Rahmen des Pfeilmodells

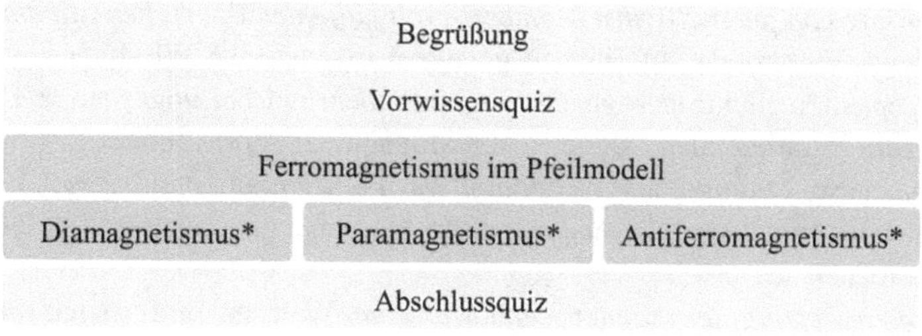

Abb. 1 Übersicht über den Aufbau des School_Lab-Bausteins. Mit * markierte Abschnitte enthalten Gamification-Elemente

(vgl. Abschn. 3.1.2) veranschaulichen. Dabei nutzen sie insbesondere die Stärke und Richtung magnetischer Momente bzw. der beobachteten Wirkungen, um die Magnetismusarten voneinander zu unterscheiden. Für die hier relevante Altersklasse sind einfache Experimente, die ein Begreifen ermöglichen, unentbehrlich. Es ist ebenfalls davon auszugehen, dass Visualisierungen und gegenständliche Modelle den Erwerb des neuen Wissens unterstützen.

3.1.2 Vorstellung des Bausteins und der einzelnen Stationen

Eine Übersicht über den Baustein ist der Abb. 1 zu entnehmen. Nach einer kurzen Begrüßung und Einführung in die Baustein-Thematik absolvieren die Schüler*innen ein Vorwissensquiz zu den bereits im Unterricht vermittelten Inhalten zum Magnetismus. Es schließt die erste Bearbeitungsphase an, in der die Lernenden sich anhand der ihnen bekannten und zuvor aktivierten Inhalten das Pfeilmodell zur Erklärung des Ferromagnetismus erarbeiten. Nach einer Sicherung folgen die Experimentierstationen zu den Themen Diamagnetismus, Paramagnetismus und Antiferromagnetismus, welche die Schüler*innen in Gruppen bearbeiten. Dabei liegen zu jeder Station Hilfekarten mit verschiedenen Unterstützungsmöglichkeiten aus. Alle Lerngruppen – bestehend aus zwei bis drei Personen – absolvieren jede der Stationen. Nach einer gemeinsamen Zusammenfassung schließt die Lerneinheit mit einem Quiz ab, in welchem die Schüler*innen ihr erworbenes Wissen erproben können. Insgesamt ist der Baustein für eine Dauer von 4,5 h geplant.

Im Rahmen der Entwicklung der Lernmaterialien haben sich die folgenden fachdidaktischen Elementarisierungspunkte als wesentlich für das Verständnis der Magnetismusarten und ihrer Unterscheidungen herausgestellt – auf sie wird in allen Stationen explizit Bezug genommen, um so einen systematischen Vergleich zu ermöglichen:

- *Ursprung von magnetischen Momenten mit Hilfe des Bohrschen Atommodells.* Bewegte Elektronen auf Bahnen erzeugen magnetische Wirkungen, die sich bei gepaarten Elektronen gegenseitig aufheben und bei ungepaarten Elektronen zum resultierenden magnetischen Moment des Atoms führen.
- *Magnetische Ordnung und Kopplung.* Was ist Kopplung und bei welchen Magnetismus-Typen sind die magnetischen Momente gekoppelt und ordnen sich in Domänen an?
- *Wärmebewegung der magnetischen Momente.* Welchen Einfluss hat die Temperatur auf magnetische Momente und damit auf die zeitliche Stabilität magnetischer Ordnung bzw. der Magnetisierung?
- *Einfluss äußerer Magnetwirkung.* Wie reagieren die unterschiedlichen Materialien auf einen Permanentmagneten?

Im Folgenden werden die Inhalte der verschiedenen Stationen genauer beschrieben und die Form der Gamifizierung dargestellt. Für den Einsatz an den Experimentierstationen wurden drei verschiedene Spielelemente ausgewählt, die passend zu bestimmten Aufgaben bzw. Stationen integriert werden konnten. Dabei war es wichtig, dass diese Elemente ohne umfangreiche Einführungen sofort verständlich sind, um den zeitlich vorgegebenen Rahmen der Aufenthalte an den Stationen nicht zu überschreiten als auch nicht zu ablenkend vom Lerngegenstand zu wirken.

Station 0

Das Pfeilmodell zur Beschreibung des Ferromagnetismus

Dieser Abschnitt baut auf schulischem Vorwissen auf, ist als Einführungsstation konzipiert und wird von allen Lernenden gleichzeitig bearbeitet. Es wird das Ziel verfolgt, ein gemeinsames Ausgangsniveau zu sichern, weshalb dieser Teil „Station 0" genannt wird. Um das Fundament für die Wissenserweiterung zu legen, ist die Einführung des Pfeilmodells wesentlich.

Dieses Modell beschreibt den Magnetismus auf mikroskopischer Ebene mithilfe von magnetischen Momenten, deren Existenz über das Bohrsche Atommodell motiviert wird. Mithilfe des Modells sollen Phänomene durch Veranschaulichung der Verhältnisse auf der Mikroebene erklärbar werden. Es basiert auf folgenden Annahmen:

- Als kleinste Einheiten, die magnetische Eigenschaften tragen, werden Atome angenommen. Atomen wird ein magnetisches (Netto-)Moment zugeschrieben und durch einen Pfeil repräsentiert.

- Sind die magnetischen Momente zweier Körper gleich orientiert, zeigen also die Pfeile im Modell in die gleiche Richtung. So kommt es zur Anziehung der Körper.
- Sind die magnetischen Momente zweier Körper entgegengesetzt orientiert, zeigen also die Pfeile im Modell in entgegengesetzte Richtungen, so kommt es zur Abstoßung der Körper.
- Die magnetische Wirkung eines Körpers ist umso größer, je stärker die magnetischen Momente (je länger die Pfeile sind) und je mehr magnetische Momente gleich ausgerichtet sind (je mehr Pfeile also in die gleiche Richtung zeigen).
- Magnetische Momente (Pfeile) können mit benachbarten magnetischen Momenten (Pfeilen) gekoppelt sein (gestrichelte Linie zwischen den Pfeilen). Gekoppelte Pfeile beeinflussen ihre Richtung gegenseitig.
- Magnetische Momente (Pfeile) reagieren durch Ausrichtung auf einen äußeren Magneten.

Dieses Pfeilmodell wird hier verwendet, um das bereits bekannte Konzept *Ferromagnetismus* zu beschreiben. Die Grundideen werden den Schüler*innen im Rahmen eines Lernvideos zur Verfügung gestellt. Mit Hilfe eines zugehörigen Arbeitsblatts wird der Fokus auf die wichtigen Konzepte gelenkt. Diese sollen zunächst reproduziert und in zunehmend komplexeren Aufgaben angewendet werden.

Station 1

Diamagnetismus

In dieser Station wird mit einem Experiment begonnen. Dabei sind drei diamagnetische Materialien (Weintrauben, Bismut, Bleistiftmine) an einem Pendel befestigt. Vorerst wird sich den Materialien mit einem schwachen Magneten angenähert. Anschließend wird ein starker Magnet angenähert und die Wirkung wird beobachtbar: Die Materialien werden durch den starken Magneten abgestoßen. Als Referenz dient ein ferromagnetischer Nagel. Dieser wird bereits vom schwachen Magneten stark angezogen. Zu den gemachten Beobachtungen sollen anschließend die vermuteten mikroskopischen Verhältnisse im Pfeilmodell dargestellt werden. Nach phänomenologischer Untersuchung im ersten Teil der Station folgt ein theoretisches Modell, mit dem insbesondere die Entstehung magnetischer Momente in den Atomen zu erklären sind. Dabei wird das Pfeilmodell in Kombination mit dem Bohrschen Atommodell genutzt. Die gepaarten Elektronen gleichen vorerst ihre magnetische Wirkung auf gegenläufigen Bahnen aus (Spin up und down als rechts- und linksläufige Bahn). Wirkt nun ein Magnet von außen auf die gepaarten Elektronen ein, so verengt sich eine der beiden Bahnen und der Bahnradius der anderen Bahn vergrößert sich. Dadurch entsteht (durch Superposition des vergrößerten bzw. verkleinerten magnetischen Moments) ein magnetisches Nettomoment. Der Magnet und das diamagnetische Material stoßen sich ab. Mit Hilfe einer Zuordnung von Erklärtexten zu Bildern aus dem Video sollen diese Modellvorstellung und die zugehörige Argumentationskette nachvollzogen werden.

In der gamifizierten Variante wurde der bestehenden Station ein Spielelement in Form eines kurzen Wettbewerbs hinzugefügt. Die Lerngruppen treten nach der phänomenologischen Untersuchung gegeneinander an und sind aufgefordert, mit dem Magneten das Weintraubenpendel um 360° zu drehen. Wer dies zuerst schafft, hat gewonnen. Dabei darf die Weintraube nicht direkt berührt, sondern nur durch die diamagnetische Wirkung bewegt werden. Es wurde sich für dieses Spielelement bei dieser Station entschieden, da die Erkenntnisse aus den zuvor durchgeführten Beobachtungen angewandt werden können und Entscheidungen einen Einfluss auf den möglichen Sieg hat (z. B. Wahl des Magneten). „Fügt man […][außerdem] ein Element des Wettbewerbs hinzu, werden gewöhnlich auch diejenigen Leute in seinen Bann gezogen, die sonst nicht motiviert wären“ (Csikszentmihalyi 1987, S. 65).

Station 2
Paramagnetismus

Das einführende Experiment zu dieser Station ist ein Pendel mit einem Probenstück aus Eisen bzw. Messing. Zweiteres ist paramagnetisch und wird somit nur sehr viel schwächer bzw. überhaupt nur von sehr starken Magneten angezogen. Anschließend sollen die Schüler*innen einen Eisennagel und einen Messingnagel durch wiederholtes Überstreichen mit einem starken Magneten magnetisieren und als Erfolgskontrollversuch eine Büroklammer anzuheben. Nur der ferromagnetische Eisennagel ist nach Entfernen des Magneten anhaltend magnetisiert und kann magnetisch anziehend auf die Büroklammer wirken. Wieder werden passende Darstellungen der mikroskopischen Verhältnisse im Pfeilmodell angefertigt. Dabei liegt der Fokus auf dem Unterschied zwischen der exakt gleichen Ausrichtung der magnetischen Momente im ferromagnetischen Fall und der leichten Unordnung, die im paramagnetischen Material auch noch in Anwesenheit des Magneten besteht. Mit einem Lernvideo werden die theoretischen Hintergründe erläutert. Hier liegt der Fokus auf dem Einfluss der Wärmeenergie auf die Orientierung der magnetischen Momente.

Die Gamifizierung bei dieser Station bietet nicht nur punktuell zu einem bestimmten Zeitpunkt ein spielerisches Element, sondern über die gesamte Station hinweg die Möglichkeit, durch die Bearbeitung der Aufgaben Erfahrungspunkte zu sammeln. Die Lernenden können ihre Antworten selbst überprüfen; bei richtigen Antworten erhalten sie Erfahrungspunkte, wodurch ihr Level steigt (siehe Abb. 2). Das Prinzip von Erfahrungspunkten und Leveln ist vielen aus dem Alltag vertraut, sei es durch Videospiele oder durch die Nutzung von Einkaufs- und Fitness-Apps. Dieses Gamification-Element soll dazu dienen, Fortschritt in der Station sichtbar zu machen und Nutzer*innen zu motivieren, indem sie das Gefühl von Belohnung und Weiterentwicklung vermitteln (Korn et al. 2022).

Station 3

Antiferromagnetismus

Aus Mangel an experimentellen Zugängen wird an dieser Station mit einem Lernvideo gestartet, in dem die Grundlagen der Magnetismus-Art vermittelt werden. Dazu wird anschließend ein haptisches Modell eingeführt, dass den Antiferromagnetismus und die abwechselnde Anordnung der magnetischen Momente

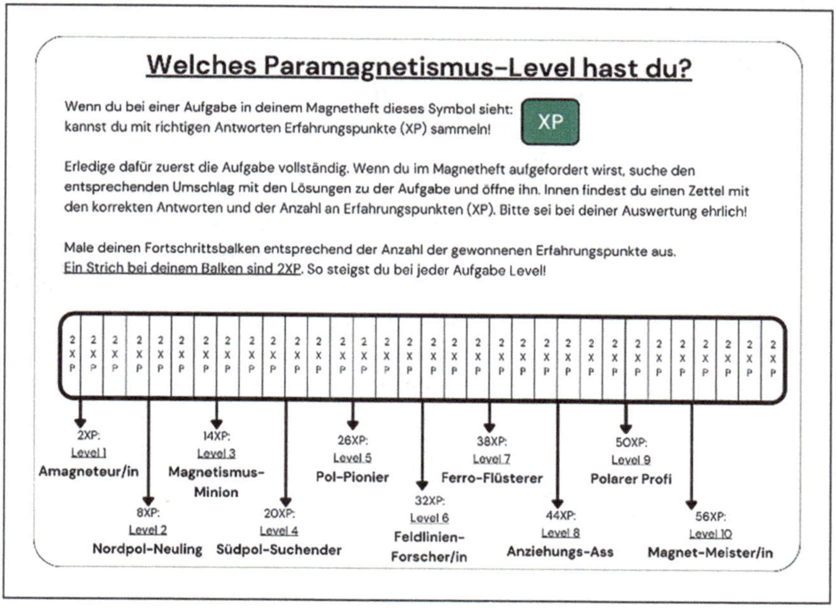

Abb. 2 Zusatzblatt zur Station Paramagnetismus bei der gamifizierten Variante

erfahrbarer darstellen soll. Dieses ist aus Permanentmagneten aufgebaut. Dabei werden auch die Grenzen des Modells und die Unterschiede der vorliegenden Vergegenständlichung zum theoretischen Modell eingegangen. Das Modell dient auch der Darstellung des Konzepts der magnetischen Frustration. Abschließend wird das Gelernte mit regionaler Forschung zu antiferromagnetischen Materialien verknüpft und eine mögliche zukünftige Anwendung in Quantencomputern thematisiert. Dies geschieht in Form eines Infotextes.

Bei der gamifizierten Variante wird der ursprüngliche Lückentext, den die Schüler*innen zum Informationstext ausfüllen sollten, durch ein Kreuzworträtsel ersetzt. Die Wahl fiel auf dieses Spielelement, weil dessen grundlegende Mechanik den meisten Schüler*innen bereits bekannt ist und es somit intuitiv bearbeitet werden kann. Zudem konnte diese Art von Rätsel leicht implementiert werden. Der besondere Anreiz liegt dabei im Finden des Lösungswortes, was den spielerischen Charakter dieser Methode betont und gleichzeitig den Lernprozess unterstützt (Nicholson und Cable 2021).

3.2 Beschreibung der Stichprobe und der Erhebung

3.2.1 Stichprobe

An zwei verschiedenen Schultagen zu Beginn des Schuljahres 2024/2025 wurde das School_Lab von jeweils einer Klasse der 8. Jahrgangsstufe zweier bayrischer Gymnasien besucht. Diese Klassen bilden die Gelegenheitsstichprobe, auf die sich die folgende Untersuchung bezieht. Die Teilnehmenden waren 13 oder 14 Jahre alt ($M = 13{,}35$; $SD = 0{,}48$). Die beiden Klassen durchliefen inhaltsgleiche Stationen (vgl. Abschn. 3.1). Für beide Klassen stand die gleiche Arbeitszeit an den Stationen zur Verfügung. Während eine der beiden Klassen eine gamifizierte (g) Version der Stationen durchlief, war dies bei der anderen Klasse nicht der Fall (nicht-gamifiziert, ng). Die Klasse, die die *gamifizierte Version* durchlief, bestand aus$N = 27$ Schüler*innen (5 weiblich, 15 männlich, 1 divers, 6 keine Angabe, Alter: $M = 13{,}41$ ($SD = 0{,}49$)). $N = 15$ Schüler*innen (8 weiblich, 6 männlich, 1 divers, Alter: $M = 13{,}27(SD = 0{,}44)$) durchliefen die *nicht-gamifizierte Version*. Die Ungleichheit der Klassenstärken ist auf schulorganisatorische Gründe zurückzuführen und verdeutlicht eines der vielen Probleme, die sich aus der Nutzung einer Gelegenheitsstichprobe ergeben.

3.2.2 Erhebung und Erhebungsinstrumente

Im Zentrum des Erkenntnisinteresses steht der Einfluss der Gamifizierungs-Elemente auf das situationale Interesse der Lernenden. Außerdem sollen weitere

Daten erhoben werden, die zur Evaluation des School_Lab-Bausteins herangezogen werden können. Die hierfür verwendeten Erhebungsinstrumente werden im Folgenden kurz vorgestellt.

Erhebung des situationalen Interesses

Diese Erhebung fand während der Arbeit an der jeweils ersten Station statt, also während der Bearbeitung der Stationen Dia-, Para- bzw. Antiferromagnetismus. Dieser Zeitpunkt wurde gewählt, um die Wirkung des ersten Kontakts mit den neuen Lerninhalten beobachten zu können. Um die Entwicklung des situationalen Interesses zu beobachten, wurde dieses zu drei verschiedenen Zeitpunkten während der Arbeit an der ersten Station erhoben: nach 15, nach 30 und nach 45 min (dem Ende der ersten Stationseinheit). Die spätere Auswertung basierte auf fünf Items, mit denen das situationale Interesse am momentanen Gegenstand erhoben wurde. Dabei sollten sie bewerten, inwiefern das Gelernte als interessant, spaßig und neu empfunden wird, wie konzentriert sie gerade waren und ob sie den Wunsch haben, mehr zu lernen, um den Inhalt besser zu verstehen. Ein Fragebogen von Chen et al. (2001) diente als Ausgangspunkt, der anhand verschiedener Dimensionen das situationale Interesse während einer Aktivität misst. Für die Pilotstudie wurden relevante Items identifiziert, übersetzt, umformuliert (Fokussierung auf den Lerngegenstand statt der Aktivität) und sprachlich an die Zielgruppe angepasst. Die folgenden Items liegen auch der Auswertung zugrunde:

- Was ich gerade lerne, finde ich interessant.
- Was ich gerade lerne, macht mir Spaß.
- Bei dem, was ich gerade lerne, bin ich konzentriert.
- Was ich gerade lerne, ist neu für mich.
- Ich möchte gerne mehr lernen, um den Inhalt besser zu verstehen.

Um eine Tendenz zur Mitte zu vermeiden, erfolgte die Beurteilung auf einer vierstufigen Skala (Schnell et al. 2013) mit den Antwortmöglichkeiten: „stimme gar nicht zu“, „stimme eher nicht zu“, „stimme eher zu“ und „stimme voll zu“.

Erhebung des Wissens

Der School_Lab-Baustein beinhaltet ein Einstiegs- und ein Abschlussquiz. Die verwendeten Quizaufgaben dienten im ersten Fall der Vorwissensaktivierung, im zweiten Fall dem Sichtbarmachen eines Lernfortschrittes. Es handelte sich also nicht um elaborierte oder validierte Testinstrumente. Das Einstiegsquiz wurde nach der Begrüßung durchgeführt und behandelte das Thema Ferromagnetismus. Dieses Quiz umfasste acht Fragen, die zentrale curriculare Lerninhalte abdecken, also Gegenstand des Unterrichts gewesen sein sollten. Die geschlossenen Fragestellungen reichten von der Bestimmung der Pole anhand von Farbkodierungen auf abgebildeten Stabmagneten oder der Charakterisierung des Magnetfeldes anhand eines Magnetfeldlinienbildes bis hin zur Erläuterung des Verhaltens der zwei Teile eines auseinandergebrochenen Stabmagnets. Die Fragen wurden in einem Multiple-Choice-Format gestellt. Jede korrekt beantwortete Aufgabe wurde mit einem Punkt bewertet.

Das Abschlussquiz umfasste zunächst einen Teil, in dem die gleichen acht Fragen aus dem Einstiegsquiz erneut vorgelegt wurden. In einem zweiten Teil wurden sechs weitere Fragen zu den Lerninhalten der durchlaufenen Stationen gestellt. Bei diesen Fragen ging es um das phänomenologische Verhalten der unterschiedlichen Magnetismus-Formen, die grundlegenden Konzepte, mit denen dieses Verhalten erklärt werden kann und das Konzept der magnetischen Frustration.

Angebotsevaluation

Am Ende des gesamten School_Lab-Bausteins sollten die Teilnehmenden den subjektiv wahrgenommenen Lernzuwachs sowie die wahrgenommene Interessantheit des Themas beurteilen und einschätzen, inwiefern sie gerne mehr zu dem Thema erfahren möchten. Die Aspekte wurden jeweils mit einem Item auf einer vierstufigen Skala erhoben (siehe Erhebung des situationalen Interesses).

Eine pauschale Gesamtbewertung wurde mit der Frage „Wie hat dir der Vormittag insgesamt gefallen?“ auf einer 5-stufigen Skala erbeten („gar nicht“, „nicht gut“, „neutral“, „gut“ und „sehr gut“). In zwei offenen Fragen wurden Rückmeldungen zu gelungenen und zu verbessernden Aspekten des Angebots erfragt. Eine stationsspezifische Rückmeldung wurde bzgl. des Gesamteindrucks, der Verständlichkeit, der Qualität der Arbeitsmaterialien und des subjektiv wahrgenommenen Lernzuwachses erbeten (vierstufige Skala, „gar nicht“, „eher nicht gut“, „eher gut“, „sehr gut“). In der gamifizierten Variante wurde zusätzlich die offene Frage eingeschoben, welche spielerischen Elemente die Teilnehmenden an den Stationen wahrgenommen haben. Im Anschluss sollten sie bewerten, ob die drei eingebauten Spielelemente (Wettbewerb, Erfahrungspunkte, Kreuzworträtsel) motivierend oder eher ablenkend auf sie gewirkt haben.

Abschließend wurden auch demographische Daten wie Geschlecht und Alter der Teilnehmenden erfasst. Um eine korrekte Zuordnung der erhobenen Daten zu gewährleisten, erhielten die Teilnehmenden zu Beginn des Programms zufällig ein Armbändchen, auf welchem ein Code vermerkt war. Diese Codes mussten vor dem Ausfüllen jedes Fragebogens auf dem Tablet eingetragen werden. Alle Evaluationen wurden so digital erfasst.

3.3 Auswertungsmethoden

Die innere Konsistenz der Skalen wurde zunächst mithilfe einer Reliabilitätsanalyse überprüft. Für die Skala des situationalen Interesses haben sich für alle drei Messzeitpunkte Werte für Cronbachs Alpha zwischen $\alpha=0{,}72$ und $\alpha=0{,}77$ (fünf Items) ergeben. Für die Wissenstests liefert eine Reliabilitätsanalyse erwartungsgemäß geringe Werte für Cronbachs Alpha, da insbesondere für das neu erworbene Wissen nicht von einem eindimensionalen Konstrukt auszugehen ist. Die Werte liegen bei $\alpha=0{,}50$ (Vorwissen, 8 Items) bzw. $\alpha=0{,}63$ (neues Wissen, 6 Items), was angesichts der bekannten Probleme bei der Reliabilitätsbestimmung von Wissenstests akzeptabel erscheint. Die Skalen zur Evaluation der einzelnen Stationen bzw. des gesamten School_Lab-Besuchs weisen Werte für Cronbachs Alpha von mindestens $\alpha=0{,}81$ auf (jeweils vier Items). Aufgrund der geringen Stichprobengröße verbietet sich der Einsatz von komplexeren Auswertungsverfahren, wie z. B. einem allgemeinen linearen Modell, mit dem Inner- und Zwischensubjekteffekte gleichzeitig analysiert werden könnten. Da aufgrund des geringen Stichprobenumfangs Anwendungsvoraussetzungen parametrischer Verfahren regelmäßig nicht erfüllt sind, wurden hier nichtparametrische Entsprechungen für den Vergleich von Merkmalsausprägungen bzw. -verteilungen herangezogen. Bei den nichtparametrischen Tests handelt es sich um den Mann–Whitney-U-Test, den Wilcoxon-Signed-Rank-Test oder den Friedman-Test. Berichtet werden die jeweiligen Teststatistiken und die Wahrscheinlichkeitswerte (p) sowie ggf. ein passendes Effektstärkemaß. Als Effektstärkemaß bei Verwendung der Mann–Whitney-U-Tests und Wilcoxon-Tests wurde der Pearson-Koeffizient r verwendet. Hier gilt nach der verbreiteten Konvention von Cohen (1988): kleiner Effekt $0{,}1 < r \leq 0{,}3$, mittlerer Effekt $0{,}3 < r \leq 0{,}5$, großer Effekt $0{,}5 < r$. Bei Verwendung eines Friedman-Tests wird Kendalls W als Effektstärkemaß verwendet. Auch hier wird Cohens Interpretationskonvention verwendet (Cohen 1992).

Die Antworten aus den offenen Fragen wurden einer Datenreduktion durch Kategorienbildung unterzogen. Die Rückmeldungen wurden so in eine übersichtliche und leichter zu kommunizierende Form gebracht.

4 Ergebnisse der Pilotstudie

Im Folgenden werden die Ergebnisse präsentiert. Dabei werden zunächst die Ergebnisse zum situationalen Interesse und anschließend zu den weiteren Daten vorgestellt.

4.1 Situationales Interesse

Zu allen Zeitpunkten fällt das situationale Interesse in der nicht-gamifizierten Durchführungsvariante höher aus als in der gamifizierten Variante (siehe Tab. 1.). Stationsspezifische Unterschiede lassen sich nicht finden bzw. sind zum Teil aufgrund der zu geringen Gruppengrößen nicht statistisch auswertbar.

Mit Hilfe des Mann–Whitney-U-Tests lässt sich zeigen, dass das situationale Interesse der Teilnehmenden der ng-Gruppe zu allen Zeitpunkt höher ausfällt (mittlerer Effekt). Zu Zeitpunkt 1 wird der Effekt jedoch nicht signifikant (vgl. Tab. 1). Mithilfe eines Friedman-Tests ergibt sich, dass es keinen signifikanten Zusammenhang zwischen dem Messzeitpunkt und dem situationalen Interesse innerhalb einer Gruppe gibt (g: $X2 = 1{,}029$, $p = 0{,}598$; $W < 0{,}1$ bzw. ng: $X2 = 1{,}950$, $p = 0{,}377$; $W < 0{,}1$). Das situationale Interesse innerhalb einer Gruppe ist damit als gleichbleibend über die drei Messzeitpunkte zu betrachten. Eine genauere Analyse hinsichtlich der jeweils bearbeiteten Station ist aufgrund der Stichprobengröße leider nicht möglich.

4.2 Wissen

Für jede korrekt beantwortete Frage der Wissensquizze wurde ein Punkt vergeben Die Ergebnisse finden sich in Tab. 2. Die erreichte Punktzahl (maximal acht) im Vorwissentest unterscheidet sich nicht von der erreichten Punktzahl im Nachtest (ebenfalls maximal acht). Innerhalb der Gruppen (g bzw. ng) liegt kein signifikanter Unterschied zwischen pre- und post-Wissenstest vor, wie ein Wilcoxon-Test jeweils zeigt (g: $z = 1{,}840$; $p = 0{,}066$; $r = 0{,}36$ bzw. ng: $z = 0{,}600$;

Tab. 1 Mittelwerte (*M*) und Standardabweichungen (*SD*) des situationalen Interesses (Skala von 1 bis 4) zu drei Zeitpunkten bei gamifizierter (g) und nicht-gamifizierter (ng) Station sowie Ergebnisse der zugehörigen Gruppenvergleiche (Mann–Whitney-U-Test)

		Nach 15 min	Nach 30 min	Nach 45 min
M (*SD*)	g	2,58 (0,52)	2,55 (0,53)	2,44 (0,56)
	ng	2,89 (0,51)	2,94 (0,59)	2,97 (0,54)
M-W-U-Test	*U*	274,500	254,000	235,500
	Z	1,905	2,149	2,353
	p	0,057	0,032	0,018
	r	0,30	0,34	0,37

Tab. 2 Mittelwerte (*M*) und Standardabweichungen (*SD*) der erreichten Punkte in den durchgeführten Wissenstests. (Bzgl. des Wissens zum Ferromagnetismus waren maximal acht, bzgl. des neuen Wissens maximal sechs Punkte zu erreichen.)

Wissenstests		*M*	*SD*
Vorwissen–pre	g	4,56	1,33
	ng	3,90	1,59
Vorwissen–post	g	5,15	1,62
	ng	4,2	1,4
Neue Lerninhalte	g	1,42	1,14
	ng	3,27	1,71

$p=0{,}548$; $r=0{,}16$). Mithilfe des Mann–Whitney-U-Tests erweisen sich die Unterschiede zwischen den beiden Gruppen ebenfalls als statistisch unbedeutend (pre: $U=142{,}500$; $Z=1{,}611$; $p=0{,}107$; $r=0{,}25$ bzw. post: $U=125{,}500$; $Z=1{,}896$; $p=0{,}058$; $r=0{,}30$).

Bzgl. des neuen Wissens wurde bei der gamifizierten Variante ein Punktemittelwert von $M=1{,}42$ ($SD=1{,}14$), beim nicht-gamifizierten Durchlauf $M=3{,}27$ ($SD=1{,}71$) erreicht. Ein Mann–Whitney-U-Test wurde berechnet, um zu überprüfen, ob sich das neu erworbene Wissen zwischen den Durchführungsvarianten unterscheidet. Es liegt ein signifikanter Unterschied mit großer Effektstärke vor ($U=316{,}500$; $Z=3{,}398$, $p < 0{,}001$; $r=0{,}53$).

4.3 Angebotsevaluation

Im Bereich der Angebotsevaluation werden die Bewertungen der einzelnen Stationen sowie die Einschätzungen zu den verschiedenen Gamification-Elementen präsentiert. Zusätzlich erfolgte eine Gesamtbewertung des Programms.

4.3.1 Bewertung der Stationen

Die Ergebnisse zu den stationsspezifischen Bewertungen sind in Abb. 3 grafisch dargestellt. Während die Stationen von den Teilnehmer*innen der nicht-gamifizierten Durchführungsversion durchweg positiv beurteilt werden, fallen die Rückmeldungen der Teilnehmer*innen der gamifizierten Durchführungsversion weniger positiv aus. Insbesondere die Station Antiferromagnetismus wird eher negativ bewertet. Allerdings ist die Varianz der Urteile in dieser Gruppe auch besonders stark.

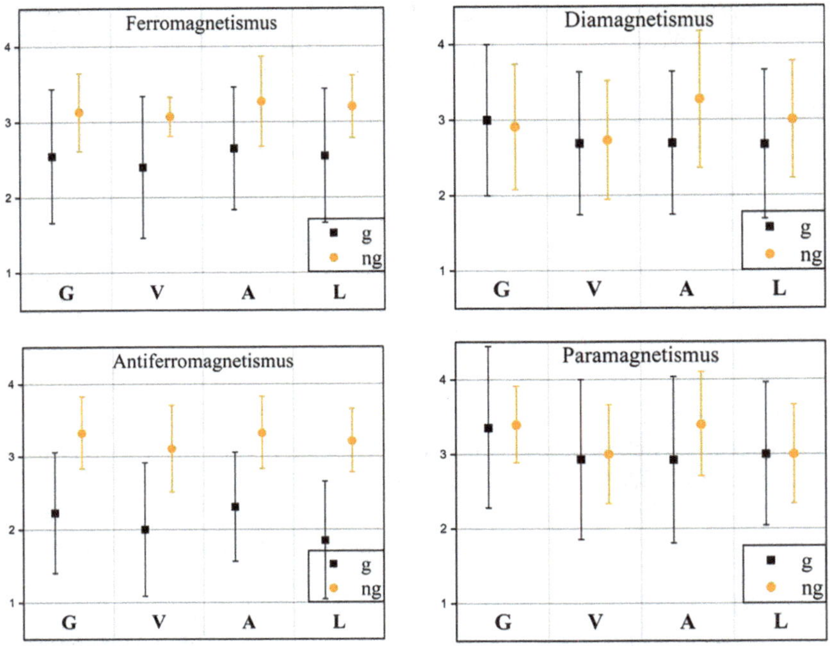

Abb. 3 Beurteilung der vier Stationen (Ferro-, Dia-, Para-, Antiferromagnetismus) bzgl. der Kriterien Gesamteindrucks (G), der Verständlichkeit (V), der Qualität der Arbeitsmaterialien (A) und des subjektiv wahrgenommenen Lernzuwachses (L) durch die beiden Gruppen (g gamifiziert, ng nicht-gamifiziert). Dargestellt sind Mittelwerte (Datenpunkte) und die zugehörigen Standardabweichungen (Fehlerbalken)

Mann–Whitney-U-Tests zeigen, dass sich die Durchführungsgruppen bzgl. ihrer Einschätzungen der Stationen Ferro- ($U = 241{,}000$; $Z = 3{,}093$; $p = 0{,}002$; $r = 0{,}48$) und Antiferromagnetismus ($U = 110{,}500$; $Z = 3{,}518$; $p < 0{,}001$; $r = 0{,}55$) signifikant mit einer mittleren bzw. großen Effektstärke unterscheiden. Für die anderen Stationen liegen keine signifikanten Unterschiede vor.

4.3.2 Gamification-Elemente

Bei der gamifizierten Durchführung nahmen die Schüler*innen einige spielerische Elemente wahr: Das Erfahrungspunkte- bzw. Levelsystem wurde fünfmal genannt, die Antiferromagnetismus-Modelle zweimal und der Trauben-Wett-

Tab. 3 Mittelwerte und Standardabweichungen zur Motivation und Ablenkung der drei eingesetzten Gamification-Elemente (1 = „stimme gar nicht zu", 4 = „stimme voll zu")

	M (*SD*) Motivation	*M* (*SD*) Ablenkung
Trauben-Wettbewerb	2,53 (1,13)	1,40 (0,63)
Erfahrungspunkte	3,27 (0,96)	2,27 (1,16)
Kreuzworträtsel	1,67 (0,98)	1,47 (0,64)

bewerb einmal. Bei der anschließenden Bewertung in Bezug auf Motivation und Ablenkung der Gamification-Elemente zeigte sich, dass das Erfahrungspunkte-System zwar in puncto Motivation am besten abschnitt, jedoch auch das höchste Ablenkungspotenzial aufwies (siehe Tab. 3).

4.3.3 Rückmeldungen zum Gesamtangebot

In den Gesamtbewertungen liegen signifikante Unterschiede zwischen den Durchführungsversionen vor. Insbesondere im Item 2 (Interesse) zeigt sich erneut, dass die Auseinandersetzung mit den Inhalten durch die Klasse mit nicht-gamifizierten Inhalten involvierter erfolgte (siehe Tab. 4). Dies zeigt sich auch anhand der Beobachtungsdaten (siehe Kap. 5.).

Mann–Whitney-U-Tests zeigen, dass sich die Durchführungsgruppen bzgl. ihrer Gesamteinschätzung ($U=260{,}000$; $Z=2{,}338$; $p=0{,}019$; $r=0{,}37$) signifikant unterscheiden. Die Durchsicht der offenen Antworten ergab positiv konnotierte Erwähnungen des Erfahrungspunkte-Systems (nur in g) und zum selbständigen Experimentieren mit Magneten und Modellen. Verbesserungswünsche wurden ebenfalls geäußert. Diese betrafen insbesondere die an den Stationen verfügbare Zeit oder das Ausmaß an Arbeitsaufträgen, das in Zusammenhang mit

Tab. 4 Mittelwerte und Standardabweichungen zur globalen Bewertung des Bausteins beider Durchführungen (1 = „stimme gar nicht zu", 4 = „stimme voll zu")

		M	*SD*
Ich habe heute viel dazu gelernt	g	2,31	0,75
	ng	3,40	0,63
Was ich heute gelernt habe, hat mich interessiert	g	1,85	0,80
	ng	3,00	0,54
Ich würde gerne mehr über Magnetismus erfahren	g	2,27	0,65
	ng	2,87	0,52

Lese- oder Schreibaufträgen stand. Bei der nicht-gamifizierten Durchführung erwähnten vier Personen ebenfalls das eigenständige Experimentieren mit Magneten positiv.

5 Diskussion der Ergebnisse

Der folgende Abschnitt widmet sich der Analyse der drei evaluierten Bereiche Wissensquizze, situationales Interesse und die Bewertung der Experimentierstationen. Dabei wird erörtert, welche Bedeutung die Ergebnisse haben und wie sich die einzelnen Bereiche auf die Zielsetzungen des Programms auswirken.

5.1 Situationales Interesse

Zunächst ist festzuhalten, dass über die Bearbeitungszeit einer Station hinweg keine Veränderung des situationalen Interesses zu beobachten ist. Dies ist insofern erfreulich, als ein typischer Einstiegseffekt (anfänglich hohes situationales Interesse (catch), das während der Aufgabenbearbeitung abklingt) nicht beobachtet werden kann, was für die methodische Gestaltung (inklusive der medialen Angebote) der Stationen spricht. Allerdings liegt mit der höheren Ausprägung des situationalen Interesses in der nicht-gamifizierten Variante ein erwartungskonträrer Befund vor. Ein Einfluss der Gamifizierungs-Elemente ist jedenfalls nicht festzustellen. Da bereits zu Beginn (Messzeitpunkt 1) der Stationsbearbeitung ein deutlicher Unterschied vorliegt, ist davon auszugehen, dass die Klassen dem Thema und dem School_Lab-Besuch insgesamt unterschiedlich aufgeschlossen gegenüberstanden. Jedoch wurden das Fachinteresse Physik oder die kognitiven Voraussetzungen nicht kontrolliert. In beiden Fällen handelte es sich um Schüler*innen des naturwissenschaftlich-technischen Zweiges eines Gymnasiums (Klassenstufe 8, Beginn des Schuljahres). Gleichzeitig deuten die Beobachtungen während der Durchführungen darauf hin, dass auch die geringere Gruppenstärke (ng) sich positiv auf die Qualität und Tiefe der Auseinandersetzung mit den Lerngegenständen ausgewirkt hat. Zu beachten ist allerdings, dass hier in erster Linie das situationale Interesse an der Auseinandersetzung mit dem Lerngegenstand erfasst wurde. Die gerade ausgeführten Tätigkeiten, auf die sich situationales Interesse auch beziehen kann, wurden nicht beleuchtet. Den Ursachen für die vorliegenden Beobachtungen ist in der weiteren Begleitforschung auf den Grund zu gehen, denn Schüler*innenlabore sehen es als eine ihrer vorrangigen Aufgaben an, Interesse zu wecken und zu fördern. Diese an sich schulische Aufgabe (Haupt et al. 2013) unterstützen sie durch komplementäre Angebote, deren Wirksamkeit häufig auf das regelmäßige Auftreten informeller Bildungsprozesse zurückgeführt wird (Euler et al. 2015). Wiederum verweisen die Befunde auf die Notwendigkeit einer kritischen Prüfung des Angebots. Insbesondere ist zu fragen, ob Autonomieerleben, Kompetenzerleben und das Erleben sozialer Eingebundenheit in ausreichendem Maße gefördert werden (Deci und Ryan 1993). Aus den theoretischen Arbeiten von Hidi und Renninger (2006) geht hervor, dass Wissen über den Interessengegenstand für die Interessenentwicklung von großer Bedeutung ist. Insofern ist eine integrierte Betrachtung der Ergebnisse zu beiden Konstrukten notwendig. Die Diskussion der Ergebnisse zum Wissen gibt hier weitere Aufschlüsse.

5.2 Wissen

Die Daten zeigen zunächst ein – vor dem Hintergrund, dass das Thema Magnetismus zu Beginn der 7. Jahrgangsstufe behandelt wurde – erstaunlich geringes Vorwissen (curricular relevantes Wissen zum Ferromagnetismus) der Schüler*innen. Andererseits zeigt das Ergebnis auch, wie wenig relevant das deklarative Wissen über Magnetismus für die Schüler*innen zu sein scheint.

Des Weiteren konnte bzgl. der Inhalte des Vorwissenstests kein Lernzuwachs festgestellt werden. Dies erscheint auf den ersten Blick überraschend, insbesondere da auch kein Deckeneffekt vorliegt. Dass dennoch kein Lernzuwachs vorliegt, wird verständlich(er), wenn bedacht wird, dass die Station zum Ferromagnetismus das eingeführte Pfeilmodell zur Anwendung bringt und mit ihm das Verhalten ferromagnetischer Materialien beschrieben wird. Faktische, z. T. auch auf Konventionen beruhende Informationen (einfaches deklaratives Wissen), wie sie für die Bearbeitung des Vorwissenstest notwendig sind, werden aber an den Stationen nicht thematisiert. Die hier zur Diagnose verwendeten Aufgaben sind einem Quiz entnommen, dessen vornehmlicher Zweck es war, themenbezogene Gesprächsanlässe zwischen Schüler*innen und der Lehrperson zu bieten. Diesen Zweck haben die Aufgaben den Beobachtungen der Betreuungspersonen zufolge auch erfüllt. Die Verwendung der Fragen als zuverlässiges Diagnoseinstrument hat sich jedoch als nicht empfehlenswert herausgestellt. Die Fragen sind häufig so formuliert, dass ein genaues Lesen notwendig ist, das nicht immer stattfindet, auch wenn das notwendige Fachwissen vorhanden ist. In der abschließenden Zusammenfassung (vor dem Abschlussquiz) konnten die grundlegenden Konzepte der neuen Lerninhalte von vielen Schüler*innen zuverlässig reproduziert werden. Das schlechte Resultat des Abschlussquiz widerspricht diesen Beobachtungen. Es ist zum Teil vermutlich auf die fehlende Motivation der Schüler*innen am Ende des School_Lab-Besuchs zurückzuführen. Hinzu kommt, dass die Quiz-Fragen für diagnostische Zwecke eher ungeeignet sind. Gerade für abstrakte Konzepte, wie die hier behandelten, ist eine aufwendige Testentwicklung für das Prüfen auf konzeptuelles Verständnis notwendig. Hier besteht entsprechender Überarbeitungsbedarf bzw. die Notwendigkeit für eine angemessene Testentwicklung. Gleichzeitig ist in Betracht zu ziehen, dass es womöglich dem Angebot inhärente Gründe für den ausbleibenden Wissenszuwachs gibt – insbesondere vor dem Hintergrund, dass ein signifikanter Wissenszuwachs bisher in nahezu allen Schüler*innenlaborstudien verzeichnet wurde (Röllke 2019). Bei einer kritischen Prüfung des Lernangebots fallen vor allem zwei Dinge ins Auge: Erstens ist der Umfang des neu zu erwerbenden Wissens relativ groß. Die schiere Menge an Begriffen, Veranschaulichungen und z. T. nur im Detail differierenden Zusammenhängen kann für die zur Verfügung stehende Zeit schlicht überfordernd sein. Die Übertragung der Informationen in das Langzeitgedächtnis dürfte in der zur Verfügung stehenden Zeit in der Regel nicht gelingen. Das Arbeits- oder Kurzzeitgedächtnis könnte daher mit der Menge an Informationen überfordert sein. So wird beispielsweise an jeder Station die Anwendung des Pfeilmodells gefordert, während zusätzlich weitere Informationen zur jeweiligen Magnetismusart verarbeitet werden müssen. Vor diesem Hintergrund ist zu prüfen, inwiefern der *cognitive load* ggf. zu hoch ist, um einen effektiven Wissenserwerb zu ermöglichen. Scharfenberg (2005) zeigt, dass ein mittlerer *cognitive load* für einen erfolgreichen Wissenserwerb zu empfehlen ist. Bzgl. des neuen Wissens erweisen sich die Schüler*innen der ng-Gruppe als erfolgreicher als diejenigen, welche die gamifizierte Version durchlaufen haben. Dieser Befund weist Parallelitäten zur Datenlage bzgl. des situationalen Interesses auf. Auch hier sind die Teilnehmer*innen, die die nicht-gamifizierte Variante durchlaufen haben, interessierter als die Schüler*innen der g-Gruppe. Dies stellt insofern einen Erklärungsansatz dar, als mit dem höheren situationalen Interesse auch eine größere Verarbeitungstiefe und Ausdauer einhergeht. Das erhöhte situationale Interesse kann also als ursächlich für bessere Lernergebnisse angesehen werden.

5.3 Angebotsevaluation

Die Bewertung der Stationen durch die Teilnehmenden der nicht-gamifizierten Durchführungsversion (ng) fällt erwartungsgemäß positiv aus. Die Bewertung der Stationen durch die Teilnehmenden der gamifizierten Durchführungsversion weist eine relativ große Varianz auf, die Urteile liegen hier eher im mittleren Bereich. Auch hier ist anzunehmen, dass die Arbeitseinstellung der Teilnehmenden einen Einfluss hatte. Ernst zu nehmen ist die auch im Vergleich zu den anderen Stationen auftretende negative Beurteilung der Station zum Antiferromagnetismus. Hier sind die Inhalte und ihre Aufbereitung kritisch zu überprüfen.

Vor dem Hintergrund ausgeprägter beobachteter Unterschiede bzgl. der Arbeitseinstellung zwischen den Klassen ist die Analyse möglicher Auswirkungen der Gamification-Elemente stark erschwert. Aus den Beobachtungen geht jedoch klar hervor, dass die Einbindung von Spielelementen nicht automatisch dazu führt, dass Lernende sich aktiv(er) mit dem Lerngegenstand auseinandersetzen, wie auch Beißwenger und Meyer (2020) festhielten. Gleichzeitig gibt es Abstufungen in der Wahrnehmung der Gamification-Elemente. Je sichtbarer und je ähnlicher sie Elementen sind, die aus „echten Spielen bekannt" sind, desto deutlicher werden sie auch als „Spiel" wahrgenommen (Wesseloh 2021) (hier insbesondere zutreffend für das Level-System). Diesem Element wird einerseits die höchste positive Wirkung auf die Motivation, gleichzeitig aber auch das höchste Ablenkungspotential zugeschrieben, was das auszutarierende Spannungsverhältnis deutlich aufzeigt (Clark et al. 2016).

Die an jeder Station integrierte experimentelle Auseinandersetzung mit dem Lerngegenstand wurde von den Schüler*innen häufig als eines der Dinge bezeichnet, die ihnen gut gefallen haben. Die experimentelle Tätigkeit überlagert hier ggf. das Erleben der Gamification-Elemente bzw. deren rückblickende Bewertung. Die hier als positiv bewerteten Spielelemente sind auch an experimentelle Handlungen gekoppelt. Erwähnenswert ist, dass das Kreuzworträtsel in den offenen Fragen nicht als Spielelement angeführt wurde. Dies kann auf einer veränderte Wahrnehmung von Kreuzworträtseln durch heutige Schüler*innen hinweisen.

6 Fazit und Ausblick

Das Ziel dieser Arbeit bestand darin, einen School_Lab-Baustein für eine junge Zielgruppe zu entwickeln, um schulisches Wissen zu erweitern, eine intensive Auseinandersetzung mit einer komplexen Thematik zu ermöglichen und eine Grundlage für weitere geplante Bausteine innerhalb des Projekts zu schaffen. Die Pilotstudie zum Programm *Der andere Magnetismus* weist jedoch Schwächen auf: Die Stichprobe ist sehr klein und die beiden untersuchten Gruppen unterscheiden sich aus Beobachtungsperspektive deutlich, was sich in den Daten widerspiegelt und Fragen zur Vergleichbarkeit aufwirft. Zudem wurden andere Variablen nicht kontrolliert.

Dennoch konnten einige Erkenntnisse gewonnen werden: Es zeigte sich, dass das Einfügen von Spielelementen nicht automatisch zu einer erhöhten Auseinandersetzung mit dem Lerngegenstand bzw. der komplexen Thematik führt. Spielelemente, die an experimentelles Handeln gekoppelt sind, scheinen jedoch motivierender zu wirken. Gleichzeitig besteht ein erhöhtes Ablenkungspotenzial, insbesondere wenn diese Elemente nicht punktuell, sondern über einen längeren Zeitraum eingesetzt werden. Zudem muss sich die Frage gestellt werden, ob nicht das Experimentieren selbst bereits als spielerische Handlung angesehen wird und durch das Hinzufügen von Gamification-Elementen sich die Erlebnisse und Effekte überlagern.

Basierend auf persönlichen Erfahrungen mit der Integration von Spielelementen ist es wichtig, dass das Konzept an sich final ausgearbeitet ist. Die Gamifizierung selbst war nach Auswahl der Elemente nicht sehr zeitaufwändig und die Einbindung in den Ablauf erfolgte problemlos. Bei der Wahl der Spielelemente ist zu berücksichtigen, dass unterschiedliche Interventionstiefen möglicherweise zu variierenden Effekten führen, die weiter untersucht werden müssen. Auch die (beobachtbare) Einstellung der Schüler*innen, das individuelle Interesse und kognitive Voraussetzungen spielen eine Rolle.

Es ist geplant, das bestehende Programm ohne Gamifizierung zu optimieren und weiter zu erproben. Anschließend besteht die Möglichkeit, das Erfahrungspunktesystem übergreifend auf die Abschnitte im Baustein anzuwenden, in welchen experimentelles Handeln stattfindet, da dieses Element sich gut auf alle Stationen übertragen lässt und von der Zielgruppe positiv bewertet wurde. Aufbauend auf den hier präsentierten und noch folgenden Erkenntnissen zu diesem Baustein ist die Entwicklung der Aufbaustufe bzw. des neuen Bausteins geplant. Zudem ist vorgesehen, bei der zukünftigen Konzeption von Bausteinen – auch zu anderen Themen – das Potenzial und die Grenzen von Gamification fundierter zu erforschen.

Anmerkungen
Das Projekt ConQuMat – Forschung zu eingeschränkter Quantenmaterie ist gefördert durch die Deutsche Forschungsgemeinschaft (DFG) – SFB-Geschäftszeichen TRR360 – Projektnummer 492547816.

Literatur

Alsawaier, R. S. (2018). The effect of gamification on motivation and engagement. *The International Journal of Information and Learning Technology*, *35*(1), 56–79. https://doi.org/10.1108/IJILT-02-2017-0009

Andrade, P., Law, E. L.-C., Farah, J. C. & Gillet, D. (2021). Evaluating the Effects of Introducing Three Gamification Elements in STEM Educational Software for Secondary Schools. *Proceedings of the 32nd Australian Conference on Human-Computer Interaction (OzCHI '20), Association for Computing Machinery*, 220–232.

Arlinwibowo, J., Ishartono, N., Linguistika, Y., Purwoko, D. & Suprapto, S. (2023). Gamification in the STEM Domain Subject: The Prospective Method to Strengthen Teaching and Learning. *Jurnal Pendidikan IPA Indonesia, 12*(4), 564–574.

Becker, K. (2021). What's the difference between gamification, serious games, educational games, and game-based learning? *Academia Letters, Article 209.* https://doi.org/10.20935/AL209

Beißwenger, M. & Meyer, L. (2020). Gamification als Schlüssel zu „trockenen" Themen? Beobachtungen und Analysen zu einem webbasierten Planspiel zur Förderung orthographischer Kompetenz. In K. Beckers & M. Wassermann (Hrsg.), *Wissenskommunikation im Web. Sprachwissenschaftliche Perspektiven und Analysen* (S. 203–240). Internationaler Verlag der Wissenschaften.

Betts, B. (2013). Game-Based Learning. In: R. Hubbard (Hrsg.), *The Really Useful ELearning Instruction Manual* (S. 175–194). Jon Wiley & Sons Ltd.

Chen, A., Darst, P. W. & Pangrazi, R. P. (2001). An examination of situational interest and its sources. *The British journal of educational psychology, 71*(Pt 3), 383–400. https://doi.org/10.1348/000709901158578

Clark, D. B., Tanner-Smith, E. E. & Killingsworth, S. S. (2016). Digital Games, Design, and Learning: A Systematic Review and Meta-Analysis. *Review of Educational Research 86*(1), 79–122. https://doi.org/10.3102/0034654315582065

Cohen, J. (1988). *Statistical power analysis for the behavioral sciences*. Erlbaum.

Cohen, J. (1992). A power primer. *Psychological bulletin, 112*(1), 155–159. https://doi.org/10.1037//0033-2909.112.1.155

Csikszentmihalyi, M. (1987). *Das flow-Erlebnis: jenseits von Angst und Langeweile: im Tun aufgehen* (11. Auflage 2010). Klett-Cotta.

Dale, S. (2014). Gamification: Making work fun, or making fun of work? *Business Information Review, 31*(2), 82–90. https://doi.org/10.1177/0266382114538350

Deci, E. L. & Ryan, R. M (1993). Die Selbstbestimmungstheorie der Motivation und ihre Bedeutung für die Pädagogik. *Zeitschrift für Pädagogik, 39*(2), 223–238.

Deterding, S., Dixon, D., Khaled, R. & Nacke, L. (2011). From Game Design Elements to Gamefulness: Defining "Gamification". *MindTrek '11: Proceedings of the 15th International Academic MindTrek Conference: Envisioning Future Media Environments*, 9–15. https://doi.org/10.1145/2181037.2181040

Eppmann, R., Bekk, M. & Klein, K. (2018). Gameful Experience in Gamification: Construction and Validation of a Gameful Experience Scale [GAMEX]. *Journal of Interactive Marketing, 43*, 98–115. https://doi.org/10.1016/j.intmar.2018.03.002

Euler, M., Schüttler, T. & Hausamann, D. (2015). Schülerlabore: Lernen durch Forschen und Entwickeln. In E. Kircher, R. Girwidz & P. Häußler (Hrsg.), *Physikdidaktik.* (S. 759–782). https://doi.org/10.1007/978-3-642-41745-0_26

Funa, A. A., Gabay, R. A. E. & Ricafort, J. D. (2021). Gamification in Genetics: Effects of Gamified Instructional Materials on the STEM Students' Intrinsic Motivation. *Jurnal Pendidikan IPA Indonesia, 10*(4), S. 462–473.

Gall, A., Heßler, M., Hitzer, B., Kalmbach, K., Schmidt, A. & & Spahn, A. (2019). Techfear. *Technikgeschichte*, *86*(3). https://www.mpib-berlin.mpg.de/880704/news-research-results1911hoe

Haupt, O. J., Domjahn, J., Martin, U., Skiebe-Corrette, P., Vorst, S., Zehren, W. & Hempelmann, R. (2013). Schülerlabor–Begriffsschärfung und Kategorisierung. *MNU*, *66*(6), 324–330.

Hendriks, N., Menner, M., Thurner-Irmler, J. & Hayek, J. von. (2023). *WiR–Wissenstransfer Region Augsburg: Handreichung zu den Transferinstrumenten des Projekts der Universität Augsburg (Förderlaufzeit: 01.01.2018 bis 31.12.2022).* Universität Augsburg.

Hidi, S & Renninger, K. A (2006). The Four-Phase Model of Interest Development. *Educational Psychologist*, *41*(2), 111–127. https://doi.org/10.1207/s15326985ep4102_4

Korn, O., Schulz, A. S. & Hagley, B. J. (2022). Gamification: Grundlagen, Methoden und Anwendungsbeispiele. In W. Becker & M. Metz (Hrsg.), *Digitale Lernwelten–Serious Games und Gamification* (S. 43–63). Springer VS. https://doi.org/10.1007/978-3-658-35059-8_4

Krapp, A. (1992). Interesse, Lernen und Leistung. Neue Forschungsansätze in der Pädagogischen Psychologie. *Zeitschrift für Pädagogik*, *38*(5), 747–770. https://doi.org/10.25656/01:13977

Krapp, A. (2000). Interest and Human Development During Adolescence: An Educational-Psychological Approach. In J. Heckhausen (Hrsg.), *Advances in Psychology: Bd. 131. Motivational psychology of human development: Developing motivation and motivating development* (Bd. 131, S. 109–128). North-Holland. https://doi.org/10.1016/S0166-4115(00)80008-4

Krapp, A. (2002). An Educational-Psychological Theory of Interest and Its Relation to SDT. In E. L. Deci & R. M. Ryan (Hrsg.), *Handbook of Self-Determination Research* (S. 405–427). University of Rochester Press.

Menner, M. (2024). Konzept zur designbasierten Entwicklung von Serious Games und deren praktische Implementierung im Unterricht. In W. Becker & M. Metz (Hrsg.), *Research. Serious Games und Gamification in der schulischen Bildung* (S. 123–139). Springer VS. https://doi.org/10.1007/978-3-658-44317-7_7

Nicholson, S. & Cable, L. (2021). *Unlocking the potential of puzzle-based learning: Designing Escape Rooms + Games for the classroom.* CORWIN.

Reinsch, T., Cartarius, H., Prokop, A.-T., Kemmler, R., Scheiger, P., Stütz, K. & Nawrodt, R. (2021). Moderne Physik im Lehr-Lern-Labor. *PhyDid B - Didaktik der Physik - Beiträge zur DPG-Frühjahrstagung*, 341–344. https://ojs.dpg-physik.de/index.php/phydid-b/article/view/1156

Renninger, K. A, Hidi, S. & Krapp, A. (Hrsg.) (1992). The role of interest in learning and development. Psychology Press. https://doi.org/10.4324/9781315807430

Röllke, K. (2019). *Was kann ein Schülerlabor leisten? Konzeptionierung des Schülerlabors teutolab-biotechnologie als Lehr-Lern-Labor mit Angeboten zur Breiten- und zur Begabtenförderung von Schülerinnen und Schülern.* Universität Bielefeld. https://doi.org/10.4119/unibi/2935577

Scharfenberg, F.-J. (2005). *Experimenteller Biologieunterricht zu Aspekten der Gentechnik im Lernort Labor. Empirische Untersuchung zu Akzeptanz, Wissenserwerb und Interesse* [Dissertation]. Universität Bayreuth, Bayreuth.

Schnell, R., Hill, P. B. & Esser, E. (2013). *Methoden der empirischen Sozialforschung* (10., überarbeitete Auflage). Oldenbourg Verlag.

Seegerer, S., Michaeli, T. & Romeike, R. (2021). Quantum Computing As a Topic in Computer Science Education. In Woodstock ’18 (Hrsg.), *The 16th Workshop in Primary and Secondary Computing Education* (S. 1–6). ACM. https://doi.org/10.1145/3481312.3481348

Simões, J., Redondo, R. D. & Vilas, A. F. (2013). A social gamification framework for a K-6 learning platform. *Computers in Human Behavior*, *29*(2), 345–353. https://doi.org/10.1016/j.chb.2012.06.007

Stöcklin, N. (2024). Vielfältige Möglichkeiten von Gamification: Framework zur Kategorisierung von Gamification-Ansätzen im Bildungskontext. In Junge, T., Schumacher, C., & Clausen, D. (Hrsg.), *Digitale Spiele im Diskurs* (S. 1–14). Hagen University Press. https://ub-deposit.fernuni-hagen.de/servlets/MCRFileNodeServlet/mir_derivate_00001625/DSiD_Stoecklin_Framework_Kategorisierung_Gamification_2018.pdf

Venter, M. (2020). Gamification in STEM programming courses: State of the art. In *Proceedings of the 2020 IEEE Global Engineering Education Conference (EDUCON): Date and venue: 27–30 April, 2020, Porto, Portugal* (S. 859–866). IEEE. https://doi.org/10.1109/EDUCON45650.2020.9125395

Wesseloh, H. (2021). *Einsatz von Gamification zum Fördern intrinsischer Motivation – Empirische Erkenntnisse und Gestaltungsempfehlungen* (1. Auflage). *Göttinger Wirtschaftsinformatik: Band 111*. Cuvillier Verlag. https://ebookcentral.proquest.com/lib/kxp/detail.action?docID=6714367

Experimentieren und Online-Lernen im Schüler*innenlabor: Vorstellung des Kurses „Genetik und Evolution des Menschen“

Maren Panhorst, Merle Katharina Thomas und Norbert Grotjohann

1 Einleitung

In einer zunehmend technisierten Welt und vor dem Hintergrund globaler Herausforderungen wie Klimawandel, Gesundheitskrisen und technologischer Transformation ist es unabdingbar, dass Schüler*innen fundierte naturwissenschaftliche Kenntnisse und Problemlösungskompetenzen erwerben, um aktiv und informiert an gesellschaftlichen Diskursen teilnehmen zu können (Bybee 2010). Schüler*innenlabore sind außerschulische Lernorte, welche naturwissenschaftliche Kompetenzen vermitteln und jungen Menschen die Möglichkeit bieten, experimentell zu arbeiten und wissenschaftliche Fragestellungen praktisch zu erleben, um damit eine Brücke zwischen theoretischem Unterricht und realer Forschung zu schlagen (Haupt et al. 2013). Ein Beispiel für ein Schüler*innenlabor ist das teutolab-biotechnologie der Universität Bielefeld, das verschiedene Experimentierkurse für Lernende aus der Mittelstufe und der gymnasialen Oberstufe anbietet, um sowohl laborpraktische Fähigkeiten als auch theoretisches Wissen zu vermitteln (Uni-

M. Panhorst (✉) · M. K. Thomas · N. Grotjohann
Universität Bielefeld, Bielefeld, Deutschland
E-Mail: mpanhors@cebitec.uni-bielefeld.de

M. K. Thomas
E-Mail: merle.thomas@uni-bielefeld.de

N. Grotjohann
E-Mail: norbert.grotjohann@uni-bielefeld.de

A. Wenzel und T. Schmäing (Hrsg.), *Außerschulisches Lernen in der naturwissenschaftlichen Bildung*, https://doi.org/10.1007/978-3-658-50864-7_4

versität Bielefeld n.d.). Der Kurs *Genetik und Evolution des Menschen* richtet sich an jugendliche Teilnehmer*innen aus Biologie-Grundkursen der Jahrgangsstufe Q2 und bringt ihnen grundlegende Konzepte der Humangenetik und Humanevolution näher.

Dieser Kurs wurde in Reaktion auf die Anpassungen des Kernlehrplans für das Fach Biologie in der gymnasialen Oberstufe in Nordrhein-Westfalen entwickelt. Im neuen Kernlehrplan werden die zuvor getrennten Inhaltsfelder Genetik und Evolution zu einem gemeinsamen Inhaltsfeld „Genetik und Evolution" kombiniert (Ministerium für Schule und Bildung des Landes Nordrhein-Westfalen n.d.). Durch diese Kombination bietet der Kurs eine kohärente Lerngelegenheit, die den aktuellen Bildungsanforderungen entspricht. In einer Phase ihres Lebens, in der sich die Teilnehmenden zunehmend mit ihrer eigenen Identität auseinandersetzen, eröffnet die Beschäftigung mit der Humangenetik und der Evolution des Menschen einen spannenden und persönlichen Zugang zu den im Kurs behandelten biologischen Themen (McComas 2006; Bjorklund 2020)

In einer Zeit, in der digitales Lernen zunehmend an Bedeutung gewinnt, verbindet der Workshop traditionelle Laborarbeit mit der Nutzung bioinformatischer Software. Im humangenetischen Teil des Kurstages führen die Schüler*innen sowohl labordiagnostische als auch bioinformatische Analysen durch, um Erbkrankheiten zu identifizieren. Im Abschnitt zur Humanevolution dient die Software der Erforschung menschlicher Evolutionsprozesse. Der Kurs integriert zudem moderne E-Learning-Ansätze in Form eines *Blended-Learning*-Konzepts, bei dem Präsenz- und Online-Lernphasen kombiniert werden (Graham 2006). Für diesen Experimentierkurstag wurden gezielt interaktive Online-Selbstlernmodule zur Vor- und Nachbereitung entwickelt. Diese Module sollen die Schüler*innen auf den Besuch vorbereiten und das im Kurs erworbene Wissen im Anschluss festigen.

Das Ziel dieses Kurstags ist es, den Lernenden einen vertieften Einblick in die Themen Humangenetik und Humanevolution zu ermöglichen und ihre Begeisterung sowie Motivation für diese biologischen Fragestellungen zu fördern. Durch die praxisnahe Auseinandersetzung sollen sowohl das Verständnis als auch das Interesse an den behandelten Themen gesteigert werden, sodass die Teilnehmenden nicht nur fachlich profitieren, sondern auch eine nachhaltige Neugier für die Thematik entwickeln. Zahlreiche Studien belegen, dass der Einsatz von E-Learning, insbesondere durch interaktive und multimediale Elemente sowie die Förderung von Lernautonomie, die Motivation und das Interesse der Lernenden sowie deren Wissenszuwachs signifikant steigern kann (Means et al. 2013; Mayer 2009). Auch ist ein positiver Einfluss auf Interesse, Motivation und Wissenserwerb durch die Ergänzung eines Schüler*innenlaborbesuchs durch vor- und nachbereitende Übungen festgestellt worden (Guderian et al. 2006; Reimann et al. 2020; Röllke und Grotjohann 2020).

In diesem Artikel werden der Kurstag und die Online-Lerninteraktionen zur Vor- und Nachbereitung vorgestellt. Darüber hinaus werden die Zielsetzung und die Konzeption reflektiert, kritisch hinterfragt und unter Einbeziehung relevanter Fachliteratur weiterführend analysiert.

2 Theoretischer Hintergrund

In diesem Kapitel werden die grundlegenden fachlichen Konzepte zu Humangenetik und Humanevolution skizziert, die für das Verständnis des im Artikel beschriebenen Kurstages erforderlich sind.

2.1 Humangenetik

Die Humangenetik beschäftigt sich mit der Vererbung von Merkmalen und Erbkrankheiten. Die DNA (Desoxyribonukleinsäure), die die genetischen Informationen eines Organismus enthält, liegt in den Chromosomen der Zellen vor (Campbell et al. 2011). Der Mensch besitzt 46 Chromosomen, die in 23 Paaren angeordnet sind. Davon sind 22 Paare Autosomen, die geschlechtsunabhängige Merkmale bestimmen, während das 23. Paar die Geschlechtschromosomen umfasst: Frauen haben zwei X-Chromosomen (XX), während Männer ein X- und ein Y-Chromosom (XY) besitzen (Campbell et al. 2011; Pierce 2012).

Ein Gen ist ein Abschnitt der DNA, der die Anweisungen für die Synthese eines bestimmten Proteins liefert. Die DNA besteht aus einer Kette von Nukleotiden, in denen die Basen Adenin (A), Guanin (G), Cytosin (C) und Thymin (T) enthalten sind (Alberts et al. 2014). Die Reihenfolge der Basen codiert für die Herstellung von Proteinen, die aus langen Ketten von Aminosäuren bestehen. Der genetische Code übersetzt die Abfolge der Basen in die Abfolge der Aminosäuren, wobei eine Kombination aus drei Basen (Codon) eine Aminosäure (oder ein Stoppsignal) codiert (Alberts et al. 2014). Die Codesonne veranschaulicht die Zuordnung der Codons zu den Aminosäuren (oder den Stoppsignalen) (Campbell et al. 2011).

Mutationen treten auf, wenn die Basenabfolge der DNA verändert wird. Dies kann zu fehlerhaften Proteinen führen, die die Funktionen des Organismus stören können. Mutationen zeigen sich zum Beispiel in Punktmutationen (Austausch eines einzelnen Nukleotids), Deletionen (Entfernung eines oder mehrerer

Nukleotide) oder Insertionen (Hinzufügen zusätzlicher Nukleotide) (Campbell et al. 2011; Pierce 2012). Solche Mutationen können genetische Krankheiten verursachen, die von Eltern an ihre Nachkommen vererbt werden (Erbkrankheiten).

Ein Individuum ist homozygot für ein Gen, wenn es zwei identische Merkmalsausprägungen (Allele) besitzt, und heterozygot, wenn es zwei unterschiedliche Allele hat. Dominante Allele setzen sich auch in heterozygotem Zustand durch, während rezessive Allele nur bei homozygoter Veranlagung zur Ausprägung kommen (Campbell et al. 2011; Pierce 2012). Gene, die auf den Autosomen liegen, werden autosomal vererbt, während Gene auf dem X-Chromosom x-chromosomal vererbt werden. Die Vererbung von Erbkrankheiten kann mithilfe von Familienstammbäumen untersucht werden, die den Verlauf bestimmter Merkmale in Generationen bildlich darstellen (Pierce 2012).

2.2 Humanevolution

Die Humanevolution beschreibt die Entwicklung des modernen Menschen *(Homo sapiens)*. Ein wichtiger Faktor der Evolution sind Mutationen in der DNA, die (möglicherweise positive) Veränderungen in Organismen hervorrufen. Charles Darwin formulierte die darwinsche Evolutionstheorie, die erklärt, wie durch natürliche Selektion vorteilhafte Merkmale erhalten bleiben: Individuen mit besseren Anpassungen haben einen Vorteil im Wettbewerb um Ressourcen und geben ihre Gene häufiger weiter (Darwin 1859; Campbell et al. 2011).

Ein zentraler Aspekt der Evolution ist die Bestimmung von Verwandtschaftsverhältnissen zwischen verschiedenen Organismen. Die Erforschung dieser Verwandtschaften (Phylogenie), ermöglicht es, die evolutionären Beziehungen zwischen Arten nachzuvollziehen und die stammesgeschichtliche Entwicklung des Lebens auf der Erde zu rekonstruieren. Die Darstellung dieser Beziehungen in Form von phylogenetischen Stammbäumen ist ein bewährtes Mittel, um die evolutionäre Verwandtschaft zwischen Spezies visuell zu veranschaulichen (Hennig 1966; Wiley und Lieberman 2011). Phylogenetische Stammbäume basieren auf der Analyse von Merkmalen, die in Merkmalstabellen erfasst werden. Die Merkmalstabellen dienen als Grundlage für die Erstellung von Distanzmatrizen, in welchen Ähnlichkeiten und Unterschiede zwischen den Organismen quantitativ erfasst sind. Ausgehend von den Distanzmatrizen können phylogenetische Stammbäume erstellt werden, in welchen die Verwandtschaftsverhältnisse durch verschieden lange Linien dargestellt werden (Page und Holmes 2009; Nei und Kumar, 2000; Campbell et al. 2011).

Für die Erstellung phylogenetischer Stammbäume können sowohl phänotypische Merkmale (zum Beispiel morphologische Merkmale wie Körpergröße, Schädelstrukturen oder Fellfarben) als auch genotypische Merkmale (DNA-Sequenzen) verglichen und bewertet werden. Bei der DNA-Analyse zur Bestimmung von Verwandtschaftsverhältnissen von Eukaryoten hat sich insbesondere der Vergleich konservierter DNA-Abschnitte mit langsamer Evolutionsrate, wie beispielsweise der mitochondrialen DNA (mtDNA), bewährt (Saccone, De Giorgi, Gissi, Pesole und Ryes 1999).

Der phylogenetische Stammbaum besteht aus Ästen und Knoten. Die Äste repräsentieren die evolutionären Linien, während die Knoten gemeinsame Vorfahren anzeigen. Die Endpunkte der Äste repräsentieren die untersuchten Arten. Die Länge der Äste gibt (in skalierten Bäumen) die genetische oder evolutionäre Distanz an. Hier gilt: Je ähnlicher die DNA-Sequenzen zwischen den untersuchten Arten oder Individuen sind, desto näher ist ihre Verwandtschaft und desto kürzer ist der Ast, der sie im Stammbaum miteinander verbindet (Page und Holmes 2009; Campbell et al. 2011).

Die Systematik ist ein Teilgebiet der Biologie, das sich mit der Benennung, Beschreibung und Einordnung von Organismen befasst. Ziel der Systematik ist es, die Vielfalt des Lebens in einem hierarchischen System (Domäne, Reich, Stamm, Klasse, Ordnung, Familie, Gattung, Art) darzustellen, das auf evolutionären Verwandtschaftsverhältnissen basiert (Campbell et al. 2011).

Die *Out-of-Africa*-Theorie beschreibt die Entstehung des modernen Menschen *(Homo sapiens)* und besagt, dass dieser vor etwa 200.000 Jahren in Afrika entstand und sich von dort aus weltweit ausbreitete, wobei er andere Menschenarten wie den Neandertaler verdrängte oder sich mit ihnen vermischte (Nei 1995; Campbell et al. 2011).

3 Der Präsenzkurs *Genetik und Evolution des Menschen*

Bei dem Kurstag *Genetik und Evolution des Menschen* handelt es sich um einen ganztägigen Experimentierkurs, der am Schüler*innenlabor teutolab-biotechnologie der Universität Bielefeld angeboten wird. Er richtet sich an Schüler*innen aus Biologie-Grundkursen der Jahrgangsstufe Q2. Kursinhalte sind Humangenetik und Humanevolution. Die teilnehmenden Schüler*innen lernen, wie Veränderungen in der DNA-Sequenz sowohl kurzfristige Auswirkungen, wie die Weitergabe von Erbkrankheiten, als auch langfristige Konsequenzen, wie die Entstehung neuer Arten (incl. des Menschen), nach sich ziehen können. Die Schüler*innen führen laborpraktische (Extraktion und Aufreinigung von DNA) und bioinformatische (Analyse von DNA-Sequenzen) Analysen durch. Die bioinformatischen Analysen werden mit der Software MEGA *(Molecular Evolutionary Genetics Analysis)* durchgeführt, die für Bildungszwecke kostenfrei zur Verfügung steht (MEGA Software, n.d.). MEGA ist ein weit verbreitetes Werkzeug zur Analyse von molekularen evolutionären Mustern und zur Rekonstruktion phylogenetischer Stammbäume (Tamura et al. 2021). Die für diese Analysen benötigten DNA-Sequenzen stammen aus der Datenbank des *National Center for Biotechnology Information* (NCBI), einer umfassenden Ressource für biomedizinische und genomische Informationen (National Center for Biotechnology Information, n.d.).

Die folgende Abbildung veranschaulicht die Kursinhalte, welche im Anschluss näher beschrieben werden.

3.1 Kursinhalte zum Themenabschnitt Humangenetik

Der Kurstag startet mit der Vermittlung von fachbiologischen Grundkenntnissen über die Speicherung und die Weitergabe genetischer Informationen in der DNA sowie über die Bedeutung von Mutationen und deren Rolle bei der Entstehung von Erbkrankheiten. Ein zentraler Aspekt dieses Themenabschnittes ist das Kennenlernen bzw. die praktische Anwendung molekularbiologischer und bioinformatischer Techniken zur Diagnose von Erbkrankheiten. Dazu gehören die Isolierung und Aufreinigung von DNA, deren Vervielfältigung mittels Polymerase-Kettenreaktion (PCR) sowie die anschließende DNA-Sequenzierung und Analyse der DNA-Sequenz.

Die Schüler*innen isolieren DNA aus Zellen der Mundschleimhaut, die anschließend über eine Kieselsäure-Matrix mit dem NucleoSpin Tissue XS Kit (Macherey-Nagel, n.d.) aufgereinigt wird. Nach der photometrischen Messung der dabei gewonnenen DNA werden dessen Qualität und Quantität sowie dessen Eignung für PCR und DNA-Sequenzierung bewertet. Während die gentechnischen Methoden zur PCR und zur DNA-Sequenzierung didaktisch reduziert vermittelt werden (im Curriculum für Grundkurse nicht enthalten), wird der bioinformatischen Sequenzanalyse viel Aufmerksamkeit geschenkt.

Unter Verwendung der Software MEGA analysieren die Schüler*innen die zugrundeliegenden Mutationen von vier monogenen (durch ein einzelnes Gen verursacht) Erbkrankheiten: Achondroplasie, Chorea Huntington, Sichelzellenanämie und Fragiles-X-Syndrom. Dabei stehen ihnen jeweils die mutierten und die unmutierten DNA-Sequenzen der entsprechenden Gene zur Verfügung. Durch in MEGA integrierte Algorithmen ist die Erstellung von Sequenz-Alignments möglich – ein Prozess, bei dem DNA-Sequenzen homolog ausgerichtet werden, um durch Mutationen entstandene Unterschiede zu identifizieren (Mount 2004). Die Schüler*innen bestimmen zunächst die Art und die Position der Mutation. Anschließend nutzen sie die Codesonne, um die potenziellen Auswirkungen auf die Aminosäuresequenz des korrespondierenden Proteins zu ermitteln.

Am Beispiel der Achondroplasie finden die Schüler*innen den Austausch eines Guaninnukleotids mit einem Adeninnukleotid an Position 1138 (G1138A) im FGFR3-Gen auf Chromosom 4. Diese Punktmutation verursacht den Austausch der Aminosäure Glycin zu Arginin an Position 380 (Gly380Arg) im Fibroblasten-Wachstumsfaktor-Rezeptor 3, einem Protein, das normalerweise das Wachstum und die Entwicklung von Knochen und Knorpel reguliert (Bellus et al. 1995; Shiang et al. 1994). Auf zellulärer Ebene führt diese Mutation zu einer übermäßigen Aktivierung des Rezeptors, wodurch das Knochen- und Knorpelwachstum stark gehemmt wird (Rousseau et al. 1994; Naski et al. 1996). Typische Symptome der Achondroplasie sind unter anderem Kleinwuchs und verkürzte Extremitäten (Legeai-Mallet et al. 1998).

Ein weiteres Beispiel für eine Punktmutation ist die Sichelzellenanämie, bei der die Mutation A20T im HBB-Gen auf Chromosom 11 zum Aminosäureaustausch Glu6Val führt (siehe Abb. 2) (Herrick 1910; Steinberg und Sebastiani 2012). Das HBB-Gen codiert für die Beta-Kette des Hämoglobins, welches als

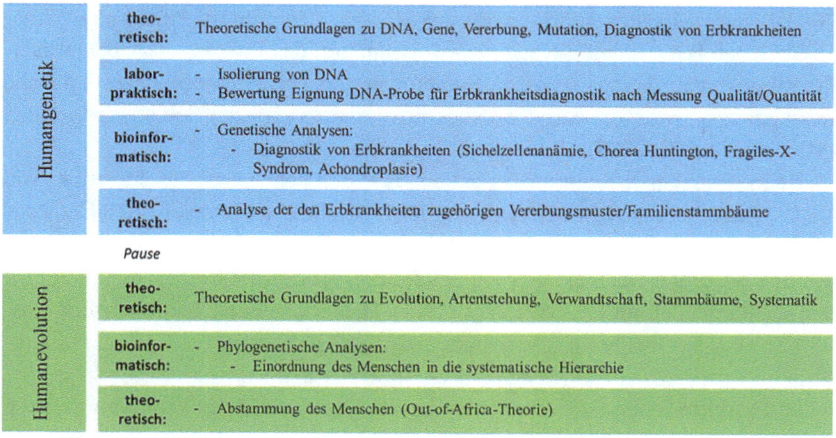

Abb. 1 Inhalte/Ablauf Experimentierkurstag „Genetik und Evolution des Menschen"

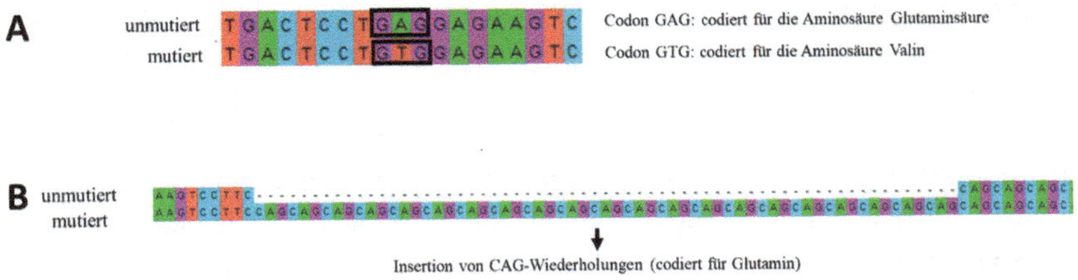

Abb. 2 A: Screenshot aus der MEGA-Software zur Identifikation von Sichelzellenanämie. B: Screenshot aus der MEGA-Software zur Identifikation von Chorea Huntington

Bestandteil roter Blutzellen eine wichtige Rolle bei dem Sauerstofftransport im Körper spielt (Rees et al. 2010). Die Mutation bewirkt, dass das Hämoglobin lange Fasern bildet, wodurch die roten Blutzellen eine sichelförmige Gestalt annehmen, den Sauerstofftransport beeinträchtigen und beispielsweise chronische Müdigkeit und Schmerzen verursachen (Rees et al. 2010; Platt et al. 1984).

Bei den Erbkrankheiten Chorea Huntington und Fragiles-X-Syndrom handelt es sich in beiden Fällen um Insertionen, die die Funktion von Genen beeinträchtigen, welche für Proteine codieren, die wichtige regulatorische Aufgaben im Nervensystem übernehmen (Bates et al. 2015; Brown 1992). Bei Chorea Huntington finden die Schüler*innen die Insertion von CAG-Wiederholungen an Position 52 des HTT-Gens auf Chromosom 4 (siehe Abb. 2 B) (MacDonald et al. 2003). Diese Mutation führt zur Produktion eines Huntingtin-Proteins mit einer zusätzlichen Polyglutamin-Kette, was die Funktion des Proteins stark beeinträchtigt (Bates et al. 2015). Typische Symptome sind beispielsweise unwillkürliche Bewegungen sowie fortschreitende kognitive und motorische Beeinträchtigungen (MacDonald et al. 2003).

Beim Fragilen-X-Syndrom erkennen die Schüler*innen die Insertion von CGG-Wiederholungen in einem genregulatorischen Bereich des FMR1-Gens auf dem X-Chromosom (Brown 1992; Godler et al. 2010). Diese Mutation führt zur Methylierung und zur Inaktivierung des Gens, sodass das korrespondierende Protein nicht gebildet wird (Godler et al. 2010). Dies hat schwere neurologische Ausfälle zur Folge, darunter Entwicklungsverzögerungen, kognitive Beeinträchtigungen und Verhaltensauffälligkeiten (Raspa, Wheeler und Riley 2017).

Die beschriebenen Erbkrankheiten zeigen unterschiedliche Vererbungsmuster. Achondroplasie und Chorea Huntington werden autosomal-dominant vererbt, was bedeutet, dass eine Mutation eines Allels ausreicht, um die Krankheit zu manifestieren (Shiang et al. 1994; MacDonald et al. 2003). Sichelzellenanämie hingegen wird autosomal-rezessiv vererbt, wobei beide Allele mutiert sein müssen, damit die Krankheit ausbricht (Rees et al. 2010). Das Fragile-X-Syndrom zeigt eine X-chromosomal-dominante Vererbung, wobei Männer aufgrund ihres einzigen X-Chromosoms oft stärkere Symptome aufweisen als Frauen (Martin und Bell 1943; Raspa, Wheeler und Riley 2017). Die Analyse von Familienstammbäumen erlaubt den Schüler*innen am Kurstag die Zuordnungen der Erbkrankheiten zu den jeweiligen Vererbungsmustern.

3.2 Kursinhalte zum Themenabschnitt Humanevolution

Aufbauend auf den Erkenntnissen der Humanbiologie erarbeiten sich die Schüler*innen Inhalte zur Humanevolution. Sie lernen, dass Mutationen nicht nur pathogene Effekte haben, sondern auch als treibender Motor der Evolution fungieren. Mutationen können dabei zu allmählichen Veränderungen vererbbarer Merkmale über viele Generationen hinweg und zur Entstehung neuer Arten führen.

Während des Experimentierkurstages nutzen die Schüler*innen sowohl phänotypische als auch genotypische Informationen, um phylogenetische Stammbäume zu erstellen. Sie listen phänotypische Merkmale systematisch auf, überführen die Informationen in eine Distanzmatrix und leiten daraus einen möglichen phylogenetischen Stammbaum ab. Bei den für die phylogenetische Analyse verwendeten genotypischen Informationen (DNA-Sequenzen) handelt es sich um Sequenzen des mitochondrialen Cytochrom B *(cytB)* Gens.

In schrittweise aufeinander aufbauenden Analysen phänotypischer und genotypischer Merkmale erfolgt während des Experimentierkurstages eine sukzessive Eingruppierung des Menschen in die verschiedenen Ebenen der systematischen Hierarchie (siehe Abb. 3).

Die Analyse phänotypischer Merkmale erlaubt es dabei den Schüler*innen zunächst, den Menschen in die Domäne der Eukaryoten, in das Reich der Tiere, in die Abteilung der Chordatiere und in die Klasse der Säugetiere einzuordnen. Die Erstellung von Stammbäumen mit der Software MEGA ermöglicht es den Schüler*innen, den Menschen zur Ordnung der Primaten, zur Familie der Menschenaffen und zur Gattung Homo zuzuordnen (siehe Abb. 4).

Ein abschließender DNA-Sequenzvergleich zwischen den Arten *Homo neanderthalensis* und *Homo sapiens* sowie die Vorstellung der *Out-of-Africa*-Theorie als Hypothese zur Abstammung des modernen Menschen (Tattersall 2009) runden den Experimentierkurs ab.

	Eingruppierung	Beispiele spezifischer Merkmale
Lebewesen		
Domäne	**Eukaryoten** (Eucarya)	Lebewesen mit Zellkern
Reich	**Tiere** (Animalia)	heterozygote, aerobe Lebewesen ohne Zellwand
Stamm	**Chordatiere** (Chordata)	Tiere mit *Chorda dorsalis* – Stützapparat im Rücken
Klasse	**Säugetiere** (Mammalia)	Milchdrüsen (Säugen der Jungtiere)
Ordnung	**Primaten** (Primata)	Greifhände und relativ großes Gehirn
Familie	**Menschenaffen** (Hominidae)	Herrentiere ohne Schwanz
Gattung	***Homo***	aufrechter Gang, red. Behaarung, Werkzeuggebrauch
Art	***Homo sapiens***	komplexe Sprache, kulturelle Ausdrucksformen

Abb. 3 Eingruppierung des Menschen in das taxonomische System und Angabe spezifischer Merkmale

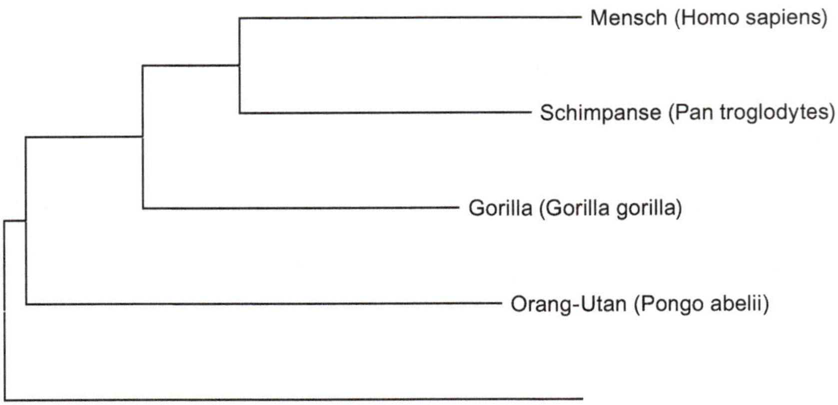

Abb. 4 Mit der Software MEGA erstellter phylogenetischer Stammbaum. Stellung des Menschen innerhalb der Familie der Menschenaffen

4 Interaktive Online-Lernmodule zur Vor- und Nachbereitung

Der Experimentierkurstag *Genetik und Evolution des Menschen* ist in interaktive Online-Lernmodule eingebettet, die der Vor- und Nachbereitung der Schüler*innenlaborbesuche dienen. Die auf der Webseite des teutolab-biotechnologie integrierten Lernmodule bieten den Schüler*innen dabei die Möglichkeit, sich bereits vor dem Experimentierkurstag intensiv mit den Inhalten auseinanderzusetzen und ihr Wissen nach dem Besuch zu vertiefen. Studien zeigen, dass Vor- und Nachbereitung von Experimentierkursen einen positiven Einfluss auf das Interesse, die Motivation, das Verständnis und den langfristigen Wissensbehalt der Schüler*innen haben (Guderian et al. 2006; Reimann et al. 2020; Röllke und Grotjohann 2020). Die für den Kurstag entwickelten vor- und nachbereitenden Materialien sind interaktiv und multimedial gestaltet. Interaktives und multimediales Lernen hat sich in der Forschung als besonders förderlich für die Motivation und den Lernerfolg erwiesen, da es die aktive Auseinandersetzung mit den Lerninhalten fördert und unmittelbare Rückmeldungen ermöglicht (Mayer 2014; Clark und Mayer 2016). Die im Selbststudium durchzuführenden interaktiven Online-Übungen wurden mit der Open-Source-Lernsoftware H5P gestaltet, welche es ermöglicht, eine Vielzahl interaktiver Lerninhalte wie Quizze, interaktive Videos und Präsentationen zu erstellen und nahtlos in Webseiten zu integrieren (H5P Documentation, n.d.). Als Open-Source-Software ist H5P kostenfrei zugänglich und erlaubt eine hohe Flexibilität bei der Gestaltung von Lernmaterialien (H5P, n.d.).

Im Folgenden wird zunächst eine detaillierte Begründung der Lernmethodik des interaktiven Online-Lernens beschrieben, bevor die Lernplattform H5P vorgestellt wird. Schließlich werden die vorbereitenden und nachbereitenden Lerninteraktionen vorgestellt, um die didaktischen Ziele dieser Einbettung vollständig zu erläutern.

4.1 E-Learning und die Lernsoftware H5P

E-Learning, eine Lernform, die durch den Einsatz digitaler Medien unterstützt wird, hat sich zu einem zentralen Bestandteil moderner Bildung entwickelt. Diese Form des Lernens ermöglicht es, Inhalte durch multimediale und interaktive Formate zu vermitteln, wodurch sowohl das Verständnis als auch die Motivation der Lernenden gesteigert werden können (Kerres und Preußler 2012). Die Kultusministerkonferenz (KMK) fordert in ihrer fortgeschriebenen Strategie „Bildung in der digitalen Welt“ (Kultusministerkonferenz 2021) den verstärkten Einsatz digitaler Medien im Unterricht, um den Herausforderungen einer zunehmend digitalisierten Welt gerecht zu werden. Diese Strategie zielt darauf ab, die Medienkompetenzen von Schüler*innen zu fördern und digitale Medien als festen Bestandteil des Unterrichts zu etablieren.

E-Learning umfasst verschiedene Formate, wie Online-Kurse, virtuelle Klassenzimmer und Lernmanagementsysteme, die traditionelle Präsenzlehre mit digitalen Komponenten kombinieren (Clark und Mayer 2016). Diese Vielfalt ermöglicht es, Lerninhalte flexibel und individuell auf die Bedürfnisse der Lernenden abzustimmen. Empirische Studien zeigen, dass der Einsatz digitaler Medien im Unterricht nicht nur die Lernmotivation erhöht, sondern auch das Engagement der Schüler*innen fördert, was zu einer positiven Einstellung gegenüber dem Lernen führt (McElvany et al. 2018). Diese Effekte werden insbesondere durch die Prinzipien der Selbstbestimmungstheorie unterstützt, die betonen, dass Autonomie und Selbstwirksamkeitserfahrungen entscheidend für die intrinsische Motivation und den Lernerfolg sind (Deci und Ryan 2000). Khan et al. (2022) bestätigen diese Prinzipien in ihrem E-Learning-Kontext und zeigen, dass Lernende in digitalen Lernumgebungen, die Autonomie und Kontrolle über ihren Lernprozess bieten, eine höhere Motivation zeigen und bessere Lernergebnisse erzielen.

Ein wesentlicher Vorteil von E-Learning liegt in der Möglichkeit, Lernmaterialien multimedial und interaktiv zu gestalten. Die Kombination von Audios, Texten, Bildern und Videos verbessert dabei das Verständnis und die Behaltensleistung (Paivio 1986; Mayer 2009). Darüber hinaus fördert die Interaktivität im E-Learning die aktive Auseinandersetzung mit dem Lernstoff, was zu einer besseren kognitiven Verarbeitung und langfristigem Wissensbehalt führt (Mayer 2014). Zusammenfassend lässt sich sagen, dass E-Learning nicht nur eine zeitgemäße Reaktion auf die Digitalisierung der Gesellschaft ist, sondern auch eine effektive Methode, um das Lernen zu individualisieren und zu optimieren.

Für die Erstellung der Online-Lernmodule zur Vor- und Nachbereitung des Experimentierkurstags im Labor wurde die Software H5P verwendet. H5P ist eine Open-Source-Software, die von dem norwegischen Unternehmen Joubel entwickelt und erstmals 2013 veröffentlicht wurde. Die Software ermöglicht es Nutzer*innen, interaktive und multimediale Lerninhalte zu erstellen, die browserübergreifend und ohne zusätzliche Software wiedergegeben werden können (Schoblick 2021). H5P steht für *HTML5 Package,* was die Nutzung der Auszeichnungssprache HTML5 unterstreicht, die für die Erstellung und Einbettung von interaktiven Inhalten wie Videos, Audios und Quizzen in Webseiten oder Lernmanagementsysteme verwendet wird (H5P, n.d.). Ein besonderer Vorteil von H5P liegt in seiner Offenheit und Flexibilität: Die Software ist kostenlos zugänglich und ermöglicht es Nutzer*innen, die erstellten Inhalte zu teilen, anzupassen und weiterzuentwickeln. Dies fördert die Verbreitung von Open Educational Resources (OER) und unterstützt die Idee einer allgemein zugänglichen Bildung (Schoblick 2021).

H5P unterstützt über 50 verschiedene Inhaltstypen, die verschiedene Arten von Aufgaben und Interaktionen ermöglichen (H5P Documentation, n.d.). In einzelnen Lerninteraktionen wählen die Lernenden dabei zum Beispiel die richtige Antwort einer Frage aus (zum Beispiel Inhaltstyp *Multiple Choice*), ordnen Texte und/oder Bilder entsprechend ihrer Beziehung zueinander zu (zum Beispiel Inhaltstyp *Drag and Drop*) oder identifizieren bestimmte Bereiche eines Bildes (zum Beispiel Inhaltstyp *Image Hotspot*). Die Lerninteraktionen können jedoch auch in komplexen, strukturierten Lernumgebungen mit Audios, Texten, Bildern und Videos kombiniert werden (zum Beispiel Inhaltstyp *Course Presentation, Interactive Book* oder *Interactive Video*).

4.2 Vorstellung und didaktischer Kommentar der H5P-Lerninteraktionen

Auf den Webseiten des teutolab-biotechnologie sind diverse interaktive Online-Lernmodule zum Selbstlernen angeboten[1]. Auf der zum Kurstag *Genetik und Evolution des Menschen* gehörigen Webseite sind die den Kurstag vor- bzw. nachbereitenden Online-Lernmodule nach einer Kurzbeschreibung der Kursinhalte verlinkt (teutolabbiotechnologie-online.de n.d.). Das Vorbereitungsmodul soll das Interesse der Schüler*innen wecken und das notwendige Wissen für das Verständnis des kommenden Kurstages vermitteln. Mithilfe der Übungen im Nachbereitungsmodul soll der Experimentierkurstag reflektiert und das erworbene Wissen gefestigt werden.

Bei den für diesen Experimentierkurstag entwickelten Lernmodulen handelt es sich um H5P Lerninteraktionen des Inhaltstyps *Interactive Book,* welcher es ermöglicht, die Lerninhalte in einem strukturierten, buchähnlichen Format zu

[1] https://teutolabbiotechnologie-online.de/

Vorbereitungsmodul „Genetik und Evolution des Menschen“: https://teutolabbiotechnologie-online.de/interaktives-skript-genetik-und-evolution-des-menschen/

Nachbereitungsmodul „Genetik und Evolution des Menschen“: https://teutolabbiotechnologie-online.de/interaktive-nachbereitung-genetik-und-evolution-des-menschen/.

präsentieren. Das *Interactive Book* ist in Kapitel und Unterkapitel gegliedert und kombiniert verschiedene Medien wie Audios, Texte und Bilder mit den Lerninteraktionen innerhalb einer einzigen, durchblätterbaren Oberfläche. Diese Struktur erlaubt es den Lernenden, in ihrem eigenen Tempo vorzugehen, Kapitel zu wiederholen, oder sich gezielt bestimmten Abschnitten zu widmen. Das Lernen im eigenen Tempo reduziert die kognitive Belastung und trägt zum tieferen Verständnis und besserem Behalten der Informationen bei (Sweller 2011).

Die Vor- und Nachbereitungsmodule starten mit inhaltlich und technisch wenig komplexen Übungen. Bei dem Vorbereitungs-Modul handelt es sich dabei um eine durch eine Audio-Datei unterstützte Zusammenfassung der Kursinhalte in Form eines Lückentextes (Inhaltstyp *Fill in the Blanks*). Einfach gestaltete Aufgaben zu Beginn einer Lernaktivität fördern den Einstieg in die Thematik und bauen eine solide Basis für komplexere Inhalte auf, indem sie die Lernenden auf das Thema vorbereiten und Selbstvertrauen stärken (Mayer 2009). Audiodateien spielen dabei eine bedeutende Rolle, da sie den Lernenden ermöglichen, Informationen auditiv zu verarbeiten und ihre Konzentration auf die wesentlichen Inhalte zu lenken, was die kognitive Verarbeitung und das Gedächtnis unterstützen kann (Paivio 1986; Mayer 2009).

In Anschluss an die einführenden Übungen folgen Informationen und Interaktionen höherer Komplexität. Durch eine Interaktion mit dem Namen *Summary,* in welchem sequenziell eine von zwei Aussagen als korrekt ausgewählt werden muss, gelangen die Schüler*innen so zu einer Zusammenfassung zur Theorie zur Vererbung, bevor sie sich in einer *Drag the Words*-Interaktion, in welcher Wörter in Lücken eines Textes geschoben werden müssen, Informationen zum Chromosomensatz des Menschen erschließen. Schließlich müssen die Schüler*innen Darstellungen dominanter und rezessiver Erbgänge korrekt zuzuordnen (Inhaltstyp *Image Choice*).

Im *Interactive Book* wird die Durchführung der bioinformatischen Analysen angekündigt und Links zu MEGA und zu NCBI zur Verfügung gestellt. Da die Arbeit mit der Software zentraler Aspekt des Kurstages sein wird, wird auf eine detailliertere Beschreibung der Software verzichtet. Stattdessen folgt ein zusammenfassendes Quiz, in welchem die erlernten Inhalte aus dem Vorbereitungsmodul abgefragt werden. In die Quizze ist Feedback integriert, bei welchem den Schüler*innen direkt mitgeteilt wird, ob ihre Antworten korrekt sind und warum. Das Feedback soll dazu dienen, das Verständnis der Schüler*innen zu vertiefen, indem es ihnen ermöglicht, ihre eigenen Lernfortschritte zu erkennen und zu reflektieren. Darüber hinaus soll es zum Nachdenken anregen und Tipps für die Bearbeitung ähnlicher Aufgaben geben. Es ist gezeigt worden, dass Lob und Feedback das Selbstvertrauen und die Motivation der Lernenden stärkt, Missver-

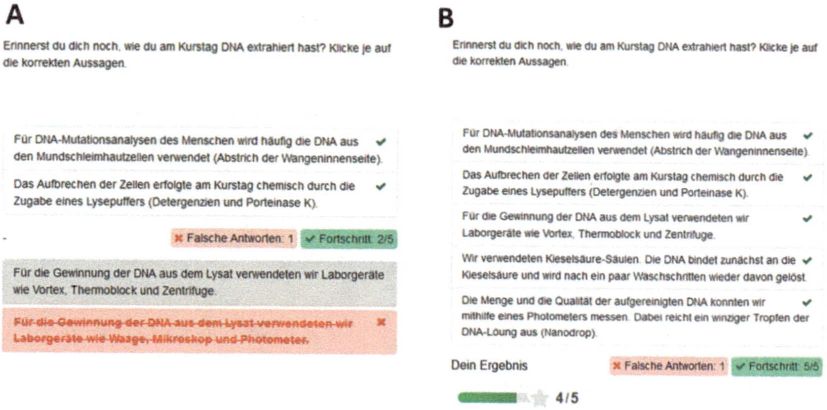

Abb. 5 Online bereitgestellte H5P-Summary-Interaktion zur Wiederholung des Ablaufs der DNA-Extraktion am Experimentierkurstag A: während der Interaktion. B: nach abgeschlossener Interaktion

ständnisse in Echtzeit aufklärt und durch gezielte Hinweise die Leistung verbessert (Shute 2008).

Das Nachbereitungsmodul startet mit einem Frageset (Inhaltstyp *Question Set*), welches zentrale Inhalte des Experimentierkurstages abfragt und wiederholt. Darauf folgen diverse Interaktionen, die Ergebnisse ausgewählter Kursinhalte näher betrachten. In einer *Summary*-Interaktion fassen die Schüler*innen die Methodik der am Kurstag durchgeführten DNA-Extraktion zusammen (siehe Abb. 5). Screenshots aus den am Kurstag durchgeführten Übungen zur Diagnostik von Erbkrankheiten mit eingebetteten Übungen (Inhaltstyp *Course Presentation*) helfen dabei, diesen Kursteil erneut nachzuvollziehen.

In einer interaktiven Online-Präsentation (Inhaltstyp *Course Presentation*), in welcher Texte, Bilder und Quiz-Interaktionen miteinander kombiniert sind, erarbeiten sich die Schüler*innen anschließend erneut die Stellung des Menschen in der systematischen Hierarchie (siehe Abb. 6) sowie die Abstammungsgeschichte des modernen Menschen.

Sowohl das Vor- als auch das Nachbereitungsmodul schließen mit einem Ausblick. Im Nachbereitungsmodul finden sich ein Link zum Instagram-Auftritt des teutolab-biotechnologie sowie ein Link zu den Beschreibungen der Ferienkurse, die vom Schüler*innenlabor angeboten werden. Das bietet besonders naturwissenschaftlich interessierten Jugendlichen die Gelegenheit, sich über weiterführende Veranstaltungen und Aktivitäten des Schüler*innenlabors näher zu infor-

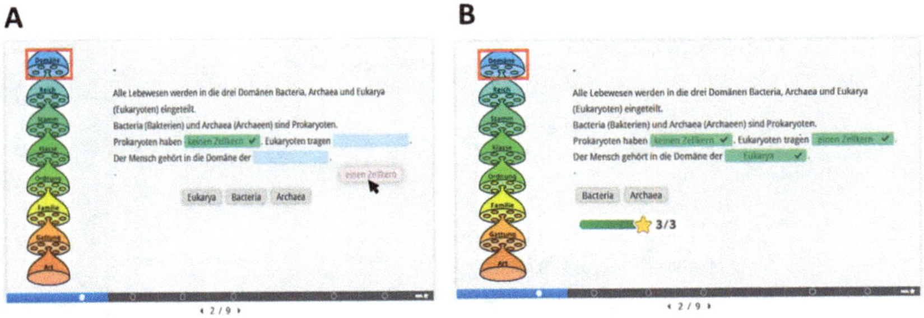

Abb. 6 Online bereitgestellte interaktive Präsentation zur Eingruppierung des Menschen in das taxonomische System. Sechs der neun Folien tragen eine Interaktion (in der Navigationsleiste mit Kreis gekennzeichnet) **A**: während der Interaktion. **B**: nach abgeschlossener Interaktion

mieren. Bei dem Vorbereitungsmodul wird auf die baldige Durchführung des Experimentierkurses verwiesen, praktische Informationen zum Kursablauf gegeben und ein Memory-Spiel angeboten (Inhaltstyp *Memory*), mithilfe dessen sich die Schüler*innen mit dem Laborequipment vertraut machen können, welches am Kurstag verwendet wird. Bei dem Memory-Spiel müssen Namen und Bilder von Materialien oder Geräten (zum Beispiel Pipette, Zentrifuge) korrekt zu Paaren zugeordnet werden. Das Memory-Spiel dient der Unterhaltung und nutzt das Konzept der Gamification, um das Lernen zu fördern. Die spielerische Auseinandersetzung mit den Lerninhalten steigert das Engagement der Lernenden, fördert die kognitive Verarbeitung und verbessert den langfristigen Wissensbehalt der Informationen (Deterding et al. 2011; Kapp 2012).

Auf der letzten Seite des Interactive Book können sich die Schüler*innen ihren Lernfortschritt anzeigen lassen. Die Transparenz des Lernfortschrittes fördert die Selbstreflexion und die Anpassung von Lernstrategien und wirkt sich somit positiv auf die Lernmotivation aus (Nicol und Macfarlane-Dick 2006).

5 Diskussion

Der vorliegende Beitrag stellt den Experimentierkurs „Genetik und Evolution des Menschen" am teutolab-biotechnologie der Universität Bielefeld sowie die zugehörigen interaktiven Online-Lernmodule umfassend dar. Der Kurs zeigt, wie moderne naturwissenschaftliche Bildung durch die Integration praktischer Laborerfahrungen und digitaler Lernformate bereichert werden kann. Forschungsergebnisse belegen, dass die Kombination aus direkter praktischer Erfahrung und digitalen Lernformaten besonders effektiv ist, um naturwissenschaftliche Kompetenzen zu fördern. Praktische Laborarbeit unterstützt das Verständnis von biologischen Konzepten und Methoden, während digitale Medien, wie Simulationen und interaktive Plattformen, komplexe Prozesse visualisieren und eine individualisierte Lernerfahrung ermöglichen (Honey et al. 2014). Die Schüler*innen setzen sich am Kurstag direkt mit ihrer eigenen biologischen Abstammung auseinander und gewinnen relevantes Wissen aus alltäglichen Themen wie Gesundheit, medizinische Diagnostik und Erbkrankheiten. Die persönliche Verbindung zur Materie fördert das Interesse und die Motivation der Schüler*innen (Schunk, Pintrich und Meeze 2014).

Zur vertiefenden Auseinandersetzung wird eine bioinformatische Software eingesetzt. Die Software erlaubt es, die erlernte Theorie auf reale Daten anzuwenden, wodurch die Schüler*innen ein tieferes Verständnis für genetische Variation und die molekularen Mechanismen von Erbkrankheiten entwickeln können. Die Nutzung digitaler Tools gewinnt sowohl in der Schulbildung als auch in den Naturwissenschaften zunehmend an Relevanz, da sie die Analyse komplexer Daten vereinfacht und das Verständnis für wissenschaftliche Konzepte fördert (Bates 2015).

Der Besuch des Schüler*innenlabors wird durch vorbereitende und nachbereitende interaktive Online-Lernmodule ergänzt, die im Selbststudium von den Schüler*innen durchgeführt werden. Das Vorbereitungsmodul hat den Zweck, die Schüler*innen neugierig zu machen und sie mit den für den Kurstag nötigen fachbiologischen Grundkenntnissen zu versorgen. Das Nachbereitungsmodul ermöglicht es den ihnen, ihre Laborerfahrungen zu reflektieren und ihr Wissen durch vertiefende Aufgaben weiter zu festigen. Die Verbindung von traditioneller Laborarbeit mit digitalen Lernmethoden im Rahmen eines *Blended-Learning*-Konzepts stellt dabei eine innovative didaktische Strategie dar, die das Potential hat, sowohl die Motivation als auch den Lernerfolg der Lernenden zu steigern (Graham 2006). Die Integration interaktiver Online-Lernmodule unterstützt das selbstgesteuerte Lernen und ermöglicht es den Lernenden, eigenständig durch verschiedene Inhalte und Ressourcen zu navigieren. Multimediale Elemente und Interaktionen adressieren unterschiedliche Lernstile und erleichtern das Verständnis komplexer Informationen durch visuelle und auditive Anreize (Mayer 2009; McElvany et al. 2018). Darüber hinaus sind die Online-Lernmodule an den Empfehlungen von Barthelmeß (2015) orientiert, der eine sorgfältige didaktische Planung und integriertes Feedback als wesentliche Erfolgsfaktoren hervorhebt. Diese Module sind so gestaltet, dass die kognitive Belastung nicht übermäßig hoch ist, was zu einem effektiven und nachhaltigen Lernen beiträgt (Sweller 2011). Die unmittelbare Rückmeldung zu den Lernfortschritten stärkt zudem das Selbstvertrauen der Lernenden und unterstützt eine tiefergehende Reflexion und Anpassung der Lernstrategien (Clark & Mayer, 2016; Nicol und Macfarlane-Dick 2006). Auch aus lerntheoretischer Sicht zeigen E-Learning-Module positive Effekte, da sie durch interaktive und problemorientierte Lernumgebungen konstruktivistisches Lernen unterstützen und durch sofortiges Feedback, Belohnungssysteme und strukturierte Übungseinheiten behavioristische Lernansätze integrieren, was die Lernleistung und Motivation der Lernenden positiv beeinflusst (Schunk, Pintrich und Meeze 2014; Clark und Mayer 2016).

Im Kontext der Bildungslandschaft in Nordrhein-Westfalen, die durch die Reform des Kernlehrplans für das Fach Biologie geprägt ist, bietet der Kurs eine wertvolle Ergänzung zum schulischen Unterricht. Durch die inhaltliche Kombination von Genetik und Evolution wird eine ganzheitliche Betrachtung biologischer Prozesse ermöglicht, die den aktuellen Bildungsanforderungen gerecht wird (Ministerium für Schule und Bildung des Landes Nordrhein-Westfalen n.d.). Die Verknüpfung von theoretischem Wissen, laborpraktischen Techniken und der Anwendung bioinformatischer Software fördert die Fähigkeit, wissenschaftliche Methoden auf moderne Kontexte anzuwenden. Durch die Einbindung der vor- und nachbereitenden Online-Module wird ein kontinuierlicher Lernprozess unterstützt, der es den Schüler*innen ermöglicht, ihr Wissen schrittweise zu vertiefen, die Anwendung wissenschaftlicher Methoden zu üben und ihre Kenntnisse in der Genetik und Evolution fortlaufend zu erweitern und zu festigen.

6 Fazit & Ausblick

Der Experimentierkurs *Genetik und Evolution des Menschen* zeigt ein Beispiel für die Verknüpfung von Theorie und Praxis in der naturwissenschaftlichen Bildung. Die Integration digitaler Lernmethoden, einschließlich interaktiver Online-Module und bioinformatischer Software bietet das Potential, das Interesse der Schüler*innen zu wecken und eine vertiefte Auseinandersetzung mit komplexen wissenschaftlichen Themen zu ermöglichen. Solche innovativen Bildungsangebote sind in einer zunehmend technisierten und digitalisierten Welt von zentraler Bedeutung, um junge Menschen optimal auf die Herausforderungen der Zukunft vorzubereiten.

Um die Effektivität des hier beschriebenen Experimentierkurstages weiter zu steigern, wäre es sinnvoll, empirische Studien durchzuführen, die die langfristigen Auswirkungen der Kursteilnahme auf das Wissen und die Einstellungen der Schüler*innen untersuchen. Solche Studien könnten durch Pre- und Post-Tests messen, inwieweit Schüler*innen nach Abschluss des Kurses ein vertieftes Verständnis von Genetik und Evolution erworben haben. Der Einsatz von Kontrollgruppen (z. B. ohne digitale Unterstützung) könnte helfen, die spezifischen Effekte der digitalen vor- und nachbereitenden Module zu identifizieren. Mit qualitativen und quantitativen Methoden könnte außerdem erfasst werden, in welchem Maße die Kombination aus praktischer Laborarbeit und digitalem Lernen das Interesse der Schüler*innen an naturwissenschaftlichen Themen steigert. Auch könnte geprüft werden, wie gut die bioinformatische Software und die Online-Lernmodule von den Schüler*innen genutzt werden können, welche technischen oder didaktischen Barrieren bestehen und wie diese überwunden werden können. Nicht zuletzt wäre es interessant zu erfahren, inwieweit der Kurs unterschiedliche Lernstile anspricht und ob bestimmte Zielgruppen (z. B. Schüler*innen mit niedrigem Vorwissen oder Interesse) besonders von der methodischen Vielfalt profitieren.

Über die empirische Forschung hinaus könnte die Entwicklung zusätzlicher Module für andere biologische Inhaltsfelder oder andere naturwissenschaftliche Themenbereiche das bestehende Angebot erweitern und weiter diversifizieren.

Ein kontinuierlicher Verbesserungsprozess kann durch das systematische Einholen und Auswerten von Feedback seitens der Schüler*innen und Lehrkräfte unterstützt werden, welche wertvollen Einblicke in die Wirksamkeit der Lernmodule bieten und insgesamt dazu beitragen kann, gezielte Anpassungen vorzunehmen, um das Bildungsangebot weiter zu optimieren.

Literatur

Alberts, B., Johnson, A., Lewis, J., Morgan, D., Raff, M., Roberts, K., & Walter, P. (2014). Molecular biology of the cell 6th ed (new york, ny: Garland science).

Bates, G. P., Dorsey, R., Gusella, J. F., Hayden, M. R., Kay, C., Leavitt, B. R.,... & Tabrizi, S. J. (2015). Huntington disease. Nature reviews Disease primers, 1(1), 1–21.

Bates, A. W. (2015). Teaching in a digital age: Guidelines for designing teaching and learning. BCcampus.

Barthelmeß, H. (2015). E-Learning – bejubelt und verteufelt. Springer Vieweg.

Bellus, G. A., Hefferon, T. W., de Luna, R. O., Hecht, J. T., Horton, W. A., Machado, M.,... & Francomano, C. A. (1995). Achondroplasia is defined by recurrent G380R mutations of FGFR3. American journal of human genetics, 56(2), 368.

Bjorklund, David F., 'Children, Childhood, and Development in Evolutionary Perspective', How Children Invented Humanity: The Role of Development in Human Evolution (New York, 2020; online edn, Oxford Academic, 22 Oct. 2020), https://doi.org/10.1093/oso/9780190066864.003.0001, accessed 25 Nov. 2024.

Brown, W. T. (1992). The fragile X syndrome. Current Opinion in Pediatrics, 4(6), 960–964.

Bybee, R. W. (2010). Advancing STEM education: A 2020 vision. Technology and engineering teacher, 70(1), 30.

Campbell, N. A., Reece, J. B., Urry, L. A., Cain, M. L., Wasserman, S. A., Minorsky, P. V., & Jackson, R. B. (2011). Biology (9th ed.). Pearson Benjamin Cummings.

Clark, R. C., & Mayer, R. E. (2016). E-learning and the science of instruction: Proven guidelines for consumers and designers of multimedia learning. john Wiley & sons.

Darwin, C. (1859). On the Origin of Species by Means of Natural Selection. John Murray.

Deci, E. L., & Ryan, R. M. (2000). The „what" and „why" of goal pursuits: Human needs and the self-determination of behavior. Psychological inquiry, 11(4), 227–268.

Deterding, S., Dixon, D., Khaled, R., & Nacke, L. (2011, September). From game design elements to gamefulness: defining „gamification". In Proceedings of the 15th international academic MindTrek conference: Envisioning future media environments (pp. 9–15).

Godler, D. E., Tassone, F., Loesch, D. Z., Taylor, A. K., Gehling, F., Hagerman, R. J.,... & Slater, H. R. (2010). Methylation of novel markers of fragile X alleles is inversely correlated with FMRP expression and FMR1 activation ratio. Human molecular genetics, 19(8), 1618–1632.

Graham, C. R. (2006). Blended learning systems. The handbook of blended learning: Global perspectives, local designs, 1, 3–21.

Guderian, P., Priemer, B., & Schön, L. H. (2006). In den Unterricht eingebundene Schülerlaborbesuche und deren Einfluss auf das aktuelle Interesse an Physik. PhyDid A-Physik und Didaktik in Schule und Hochschule, 2(5), 142–149.

Haupt, O. J., Domjahn, J., Martin, U., Skiebe-Corrette, P., Vorst, S., Zehren, W. et al. (2013). Schülerlabor - Begriffsschärfung und Kategorisierung. MNU, 66, 324–330.

Hennig, W. (1966). Phylogenetic Systematics. University of Illinois Press.

Herrick, J. B. (1910). Peculiar elongated and sickle-shaped red blood corpuscles in a case of severe anemia. Archives of internal medicine, 6(5), 517–521.

Honey, M., Pearson, G., & Schweingruber, H. A. (Eds.). (2014). STEM integration in K-12 education: Status, prospects, and an agenda for research (Vol. 500). Washington, DC: National Academies Press.

H5P. (n.d.). H5P: Interactive content and elearning tools. Abgerufen von https://h5p.org

H5P Documentation. (n.d.). H5P documentation. Abgerufen von https://h5p.org/documentation

Kapp, K. M. (2012). The gamification of learning and instruction: Game-based methods and strategies for training and education. Pfeiffer.

Kerres, M., & Preußler, A. (2012). Mediendidaktik. In Enzyklopädie Erziehungswissenschaft Online. Abgerufen von https://learninglab.uni-due.de

Khan, R., Ali, A., & Alourani, A. (2022). Investigating Learners' Experience of Autonomous Learning in E-learning Context. International Journal of Emerging Technologies in Learning (iJET), 17(8), 4–17.

Kultusministerkonferenz. (2021). Lehren und Lernen im digitalen Zeitalter. Abgerufen von https://www.kmk.org/fileadmin/veroeffentlichungen_beschluesse/2021/2021_12_09-Lehren-und-Lernen-Digi.pdf

Legeai-Mallet, L., Benoist-Lasselin, C., Delezoide, A. L., Munnich, A., & Bonaventure, J. (1998). Fibroblast growth factor receptor 3 mutations promote apoptosis but do not alter chondrocyte proliferation in thanatophoric dysplasia. Journal of Biological Chemistry, 273(21), 13007–13014.

MacDonald, M. E., Gines, S., Gusella, J. F., & Wheeler, V. C. (2003). Huntington's disease. Neuromolecular medicine, 4, 7–20.

Macherey–Nagel. (n.d.). NucleoSpin Tissue XS micro kit für DNA aus Zellen und Gewebe. Abgerufen von https://www.mn-net.com/de/nucleospin-tissue-xs-micro-kit-fuer-dna-aus-zellen-und-gewebe-740901.50

Martin, J. P., & Bell, J. (1943). A pedigree of mental defect showing sex-linkage. Journal of neurology and psychiatry, 6(3–4), 154.

Mayer, R. E. (2009). Multimedia learning (2nd ed.). Cambridge University Press.

Mayer, R. E. (2014). The Cambridge Handbook of Multimedia Learning. Cambridge University Press.

McComas, W. F. (Ed.). (2006). The nature of science in science education: Rationales and strategies (Vol. 5). Springer Science & Business Media.

McElvany, N., Schwabe, F., Bos, W., & Holtappels, H. G. (Hrsg.). (2018). Digitalisierung in der schulischen Bildung: Chancen und Herausforderungen. Waxmann Verlag.

Means, B., Toyama, Y., Murphy, R., & Baki, M. (2013). The effectiveness of online and blended learning: A meta-analysis of the empirical literature. Teachers college record, 115(3), 1–47.

MEGA Software. (n.d.). Molecular Evolutionary Genetics Analysis. Abgerufen von https://www.megasoftware.net

Ministerium für Schule und Bildung des Landes Nordrhein-Westfalen. (n.d.). Lehrplan für die gymnasiale Oberstufe: Biologie. Abgerufen von https://www.schulentwicklung.nrw.de/lehrplaene/lehrplan/325/gost_klp_bi_2022_06_07.pdf

Mount, D. W. (2004). Bioinformatics: Sequence and genome analysis. Cold Spring Harbor Laboratory Press.

Naski, M. C., Wang, Q., Xu, J., & Ornitz, D. M. (1996). Graded activation of fibroblast growth factor receptor 3 by mutations causing achondroplasia and thanatophoric dysplasia. Nature Genetics, 13(2), 233–237.

National Center for Biotechnology Information. (n.d.). *Homepage*. Abgerufen von https://www.ncbi.nlm.nih.gov

Nei, M. (1995). Genetic support for the out-of-Africa theory of human evolution. Proceedings of the national academy of sciences, 92(15), 6720–6722.

Nei, M., & Kumar, S. (2000). Molecular evolution and phylogenetics. Oxford university press.

Nicol, D. J., & Macfarlane-Dick, D. (2006). Formative assessment and self-regulated learning: A model and seven principles of good feedback practice. Studies in higher education, 31(2), 199–218.
Page, R. D., & Holmes, E. C. (2009). Molecular evolution: a phylogenetic approach. John Wiley & Sons.
Paivio, A. (1986). Mental representations: A dual coding approach. Oxford University Press.
Piaget, J. (1970). The construction of knowledge: Contributions to conceptual change. University of Chicago Press.
Pierce, B. A. (2012). Genetics: a conceptual approach. Macmillan.
Platt, O. S., Rosenstock, W., & Espeland, M. A. (1984). Influence of sickle hemoglobinopathies on growth and development. New England Journal of Medicine, 311(1), 7–12.
Raspa, M., Wheeler, A. C., & Riley, C. (2017). Public health literature review of fragile X syndrome. Pediatrics, 139(Supplement_3), S153–S171.
Rees, D. C., Williams, T. N., & Gladwin, M. T. (2010). Sickle-cell disease. The Lancet, 376(9757), 2018–2031.
Reimann, M., Herzog, S., Parchmann, I., & Schwarzer, S. (2020). Wirksamkeit der schulischen Vor-und Nachbereitung eines Schülerlaborbesuches. Zeitschrift für Didaktik der Naturwissenschaften, 26(1), 227–240.
Röllke, K., & Grotjohann, N. (2020). Einfluss der Nachbereitung eines Schülerlaborbesuches auf den Wissensbehalt der Schülerinnen und Schüler. In Handbuch Forschen im Schülerlabor–Theoretische Grundlagen, empirische Forschungsmethoden und aktuelle Anwendungsgebiete..
Rousseau, F., Bonaventure, J., Legeai-Mallet, L., Pelet, A., Rozet, J. M., Maroteaux, P.,... & Munnich, A. (1994). Mutations in the gene encoding fibroblast growth factor receptor-3 in achondroplasia. Nature, 371(6494), 252–254.
Saccone, C., De Giorgi, C., Gissi, C., Pesole, G., & Reyes, A. (1999). Evolutionary genomics in the Metazoa: The mitochondrial DNA as a model system. Gene, 238(1), 195–209.
Schoblick, R. (2021). Multimedial lehren und lernen: Digitale Lerninhalte erstellen mit H5P. Carl Hanser Verlag GmbH Co KG.
Schunk, D. H., Pintrich, P. R., & Meece, J. L. (2014). Motivation in education: Theory, research, and applications.
Shiang, R., Thompson, L. M., Zhu, Y. Z., Church, D. M., Fielder, T. J., Bocian, M. & Wasmuth, J. J. (1994). Mutations in the transmembrane domain of FGFR3 cause the most common genetic form of dwarfism, achondroplasia. Cell, 78(2), 335–342.
Shute, V. J. (2008). Focus on formative feedback. Review of educational research, 78(1), 153–189.
Steinberg, M. H., & Sebastiani, P. (2012). Genetic modifiers of sickle cell disease. American journal of hematology, 87(8), 795–803.
Sweller, J. (2011). Cognitive load theory. In Psychology of learning and motivation (Vol. 55, pp. 37–76). Academic Press.
Tamura, K., Stecher, G., & Kumar, S. (2021). MEGA11: Molecular Evolutionary Genetics Analysis version 11. Molecular Biology and Evolution, 38(7), 3022–3027.
Tattersall, I. (2009). The Fossil Trail: How We Know What We Think We Know about Human Evolution (2nd ed.). Oxford University Press.

teutolabbiotechnologie-online.de. (n.d.). Genetik und Evolution des Menschen. Abgerufen von https://teutolabbiotechnologie-online.de/genetik-und-evolution-des-menschen/
Universität Bielefeld. (n.d.). teutolab biotechnologie. Abgerufen von https://www.uni-bielefeld.de/einrichtungen/teutolab/biotechnologie/
Wiley, E. O., & Lieberman, B. S. (2011). Phylogenetics: theory and practice of phylogenetic systematics. John Wiley & Sons.

Von Hypertonie bis Wiederbelebung: Kardiovaskuläre Kompetenzentwicklung im Rahmen außerschulischer BNE-Gesundheitsbildung

Ein Einblick in das Feriencamp „Medizin" im teutolab „Biologie-hautnah"

Claas Wegner, Emma Mathilda Leonie Rohwetter, Tom Horstmann, Niels Rahe-Meyer und Rico Dumcke

Ergänzende Information Die elektronische Version dieses Kapitels enthält Zusatzmaterial, auf das über folgenden Link zugegriffen werden kann https://doi.org/10.1007/978-3-658-50864-7_5.

C. Wegner
Fakultät für Biologie, Biologiedidaktik (Begabungsforschung), Universität Bielefeld, Bielefeld, Deutschland
E-Mail: claas.wegner@uni-bielefeld.de

E. M. L. Rohwetter
Fakultät für Biologie, Biologiedidaktik (Begabungsforschung), Universität Bielefeld, Bielefeld, Deutschland
E-Mail: emma.rohwetter@uni-bielefeld.de

T. Horstmann
Fakultät für Biologie, Biologiedidaktik (Begabungsforschung), Universität Bielefeld, Bielefeld, Deutschland
E-Mail: tom.horstmann@uni-bielefeld.de

A. Wenzel und T. Schmäing (Hrsg.), *Außerschulisches Lernen in der naturwissenschaftlichen Bildung*, https://doi.org/10.1007/978-3-658-50864-7_5

1 Einleitung

Die United Nations haben 2015 siebzehn Ziele für eine nachhaltige Entwicklung, sog. Sustainable Development Goals, definiert (United Nations 2015). Eines davon ist die „Gesundheit und das Wohlergehen“ (Ziel 3).

Die Umsetzung dieses Ziels umfasst u. a. den Zugang zu guter medizinischer Versorgung, lebensrettenden Medikamenten, gesunder Ernährung, sauberem Wasser und guter Luft, aber auch die Reduktion von Zivilisationskrankheiten wie Krebs, Herz-Kreislauf-Erkrankungen, Diabetes mellitus oder Demenz und vorzeitiger Sterblichkeit (vgl. United Nations 2015).

In Deutschland sind im Jahr 2022 pro 100.000 Einwohnenden knapp 65 Reanimationsversuche durch den Rettungsdienst registriert worden (Fischer et al. 2023). Das sind hochgerechnet auf die deutsche Bevölkerung (rund 84 Mio. Menschen) etwa 55.000 Fälle. Über die Hälfte davon (Fischer et al. 2023) ist vermutlich kardial bedingt und die Folge einer bekannten oder aber die schwerwiegende Erstmanifestation einer bisher nicht bekannten Herz- bzw. Kreislauferkrankung. Mit einem Anteil von knapp 34 % an den Todesursachen 2023 (348.312 Todesfälle; DESTATIS 2024) sind Herz- und Kreislauferkrankungen (z. B. Myokardinfarkte mit 44.000 Fällen; 12,6 %) in Deutschland eine substanzielle Ursache früher oder vermeidbarer Sterblichkeit im Sinne der Agenda 2030.

Zahlreiche Analysen (z. B. Kragholm et al. 2017; Wissenberg et al. 2013) haben zeigen können, dass eine sofortige Reanimation nach Kreislaufstillstand die Überlebenschancen 2–3-fach erhöht (zusammenfassend, vgl.: Song et al. 2018). Von der ersten bis zur achten Minute sinkt die Überlebenswahrscheinlichkeit um 32 % (OR_{adj} 0,68; Nguyen et al. 2024). Aktuell überleben in Deutschland 85 bis 90 % der Betroffenen ihren Kreislaufstillstand nicht (Fischer et al. 2023). Die Hilfsquote durch Notfallzeugen liegt in Deutschland jedoch auch nur bei 50 % (Fischer et al. 2023). Wissenschaftlich besteht daher die Annahme, dass der Aufbau von Bevölkerungswissen zur Laienreanimation und Stärkung der spezifischen Notfallkompe-

N. Rahe-Meyer
Klinik für Anästhesiologie und operative Intensivmedizin, Franziskus Hospital, Bielefeld, Deutschland
E-Mail: niels.rahe-meyer@franziskus.de

R. Dumcke (✉)
Fakultät für Biologie, Biologiedidaktik (Begabungsforschung), Universität Bielefeld, Bielefeld, Deutschland
E-Mail: rico.dumcke@uni-bielefeld.de

tenzen durch Ausbildung (in Communities, in Schulen) – in Kombination mit Telefonanleitung oder Notfallapplikationen – einen positiven Impact auf das Outcome nach Kreislaufstillstand haben. Sowohl Erste-Hilfe-Kurse (bei Führerscheinbewerber*innen, Eltern, Senioren oder Risikoberufen) als auch die Schulbildung erreicht dabei breit und uneingeschränkt die meisten Bevölkerungsschichten. Wie genau diese Komponenten im Einzelnen jedoch wirken, ist multifaktoriell und kontextuell bedingt und noch nicht hinreichend belegt (Simmons et al. 2023).

Dennoch kommt vor diesem Hintergrund der kardiovaskulären Prävention und der Gesundheits-, aber auch der Notfallkompetenz, eine wichtige Rolle zu. Dieser Bildungsauftrag kann und wird im deutschen Schulsystem vor allem auch durch naturwissenschaftliche Fächer erfüllt. Zu berücksichtigende Kompetenzen beziehen sich auf das individuelle Wissen und Verständnis von Krankheitsmechanismen, Kommunikation von gesundheitsbezogenen Informationen und das soziale Handeln im Kontext von Gesundheit und Krankheit. Letztgenannte, verhaltensorientierte Komponente sollte dabei auch sekundäre Maßnahmen, wie eine lebensrettende Laienreanimation, einschließen.

Dieser Beitrag soll daher vor dem Hintergrund der didaktischen Möglichkeiten von außerschulischen Lernlaboren und den im OECD-Lernkompass benannten Skills für 2030 (OECD, 2020) bzw. den definierten Kompetenzzielen des 4 K-Modells (vgl. Muuß-Merholz 2021) eine Möglichkeit vorstellen, spezifische kardiovaskuläre Gesundheits- und Notfallkompetenz zu fördern.

Nach einer Einordnung der Thematik in die Bildung für nachhaltige Entwicklung (BNE) in den Naturwissenschaften und einem Blick auf Potenziale von MINT-Lernlaboren für die Gesundheitsförderung, bilden drei Lernmomente aus dem Programm den Kern der konzeptionellen Betrachtung in diesem Beitrag. Eine Kurzevaluation schließt mit einem Fazit.

2 Von BNE-Gestaltungskompetenzen, 4 K und OECD-Skills zur Gesundheitskompetenz

BNE soll ökologische, soziale und ökonomische Herausforderungen adressieren und eine Transformation ermöglichen (Rieckmann 2016). Ein zentrales Ziel von BNE ist es, Menschen zu befähigen, gesellschaftliche Lern- und Verständigungsprozesse im Sinne einer nachhaltigen Entwicklung aktiv und partizipativ mitzugestalten (Holfelder & Schehl 2022; Rieckmann 2016).

BNE ist daher vor allem – unabdingbar – auch ein Bildungsprogramm (Holfelder und Schehl 2022). Das Konzept ist als emanzipatorischer Ansatz und als offener und gesellschaftlicher Lernprozess zu verstehen (Rieckmann 2016; Vare und Scott 2007), der über Sachkompetenz hinausgeht und auch normative und

Tab. 1 Zusammenschau verschiedener Modelle globaler 21st-century Transformations- und Life-Skill-Kompetenzen

OECD-Schlüs-sel-kompetenzen (2005)	Gestaltungskompetenzen (Auswahl) (2008)	OECD-Lernkompass 2030 (2019)	4 K-Modell (2002)
Interaktive Verwendung von Medien und Tools	z. B. Kompetenz zur Perspektivübernahme Kompetenz zum Umgang mit unvollständigen und überkomplexen Informationen	kognitive und metakognitive Skills (kritisches, kreatives Denken, Selbstregulierung) praktische und physische Skills (Umgang mit Technologien und Werkzeugen)	Kreativität (Neues Denken) kritisches Denken (Selbst Denken)
Interagieren in heterogenen Gruppen	z. B. Kompetenz zur Partizipation Kompetenz zur Kooperation	soziale und emotionale Skills (Verantwortung, Zusammenarbeit)	Kommunikation (Denken mitteilen) Kollaboration (Gemeinsam Denken)
Eigenständiges Handeln	z. B. Kompetenz zur Reflexion auf Leitbilder Kompetenz zur Unterstützung anderer	kognitive und metakognitive Skills (kritisches, kreatives Denken, Selbstregulierung) soziale und emotionale Skills (Verantwortung, Zusammenarbeit)	Kreativität (Neues Denken) kritisches Denken (Selbst Denken)

interpersonelle Kompetenzen eröffnet. Wesentliche Bildungsziele sind daher Schlüsselkompetenzen, die zu einer aktiven Partizipation und reflektiertem Handeln in Bezug auf nachhaltige Entwicklung benötigt werden (Haan et al. 2008; Rieckmann 2016). Es geht darum, „nachhaltige Lösungsansätze trotz Ungewissheit und unterschiedlicher Interessen zusammen mit anderen Menschen auszuhandeln (…)“ (Holfelder und Schehl 2022, S. 874 f.).

Haan et al. (2008, S. 188) definieren Gestaltungskompetenz als ein Orientierungsrahmen für die Messung von BNE-Zielen, die sich in 12 Teilkompetenzen untergliedert. Die Anlehnung erfolgt dabei an die drei OECD-Schlüsselkompetenzen von 2005 (vgl. Tab. 1). Schlüsselkompetenzen werden verstanden als übergreifende Fähig- und Fertigkeiten, „die erstens für die Gestaltung komplexer Herausforderungen des eigenen Lebens wie der gesellschaftlichen Entwicklung wichtig und zweitens für die Fähigkeit, ein gutes Leben zu führen, zentral sind“ (Haan et al. 2008, S. 184). Diese Fähigkeiten sind daher auch anschlussfähig an die in Lehrplänen subsumierte Handlungskompetenz (Sach-, Methoden-, Sozial- und personelle Kompetenzen) (ebd., S. 186), aber auch an weitere zukunftsorientierte Kompetenzkonzepte.

Das 4 K-Modell (engl. 4 C) ist ein aus der P21-Bewegung in den USA extrahiertes Modell zur Beschreibung von Lern- und Innovations-Fertigkeiten. Sie sollen leitend sein, um die Bewältigung von Anforderungen des 21. Jahrhunderts zu ermöglichen. Das 4 K-Modell steht in der Kritik, da es zu wenig ausdifferenziert, zu allgemein (Kontexte fehlen) und verkürzt sei. Eine fehlende Messbarkeit der unterrichtlichen Förderung der Kompetenzbereiche mache es – zumindest als curriculare Leitidee – unbrauchbar (Heymann 2021; Muuß-Merholz 2021).

Das Modell bietet dennoch weiterhin ein Richtmaß für die Planung von nachhaltigkeitsförderlichem Unterricht, sofern bestimmte Kontexte konkret definiert werden. Das zeigt auch die relative Übertragbarkeit der 4 K auf die Skills des OECD-Lernkompasses von 2019 (dt. Übers.: OECD, 2020). Letzter skizziert drei Kompetenzfelder mit je zwei untergeordneten Skills (vgl. Tab. 1); der Lernkompass im Allgemeinen ist die Weiterentwicklung der OECD-Schlüsselkompetenzen von 2005. Das Ziel ist es, ein Framework für ein Curriculum zu bieten, das „die Notwendigkeit der Verflechtung und Vernetzung anerkennt und die Bildungsziele um die Bildung für staatsbürgerliches Engagement erweitert" (OECD, 2020, S. 14).

Gesundheitskompetenz wird im Speziellen verstanden als „Fähigkeit zum Umgang mit gesundheitsrelevanten Informationen […], und zwar in den drei Bereichen Krankheitsbewältigung, Krankheitsprävention und Gesundheitsförderung (Schaeffer et al. 2018, S. 13). Offenbar fühlen sich hier 54 % der Deutschen nicht ausreichend kompetent, sodass der „Nationale Aktionsplan Gesundheitskompetenz" von Schaeffer und Kolleg*innen (2018) Empfehlungen formuliert, unter anderem die bessere Förderung in Erziehungs- und Bildungssettings (Schaeffer et al. 2018, S. 31). Eine wichtige Rolle spielen dabei vor allem die oben genannten Schlüsselkompetenzen, die einen wichtigen Einfluss auf Gesundheitskompetenz haben: kognitive, soziale und emotionale Kenntnisse, Fertigkeiten und Fähigkeiten. Bestandteile einer bisher fehlenden Strategie könnten demnach die verbindliche Integration von Gesundheitsthemen als „fächerübergreifende Querschnittsaspekte", z. B. in Form von Projekten, beziehungsweise Unterricht von „Erste[r] Hilfe verbunden mit psychischer, pflegerischer und medizinischer Beratung" sein (Schaeffer et al. 2018, S. 32).

Die Förderung von BNE aber auch Gesundheits- und Erste-Hilfe-Kompetenz benötigt besondere Rahmenbedingungen und spezielle Lehr-Lernsettings im Sinne einer Vielfalt „unterschiedlicher didaktischer Ansätze und Methoden" (Rieckmann & Stoltenberg 2011, S. 121), um den Teilkompetenzen (vgl. Tab. 2) gerecht zu werden. Ein Fokus zur Umsetzung können daher auch außerschulische Lernorte bilden, wie Schüler*innenlabore (Holfelder & Schehl 2022).

Tab. 2 Didaktischer Ablaufplan des 4-tägigen Ferienprogramms (ohne Pausen) mit Dauer (in Min.) und Zuordnung zu den 4 K (vgl. Tab. 1). (*) = Lernmoment dieses Beitrags

Tag	Phase (Min.)	Inhalt	Methodik/ Bes. Medien	Bezug 4 K
Tag 1: Physiologie	Aktivierung (25)	Clusterung von Vorwissen zu: Thema Herz-Kreislauf-System	UG	KreaD
	Erarbeitung I (*) (Stationsarbeit) (85)	Das Herz-Kreislauf-System 1. Anatomie des Herzens 2. Anatomie der Lunge 3. Bauch- und Brustatmung	KGA Tablets mit 3D-App	KritD
	Sicherung I (20)	Erstellung eines Schaubildes des Herz-Kreislauf-Systems (Produkt)	KGA	KritD
	Erarbeitung II (95)	Präparation eines Schweineherzens: Identifikation von Struktur und Funktionsbeziehungen bzw. „Angriffspunkten für Erkrankungen" Arbeitsweisen: Präparation	KGA Porcine Herzen	Kollab
Tag 2: Messung & Diagnose	Aktivierung (10)	Einstieg in das Inhaltsfeld Diagnostik: Assoziation zu medizinischen Stimuli (Laborwerte, Bildgebung, Berichte)	UG	KreaD
	Erarbeitung (Stationsarbeit) (120)	Stationsarbeit Diagnostik (Dumcke et al., 2023a): 1. Grundlagen – EKG 2. Blutdruckmessung 3. Pulsoxymetrie 4. Spirometrie 5. Auskultation	KGA Stationskarten Diagnostikgeräte	KritD Kollab Komm
	Sicherung (60)	Patient X: Aufgabe nach Art eines „Escape-Room" mit kleinen Rätseln zu einem med. Fall	KGA/PA	KreaD Kollab

(Fortsetzung)

Tab. 2 (Fortsetzung)

Tag	Phase (Min.)	Inhalt	Methodik/ Bes. Medien	Bezug 4 K
Tag 3: Pathophysiologie (Krankheitsbilder)	Aktivierung (15)	Fallbeispiel: „Opa Werner kollabiert…“ (Sketch-Video)	UG	
	Erarbeitung I (75)	Kreislauferkrankungen: Wahlaufgabe (Arteriosklerose, Bluthochdruck, Herzschwäche) (Dumcke et al. 2023b) Vorstellung der Erkrankungen	PA/KGA UG	KritD KreaD Komm
	Sicherung I (50)	Forscherkonferenz: Expert*innengruppen bewerten Krankheitsszenarien (Sketch-Video) und müssen dies begründen	GP Wettbewerb	KritD Kollab
	Erarbeitung II (85)	Blutflussmodell (Dumcke et al. 2019): a) Wirksamkeit der Herzdruckmassage b) Fehlerquellen Herzdruckmassage	KGA Modelle	KreaD
	Sicherung II (10)	Ergebnispräsentation	UG	Komm
Tag 4: Skilltraining und Wiederholung	Aktivierung (30)	Einstieg mit Fotostory „Kollaps auf dem Campus“: Was sind die wichtigen Punkte einer Rettungskette?	GA UG	KritD Kollab
	Erarbeitung (*) (geteilt) (140)	Praktische Übungen: A) Gestaffelte Reanimationsübungen + Simulation B) Rollenspiele „Notfallverhalten“ anschließend Wechsel	GA Übungspuppen Feedback-Device Task-Cards Rollenkarten	KritD KreaD Kollab Komm
	Sicherung (70)	Lebensretter-Olympiade: 5 Stationsübungen als Competition (Dumcke et al. 2021b)	GA Stationsmaterialien	Kollab KreaD

Anmerkungen: UG: Unterrichtsgespräch; KGA: Kleingruppenarbeit (bis 5 Pers.) GA: Gruppenarbeit (bis 10 Pers.); GP: Gruppenpuzzle: KritD: Kritisches Denken; KreaD: Kreatives Denken; Kollab: Kollaboration; Komm: Kommunikation.

3 Potenzial „Gesundheitskompetenz" im naturwissenschaftlichen Lernlabor

Schüler*innenlabore haben das Ziel, Interesse und Motivation von Lernenden im MINT-Bereich zu fördern und damit Berufseinstiege zu begünstigen (Haupt et al. 2013; Scharfenberg et al. 2019). Klassische Schüler*innenlabore bieten z. B. lehrplanbezogene Inhalte oftmals als Tagesworkshops an, sog. Schülerforschungszentren haben oftmals außerschulische Themen und Experimente für einzelne (begabte) Schüler*innen, welche diese selbstständig und als Forschende bearbeiten, im Programm. Oftmals gibt es aber Mischformen und multivalente Labore, welche nach Bedarf mehrere Formate bieten (Haupt et al. 2013). Gemeinsam sind allen Typen Merkmale, die das naturwissenschaftliche Lernen darin charakterisieren (Euler und Weßnigk 2011): Im Kontakt mit Forscher*innen entsteht ein erfahrungsbasierter Zugang zur Domäne. Das Lernumfeld muss aktives, lebensweltbezogenes und problembasiertes Lernen ermöglichen – unter Einbezug von experimentellem oder angewandtem Vorgehen. Die Arbeit soll dabei als Team sozial erfolgen und auch *überfachliche Kompetenzen betonen* (vgl. Kap. 2) (Euler und Weßnigk 2011, S. 33).

Die Offenheit außerschulischer Lernorte bietet also Potenziale für das Lernen in nachhaltigen Kontexten, so auch im Bereich Gesundheit und (Notfall-)Medizin. Insbesondere ist die Integration von *problem- und handlungsorientierten* sowie *sinnlich-emotionalen Methoden* als ganzheitliche Erschließung eher gegeben als im Regelunterricht. Die Komplexität mancher nachhaltiger Fragestellungen erfordert auch die Erschließung beruflicher und gesellschaftlicher „Welten" (Holfelder und Schehl 2022, S. 876–877). Damit werden Lernlabore den zentralen didaktischen Prinzipien für BNE und Gesundheitskompetenz besonders gerecht (Rieckmann 2021).

Inhaltlich erfüllt Gesundheitskompetenz als Thema sehr gut die von de Haan (2002, 116 f.) aufgestellten, allgemeinen Kriterien für BNE-Inhalte:

1. *Zentrales lokales und/oder globales Thema:* Ursachen und Folgen von Kreislauferkrankungen sind global fortschreitend, aber auch im Lebensumfeld (Familie) u. U. ein wichtiges Thema.
2. *Längerfristige Bedeutung:* Die eigene Gesundheit zu bewerten oder anderen zu helfen (Rat, Pflege, Erste Hilfe) ist eine dauerhafte Aufgabe.
3. *Differenziertheit des Wissens:* Medizinisches Verständnis zu Mechanismen und Evidenz zu Wirkungen im Bereich kardialer Erkrankungen oder Notfallmaßnahmen ist gegeben.

4. *Handlungspotenzial:* Die Themen Kreislauferkrankungen und lebensrettende Maßnahmen als gesundheitsbezogene Kompetenzen ermöglichen vielseitig ein Engagement, bezogen auf sich selbst, auf andere, langfristig oder als Sofortmaßnahme.

In einem naturwissenschaftlichen Lernlabor oder -format sind zahlreiche Kontexte denkbar, welche BNE-Kompetenzen fördern: Diese Bandbreite reicht von anatomischen Untersuchungen über physiologische Experimente oder Messungen hin zu Datenanalysen und die Arbeit mit Fallbeispielen, Beratungen und Simulationen.

4 Das teutolab Biologie an der Universität Bielefeld und das Konzept der Feriencamps

Ein Vorhaben des teutolab Biologie ist das Projekt „biologie-hautnah", in dem seit 2009 Schüler*innen im Klassenverbund meist 1-tägige Workshopformate in den Räumen der Universität (Fakultät für Biologie) besuchen können (Wegner und Strehlke 2015). Die Themen des Programms sind vielfältig, meist bezogen auf den Lehrplan und adressieren verschiedene Gruppen von Lernenden aus Sekundarstufe I und II, beispielsweise zur Bionik (7–9), zur Enzymatik (EF) oder Neurobiologie (ab Q1)[1]. Das Ziel ist es, Inhalte „hautnah" und durch praktisches Arbeiten erfahrbar zu machen. Es handelt sich um ein klassisches Schülerlabor nach Haupt et al. (2013).

Das Angebot innerhalb der Ferien, auf das dieser Beitrag Bezug nimmt, ist aber eines, das sich an einzelne interessierte Schüler*innen richtet. Diese sog. Ferienworkshops oder -camps im Projekt *biologie-hautnah* sind überwiegend mehrtägig und bieten mehr Freiraum bei der Gestaltung von Lern- und Forschungsschwerpunkten sowie kreativ-kritischem Denken. Damit ergeben sich hierfür Spezifikationen, die eher auf Schülerforschungszentren zutreffen (Tillmann und Wegner 2021).

[1] vgl.: http://wwwhomes.uni-bielefeld.de/ozhb/angebote-klassen.html (22.09.2024).

5 Programm des Feriencamps „Medizin"

Das Programm des Feriencamps *Medizin,* welches Tab. 2 näher zeigt, ist ein ganzheitliches Programm rund um kardiovaskuläre Erkrankungen und damit verbundene Notfälle. Es hat zum Ziel, Hintergrundwissen zum Kreislaufsystem und Krankheitsmerkmale zu verknüpfen und so Handlungskompetenzen zu vermitteln, diesen vorzubeugen oder Folgen zu verhindern (Erste Hilfe). Ein Augenmerk liegt dabei auch auf der (kritischen) Reflexion und der Abwägung von Haltungen, u. a. Verantwortungsbewusstsein und Entscheidungsfindung. Exemplarisch werden drei Lernmomente vertiefend vorgestellt (siehe Kap. 7).

6 Besondere Lernmomente innerhalb des Programms

Im Folgenden sollen drei wesentliche Lernmomente vor dem Hintergrund der Förderung von Notfall- und Gesundheitskompetenz skizziert werden, welche BNE-relevante Kompetenzen (vgl. OECD-Lernkompass Skills/4 K) aufgreifen und simultan in mehreren Bereichen stärken (Zuordnung vgl. Tab. 2). Es handelt sich hierbei um den Einblick in die Kernbereiche des Feriencamps, die jeweils durch weitere Lernmomente vor- und nachher wiederholend vertieft werden:

a) Die Übung der Wiederbelebung (= Basic Life Support – BLS), inklusive der Beobachtung, Reflexion und Simulation, soll physische genauso wie emotionale Kompetenzen und Haltungen fördern, wenn es darum geht, zu helfen und (schnell) Entscheidungen zu treffen.
b) Die *Diagnosemethoden* kennenzulernen, stärkt die individuelle Gesundheitskompetenz, indem sich die Lernenden mit ihren vitalen Körperfunktionen befassen, diese einordnen und implizit ihre Fähigkeit fördern, Gesundheitsinformationen im späteren Leben nachzuvollziehen (Zuordnung vgl. Tab. 2).
c) Den letzten Aspekt fördert auch der eher psychologisch ausgerichtete Abschnitt zum gruppendynamischen Verhalten von Menschen, welcher durch ein *Rollenspiel* eine Auseinandersetzung mit Werten und Erwartungen initiiert und soziales Verhalten (im geschützten Raum) reflektiert.

7 Lernmoment A. Simulationsbasiertes Handeln: Basic Life Support

7.1 Beschreibung und Lernziele

Das Modul zum BLS ist praxisorientiert. Dieses Vorgehen hat sich empirisch als unverzichtbar erwiesen, wenn die Schüler*innen selbstständig die Fähigkeit aufbauen sollen, eine Reanimation (z. B. mit ausreichender Drucktiefe und -frequenz) durchzuführen und somit die Angst vor ihrer Anwendung abzubauen (Beskind et al. 2016; Schroeder et al. 2023). Um eben diese Angst vor Ausnahmesituationen, in denen eine Reanimation durchgeführt werden muss, aufzunehmen und zu verringern, ist ein geschützter Übungsrahmen sinnvoll, in dem Lernende Raum haben, die Anwendung auszuprobieren. Dafür bietet der außerschulische Lernort teutolab mit kleineren Gruppen als es in Schulen üblich ist, mit speziellen Technologien und Medien und mit Betreuer*innen mit erweitertem speziellem Fachwissen viel Potenzial. Die Schüler*innen haben daher die Möglichkeit und die Zeit, sämtliche Fragen zur Anwendung, Fehlkonzepten oder Schwierigkeiten bei einer Reanimation zu stellen, zu erarbeiten oder zu diskutieren.

Als konkrete Lernziele lassen sich für dieses Modul folgende benennen:

- Die Schüler*innen können selbstständig eine Reanimation an Übungspuppen durchführen.
- Die Schüler*innen können sich gegenseitig Live-Feedback zur Durchführung einer Reanimation geben.
- Die Schüler*innen kennen die Funktionsweise und Vorteile eines Automatisierten Externen Defibrillators (AEDs) und haben diese trainiert.

Um diese Lernziele umzusetzen, gliedert sich dieses Modul in mehrere Arbeitsphasen, die mit der Hälfte der Lerngruppe durchgeführt werden, während die andere Hälfte sich in einem Nebenraum mit *Lernmoment C* (s. dort Abschn. 8) befasst. In der ersten Phase erarbeitet die betreuende Person wechselseitig mit der Teilgruppe zunächst den Ablauf: vom Auffinden einer leblosen Person bis hin zur Herzdruckmassage. Der Ablauf wird exemplarisch an einer Übungspuppe (Little Anne®, Laerdal) demonstriert und Fragen zu einzelnen Arbeitsschritten geklärt. Anschließend erhalten die Schüler*innen in 2er- bis 3er-Gruppen eine Übungspuppe und führen den Algorithmus (Olasveengen et al. 2021) in einer stufenweise im Niveau steigenden Praxisphase selbst durch. Über die Dauer wird so implizit auch die Anstrengung einer Reanimation verdeutlicht (Abb. 1).

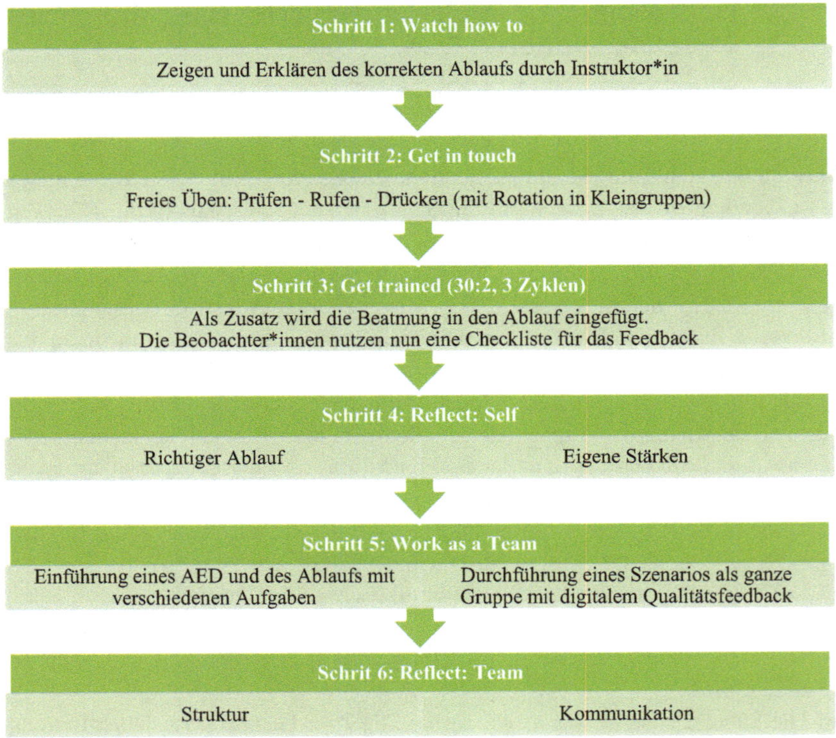

Abb. 1 Schematische Darstellung der Trainingsstufen im Workshop

Während zunächst ein*e Schüler*in die Übung durchführt, beobachten die anderen dabei. Anschließend wird rotiert, so dass alle mit der Übungspuppe vertraut werden. Im nächsten Schritt führt die Betreuungsperson die Atemspende ein. Anschließend erhalten die Schüler*innen nun wieder in ihren Kleingruppen Zeit auch dies in den Ablauf zu integrieren und dies zu üben. Dafür erhalten die Schüler*innen in dieser Übungsphase nun zusätzlich eine Checkliste (Arbeitsblatt → Supplement 1, S. 2 f.), um sich gegenseitig Peer-Feedback zu der Durchführung zu geben. Feedback hat sich als didaktisch bedeutsame Komponente für die Qualität des praktischen Lernens gezeigt (Baldi et al. 2017). Besonders wirksam sind objektive, technische Lösungen (Apps), aber zunächst eignen sich auch altersadäquate Beobachtungs-Checklisten für das Feedback (Oliveira et al. 2022). Basierend auf den Erfahrungen der Schüler*innen wird im Plenum anschließend

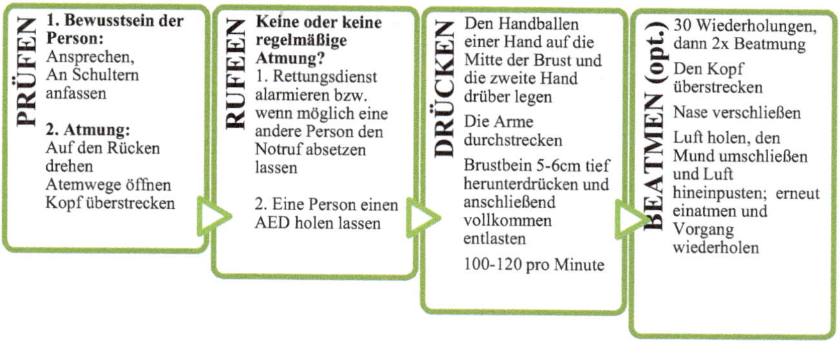

Abb. 2 Ablauf der vereinfachten Reanimation nach Basic Life Support

rekapituliert, wie es ihnen bei der Durchführung ergangen ist und wie sie sich mit dem jetzigen Wissen auf eine Realsituation vorbereitet fühlen. Weitergehend wird der AED kurz eingeführt und besprochen, wie dieser funktioniert und welche Vorteile er während einer Reanimation bietet. Die abschließende Vertiefungsphase erfolgt in zwei arbeitsgleichen Gruppen, die jeweils an einer Übungspuppe mit digitaler Messfunktion (Laerdal Resusci Anne® mit Feedbacksoftware) ein Szenario simulieren (reale Dauer bis zur Ankunft des Rettungsdienstes von 8–12 Min.). Dabei erhalten sie auch einen AED. Die Schüler*innen bekommen Karten für verschiedene Rollen, die sie einnehmen. Die Gruppen führen dann als Team eine Reanimation durch (Anleitung → Supplement 1, S. 4). Parallel erhalten sie per Feedbacksoftware eine Rückmeldung darüber, welche Aspekte sie schon gut umsetzen und wo noch Verbesserungsbedarf ist. Im Fokus steht bei dieser Übung der TEAM-Gedanke und die damit verbundene Kommunikation, die notwendig ist. Die Schüler*innen sollen erfahren, dass Aufgabenteilung und Zusammenwirken wichtig sind. Diese beiden Aspekte werden anschließend reflektiert.

Das vermittelte Wissen basiert auf den ERC-Leitlinien von 2021 (Olasveengen et al. 2021). Demnach gilt es beim Auffinden einer leblosen Person den drei Grundschritten *Prüfen-Rufen-Drücken* zu folgen (vgl. Abb. 2).

Während der Vermittlung in der Schule ist es wichtig darauf hinzuweisen, dass eine Beatmung nicht zwingend erfolgen muss, sondern auch durchgängig eine Thoraxkompression eingesetzt werden kann, wenn die helfende Person sich nicht in der Lage sieht, eine effektive Beatmung durchzuführen (sog. Compression-only-Wiederbelebung; Bobrow et al. 2010; Olasveengen et al. 2021). Darüber hinaus ist der Hygieneaufwand beim Üben der Beatmung sehr groß, da jede*r Schüler*in eine individuelle Maske oder ein Beatmungstuch benötigt. Der Fokus liegt daher nicht auf der Vermittlung der Beatmung, sondern auf der Herzdruckmassage. Steht ein AED während der Reanimation zur Verfügung, muss dieser lediglich angeschaltet werden und die Elektroden passend aufgeklebt werden. Alle weiteren Anweisungen teilt der AED dann per Sprach- und Bildanweisung mit und diesen ist Folge zu leisten (Olasveengen et al. 2021).

7.2 Reflexion

Aus bisherigen Kurserfahrungen lässt sich sagen, dass das aktive und praktische Üben des BLS-Ablaufs dazu führt, dass die Schüler*innen sich in der Regel anschließend deutlich sicherer darin fühlen zu handeln, wenn es zu einer Notfallsituation kommt (vgl. dazu u. a. Dumcke et al. 2021a; Süss-Havemann et al. 2020; Wingen et al. 2018). Oftmals melden Lernende zurück, dass die Anwendung ihnen jetzt deutlich weniger Sorge bereitet, da sie gesehen haben, dass sie deutlich einfacher ist, als sie zuvor angenommen haben. Die große *Überwindung* liegt auch während der Übungen selten bei der Anwendung der Thoraxkompression, sondern wie im Realfall bei der Beatmung. Daher ist, wie bereits betont, im Vermittlungsprozess die Relevanz der Beatmung einzuordnen (bei Fremden, bei langer Wartezeit auf den Rettungsdienst). Didaktisch bietet sich im Workshop die Möglichkeit, anzubieten, dass der Ablauf der Beatmung nur angedeutet wird, ohne diese konkret durchzuführen oder Hilfsmittel wie Beatmungstücher vorzustellen und anzuwenden.

8 Lernmoment B. Problemorientiertes Anwenden: Diagnostik von Vitalfunktionen

8.1 Beschreibung und Lernziele

Im Modul zu diesem Lernmoment geht es um die Diagnostik von Vitalfunktionen. Die Schüler*innen nehmen die Rolle von *Mediziner*innen* ein und sollen selbst das Anwenden und die Funktionsweise von diagnostischen Geräten üben und verstehen. Dafür werden fünf Stationen angeboten, die sich jeweils mit einem anderen diagnostischen Gerät befassen und an denen die Schüler*innen selbstbestimmt mit diesen vertraut werden können. Diese fünf Stationen befassen sich mit dem Elektrokardiogramm (EKG), der Pulsoxymetrie, der Spirometrie, der Blutdruckmessung und der Auskultation.

Die Lernziele sind folgende:

- Die Schüler*innen können das EKG, das Pulsoxymeter, das Spirometer und das Blutdruckmessgerät anwenden und erklären, was diese jeweils messen.
- Die Schüler*innen können eine Auskultation durchführen und erklären, was dabei überprüft wird.

8.2 Didaktik und Methodik

Die einzelnen Stationen werden im Rotationsprinzip von den Schüler*innen in festen Kleingruppen durchlaufen, sodass am Ende alle Schüler*innen einmal jedes Gerät benutzen und analysieren konnten. An den Stationen befinden sich als Scaffolds Stationskarten mit Informationen (Station EKG → Supplement 1, S. 7 ff.), sowie kurze Erklärvideos zur Anwendung. Ansonsten sollen die Lernenden selbstständig ihr Wissen – anhand von beiliegenden Aufgaben und Denkimpulsen – erarbeiten.

Station 1 Das Elektrokardiogramm (EKG) ist eine typische Untersuchungsmethode zur Messung der elektrischen Aktivität des Herzens. Dafür werden an der Untersuchungsperson Elektroden angebracht, die den elektrischen Widerstand erfassen, der für das Auslösen des eigentlichen Herzschlages verantwortlich ist (Knoke 2023, S. 171). Bei der Anwendung eines Gerätes im Kontext Unterricht ist es wichtig, den Schüler*innen vorher klarzumachen, dass das verwendete, vereinfachte Gerät (z. B. nur Ableitung 2 nach Einthoven) lediglich zur Visualisierung der Funktionsweise und für das elektrophysiologische Grundverständnis dahinter und nicht für eine belastbare Diagnose dient.

Station 2 Die Pulsoxymetrie ist ein nicht-invasives Verfahren, bei dem basierend auf der Absorption von infrarotem Licht durch Hämoglobin sowohl die Sauerstoffsättigung als auch die Pulsfrequenz gemessen werden. Dafür wird das Pulsoxymeter am Finger angebracht und auf dem Display des Minicomputers erscheinen die gemessenen Werte. Die Sauerstoffsättigung sollte dabei zwischen 95 und 99 % liegen, damit von einem Wert im Normalbereich gesprochen werden kann. Die Pulsfrequenz ist wiederum individueller, da sie von Faktoren wie Alter, Geschlecht, körperlicher Anstrengung und mehr abhängig ist. Bei Erwachsenen wird von einem Normalwert zwischen 60 und 80 Schlägen pro Minute gesprochen (Dumcke et al. 2023a).

Station 3 Die Spirometrie dient der „Messung der ventilatorisch mobilisierbaren Atemvolumina“ (Haber 2013). Dies umfasst die sogenannte Vitalkapazität, die sich aus dem Atemzugsvolumen, dem inspiratorischen und dem exspiratorischen Reservevolumen zusammensetzt (Dumcke et al. 2023a). Das Atemvolumen bezeichnet dabei die Menge an Luft, die bei der Atmung beteiligt ist und bewegt wird (Dumcke et al. 2023a). Die Bezeichnung des mobilisierbaren Atemvolumen, welches gemessen wird, impliziert, dass es auch ein gewisses Atemvolumen gibt, welches nicht mobilisierbar ist. Dies ist das sogenannte Residualvolumen und verbleibt immer in der Lunge. Daher kann es mit dem Spirometer auch nicht gemessen werden (Haber 2013, S. 12). Angewendet wird die Spirometrie zum einen bei Routineuntersuchungen, besonders aber auch bei Leistungsmessungen im Sportbereich oder bei Untersuchungen in Bezug auf Erkrankungen, die Einfluss auf das Lungenvolumen haben.

Station 4 Die Blutdruckmessung gehört zu den am häufigsten durchgeführten Diagnoseverfahren. Hohe Relevanz hat diese, da erhöhter Blutdruck ein wesentlicher Risikofaktor für weitere kardiovaskuläre Erkrankungen ist und eine frühe Feststellung daher entscheidend ist. Bei der Ermittlung des Blutdrucks werden zwei Werte gemessen, der systolische und der diastolische Blutdruck. Der systolische Druck ist dabei der erste und entsteht, wenn sich das Herz zusammenzieht. Dies bewirkt, dass das Blut in die Blutgefäße gedrückt wird. Der diastolische Wert bezeichnet den Druck der vorliegt, wenn sich der Herzmuskel wieder dehnt und das Blut somit ins Herz einströmt (vgl. Rädle et al. 2009, S. 1239). Von Normalwerten wird gesprochen, wenn der systolische Druck bis zu 139 mmHg beträgt und der diastolische bei maximal 89 mmHg liegt. Optimal wäre eine Messung von 119 zu 79 mmHg. Bei Werten höher als diese wird von Bluthochdruck gesprochen (vgl. ebd., S. 1240).

Station 5 Bei der Auskultation geht es darum das Herz mit einem Stethoskop abzuhören (Dumcke et al. 2023a). Dabei wird die Funktionsweise der Klappen überprüft und anhand der zu hörenden Herztöne beurteilt. Der erste Herzton ist ein „länger[er], dauernder, dumpfer Ton“ (ebd.) und entsteht zu Beginn der Systole, also zwischen dem Schließen der Segelklappen und dem Öffnen der Taschenklappen (vgl. Clauss & Clauss 2018, S. 257). Der zweite Herzton entsteht, wenn sich die Aortenklappe und die Aortenwand anspannen. Dies erzeugt einen kürzeren, helleren Ton (vgl. ebd. S. 257). Die Auskultation gibt durch das Abhören dieser beiden Töne daher schnelle Auskunft darüber, ob die verschiedenen Herzklappen korrekt funktionieren, oder wo es Abweichungen gibt, sodass anschließend an entsprechender Stelle genauer untersucht werden kann.

8.3 Reflexion

Diese Erarbeitungsphase bereitet den Schüler*innen erfahrungsgemäß viel Spaß, da sie in Ruhe und in kleinen Gruppen die verschiedenen Diagnoseverfahren testen können. Dies gilt besonders für diejenigen mit einer Berufsvorstellung im medizinischen Bereich. Der Transfer von der praktischen Anwendung zu den biologisch-medizinischen Zusammenhängen, die dahinterstecken, fällt den Schüler*innen leichter, als wenn diese Grundlagen nur theoretisch besprochen oder visualisiert werden. Eine Herausforderung an dieser Arbeitsphase ist es, dass ausreichend Geräte zur Verfügung stehen, da die Kleingruppen aus maximal fünf Schüler*innen bestehen sollten, um eine sinnvolle Arbeitsaufteilung und Stringenz zu gewährleisten. Da Lerngruppengröße und Ressourcen dafür in der Schule oftmals limitierend wirken, ist genau für dieses handlungsorientierte Lernen ein außerschulisches Lernlabor besonders geeignet. Es ist aber zugleich von großer Bedeutung, den Schüler*innen zu vermitteln, dass die Geräte zwar medizintechnisch sicher sind, aber z. B. nur eingeschränkten Funktionsumfang haben. Anders als in ärztlichen Settings sind abweichende oder nicht schlüssige Werte zahlreichen (transiente) Ursachen zuschreibbar und sind nicht als eine manifeste Pathologie zu interpretieren.

9 Lernmoment C. Soziales Reflektieren: Psychologische Effekte nachstellen und verstehen

9.1 Beschreibung und Lernziele

Im Rahmen dieses Moduls können die Schüler*innen drei Rollenspiele, zu Notfall-/Erste-Hilfe-Situationen, durchführen. Jede*r Schüler*in bekommt eine Rollenkarte, auf der ihre*seine jeweilige Rolle dargestellt ist. In jedem Rollenspiel gibt es mindestens einmal die Rolle einer „bewusstlosen Person“ und eine ersthelfende Person. Weitere Rollen können dann beispielsweise teilnahmslose Passant*innen oder schlichte Beobachter*innen sein. Während jedem Rollenspiel sollen die Schüler*innen zusätzlich mithilfe von Beobachtungsfragen die Situation beurteilen, um sie dann danach zunächst für sich und dann im Plenum zu reflektieren (Rollenkarten →; Supplement 1, S. 11–15).

Simulierte Situationen:

Bewusstlose Person auf der Straße.
Bewusstlose*r Mitschüler*in im Klassenraum.
Bewusstlose*r Freund*in auf einer Party.

Beobachtungsfragen:

Was war überraschend?
Wie habt ihr empfunden?
Wie habt ihr die anderen wahrgenommen?
Wurde die Situation gelöst? Wenn nicht, was hätte man (besser) machen können oder sollen?

Die Schüler*innen sollen durch die Rollenspiele die Übungsfiktivität isolierter Trainingssituationen verlassen und die Komplexität einer Realsituation mit mehreren Akteuren in Grundzügen kennenlernen (vgl. Meyer und Junghans 2021, S. 350–355). Die Lernziele lassen sich in diesem Teil daher wie folgt darstellen:

- Die Schüler*innen können die Zuschauereffekte in Notfallsituationen benennen und erläutern.
- Die Schüler*innen können ein Handlungsrepertoire für Realsituationen demonstrieren oder reflektieren.

9.2 Didaktik und Methodik

Zum Handlungsrepertoire gehören unterschiedliche Aspekte, wie das direkte Ansprechen von Mitmenschen, den Notruf wählen oder auch das Miteinbeziehen anderer Ersthelfer*innen. Zu den Realsituationen gehören eben auch negative Aspekte, die durch die Rollenspiele klargemacht werden können. Dazu gehören Menschen, die aktiv versuchen, Ersthelfende vom Helfen abzuhalten oder auch Menschen, die Fotos und Videos des Opfers machen.

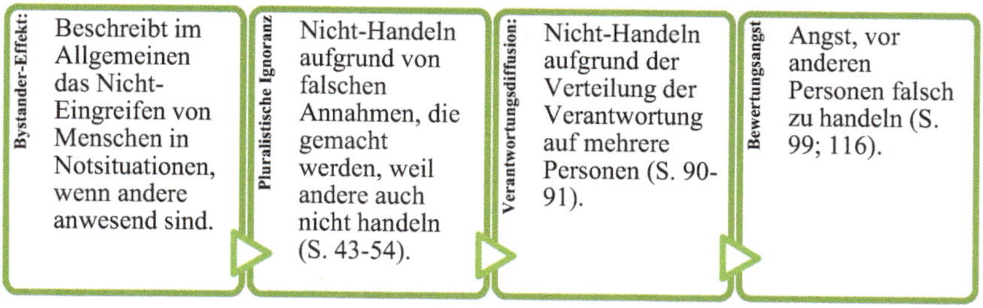

Abb. 3 Wichtige Facetten des Zuschauereffektes

Im außerschulischen Lernort sind diese Rollenspiele nun besonders gut umsetzbar, da hier Utensilien und das geschulte Personal die Rollenspiele realistischer machen. Viele Schüler*innen haben zusätzlich einerseits mehr Motivation und andererseits weniger Scham, schauspielerisch aktiv zu werden, als in der Schule. Ein letzter positiver Aspekt des außerschulischen Lernorts ist, dass man mehr Zeit hat, die jeweiligen Rollenspiele ausführlich zu reflektieren.

Menschen können in Stresssituationen anders agieren und reagieren, als man vermuten würde. Im Rahmen einer Notfallsituation ist vor allem das Nichthandeln besonders gefährlich. In der Psychologie spricht man von mehreren psychologischen Phänomenen nach Latané und Darley (1970) (vgl. auch: Aronson et al. 2014, S. 411–416) (Abb. 3).

9.3 Reflexion

Die Schüler*innen bewerten die Rollenspiele im außerschulischen Lernort als besonders positiv. Sie geben an, dass sie dank der Rollenspiele einen besseren Eindruck von Realsituationen haben und durch die Reflexion nun besser als Ersthelfer*in in Realsituationen handeln und auch entscheiden können. Sie fühlen sich vorbereitet, da die erlebbaren Optionen bereits einmal durchdacht wurden. Die Motivation der Schüler*innen ist ebenfalls besonders hoch: Üblicherweise verlangen die Schüler*innen, dass alle drei Varianten des Rollenspiels auch gespielt werden. Ein unsystematisch erhobenes Teilnehmerinnen-Zitat unterstreicht diesen Eindruck: „Ich finde, bei den Rollenspielen war man am meisten eingebunden und man konnte am meisten lernen, weil man so eine echte Situation nachgespielt hat.“

10 Kurzevaluation und abschließendes Resümee

Eine im Juli 2024 durchgeführte Kurzevaluation des bisherigen Konzeptes ($N = 11$; weiblich: 100 %; Alter: $15{,}7 \pm 1{,}5$) soll abschließend einen vorsichtigen Eindruck des didaktischen Konzeptes geben.

Das Erkenntnisinteresse war es, einerseits zu prüfen, inwiefern die didaktischen Stärken eines Lernlabores (didaktische Feindimensionen) auch im Feriencamp Eingang finden und welche besonders ausgeschöpft werden. Zweitens wurde ermittelt, welcher der vorgestellten Lernmomente am ehesten eine der 4 K-Kompetenzen gefördert hat.

Die Daten wurden per Paper-Pencil Verfahren im Anschluss an das Lernangebot als Selbsteinschätzung erhoben. Die didaktischen Feindimensionen (vgl. Freericks et al. 2017), die als gegenläufige Pole operationalisiert sind, sollen außerschulische Lernorte aufschlüsseln nach der Art der Vermittlung und welche Rolle Lernende und der Raum bei der Wissensvermittlung spielen. Sie ergänzen allgemeindidaktische Merkmale orientiert am didaktischen Dreieck (Inhalt – Ler-

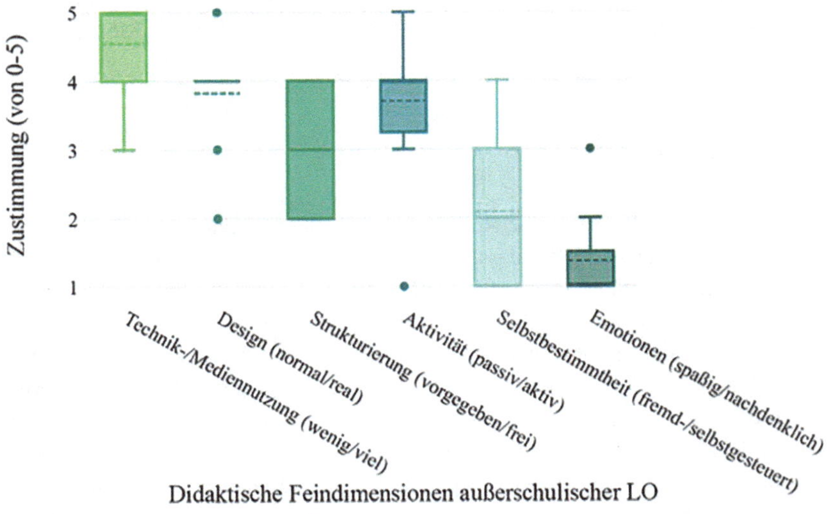

Abb. 4 Bewertung der Didaktischen Feindimensionen (nach: Freericks et al. 2017) im Feriencamp, als Profilmerkmale. $N = 11$. Die Skalenpole sind in Klammern angegeben: (niedriger Pol/hoher Pol). Datenbereich der Skala gekürzt beginnend ab 1,0. LO = Lernorte

ner*in – Lehrer*in) um Zeit und Raum, die in außerschulischer Didaktik größere Bedeutung haben und bspw. oft eng mit dem Thema verzahnt sind. Die Feindimensionen sind dargestellt als Einzelitems zweipoliger Skalen (6-stufig, 0–5) im Bereich Mediatisierung (hohe technische Aufbereitung vs. akzentuierter Einsatz, individueller vs. unidirektionaler Einsatz), Design des Lernsettings (normaler Unterrichtsraum vs. an Realität angepasst, erzählend), Art und Beteiligung (rezeptiv und vorgegeben oder aktiv, konstruktivistisch), Steuerung (fremd- oder selbstbestimmt) und Emotionalität (Spannweite zwischen Vergnügen vs. nacherlebende/s Verstehen/Betroffenheit) (Freericks et al. 2017). Letzter Aspekt ist besonders beim Thema *Tod und Krankheit* mit Bedacht auszubalancieren.

Um die Umsetzung der vier 4 K-Dimensionen (Kreatives Denken, Kritisches Denken, Kollaboration, Kommunikation) in den Lernmomenten zu erfassen, wurden alle vier Bereiche durch die Autoren in Anlehnung an ihre Definition (vgl. Muuß-Merholz 2021) operationalisiert (neu denken, selbst denken, mit anderen denken und eigene Ideen berichten) und auf die Lernmomente bezogen (6-stufig, 0-*stimmt gar nicht* bis 5-*stimmt voll und ganz*). Die spezifische Selbstwirksamkeit, Fähigkeiten aus den drei Lernmomenten künftig umsetzen zu können, wurde mit folgendem Item „Nach dem Feriencamp bin ich zuversichtlich, dass ich die Lerninhalte auch (in einer echten Situation) anwenden kann" operationalisiert und in selbiger Skala wie vorgenannt erhoben. Ein Item zur Ausprägung der Weiterempfehlung (6-stufig; 0-*nein* bis 5-*ja*) schloss die Erhebung ab. Die Angaben wurden deskriptiv mittels Median und Mittelwert (vgl. Abb. 4), die Differenzen zwischen den Lernmomenten durch multivariate Analyse ausgewertet (SPSS v. 28).

10.1 Feindimensionen außerschulischer Didaktik

Im Wesentlichen zeigt sich (Abb. 4), dass besonders der Einsatz von Technik und Medien (Tablets, Geräte, Übungspuppen), der Anteil aktiver Phasen und eine realistische Lernumgebung (Universität/Labor) sehr positiv bewertet werden, die Selbstbestimmtheit allerdings limitiert – bzw. bezogen auf einzelne Wahlphasen vorhanden war. Solche Momente könnten zukünftig erhöht werden.

10.2 Lernmomentbasierte Umsetzung der 4-K-Kompetenzen

Die Umsetzung von BNE-relevanten 4 K-Kompetenzen wie neue Wege zu denken oder zusammenzuarbeiten, zeigt Abb. 5. Auch wenn sich in der Stichprobe im

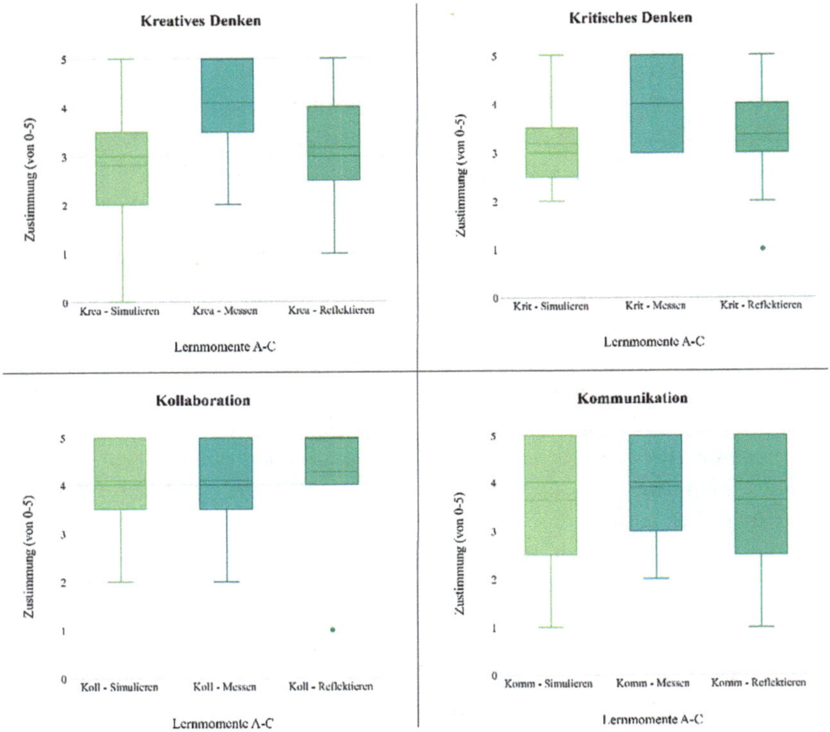

Abb. 5 Box-Plot-Diagramme der Items zu den 4 K nach Feindimension und Lernmoment. $N=11$

Vergleich der drei Lernmomente Simulieren–Messen–Reflektieren (vgl. Tab. 2) keine signifikanten Differenzen nachweisen ließen (rmANOVA; jeweils p >,05), fördern dennoch nicht alle Lernmomente auf gleichem Niveau. Während Kommunikation immer gut umgesetzt scheint, scheint die Erfassung der Vitalparameter sowohl neu als auch kognitiv fordernd für die Lernenden gewesen zu sein, wohingegen die Rollenspiele zum sozialpsychologischen Verhalten im Notfall als besonders kollaborativ empfunden wurden.

In allen Lernmomenten fühlten sich die Schüler*innen in ihrer Selbstwirksamkeit zur Anwendung der Inhalte gleichermaßen gut gestärkt (MW: 4,09–4,36; rmANOVA; $F(df) = 1{,}7(2{,}9)$; $p = {,}24$) und empfahlen das Feriencamp voll weiter (MW $= 4{,}63 \pm 0{,}50$).

11 Fazit

Das Feriencamp „Medizin“ soll ein Lernkonzept sein, dass auch überfachliche Kompetenzen im Sinne von BNE berücksichtigt und zugleich – oder dafür insbesondere – die didaktischen Feindimensionen von Lernlaboren gezielt nutzt, um gesundheitsbezogene Fertigkeiten und Denkweisen in den Fokus zu rücken.

Vorrangig ist dabei das Ziel, dass das Programm über die Möglichkeiten im Regelunterricht hinaus Gelegenheiten, Potenziale und Freiräume eröffnet, um zentrale Kompetenzen wie kritisches Denken, Problemlösen, Nachdenken über Haltungen und Selbstorganisation in Teams im Kontext naturwissenschaftlich-medizinischer Fragen und Herausforderungen anzubahnen.

Der Horizont reicht dabei von fachbezogen-biologischen kognitiven Auseinandersetzungen (Präparation eines Herzens) hin zur Bewertung von Gesundheitsinformationen (Kreislauferkrankungen, Messen von Vitalwerten), über die praktische Anwendung von Verfahren und Maßnahmen (z. B. BLS) und dem Wirken und Nicht-Wirken von Interaktion (Simulation, Rollenspiele).

Literatur

Aronson, E., Wilson, T. D., & Akert, R. M. (2014). *Sozialpsychologie* (8., aktualisierte Aufl.). *Always learning*. Pearson.

Baldi, E., Cornara, S., Contri, E., Epis, F., Fina, D., Zelaschi, B., Dossena, C., Fichtner, F., Tonani, M., Di Maggio, M., Zambaiti, E., & Somaschini, A. (2017). Real-time visual feedback during training improves laypersons' CPR quality: A randomized controlled manikin study. *CJEM, 19*(6), 480–487. https://doi.org/10.1017/cem.2016.410

Beskind, D. L., Stolz, U., Thiede, R., Hoyer, R., Burns, W., Brown, J., Ludgate, M., Tiutan, T., Shane, R., McMorrow, D., Pleasants, M., & Panchal, A. R. (2016). Viewing a brief chest-compression-only CPR video improves bystander CPR performance and responsiveness in high school students: A cluster randomized trial. *Resuscitation, 104*, 28–33. https://doi.org/10.1016/j.resuscitation.2016.03.022

Bobrow, B. J., Spaite, D. W., Berg, R. A., Stolz, U., Sanders, A. B., Kern, K. B., Vadeboncoeur, T. F., Clark, L. L., Gallagher, J. V., Stapczynski, J. S., LoVecchio, F., Mullins, T. J., Humble, W. O., & Ewy, G. A. (2010). Chest compression-only CPR by lay rescuers and survival from out-of-hospital cardiac arrest. *JAMA, 304*(13), 1447–1454. https://doi.org/10.1001/jama.2010.1392

Clauss, W., & Clauss, C. (2018). *Humanbiologie kompakt* (2. Auflage 2018). Springer Berlin Heidelberg.

DESTATIS. (2024). *Todesursachen: Anzahl der Gestorbenen nach Kapiteln der ICD-10 und nach Geschlecht für 2023*. Statistisches Bundesamt (Destatis). https://www.destatis.de/DE/Themen/Gesellschaft-Umwelt/Gesundheit/Todesursachen/_inhalt.html

Dumcke, R., Janßen, A., Rahe-Meyer, N., & Wegner, C. (2023a). Die Zeichen des Lebens entdecken. *BU praktisch - Das Online-Journal für den Biologieunterricht, 6*(1). https://doi.org/10.11576/bupraktisch-5448 (BU praktisch - Das Online-Journal für den Biologieunterricht, Bd. 6 Nr. 1 (2023): Rund um Klimawandel und Ernährung).

Dumcke, R., Rahe-Meyer, N., & Wegner, C. (2019). Wiederbelebung im Biologieunterricht: Was passiert bei der Herzdruckmassage im menschlichen Brustkorb? Vorstellung eines Funktionsmodells. *MNU Journal*(6), 451–455.

Dumcke, R., Rahe-Meyer, N., & Wegner, C. (2021a). Self-efficacy and outcome expectancies of secondary school students in performing basic life support. *Journal of Health, Environment, & Education, 13*, 1–12. https://doi.org/10.18455/13001

Dumcke, R., Rahe-Meyer, N., & Wegner, C. (2023b). Wenn die „Pumpe" schlapp macht: Drei Kreislauferkrankungen mit Fallbeispielen erkennen. *Schulmagazin 5-10*(3/4), 76–78.

Dumcke, R., Riegenring, F., Rahe-Meyer, N., & Wegner, C. (2021b). Lebensretterolympiade. *Die Materialwerkstatt, 3*(1), 22–31. https://doi.org/10.11576/DIMAWE-4457 (Zeitschrift für Konzepte und Arbeitsmaterialien für Lehrer*innenbildung und Unterricht).

Euler, M., & Weßnigk, S. (2011). Schülerlabore und die Förderung kreativer Potenziale. *Plus Lucis*(1/2), 32–38.

Fischer, M., Wnent, J., Gräsner, J.-T., Seewald, S., Brenner, S., Bein, B., Ristau, P., Bohn, A., & und die teilnehmenden Rettungsdienste im Deutschen Reanimationsregister (2023). Jahresbericht des Deutschen Reanimationsregisters: Außerklinische Reanimation im Notarzt- und Rettungsdienst 2022. *Anästhesiologie & Intensivmedizin, 64*, V161–V169. https://doi.org/10.19224/ai2023.V161

Freericks, R., Brinkmann, D., & Wulf, D. (2017). *Didaktische Modelle für außerschulische Lernorte* [1. Auflage]. *Forschungscluster Lebensqualität*. Institut für Freizeitwissenschaft und Kulturarbeit e.V. an der Hochschule Bremen.

Haan, G. de (2002). Die Kernthemen der Bildung für nachhaltige Entwicklung. *ZEP - Zeitschrift Für Internationale Bildungsfroschung Und Entwicklungspädagogik, 25*(1), 13–20.

Haan, G. de, Kamp, G., Lerch, A., Martignon, Müller-Christ, Georg, Nutzinger, H. G., & Wütscher, F. (2008). *Nachhaltigkeit und Gerechtigkeit. Ethics of Science and Technology Assessment*. Springer Berlin Heidelberg. https://doi.org/10.1007/978-3-540-85492-0

Haber, P. (2013). *Lungenfunktion und Spiroergometrie*. Springer Vienna.

Haupt, O. J., Domjahn, J., Martin, U., Skiebe-Corrette, P., Vorst, S., Zehren, W., & Hempelmann, R. (2013). Schülerlabor - Begriffsschärfung und Kategorisierung. *MNU Journal, 66*(6), 324–330.

Heymann, H. W. (2021). Taugen die 4K als Leitidee für Schulen? *Pädagogik, 12*, 39–42.

Holfelder, A.-K., & Schehl, M. (2022). Bildung für nachhaltige Entwicklung. In H. Reinders, D. Bergs-Winkels, A. Prochnow, & I. Post (Eds.), *Empirische Bildungsforschung* (S. 871–889). Springer Fachmedien Wiesbaden. https://doi.org/10.1007/978-3-658-27277-7_47

Knoke, C. (2023). Ein eigenes EKG erstellen. In I. Wagner & S. Neher-Asylbekov (Eds.), *MINT in Bewegung* (S. 169–183). Springer Berlin Heidelberg. https://doi.org/10.1007/978-3-662-63451-6_10

Kragholm, K., Wissenberg, M., Mortensen, R. N., Hansen, S. M., Malta Hansen, C., Thorsteinsson, K., Rajan, S., Lippert, F., Folke, F., Gislason, G., Køber, L., Fonager, K., Jensen, S. E., Gerds, T. A., Torp-Pedersen, C., & Rasmussen, B. S. (2017). Bystander Efforts and 1-Year Outcomes in Out-of-Hospital Cardiac Arrest. *The New England Journal of Medicine*, *376*(18), 1737–1747. https://doi.org/10.1056/NEJMoa1601891

Latané, B., & Darley, J. M. (1970). Social determinants of bystander intervention in emergencies. In J. Macaulay & J. Aronfreed (Eds.), *Altruism and helping behavior: Social psychological studies of some antecedents and consequences* (S. 13–27). Academic Press.

Meyer, H., & Junghans, C. (2021). *Unterrichtsmethoden 2: Praxisband* (17., komplett überarbeitete Neuauflage). Cornelsen.

Muuß-Merholz, J. (2021). Beliebig oder bahnbrechend. *Pädagogik*(12), 9–12.

Nguyen, D. D., Spertus, J. A., Kennedy, K. F., Gupta, K., Uzendu, A. I., McNally, B. F., & Chan, P. S. (2024). Association Between Delays in Time to Bystander CPR and Survival for Witnessed Cardiac Arrest in the United States. *Circulation. Cardiovascular Quality and Outcomes*, *17*(2), e010116. https://doi.org/10.1161/CIRCOUTCOMES.123.010116

OECD. (2020). *OECD Lernkompass 2030. OECD-Projekt Future of Education and Skills 2030. Rahmenkonzept des Lernens*. Englisches Original: OECD Future of Education and Skills 2030. OECD Learning Compass 2030 - A Series Of Concet Notes [PDF]. https://www.oecd.org/education/2030-project/contact/OECD_Learning_Compass

Olasveengen, T. M., Semeraro, F., Ristagno, G., Castren, M., Handley, A., Kuzovlev, A., Monsieurs, K. G., Raffay, V., Smyth, M., Soar, J., Svavarsdottir, H., & Perkins, G. D. (2021). European Resuscitation Council Guidelines 2021: Basic Life Support. *Resuscitation*, *161*, 98–114. https://doi.org/10.1016/j.resuscitation.2021.02.009

Oliveira, K. M. G., Carmona, M. J. C., Mansur, A. P., Takada, J. Y., Fijačko, N., Semeraro, F., Lockey, A., Böttiger, B. W., & Nakagawa, N. K. (2022). Cpr Quality Assessment in Schoolchildren Training. *Journal of Cardiovascular Development and Disease*, *9*(11). https://doi.org/10.3390/jcdd9110398

Rädle, K., Welte, W., & Jauch, N. (2009). Blutdruckmessung. In E. Wintermantel & S.-W. Ha (Eds.), *Medizintechnik* (S. 1239–1260). Springer Berlin Heidelberg. https://doi.org/10.1007/978-3-540-93936-8_53

Rieckmann, M. (2016). Bildung für nachhaltige Entwicklung – Konzeptionelle Grundlagen und Stand der Implementierung. In M. K. W. Schweer (Ed.), *Psychologie und Gesellschaft: Band 15. Bildung für nachhaltige Entwicklung in pädagogischen Handlungsfeldern: Grundlagen, Verankerung und Methodik in ausgewählten Lehr-Lern-Kontexten* (S. 11–32). PL Academic Research.

Rieckmann, M. (2021). Bildung für nachhaltige Entwicklung. Ziele, didaktische Prinzipien und Methoden. *Medien + Erziehung*, *65*(4), 12–19.

Rieckmann, M., & Stoltenberg, U. (2011). Partizipation als zentrales Element von Bildung für eine nachhaltige Entwicklung. In H. Heinrichs, K. Kuhn, & J. Newig (Eds.), *Nachhaltige Gesellschaft* (Vol. 25, S. 117–131). VS Verlag für Sozialwissenschaften. https://doi.org/10.1007/978-3-531-93020-6_8

Schaeffer, D., Hurrelmann, K., Bauer, U., & Koplatzik, K. (2018). *Nationaler Aktionsplan Gesundheitskompetenz: Die Gesundheitskompetenz in Deutschland stärken*. Berlin.

https://www.nap-gesundheitskompetenz.de/app/download/7775446063/Nationaler%20Aktionsplan%20Gesundheitskompetenz.pdf?t=1697105483

Scharfenberg, F.-J., Möller, A., Kaufmann, K., & Bogner, F. X. (2019). Schülerlabore und Lehr-Lern-Labore. In J. Groß, M. Hammann, P. Schmiemann, & J. Zabel (Eds.), *Biologiedidaktische Forschung: Erträge für die Praxis* (Vol. 34, S. 229–249). Springer Berlin Heidelberg. https://doi.org/10.1007/978-3-662-58443-9_13

Schroeder, D. C., Semeraro, F., Greif, R., Bray, J., Morley, P., Parr, M., Kondo Nakagawa, N., Iwami, T., Finke, S.-R., Malta Hansen, C., Lockey, A., Del Rios, M., Bhanji, F., Sasson, C., Schexnayder, S. M., Scquizzato, T., Wetsch, W. A., & Böttiger, B. W. (2023). Kids SAVE LIVES: Basic Life Support Education for Schoolchildren: A Narrative Review and Scientific Statement From the International Liaison Committee on Resuscitation. *Resuscitation*, 109772. https://doi.org/10.1016/j.resuscitation.2023.109772

Simmons, K. M., McIsaac, S. M., & Ohle, R. (2023). Impact of community-based interventions on out-of-hospital cardiac arrest outcomes: A systematic review and meta-analysis. *Scientific Reports*, *13*(1), 10231. https://doi.org/10.1038/s41598-023-35735-y

Song, J., Guo, W., Lu, X., Kang, X., Song, Y., & Gong, D. (2018). The effect of bystander cardiopulmonary resuscitation on the survival of out-of-hospital cardiac arrests: A systematic review and meta-analysis. *Scandinavian Journal of Trauma, Resuscitation and Emergency Medicine*, *26*(1), 86. https://doi.org/10.1186/s13049-018-0552-8

Süss-Havemann, C., Kosan, J., Seibold, T., Dibbern, N. M., Daubmann, A., Kubitz, J. C., & Beck, S. (2020). Implementation of Basic Life Support training in schools: A randomised controlled trial evaluating self-regulated learning as alternative training concept. *BMC Public Health*, *20*(1), 50. https://doi.org/10.1186/s12889-020-8161-7

Tillmann, J., & Wegner, C. (2021). Weiterentwicklung eines klassischen Schülerlabors – Darstellung des aktuellen Forschungsstandes. Advance online publication. https://doi.org/10.25321/prise.2021.1076 (5–39 Pages/Progress in Science Education (PriSE), Vol. 4 No. 2 (2021)).

United Nations. (2015). *Transformation unserer Welt: die Agenda 2030 für nachhaltige Entwicklung: Resolution A/RES/70/1*. https://www.un.org/Depts/german/gv-70/band1/ar70001.pdf

Vare, P., & Scott, W. (2007). Learning for a Change. *Journal of Education for Sustainable Development*, *1*(2), 191–198. https://doi.org/10.1177/097340820700100209

Wegner, C., & Strehlke, F. (2015). The Benefits of the German Science Project 'Biology Up Close'. *Nordic Studies in Science Education*, *11*(3), 304–312. https://doi.org/10.5617/nordina.902

Wingen, S., Schroeder, D. C., Ecker, H., Steinhauser, S., Altin, S., Stock, S., Lechleuthner, A., Hohn, A., & Böttiger, B. W. (2018). Self-confidence and level of knowledge after cardiopulmonary resuscitation training in 14 to 18-year-old schoolchildren: A randomised-interventional controlled study in secondary schools in Germany. *European Journal of Anaesthesiology, 35(7), 519–526*. https://doi.org/10.1097/EJA.0000000000000766

Wissenberg, M., Lippert, F. K., Folke, F., Weeke, P., Hansen, C. M., Christensen, E. F., Jans, H., Hansen, P. A., Lang-Jensen, T., Olesen, J. B., Lindhardsen, J., Fosbol, E. L., Nielsen, S. L., Gislason, G. H., Kober, L., & Torp-Pedersen, C. (2013). Association of national initiatives to improve cardiac arrest management with rates of bystander intervention and patient survival after out-of-hospital cardiac arrest. *JAMA*, *310*(13), 1377–1384. https://doi.org/10.1001/jama.2013.278483

Konzeption eines videobasierten Transferinstruments mit authentischen Fällen zur Vermittlung naturwissenschaftlicher Forschungsprozesse – Fachdidaktische Fundierung und Einsatzmöglichkeiten in Schüler*innenlaboren

Katharina Düsing, Vanessa van den Bogaert, Miriam Brandt, Till Bruckermann, Hannah Greving, Ute Harms, Joachim Kimmerle, Daniel Lewanzik, Anke Schumann, Julia Cathérine Thomas und Joachim Wirth

K. Düsing (✉) · U. Harms
IPN – Leibniz-Institut für die Pädagogik der Naturwissenschaften und Mathematik, Kiel, Deutschland
E-Mail: duesing@leibniz-ipn.de

U. Harms
E-Mail: harms@leibniz-ipn.de

V. van den Bogaert · T. Bruckermann · H. Greving
Philosophische Fakultät, Institut für Erziehungswissenschaft, Leibniz Universität Hannover, Hannover, Deutschland
E-Mail: vanessa.bogaert@iew.uni-hannover.de

T. Bruckermann
E-Mail: till.bruckermann@iew.uni-hannover.de

H. Greving
E-Mail: hannah.greving@iew.uni-hannover.de

M. Brandt · D. Lewanzik · A. Schumann
Leibniz-Institut für Zoo- und Wildtierforschung (IZW) im Forschungsverbund Berlin e.V., Berlin, Deutschland
E-Mail: brandt@izw-berlin.de

A. Wenzel und T. Schmäing (Hrsg.), *Außerschulisches Lernen in der naturwissenschaftlichen Bildung*, https://doi.org/10.1007/978-3-658-50864-7_6

1 Einleitung

Naturwissenschaften prägen durch ihre Erkenntnisse und die daraus entstehenden Anwendungen sowie durch ihre Denk- und Arbeitsweisen die moderne Gesellschaft (KMK 2020). Bildungspolitische Organisationen und internationale Standards betonen seit Jahrzehnten den lernförderlichen Wert für Schüler*innen, sich mit den Arbeitsweisen und Denkprozessen von Naturwissenschaftler*innen auseinanderzusetzen (Furtak et al. 2012). Ein grundlegendes Verständnis naturwissenschaftlicher Erkenntnisprozesse als Bestandteil naturwissenschaftlicher Grundbildung ist zudem zentral für die Teilhabe an öffentlichen Diskussionen über komplexe gesellschaftlich-wissenschaftliche Fragestellungen sowie für das Treffen informierter Entscheidungen (Bromme und Kienhues 2014; Engelmann et al. 2016).

Die Konstrukte *Wissenschaftliches Denken* (WD) und *Nature of Science* (NOS) sind für Kompetenzen im Bereich Erkenntnisgewinnung zentral. WD umfasst Fähigkeiten zum wissenschaftlichen Problemlösen sowie die Reflexion dieses Prozesses auf der Metaebene (Morris et al. 2012; Krell et al. 2020). NOS ist international als wesentlicher Bestandteil von *scientific literacy* anerkannt (Dagher und Erduran 2016; Cofré et al. 2019). Während sich die zugeschriebene Relevanz der Konstrukte in internationalen Curricula abbilden lässt (z. B. McComas und Olson 1998; Osborne et al. 2003; Erduran und Dagher 2014), dauert die interdisziplinäre Diskussion über den theoretischen Rahmen noch an (Heering und Kremer 2018; Kind und Osborne 2017).

Aktuelle naturwissenschaftsdidaktische Ansätze zur Förderung von WD und NOS weisen sowohl Vorteile als auch Nachteile auf. So kann beispielsweise forschendes Lernen die Motivation von Schüler*innen fördern und der Einsatz von historischen Fällen kann das Verständnis der Komplexität von naturwissenschaft-

---

A. Schumann
E-Mail: schumann@izw-berlin.de

J. Kimmerle · J. Thomas
Leibniz-Institut für Wissensmedien, Tübingen, Deutschland
E-Mail: j.kimmerle@iwm-tuebingen.de

J. Thomas
E-Mail: j.thomas@iwm-tuebingen.de

J. Wirth
Fakultät für Philosophie und Erziehungswissenschaft, Institut für Erziehungswissenschaft, Ruhr-Universität Bochum, Bochum, Deutschland

licher Erkenntnisgewinnung unterstützen (Allchin et al. 2014). Allerdings bieten aktuelle unterrichtspraktische Ansätze häufig keine Einblicke in authentische Forschung oder geben nicht ausreichend Raum für die Reflexion stereotypischer Vorstellungen von Wissenschaftler*innen und naturwissenschaftlicher Erkenntnisgewinnung (Hagenkötter et al. 2021). Dies ist problematisch, da so der Forschungsprozess im Verborgenen bleibt (sogenanntes *„Black Boxing“*, Latour und Woolgar 2013).

Die Herausforderung, Einblicke in authentische Forschungsprozesse zu geben, wird derzeit auch im Kontext der Wissenschaftskommunikation diskutiert. Wissenschaftskommunikation ist mittlerweile ein integraler Bestandteil des modernen Wissenschaftssystems und trägt wesentlich zum Wissenstransfer zwischen Forschung, Politik, Gesellschaft und Wirtschaft bei (Kiprijanov 2021). Während sich der Fokus in der audiovisuellen Wissenschaftskommunikation bisher häufig auf die Präsentation von Ergebnissen konzentrierte, gibt es mittlerweile Bestrebungen, auch Prozesse, Methoden und bestehende Ungewissheiten zu thematisieren. Dies soll insbesondere zu größerer Transparenz und einem gestärkten Vertrauen in die Wissenschaft führen (Maier et al. 2018; BMBF 2019; Varwig 2019). Für die Erstellung solcher audiovisueller Inhalte, die authentische Einblicke in naturwissenschaftliche Arbeitsweisen und Denkprozesse ermöglichen und den Forschungsprozess in den Mittelpunkt der Wissenschaftsvermittlung rücken, fehlt bislang eine fundierte Systematik. In diesem Zusammenhang besteht die Herausforderung vor allem darin, einem hohen inhaltlichen sowie (fach-)didaktischen Qualitätsanspruch gerecht zu werden.

Ziel dieses Beitrags ist es, ein Konzept vorzuschlagen, das Schüler*innen differenziertere Einblicke in authentische naturwissenschaftliche Forschungsprozesse ermöglicht und ihre Vorstellungen über Naturwissenschaftler*innen sowie naturwissenschaftliche Erkenntnisgewinnung adressiert. In diesem Beitrag wird ein dreidimensionales Rahmenmodell für eine fachdidaktisch fundierte Videokonzeption beschrieben. Es umfasst 1) eine Makroebene: die grundlegende Struktur des Videos (basierend auf WD-Teilkompetenzen und NOS-Kategorien), 2) eine Mesoebene: authentische Fallbeispiele naturwissenschaftlicher Forschungsprozesse und 3) eine Mikroebene: Bausteine für Videovarianten für die Darstellungsweise der Schritte naturwissenschaftlicher Erkenntnisgewinnung sowie der Denkprozesse von Naturwissenschaftler*innen. Die in diesem Beitrag beschriebenen Videobausteine auf der Mikroebene stellen Beispiele dar, die im Projekt VideT entwickelt und variiert wurden, um deren Effekte empirisch zu prüfen. Andere Bausteine auf der Mikroebene sind möglich. Dieser Beitrag fokussiert auf die Konzeption des Rahmenmodells. Zudem wird beschrieben, wie die Videos für den Einsatz in Schüler*innenlaboren auf einer digitalen Lernplattform mit vertiefenden Aufgaben zur Förderung von Kompetenzen im Bereich der Erkenntnisgewinnung (KMK 2020; 2024) eingebettet werden können.

2 Das Verbundprojekt VideT

Das Ziel des interdisziplinären Verbundprojekts VideT („Den Forschungsprozess vermitteln – ein **Vide**o-basiertes **T**ransferinstrument für Schülerinnen und Schüler“) besteht darin, naturwissenschaftliche Forschungsprozesse durch authentische Darstellungen in Videos für Schüler*innen an außerschulischen Lernorten erfahrbar zu machen. Um dies zu erreichen, wurde im Projekt VideT Expertise aus Naturwissenschaften, Psychologie, Lehr-Lernforschung und Biologiedidaktik integriert.

Für die Entwicklung der Videos wurden zwei beispielhafte Forschungsprojekte zur Ökologie von Fledermäusen des Leibniz-Instituts für Zoo- und Wildtierforschung (IZW) ausgewählt. Die Naturwissenschaftler*innen wurden während der gesamten Forschungsprozesse, d. h., von der Problemidentifikation über das Formulieren von Forschungsfragen und Hypothesen, die Planung und Durchführung der Untersuchungen bis hin zur Auswertung und Interpretation der Daten von Bildungsforscher*innen und einem professionellen Filmteam begleitet.

Einer der zwei dargestellten Forschungsprozesse untersucht, inwieweit sich die Nutzung des Luftraums zwischen der Bulldoggfledermaus *(Mops plicatus)* und der Grabfledermaus *(Taphozous theobaldi)* unterscheidet und stellt Grundlagenforschung dar. Der andere Forschungsprozess befasst sich mit der Frage, ob Große Mausohren *(Myotis myotis)* bei ihren nächtlichen Flügen künstliches Licht meiden und stellt anwendungsorientierte Forschung dar. Diese beiden Forschungsprozesse wurden ausgewählt, weil sie unterschiedliche grundlegende Eigenschaften naturwissenschaftlicher Forschung repräsentieren und kontrastieren (Grundlagenforschung bzw. anwendungsorientierte Forschung; erwarteter kognitiver und emotionaler Bezug der Schüler*innen zum Thema; Variation visueller Attraktivität).

Auch wenn die Videoentwicklung im Projekt VideT anhand dieser Forschungsprozesse aus der Biologie exemplarisch umgesetzt wurde, ist die zugrundeliegende Systematik so konzipiert, dass sie auf jeden naturwissenschaftlichen Forschungsprozess angewendet werden kann.

3 Konzeption des videobasierten Transferinstruments

Die Entwicklung des videobasierten Transferinstruments beruht auf einer dreidimensionalen Konzeption (s. Abb. 1, vgl. Düsing et al. 2026):

1) **Makroebene:** Die systematische, fachdidaktisch fundierte Struktur der Videos, deren Gliederung in verschiedene Kapitel die WD-Teilkompetenzen (Darstellung der Schritte naturwissenschaftlicher Erkenntnisgewinnung) sowie NOS-Kategorien (Darstellung von Charakteristika naturwissenschaftlicher Forschung) umfasst.
2) **Mesoebene:** Authentische naturwissenschaftliche Fallbeispiele, die während ihres gesamten Verlaufs von Bildungsforscher*innen und einem professionellen Filmteam begleitet werden.
3) **Mikroebene:** Ausgewählte Bausteine für die Darstellung der Schritte naturwissenschaftlicher Erkenntnisgewinnung *(cookbook style/scientific reasoning style)* sowie der Denkprozesse von Naturwissenschaftler*innen *(science-in-the-making/ready-made science).*

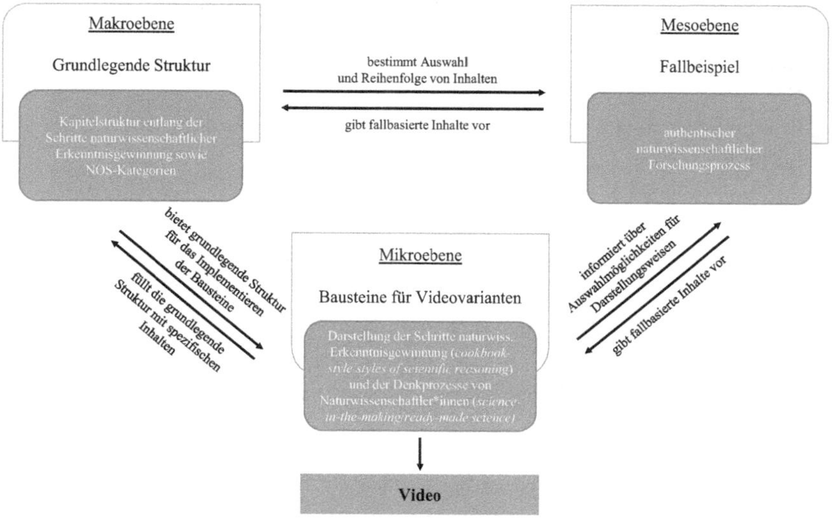

Abb. 1 Rahmenmodell für die Videokonzeption: Integration von Makro-, Meso- und Mikroebene

Das Rahmenmodell zeigt, wie Makro-, Meso- und Mikroebene bei der Videokonzeption miteinander interagieren. Die Makroebene beschreibt die grundlegende Struktur der Videos, während die Mesoebene konkrete Fallbeispiele liefert. Auf der Mikroebene werden Bausteine für Videovarianten entwickelt, die sich zum einen auf die Darstellungsweise der Schritte naturwissenschaftlicher Erkenntnisgewinnung konzentrieren (z. B. mit oder ohne Kommunikation von prozeduralem und epistemischem Wissen im Sinne einer kohärenten Darstellung der WD-Teilkompetenzen). Zudem wird die Darstellungsweise der Denkprozesse der Naturwissenschaftler*innen beleuchtet (z. B. Präsentation der Denkprozesse im Sinne von *science-in-the-making* oder *ready-made science*). Die Videoentwicklung erfolgt durch eine systematische Integration der drei Ebenen des Rahmenmodells.

3.1 Makroebene: Die grundlegende Struktur der Videos

Die Makroebene des Rahmenmodells gibt die grundlegende Struktur der Videos vor (vgl. „Struktur geben“ als Kriterium für gute Erklärvideos, Kulgemeyer 2018, 2020) und beinhaltet zwei Bausteine: die Kapitelstruktur der Videos und die NOS-Kategorien. Die Kapitel der Videos sind entlang der Schritte naturwissenschaftlicher Erkenntnisgewinnung strukturiert und entsprechen den WD-Teilkompetenzen (vgl. Pedaste et al. 2015; Opitz et al. 2017). Jedes Kapitel adressiert einen Schritt naturwissenschaftlicher Erkenntnisgewinnung, wie zum Beispiel:

- Problemidentifikation,
- Formulierung der Forschungsfrage(n),
- Formulierung der Hypothese(n),
- Planung der naturwissenschaftlichen Untersuchung,
- Durchführung der naturwissenschaftlichen Untersuchung,
- Auswertung der Daten,
- Interpretation der Ergebnisse,
- Schlussfolgerungen sowie
- Kommunikation und Reflexion der Erkenntnisse.

Da die Schritte naturwissenschaftlicher Erkenntnisgewinnung während eines realen Forschungsprozesses nicht zwingend linear verlaufen, ist die im Rahmenmodell angelegte Kapitelstruktur auf der Makroebene nicht als starres Gerüst zu verstehen. Die einzelnen Kapitel sind miteinander vernetzt und Querverbindungen sind möglich, die Rückbezüge, vorausschauendes Denken oder auch Schleifen im tatsächlichen Forschungsprozess in den Videos abbilden können. Diese Flexibilität in der Struktur des Transferinstruments ist notwendig, weil das Rahmenmodell unabhängig von konkreten Inhalten der Forschungsprozesse ist und grundsätzlich für die Konzeption von Videos zu naturwissenschaftlichen Forschungsprozessen genutzt werden kann.

Da authentische naturwissenschaftliche Forschungsprozesse nicht immer nach Plan verlaufen, ist dieser Grad an Offenheit in der Kapitelstruktur essentiell. So können die Videos den tatsächlichen Verlauf des jeweiligen Forschungsprozesses abbilden. Beispielsweise kann eine zusätzliche Datenerhebung notwendig werden, wenn die erste Datenerhebung wider Erwarten nicht genügend Daten ergeben haben sollte. Auch kann es notwendig sein, die Auswahl der Kapitel anzupassen.

Die NOS-Kategorien bilden den zweiten Baustein der Makroebene und wurden ebenfalls aus der naturwissenschaftsdidaktischen Literatur abgeleitet (Dagher und Erduran 2016; Cofré et al. 2019). Sie umfassen verschiedene Charakteristika naturwissenschaftlicher Forschung und naturwissenschaftlichen Wissens, wie beispielsweise Abwägungsprozesse in Bezug auf die Stichprobengröße, die Reflexion der Vorläufigkeit der Befunde, den Umgang mit Unvorhersehbarkeiten, die Subjektivität der eigenen Interpretationen oder die Bedeutung von Teamarbeit in der Wissenschaft. Es besteht nicht der Anspruch, dass in jedem Video alle Kategorien adressiert werden. Vielmehr können die Kategorien ausgewählt werden, die vor dem Hintergrund des jeweiligen exemplarischen Forschungsprozesses am hilfreichsten sind, um den Schüler*innen einen möglichst authentischen Einblick in naturwissenschaftliche Forschungsprozesse zu geben.

Das Verhältnis der beiden Bausteine *Kapitelstruktur* und *NOS-Kategorien* ist so gestaltet, dass die Kapitelstruktur entlang der Schritte naturwissenschaftlicher Erkenntnisgewinnung das Grundgerüst darstellt und die NOS-Kategorien jeweils den Videokapiteln zugeordnet werden. Dabei gibt es NOS-Kategorien, die fest in einem bestimmten Kapitel verortet sind. Zum Beispiel wird die Subjektivität der Interpretation ausschließlich im Kapitel zur Interpretation der Daten reflektiert. Es gibt allerdings auch NOS-Kategorien, die keinem bestimmten Kapitel zugeordnet sind, wie zum Beispiel die Teamarbeit in naturwissenschaftlichen Forschungsprozessen. Solche übergreifenden NOS-Kategorien können abhängig vom jeweiligen exemplarischen Forschungsprozess in einem oder mehreren Kapiteln thematisiert werden.

Die so entstehende Struktur der Makroebene aus Kapiteln und NOS-Kategorien ist insofern grundlegend, als sie eine fachdidaktisch fundierte Systematik für die Entwicklung der Videos bietet, durch die jeder naturwissenschaftliche Forschungsprozess dargestellt werden kann. Auf der Mesoebene wird anhand konkreter Fallbeispiele festgelegt, wie sich diese Struktur im jeweiligen Forschungsprozess gestaltet.

3.2 Mesoebene: Die Fallbeispiele

Ein besonderes Charakteristikum des Rahmenmodells ist, dass die Naturwissenschaftler*innen in den Videos parallel zu ihrer Arbeit an offenen Forschungsfragen begleitet werden. Das bedeutet, dass die Forschenden bei Drehbeginn selbst noch nicht die Antwort auf ihre Forschungsfrage(n) kennen und auch nicht wissen, ob und inwiefern Unvorhersehbarkeiten während des Forschungsprozesses auftreten werden. Die naturwissenschaftlichen Praktiken der Forschenden können so für sich selbst sprechen und sind für die prozesshafte Darstellung zentral. So kann in den Videos naturwissenschaftliches Wissen im Entstehungsprozess abgebildet werden.

Auf der Mesoebene bilden die Fallbeispiele den Kern für authentische Einblicke in naturwissenschaftliche Arbeitsweisen und Denkprozesse von Naturwissenschaftler*innen. Die Fallbeispiele bestimmen die Inhalte des Videos, die sich auf den jeweiligen Forschungsprozess beziehen. Fallbasierte Inhalte der Mesoebene sind beispielsweise konkret ausformulierte Forschungsfragen und Hypothesen, tatsächlich verwendete Methoden im jeweiligen Forschungsprozess sowie generierte Ergebnisse. Erläuterungen, warum es für naturwissenschaftliche Forschungsprozesse grundsätzlich wichtig ist, Forschungsfragen präzise zu formulieren, stellen keine fallbasierten Inhalte, sondern Inhalte der Mikroebene dar (s. Abschn. 3.3).

Die Naturwissenschaftler*innen, die während des gesamten Forschungsprozesses mit der Kamera begleitet werden, beschreiben und erklären in jedem Kapitel ihr Vorgehen (s. Tab. 1; Darstellung in Anlehnung an die Typologie des Experten-Films; Boy et al. 2020). Zudem reflektieren sie in Interview-Szenen die NOS-Kategorien, die Vorläufigkeit von Ergebnissen, den Umgang mit Unvorhersehbarkeiten, Überlegungen zu Stichprobengrößen und die Subjektivität der eigenen Interpretation. Die ausgewählten Inhalte der Mesoebene werden durch die Makro- und Mikroebene strukturiert und erweitert und münden schließlich in einer (gewählten) Videovariante (vgl. Abb. 1).

3.3 Mikroebene: Bausteine für die Konzeption von Videovarianten

Zusätzlich zur Makroebene (Kapitelstruktur auf Grundlage von WD-Kompetenzen und NOS-Kategorien) und der Mesoebene (Fallbeispiel) umfasst das Rahmenmodell für die Videoentwicklung auch Bausteine zur Darstellung spezieller Aspekte naturwissenschaftlicher Arbeitsweisen und der Denkprozesse von Naturwissenschaftler*innen auf einer Mikroebene (s. Abb. 1). Auch die Bausteine der Mikroebene sind aus der naturwissenschaftlichen Literatur abgeleitet. Im VideT-Projekt wurden folgende Bausteine für die Mikroebene genutzt:

1) Darstellungsweise der Schritte naturwissenschaftlicher Erkenntnisgewinnung (operationalisiert durch WD-Teilkompetenzen) entweder als *cookbook style* oder als *scientific reasoning style*
2) Darstellungsweise der Denkprozesse der Naturwissenschaftler*innen entweder als *science-in-the-making* oder als *ready-made science*

Im Folgenden werden diese Bausteine näher erläutert und mit Beispielen aus den VideT-Videos illustriert.

3.3.1 Darstellung der Schritte naturwissenschaftlicher Erkenntnisgewinnung

Bei der Darstellungsweise der Schritte naturwissenschaftlicher Erkenntnisgewinnung als *cookbook style* (z. B. Höttecke und Rieß 2015) wird die Metapher eines Kochbuchs verwendet, um stark vorstrukturierte Lernumgebungen zum Experimentieren zu beschreiben. Die Schüler*innen arbeiten dabei – wie beim Befolgen eines Kuchenrezeptes aus einem Kochbuch – die Schritte der naturwissenschaftlichen Erkenntnisgewinnung ab. Das Kochbuch gibt dabei Antworten auf *Was*-Fragen (deklaratives Wissen), z. B. „drei Eier". Allerdings werden dabei keine *Warum*-Fragen (epistemisches Wissen) thematisiert, z. B. warum Eier für das Gelingen eines Kuchenteigs notwendig sind bzw. welche Funktion Eier im Backprozess erfüllen. Diese Bausteine, in denen die Schritte naturwissenschaftlicher Erkenntnisgewinnung als *cookbook style* dargestellt werden, adressieren das *Was* (basierend auf *doing science,* Hodson 2014). Das Wissen über das *Wie* und *Warum* der Schritte naturwissenschaftlicher Erkenntnisgewinnung (prozedurales und epistemisches Wissen) verbleiben in einer *Black Box* (Latour und Woolgar 2013).

In den Bausteinen, die die Schritte naturwissenschaftlicher Erkenntnisgewinnung im *scientific reasoning style* präsentieren, wird neben dem *Was* (deklaratives Wissen) auch das *Wie* und *Warum* (prozedurales und epistemisches Wissen) vermittelt. Dieses Vorgehen orientiert sich an Kind und Osborne (2017), die sechs Stile wissenschaftlichen Denkens unterscheiden und betonen, dass jeder dieser Stile nicht nur deklarative, sondern auch prozedurale und epistemische Wissenskomponenten umfasst, beispielsweise *wie* man reliable Daten erhält und *warum* Reliabilität wichtig ist.

Tab. 1 enthält ein Beispiel zur Umsetzung der Darstellung der Schritte naturwissenschaftlicher Erkenntnisgewinnung sowohl im *cookbook style* als auch im *scientific reasoning style.* Das Beispiel stammt aus dem Kapitel *Hypothesen formulieren* der VideT-Videos zum Vergleich der Luftraumnutzung von Bulldoggfledermaus und Grabfledermaus. Im *cookbook style* wird die Hypothese des Forschungsprozesses benannt, jedoch ohne die Vermittlung prozeduralen oder episte-

Tab. 1. Darstellung der Schritte naturwissenschaftlicher Erkenntnisgewinnung im *cookbook style* oder im *scientific reasoning style* am Beispiel eines Ausschnitts aus dem Kapitel *Hypothesen formulieren* der VideT-Videos

Darstellung der Schritte naturwissenschaftlicher Erkenntnisgewinnung	Ausschnitt aus dem Drehbuch (Naturwissenschaftler im Fallbeispiel: Daniel)
Cookbook style	In Daniels Fall lautet sie [sc. die Hypothese]: Bulldoggfledermäuse nutzen den Luftraum in großen Höhen stärker als Grabfledermäuse.
Scientific reasoning style	**Eine Hypothese ist eine Annahme, die auf dem bisherigen Wissensstand beruht. Wie die Forschungsfrage muss sie sachlich und präzise formuliert sein.** In Daniels Fall lautet sie: Bulldoggfledermäuse nutzen den Luftraum in großen Höhen stärker als Grabfledermäuse. **Das Formulieren einer Hypothese ist stets ein wichtiger Schritt, denn sie durchzieht den Forschungsprozess wie ein *roter Faden*. Sie beeinflusst die Planung und die Durchführung der Untersuchung. Auch die Ergebnisse werden am Ende wieder mit der Hypothese in Beziehung gesetzt.**

mischen Wissens. Im Gegensatz dazu umfasst der *scientific reasoning style* neben der Hypothesenbenennung auch die Kommunikation prozeduralen und epistemischen Wissens.

Der Baustein zur Darstellung der Schritte naturwissenschaftlicher Erkenntnisgewinnung wurde entwickelt, um die Vermittlung von epistemischem und prozeduralem Wissen im Kontext der Teilkompetenzen wissenschaftlichen Denkens zu operationalisieren (vgl. Kind und Osborne 2017), indem diese als *Black Box* oder *White Box* – also *eine Black Box,* deren innere Prozesse sichtbar gemacht werden – präsentiert werden (vgl. Glanville 1982). Thematisiert werden unter anderem die Generierung eines Forschungsinteresses, die Formulierung von Forschungsfragen und Hypothesen, die Planung und Durchführung von Untersuchungen, die Analyse und Interpretation von Daten sowie die Reflexion und Kommunikation wissenschaftlicher Erkenntnisse.

3.3.2 Darstellung der Denkprozesse

Die Bausteine zur Darstellung der Denkprozesse von Naturwissenschaftler*innen auf der Mikroebene öffnen eine weitere *Black Box,* nämlich die der spezifischen individuellen Gedanken und Denkprozesse von Naturwissenschaftler*innen, die den Schüler*innen häufig verborgen bleiben. Die Bausteine zur Darstellung der

Denkprozesse von Naturwissenschaftler*innen beinhalten ebenfalls zwei Varianten: i. *authentisch* im Sinne des *science-in-the-making*-Ansatzes und ii. *authentisch* im Sinne des *ready-made science*-Ansatzes.

Die Darstellung der Denkprozesse basiert auf der Literatur zur Authentizität in der Wissenschaftsvermittlung (u. a. Betz et al. 2016; Nachtigall et al. 2018). Die Unterscheidung zwischen *science-in-the-making* und *ready-made science* ist auf Arbeiten von Latour (1987) zurückzuführen (siehe auch de Boer et al. 2021). Dieser theoretische Zugang ermöglicht es, Denkprozesse in den Videos zu verbalisieren und die wissenschaftlichen Entscheidungsprozesse so abzubilden, wie sie tatsächlich in den Köpfen von Naturwissenschaftler*innen sowie in ihrem fachlichen Austausch während der Forschungsprozesse stattfinden.

Dazu werden Denkprozesse dargestellt, die beispielsweise Abwägungen zur Stichprobengröße, den Umgang mit unerwarteten Werten in den erhobenen Daten, die Auswahl geeigneter Materialien sowie Reflexionen zur NOS betreffen. In den Bausteinen der Mikroebene, die Denkprozesse als *science-in-the-making* darstellen, werden diese Prozesse ähnlich wie bei der Methode des lauten Denkens in Interviewszenen verbalisiert. Sofern erforderlich, wird im Anschluss an den Denkprozess eine wohlüberlegte Entscheidung getroffen und kommuniziert.

Im Gegensatz zur Darstellung als *science-in-the-making* basiert *ready-made science* auf der Kommunikation, wie sie beispielsweise in naturwissenschaftlichen Artikeln erfolgt. Hierbei wird nicht das Ziel verfolgt, möglichst authentische Einblicke in die Denkprozesse von Naturwissenschaftler*innen zu geben, sondern eine *post hoc*-Rekonstruktion des Forschungsprozesses darzustellen (Höttecke und Rieß 2015). Die Darstellung der Denkprozesse als *ready-made science* behandelt dieselben Themen wie die Darstellung der Denkprozesse als *science-in-the-making*. Allerdings wird die Kommunikation unterschiedlich operationalisiert: Die Kommunikation entspricht nicht dem lauten Denken, sondern es werden *post hoc* wohl durchdachte Entscheidungen (angelehnt an die Form eines Arguments; Turabian 2007) in zwei Schritten kommuniziert: 1. die bereits getroffene Entscheidung im exemplarischen Fallbeispiel und 2. eine Begründung dieser Entscheidung. Die kanonisierte Kommunikationsstruktur ist darauf ausgerichtet, getroffene Entscheidungen gut begründet zu belegen. Dies führt zugleich dazu, dass bei der Darstellung als *ready-made science* die eigentlichen Denkprozesse im Sinne einer *Black Box* im Verborgenen bleiben und lediglich das Resultat des Denkprozesses verbalisiert wird. Wichtig ist, darauf hinzuweisen, dass sich die Bausteine in Bezug auf die Denkprozesse selbst sowie bezüglich der Darstellung der Expertise der Naturwissenschaftler*innen nicht unterscheiden. Es wird lediglich die Art und Weise der Kommunikation dieser Denkprozesse variiert (Tab. 2).

Tab. 2. Darstellung der Denkprozesse von Naturwissenschaftler*innen als *science-in-the-making* oder als *ready-made science* an einem Beispiel aus dem Kapitel *Untersuchung planen* der VideT-Videos

Darstellung der Denkprozesse der Naturwissenschaftler*innen	Ausschnitt aus dem Drehbuch (Naturwissenschaftler im Fallbeispiel: Daniel)
Science-in-the-making	Daniel überlegt, welche Logger [zum Messen der Flughöhe der Fledermäuse] er auswählt: „Es ist natürlich immer ein Abwägen zwischen dem, was man gerne erreichen möchte, welche Daten man gerne generieren möchte, und zwischen dem, was möglich ist. In unserem Fall möchten wir gerne herausfinden, wo die Tiere jagen. Das heißt, am liebsten würden wir GPS verwenden und lange, viele Tage aufzeichnen, aber das ist einfach nicht möglich, weil die Tiere diese Logger ja auch noch tragen müssen. Die Logger selbst wiegen gar nicht so viel. Da sind Miniatur-Sender drauf, das sind Sensoren, die oft auch in Handys verarbeitet werden oder so, aber die Batterien, die diese Logger brauchen, die sind halt relativ schwer. Das heißt, da arbeiten wir wirklich mit Mini Batterien, die gerade so die Laufzeit ermöglichen, die wir brauchen von den Sensoren, die die Tiere aber noch gut tragen können." Auf Basis dieser Überlegungen wählt Daniel Logger aus, die Temperatur und Luftdruck messen. Aus diesen Werten kann er dann die Flughöhe berechnen.
Ready-made science	Daniel entscheidet sich für Logger, die Temperatur und Luftdruck messen. Aus diesen Werten kann er dann die Flughöhe berechnen. GPS-Logger, die viele Tage lang Daten aufzeichnen können, benötigen starke Batterien. Sie sind zu schwer für die kleinen Fledermäuse. „Bei der Auswahl der Logger müssen wir auf verschiedene Aspekte achten. Das sind zum einen die Sensoren, das ist vor allem das Gewicht, die Größe natürlich und die Art und Weise, wie wir dann an die Daten wieder kommen."

4 Einsatzmöglichkeiten des Transferinstruments: Eine digitale Lernplattform für Schüler*innenlabore

Schüler*innenlabore haben sich als fester Bestandteil der deutschen Bildungslandschaft etabliert. Unbestritten ist, dass sie authentische, lebensweltbezogene, naturwissenschaftlich-technische Themenfelder und Arbeitsweisen erschließen, von denen auch die Wissenschaftsvermittlung profitiert (Glowinski 2007; Guderian

2007; Sommer et al. 2020). Die Anpassung außerschulischer Angebote an die sich verändernden gesellschaftlichen Anforderungen und die fortschreitende Digitalisierung im Bildungsbereich (KMK 2016) bedeutet, dass in Schüler*innenlaboren – ebenso wie im schulischen Unterricht – digitale Konzepte zunehmend analoge Arbeitsweisen ersetzen und neue Perspektiven eröffnen. Ein digitales Lernsetting an außerschulischen Lernorten kann einerseits authentische Forschung systematisch inszenieren, um wissenschaftliche Denk- und Arbeitsweisen gezielt zu adressieren, andererseits bleibt das Lernen an einem physischen *Ort der Wissenschaften* verankert. Dies ist insofern relevant, da die individuelle Wahrnehmung von Authentizität u. a. durch die Merkmale der Lernumgebung beeinflusst wird (Betz et al. 2016; Nachtigall et al. 2018; Sommer et al. 2018). Für die Gestaltung objektiv authentischer Lernumgebungen sind daher sowohl inhaltsspezifische Merkmale (Rahmenmodell für das videobasierte Transferinstrument im VideT-Projekt) als auch der Lernort entscheidend, da dieser das Lernsetting räumlich umgibt (Betz 2018; Schüttler et al. 2021).

Während die Videos ein möglichst authentisches Bild des Arbeitsalltags von naturwissenschaftlich Forschenden nachzeichnen, bleiben die Erklärungen naturwissenschaftlicher Denk- und Arbeitsweisen *Sekundärerfahrungen* (Pietraß 2020). Durch die Einbettung in eine interaktive, digitale Lernplattform wird eine Lernumgebung nach konstruktivistischen Prinzipien realisiert, die an die Alltagsvorstellungen der Lernenden sowie das Vorwissen der Zielgruppe angepasst ist. Vertiefende Aufgaben zu den Videoinhalten ermöglichen es, das dargestellte Wissen anzuwenden. So können die Schüler*innen Denkprozesse von Naturwissenschaftler*innen und naturwissenschaftliche Arbeitsweisen in den spezifischen Fachkulturen selbst vertiefend erarbeiten und reflektieren. Die Möglichkeit zur interaktiven Auseinandersetzung soll kognitive Prozesse wie Selektion, Organisation und Integration relevanter Lerninhalte unterstützen und so ein vertieftes Verständnis anregen (Graesser et al. 2005; Mayer 2014; Niegemann und Heidig 2019). Dies wird zusätzlich durch die Wahl der Sozialform unterstützt, die kollaboratives Lernen begünstigt.

Die digitale Lernplattform wurde für Schüler*innen ab der 10. Jahrgangsstufe entwickelt. Insgesamt beinhaltet die Lernplattform drei Arbeitsphasen, die während eines fünfstündigen Besuchs von allen Schüler*innen (in Zweier- bis Dreiergruppen) durchlaufen werden. In den Arbeitsphasen werden die Schritte naturwissenschaftlicher Erkenntnisgewinnung wie folgt zusammengefasst: 1. Forschungsfrage und Hypothese formulieren, 2. Untersuchung planen und durchführen und 3. Daten auswerten und interpretieren.

Abb. 2 veranschaulicht den Prozess der naturwissenschaftlichen Erkenntnisgewinnung auf der Makroebene, wie er im VideT-Projekt umgesetzt wurde. Der

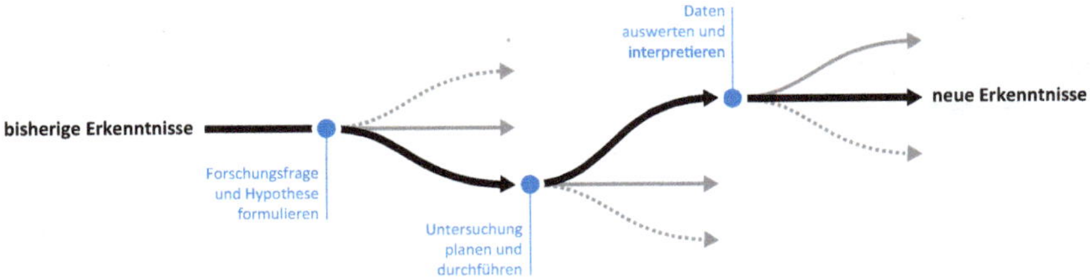

Abb. 2 Prozess der naturwissenschaftlichen Erkenntnisgewinnung auf der Makroebene

Weg der naturwissenschaftlichen Erkenntnisgewinnung kann auch in Form von Flussdiagrammen oder als Kreislaufmodell dargestellt werden. Die Wahl der Darstellung in Abb. 2 wurde getroffen, da sie die Flexibilität und Offenheit naturwissenschaftlicher Forschungsprozesse betont. Alternative Pfade, die Naturwissenschaftler*innen während ihrer Arbeit in Betracht ziehen können, werden durch graue, gestrichelte und durchgezogene Pfeile symbolisiert. Die fett gedruckten schwarzen Pfeile repräsentieren den Weg, für den sich die Naturwissenschaftler*innen letztlich wohlüberlegt entschieden haben. Diese bildliche Darstellung soll den Schüler*innen die Relevanz von Entscheidungsprozessen in der naturwissenschaftlichen Forschung verdeutlichen.

Die in die Lernplattform integrierten Videos werden nicht durchgehend von Anfang bis Ende angeschaut, sondern sind thematisch in Segmente unterteilt. Diese Videosegmente werden innerhalb der einzelnen Arbeitsphasen durch interaktive Aufgaben vor- und nachbereitet. Die Aufgabenformate variieren zwischen geschlossenen Aufgaben (z. B. Multiple-Choice-Aufgaben), halboffenen Aufgaben (Richtig-Falsch-Aufgaben mit Textbelegen, um Aussagen zu den im Text genannten Sachverhalten zu überprüfen) und offenen Aufgabenformaten (z. B. Formulierungen von Verbesserungsvorschlägen). Alle geschlossenen und halboffenen Aufgaben sind mit Lösungshinweisen versehen, deren Wirksamkeit in multimedialen Lernumgebungen bereits nachgewiesen wurde (Dresel et al. 2001; Leutner et al. 2014). Bei offenen Aufgabenformaten wurden sogenannte adaptive Prompts implementiert, die den Lernenden Hinweise darauf geben, was zu beachten ist oder was noch einmal reflektiert werden sollte. Solche Hinweise oder auch der Abgleich mit Musterlösungen haben sich in vergleichbaren Lernumgebungen bereits als hilfreich erwiesen (Azevedo et al. 2005).

Die Strukturierung der Arbeitsphasen auf der Lernplattform und die Struktur der Videos (Makroebene) sind aufeinander abgestimmt, sodass einzelne Videosequenzen passgenau in die Arbeitsphasen implementierbar sind. Dazu wurden in den Videos neben den Realbildern auch dynamische Visualisierungen und Kapitelbeschriftungen eingesetzt, deren lernförderliche Wirkung bereits in anderen Studien nachgewiesen werden konnte (Höffler et al. 2013). Den Schüler*innen wird zusätzlich die Möglichkeit geboten, die Videosequenzen mit Hilfe von Play-, Pause- und Zurück-Tasten individuell zu steuern, um beispielsweise bei lauten Umgebungsgeräuschen, technischen Problemen oder schwierigen Lichtverhältnissen entsprechend reagieren zu können. Diese Interaktionsmöglichkeiten sind nachweislich lernförderlicher als Bedingungen ohne jegliche Interaktionsmöglichkeit (Mayer und Chandler 2001; Höffler et al. 2013; Eggeling et al. 2018). Innerhalb der drei Arbeitsphasen werden die Videosequenzen – im Sinne der Unterrichtsphasierung – entweder als Einstieg oder zur Sicherung genutzt und mit Aufgaben in Erarbeitungs- und Vertiefungsphasen verknüpft.

Der Einsatz des Transferinstruments im Schüler*innenlabor ermöglicht es, einen ganzen Tag gezielt der Förderung von Erkenntnisgewinnungskompetenzen zu widmen. Diese Struktur bietet intensive, thematisch vertiefte Lernphasen. Zudem verfügt das Schüler*innenlabor über eine umfassende technologische Ausstattung, insbesondere mit Tablets und Internetzugang, die den Schüler*innen interaktives Arbeiten mit digitalen Lernmaterialien erleichtert. Der spezielle Rahmen des Schüler*innenlabors schafft ideale Bedingungen für fächerübergreifende Projekte, die nicht nur eine vertiefte Auseinandersetzung mit den Lerninhalten fördern, sondern auch die Entwicklung von Kompetenzen im Umgang mit komplexen, naturwissenschaftlichen Fragestellungen unterstützen.

5 Diskussion und Ausblick

In diesem Beitrag wurden ein Rahmenmodell zur Entwicklung eines videobasierten Transferinstruments sowie eine digitale Lernplattform für Schüler*innenlabore vorgestellt. Das innovative Element des videobasierten Transferinstruments liegt in seinem systematisch und fachdidaktisch fundierten Konzept (auf der Makro- und Mikroebene). Es ermöglicht den Schüler*innen, authentische naturwissenschaftliche Forschungsprozesse durch die Videos mitzuerleben (auf der Mesoebene). Diese Videos bieten eine Möglichkeit, die bildungspolitisch geforderte Auseinandersetzung mit authentischen Arbeitsweisen und Denkprozessen von Naturwissenschaftler*innen (Furtak et al. 2012) als Beitrag zur naturwissenschaftlichen Bildung in Schüler*innenlaboren zu adressieren.

Das videobasierte Transferinstrument macht zudem Aspekte von naturwissenschaftlichem Arbeiten und Denkprozessen von Naturwissenschaftler*innen sichtbar, die in aktuellen Ansätzen zur Förderung von Erkenntnisgewinnungskompetenzen häufig im Verborgenen bleiben („*Black Boxing*“, Latour und Woolgar

2013). Auf der Mikroebene wurden Bausteine zur Darstellung der Schritte naturwissenschaftlicher Erkenntnisgewinnung als *cookbook style* und als *scientific reasoning style* entwickelt, um die Kompetenzen wissenschaftlichen Denkens umfassend zu adressieren. Dies erfolgt in Bezug auf die inhärenten deklarativen, prozeduralen und epistemischen Wissenskomponenten (Kind und Osborne 2017).

Die Bausteine zur Darstellung der Denkweisen von Naturwissenschaftler*innen als *science-in-the-making* wurden entwickelt, um Einblicke in die Gedankenwelt der Naturwissenschaftler*innen zu gewähren. Die Kommunikation, angelehnt an die Methode des zeitlich synchronen lauten Denkens, ermöglicht den Schüler*innen, Entdeckungen der Naturwissenschaftler*innen und damit die Konstruktion neuer Erkenntnisse im Entstehungsprozess mitzuerleben. Die Darstellung der Denkprozesse als *ready-made science* stellt dagegen durch eine gut strukturierte nachträgliche Rekonstruktion der Denkprozesse (Höttecke und Rieß 2015) eine Kommunikationsweise dar, die in der Präsentation naturwissenschaftlicher Ergebnisse, etwa in schriftlichen Manuskripten oder auch in Wissenschaftskommunikationsvideos, etabliert ist. Diese Differenzierung auf der Mikroebene bietet besonderes Potenzial, da die Kommunikation von Prozessen, Methoden und Ungewissheiten aktuell im Zusammenhang mit Transparenz und Vertrauensbildung in die Wissenschaft diskutiert wird (Maier et al. 2018; BMBF 2019; Varwig 2019).

Dieser Beitrag ist insofern limitiert, als dass die empirische Überprüfung des Konzeptes noch aussteht. Zudem bringt das dargestellte Vorgehen Herausforderungen mit sich. Das schrittweise Filmen der einzelnen Videoabschnitte vor, während und nach der Datenerhebung ist ein zentrales Element, um die Videos so zu gestalten, dass die Schüler*innen den Forschungsprozess. Diese Stärke ist jedoch auch mit hohem Zeit- und Arbeitsaufwand verbunden.

Die Erstellung der VideT-Videos hat pro Forschungsprozess etwa anderthalb Jahre in Anspruch genommen, da die Planung und Durchführung naturwissenschaftlicher Studien in der Regel zeitaufwendig sind. Es muss außerdem berücksichtigt werden, dass die Datenauswertung häufig mehrere Monate dauert, bevor die letzten Kapitel der Videos gedreht werden können. Zudem müssen sich Naturwissenschaftler*innen bereit erklären, während eines ganzen Forschungsprozesses begleitet zu werden und ihre Arbeitsschritte und Denkprozesse in Interviews detailliert zu erläutern. Ebenso ist die Begleitung durch Bildungsforscher*innen zentral, da die Erstellung der Videos vor dem Hintergrund der Kompetenzförderung und aus der Perspektive der Schüler*innen erfolgen sollte.

Das vorgestellte Rahmenmodell mit den Makro-, Meso- und Mikroebenen für die Konzeption von Drehbüchern für videobasierte Transferinstrumente ergänzt die bereits umfangreichen Arbeiten im Bereich der audiovisuellen Wissenschaftskommunikation aus medien- und kommunikationswissenschaftlicher Perspektive (u. a Bucher et al. 2021) durch eine neue Sichtweise, nämlich die der naturwissenschaftsdidaktischen Bildungsforschung. Aktuell erzielen YouTube-Wissenschaftsvideos von nicht-wissenschaftlichen Akteur*innen, sogenannten *Sciencetubern,* höhere Aufmerksamkeit (z. B. gemessen an Klickzahlen oder Likes) als Videos von wissenschaftlichen Akteur*innen (Welbourne et al. 2016). Schüler*innenlabore können jedoch nicht nur als Lernumgebung für videobasierte Transferinstrumente dienen, sondern auch als Plattform, um interdisziplinäre Perspektiven zusammenzubringen und Einblicke in reale Forschungsprozesse zu gewähren – im Sinne sogenannter Lehr-Lern-Labore.

Nicht nur die räumliche und die institutionelle Anbindung von Schüler*innenlaboren an Universitäten und Forschungseinrichtungen, Wissenschafts- und Technologiezentren sowie (Forschungs-)Museen, sondern auch ihre spezialisierte Ausrichtung als Lehr-Lernort ist in zweierlei Hinsicht vielversprechend. So werden Lehr-Lern-Labore bisher bereits in der Aus-, Fort-, und Weiterbildung von Lehrkräften als Raum des Ausprobierens und Reflektierens genutzt, um professionelle Kompetenzen zu entwickeln. Andererseits bietet sich die Möglichkeit, im Bereich der Wissenschaftskommunikation gezielt inner- und außerwissenschaftliche Akteur*innen zusammenzubringen, um die Perspektiven in Wissenschaftsvideos zu erweitern. Lehr-Lern-Labore können somit auch ein Ort des Austausches zwischen verschiedenen Fachbereichen, Disziplinen und Akteur*innen werden, um innovative Ansätze in der Wissenschaftskommunikation zu erschließen.

Literatur

Allchin, D., Andersen, H. M., & Nielsen, K. (2014). Complementary approaches to teaching Nature of Science: Integrating student inquiry, historical cases and contemporary cases in classroom practice. *Science Education, 98*(3), 461–486. https://doi.org/10.1002/sce.21111

Azevedo, R., Cromley, J. G., Winters, F. I., Moos, D. C., & Greene, J. A. (2005). Adaptive human scaffolding facilitates adolescents' self-regulated learning with hypermedia. *Instructional Science, 33*, 381–412.https://doi.org/10.1007/s11251-005-1273-8

Betz, A. (2018). Der Einfluss der Lernumgebung auf die (wahrgenommene) Authentizität der linguistischen Wissenschaftsvermittlung und das Situationale Interesse von Lernenden. *Unterrichtswissenschaft, 46*, 261–278. https://doi.org/10.1007/s42010-018-0021-0

Betz, A., Flake, S., Mierwald, M., & Vanderbeke, M. (2016). Modelling authenticity in teaching and learning contexts: A contribution to theory development and empirical investigation of the construct. In C. K. Looi, J. Polman, U. Cress & P. Reimann (Hrsg.), *Transforming learning, empowering earners: The International Conference of the Learning Sciences (ICLS) 2016* (S. 815–818). International Society of the Learning Sciences. https://doi.org/10.22318/icls2016.110

BMBF (2019). Grundsatzpapier des Bundesministeriums für Bildung und Forschung zur Wissenschaftskommunikation. Veröffentlicht im November 2019. https://www.bmbf.de/SharedDocs/Publikationen/de/bmbf/1/24784_Grundsatzpapier_zur_Wissenschaftskommunikation.pdf?__blob=publicationFile&v=5

Boy, B., Bucher, H.-J., & Christ, K. (2020). Audiovisual science communication on TV and YouTube. How recipients understand and evaluate science videos. *Frontiers in Communication*, *5*(608620), 1–18. https://doi.org/10.3389/fcomm.2020.608620

Bromme, R., & Kienhues, D. (2014). Wissenschaftsverständnis und Wissenschaftskommunikation. In T. Seidel & A. Krapp (Hrsg.), *Pädagogische Psychologie* (S. 55–80). Beltz.

Bucher, H.-J., Boy, B., & Christ, K. (2021). *Audiovisuelle Wissenschaftskommunikation auf YouTube: Eine Rezeptionsstudie zur Vermittlungsleistung von Wissenschaftsvideos.* Springer.

Cofré, H., Núñez, P., Santibáñez, D., Pavez, J. M., Valenca, M., & Vergara, C. (2019). A critical review of students' and teachers' understanding of nature of science. *Science & Education, 28*, 205–248. https://doi.org/10.1007/s11191-019-00051-3

Erduran, S., & Dagher, Z. R. (2014). Regaining focus in Irish junior cycle science: Potential new directions for curriculum and assessment development on nature of science. *Irish Educational Studies, 33*(4), 335–350. https://doi.org/10.1080/03323315.2014.984386

Dagher, Z. R., & Erduran, S. (2016). Reconceptualizing the nature of science for science education. Why does it matter? *Science & Education, 25*, 147–164. https://doi.org/10.1007/s11191-015-9800-8

de Boer, B., te Molder, H., & Verbeek, P.-P. (2021). Understanding science-in-the-making by letting scientific instruments speak: From semiotics to postphenomenology. *Social Studies of Science, 51*(3), 392–413. https://doi.org/10.1177/0306312720981600

Dresel, M., Ziegler, A., & Heller, K. A. (2001). MatheWarp 5/6. Ein Mathematik-Lern- und Übungsprogramm mit integrierter Motivationsförderung und ein Handbuch für Schüler(innen). Computer Software, Version 2. BTA.

Düsing, K., van den Bogaert, V., Brandt, M., Bruckermann, T., Greving, H., Harms, U., Kimmerle, J., Lewanzik, D., Schumann, A., Thomas, J., & Wirth, J.(2026). Opening the black box of scientific practices – A systematic video development framework integrating scientific reasoning skills and insights into authentic research processes. Science & Education. https://doi.org/10.1007/s11191-026-00755-3

Eggeling, M., Bientzle, M., Shiozawa, T., Cress, U., & Kimmerle, J. (2018). The impact of visualization format and navigational options on laypeople's perception and preference of surgery information videos: Randomized controlled trial and online survey. *Journal of Participatory Medicine*, *10*(4), e12338. https://doi.org/10.2196/12338

Engelmann, K., Neuhaus, B. J., & Fischer, F. (2016). Fostering scientific reasoning in education – Meta-analytic evidence from intervention studies. *Educational Research and Evaluation*, *22*(5–6), 333–349. https://doi.org/10.1080/13803611.2016.1240089

Furtak, E. M., Seidel, T., Iverson, H., & Briggs, D. C. (2012). Experimental and quasi-experimental studies of inquiry-based science teaching: A meta-analysis. *Review of Educational Research*, *82*(3), 300–329. https://doi.org/10.3102/0034654312457206

Glanville, R. (1982). Inside every white box there are two black boxes trying to get out. *Behavioral Science*,*27*(1), 1–11. https://doi.org/10.1002/bs.3830270102

Glowinski, I. (2007). *Schülerlabore im Themenbereich Molekularbiologie als Interesse fördernde Lernumgebungen* [Doktorarbeit, Christian-Albrechts-Universität zu Kiel].

Graesser, A. C., McNamara, D., & Van Lehn, K. (2005). Scaffolding deep comprehension strategies through Point & Query, AutoTutor, and iSTART. *Educational Psychologist, 40*, 225–234. https://doi.org/10.1207/s15326985ep4004_4

Guderian, P. (2007). *Wirksamkeitsanalyse außerschulischer Lernorte. Der Einfluss mehrmaliger Besuche eines Schülerlabors auf die Entwicklung des Interesses an Physik* [Doktorarbeit, Humboldt-Universität Berlin]. https://doi.org/10.18452/15610

Hagenkötter, R., Nachtigall, V., Rolka, K., & Rummel, N. (2021). „Meistens sind Forscher älter, meist tragen die eine Brille" – Schülervorstellungen über Wissenschaftler*innen. *Unterrichtswissenschaft, 49*, 603–626. https://doi.org/10.1007/s42010-021-00110-1

Heering, P., & Kremer, K. (2018). Nature of Science. In D. Krüger, I. Parchmann, & H. Schecker (Hrsg.), *Theorien in der naturwissenschaftsdidaktischen Forschung* (S. 105–120). Springer.

Hodson, D. (2014). Learning science, learning about science, doing science: Different goals demand different learning methods. *International Journal of Science Education,36*(15), 2534–2553. https://doi.org/10.1080/09500693.2014.899722

Höffler, T., Schmeck, A., & Opfermann, M. (2013). Static and dynamic visual representations: Individual differences in processing. In G. Schraw, M. T. McCrudden, & D. Robinson (Hrsg.), *Learning through visual displays: Current perspectives on cognition, learning, and instruction* (S. 133–163). Information Age Publishing. http://lccn.loc.gov/2013004595

Höttecke, D., & Rieß, F. (2015). Naturwissenschaftliches Experimentieren im Lichte der jüngeren Wissenschaftsforschung – Auf der Suche nach einem authentischen Experimentbegriff der Fachdidaktik. *Zeitschrift für Didaktik der Naturwissenschaften, 21*(1), 127–139. https://doi.org/10.1007/s40573-015-0030-z

Kind, P., & Osborne, J. (2017). Styles of scientific reasoning: A cultural rationale for science education? *Science Education, 101*(1), 8–31. https://doi.org/10.1002/sce.21251

Kiprijanov, K. (2021). Wissenschaftskommunikation. In T. Schmohl & T. Philipp (Hrgs.), *Handbuch Transdisziplinäre Didaktik* (S. 383–394). transcript Verlag. https://doi.org/10.1515/9783839455654-035

KMK. (2016). Strategie der Kultusministerkonferenz „Bildung in der digitalen Welt." Beschluss der Kultusministerkonferenz vom 08.12.2016. https://www.kmk.org/fileadmin/pdf/PresseUndAktuelles/2018/Digitalstrategie_2017_mit_Weiterbildung.pdf

KMK. (2020). *Bildungsstandards im Fach Biologie für die Allgemeine Hochschulreife. Beschluss der Kultusminis-terkonferenz vom 18.06.2020.*

KMK. (2024). *Weiterentwickelte Bildungsstandards in den Naturwissenschaften für das Fach Biologie (MSA). Beschluss der Kultusministerkonferenz vom 16.12.2004 i.d.F. vom 13.06.2024.*

Krell, M., Redman, C., Mathesius, S., Krüger, D., van Driel, J. (2020). Assessing pre-service science teachers' scientific reasoning competencies. *Research in Science Education, 50*, 2305–2329. https://doi.org/10.1007/s11165-018-9780-1

Kulgemeyer, C. (2018). A framework of effective science explanation videos informed by criteria for successful instructional explanations. *Research in Science Education, 50*, 2441–2462. https://doi.org/10.1007/s11165-018-9787-7

Kulgemeyer, C. (2020). Didaktische Kriterien für gute Erklärvideos. In K. Wolf & S. Dorgerloh, *Lehren und Lernen mit Tutorials und Erklärvideos* (S. 70–75). Beltz.
Latour, B. (1987). *Science in action: How to follow scientists and engineers through society.* Harvard University Press.
Latour, B., & Woolgar, S. (2013). *Laboratory life: The construction of scientific facts.* Princeton University Press.
Leutner, D., Opfermann, M., & Schmeck, A. (2014). Lernen mit Medien. In T. Seidel & A. Krapp (Hrsg.), *Pädagogische Psychologie* (S. 297–322). Beltz.
Maier, M., Guenther, L., Ruhrmann, G., Barkela, B., & Milde, J. (2018). Kommunikation ungesicherter wissenschaftlicher Evidenz – Herausforderungen für Wissenschaftler, Journalisten und Publikum. In N. Janich & L. Rhein (Hrsg.), *Unsicherheit als Herausforderung. Zur Forschungspraxis und ihrer Reflexion in Natur-, Sozial- und Geisteswissenschaften* (S. 93–111). Lang.
Mayer, R. E. (2014). *The Cambridge handbook of multimedia learning.* New York: Cambridge University Press. https://doi.org/10.1017/CBO9781139547369
Mayer, R. E., & Chandler, P. (2001). When learning is just a click away: Does simple user interaction foster deeper understanding of multimedia messages? *Journal of Educational Psychology, 93*, 390–397. https://doi.org/10.1037/0022-0663.93.2.390
McComas, W. F., & Olson, J. K. (1998). The nature of science in international science education standards documents. In W. F. McComas (Ed.), *The nature of science in science education: Rationales and strategies* (pp. 41–52). Kluwer.
Morris, B., Croker, S., Masnick, A., & Zimmerman, C. (2012). The emergence of scientific reasoning. In H. Kloos, B. Morris, & J. Amaral (Eds.), *Current topics in children's learning and cognition* (pp. 61–82). InTech.
Nachtigall, V., Keuschnig, A., Behrendt, L., & Brune, L. (2018). Authentic learning and teaching in an out-of-school lab — First steps towards empirical investigation of a theoretical model. In J. Kay & R. Luckin (Hrsg.), *Rethinking learning in the digital age: making the learning sciences count. 13th International Conference of the Learning Sciences (ICLS) 2018* (S. 1061–1064). International Society of the Learning Sciences. https://doi.org/10.22318/cscl2018.1061
Niegemann, H., & Heidig, S. (2019). Interaktivität und Adaptivität in multimedialen Lernumgebungen. In H. Niegemann & A. Weinberger (Hrsg.), *Handbuch Bildungstechnologie. Konzeption und Einsatz digitaler Lernumgebungen* (S. 343–367). Springer. https://doi.org/10.1007/978-3-662-54373-3_33-1
Osborne, J., Collins, S., Ratcliffe, M., Millar, R., & Duschl, R. (2003). What "Ideas about Science" should be taught in school science? A Delphi study of the expert community. *Journal of Research in Science Teaching, 40*(7), 692–720. https://doi.org/10.1002/tea.10105
Opitz, A., Heene, M., & Fischer, F. (2017). Measuring scientific reasoning - A review of test instruments. *Educational Research and Evaluation, 23*(3–4), 78–101. https://doi.org/10.1080/13803611.2017.1338586
Pedaste, M., Mäeots, M., Siiman, L. A., De Jong, T., van Riesen, S. A. N., Kamp, E. T., Manoli, C. C., Zacharia, Z. C., & Tsourlidaki, E. (2015). Phases of inquiry-based learning: Definitions and the inquiry cycle. *Educational Research Review, 14*, 47–61. https://doi.org/10.1016/j.edurev.2015.02.003

Pietraß, M. (2020). Informelles Lernen und Medienpädagogik. In M. Rohs (Hrsg.), *Handbuch Informelles Lernen*. Springer. https://doi.org/10.1007/978-3-658-06174-6_10-1

Schüttler, T., Watzka, B., Girwidz, R., & Ertl, B. (2021). Die Wirkung der Authentizität von Lernort und Laborgeräten auf das situationale Interesse und die Relevanzwahrnehmung beim Besuch eines naturwissenschaftlichen Schülerlabors. *Zeitschrift für Didaktik der Naturwissenschaften, 27*, 109–125. https://doi.org/10.1007/s40573-021-00128-z

Sommer, K., Wirth, J., & Rummel, N. (2018). Authentizität der Wissenschaftsvermittlung im Schülerlabor – Einführung in den Thementeil. *Unterrichtswissenschaft, 46*, 253–260. https://doi.org/10.1007/s42010-018-0022-z

Sommer, K., Firstein, A., & Rothstein, B. (2020). Authentizität (der Wissenschaftsvermittlung) im Schülerlabor. In K. Sommer, J. Wirth & M. Vanderbeke (Hrsg.), *Handbuch Forschen im Schülerlabor* (S. 21–30). Waxmann.

Turabian, K. L. (2007). *A manual for writers of research papers, theses, and dissertations*. The University of Chicago Press.

Varwig, C. (2019). Kommunizieren oder verschweigen – Wie geht man mit wissenschaftlicher Unsicherheit um? In J. Schnurr & A. Mäder (Hrsg.), *Wissenschaft und Gesellschaft: Ein vertrauensvoller Dialog. Positionen und Perspektiven der Wissenschaftskommunikation* (S. 205–214). Springer.

Welbourne, D. J., & Grant, W. J. (2016). Science communication on YouTube: Factors that affect channel and video popularity. *Public Understanding of Science*, *25*(6), 706–718.

Vom Besuch zur Gestaltung außerschulischer Lernorte – Physik-Lehramtsstudierende entwickeln Schüler*innenlabore

Laura Pannullo und Lisa Stinken-Rösner

1 Einleitung

Neben traditionellen Schulpraktika bietet die Einbindung von außerschulischen Lernorten in die Lehramtsausbildung im Fach Physik großes Potenzial für eine praxisorientierte Bildung, welche in aktuellen Diskursen vermehrt gefordert wird (Heinicke et al. 2023). Im Rahmen von (berufsorientierenden) Praktika in Schüler*innenlaboren, Science Centern und Co. können Studierende praktische Erfahrungen in der Vermittlung von physikalischen Inhalten an Kinder, Jugendliche und Erwachsene in einem geschützten Rahmen sammeln. Dabei können sie auf etablierte Inhalte und Konzepte der verschiedenen Institutionen zurückgreifen. Allerdings bieten diese nur begrenzten Spielraum für die Ausgestaltung und Erprobung eigener Ideen innerhalb des bestehenden Programms.

Der vorliegende Beitrag greift den Widerspruch zwischen der geforderten Handlungsorientierung (Heinicke et al. 2023) und den eingeschränkten Gestaltungsmöglichkeiten für Lehramtsstudierende in außerschulischen Lernorten durch deren Vorstrukturierung auf (Salzmann 2007) und stellt ein Seminarformat vor, welches die Konzepte von Lehr-Lern-Laboren und Schüler*innenlaboren miteinander für die Lehrkräftebildung kombiniert. Im Mittelpunkt steht dabei die inhaltliche Auseinandersetzung mit dem Thema Klimawandel und Bildung für

L. Pannullo (✉) · L. Stinken-Rösner
Universität Bielefeld, AG Physik und ihre Didaktik, Bielefeld, Deutschland
E-Mail: laura.pannullo@physik.uni-bielefeld.de

L. Stinken-Rösner
E-Mail: lisa.stinken-roesner@physik.uni-bielefeld.de

A. Wenzel und T. Schmäing (Hrsg.), *Außerschulisches Lernen in der naturwissenschaftlichen Bildung*, https://doi.org/10.1007/978-3-658-50864-7_7

nachhaltige Entwicklung (BNE), um diese gesellschaftlich hochrelevanten Themen langfristig im Physikunterricht zu etablieren. Ziel des Seminars ist es, Studierenden die Möglichkeit zu geben, fachdidaktische Kenntnisse praktisch umzusetzen, indem sie Stationen für ein Schüler*innenlabor entwickeln und zunächst im Lehr-Lern-Labor erproben. Durch die aktive Auseinandersetzung mit der Gestaltung von Lernumgebungen werden didaktische, methodische und fachliche Kompetenzen der Studierenden gefördert. Gleichzeitig entsteht ein authentischer bzw. unterrichtsnaher Lernkontext, in dem die Studierenden direkt erleben, wie ihre Ideen auf Schüler*innen wirken und welche Herausforderungen in der Praxis zu bewältigen sind. Durch die Verschränkung von Lehr-Lern-Labor und Schüler*innenlabor können Studierende sich zunächst in einem geschützten Rahmen ausprobieren und ihre Erfahrungen angeleitet reflektieren. Gleichzeitig leisten sie einen aktiven Beitrag zur Gestaltung außerschulischer Lernorte, da die von ihnen entwickelten Materialien Grundlage zur Weiterentwicklung des Angebots des an der Universität Bielefeld etablierten Schüler*innenlabors *teutolab-physik* darstellen.

2 Theorie

Schüler*innen- und Lehr-Lern-Labore sind fester Bestandteil der inzwischen breit gefächerten außerschulischen Bildungslandschaft in Deutschland. Im naturwissenschaftlichen Bereich wurde insbesondere mit Beginn der 2000er eine Vielzahl von Gründungen außerschulischer Mitmach-Labore verzeichnet, teilweise bedingt als Reaktion auf die damaligen Ergebnisse der TIMSS-Studie (Lernort-Labor 2024). Mitmach-Labore können jedoch stark in ihrer Umsetzung bezogen auf Ziele, Zielgruppe, inhaltliche Schwerpunktsetzung, adressierte Aktivitäten, Ausstattung, zeitliche Dauer, Organisationsstruktur, wissenschaftliche Begleitung usw. variieren (Brüning und Käpnick 2020). Eine vom *Bundesverband der Schülerlabore*[1] durchgeführte Kategorisierung unterscheidet neben dem klassischen Schüler*innenlabor zwischen weiteren Formaten, darunter das Lehr-Lern-Labor (Haupt et al. 2013). Im Folgenden sollen beide Formate in ihrer Organisationsform und Zielsetzung kurz skizziert sowie Gemeinsamkeiten und Unterschiede zwischen den Formaten aufgezeigt werden. In diesem Kontext wird auch

[1] Das generische Maskulinum „Schülerlabor" wird hier als Teil des Vereinnamens „Lernort-Labor – Bundesverband der Schülerlabore e. V." verwendet.

die *teutolab*-Familie, die Schüler*innenlabore der Universität Bielefeld, vorgestellt.

2.1 Schüler*innenlabore

> *Schüler*innenlabore sind „[…] außerschulische Einrichtungen, in denen sich Schülerinnen und Schüler durch eigenes Experimentieren im Rahmen schulischer Veranstaltungen mit modernen Naturwissenschaften, Ingenieurwissenschaften, Mathematik und Informationstechnologie auseinandersetzen können. Dazu zählen Angebote in Universitäten, Fachhochschulen, Forschungseinrichtungen, Museen, Science Centern, Technologie- und Gründerzentren und der Industrie, die in geeigneten Laboren Begegnungen mit diesen Feldern ermöglichen. Die Experimentiertage finden regelmäßig, täglich oder wöchentlich, statt“ (*Dähnhardt et al. 2009, *S. 8).*

Schüler*innenlabore zählen damit zu den primären außerschulischen Lernorten, sie sind eigens für das Lernen eingerichtet und bieten den Besucher*innen pädagogisch vorstrukturierte Lernumgebungen (Salzmann 2007). Insbesondere in den naturwissenschaftlichen Schüler*innenlaboren spielt das selbstständige Experimentieren im Labor bzw. in einer laborähnlichen Umgebung eine zentrale Rolle (Glowinski 2007). Aktuell verzeichnet der *Bundesverband der Schülerlabore* 384 registrierte Schüler*innenlabore auf seiner Webseite (LernortLabor 2024); die Mehrzahl davon wird durch Universitäten betrieben.

Schüler*innenlabore haben sich als erfolgreiche außerschulische Instrumente zur Breiten- und Spitzenförderung naturwissenschaftlicher Bildung in Deutschland etabliert (Euler und Schütte 2020). Sie sollen Schüler*innen anregen, sich durch Nutzung authentischer Arbeitsweisen (d. h. Methoden, die sich an den realen Praktiken von Wissenschaftler*innen orientieren) mit naturwissenschaftlichen und technischen Fragen und Methoden auseinanderzusetzen, und Wissenschaft somit durch erfahrungsbasierte Zugänge selbst zu erleben (Euler und Schütte 2020). Im Mittelpunkt von Schüler*innenlaboren stehen dabei die Förderung des Interesses und der Aufgeschlossenheit von Kindern und Jugendlichen für Naturwissenschaften und Technik. Dabei soll ein zeitgemäßes Bild dieser Fächer vermittelt, ihre Bedeutung für die Gesellschaft dargestellt, Einblicke in naturwissenschaftliche und technische Tätigkeitsfelder und Berufsbilder gegeben und Kontakte zu Orten und Personen der Forschung und Entwicklung ermöglicht werden (Euler und Schütte 2020).

In einem systematischen Literaturreview sammeln Tillmann und Wegner (2021) Ergebnisse aus 42 Veröffentlichungen zwischen 2000 und 2020 zu Studien über Effekte von Schüler*innenlaboren. Die von ihnen untersuchten Studien zeigen vornehmlich positive Entwicklungen affektiver und motivationaler Merkmale der Schüler*innen nach dem Besuch eines Schüler*innenlabors. Jedoch sind diese Effekte häufig nur kurzfristig. Zudem zeigen die Studien, dass Lernende fachliches wie auch überfachliches Wissen durch den Besuch eines Schüler*innenlabors erwerben. Hier ist jedoch einschränkend zu sagen, dass die meisten Veröffentlichungen im Studiendesign auf Kontrollgruppen verzichtet haben.

2.2 Die *teutolab*-Familie der Universität Bielefeld

Die *teutolab*-Familie vereint die sechs Mitmach- und Experimentierlabore der Universität Bielefeld mit dem verbindenden Ziel der Förderung von Motivation und Interesse in den MINT[2]-Fächern (Universität Bielefeld 2024). Sie zählen zu den klassischen Schüler*innenlaboren. Jährlich besuchen mehr als 25.000 Schüler*innen die *teutolabs-biologie, -biotechnologie, -chemie, -mathematik, -physik* und *-robotik* (Universität Bielefeld 2024), weitere *teutolabs* befinden sich in der Konzeptionsphase.

Beispiele aus dem preisgekrönten Programm der *teutolab*-Familie sind u. a. Angebote zu den Themen ‚*Sehen und gesehen werden – Sicherheit für Kinder im Straßenverkehr*' (Präventionspreis „Der Rote Ritter" – Sicherheit im Schulkindalltag 2014), ‚*Sauberes Wasser: aus dem Tümpel ins Glas – jeder Tropfen zählt*' (LeLa-Preis 2021 2. Platz) oder ‚*CSI-teutolab: finde die Tatperson*' (LeLa-Preis 2022 3. Platz).

Das Schüler*innenlabor *teutolab-physik* ist Teil der großen *teutolab*-Familie der Universität Bielefeld. Es verfolgt das Ziel, physikalische Phänomene handlungsorientiert und spannend zu vermitteln. In den Workshops des *teutolab-physik* arbeiten Schüler*innen in authentischen und innovativen Lernszenarien, da sie physikalische Konzepte anhand realer Anwendungen erleben und Experimente durchführen, die über den regulären Schulunterricht hinausgehen. Das Workshopangebot orientiert sich inhaltlich am Lehrplan des Landes Nordrhein-Westfalen. An drei Vormittagen in der Woche können bis zu 30 Schüler*innen der Klassen 3 bis 6 an den jeweils dreieinhalbstündigen Angeboten teilnehmen, wobei sie von geschulten Betreuer*innen angeleitet werden.

Zusätzlich bietet das *teutolab-physik* angehenden Physiklehrkräften die Möglichkeit berufsorientierende Praktika, z. B. im Rahmen ihrer *Berufsfeldbezogenen*

[2] MINT = Mathematik, Informatik, Naturwissenschaften und Technik.

Praxisstudie (BPSt) durchzuführen, um erste Routinen in der Arbeit mit Kindern und Jugendlichen zu gewinnen.

2.3 Lehr-Lern-Labore

> *„Lehr-Lern-Labore (LLL) sind eine spezielle Organisationsform der Lehramtsausbildung, in der Lern- bzw. Förderaktivitäten von Schülerinnen und Schülern und die berufsbezogene Qualifizierung von Lehramtsstudierenden sinnvoll miteinander verknüpft werden" (Brüning und Käpnick* 2020, *S. 7).*

Lehr-Lern-Labore dienen der stärkeren Verknüpfung von Theorie und Praxis in der ersten Phase der Lehrkräftebildung, indem Interaktionen zwischen Studierenden untereinander und mit Schüler*innen im komplexitätsreduzierten Raum geplant herbeigeführt werden (Brüning et al. 2020). Das Konzept basiert auf der Idee, dem sogenannten *Praxisschock* (Dicke et al. 2016; Klusmann et al. 2012; Voss und Kunter 2020) bereits im Studium zu begegnen. Der Praxisschock bezeichnet den von vielen Lehramtsanwärter*innen als überfordernd empfundenen Übergang von der universitären Ausbildung in den schulischen Berufsalltag. In Lehr-Lern-Laboren durchlaufen die Studierenden einen iterativen bzw. zyklischen Prozess (vgl. Abb. 1), indem sie ihre bereits erworbenen professionellen Kompetenzen in vielfältiger Weise anwenden, reflektieren und im geschützten Raum vertiefen können (Schmidt et al. 2011). Die theoriegeleitete Evaluation und Reflexion der Lehr-Lernprozesse findet in der Regel unter (intensiver) Betreuung der begleitenden Dozierenden statt (Brüning et al. 2020).

Aus Perspektive der Schüler*innen existieren nur gering wahrnehmbare Unterschiede zwischen dem Besuch eines Schüler*innen- und eines Lehr-Lern-Labors. Die Schüler*innen arbeiten beim Besuch eines Lehr-Lern-Labors, genauso wie beim Besuch eines klassischen Schüler*innenlabors, an MINT-Fragestellungen – das Lehr-Lern-Labor stellt damit eine Unterkategorie von Schüler*innenlaboren dar. Diese inhaltlichen und strukturellen Ähnlichkeiten und Unterschiede zu klassischen Schüler*innenlaboren grenzen Haupt und Hempelmann (2015) in ihrer Definition von Lehr-Lern-Laboren voneinander ab.

> *„Lehr-Lern-Labore arbeiten in der Regel wie klassische Schüler[*innen]labore. Der Unterschied ist aber, dass hier Studierende im Rahmen ihrer universitären Ausbildung lernen, gemeinsam mit Schüler[*inne]n zu experimentieren. Dabei können die Studierenden neue Experimente entwickeln und diese anschließend bei der Betreuung im Schüler[*innen]labor erproben. Hierbei reflektieren sie auch ihre eigenen Fähigkeiten und lernen somit häufig auf zweifache Weise. Sie lernen das Lehren*

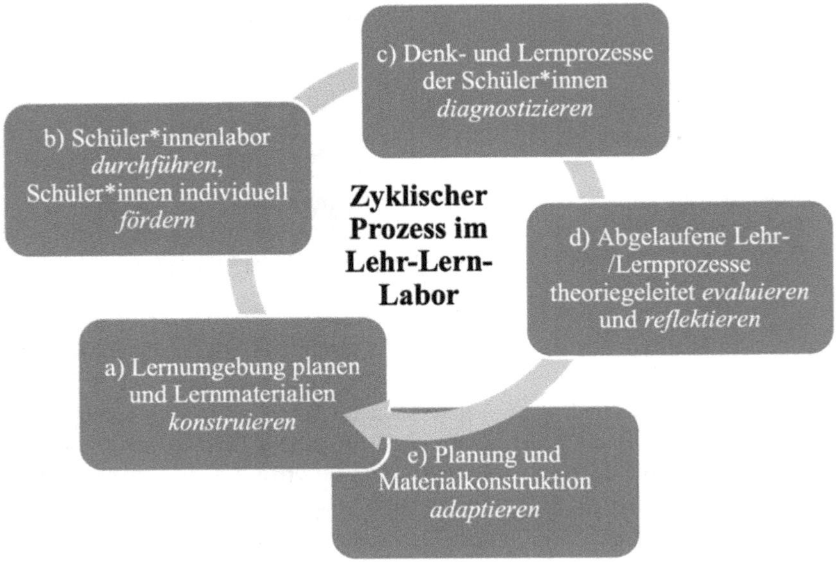

Abb. 1 Zyklischer Prozess im Lehr-Lern-Labor (adaptiert nach Roth und Priemer 2020)

(Schwerpunkt Fachdidaktik) oder vertiefen durch das Lehren zugleich selbst fachspezifische Inhalte (Schwerpunkt Fachwissenschaft)" (Haupt und Hempelmann 2015, *S. 20).*

Unterschiede zwischen den Formaten finden sich demnach u. a. in der Zielsetzung (Ausbildung von angehenden Lehrkräften bei gleichzeitiger Förderung von Schüler*innen vs. Förderung von Schüler*innen), in den betreuenden Personen (Lehramtsstudierende vs. geschulte Mitarbeiter*innen) sowie dem Angebot (speziell entwickelt vs. Langzeitprogramm). Der Betrieb von Lehr-Lern-Laboren findet häufig vornehmlich zu Ausbildungszwecken der Studierenden statt, es existiert kein täglicher oder wöchentlicher Regelbetrieb bzw. ein für Schulen buchbares Programm. Lehr-Lern-Labore zielen damit vornehmlich auf die Entwicklung kurzfristiger Interventionen für Schüler*innen ab. Im Rahmen des zugehörigen universitären Seminars werden in der Regel eine oder mehrere Schulklassen eingeladen, um die entwickelten Experimente und Materialien zu erproben und die gewonnenen Erfahrungen zu reflektieren. Die dazugehörigen Materialien werden im Anschluss als Teil von Studien- oder Prüfungsleistung archiviert und gegebenenfalls durch die Studierenden selbst in ihrem späteren Unterricht eingesetzt.

Des Weiteren bieten Lehr-Lern-Labore eine kontrollierte Umgebung für fachdidaktische und bildungswissenschaftliche Laborstudien, da relevante Variablen und Einflussfaktoren systematisch gesteuert und Untersuchungsbedingungen damit reproduzierbar gestaltet werden können. Da der vorgestellte konzeptionelle Ansatz zur Gestaltung des Seminars sich nicht dieser Methode bedient, soll an dieser Stelle nicht weiter auf die Bedeutung von Lehr-Lern-Laboren in der Forschung eingegangen werden.

Aktuell existieren laut LernortLabor (2024), dem *Bundesverband der Schülerlabore e. V.,* 158 Lehr-Lern-Labore im deutschsprachigen Raum.

3 Seminarkonzept

Im Sinne des Projektbasierten Lernens (Sprung 2023) entwickeln die Studierenden an der Universität Bielefeld in Einzelarbeit über den Zeitraum eines Semesters unter fachdidaktischer Begleitung ein Schüler*innenlabor-Workshopangebot, bestehend aus Experimentierstationen und Begleitmaterialien, zu einem vorgegebenen Thema. Zum Abschluss des Semesters erproben die Studierenden das Workshopangebot und damit alle entwickelten Experimente und Materialien mit mehreren Schulklassen im Lehr-Lern-Labor und überarbeiten die von ihnen entwickelten Materialien entlang ihrer Erfahrungen aus der Praxis. Grundsätzlich orientiert sich das Seminarkonzept damit am idealtypischen zyklischen Prozess im Lehr-Lern-Labor (vgl. Abb. 1).

Die Besonderheit des in diesem Artikel vorgestellten Seminarkonzeptes ist, dass die von den Lehramtsstudierenden entwickelten Produkte einen größeren Zweck als Studien- oder Prüfungsleistungen adressieren. Die von den Lehramtsstudierenden entwickelten Materialien werden aus dem Lehr-Lern-Labor schrittweise in ein dauerhaftes Angebot für das Schüler*innenlabor *teutolab-physik* überführt.

3.1 Inhaltlicher Aufbau

Das vorgestellte Seminar ist im Wahlpflichtbereich des ersten Mastersemesters des Lehramts Physik, unmittelbar vor dem Praxissemester, verankert. Diese Platzierung im Studienplan ermöglicht es den Studierenden, bereits im Bachelor erworbene theoretische Kenntnisse aus der Fachdidaktik in einem praxisnahen Kontext anzuwenden und zu vertiefen, bevor sie im anschließenden Praxissemester in der Schulpraxis weiterführende Erfahrungen sammeln.

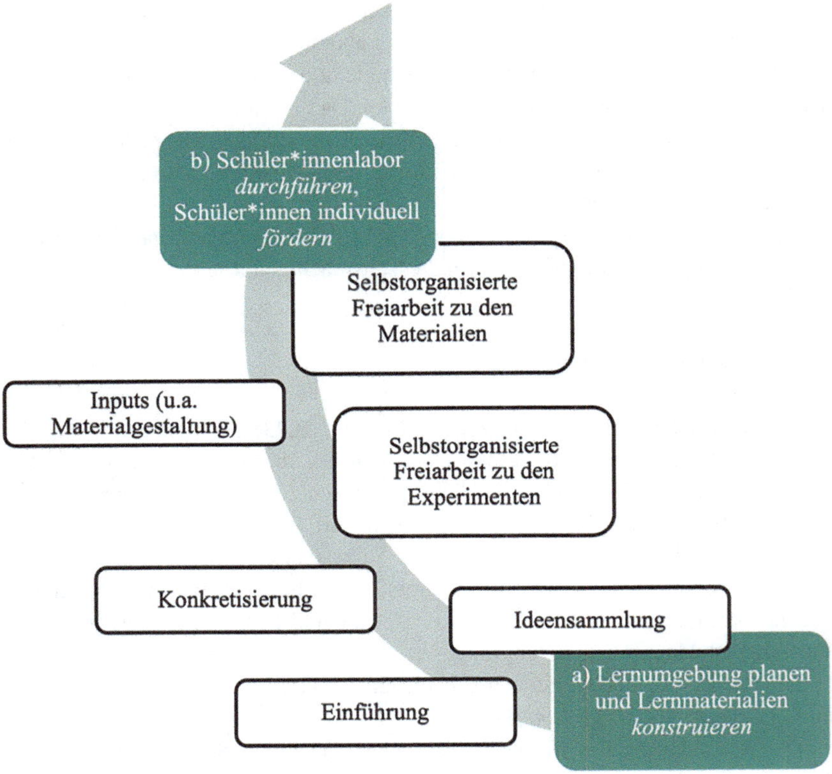

Abb. 2 Inhaltlicher Aufbau des Seminarkonzeptes bis zur ersten Erprobung der von den Studierenden entwickelten Materialien. Auf der äußeren Seite sind Seminarsitzungen angeordnet, die stärker dozierendengesteuert sind, auf der inneren studierendengesteuerte Sitzungen

Das Seminar startet mit einer theoretischen Einführung zu Schüler*innenlaboren sowie einer Darlegung des organisatorischen Ablaufs (vgl. Auszug in Abb. 2). Das übergeordnete Ziel des Seminars besteht darin, dass jede*r Studierende eine Experimentierstation konzipiert, im Lehr-Lern-Labor erprobt und die Erfahrungen aus der Praxis unter Anleitung der Dozierenden reflektiert. Den Studierenden wird die Besonderheit des Seminarkonzeptes, die angestrebte Verstetigung besonders gelungener Materialien im Schüler*innenlabor *teutolab-physik* klar kommuniziert. Dadurch erhält die Teilnahme am Seminar eine zusätzliche professionsbezogene Relevanz und eine Bedeutung, die über die eigene professionelle Entwicklung und das Erbringen von formalen Studien- und Prüfungsleistungen im Studium hinausgeht. Um möglichen Überforderungen oder Ängsten aufgrund des damit geschaffenen Anspruches zuvorzukommen, ist die Kooperation mit dem *teutolab-physik* für die Teilnehmer*innen freiwillig. Die Produkte der Studierenden werden nur unter der Voraussetzung, dass die Studierenden einer Veröffentlichung als *Open Educational Resources (OER),* unter Wahrung ihrer Urheberrechte, zugestimmt haben, an die Mitarbeiter*innen des *teutolab-physik* weitergegeben. Den Studierenden entstehen durch die Veröffentlichung als *OER* weder Vorteile (z. B. finanzielle) noch Nachteile. Insbesondere sind mit einer nicht erfolgten Veröffentlichung bzw. Bereitschaft zur Kooperation mit dem Schüler*innenlabor keine Nachteile bezogen auf das Studium verbunden.

In der darauffolgenden Sitzung sammeln die Studierenden basierend auf einer Literaturrecherche Ideen für Experimente zu dem vorgegebenen Themengebiet, hier *Bildung für nachhaltige Entwicklung* (*BNE;* Schreiber et al. 2016) mit Fokus auf Klimawandel. Diese ersten Ideen werden in der darauffolgenden Sitzung unter Anleitung durch die Dozierenden konkretisiert, woraufhin die Studierenden mit der Ausgestaltung ihrer individuellen Experimentierstation beginnen.

Im weiteren Verlauf des Seminars gestalten und erproben die Studierenden über mehrere Sitzungen hinweg die von ihnen ausgewählten Experimente aus dem Themenfeld Klimawandel (selbstorganisierte Freiarbeit, vgl. Abb. 2). Unterstützende Materialien wie Arbeitsblätter werden auf Basis von Fachliteratur und Inputs zum Lernen an außerschulischen Lernorten gestaltet. Der Fokus der Inputs durch die Dozierenden liegt dabei auf der Berücksichtigung von Gestaltungsmerkmalen von Experimenten (für eine Zusammenfassung siehe Stinken-Rösner und Meier 2023) und der Gestaltung von Experimentieranleitungen entlang den auf der *Cognitive Load Theory* (Sweller 1988) basierenden Gestaltungsprinzipien (Führer und Pusch 2022; Heinen und Heinicke 2021).

Die entwickelten Experimentierstationen werden vor ihrem Einsatz mit einer Schulklasse innerhalb des Seminars in einer internen Generalprobe von ihren Peers erprobt. Zu diesem Zweck werden die Stationen aufgebaut und mit den entsprechenden Begleitmaterialien, einschließlich detaillierter Experimentieranleitungen, ergänzt. Im Rahmen dieses Peer-Review-Prozesses testen die Studierenden die Stationen ihrer Kommiliton*innen und dokumentieren ihre Rückmeldungen. Das erhaltene Feedback dient der Weiterentwicklung der Experimente und Materialien, beispielsweise durch die Überarbeitung unklarer Aufgabenstellungen. Im Anschluss besuchen zwei Schulklassen das Lehr-Lern-Labor, betreut durch die Studierenden. Zwischen den Durchgängen reflektieren die Studierenden gemeinsam mit der Seminarleitung theoriegeleitet ihre Erfahrungen sowie das Feedback der ersten Lerngruppe und deren Lehrkraft und überarbeiten die Experimentierstationen entsprechend. Nach dem Besuch der zweiten Schulklasse findet eine gemeinsame Abschlussreflexion statt. Die Studierenden diskutieren ihre Erfahrungen auf drei Ebenen: in Bezug auf die Bedeutung des von ihnen entwickelten Schüler*innenlabors für *BNE,* die Interaktion mit den Schüler*innen im Lehr-Lern-Labor sowie die Relevanz der Auseinandersetzung mit außerschulischen Lernorten für ihre eigene professionelle Entwicklung. Die Ergebnisse dieser Reflexionen sind im Abschnitt *Erfahrungen – aus Sicht der Studierenden* dargestellt.

3.2 Entwickelte Materialien

Das Seminar fand in der beschriebenen Konzeption erstmalig im Wintersemester 2023/2024 an der Universität Bielefeld statt. Es nahmen sechs Physik-Lehramtsstudierende, alle zu diesem Zeitpunkt im ersten Mastersemester, an dem Seminar teil. Dementsprechend wurden sechs Experimentierstationen zu unterschiedlichen Aspekten rund um den Klimawandel entwickelt: physikalische Grundlagen (Stationen *Strahlung und Absorption* und *Treibhauseffekt*), Folgen (Station *Meeresspiegelanstieg*), regenerative Energien (Stationen *Energiegewinnung durch Wasserkraft* und *Brennstoffzelle*) und Gegenmaßnahmen (Station *Wärmedämmung*).

Im Rahmen des Seminars wurden von den Studierenden Experimentieranleitungen für ihre jeweilige Experimentierstation konzipiert, welche das eigenständige Experimentieren im Schüler*innenlabor ermöglichen sollen. Es wurde vereinbart, dass alle Anleitungen nach einer zuvor festgelegten Vorlage gestaltet werden sollen, um eine einheitliche Optik zu gewährleisten, die eine leichte Wiedererkennung der einzelnen Materialien ermöglicht. Abb. 3 und 4 zeigen die Titelseiten der Experimentieranleitungen zu den Stationen *Meeresspiegelanstieg* (Meyer 2024) und *Brennstoffzelle* (Hoffmann 2024).

Alle Anleitungen haben den gleichen Header gemein. Zudem enthalten die Anleitungen wiederkehrende Elemente wie eine Zielstellung, Infotexte (meist zu Beginn der Anleitung), Forschungsfrage(n), Handlungsschritte und Beobachtungsaufträge, zusätzliche Informationen und weiterführende Aufgaben. Zur leichten Wiedererkennbarkeit der Elemente wird mit einheitlichen Piktogrammen über die sechs Stationen hinweg gearbeitet.

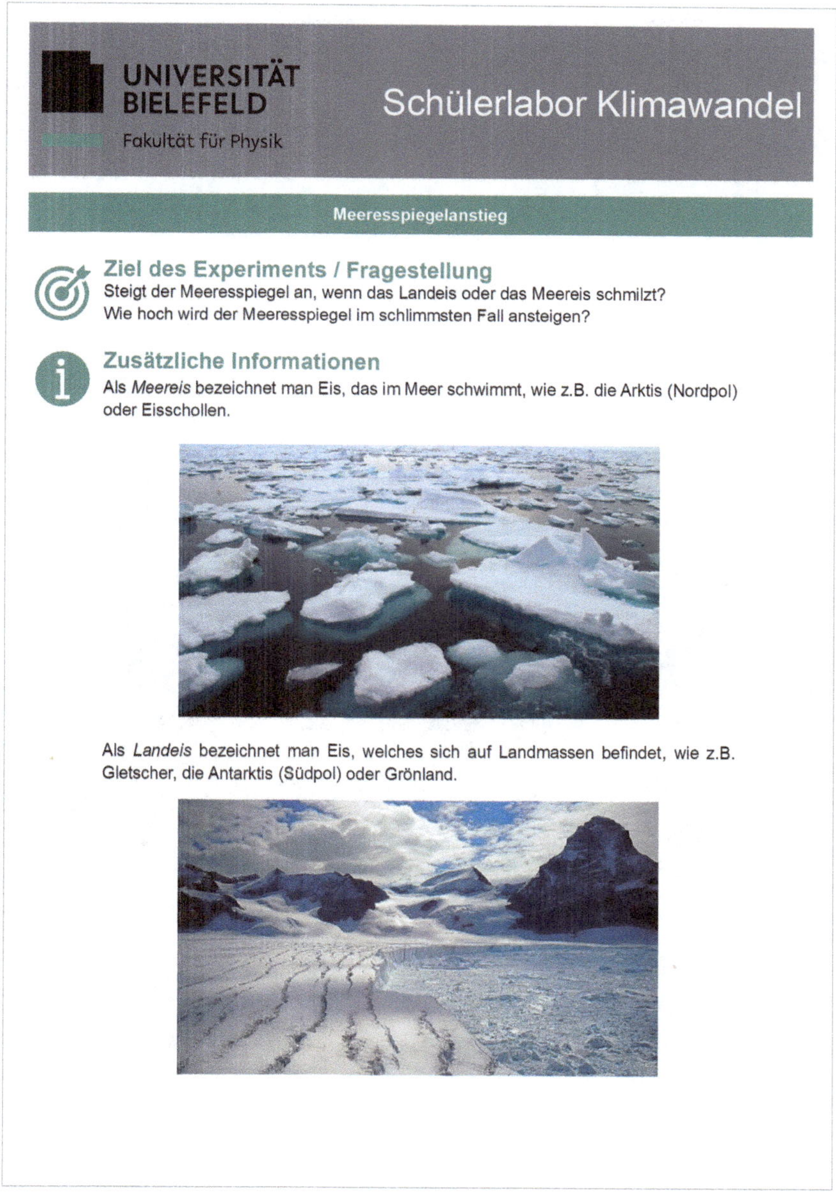

UNIVERSITÄT BIELEFELD
Fakultät für Physik

Schülerlabor Klimawandel

Meeresspiegelanstieg

Ziel des Experiments / Fragestellung
Steigt der Meeresspiegel an, wenn das Landeis oder das Meereis schmilzt?
Wie hoch wird der Meeresspiegel im schlimmsten Fall ansteigen?

Zusätzliche Informationen
Als *Meereis* bezeichnet man Eis, das im Meer schwimmt, wie z.B. die Arktis (Nordpol) oder Eisschollen.

Als *Landeis* bezeichnet man Eis, welches sich auf Landmassen befindet, wie z.B. Gletscher, die Antarktis (Südpol) oder Grönland.

Abb. 3 Titelseite zu der Station *Meeresspiegelanstieg* (Meyer 2024)

UNIVERSITÄT BIELEFELD
Fakultät für Physik

Schülerlabor Klimawandel

Brennstoffzelle

Ziel des Experiments

Bei der Umwandlung und Speicherung von Energie treten Verluste auf. Der Wirkungsgrad gibt an, wie viel der eingespeicherten Energie genutzt werden kann. Er ist eine wichtige Kenngröße für Energiespeicher.

Forschungsfrage

Wie hoch ist der Wirkungsgrad der Energiespeicherung mit der Brennstoffzelle?

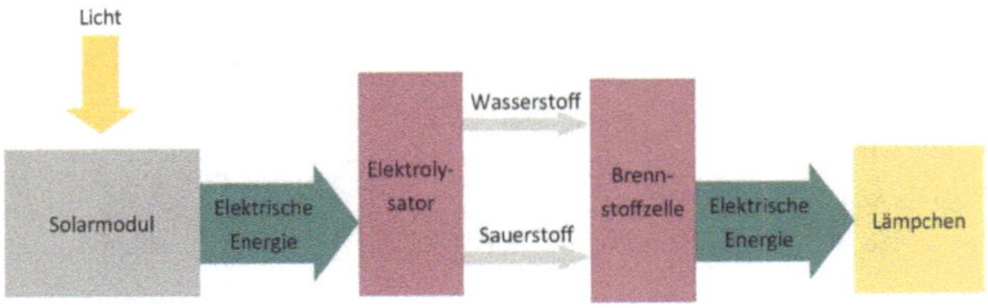

Abb. 4 Titelseite zu der Station *Brennstoffzelle* (Hoffmann 2024)

4 Erfahrungen

Im Rahmen einer begleitenden Evaluation des Konzeptes aus Sicht der beteiligten Akteur*innen wurden die Erfahrungen aus dem ersten Durchgang gesammelt. Dabei wird bewusst auf eine empirische Untersuchung im klassischen Sinne verzichtet. Stattdessen erfolgt die Darstellung der Erfahrungen auf einer Metaebene, indem allgemeine Erkenntnisse und Einsichten aus der Durchführung reflektiert werden. Die Grundlage hierfür bilden ein Expert*innenurteil der Dozierenden, gemeinsame Reflexionen mit und einer Befragung der Teilnehmer*innen sowie Rückmeldungen von Seiten des beteiligten Schüler*innenlabors. Ziel dieser Betrachtung ist es, zentrale Herausforderungen und Potenziale des Konzepts zu identifizieren und für die Weiterentwicklung des Seminarformats nutzbar zu machen.

4.1 Erfahrungen – aus Sicht der Dozierenden

Es war eine bereichernde Erfahrung, die Studierenden über ein Semester hinweg bei der Entwicklung ihrer Experimentierstationen zu begleiten. Mit großem Engagement und Interesse haben sie intensiv an ihren Experimentierstationen gearbeitet und kreative Ansätze in die Gestaltung eingebracht. Dabei wurde ihnen bewusst viel Freiraum gelassen, um eigene Ideen zu entwickeln und auszuprobieren. Diese Freiheit förderte nicht nur ihre Selbstständigkeit, sondern ermöglichte es ihnen auch, ihre fachlichen und fachdidaktischen Fähigkeiten weiterzuentwickeln.

Erfreulicherweise haben am Ende des Semesters alle Studierenden ihr Einverständnis gegeben, dass die im Rahmen des Seminars entwickelten Experimentierstationen und zugehörigen Anleitungen als *OER* an das *teutolab-physik* weitergegeben werden durften.

4.2 Erfahrungen – aus Sicht der Studierenden

In der letzten Veranstaltung des Seminars hatten die Studierenden die Gelegenheit, ihre Erfahrungen zu reflektieren und ihre Einschätzungen zum Seminarformat zu teilen. Dabei wurden sie gebeten, ihre Erfahrungen in Bezug auf die Bedeutung der von ihnen entwickelten Materialien als potenzielles Angebot eines Schüler*innenlabors für *Bildung für nachhaltige Entwicklung (BNE),* ihre Interaktion als (angehende) Lehrkraft mit den Schüler*innen sowie die Relevanz der Auseinandersetzung mit außerschulischen Lernorten für ihre eigene professionelle Entwicklung zu reflektieren.

In ihren Reflexionen betonten die Studierenden insbesondere die Bedeutung der Veranstaltung für die Vorbereitung auf das anschließende Praxissemester sowie den Freiraum, der ihnen im Seminar gewährt wurde. Während einige Studierende diesen Freiraum als besonders wertvoll empfanden, äußerte eine Person den Wunsch nach stärkerer Unterstützung bei der Themenwahl.

Die Rückmeldungen der Studierenden zeigen zudem, dass sie sich der Relevanz von *Bildung für nachhaltige Entwicklung (BNE)* bewusst sind. Sie sehen insbesondere den Beitrag des Schüler*innenlabors darin, Schüler*innen physikalische Ursachen und Handlungsoptionen im Kontext des Klimawandels näherzubringen.

Darüber hinaus wurde deutlich, dass die Interaktion mit den Schüler*innen für die Studierenden eine besondere Erfahrung darstellte. Die Studierenden gaben an, dass die Schüler*innen motiviert und neugierig waren und dass das Lehr-Lern-Labor ein anderes, ungewohntes Umfeld für sie darstelle. Gleichzeitig zeigte sich, dass die Experimentieranleitungen zum Teil nicht wie von den Studierenden intendiert bearbeitet wurden. Dies verweist auf eine Herausforderung in der Konzeption der Stationen, die eine stärkere Berücksichtigung der Perspektive der Lernenden erfordern könnte.

Die Studierenden schätzten die Möglichkeit, sich in einem geschützten Rahmen mit der Gestaltung von Lernumgebungen auseinanderzusetzen. Sie sehen außerschulische Lernorte als Bereicherung für eine praxisnahe Ausbildung, auch wenn eine Person kritisch auf die unterrichtliche Kurzlebigkeit solcher Besuche hinweist.

Darüber hinaus wurden durch die Teilnahme an der Veranstaltung die Studierenden in ihrem Rollenbild entweder bestätigt oder bestärkt. Sie konnten in der Veranstaltung praktische Erfahrungen sammeln und Schüler*innen für *BNE* sensibilisieren.

4.3 Erfahrungen – aus Sicht des Schüler*innenlabors

Die Leitung des Schüler*innenlabors *teutolab-physik* schilderte nach dem ersten Durchlauf des Seminarkonzeptes, dass eine Umsetzung und Verstetigung der entwickelten Experimentierstationen in ein dauerhaftes Angebot des *teutolab-physik* nicht allein auf Grundlage der schriftlichen Ausarbeitungen der Studierenden erfolgen kann.

Die schriftliche Ausarbeitung, bestehend aus einer Darstellung der Experimentierstation (Beschreibung des Experimentes und fachliche Klärung) mit didaktischen Erläuterungen (adressierte Fachinhalte und Kompetenzen sowie methodische Überlegungen), einer Reflexion der Erprobung im Lehr-Lern-Labor sowie der (weiter-)entwickelten Experimentieranleitungen, stellt die formale Studienleistung am Ende des Seminars dar. Während der erste Teil der Ausarbeitung, die Beschreibung der Experimentierstation, eine solide Grundlage zur Auswahl und Anschaffung nötiger Materialien für eine inhaltliche Erweiterung des Workshopangebots des Schüler*innenlabors bietet, reichen die Reflexionen der Erprobung nicht aus, um eine reibungslose Integration in das bestehende Workshopangebot zu gewährleisten. Für die Einrichtung eines neuen Workshopangebots im Schüler*innenlabor werden fertig ausgearbeitete *best-practice*-Experimentierstationen mit klaren Handlungsanweisungen zur Schulung der Betreuer*innen benötigt, der dahinterliegende zyklische Prozess der Entwicklung im Seminar (vgl. Abb. 1) ist für die Mitarbeiter*innen des Schüler*innenlabors nur bedingt relevant. Auch ist nicht gewährleistet, dass es sich bei den überarbeiteten Materialien bereits um *best-practice-Beispiele* handelt. Teilweise geben die Studierenden in ihren schriftlichen Ausarbeitungen weitere Hinweise zur Überarbeitung der Experimentierstationen, die nach Ende der Vorlesungszeit jedoch nicht mehr umgesetzt werden konnten.

Die Überführung der schriftlichen Ausarbeitungen bzw. Dokumentationen der Studierenden in ein detailliertes Skript zu Aufbau und Durchführung mit Hinweisen zur Betreuung der jeweiligen Experimentierstation stellt aktuell die größte Herausforderung dar.

Auf Grundlage dieser Erkenntnisse soll in zukünftigen Durchgängen eine engere Abstimmung mit den Mitarbeiter*innen des *teutolab-physik* erfolgen, um auf die Bedarfe des laufenden Betriebs im Schüler*innenlabor besser eingehen zu können und eine Überführung der im Seminar entwickelten Materialien mit möglichst geringem zusätzlichem personellen und zeitlichen Aufwand zu gewährleisten.

5 Diskussion

Lehr-Lern-Labor-Seminare werden als wirkungsvolle Maßnahme angesehen, um angehende Lehrkräfte schrittweise in praxisnahe Handlungsfelder einzuführen und sie bei ihren ersten Professionalisierungsschritten zu unterstützen (Dohrmann und Nordmeier 2020). Gleichzeitig tragen sie dazu bei, einen möglichen „Praxisschock“ (Dicke et al. 2016; Klusmann et al. 2012; Voss und Kunter 2020) abzumildern oder sogar zu vermeiden (Klempin et al. 2019) und leisten einen Beitrag zur Reflexionsfähigkeit der Studierenden (Klempin und Sambanis 2017).

Im vorgestellten Seminarkonzept werden Lehramtsstudierende selbst zu Gestalter*innen von außerschulischen Lernorten. Es bietet ihnen so die Möglichkeit, nicht nur ihre professionellen Kompetenzen zu entwickeln bzw. zu vertiefen, sondern auch gleichzeitig die Landschaft der außerschulischen Lernorte aktiv und langfristig mitzugestalten. Diese Form der aktiven Einbindung in die Entwicklung von Lernumgebungen und das anschließende reflektierte Erproben des entstandenen Schüler*innenlabors entspricht den Forderungen nach einer praxisorientierten Lehrkräftebildung (Heinicke et al. 2023; Schehl et al. 2020). Gleichzeitig kann das Konzept als Ansatz zur Förderung von Professionalisierungsprozessen verstanden werden (Dohrmann und Nordmeier 2020), indem es die Studierenden u. a. zur reflektierten Auseinandersetzung mit ihrem eigenen Lernprozessen anregt.

Durch eine angestrebte schrittweise Überführung und Verstetigung der Materialien ins *teutlab-physik* profitieren nicht nur die Studierenden selbst – sei es durch die Nutzung der Materialien als Studien- und Prüfungsleistung oder als potentielle Lehrkraft im eigenen späteren Unterricht – sondern eine breite Gruppe an Lernenden, die im Rahmen des Schüler*innenlabors mit den im Seminar entstandenen Produkten arbeiten.

Ein zentraler Punkt des Konzepts ist die enge Zusammenarbeit zwischen Hochschule und außerschulischem Lernort. Während die Kooperation von außerschulischen Lernorten und Schulen bereits in der Literatur diskutiert wird (Peltzer 2020), ist die Kooperation zwischen außerschulischen Lernorten und Universitäten unzureichend beleuchtet. Dabei wäre eine engere Kooperation zwischen Hochschulen und außerschulischen Lernorten vorteilhaft, da Studierende praktische Erfahrungen im Lehren und Lernen außerhalb der Schule sammeln könnten und gleichzeitig die Lernorte von der Mitarbeit didaktisch geschulter Personen profitieren würden (Klaes 2008).

Im Schüler*innenlabor *teutolab-physik* können angehende Physiklehrkräfte im Rahmen ihres Bachelorstudiums ein berufsorientierendes Praktikum absolvieren, um erste Routinen in der Arbeit mit Kindern und Jugendlichen zu gewinnen. Dabei können sie auf bestehende Inhalte und Konzepte zurückgreifen, um in wiederkehrenden Praxissituationen Sicherheit zu gewinnen. Sie sind dabei vornehmlich in betreuender oder begleitender Funktion eingebunden und haben somit nur begrenzte Gestaltungsfreiräume.

Das hier vorgestellte Seminarkonzept setzt genau an dieser Problematik an, indem es Studierenden in einem nächsten Entwicklungsschritt ermöglicht, in einem strukturierten Rahmen eigene Materialien und Konzepte unter Begleitung von Expert*innen für das *teutolab-physik* zu entwickeln. Studien zeigen, dass diese interprofessionelle Zusammenarbeit bzw. Kooperation von außerschulischen Lernorten und Studierenden/Hochschulen die fähigkeitsbezogenen Überzeugungen von Lehramtsstudierenden zur Gestaltung außerschulischer Lernumgebungen positiv beeinflussen kann. Zudem wird die persönliche Bedeutung interprofessioneller Zusammenarbeit gesteigert (Rösch 2021).

Damit kann der Widerspruch zwischen der geforderten Handlungsorientierung und den eingeschränkten Gestaltungsmöglichkeiten für Lehramtsstudierende in außerschulischen Lernorten zumindest lokal für das Lehramtsstudium Physik an der Universität Bielefeld aufgelöst werden. Ein Transfer des Seminarkonzeptes auf andere Fächer und Standorte ist durchaus möglich, setzt eine enge Abstimmung aller Akteur*innen jedoch voraus.

Abschließend lässt sich zusammenfassen, dass das präsentierte Seminarkonzept eine innovative und praxisorientierte Möglichkeit bietet, Lehramtsstudierende in die Entwicklung außerschulischer Lernorte einzubeziehen, ihre Einstellung zur Einbindung von außerschulischen Lernorten in den Physikunterricht positiv zu prägen sowie ihre individuelle Kompetenzentwicklung durch eine stärkere Verzahnung von Theorie und Praxis in der Lehrer*innenbildung zu fördern. Alle bisherigen Teilnehmer*innen haben die von ihnen im Rahmen des Seminars entwickelten Materialien als *OER* bereitgestellt und damit zur Weiterentwicklung des *teutolab-physik* beigetragen.

Es bleibt abzuwarten, ob die durch Dozierende und Mitarbeiter*innen des Schüler*innenlabors erhoffte Funktion der angehenden Physiklehrkräfte als Multiplikator*innen und zukünftige Nutzer*innen außerschulischer Lernorte eintritt. Die Literatur zeigt, dass Praktika an außerschulischen Lernorten von Lehramtsstudierenden als motivierend und nützlich empfunden werden (Gülpen und Wenning 2020; Taubach und Wenning 2022). Es besteht daher die begründete Hoffnung, dass die positiven Erfahrungen aus dem Seminar sie in dem Sinne beeinflussen, dass sie später als aktive Lehrkräfte Angebote von Lehr-Lern- und Schüler*innenlaboren nutzen und somit nicht nur zur fachlichen und motivationalen Förderung ihrer Schüler*innen, sondern auch zur Professionalisierung zukünftiger Kolleg*innen beitragen.

6 Ausblick

Das Seminar soll in den kommenden Semestern regelmäßig zu variierenden Themengebieten angeboten werden, um auf diese Weise schrittweise das Angebot des *teutolab-physik* um aktuelle Themen zu erweitern. Die bisherigen Erfahrungen zeigen, dass die Studierenden insbesondere von der praxisnahen Entwicklung und Erprobung eigener Materialien profitieren. Gleichzeitig wurde deutlich, dass eine gezielte Unterstützung bei der Themenfindung und Materialerstellung notwendig ist, um die Übertragbarkeit der entwickelten Experimentierstationen auf den Regelbetrieb des Schüler*innenlabors zu erleichtern. Basierend auf diesen Erkenntnissen wurde das Seminar nach dem Themenfeld *Klimawandel* im darauffolgenden Sommersemester 2024 zum Thema *Unsichtbare Kräfte* durchgeführt. Im Rahmen dessen erfolgte eine vertiefende Betrachtung elektrostatischer und magnetischer Kräfte. In den entwickelten Experimentierstationen konnten Schüler*innen einer achten Klasse unter anderem mit einem sogenannten *Zauberstab* – einem Bandgenerator für die Hand – eine Kugel durch ein Labyrinth manövrieren ohne diese zu berühren oder verschiedene Materialien auf ihre magnetische „Anziehbarkeit" hin untersuchen.

Zukünftig soll das Seminarformat weiter optimiert werden, insbesondere im Hinblick auf die nachhaltige Integration der entwickelten Materialien in das Angebot des Schüler*innenlabors sowie die Begleitung der Studierenden bei der Konzeption ihrer Experimente.

Danksagung Wir danken Jakob Hoffmann, Nils Kunisch, Joëlle Meyer, Jonas Westrup, Jonathan Wöstenfeld und Jonas Wolthaus für ihre Bereitschaft, das vorgestellte Seminarkonzept gemeinsam mit uns zu erproben, für ihr offenes Feedback sowie die Bereitstellung der von ihnen entwickelten Materialien als *OER* für Forschung und Lehre.

Literatur

Brüning, A.-K. & Käpnick, F. (2020). Diagramme reflektieren – Lehren, Lernen, Forschen in der LernWerkstatt Mathematik der JLU Gießen Empirischkonstruktive Bestimmung des Begriffs „Lehr-Lern-Labor" und seine konzeptionelle Einordnung in vergleichbare Organisationsformen der Lehramtsausbildung in MINT-Fächern. *mathematica didactica, 43*(1), 3–13.

Brüning, A.-K., Käpnick, F., Weusmann, B., Köster, H., & Nordmeier, V. (2020). Lehr-Lern-Labore im MINT-Bereich – eine konzeptionelle Einordnung und empirischkonstruktive Begriffskennzeichnung. In B. Priemer & J. Roth (Eds.), *Lehr-Lern-Labore: Konzepte und deren Wirksamkeit in der MINT-Lehrpersonenbildung* (pp. 13–26). Springer. https://doi.org/10.1007/978-3-662-58913-7_2

Dähnhardt, D., Haupt, O. J., & Pawek, C. (2009). *Kursbuch 2010: Schülerlabore in Deutschland [Lernort Labor]*. Marburg: Tectum-Verlag.

Dicke, T., Holzberger, D., Kunina-Habenicht, O., Linninger, C., & Schulze-Stocker, F. (2016). „Doppelter Praxisschock" auf dem Weg ins Lehramt? Verlauf und potenzielle Einflussfaktoren emotionaler Erschöpfung während des Vorbereitungsdienstes und nach dem Berufseintritt. *Psychologie in Erziehung und Unterricht, 63*(4), 244. https://doi.org/10.2378/peu2016.art20d

Dohrmann, R., & Nordmeier, V. (2020). Die Verknüpfung von Theorie und Praxis im Lehr-Lern-Labor-Blockseminar als Unterstützung der Professionalisierung angehender Lehrpersonen. In B. Priemer & J. Roth (Hrsg.), *Lehr-Lern-Labore* (S. 191–207). Springer Berlin Heidelberg. https://doi.org/10.1007/978-3-662-58913-7_13

Euler, M., & Schüttler, T. (2020). Schülerlabore. In E. Kircher, R. Girwidz, & H. Fischer (Hrsg.,) *Physikdidaktik | Methoden und Inhalte* (S. 127–166). Berlin, Heidelberg: Springer Spektrum. https://doi.org/10.1007/978-3-662-59496-4_5

Führer, L., & Pusch, A. (2022). Visualisieren—Ein Muss für heterogene Lerngruppen. *Naturwissenschaften im Unterricht Physik, 33*(188), 22–25.

Glowinski, I. (2007). *Schülerlabore im Themenbereich Molekularbiologie als Interesse fördernde Lernumgebungen.* https://nbn-resolving.org/urn:nbn:de:gbv:8-diss-25644

Gülpen, M., & Wenning, S. (2020). Außerschulische Lernorte im Berufsfeldpraktikum: Ein Konzept mit hohem Nutzwert für beide Seiten. *Biologie in unserer Zeit, 50*(5), 354–360. https://doi.org/10.1002/biuz.202010718

Haupt, O. J., Domjahn, J., Martin, U., Skiebe-Corrette, P., Vorst, S., Zehren, W. & Hempelmann, R. (2013). Schülerlabor – Begriffsschärfung und Kategorisierung. *Der mathematische und naturwissenschaftliche Unterricht, 66*(6), 324–330.

Haupt, O. J. & Hempelmann, R. (2015). Eine Typensache! Schülerlabore in Art und Form. In LernortLabor – Bundesverband der Schülerlabore e. V. (LeLa) (Hrsg.), *Schülerlabor-Atlas 2015* (S. 14–21). Markkleeberg: Klett MINT.

Heinen, R., & Heinicke, S. (2021). Gestaltung von Lernmaterial und Didaktische Typografie – wie sich die Lesbarkeit von Texten auch ohne sprachliche Anpassungen verändern lässt. *PhyDid B – Didaktik der Physik – Beiträge zur DPG-Frühjahrstagung*. https://ojs.dpg-physik.de/index.php/phydid-b/article/view/1182

Heinicke, S., Kulgemeyer, C., Krabbe, H., Klein, P., Korneck, F., Zügge, T., & Feser, M. S. (2023). *Das „perfekte" Lehramtsstudium. 22*(12), 43–47.

Hoffmann, J. (2024). *Brennstoffzelle – Ausarbeitung.* Studienleistung, Universität Bielefeld.

Klaes, E. (2008). *Ausserschulische Lernorte im naturwissenschaftlichen Unterricht: Die Perspektive der Lehrkraft.* Logos-Verl.

Klempin, C., & Sambanis, M. (2017, Juni 29). *Die Förderung didaktischer Reflexionstiefe von Englischlehramtsstudierenden im Lehr-Lern-Labor Englisch.* https://www.researchgate.net/publication/318014900_Klempin_Christiane_Sambanis_Michaela_2017_Die_Forderung_didaktischer_Reflexionstiefe_von_Englischlehramtsstudierenden_im_Lehr-Lern-Labor_Englisch

Klempin, C., Sambanis, M., Seibert, D., Lücke, M., Mehrtens, T., & Köster, H. (2019). Realizing theory-practice transfer in German teacher education. *RISTAL, 2*(1), 51–60. https://doi.org/10.23770/rt1824

Klusmann, U., Kunter, M., Voss, T., & Baumert, J. (2012). Berufliche Beanspruchung angehender Lehrkräfte: Die Effekte von Persönlichkeit, pädagogischer Vorerfahrung und professioneller Kompetenz. *Zeitschrift für Pädagogische Psychologie, 26*(4), 275–290. https://doi.org/10.1024/1010-0652/a000078

LernortLabor (2024, September 27). *LernortLabor – Bundesverband der Schülerlabore.* https://www.lernortlabor.de/

Meyer, J. (2024). *Schülerlabor zum Thema Klimawandel: Meeresspiegelanstieg Hausarbeit im Rahmen des Seminars Klimawandel als Thema in der Sekundarstufe I.* Studienleistung, Universität Bielefeld.

Peltzer, J. (2020). Lernorte verknüpfen. Wege der Kooperation zwischen Schule, Universität, Museen und anderen außerschulischen Lernorten. *heiEDUCATION Journal. Transdisziplinäre Studien zur Lehrerbildung*, Nr. 6 (2020): Selbstvergewisserungen. https://doi.org/10.17885/HEIUP.HEIED.2020.6.24228

Rösch, F. (2021). Mehr interprofessionelle Zusammenarbeit an außerschulischen Lernorten wagen! *Zeitschrift für Didaktik der Biologie (ZDB) – Biologie Lehren und Lernen*, 110–133. https://doi.org/10.11576/ZDB-4054

Roth, J. & Priemer, B. (2020). Das Lehr-Lern-Labor als Ort der Lehrpersonenbildung – Ergebnisse der Arbeit eines Forschungs- und Entwicklungsverbunds. In B. Priemer, & J. Roth, (Hrsg.) *Lehr-Lern-Labore* (S. 1–10). Berlin, Heidelberg: Springer Spektrum. https://doi.org/10.1007/978-3-662-58913-7_1

Salzmann, C. (2007). Lehren und Lernen in außerschulischen Lernorten. In J. Kahlert, M. Fölling-Abers, M. Götz, A. Hartinger, S. Miller & S. Wittkowske (Hrsg.), *Handbuch Didaktik des Sachunterrichts* (S. 433–438). Bad Heilbrunn, Klinkhardt.

Schehl, M., Risch, B., & Roth, J. (2020). Vernetzung als Schlüssel eines erfolgreichen Transfers – Zentrum für Bildung und Forschung an Außerschulischen Lernorten. In B. Priemer & J. Roth (Hrsg.), *Lehr-Lern-Labore* (S. 49–57). Springer Berlin Heidelberg. https://doi.org/10.1007/978-3-662-58913-7_4

Schmidt, I., Di Fuccia, D., & Ralle, B. (2011). Außerschulische Lernorte. Erwartungen, Erfahrungen und Wirkungen aus der Sicht von Lehrkräften und Schulleitungen. *MNU, 64,* 362–369.

Schreiber, J.-R., Siege, H., Ständige Konferenz der Kultusminister der Länder in der Bundesrepublik Deutschland, Deutschland, & Engagement Global gGmbH (Eds.). (2016). *Orientierungsrahmen für den Lernbereich globale Entwicklung im Rahmen einer Bildung für nachhaltige Entwicklung: Ein Beitrag zum Weltaktionsprogramm "Bildung für nachhaltige Entwicklung": Ergebnis des gemeinsamen Projekts der Kultusministerkonferenz (KMK) und des Bundesministeriums für Wirtschaftliche Zusammenarbeit und Entwicklung (BMZ), 2004–2015, Bonn* (2. aktualisierte und erweiterte Auflage). Cornelsen.

Sprung, C. (2023). Über das Umsetzen von projektbasiertem Lernen in Lehrveranstaltungen. In J. Cai, H. Lackner, & Q. Wang (Eds.), *Jahrbuch Angewandte Hochschulbildung 2021* (pp. 173–185). Springer Fachmedien Wiesbaden. https://doi.org/10.1007/978-3-658-40342-3_14

Stinken-Rösner, L., & Meier, M. (2023). Experimentiervideos – Mehr als ein Ersatz für Realexperimente. *Plus Lucis, 2023*(3), 17–21.

Sweller, J. (1988). Cognitive Load During Problem Solving: Effects on Learning. *Cognitive Science, 12*(2), Article 2. https://doi.org/10.1207/s15516709cog1202_4

Taubach, A. A., & Wenning, S. (2022). Evaluation eines Berufsfeldpraktikums: Qualität und Nutzen eines Praktikums an außerschulischen Lernorten. *Biologie in unserer Zeit – BiuZ, 53*(1), 76–85. https://doi.org/10.11576/BIUZ-5920

Tillmann, J. & Wegner, C. (2021). Weiterentwicklung eines klassischen Schülerlabors – Darstellung des aktuellen Forschungsstandes. *Progress in Science Education, 4*(2). 5–39. https://doi.org/10.25321/prise.2021.1076

Universität Bielefeld (2024, September 27). *Fragen stellen, Phänomene beobachten, Wissenschaft begreifen*. https://www.uni-bielefeld.de/einrichtungen/teutolab/

Voss, T., & Kunter, M. (2020). "Reality Shock" of Beginning Teachers? Changes in Teacher Candidates' Emotional Exhaustion and Constructivist-Oriented Beliefs. Journal of Teacher Education, 71(3), 292–306. https://doi.org/10.1177/0022487119839700

Wildnis als außerschulischer Lernort – Potenziale von Wildnisbildung für naturwissenschaftliche Bildung in der Primarstufe

Jaqueline Simon und Toni Simon

1 Aufbau und Ziele des Beitrages

Für das Konzept der Wildnisbildung sind (ver)wilde(rnde) Räume *elementare* Lernorte. Durch das multisensorische Erleben von Wildnis sollen u. a. ein Verständnis für die Bedeutung (ver)wilder(nder) Räume, für komplexe Systemzusammenhänge sowie die Reflexion von Möglichkeiten und Grenzen eines nachhaltigeren Handelns gefördert werden.

Durch ihre konzeptionelle Ausrichtung bietet die Wildnisbildung spezifische Potenziale zur naturwissenschaftlichen Bildung im Allgemeinen sowie zur Umsetzung einer Bildung für nachhaltige Entwicklung (BNE) im Speziellen. Mit diesem Beitrag wird das Konzept der Wildnisbildung und dessen Relevanz für naturwissenschaftliche Bildung und eine BNE in der Primarstufe sowie für das Lernen an Lernorten außerhalb der Schule vorgestellt. Zunächst wird dazu bündig auf unterschiedliche Verständnisse bzw. Konzepte von Wildnis eingegangen und in diesem Zusammenhang die gegenwärtige (inter)nationale Bedeutung von Wildnis skizziert. Anschließend wird erläutert, was unter dem relativ jungen Konzept der Wildnisbildung zu verstehen ist und inwiefern diese sich von anderen Konzeptionen –

J. Simon · T. Simon (✉)
Institut für Schulpädagogik und Grundschuldidaktik,
Martin-Luther-Universität Halle-Wittenberg, Halle (Saale), Deutschland
E-Mail: toni.simon@paedagogik.uni-halle.de

J. Simon
E-Mail: jaqueline.simon@paedagogik.uni-halle.de

A. Wenzel und T. Schmäing (Hrsg.), *Außerschulisches Lernen in der naturwissenschaftlichen Bildung*, https://doi.org/10.1007/978-3-658-50864-7_8

wie z. B. der Umweltbildung – und somit auch in der Art und Weise der Nutzung des außerschulischen Lernortes Wildnis abgrenzt. Im Rahmen einer bündigen Zusammenfassung des Forschungsstandes zur Nutzung des außerschulischen Lernortes Wildnis im Kontext einer Wildnisbildung wird gleichsam auf Perspektiven einer themenbezogenen Forschung verwiesen. In einem weiteren Schritt wird das Potenzial der Wildnisbildung für das naturwissenschaftliche Lernen in der Primarstufe thematisiert. Da Wildnisbildung auf den (außerschulischen) Lernort Wildnis angewiesen ist, wird nach ausgewählten allgemeinen Anmerkungen zur Nutzung außerschulischer Lernorte verdeutlicht, was differente Wildnisverständnisse für die (Un)Möglichkeit der Nutzung von Wildnis als außerschulischem Lernort bedeuten. Ausgehend von Erfahrungen aus der Umsetzung von Wildnisbildung mit Kindern im urbanen Raum werden dem folgend einige didaktisch-methodische Erfordernisse für eine wildnisbildungsbezogene Nutzung des Lernortes Wildnis mit Kindern der Primarstufe zusammengefasst. Den Abschluss des Beitrages bilden einige Anmerkungen zum Staunen im Rahmen naturwissenschaftlicher Bildung und dessen Ermöglichung durch Nutzung wilder außerschulischer Lernorte.

2 Verständnisse, Konzepte von Wildnis

„Wildnis" ist ein kulturelles Konstrukt (vgl. z. B. Kangler 2018; Lindau et al. 2021a), d. h. die auf (Natur)Räume bezogene Auffassung dessen, was als „wild" gilt bzw. welche Eigenschaften mit „Wildnis" assoziiert werden, ist als spezifische kulturelle und damit auch historisch veränderliche zu verstehen (ebd.). Lindau et al. (2021a, S. 22) sprechen mit Blick auf Wildnis daher auch von einer subjektiven und variablen „Denkfigur". Trotz differierender Vorstellungen von Wildnis lässt sich jedoch feststellen, dass diese oftmals als Gegenseite zur Zivilisation verstanden wird (vgl. Potthast 2016): Wo Wildnis ist, ist keine Zivilisation und umgekehrt. Dabei kann Wildnis sowohl positiv als auch negativ konnotiert sein, z. B. wenn Wildnis als ursprünglich, unberührt, intakt und schön gilt – oder als gefährlich, bedrohlich oder gar hässlich. So verweist bspw. Sobich (2006, S. 115) am Beispiel Afrikas auf den Wandel vom positiven, exotischen Naturwesen (Wildnis als Paradies) hin zum negativen Naturwesen. Aus Platzgründen wird hier auf etwaige Auseinandersetzung mit Fragen des Zusammenhangs von (Natur)Räumen und Gesellschaften/Gesellschaftsbildern verzichtet, gleichwohl aber auf die Problematik der Konstruktion des Wilden als Aspekt des Otherings sowie der Entstehung und Tradierung (u. a. anti-schwarzer) rassistischer Stereotype (siehe hierzu Bergmann 2006; Hund 2007; mit Blick auf Schulbücher z. B.

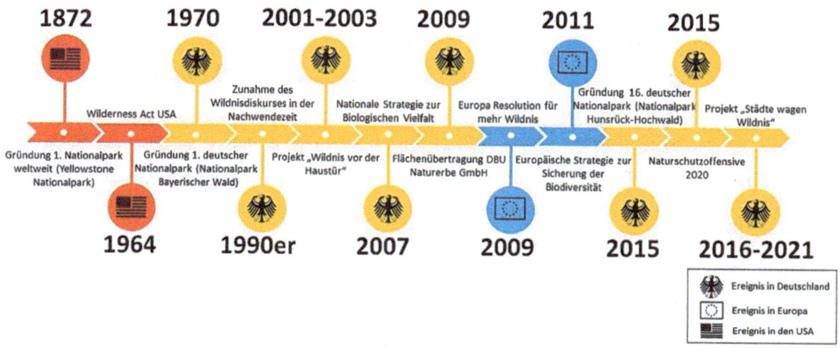

Abb. 1 Zeitstrahl des (inter)internationalen Wildnisschutzes (Lindau et al. 2021a, S. 21)

Marmer 2013 sowie bezogen auf Fernsehbilder bzw. Unterhaltungsfilme z. B. Grobner 2019) verwiesen, die sich sowohl für Zeiten des Kolonialismus als auch für die Gegenwart diskutieren ließen.

Dass Wildnis lange Zeit i. S. der angesprochenen Wildnis-Kultur-Dichotomie definiert wurde, lässt sich historisch begründen und geht auf die Entstehung von Großschutzgebieten wie Nationalparks und deren Verwaltung zurück (siehe Abb. 1). In diesem Zusammenhang definierte die International Union for Conservation of Nature and Natural Resources (IUCN) 1994 Wildnisgebiete als „Schutzgebiet, das hauptsachlich zum Schutz der Wildnis verwaltet wird“ bzw. als „[a]usgedehntes ursprüngliches oder leicht verändertes Landgebiet und/oder marines Gebiet, das seinen natürlichen Charakter bewahrt hat, in dem keine ständigen oder bedeutenden Siedlungen existieren und dessen Schutz und Management dazu dienen, seinen natürlichen Zustand zu erhalten“ (IUCN 1994, S. 18). Da diese Definition stark auf die *Ursprünglichkeit* abstellt, wurde im Zuge naturschutzfachlicher und -politischer Bestrebungen zum Wildnisschutz in Deutschland eine für Deutschland anschlussfähigere Definition erarbeitet. Nach dieser sind Wildnisgebiete „ausreichend große, (weitgehend) unzerschnittene, *nutzungsfreie* Gebiete, die dazu dienen, einen vom Menschen unbeeinflussten Ablauf natürlicher Prozesse dauerhaft zu gewährleisten“ (Finck et al. 2013, S. 343; Herv. d. A.). Mit dieser Definition wurde der Aspekt der Ursprünglichkeit, der sich auf Deutschland kaum anwenden lässt, zugunsten des Aspekts eines dauerhaften Verzichts auf anthropogene Einflüsse relativiert. Räume, die dauerhaft wieder sich selbst überlassen werden, wie z. B. ehemalige Truppenübungsplätze oder Tagebaugebiete, können so ebenfalls als Wildnis gelten.

Ungeachtet dessen blieb das eher *enge* Verständnis von Wildnis auch in deutschsprachigen Wildnisdiskursen sowie insbesondere in den frühen Diskursen um Wildnisbildung zunächst weitgehend erhalten, da Wildnis nach wie vor entlang von Merkmalen wie „hinreichend große Dimension", „Distanz und Kontraste zur Zivilisation" oder „unverfälschtes Erscheinungsbild" (Bund für Umwelt und Naturschutz Deutschland (BUND) 2002, S. 12) beschrieben wurde. Im Anschluss an Diskurse um die Relativität des Konstrukts Wildnis wurden gleichwohl auch Konzepte entwickelt, mit denen Wildnis in einem Kontinuum zwischen absoluter Wildnis und Zivilisation bzw. zwischen „alter" (= enges Wildnisverständnis) und „neuer" Wildnis beschrieben wird (vgl. z. B. Kowarik 1992, 2015; Scherzinger 2012). Solche Konzepte werden im Rahmen jüngerer Wildnis- und v. a. Wildnisbildungsdiskurse, v. a. ab Mitte der 2010er Jahre, stärker aufgegriffen. Plädiert wird damit für ein Verständnis von Wildnis *im weiten Sinne,* mit dem „alle verschiedenen Ausprägungen von Wildnis unabhängig von ihrer Größe oder dem Grad der ehemaligen oder aktuellen menschlichen Beeinflussung" (Lindau et al. 2021a, S. 21) eingeschlossen werden. Entsprechend definieren Lindau et al. (ebd.; Herv. i. O.): „Unter *Wildnis* wird ein sich ständig verändernder Raum verstanden, der nicht (mehr) vom Menschen gestaltet oder genutzt wird und in dem natürliche Prozesse vom Menschen weitgehend unbeeinflusst ablaufen können. […] Wildnis kann in verschiedenen Ausprägungen – von unberührter Natur (»primäre Wildnis«) in Naturlandschaften, über Verwilderungsflächen in Kulturlandschaften (z. B. ungenutzte Flächen) bis hin zu »Wilden Ecken« im (unmittelbaren) menschlichen Siedlungsbereich – vorgefunden werden. Die Grenzen zwischen den verschiedenen Wildnistypen sind fließend (= Wildniskontinuum)." Ein solches Verständnis von Wildnis ermöglicht eine differenzierte Beschreibung verschiedener Wildnistypen, schließt die Existenz von Wildnis in (sub)urbanen sowie kleineren Räumen mit ein und ist somit für die Frage der Nutzung von Wildnis als außerschulischem Lernort folgenreich (siehe Abschn. 5.2).

3 Zur gegenwärtigen (inter)nationalen Bedeutung von Wildnis

Seit Mitte/Ende des 19. Jahrhunderts spielt Wildnis international bzw. für Deutschland seit Mitte/Ende des 20. Jahrhunderts für Fragen des Naturschutzes eine bedeutende Rolle (vgl. Potthast 2016; siehe Abb. 1). In den letzten Jahren wird Wildnis zunehmend u. a. bezogen auf Herausforderungen einer nachhaltigen Entwicklung sowie mit Blick auf Kernprobleme des globalen Wandels öffentlich, wissenschaftlich und politisch diskutiert (z. B. Europaparlament 2009;

Jessel 2011; Deutsche UNESCO-Kommission (DUK) 2015; Sachverständigenrat für Umweltfragen (SRU) 2016). Wildnisgebieten wird eine besondere Relevanz für die Erhaltung von Biodiversität, für den Klimaschutz, für positive ökonomische Effekte durch Ökosystemleistungen sowie für die Gesundheitsförderung zugesprochen (vgl. Bundesministerium für Umwelt, Naturschutz, Bau und Reaktorsicherheit (BMUB) 2015; Heisterkamp et al. 2019; SRU 2016). Entsprechend werden (inter)national auch Strategien zur Verringerung oder zum Verzicht anthropogener Nutzung von Naturräumen sowie zur Entwicklung neuer Wildnis erarbeitet. Als besonders relevant für den Erfolg solcher Strategien gilt u. a. die adäquate Sensibilisierung der Bevölkerung (vgl. z. B. Mose 2009; Megerle 2019). Insgesamt kann zusammengefasst werden, dass Wildnis ein global hochaktuelles, öffentliches, naturschutzfachliches und politisches Thema darstellt. Die Bedeutung einer Auseinandersetzung insbesondere mit der naturschutz- und nachhaltigkeitsbezogenen Relevanz von Wildnis wird hinsichtlich formaler Bildungsinstitutionen diskutiert und Wildnis dabei als außerschulischer Lernort fokussiert (siehe z. B. Langenhorst et al. 2014; DUK 2015; Gebauer 2020; Lindau et al. 2021a). Die Sensibilisierung junger Menschen für die Bedeutung von Wildnis sowie für Strategien der Wildnisentwicklung oder -konservierung kann im Rahmen schulischen Lernens innerhalb der naturwissenschaftlichen Bildung (siehe Abschn. 4.4) und einer BNE kontextualisiert werden. Die Konzeption der Wildnisbildung kann hierfür einen wichtigen Beitrag leisten.

4 Wildnisbildung: Entstehung, Abgrenzung, Potenziale

4.1 Entstehung, Definition, aktuelle Tendenzen

Wildnisbildung knüpft unmittelbar am Konstrukt Wildnis und deren Bedeutung aus ökologischer Perspektive sowie jener einer BNE an. Zur Umsetzung einer BNE im Allgemeinen sowie im Speziellen im schulischen Bereich wird Wildnisbildung daher insbesondere in den letzten Jahren eine besondere Relevanz zugeschrieben (z. B. Hottenroth et al. 2017; Lindau et al. 2021a). Mit Blick auf Themenfelder und Ziele von Wildnisbildung (siehe Tab. 1 sowie Abschn. 4.4) wird deren grundsätzlich perspektivenintegrierende resp. interdisziplinäre Ausrichtung deutlich, die sie in der Primarstufe für den Sachunterricht besonders anschlussfähig macht. Primardidaktische Fundierungen und Konkretisierungen von Wildnisbildung werden derweil erst in jüngerer Zeit vorgenommen (z. B. Simon 2022a; Simon et al. 2023; Lindau et al. 2023).

Tab. 1 Zentrale Themenfelder der Wildnisbildung (eigene Darstellung nach Lindau et al. 2021a)

Ökosystem Wildnis	• systemische Zusammenhänge, (Wechsel)Beziehungen im Ökosystem • natürliche Prozesse, Dynamiken, Zyklen • menschliche (Nicht)Eingriffe in Ökosysteme und deren Auswirkungen • Ökosystemleistungen (z. B. Hochwasser-, Biodiversitätsschutz, Erholung, Gesundheit)
Wertschätzung von Wildnis	• sozial: z. B. Wildnis als Ort der Bildung, Erholung, Ruhe, Freizeit • ökonomisch: z. B. Kostenersparnis durch Ausbleiben pflegerischer Maßnahmen, Erhalt/Erschaffen von Auenwildnis zum Hochwasserschutz • ökologisch: z. B. Wildnis als Lebensraum und Rückzugsgebiet, Schutzstrategie gegenüber ökologischen Katastrophen • ethisch: z. B. Eigenwert von Wildnis, Erhaltungswert für zukünftige Generationen
Gerechtigkeit, Verantwortung, Empathie	• individueller und gesellschaftlicher Umgang mit Ressourcen (z. B. Trinkwasser) • Naturgewalten (z. B. Regen, Hitze) und deren Einfluss auf das Leben von Menschen • Verantwortung für sich und andere (u. a. intergenerationale Gerechtigkeit) • Geschlechtergerechtigkeit (Verhinderung von Geschlechter(rollen)stereotypen)
Gegenwelt Wildnis	• Entschleunigung des Alltags, Langsamkeit • Verringerung der Regulierung des Alltags • Verringerung medialer Situation • Wildnis als Ort physiologischer und psychischer Ruhe
Suffizienz	• minimaler/geringerer Verbrauch von Ressourcen • temporärer Verzicht auf zivilisatorische Annehmlichkeiten und Einschränkung des Lebenskomforts (z. B. fließend Wasser, Handys) • Reflexion des Konsumverhaltens (Was und wie viel brauchen wir wirklich?)
Mensch-Natur-Verhältnis	• Raumnutzungskonflikte • gefährdete Arten • Wiedereinwanderung von Wildtieren • Einflüsse des Menschen auf die Natur (z. B. Infrastruktur, Motorisierung, Abfall)

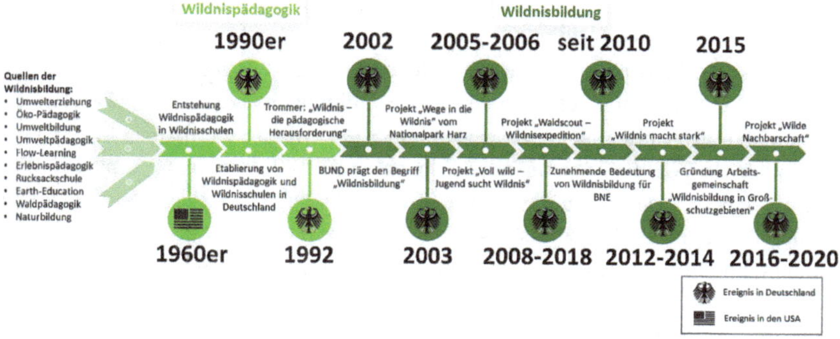

Abb. 2 Zeitstrahl zur Entwicklung des Wildnisbildungskonzepts (Lindau et al. 2021a, S. 25)

Der Begriff Wildnisbildung wurde im deutschsprachigen Raum erstmals 2002 vom BUND genutzt und das Konzept unter Bezug auf ein enges Verständnis von Wildnis als eigenständiger Teilbereich der Natur- und Umweltbildung in Nationalen Naturlandschaften (v. a. in Nationalparks) näher beschrieben. Hervorgegangen ist die Wildnisbildung aus einer Vielzahl von Konzeptionen und pädagogischen Strömungen, zu denen u. a. die Umwelterziehung, das Flow-Learning, die Rucksackschule, die Öko-, Umwelt-, Erlebnis- und die Wildnispädagogik gehören (vgl. z. B. Hottenroth et al. 2017; Simon 2020; siehe auch Abb. 2).

Nach Langenhorst (2010, S. 102) „kann Wildnisbildung verstanden werden als die handlungsorientierte Verknüpfung von Naturerleben und ökologischer Bildung anhand konkreter Wildnis-Phänomene mit dem Fokus der Reflexion des Verhältnisses von Mensch und Natur. Hierbei spielen die Nachhaltigkeits-Perspektiven Partizipation, Vernetzung, Mehrdimensionalität [i. S. des Nachhaltigkeitsdreiecks; d. A.], globaler Blick und Generationenfolge eine wichtige Rolle“.

Wildnisbildung orientiert sich grundsätzlich am Leitbild einer Nachhaltigen Entwicklung (DUK 2015), folgt den Kompetenzbereichen Erkennen, Bewerten und Handeln sowie den Bereichen Erleben, Sensibilisieren und Transformieren (vgl. z. B. Ständige Konferenz der Kultusminister der Länder in der Bundesrepublik Deutschland (KMK) und Bundesministerium für wirtschaftliche Zusammenarbeit und Entwicklung (BMZ) 2016; Europarc Deutschland 2017) und fokussiert auf das sinnlich-leibliche Erleben von (ver)wilder(nder) Natur. Sie zielt auf die Unterstützung Lernender, komplexe Systemzusammenhänge[1] zu verstehen, Nachhaltigkeitsfragen kritisch sowie das individuelle und gesellschaftliche Verhältnis von Mensch und Natur zu reflektieren (vgl. Langenhorst 2016; Lindau et al. 2021a), indem lokale, regionale, (inter)nationale sowie globale Möglichkeiten und Grenzen eines nachhaltigeren Handelns erörtert werden. Zentrale Themenfelder der Wildnisbildung nach Lindau et al. (2021a) sowie konkrete Beispiele können Tabelle 1 entnommen werden. Bezogen auf diese Themenfelder werden ökologische, ökonomische, soziale und politische Fragen erörtert, womit Wildnisbildung anschlussfähig an verschiedene Fächer ist (in der Sekundarstufe bspw. Geographie, Biologie, Sozialkunde, Wirtschaft). In der Primarstufe lässt sich Wildnisbildung in besonderer Weise im Sachunterricht verorten (vgl. Simon 2022a) und kann hier u. a. zur geographischen (siehe hierzu Lindau et al. 2023), zur sozialwissenschaftlichen oder zur naturwissenschaftlichen Bildung (siehe Abschn. 4.4) einen Beitrag leisten.

Kurz nachdem der BUND den Begriff und das Konzept Wildnisbildung prägte und beschrieb, hielt es Anfang der 2000er Jahre Einzug zunächst in biologiesowie Mitte der 2010er in geographiedidaktische Diskurse (z. B. Langenhorst 2005; Lindau et al. 2016). Gleichwohl fand das Konzept Wildnisbildung zunächst vor allem starken Niederschlag in außerschulischen Kontexten, insbesondere der Nationalparkarbeit. Originär und lange Zeit fußte Wildnisbildung in Deutschland daher auf einem *engen* Verständnis von Wildnis, die in weiten Teilen Europas nur in Großschutzgebieten und in Deutschland auf weniger als 2 % der Landesfläche existiert. Mit dem von der Deutschen Bundesstiftung Umwelt (DBU) geförderten Projekt „Wilde Nachbarschaft“ (Lindau et al. 2021b) erfolgte ab 2016 ein stärkerer Bezug auf ein weites Verständnis von Wildnis sowie infolgedessen erstmals eine Anwendung von Wildnisbildung auf (sub)urbane Räume. Durch diese räumliche Entgrenzung vervielfältigten sich Möglichkeiten für Bildungsräume mit unterschiedlichen Graden (ver)wilder(nder) Natur und Lagen im Verhältnis zum Lebensumfeld der Lernenden (Reinboth et al. 2021). Wildnisbildung wurde durch

[1] Hinsichtlich dieses Anspruches ist auf den Begriff des Systemdenkens zu verweisen, für den sich nach Clausen (2015, S. 32 f.) unterschiedliche Ursprünge und Verständnisse ausmachen lassen. Im Kontext einer BNE gilt Systemdenken als Schlüsselkompetenz (z. B. Bollmann-Zuberbühler et al. 2016) und wird hier verstanden als die Fähigkeit „Zusammenhänge und Wechselwirkungen in komplexen Systemen wahrzunehmen und unter Berücksichtigung der Dynamik Voraussagen und Handlungsmöglichkeiten abzuleiten“ (ebd., S. 369). In der Primarstufe wird Systemdenken insbesondere mit Blick auf naturwissenschaftliche Bildung im Sachunterricht als wichtiger Anspruch aufgegriffen (z. B. Köhnlein 2012, S. 525) und auch als systemisches Denken bezeichnet (ebd.).

die damit einhergehende Minderung raum-/mobilitätsbezogener Barrieren gleichsam für einen größeren Adressat*innenkreis – insbesondere für junge Kinder oder Menschen, die aus verschiedenen Gründen (u. a. monetär oder physisch) in ihrer Mobilität eingeschränkt sind – *unmittelbar* erfahrbar. Im Projekt „Wilde Nachbarschaft" wurden entsprechend erstmals konkrete Konzeptionen für Wildnisbildung auch für den Elementar- und Primarbereich sowie für den (sub)urbanen Raum entwickelt und erprobt (Lindau et al. 2021b).

4.2 Ausgewählte Aspekte der Abgrenzung von Wildnisbildung

Insbesondere in Strängen der jüngeren Wildnisbildungsdiskurse wird stärker auf die Eigenständigkeit von Wildnisbildung abgestellt und trotz ihrer Entstehung aus anderen, tradierten Ansätzen und Konzeptionen ihre Differenz zu diesen hervorgehoben (bspw. Hottenroth et al. 2017, S. 63; Simon 2020). Für ausführliche Darstellungen zur Genese der Wildnisbildung sowie ihrer Abgrenzung von anderen Ansätzen bzw. Konzepten, wie z. B. jenen der Umwelterziehung, der Rucksackschule, der Wald- oder jener der Wildnispädagogik, sei aus Platzgründen auf Hottenroth et al. (2017) sowie Hottenroth (2020) verwiesen.

Spezifika von Wildnisbildung können prägnant wie folgt zusammengefasst werden: 1) Originär war sie ein Ansatz ausschließlich für Jugendliche und Erwachsene sowie in Nationalparken (Raum- und Adressat*innenspezifik); 2) das Erleben (ver)wilder(nder) Räume und der (Wirk)Mächtigkeit von Natur wird durch (teils extreme) Grenzerfahrungen[2] und den Kontrast zwischen stark und schwach/kaum/nicht anthropogen genutzten Räumen angeregt (Grenz- und Kontrasterfahrung); 3) Eingriffe in die Natur sind im Kontext Wildnisbildung so gering wie möglich zu halten und stets kritisch auf ihre Notwendigkeit hin zu prüfen (*minimal-impact-* und *leave-no-trace*-Ansatz; vgl. Hampton und Cole 2003; McGiveny 2003).

Zwei Aspekte zur Abgrenzung von Wildnisbildung sollen an dieser Stelle in aller Kürze vertieft werden: *Erstens* betonen Lindau et al. (2021a), dass das Kon-

---

[2] Grenzerfahrungen meinen das Zurechtkommen in teils „ungeplanten, unvorhergesehenen und neuen Situationen" (BUND 2002, S. 10) und fordern das Überschreiten persönlicher Grenzen. Ein Beispiel ist, „Wetterextremen wie Dauerstarkregen" (Hottenroth 2020, S. 122) ausgesetzt zu sein und in dessen Folge längere Zeit durchnässte Kleidung zu haben oder große Kälte auszuhalten.

zept der Wildnisbildung „[t]rotz der begrifflichen Nähe […] deutlich von dem der Wildnispädagogik zu differenzieren“ ist (ebd., S. 22). Letztere entstand in den 1960er Jahren in den USA und zielte darauf ab, „über das Nachahmen von Lebensweisen und Kulturtechniken indigener Völker ein umfassendes Naturerleben zu ermöglichen“ (ebd.). Diese Abgrenzung ist allein aus inklusiver Perspektive höchst bedeutsam, da für die Wildnispädagogik wie auch andere Ansätze bzw. Konzepte und „Draußenräume“ kritisch auf deren kolonial-rassistisches Erbe verwiesen werden muss (siehe Or und Owosekun 2023).

Zweitens Folgt die Wildnisbildung einem teilweise deutlich anderen Modus der Nutzung von Naturräumen als (außerschulische) Lernräume. So ist z. B. im Rahmen traditioneller Umweltbildung das Pflücken von Pflanzenteilen für Land-Art, also der künstlerischen Gestaltung im Zusammenspiel von Künstler*in und Natur(materialien) (bspw. Mandalas aus Pflanzenteilen), oder auch das Bauen eines sogenannten „Tipis“ aus Ästen, geläufig (siehe z. B. Gebauer 2014). Solche Eingriffe sind aus Perspektive der Wildnisbildung fragwürdig und möglichst zu vermeiden, da sie dem minimal-impact- sowie leave-no-trace-Ansatz widersprechen. Das Beispiel des Bauens eines „Tipis“ unterstreicht zudem nochmals das Erfordernis einer reflexiven, dekolonisierenden, antirassistischen, inklusiven Nutzung von „Draußenräumen“ (Or und Owosekun 2023, S. 21) und einer reflexiven Abgrenzung vom kolonial-rassistischen Erbe natur- bzw. umweltpädagogischer Ansätze/Konzepte.

4.3 Stand der empirischen Forschung und ausgewählte Perspektiven

Aufgrund des Bezuges der Wildnisbildung auf das Konstrukt Wildnis sowie aufgrund ihrer Nähe zu anderen natur- bzw. umweltpädagogischen Ansätzen und Konzeptionen gibt es seit etwa den 1960er Jahren eine Vielzahl empirischer Studien, die für Fragen einer Wildnisbildung relevant sind, obgleich sie nicht im Wildnisbildungsdiskurs entstanden sind (ausführlich hierzu siehe Simon 2022a, S. 6 ff.). Mit solchen Studien wurden z. B. Naturkonzepte, Vorstellungen zum Mensch-Natur-Verhältnis, Einstellungen zu Wildnis oder zur Rolle der Natur im Alltag von Kindern erfasst. Simon (ebd.) merkt jedoch an, dass die Mehrheit dieser Studien sich auf Jugendliche oder Erwachsene bezieht.

Zum originär wildnisbildungsbezogenen Forschungstand zählen Simon et al. (2024) Arbeiten, die explizit im Kontext von Wildnisbildung und zum Zwecke ihrer wissenschaftlichen Fundierung entstanden sind. Hinsichtlich solcher Arbeiten fassen Simon et al. den empirischen Forschungsstand wie folgt zusammen:

„Erkenntnisse von Studien, die explizit im Wildnisbildungsdiskurs verortet sind, liegen bisher u. a. zu Vor- und Einstellungen von/zu Wildnis (z. B. Bittner 2006; Lude und Langenhorst, 2009; Mohs 2021; Reinboth 2021), zur Wirksamkeit von Wildnisbildung und zur Professionalisierung (angehender) Lehrpersonen (z. B. Wendt 2015; Langenhorst 2016; Hottenroth 2020) vor. Diese beziehen sich jedoch auf Großschutzgebiete und Kinder ab zehn Jahren“ (ebd., S. 154). Weiterhin verweisen Simon et al. (2024) auf erste Ergebnisse von Pilotstudien zu einer Wildnisbildung im (sub)urbanen Raum sowie mit Kindern im Primarstufenalter. So haben Lindau, Mohs und von Aken (2021c) gezeigt, „dass sich eine längere Aufenthaltsdauer von Kindern auf der besuchten Fläche positiv u. a. auf die Akzeptanz der verwildernden Fläche auswirkt; die Evaluation einer im Projekt „Wilde Nachbarschaft“ entwickelten Wildnisbildungseinheit für die Primarstufe gibt zudem erste Hinweise auf positive Einstellungsänderungen zu und ausdifferenzierteren Vorstellungen von‚verwildernder Natur‘ (Simon, 2021a, b)“ (Simon et al. 2024, S. 154).

Da Wildnisbildung ein noch recht ‚junges‘ Konzept und der wildnisbildungsbezogene empirische Forschungsstand noch überschaubar ist, lassen sich verschiedene Perspektiven für eine empirische Wildnisbildungsforschung identifizieren, von denen hier ausgewählte angeführt werden. Bezüglich möglicher und nötiger Adaptionen (siehe Abschn. 5.3) aufgrund der raum- und adressat*innenbezogenen Entgrenzung von Wildnisbildung seit Mitte der 2010er Jahre könnte empirisch erforscht werden, inwiefern diese und wofür sie tatsächlich förderlich sind. Eine weitere Möglichkeit wären Studien zur Wirkung bzw. Wirksamkeit von Projekten zur Förderung der sozialen Akzeptanz von Wildnis(entwicklung) im (sub)urbanen Raum sowie von pädagogischen bzw. didaktischen Konzepten zur Wildnisbildung im schulischen Bereich – insbesondere im Zusammenhang mit der Nutzung außerschulischer, wilder Lernorte.

In diesen Zusammenhang hat Simon (2022a) ein konkretes Design für eine Längsschnittstudie im Pre-, Post- und Follow-Up-Design vorgestellt, welches unmittelbar vor der Realisierung bedingt durch die COVID-Pandemie nicht umgesetzt werden konnte. Ziel der geplanten Studie sollte es einerseits sein, anhand einer seinerzeit bereits akquirierten Stichprobe von $N=$ ca. 360 Schüler*innen der Primarstufe (davon $n=$ ca. 260 Interventions- und $n=$ ca. 100 Kontrollgruppe) möglichen Effekten eines eigens entwickelten Interventionskonzeptes für Wildnisbildung im urbanen Raum mit Blick Konstrukte nachzugehen, die erstens bedeutsam für das Erklären von Umwelthandeln (z. B. naturschutzbezogene Handlungsbereitschaft) und zweitens für Fragen des Prozessschutzes relevant sind (z. B. Einstellung zu Verwilderung oder die subjektive Wahrnehmung von verwilderten Flächen), um eine mögliche Entwicklung von Akzeptanz des Verwilderungsprozesses in der Stadt bei Schüler*innen zu erkennen. Weiter waren Befragungen von Schüler*innen geplant, in denen affektive Einstellungen zu den in der Intervention besuchten Flächen während der Intervention erfasst werden sollten, sowie fokussierte Einzelinterviews mit Lehrkräften (N = ca. 15) zur Einschätzung der Praktikabilität der Einheit. Die Kombination der gewonnenen Daten sollte Informationen zur Eignung von urbanen Wildnisbildungseinheiten in der Primarstufe zur Förderung von Einstellungen zu Wildnis im urbanen Raum liefern, anhand derer Handlungsanweisungen zur wildnisbildenden Arbeit im urbanen Raum für die Primarstufe entwickelt werden können.

Mit Blick auf Erkenntnisse der empirischen Forschung zur Nutzung außerschulischer Lernorte könnte ferner bspw. der Frage des *doing school* resp. des *doing pupil* (z. B. König und Böttner 2015) im Kontext von Wildnisbildung nachgegangen werden – oder auch der Frage, ob sich Wildnisbildung in der Performanz tatsächlich von ‚verwandten' Konzeptionen abgrenzt, oder ob sich eventuell Phänomene z. B. eines *‚doing Umweltbildung'* nachweisen lassen, also einer Rekontextualisierung von Prinzipien der Wildnisbildung, die sie eigentlich zu einem originären Ansatz machen (sollen). Weiterhin wären u. a. auch Studien sinnvoll, mit denen Evidenzen für die Förderung von naturwissenschaftlichem Wissen, Wissen über Naturwissenschaften sowie motivationalen Orientierungen resp. von naturwissenschaftlichen Denk- und Arbeitsweisen erbracht werden.

4.4 Potenziale von Wildnisbildung für eine naturwissenschaftliche Bildung in der Primarstufe

In frühen Zielformulierungen für Wildnisbildung, die der BUND (2002, S. 11 f.) in drei wechselseitig aufeinander bezogene Ebenen untergliederte (siehe Abb. 3), spiegelten sich sowohl das der Wildnisbildung lange Zeit zugrundeliegende enge Wildnisverständnis als auch die originäre Raumspezifik wider.

Langenhorst (2016) unterscheidet seinerseits sieben Ziele, die denen des BUND im Wesentlichen entsprechen und sich nach wie vor auf einen engen Wildnisbegriff und Adressat*innenkreis beziehen:

- harmonisch-chaotische Natur erleben,
- elementares Naturerleben,
- Freiheit in der Wildnis erfahren,
- mit Wildnis auseinandersetzen,
- biologische Vielfalt entdecken,
- ökologische Wechselwirkungen erkunden,
- Lebensstil und -sinn reflektieren.

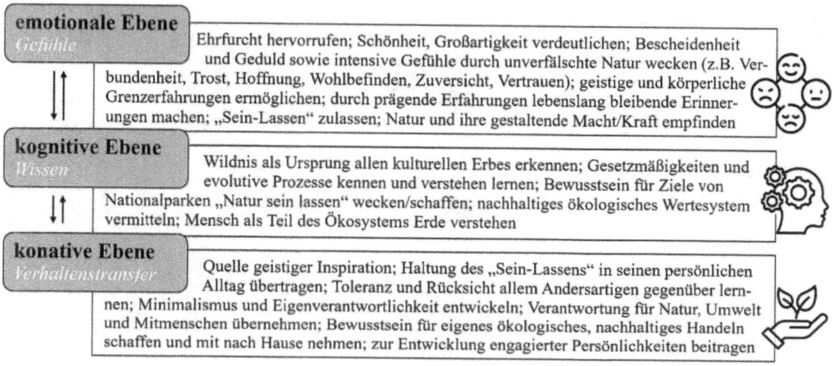

Abb. 3 Frühe Zielformulierung für eine Wildnisbildung. (Eigene Grafik nach BUND 2002, S. 12; Icons: Flaticon.com)

Lindau et al. (2021a) ergänzen die angeführten Ziele durch die der „Erörterung und Bewertung der eigenen Lebenssituation innerhalb und außerhalb des Wildnisbildungsangebotes sowie das Eingebundensein in lokale, regionale und globale Ursache-Wirkungs-Beziehungen“ (ebd., S. 36).

Solche Zielformulierungen lassen sich überwiegend auch für die Bildungsarbeit in der Primarstufe bzw. im Sachunterricht sowie in Teilen auch für Wildnisbildung im (sub)urbanen Raum nutzen, obwohl die Notwendigkeit raum- und adressat*innenbezogener Adaptionen reflektiert werden muss – z. B. bezogen auf Grenzerfahrungen sowie bezogen auf das „unverfälschte“ Erscheinungsbild (siehe Simon et al. 2023, S. 124). Unterschiedliche Wildnisbildungsziele, wie jene vom BUND (2002) und Langenhorst (2016), die sich teils überschneiden, teils aber auch unterscheiden (z. B. mit Blick auf lokale, regionale, globale Ursache-Wirkungs-Beziehungen und das gesellschaftliche Mensch-Natur-Verhältnis; siehe Lindau et al. 2021a), hat Simon (2022a) in einem integrativen Modell zusammengeführt (Abb. 4) und in primar(fach)didaktische Diskurse zur Umsetzung einer schulischen Wildnisbildung eingebracht.

Mit Blick auf die zentralen Themenfelder (Tab. 1) und Ziele (Abb. 3 sowie 4) gegenwärtiger Wildnisbildung ergeben sich u. E. spezifische Potenziale der Wildnisbildung für eine (frühe) naturwissenschaftliche Bildung, die in der Primarstufe eng mit dem Fach Sachunterricht verbunden ist (vgl. z. B. Krumbacher 2009; Möller et al. 2014) und die hier mit Bezug auf Labudde und Adamina (2012), die Gesellschaft für Didaktik des Sachunterrichts (GDSU 2013), Möller et al. (2014) sowie Steffensky (2018) beispielhaft skizziert werden.

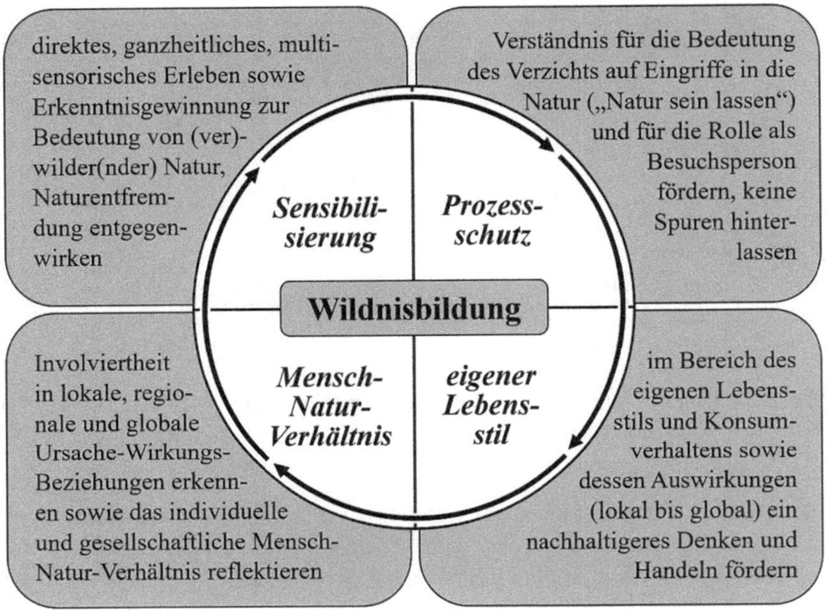

Abb. 4 Integratives Zielmodell einer Wildnisbildung. (Eigene Grafik nach Simon 2022a, S. 6)

Wildnisbildung kann im Rahmen einer naturwissenschaftlichen Bildung grundlegend dazu beitragen, dass Kinder naturwissenschaftliches Wissen (z. B. zur Entwicklung von Lebewesen, Kennzeichen des Lebendigen), Wissen über (die Natur der) Naturwissenschaften (nature of science) sowie motivationale Orientierungen (z. B. Nachdenken über Naturphänomene) entwickeln (Möller et al. 2014, S. 528 ff.). Hierzu gehört u. a. das Reflektieren des Verhältnisses von Mensch und Natur als ein „originäres und zentrales Moment menschlichen Lebens" (GDSU 2013, S. 37) unter Berücksichtigung außer- und vorschulischer Erfahrungen sowie subjektiver Vorstellungen bzw. Deutungsmuster naturwissenschaftlicher Phänomene. Bedeutende Schwerpunkte können laut GDSU folgende sein:

- „das Wahrnehmen, Erkennen und zunehmende Verstehen von Phänomenen der lebenden und nicht lebenden Natur unter Nutzung und Anwendung grundlegender biologischer, chemischer und physikalischer Konzepte und Zusammenhänge (Modelle und Regelhaftigkeiten)
- das Aneignen und zunehmend selbständige Anwenden naturwissenschaftlicher Denk-, Arbeits- und Handlungsweisen
- das Erkennen des Wesens naturwissenschaftlichen Wissens (in seinen Möglichkeiten genauso wie in seiner Eingeschränktheit)
- die Bedeutung naturwissenschaftlicher Erkenntnisse und ihrer Anwendung für das Handeln in (alltäglichen) Lebenssituationen
- die Reflexion und Bewertung des eigenen Lernens in naturwissenschaftlichen Sachverhalten“ (ebd. S. 38).

Anhand des Schweizer Kompetenzmodells Naturwissenschaften (Labudde und Adamina 2012, S. 6 f.) zeigen sich ferner Anschlussmöglichkeiten u. a. hinsichtlich der darin beschriebenen Themenbereiche „Lebewesen“, „Lebensräume und Gemeinschaften“, „Mensch und Gesundheit“, „Natur, Gesellschaft, Technik – Perspektiven“ sowie der Handlungsaspekte „Interesse und Neugierde wecken“, „fragen und untersuchen“, „Informationen erschließen“, „einschätzen und beurteilen“ sowie „mitteilen und austauschen“.

Mit Blick auf übergeordnete Konzepte der Naturwissenschaften (Steffensky 2018, S. 4 f.) zeigen sich einerseits besondere Potenziale von Wildnisbildung im Bereich belebte Natur – konkret hinsichtlich der Konzepte „Evolution“ (z. B. Biodiversität), „Ökosystem“ (z. B. Wechselwirkungen) oder „Lebewesen“ (z. B. Wachstum und Entwicklung) – sowie andererseits zur Förderung grundlegender naturwissenschaftlicher Denk- und Arbeitsweisen (ebd., S. 7). Zum Beispiel, wenn beim/nach dem Aufenthalt in einem (ver)wild(ernd)en Raum Fragen bzw. Vermutungen (an)gestellt werden (bspw. warum in Monokulturwäldern deutlich mehr tote Bäume zu sehen sind); wenn gezielt beobachtet resp. betrachtet wird (z. B. gezielter Vergleich von Monokultur- vs. naturnahem Wald(gebiet)); wenn die Beobachtungen bzw. Betrachtungen analysiert werden (z. B. hinsichtlich Ursachen für hitzebedingte Schäden und Schädlingsbefall (z. B. durch den Borkenkäfer)); und wenn dann Schlussfolgerungen gezogen und weiterführende Fragen entwickelt werden (z. B. wie ein nachhaltiger Wald gefördert werden kann). Die in Klammern angeführten Beispiele drehen sich insgesamt um die beispielhafte Frage der Gefährdung bzw. Zerstörung von (Stadt)Wäldern durch den Klimawandel (siehe Lindau et al. 2023). An dieser Frage lässt sich somit auch die Nähe bzw. Verbindung naturwissenschaftlicher Bildung, geographischer Bildung und einer BNE in der Primarstufe aufzeigen (vgl. ebd. sowie Simon et al. 2024) sowie diskutieren, ob Wildnisbildung ein besonderes integratives Potenzial zugesprochen werden kann.

5 Wildnis als außerschulischer Lernort

Wie einleitend erwähnt sind (ver)wilde(rnde) Räume für das Konzept der Wildnisbildung *elementare* Lernorte. Findet Wildnisbildung im Rahmen von Schule statt, kann entsprechend von Wildnis als außerschulischem Lernort gesprochen werden und Grundlagen einer Didaktik außerschulischer Lernorte (z. B. Sauerborn und Brühne 2014; Baar und Schönknecht 2018) sind zu berücksichtigen.

5.1 Ausgewählte Anmerkungen zur Nutzung außerschulischer Lernorte

Wildnisbildung baut mit dem Anspruch originärer Begegnung von Wildnis (in einem weiten Verständnis) sowie des damit i. d. R. erfolgenden Aufsuchens außerschulischer Lernorte auf Prinzipien auf, die für die Sachunterrichtsdidaktik zentral bzw. im Kontext des Sachunterrichts in besonderer Weise etabliert sind (vgl. Baar und Schönknecht 2018). Dem weiten Wildnisverständnis folgend können natürlich auch „wilde Ecken" (Langenhorst 2021, S. 105) auf dem Schulgelände aufgesucht werden – oder vielleicht verfügt eine Schule auch über eine Fläche, die verwildern darf.

Die Autor*innen schließen sich grundsätzlich der Auffassung an, „dass das Lernen an außerschulischen Lernorten das Lernen in der Schule in wichtigen Aspekten bereichern und ergänzen *kann*" (Bönsch 2003, S. 4; Herv. d. A.), wobei der Aspekt der unterrichtlichen Vor- und Nachbereitung bzw. des Einbindens in das ‚übliche' schulische Lernen für nachhaltige Effekte des Lernens an außerschulischen Lernorten zentral ist (vgl. z. B. Guderian 2006; für die Wildnisbildung beispielhaft: Lindau et al. 2023, S. 61 ff.). Gleichsam schließen sich die Autor*innen Diskursen und Forschungen an, mit denen der Anspruch, dass außerschulische Lernorte „als Kontrast zur schulischen Lernarbeit verstanden" (Peschel 2014, S. 131) werden können und dass sie eine besondere Chance zur räumlich-zeitlichen Entgrenzung sowie produktiven Irritation des tradierten schulischen Habitus resp. tradierter schulischer Rollen bieten, insofern hinterfragt werden, als dass diese Ansprüche z. B. durch Prozesse eines *doing school/doing pupil* (vgl. Price und Hein 1997; Griffin 1998; König und Böttner 2015) zu relativieren sind. Im Rahmen des Lernens an außerschulischen Lernorten können

Institutionen wie Museen oder Gedenkstätten, Schüler*innenlabore, Zoos u. v. m. aufgesucht werden. Solche Orte sind dabei oftmals intentional auf ein schulisches Lernen außerhalb der Schule ausgerichtet bzw. bieten Konzepte hierfür. Grundsätzlich verweisen Scholz und Rauterberg (2008) darauf, dass Lehrpersonen einen außerschulischen Lernort zielgerichtet wählen, weil an/mit diesem Ort etwas thematisiert bzw. erfahrbar gemacht werden soll, was in der Schule, im Klassenraum nicht (in selber Qualität) möglich ist – insofern kann jeder Ort potenziell zum außerschulischen Lernort werden. Unabhängig von Effekten eines möglichen *doing school/doing pupil* bleibt dabei jedoch stets offen, ob Schüler*innen nicht etwas ganz Anderes lernen als von der Lehrperson intendiert. Diese grundsätzliche didaktische Herausforderung gilt es – entsprechend auch mit Blick auf die Ziele einer Wildnisbildung – zu reflektieren und empirisch zu erforschen.

5.2 Konsequenzen differenter Wildnis-Verständnisse für die Nutzung von Wildnis als außerschulischem Lernort

Wildnisbildung in der Primarstufe kann potenziell einen Beitrag zur naturwissenschaftlichen Bildung sowie dazu leisten, das Bewusstsein für die Relevanz des Lernens an außerschulischen Lernorten (sowohl seitens der Lehrpersonen als auch der Schüler*innen) und die Öffnung von Schule zu fördern. Für die Frage der Möglichkeit des Aufsuchens von (ver)wild(ernd)en Orten ist das zugrundeliegende Verständnis von Wildnis bzw. der in Abschn. 2 thematisierte Wandel von einem engen hin zu einem weiten Verständnis von Wildnis u. E. von zentraler Bedeutung, da sich je nach Wildnisverständnis spezifische (Un)Möglichkeiten der Nutzung von Wildnis als außerschulischem Lernort ergeben.

Wird Wildnis *im engen Sinne* verstanden, dann existieren in Deutschland nur weniger als 2 % wilde Flächen, wobei diese in Großschutzgebieten zu finden sind. Eine Nutzung dieser Räume ist teilweise gar nicht (wenn sie nicht zugänglich sind) oder nur schwer möglich (u. a., wenn sie stark eingeschränkt zugänglich sind) und mit einem großen Aufwand (finanziell, zeitlich, organisatorisch) verbunden. Für schulische Wildnisbildung würde das bedeuten, dass Schulen, die nicht in der Nähe von Wildnisgebieten liegen, kaum eine/deutlich schlechtere Chance/n zur Nutzung des außerschulischen Lernortes Wildnis haben.

Einem weiten Verständnis von Wildnis zufolge, welches „alle verschiedenen Ausprägungen von Wildnis unabhängig von ihrer Größe oder dem Grad der ehemaligen oder aktuellen menschlichen Beeinflussung“ einschließt (Lindau et al.

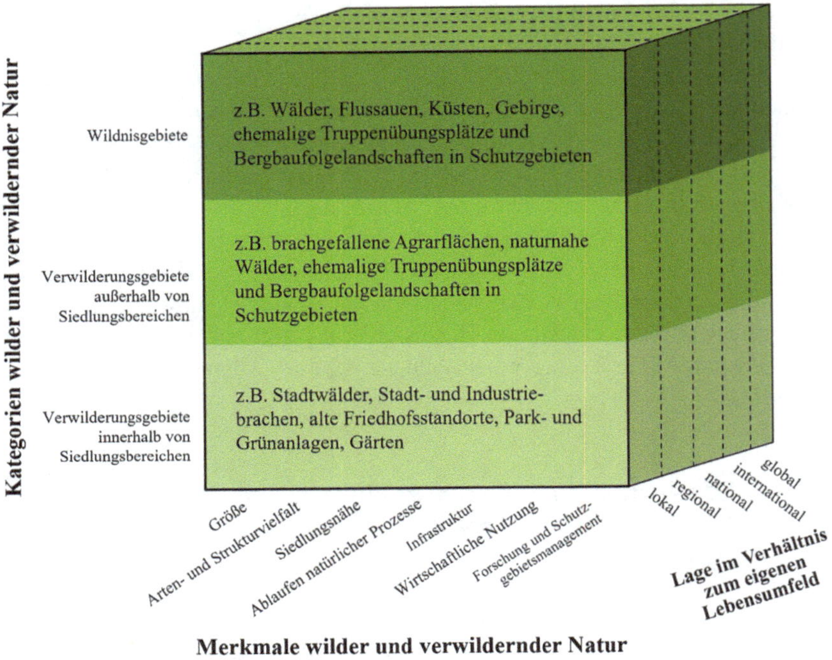

Abb. 5 Würfel-Modell zur Operationalisierung von Wildnis(gebieten). (Eigene Abbildung nach Reinboth et al. 2021, S. 142)

2021a, S. 21), ergeben sich deutlich mehr Möglichkeiten, außerschulische (ver) wilde(rnde) Lernorte aufzusuchen. Neben Großschutzgebieten wie Nationalparks findet sich Wildnis dann „auch in unmittelbarer Umgebung und bietet Potenziale, im Rahmen von Exkursionen entdeckt zu werden. Dazu zählen z. B. Flächen wie naturnahe Flussauen, bebaute oder unbebaute Stadtbrachen, alte Bahnhofs- oder Fabrikgelände und Stadtwälder. Aber auch eine sich selbst überlassene‚wilde Ecke' in einem Garten, Stadtpark und Schulhof" (Lindau et al. 2023, S. 56). Aus primarpädagogischer bzw. didaktischer Perspektive „bietet sich das Erleben und Wahrnehmen von wilder und verwildernder Natur in unmittelbarer Umgebung des eigenen Lebensbereiches" (ebd.) zudem in besonderer Weise an.

Ein Modell zur Operationalisierung verschiedener möglicher außerschulischer Lernorte im Rahmen einer Wildnisbildung haben Reinboth et al. (2021, S. 142) vorgelegt (siehe Abb. 5). Mithilfe dieses Modells können z. B. Lehrpersonen reflektieren, welche außerschulischen Lernorte sich in mittel- oder auch unmittelbarer Nähe zur Schule finden und nutzen lassen.

5.3 Erfahrungen mit Wildnisbildung im urbanen Raum

Während deutlich länger und mehr Erfahrungen mit Wildnisbildung für Jugendliche und Erwachsene sowie in Großschutzgebieten vorliegen, die ihren Niederschlag in empirischen Studien finden (z. B. Langenhorst 2016; Hottenroth 2020), sind jene mit Blick auf Elementar- und Primarbereich sowie in (sub)urbanen Räumen bislang überschaubar. Entsprechend wird in den letzten Jahren auf die Notwendigkeit einer elementar- und primarpädagogischen Fundierung und Erforschung von Wildnisbildung verwiesen (z. B. Simon 2022a; Simon et al. 2023 2024). Erste Erfahrungen mit Wildnisbildung im (sub)urbanen Raum sowie mit Kindern des Elementar- und Primarbereichs wurden im Rahmen des Projekts „Wilde Nachbarschaft“ (siehe Abschn. 4.1) gemacht und teils in i. d. R. explorativ angelegten Studien empirisch erforscht. Insbesondere durch die Erfahrungen aus „Wilde Nachbarschaf“ wurden erste Impulse zur Diskussion und Erforschung spezifischer elementar- und primarpädagogischer bzw. -didaktischer Adaptionen tradierter Methoden der Wildnisbildung einerseits sowie dadurch möglicherweise entstehender Spannungsfelder andererseits abgeleitet (siehe Simon et al. 2023, S. 123 f.; mit Blick auf Fragen der Digitalisierung siehe Simon 2022b). So zeigte sich z. B., dass gerade jüngere Kinder mehr Zeit für das Explorieren und multisensorische Erleben des wilden Ortes benötigen, u. a. um emotional anzukommen bzw. die Chance zu bekommen, sich aus dem üblichen Modus der „schulischen Lernarbeit“ (Peschel 2014, S. 131) zu lösen. Weiterhin wurde deutlich, dass körperbasierte, ästhetische und handlungsorientierte Zugangsweisen für jüngere Kinder ebenso von besonderer Bedeutung zu sein scheinen, wie die Reduktion von Barrieren z. B. mithilfe digitaler Medien, wobei letzteres dem originären Suffizienz-Anspruch der Wildnisbildung eigentlich widerspricht. Allerdings können mittels digitaler Medien bspw. komplexe oder langsam ablaufende Prozesse, die die Fähigkeit starker Abstraktion oder Imagination voraussetzen, entwicklungsgerecht aufbereitet werden (ein Beispiel ist das Nachvollziehen von Folgen der Beeinträchtigung von Mykorrhizen im Wald oder von Kontrasten zwischen verwildernden und stark genutzten Räumen). Ein weiterer wichtiger Aspekt einer Adaption an den erweiterten Adressat*innenkreis der Wildnisbildung betrifft die Einschränkung von Grenzerfahrungen zur Vermeidung von zu starker psychischer oder physischer Belastung oder gar einer Gefährdung bzw. Verletzung. So können beispielweise Extremwetterereignisse wie Stürme für Kinder nicht nur „starke

Ängste hervorrufen und traumatische Erlebnisse darstellen" (Mambrey et al. 2019, S. 599), sondern auch durch z. B. herunterfallende Äste o. ä. eine physische Gefahr darstellen. Weitere Möglich- und sich daraus eventuell ergebende Notwendigkeiten für eine Wildnisbildung mit jungen Kindern im (sub)urbanen Raum gilt es seitens der Wildnisbildung im Zusammenspiel mit der Primarpädagogik und -didaktik künftig weiter zu eruieren (vgl. Simon et al. 2023).

6 Abschließende Anmerkungen zum (naturwissenschaftlichen) Staunen

Bisherige Erfahrungen der Nutzung von Wildnis als außerschulischen Lernort im Rahmen einer Wildnisbildung zeigen, dass es in der pädagogischen Arbeit mit (jungen) Kindern nicht per se „große" Wildnis-Gebiete oder -Phänomene sein müssen, die aufgesucht bzw. erlebt werden. Vielmehr können Kinder über Wildnis im Kleinen staunen – zum Beispiel, wenn ein einst verlorener oder weggeworfener Schuh in einem (ver)wilde(rnd)en Gebiet von Flora und Fauna so in Besitz genommen wurde, dass er mittlerweile Teil des Biotops ist; wenn ein kleiner, nicht mehr genutzter Trampelpfad nach einigen Wochen kaum noch zu erkennen ist; oder wenn in einem kleinen Pflanzkasten, der sich selbst überlassen wird, ‚von alleine' unterschiedliche Pflanzen wachsen, die wiederum Tiere anziehen. Allein ein leeres Schneckenhaus kann Anlass genug zum Staunen und Fragen sein (vgl. Giese und König 2021, S. 286). Die begleitenden Erwachsenen sind dann mitunter „selbst erstaunt […] – erstaunt von der kindlichen Fähigkeit zu staunen" (Heßdörfer 2021, S. 209). In der Pädagogik gibt es seit langem eine intensive Beschäftigung mit der (kindlichen) Fähigkeit des Staunens, um diese für formale Bildungsinstitutionen nutzbar zu machen und intentional zu beeinflussen (vgl. z. B. Heßdörfer 2021; Binder 2023). Wird das Staunen verstanden als „eine Vorstufe der Neugier, ein Anfang der Reflexion, die sich in einem Fragen fortsetzt, in einer theoretischen Haltung" (Gebauer 2006, S. 35), so ist es im Sinne der Unterstützung wissenschaftlichen Lernens im Allgemeinen und der Anregung eines forschenden Habitus in und durch Schule zu fördern – z. B. im Kontext naturwissenschaftlicher Bildung. Im Rahmen ihrer Auseinandersetzung mit der Bedeutung einer offenen Grundhaltung als wichtigem Aspekt qualitativer Forschung problematisieren Kühn und Koschel (2011) jedoch, dass es „nicht immer leicht" sei, die „uns von klein auf in die Wiege gelegt[e]" Fähigkeit zu staunen „zu bewahren" (ebd., S. 173). „In gewisser Hinsicht lernen wir sogar explizit, dass wir nicht staunen sollten, weil es sich dabei um eine subjektive Regung handele, die zu einer verzerrten Wahrnehmung der Wirklichkeit führe. Stattdessen werden wir angehalten, Regeln auswendig zu lernen, die wir nicht verstehen und deren Entstehungsgeschichte wir nicht kennen" (ebd., S. 174). Dieses „Ideal", so Kühn und Koschel, sei lange Zeit typisch für die Naturwissenschaften gewesen, werde aber „in den modernen Naturwissenschaften [...] in Frage gestellt" (ebd., S. 174). Dies deutet u. a. darauf hin, dass es nicht „*die* Natur der Naturwissenschaften" (Krumbacher 2009, S. 2; Herv. i. O.) bzw. „nicht die eine, „richtige" Vorstellung" (ebd.) von Naturwissenschaften und naturwissenschaftlicher Bildung gibt sowie hierzu entsprechende Diskurse (für die Primar- bzw. Sachunterrichtsdidaktik z. B. Krumbacher 2009; Schütte 2019, S. 13 ff.).

Wildnisbildung kann ihrer Konzeption nach einen Beitrag zum Staunen über und Klären von Naturphänomene/n leisten – wenn Kinder die Möglichkeit bekommen, am außerschulischen Lernort Wildnis Phänomene zu erleben und diesen unter Orientierung am tradierten naturwissenschaftlichen Forschungszyklus (Steffensky 2018, S. 7; siehe Abschn. 4.4) klärend nachzugehen, wobei explizit erfahrbar werden sollte, dass es „nicht nur einen Weg der naturwissenschaftlichen Erkenntnisgewinnung" gibt (Krumbacher 2009, S. 4). Ob bzw. inwiefern dieser konzeptionelle Anspruch der Wildnisbildung im Kontext konkreter Praktiken Wirkung entfaltet, gilt es empirisch zu überprüfen (bspw. mittels des von Simon 2022a vorgeschlagenen Designs, siehe Abschn. 4.3). Insgesamt wird deutlich, dass es in der Wildnisbildungsforschung noch einigen Fragen nachzugehen gilt.

Literatur

Baar, R. & Schönknecht, G. (2018). *Außerschulische Lernorte: didaktische und methodische Grundlagen*. Beltz.

Bergmann, W. (2006). *Rassistische Vorurteile*. https://www.bpb.de/shop/zeitschriften/izpb/vorurteile-271/9710/rassistische-vorurteile/

Binder, U. (2023). Vom admiritativen Staunen zum intendierten Irritieren. Wie Philosophisches pädagogisch und erziehungswissenschaftlich funktionalisiert wird. *Pädagogische Rundschau 4*(2023), 431–443.

Bollmann-Zuberbühler, B., Strauss, N.-C., Kunz, P. & Frischknecht-Tobler, U. (2016). Systemdenken als Schlüsselkompetenz einer Bildung für nachhaltige Entwicklung. Eine explorative Studie zum Transfer in Schule und Unterricht. *Beiträge zur Lehrerinnen- und Lehrerbildung 34*(2016) 3, 368–383.

Bönsch, M. (2003). Unterrichtsmethodik für außerschulische Lernorte. *Das Schullandheim 2*(2003), 4–10.

Bund für Umwelt und Naturschutz Deutschland (BUND) (2002). *Wildnisbildung – ein Beitrag zur Bildungsarbeit in Nationalparken*. http://www.nationalpark-saechsische-schweiz.de/wp-content/uploads/2013/09/Wildnisbildung.pdf

Bundesministerium für Umwelt, Naturschutz, Bau und Reaktorsicherheit (BMUB) (Hrsg.) (2015). *Naturschutz-Offensive 2020.* https://www.cbd.int/doc/world/de/de-nbsap-v2-de.pdf

Clausen, S. (2015). *Systemdenken in der außerschulischen Umweltbildung.* Münster: Waxmann.

Deutsche UNESCO-Kommission (DUK) (Hrsg.) (2015). *Querbeet.* dieUmweltDruckerei.

Europaparlament (2009). *Wildnis in Europa.* https://www.europarl.europa.eu/doceo/document/TA-6-2009-0034_DE.pdf?redirect

Europarc Deutschland (2017). *Analyse von Wildnisbildungsangeboten in Nationalparks, Wildnisgebieten und Biosphärenreservaten im deutschsprachigen Raum.* https://www.naturparke.de/fileadmin/files/public/Aufgaben_und_Ziele/PDF/Analyse_Wildnisbildungangebote_in_GSG_2017_ED.pdf

Finck, P., Klein, M. & Riecken, U. (2013). Wildnisgebiete in Deutschland – von der Vision zur Umsetzung. *Natur und Landschaft 88*(8), 342–346.

Gebauer, G. (2006). *Poetik des Fußballs.* Campus.

Gebauer, M. (2014). Schönes in Natur sehen. Ästhetische Bildung und Umweltbildung in der Grundschule. *Sache, Wort, Zahl 142*(42), 4–16

Gebauer, M. (2020). „Wildnis" als außerschulischer Lern-, Bildungs- und Erfahrungsort im heterogenitätssensiblen Sachunterricht. *widerstreit sachunterricht 25*(2020). https://doi.org/10.25673/92411

Gesellschaft für Didaktik des Sachunterrichts (GDSU) (Hrsg.) (2013). *Perspektivrahmen Sachunterricht* (2. Aufl.). Klinkhardt.

Giese, K. & König, S. (2021). „Wild Kids" – Wildnisbildung im vorschulischen Bildungsbereich. In: A.-K. Lindau, F. Mohs, A. Reinboth & Lindner, M. (Hrsg.), *Wilde Nachbarschaft* (S. 283–288). Oekom.

Griffin, J. (1998). Learning science through practical experiences in museums. *International Journal of Science Education 20*(6), 655–663.

Grobner, C. (2019). *Populäre Fernsehbilder über Afrika.* Springer VS.

Guderian, P. (2006). Wirksamkeitsanalyse außerschulischer Lernorte. https://doi.org/10.18452/15610

Hampton, B. & Cole, D. N. (2003). *NOLS Soft Paths* (3rd Ed.). Stackpole.

Heisterkamp, S., Finck, P. & Riecken, U. (2019). Mehr Wildnis in Deutschland – Warum wir Wildnisgebiete brauchen. *Natur und Landschaft 94*(12), 524–530.

Heßdörfer, F. (2021). Das Staunen der Pädagogik. Anmerkungen zur Pädagogisierung des Neuen um 1900. In N. Gess & M. Schnyder (Hrsg.), *Das staunende Kind* (S. 209–222). Fink.

Hottenroth, D., van Aken, T., Hausig, F. & Lindau, A.-K. (2017). Wildnisbildung als Strömung einer Bildung für nachhaltige Entwicklung – mehr als ein Bildungskonzept für Großschutzgebiete. *Hallesches Jahrbuch für Geowissenschaften 40*(2017), 61–79.

Hottenroth, D. (2020). *Wildnisbildung in der universitären Geographielehrer/-innenbildung.* https://doi.org/10.25673/36031

Hund, W. D. (2007). *Rassismus.* Transcript.

International Union for Conservation of Nature (IUCN) (1994). *Richtlinien für Management-Kategorien von Schutzgebieten.* Morsak Verlag.

Jessel, B. (2011). Nachhaltig wild. Wildnis als Bestandteil einer nachhaltigen Entwicklung. In Bundesamt für Naturschutz (Hrsg.), *Wildniskonferenz 2010* (S. 29–32). BfN.

Kangler, G. (2018). *Der Diskurs um ›Wildnis‹*. Transcript.
Ständige Konferenz der Kultusminister der Länder in der Bundesrepublik Deutschland (KMK) & Bundesministerium für wirtschaftliche Zusammenarbeit und Entwicklung (BMZ) (Hrsg.) (2016). *Orientierungsrahmen für den Lernbereich Globale Entwicklung* (2. Aufl.). Cornelsen.
Köhnlein, W. (2012). *Sachunterricht und Bildung*. Klinkhardt.
König, A. & Böttner, M. (2015). Doing pupil nach Schulschluss – Videografie an einer Kinderuniversität. *Forum Qualitative Sozialforschung 16*(2). https://doi.org/10.17169/fqs-16.2.2242
Kowarik, I. (1992). Das Besondere der städtischen Flora und Vegetation. *Schriftenreihe des Deutschen Rates für Landespflege 61*(1992), 33–47.
Kowarik, I. (2015). Wildnis in urbanen Räumen. Erscheinungsformen, Chancen und Herausforderungen. *Natur und Landschaft 90*(09/10), 470–474.
Krumbacher, C. (2009). „Harte" Naturwissenschaften im Sachunterricht – eine Diskussionsgrundlage. *widerstreit sachunterricht 13*(2009). https://doi.org/10.25673/92410
Kühn, T. & Koschel, K.-V. (2011). *Gruppendiskussion*. VS Verlag.
Labudde, P. & Adamina, M. (2012). *Kompetenzen fördern – Standards setzen: Naturwissenschaftliche Bildung in der Primarstufe*. IPN.
Langenhorst, B. (2005). Waldscout & Waldranger – Naturbildung macht Schule. *Unterricht Biologie 29*, H. 305, 18–22.
Langenhorst, B. (2010). Waldscout & Waldranger – Wildnisbildung im Nationalpark Kellerwald-Edersee. In Nordhessische Gesellschaft für Naturkunde und Naturwissenschaften (Hrsg.), *Jahrbuch Naturschutz in Hessen, Band 31* (S. 101–106). Cognitio.
Langenhorst, B. (2016). *Wildnisbildung und nachhaltige Entwicklung*. Dr. Kovac.
Langenhorst, B. (2021). Wildnisbildung im Anthropozän – Verantwortung für das Wilde. In A.-K. Lindau, F. Mohs, A. Reinboth & Lindner, M. (Hrsg.), *Wilde Nachbarschaft* (S. 93–116). Oekom.
Langenhorst, B., Lude, A. & Bittner, A. (Hrsg.) (2014). *Wildnisbildung*. Oekom.
Lindau, A.-K., Hottenroth, D. & Lindner, M. (2016). Wildnisbildung als Möglichkeit zur Professionalisierung zukünftiger Geographielehrer/innen – ein neuer Ansatz zur Bildung für nachhaltige Entwicklung. *GW-Unterricht* 142/143, 138–152.
Lindau, A.-K., Mohs, F. & Reinboth, A. (2021a). Bildung für nachhaltige Entwicklung und Wildnisbildung. In A.-K. Lindau, F. Mohs, A. Reinboth & Lindner, M. (Hrsg.), *Wilde Nachbarschaft* (S. 15–43). Oekom.
Lindau, A.-K., Mohs, F., Reinboth, A. & Lindner, M. (Hrsg.) (2021b). *Wilde Nachbarschaft*. Oekom.
Lindau, A.-K., Mohs, F., von Aken, T. (2021c). Wirkung von Wildnisbildung auf Lehramtsstudierende sowie Schülerinnen und Schüler im Rahmen des Projekts „Wilde Nachbarschaft". In A.-K. Lindau, F. Mohs, A. Reinboth & Lindner, M. (Hrsg.), *Wilde Nachbarschaft* (S. 261–270). Oekom.
Lindau, A.-K., Simon, J. & Simon, T. (2023). Auf in die Wildnis des Stadtwaldes – Wildnisbildung als exkursionsdidaktischer Ansatz. Ein Beitrag zur Bildung für nachhaltige Entwicklung in der Primarstufe. In I. Gryl & M. Kuckuck (Hrsg.), *Exkursionsdidaktik* (S. 53–68). Klinkhardt.

Mambrey, V., Wermuth, I. & Böse-O'Reilly, S. (2019) Auswirkungen von Extremwetterereignissen auf die psychische Gesundheit von Kindern und Jugendlichen. *Bundesgesundheitsblatt 62*(2019), 599–604. https://doi.org/10.1007/s00103-019-02937-7

Marmer, E. (2013). Rassismus in deutschen Schulbüchern am Beispiel von Afrikabildern. *ZEP 36*(2013) 2, 25–31.

McGiveny, A. (2003). *Leave no trace: a guide to the new wilderness etiquette* (2nd. Ed.). Mountaineers Books.

Megerle, H. E. (2019). Wildnis und Landschaft. In O. Kühne, F. Weber, K. Berr & C. Jenal (Hrsg.), *Handbuch Landschaft* (S. 675–690). Springer VS.

Möller, K., Kleickmann, T. & Sodian, B. (2014). Naturwissenschaftlich-technischer Lernbereich. In W. Einsiedler, M. Götz, A. Hartinger, F. Heinzel, J. Kahlert & U. Sandfuchs (Hrsg.), *Handbuch Grundschulpädagogik und Grundschuldidaktik* (4. Aufl., S. 527–535). Klinkhardt.

Mose, I. (2009). Akzeptanz, Einstellung und Image als Einflussgrößen von Großschutzgebieten. Einige theoretische und methodische Vorüberlegungen. In I. Mose (Hrsg.), *Wahrnehmung und Akzeptanz von Großschutzgebieten* (S. 9–35). BIS-Verlag.

Or, Y. & Owosekun, A. (2023): Natur- und Wildnispädagogik im Wandel: Auf dem Weg zur dekolonisierenden, anti- rassistischen und inklusiven Naturerfahrung. In: Fachstelle Radikalisierungsprävention und Engagement im Naturschutz (FARN) (Hrsg.), *Die extreme Rechte und Menschenfeindlichkeit in der Umweltbildung* (S. 20–24) https://www.nf-farn.de/system/files/documents/farn_hr9_umweltbildung.pdf

Peschel, M. (2014). Außerschulische Lernorte in der Sachunterrichtsausbildung. In D. *Brovelli,* K. Fuchs, A. Rempfler & B. Sommer (Hrsg.), *Ausserschulische Lernorte – Impulse aus der Praxis* (S. 131–136). LIT.

Potthast, T. (2016). Wildnis, Evolution, Prozessschutz. In K. Ott, J. Dierks & L. Voget-Kleschin (Hrsg.), *Handbuch Umweltethik* (S. 31–36). J. B. Metzler.

Price, S. & Hein, G. (1997). More than a field trip: science programmes for elementary school groups at museums. *International Journal of Science Education 13*(5), 505–519.

Reinboth, A., Mohs, F. & Lindau, A.-K. (2021). Potenziale und Grenzen von Wildnis- und Verwilderungsflächen für die Wildnisbildung. In A.-K. Lindau, F. Mohs, A. Reinboth & Lindner, M. (Hrsg.), *Wilde Nachbarschaft* (S. 139–166). Oekom.

Sachverständigenrat für Umweltfragen (SRU) (2016). *Umweltgutachten 2016.* https://www.umweltrat.de/SharedDocs/Downloads/DE/01_Umweltgutachten/2016_2020/2016_Umweltgutachten_HD.pdf?__blob=publicationFile

Sauerborn, P. & Brühne, T. (2014). *Didaktik des außerschulischen Lernens* (5. Aufl.). Schneider.

Scherzinger, W. (2012). Schutz der Wildnis – ein gewichtiger Beitrag zur Landeskultur. *Silva fera 1*, 37–63.

Scholz, G. & Rauterberg, M. (2008). Außerschulisches Lernen – Erkenntnistheoretische Aspekte. In K. Burk, M. Rauterberg & G. Schönknecht (Hrsg.), *Schule außerhalb der Schule* (S. 41–53). GSV.

Schütte, F. (2019). *Freies Explorieren zum Thema elektrischer Stromkreis*. Springer VS.

Simon, J. (2020). *Wildnisbildung*. https://www.socialnet.de/lexikon/Wildnisbildung

Simon, J. (2022a). Wildnisbildung – ein Desiderat grundschulpädagogischer und sachunterrichtsdidaktischer Forschung. *widerstreit sachunterricht 26*(2022). https://doi.org/10.25673/92545.2

Simon, J. (2022b). Digitalität und Wildnis(bildung)? Reflexion zu einem wildnisbildnerischen und medienpädagogischen Spannungsfeld. *GDSU-Journal 13*(2022), 83–90.

Simon, J., Simon, T. & Lindau, A.-K. (2023). Wildnisbildung: ein Beitrag zur BNE und Desiderat der Primarpädagogik. In M. Haider, R. Böhme, S. Gebauer, C. Gößinger, M. Munser-Kiefer & A. Rank (Hrsg.), *Nachhaltige Bildung in der Grundschule* (S. 121–126). Klinkhardt.

Simon, J., Simon, T. & Lindau, A.-K. (2024). Wildnisbildung als Beitrag zur BNE – auch im Bereich frühkindlicher Bildung? In S. Rost, B. Bloch, A.-K. Kaiser & I. Kaul (Hrsg.), *Bildung für nachhaltige Entwicklung in der Kindheitspädagogik* (S. 146–163). Beltz Juventa.

Sobich, F. O. (2006). *»Schwarze Bestien, rote Gefahr«*. Campus.

Steffensky, M. (2018). *Frühe naturwissenschaftliche Bildung*. https://www.kita-fachtexte.de/fileadmin/Redaktion/Publikationen/KiTaFT_Steffensky_2018-Fruehe_naturwissenschaftliche_Bildung.pdf

Entwicklung eines transdisziplinären BNE-bezogenen außerschulischen Lehr-Lern-Arrangements zu Netto-Null-Technologien

Andrea Maria Schmid und Michelle Hermann

1 Einleitung

Aktuelle Berichterstattungen zum Zustand der Welt (u. a. Vereinte Nationen 2023) verdeutlichen mit Blick auf den Klimawandel oder die wachsende Armut die Bedeutung der Transformation hin zu einer Nachhaltigen Entwicklung. Nach der bis heute gültigen Definition aus dem Brundtland-Bericht von 1992 ist eine Entwicklung nachhaltig, sofern sie „die Bedürfnisse der Gegenwart befriedigt, ohne zu riskieren, dass künftige Generationen ihre eigenen Bedürfnisse nicht befriedigen können" (Hauff 1987, S. 46). Zur weltweiten Förderung einer nachhaltigen Entwicklung hat die globale Staatengemeinschaft 2015 die Agenda 2030 mit den 17 Sustainable Development Goals (SDGs) verabschiedet (Vereinte Nationen 2015). Die Allgegenwärtigkeit der Icons, die für die SDGs stehen, lässt fast vergessen, wie weit die globale Gemeinschaft von der Erreichung der gesetzten Ziele noch immer entfernt ist. *Eine* Erklärung für die Zielverfehlung liegt in den unauflösbaren Widersprüchen, die sich aus parallellaufenden Anstrengungen zur Erreichung teilweise gegenläufiger SDGs ergeben (Weizsäcker und Wijkman 2018).

A. M. Schmid (✉) · M. Hermann
Institut für Fachdidaktik MINT und Nachhaltigkeit, Pädagogische Hochschule Luzern, Luzern, Schweiz
E-Mail: andrea.schmid3@phlu.ch

M. Hermann
E-Mail: michelle.hermann@phlu.ch

A. Wenzel und T. Schmäing (Hrsg.), *Außerschulisches Lernen in der naturwissenschaftlichen Bildung,* https://doi.org/10.1007/978-3-658-50864-7_9

Exemplarisch zeigt sich diese Gegenläufigkeit bei den Zielen 8 (Dauerhaftes, breitenwirksames und nachhaltiges Wirtschaftswachstum) und 13 (Umgehend Maßnahmen zur Bekämpfung des Klimawandels und seiner Auswirkungen ergreifen) (ebd.). Die globale Staatengemeinschaft bündelt ihre Anstrengungen zur Bekämpfung des Klimawandels seit 2015 im Pariser Klimaabkommen. Ein immer größerer Teil der Staaten verpflichtet sich in diesem Rahmen seither bereits dazu, bis 2050 eine ausgeglichene Treibhausgasbilanz zu erzielen (kurz: Verpflichtung zur Erreichung eines Netto-Null-Ziels) und nicht mehr Treibhausgase in die Atmosphäre ausstoßen, als durch natürliche und technische Speicher aufgenommen werden (Olhoff et al. 2024). Allerdings weisen die Vereinten Nationen darauf hin, dass zur Erreichung der Ziele des Pariser Klimaabkommens weitere Anstrengungen notwendig sind (ebd.).

Hinter dieser Zielformulierung verbirgt sich auch eine widersprüchliche Problemlage rund um die Bewältigung des Klimawandels mit geeigneten Technologien wie der Produktion von erneuerbaren Energien, der effizienten Energiespeicherung und dem Einlagern von Kohlenstoffdioxid aus industriellen Prozessen (in diesem Beitrag als Netto-Null-Technologien bezeichnet). Hinsichtlich seiner Komplexität und Kontroversität kann dieses Themenfeld aus Sicht der Autorinnen daher als stellvertretend für weitere bedeutende globale Herausforderungen der Gegenwart, wie die Bewältigung der Biodiversitätskrise oder die Beendigung kriegerischer Auseinandersetzungen, gelten, soweit dabei die Gegenläufigkeit ökologischer und sozial-ethischer Aspekte nicht vernachlässigt wird. Entsprechend kann der Einsatz von Netto-Null-Technologien als Kontext für die Klimabildung im Rahmen einer Bildung für Nachhaltige Entwicklung (BNE) dienen. Nachhaltige Entwicklung ist dabei „als Prozess [zu sehen], der sich von Nicht-Nachhaltigkeit entfernen will“ (Wilhelm 2021, S. 28), ohne die perfekte Nachhaltigkeit je erreichen zu können (S. Otto 2007). Der BNE mit Lehrkräften als „wirkungsvolle Change Agents“ (Nationale Plattform Bildung für nachhaltige Entwicklung 2017, S. 29) wird dabei die Schlüsselrolle eines sozioökonomischen Kippelements zugesprochen (I. M. Otto et al. 2020). Lernende sollen dazu befähigt werden, an der Bewältigung der globalen Herausforderungen mitzuwirken.

Als *eine* zentrale Herausforderung für Lehrkräfte in der Auseinandersetzung mit globalen Herausforderungen kann unter anderem die gegenseitige Bezugnahme natur- und sozialwissenschaftlichen Ansätze gesehen werden (Wilhelm & Kalcsics 2023). Arrangements im Setting des Lehr-Lern-Labors ermöglichen in diesem Fachbereich einerseits die Förderung des Professionswissens und -handelns angehender Lehrkräfte. Andererseits können derartige Arrangements lern- und motivationswirksam für den außerschulischen Lerneinsatz auf der

Sekundarstufe I eingesetzt werden (Pawek 2019; Rehfeldt et al. 2020; Schmid 2023; Schüttler et al. 2021).

Diese Ausgangslage motiviert die Weiterentwicklung eines bestehenden außerschulischen Lehr-Lern-Arrangements. Die bisherigen fachdidaktischen Elemente mit Schwerpunkten in Physik und Technik werden neu mit sozialwissenschaftlichen Perspektiven ergänzt und an den Grundsätzen für transformative Lernprozesse ausgerichtet. Die Stärken der bewährten Zusammenarbeit einer Pädagogischen Hochschule mit einer fachwissenschaftlichen, angewandten Forschungseinrichtung werden beibehalten und verstärkt für eine BNE nutzbar gemacht. Entstanden ist ein innovativer, konzeptioneller Ansatz zur curricularen Einbindung fachwissenschaftlicher Forschungsprojekte einer technischen Fachhochschule als authentische Kontexte einer BNE-bezogenen Lehrkräftebildung auf der Sekundarstufe I. Der Begriff *authentisch* zielt dabei auf die Berücksichtigung natürlicher bzw. echter Beispiele für die Anwendung von bestimmten Fachkonzepten ab (van Vorst & Aydogmus 2021; van Vorst et al. 2015), wie sie beispielsweise bei Forschungsprojekten an einer Fachhochschule in den Labors anzutreffen sind. Diese strebt sowohl einen Kompetenzaufbau in Bezug auf Verständnis und Handlungswissen zu physikalisch-technischen Fachkonzepten als auch einen BNE-bezogenen Kompetenzaufbau mit Fokus auf System- und Handlungswissen zu technologiebezogenen Klimaschutzmaßnahmen unter Berücksichtigung ökologischer und sozial-ethischer Aspekte an. Um Lernsituationen im Lehr-Lern-Labor trotz hoher fachinhaltlicher Komplexität angemessen zu gestalten und die angehenden Lehrkräfte in der Umsetzung dieser anspruchsvollen Vermittlungsaufgaben zu unterstützen, zielt die Konzeption darüber hinaus sowohl auf die Stärkung der fachbezogenen Fähigkeitsselbstkonzepte und Selbstwirksamkeitserwartungen der Lehrkräfte als auch auf die Vermittlung von kriteriengeleiteten Ansätzen zur Komplexitätsreduktion ab. Das fähigkeitsbezogene Selbstkonzept kann als die Selbstwahrnehmung der Lernenden bezüglich der eigenen Stärken und Schwächen der einzelnen Fächer im akademischen Umfeld definiert werden, die kontinuierlich durch Erfahrungen und Interaktionen mit der Umgebung geformt wird (Scherer 2013). Die Selbstwirksamkeitserwartung meint als Abgrenzung zum Selbstkonzept die subjektive Einschätzung, inwiefern kontextbezogen neue oder schwierige Aufgaben aufgrund der eigenen Kompetenzen bewältigt werden können und ist – im Gegensatz zum Selbstkonzept – weniger durch soziale Vergleiche bestimmt (Jerusalem 2016; Kessels 2012; Morin 2017). Selbstwirksamkeitsüberzeugungen ihrerseits gehen auf das Vertrauen ein, mit schwierigen Situationen künftig zurechtzukommen (Jerusalem 2016). Der Beitrag beschreibt diese Neukonzeption unter Berücksichtigung des Zusammenspiels an Ansprüchen, die für eine zeitgemäße BNE gelten.

2 Ansprüche an ein außerschulisches BNE-Lehr-Lern-Arrangement

2.1 Netto-Null-Technologien als Gegenstand einer BNE

Die gesellschaftlichen Aushandlungsprozesse rund um Netto-Null-Technologien bedingen weitreichende Kenntnisse über natur- und sozialwissenschaftliche Aspekte jener Mensch-Umwelt-Systeme, die von einem derartigen Technologieeinsatz beeinflusst werden. Um diesem Anspruch gerecht zu werden, muss ein Bildungsangebot mit Netto-Null-Technologien einen Schwerpunkt auf Klimaschutzmaßnahmen auf gesellschaftlicher Ebene legen, wodurch es sich von bestehenden Angeboten unterscheidet, die aktuell noch stark auf Maßnahmen auf individueller Ebene fokussieren und Maßnahmen auf gesellschaftlicher Ebene ausblenden, obwohl diese klimawissenschaftlich gesehen wirkungsvoller wären (Kranz et al. 2022, S. 16). Ein denkbarer Orientierungsrahmen, für den gesellschaftlich auszuhandelnden Einsatz von Netto-Null-Technologien im Rahmen des Klimaschutzes, ist das von Wilhelm et al. (2022) entwickelte Planungsmodell der sensitiven Nachhaltigkeit. Das Modell stellt „eine ethisch viable Entwicklung der Menschheit“ (ebd., S. 12) zwischen einem minimalen sozial-ethischen Anspruch und einer maximalen planetaren Belastung zur Diskussion. Die sensitive Nachhaltigkeit zielt auf eine Allokationsethik, die aus Sicht der Autorinnen die moralisch gerechte Zuweisung von Ressourcen ebenso umfasst wie Rechte und Pflichten von Individuen und Gemeinschaften, Treibhausgase auszustoßen, beziehungsweise zu vermeiden, was im Zusammenhang mit der Einschätzung von Netto-Null-Technologien als Klimaschutzmaßnahmen im Rahmen einer BNE von Bedeutung ist.

Das Zusammenwirken von Verstehen und Handeln ist in der Begrifflichkeit „Bildung für Nachhaltige Entwicklung“ angelegt, steht aber in dieser verkürzten Lesart zunehmend in der Kritik. Verschiedene Autor*innen (u. a. Singer-Brodowski 2016; Wilhelm & Kalcsics 2023) geben mit Verweis auf Vare und Scott (2007) zu bedenken, dass im Rahmen einer BNE klar zu unterscheiden ist zwischen einem auf den Aufbau von Fachwissen und die Veränderung BNE-bezogener Verhaltensweisen und Werten abzielenden instrumentellen Ansatz (BNE I) und dem emanzipatorischen Ansatz (BNE II), der Nachhaltige Entwicklung als „offenen gesellschaftlichen (Lern-) Prozess“ (Rieckmann 2016, S. 94) versteht, der zur Reflexion und zur „kritischen Auseinandersetzung mit einer Nachhaltigen Entwicklung“ in ihrer Komplexität, Unsicherheit und Widersprüchlichkeit befähigt (ebd.). Daraus abgeleitet verweisen die Autor*innen darauf hin, dass eine zweckorientierte BNE nicht in Einklang zu bringen ist mit dem bildungstheoretischen Verständnis einer per se zweckfreien Bildung (u. a. Singer-Brodowski 2016; Wilhelm & Kalcsics 2023), was die Verwendung der Bezeichnung „Bildung in Nachhaltiger Entwicklung“ gegenüber der breit etablierten Bezeichnung „Bildung für Nachhaltige Entwicklung“ wesentlich passender erscheinen lässt (ebd.). Zu einer solchen BNE gehört nach Pettig und Ohl (2023) die mit Bezug auf (Vare 2014) vorgeschlagene BNE III, die ergänzend zu einer BNE I und BNE II vorsieht, ausgehend von den Lernenden nach Möglichkeiten für ein gutes Leben für alle zu suchen und dabei auch Gefühle und Gedanken hinsichtlich der damit verbundenen Unsicherheiten zu thematisieren. BNE II und III gehen von einer „gestaltbaren und offenen Zukunft“ (Pettig & Ohl 2023, S. 7) aus, die über gesellschaftliche Aushandlungsprozesse beeinflusst werden kann, wozu transformative Lernprozesse befähigen, die zum Überdenken eigener gewohnter Denk- und Handlungsweisen anregen, was gemäß Grund und Singer-Brodowski (2020) mit vorübergehender Unsicherheit und Desorientierung verbunden sein kann, die letztlich aber in einer Neuorientierung der eigenen Sichtweisen mündet (ebd.). Grund und Singer-Brodowski (2020) betonen, dass die mit diesen Prozessen einhergehenden Emotionen wesentlicher Teil transformativen Lernens sind, die – entsprechende „persönlich-kommunikative Fähigkeiten der Multiplikator*innen“ (ebd., S. 33) vorausgesetzt – im Lernprozess produktiv genutzt werden können. Besonders unterstützend dabei sind direkte, persönlich berührende Erfahrungen und offene Diskursräume (ebd.)

Sowohl für die Ebene der Schüler*innen als auch auf der Ebene der Lehrkräfte liegen unterschiedliche Konzeptionen zur Kompetenzorientierung im Rahmen einer qualitätsvollen BNE vor. Für die Lernenden-Ebene breit rezipiert sind die Gestaltkompetenzen nach de Haan et al. (2008), wie unter anderem Perspektivenübernahme, Kooperation und Partizipation (ebd.). Ein Nachteil dieser Konzeption ist die fehlende thematische Verankerung (u. a. Niebert 2024). Ebenfalls breit rezipiert sind Schlüsselkompetenzen in Nachhaltigkeit nach Wiek et al. (2011), die das Anliegen einer thematischen Verankerung mit der Fokussierung auf fachspezifische Aspekte aus den Nachhaltigkeitswissenschaften wie Systemdenken und normative Kompetenz aufnehmen. Um den BNE-bezogenen Kompetenzerwerb unterrichtlich zu fördern, sollten die Kompetenzen in Nachhaltigkeitsthemen authentisch operationalisiert werden (Niebert 2024).

Das breite Spektrum an BNE-bezogenen Kompetenzerwartungen an Schüler*innen zieht hohe Erwartungen an die BNE-bezogene professionelle Handlungskompetenz von Lehrkräften nach sich. List et al. (2024) schlagen ein erweitertes BNE-bezogenes Modell vor, das in der fachbezogenen Dimension fachübergreifendes Fachwissen sowie Systemwissen als systemische Betrachtung von komplexen nachhaltigkeitsbezogenen Phänomenen und Wissen über Konzepte von Nachhaltigkeit und Nachhaltiger Entwicklung vorsieht. In der fachdidaktischen Dimension kommen Wissen zur fächerübergreifenden Gestaltung von Lernprozessen und Kompetenzen im Umgang mit BNE-bezogenen Medien und Materialien hinzu. Im Bereich der affektiv-motivationalen Dispositionen ergänzen List et al. (2024) unter anderem den Aspekt der Selbstwirksamkeitsüberzeugungen bezogen auf nachhaltigkeitsbezogenes Verhalten, spezifizieren diese ansonsten aber nicht weiter. Boeve-de Pauw et al. (2022) unterstreichen allerdings vor dem Hintergrund der hohen Anforderungen an BNE-bezogenen Unterricht die Wichtigkeit der Betrachtung der Selbstwirksamkeitsüberzeugungen. Oberrauch et al. (2021) stellten im Einklang mit Boeve-de Pauw et al. (2022) positive Selbstwirksamkeitsüberzeugungen bei angehenden Lehrkräften mit wenig BNE-bezogener Erfahrung fest, wobei letztere darauf hinweisen, dass bereits tätige Lehrkräfte im Gegensatz dazu häufig tiefe Selbstwirksamkeitsüberzeugungen bezüglich BNE zeigen (Boeve-de Pauw et al. 2022). Beide Autor*innen-Gruppen betonen, dass eine weitere Stärkung der Selbstwirksamkeitsüberzeugungen von Bedeutung ist, da die Vermittlung von BNE-Themen oftmals auf Problemanalysen anstelle von Lösungsfindung fokussiert und zudem gefundene Lösungen abstrakt bleiben, was die Vermittlung voraussetzungsvoll macht. Um neben kognitiven Dispositionen auch affektiv-motivationale Dispositionen wie Selbstwirksamkeitserwartungen mit Lehr-Lernangeboten anzusprechen, empfehlen Oberrauch et al. (2021) im Rahmen einer BNE das projekt- und problem-orientierte Arbeiten an real-weltlichen Problemstellungen.

Vor dem Hintergrund der fachlichen und ethischen Komplexität und Kontroversität von BNE-Thematiken wie dem Klimawandel und dem Klimaschutz betonen Breitenmoser und Keller-Schneider (2022) die Gefahr der Vermeidung des Themas aus Gründen der Überforderung und der dadurch fehlenden weiteren Professionalisierung. In Bezug auf den Klimawandel benennen sie für den Sachunterricht neben fachbezogenen Fehlvorstellungen und Überzeugungen, welche die Wahrnehmung rahmen, unter anderem fehlende Lehr- und Lernmaterialien als Hürden für eine angemessene Einbettung des Klimawandels in den Unterricht. Durch die „Vermittlung von Fachwissen und fachdidaktischem Wissen, sowie von themenspezifischem pädagogisch-psychologischem Wissen und der Auseinandersetzung mit individuellen Sichtweisen und Motiven in Reflexionsprozessen" kann der Vermeidung entgegengewirkt werden (ebd., S. 3), wobei „eine Klärung individueller Überzeugungen und Denkmuster" (ebd., S. 14) einer weiteren Professionalisierung zuträglich ist. Nimmt man den Anspruch transformativen Lernens in einem dialogischen Miteinander zwischen Lernenden und Lehrenden hinzu, wird aus Sicht der Autorinnen deutlich, dass affektiv-motivationalen Dispositionen besondere Bedeutung beigemessen werden müssen.

2.2 Außerschulische Lehr-Lern-Arrangements als Grundlage für die Weiterentwicklung

Das von Niebert (2024) benannte Qualitätsmerkmal einer authentischen Kontextualisierung im Zusammenhang mit BNE-bezogenen Lerngelegenheiten ist auch Gegenstand fachdidaktischer Forschung in den Naturwissenschaften. Diese beschäftigt sich mit dem Potenzial von kontextualisiertem Lernen, u. a. um das naturwissenschaftlich-technische Lernen näher an das Leben und die Interessen der Lernenden heranzuführen sowie das Verständnis für das jeweilige Fach zu verbessern (Habig et al. 2018; Sevian et al. 2018). Dabei wird der Grad der Authentizität, als Echtheit eines Kontextes in Form von natürlichen Beispielen für die Anwendung von bestimmten Fachkonzepten, als wichtiger Faktor eingestuft (van Vorst & Aydogmus 2021; van Vorst et al. 2015). Es liegt in der Wahrnehmung der Schüler*innen, ob eine Situation oder ein Gegenstand des Kontextes als glaubwürdig eingestuft wird (Weiss & Müller 2015). Über den Bekanntheitsgrad wird sich die Ausprägung spezifizieren, wie der Kontext hinsichtlich Alltagsbezug und Besonderheit wahrgenommen wird: Je häufiger Gegenstände (natürliche und technische Objekte) sowie Situationen bzw. Handlungen in der unmittelbaren Umgebung von Lernenden auftauchen, desto höher ist der Bekanntheitsgrad bzw. die Vertrautheit und entsprechend einfacher fällt die authentische Wahrnehmung (van Vorst et al. 2015).

In einer von der PH Luzern und Hochschule Luzern Technik & Architektur (Fachhochschule) durchgeführten Interventionsstudie, im Rahmen des nationalen Projekts «Netzwerk MINT-Bildung» (Metzger et al. 2022), wurden authentische Lernkontexte im Setting des hochschultypenübergreifenden Lehr-Lern-Labors für physikalisch-technische Themen untersucht (Schmid et al. 2021). Die empirische Prüfung der Interventionswirkung erfolgte über insgesamt vier Jahre semesterweise anhand eines quantitativen, quasi-experimentellen Prä-Inter-Post-Designs mit insgesamt $N=176$ Proband*innen. Die Lehramtsstudierenden der Sekundarstufe I schätzten die als Lernkontexte eingesetzten Forschungsprojekte der Fachhochschule insgesamt als sehr authentisch, mit Alltagsbezügen und wenig Besonderheitsaspekten ein. Das Lernen in allen sechs Lernkontexten zeigte vergleichbare, mittlere bis leicht hohe kognitive Belastung bei den Studierenden mit Angaben zu hohen situationalen Interessensvalenzen (Schmid 2023). Diese Resultate implizieren, dass die in den Forschungsprojekten behandelten Themen für die Studierenden tendenziell nah an ihrer Alltagswelt sind. Alltäglichen Kontexten wird ein Potenzial zugesprochen, dass sie zu höheren wertbezogenen Valenzwerten und einer höheren individuellen Relevanz führen (Habig et al. 2018; van Vorst 2013; van Vorst & Aydogmus 2021). Die Authentizität der Kontexte wird von den Studierenden wahrgenommen und gleichzeitig ermöglicht die didaktische Strukturierung situational ein interessegeleitetes Lernen bei mittlerer bis leicht hoher kognitiver Belastung.

Ein Literatur-Review von Nachtigall et al. (2022) weist jedoch darauf hin, dass authentische Lernsituationen sich mit authentischen Gerätschaften, Situationen und Aktivitäten positiv hinsichtlich motivationaler Faktoren, bei zu hoher Komplexität der Aufgabenstellung aber negativ hinsichtlich kognitiver Faktoren, auf das Lernen auswirken können. Lehr-Lern-Labore ihrerseits als spezielle Organisationsform der Lehramtsausbildung, in der Lern- bzw. Förderaktivitäten von Schüler*innen und die berufsbezogene Qualifizierung von Lehramtsstudierenden sinnvoll miteinander verknüpft werden, können den dafür notwendigen didaktischen Rahmen setzen (Elsholz 2019; Priemer & Roth 2020). Zentral in diesem zyklischen Prozess ist dabei die Verknüpfung von Erlernen und Vertiefen fachwissenschaftlicher Inhalte sowie fachdidaktischer Auseinandersetzung zur adäquaten Aufbereitung, Umsetzung und Reflexion von Unterrichtsminiaturen. Dabei orientieren sich die Fachinhalte an den Lehrplänen der jeweiligen Zielstufe, analog zu einem Schüler*innenlabor. Diese Unterrichtsminiaturen (z. B. Korneck et al. 2016) im Lehr-Lern-Labor-Seminar weisen in Anlehnung an das Konzept von *Microteaching* (Allen& Ryan 1974) einen phasenähnlichen Verlauf zum regulären Unterricht auf, ermöglichen grundsätzlich aber eine Komplexitätsreduktion z. B. aufgrund von eingeschränkter Zeitdauer, reduzierter Themenauswahl sowie angepassten Räumlichkeiten und verkleinerter Gruppengröße der Schüler*innen (Marohn et al. 2020). Eine Metastudie von Rehfeldt et al. (2020) anhand von 20 systematisch ausgewählten Publikationen aus dem deutschsprachigen Raum legt folgende Wirkungen des Lehr-Lern-Labor-Seminars dar: Die Studierenden scheinen im Setting des Lehr-Lern-Labor -Seminars eine signifikante Steigerung des Fachwissens, des fachdidaktischen und pädagogischen Wissens zu erfahren. Weiter konnte die Förderung von Selbstwirksamkeitserwartungen, Reflexionskompetenzen und eine Steigerung der unterrichtsspezifischen Performanz nachgewiesen werden. Außerschulische Lehr-Lern-Arrangements können somit einen Beitrag aus der Naturwissenschaftsdidaktik an eine Lehrkräfteausbildung sein. Fähigkeitsbezogene Selbstkonzepte und Selbstwirksamkeitserwartungen sind als Konstrukt in der Naturwissenschaftsdidaktik wichtig, weil sie, direkt oder moderiert durch motivationale Variablen, schulische Lernprozesse nachweislich beeinflussen (Eccles & Wigfield 2002; Jansen et al. 2015; Kessels 2012; Möller et al. 2020). Empirisch konnte mehrfach nachgewiesen werden, dass eine positive Bewertung der eigenen Leistungsfähigkeit einen positiven Einfluss auf die tatsächliche Leistung hat (Köller et al. 2006; Möller et al. 2020; Wu et al. 2021). Gleichzeitig implizieren diese Studien, dass Interventionen bei einer Selbstkonzept- und

Selbstwirksamkeitsentwicklung über einen gewissen Zeitraum positiv unterstützen können. Dabei sollte im Blick behalten werden, dass sich zu hohe Werte hinsichtlich Überschätzung der eigenen Fähigkeiten auch negativ auf die eigentliche Performanz auswirken können (Möller & Trautwein 2015). Im Rahmen des zwischen der PH Luzern und Hochschule Luzern entwickelten Lehr-Lern-Labor-Seminars konnte u. a. ein signifikanter Anstieg des physikbezogenen Fähigkeitsselbstkonzepts bei den angehenden Lehrkräften ($N=176$) nachgewiesen werden: Tiefe Selbstkonzepte – die vorwiegend bei Probandinnen vorlagen – stiegen über die Interventionszeit leicht an und bereits mittlere bis leicht hohe Selbstkonzepte – die vorwiegend bei Probanden vorlagen – stabilisierten sich (Schmid & Brovelli 2024). Dies wiederum kann sich unterstützend auf Schüler*innen auswirken, da Lehrkräfte mit einem positiven Fähigkeitsselbstkonzept Lernende besser zu motivieren scheinen (Harms & Riese 2018).

3 Antworten, die das Lehr-Lern-Arrangement auf die genannten Herausforderungen bietet

Aus den dargelegten Zugängen konsolidiert sich das Potenzial für ein Arrangement, das einen umfassenden Zuwachs von Professionskompetenzen angehender Lehrkräfte sowohl BNE- als auch naturwissenschaftsbezogen im Setting des Lehr-Lern-Labors ermöglicht. So verdeutlichen die vorangegangenen Ausführungen aus Sicht der Autorinnen, wie zentrale Aspekte aus der Naturwissenschaftsdidaktik weiterentwickelt und so für eine BNE nutzbar gemacht werden können. Dies mit dem Ziel, angehende Lehrkräfte und in der Konsequenz auch Schüler*innen in einem interdisziplinären Unterricht bei ihrer Kompetenzentwicklung zu unterstützen: Die Auseinandersetzung mit globalen Herausforderungen und den damit einhergehenden Zielkonflikten aus unterschiedlichen Perspektiven ermöglicht die Wahrnehmung der Herausforderungen in ihrer Komplexität und Kontroversität und das Kennenlernen unterschiedlicher Möglichkeiten im Umgang damit. Im Sinne des transformativen Lernens stehen dabei sowohl das dialogische Miteinander als auch die produktive Nutzung von Gefühlen und Gedanken im Zusammenhang mit Unsicherheiten im Zentrum. Ein außerschulisches Arrangement zu Netto-Null-Technologien muss aus Sicht der Autorinnen die folgenden Ansprüche erfüllen:

1. **Transformatives Lernen im außerschulischen Setting:** Die emotionale Ansprache des Ortes, der Personen usw. sollen als Grundlage für transformatives Lernen miteinbezogen werden (Grund & Singer-Brodowski 2020).

2. **Forschungsprojekte als authentische Lernkontexte:** Forschungsprojekte der Fachhochschule im Bereich Netto-Null-Technologien sollen einerseits eine Verbindung des BNE-Anspruches für authentische Operationalisierung (Niebert 2024) und andererseits die an die Fachdidaktik der Naturwissenschaften gestellten Authentizitätsansprüche für Lernkontexte (van Vorst & Aydogmus 2021; van Vorst et al. 2015) in der Auswahl berücksichtigen.
3. **Stärkung von Fähigkeitsselbstkonzept und Selbstwirksamkeitserwartung:** Im Rahmen der Professionskompetenzentwicklung soll eine positive Entwicklung für Fähigkeitsselbstkonzept und Selbstwirksamkeit in Bezug auf BNE als auch NW-spezifisch Physik und Technik möglich werden (Schmid & Brovelli 2024).
4. **Komplexitätsreduktion als Basis für BNE-NW-bezogenes Lernen:** Das Lehr-Lern-Arrangement soll den Fokus auf den Kompetenzaufbau in den Bereichen BNE sowie Physik und Technik legen. Die Balance zwischen Komplexitätserfassung als Authentizitätsaspekt und Komplexitätsreduktion als lernförderliche Umgebung auf motivationaler und kognitiver Ebene zu gestalten (Nachtigall et al. 2022), gilt es zu finden.

Diese Aspekte werden nachfolgend in den Abschn. 3.1 bis 3.4 näher erläutert und mit einem Ausblick in Abschn. 3.5 konkludiert.

3.1 Transformatives Lernen im außerschulischen Setting

Um diese Ansprüche zu adressieren, entwickeln die PH Luzern und die Hochschule Luzern für Technik & Architektur gemeinsam ein einsemestriges Lehr-Lern-Labor-Seminar (7. Semester, 2 ECTS-Punkte). Dort setzen sich Lehramtsstudierende wöchentlich mit aktuellen Forschungsprojekten zu Netto-Null-Technologien und damit zusammenhängenden gesellschaftlichen Aushandlungsprozessen auseinander. Aufbauend auf den Austausch mit Forschenden, die Einblicke in ihre Methoden und Erkenntnisse geben, entwickeln die Studierenden in Kleingruppen Unterrichtsminiaturen mit Anspruch auf einen Kompetenzaufbau in den Bereichen Physik und Technik sowie im Bereich BNE. Dabei wird das Forschungsprojekt als fachwissenschaftlicher Lernkontext von den Studierendengruppen unter Anleitung nach dem Modell der didaktischen Rekonstruktion (Kalcsics & Wilhelm 2017; Kattmann et al. 1997) aufbereitet.

Die Verknüpfung von hochschulspezifischem und schulischem Fachwissen im außerschulischen bzw. außerhochschulischen Lehr-Lern-Labor ermöglicht eine

Steigerung der wahrgenommenen Berufsrelevanz für die angehenden Lehrkräfte (Borchert et al. 2021; Lorentzen et al. 2019; Messner & Reusser 2000). So zielt das transdisziplinäre Setting darauf ab, für die Studierenden sowohl die fachliche als auch die moralische Komplexität als bedeutsame Herausforderungen der BNE (Ohl 2018) am Beispiel der Netto-Null-Technologien über den Austausch mit den Forschenden authentisch erfahrbar zu machen und ihnen dadurch die Aneignung von Strategien zur Komplexitätsreduktion und Kompetenzen im Umgang mit Unsicherheiten zu ermöglichen. Damit geht das Lehr-Lern-Arrangement über die im Bereich der Klimabildung gängigen Inhalte der physikalischen Grundlagen des Klimawandels und der individuellen Handlungsmöglichkeiten in den Bereichen wie Konsum und Mobilität hinaus (Niebert 2024) und nimmt technologische Lösungsansätze eingebettet in die zugehörigen gesellschaftlichen Aushandlungsprozesse in den Blick. Es wird erwartet, dass die Studierenden dadurch die Nachhaltige Entwicklung selbst als Lernprozess (Vare & Scott 2007) wahrnehmen und diese Erkenntnisse für die Entwicklung ihrer Unterrichtsminiaturen nutzbar machen. Die vorgestellte Konzeption strebt damit den Aufbau von BNE-bezogenen Professionskompetenzen (Rieckmann & Barth 2022) und von nachhaltigkeitsbezogenem Wissen (Tretter et al. 2019) an. Sie ist eingebunden in ein BNE-bezogenes Hochschulentwicklungsprojekt der PH Luzern (Hermann & Wilhelm 2023) und dadurch Teil eines fächerübergreifenden Netzwerks zur Weiterentwicklung der BNE.

3.2 Forschungsprojekte als authentische Lernkontexte

Lehr-Lern-Labore können als Format zwischen Vorlesung und Praktikum in der Schule eingestuft werden. Solche teils außerschulischen Lernorte, wie auch Schüler*innenlabore, ermöglichen authentische Einblicke in die Wissenschaft mit erlebnis- und erfahrungsorientierten Zugängen (Pawek 2019). In authentischen Lernsituationen planen Studierende nach der didaktischen Rekonstruktion Unterrichtssituationen, die sie anschließend durchführen, reflektieren, ggf. optimieren und analysieren (Brüning et al. 2020; Priemer & Roth 2020). Im Vergleich zu Praxissemestern oder anderen Praktika kann im Lehr-Lern-Labor-Seminar ein Setting gezielt auf einzelne Lernaspekte ausgerichtet gestaltet werden. Der Anspruch steht dabei hinsichtlich der Professionskompetenzentwicklung sowohl auf fachwissenschaftlicher, fachdidaktischer als auch motivationaler Ebene (Rehfeldt et al. 2020). Damit nimmt die Konzeption gleichermaßen die Anliegen der Vermittlung von BNE-Konzepten entlang realweltlicher (Oberrauch et al. 2021) und fachübergreifender (Boeve-de Pauw et al. 2022) Problemstellungen auf, die beide gemäß den Autor*innen positiven Selbstwirksamkeitserwartungen zuträglich sind. Die Konzeption nutzt diese Erkenntnisse für eine kriteriengeleitete Auswahl der Netto-Null-Forschungsprojekte, wobei ein Augenmerk auf die Balance zwischen Umsetzbarkeit und Anspruch an den Professionskompetenzerwerb gelegt wird.

3.3 Stärkung von Fähigkeitsselbstkonzept und Selbstwirksamkeitserwartung

Um angehende Lehrkräfte darin zu bestärken, BNE- und NW-bezogene Professionskompetenzen (Kunter et al. 2011; Rieckmann & Barth 2022) zu entwickeln und im Unterricht entsprechende Themen aufzugreifen, sollten in der Lehramtsausbildung Situationen zur Fähigkeitsselbstkonzeptentwicklung und Selbstwirksamkeitsentwicklung ermöglicht werden. Lehr-Lern-Labor-Seminare können durch die reflexive Auseinandersetzung mit der persönlichen Professionskompetenz und den Voraussetzungen der Lernenden der Zielstufe sowie der engen Begleitung durch Dozierende und wissenschaftliche Mitarbeitende unterstützen (Elsholz 2019; Rehfeldt et al. 2020; Schmid 2023). Hierbei wird in der Konzeption auf folgende Aspekte eingegangen: soziale Aspekte wie die freie Gruppenwahl, reflexive Analysen möglicher Prototyp-Abgleiche (Kessels 2012) und das implizit umgesetzte Prinzip der *Students as Partners* (Cook-Sather 2014; Dvorakova 2021) zwischen den wissenschaftlichen Mitarbeitenden der technischen Fachhochschule und den Lehramtsstudierenden. Es wird erwartet, dass dadurch im Semesterverlauf vertraute Lernräume geschaffen werden, die im Austausch mit den Forschenden persönlich berührende Erfahrungen im Sinne des transformativen Lernens (Grund & Singer-Brodowski 2020) ermöglichen. Begünstigt wird dies durch persönlich-kommunikative Fähigkeiten aller Beteiligten im Austausch mit den Studierenden, die über die langjährige hochschulübergreifende Zusammenarbeit aufgebaut wurden.

3.4 Komplexitätsreduktion als Basis für BNE-NW-bezogenes Lernen

Um die Lernenden bei der Bewältigung der Komplexität in authentischen Lernsituationen zu unterstützen, benötigen sie eine Art von didaktischer Unterstützung z. B. in Form einer didaktischen Rekonstruktion, um nicht nur motivationale, sondern auch kognitive Lernergebnisse zu fördern (Nachtigall et al. 2024). Dies soll unter Betrachtung des Spannungsverhältnisses zwischen Authentizität und Lerninstruktion erfolgen: ein höchst authentisches Lernumfeld mit Bezug zu realen Phänomenen wirkt sich tendenziell motivational positiv auf Lernende aus, weist aber meist ein hohes Maß an Komplexität als Teil der realen Welt auf. Diese Komplexität wiederum kann sich negativ auf das Lernen auswirken. Lernunterstützende Maßnahmen ihrerseits können sich positiv auf kognitive Lernergebnisse auswirken, aber die Authentizität gleichzeitig herabsetzen und somit motivationale Aspekte der Lernenden negativ beeinflussen (Nachtigall et al. 2024). Marohn et al. (2020) zeigen in ihrem Planungs- und Reflexionsmodell mögliche Reduktionen der Komplexität für diese Lernsituationen im Lehr-Lern-Labor auf. Dabei stellen sie Ansprüche auf inhaltlicher und struktureller Ebene Unterstützungsangeboten auf den beiden Ebenen gegenüber. Den Kompetenzaufbau in den Bereichen Physik und Technik sowie im Bereich BNE zu fördern, stellt eine Anforderung auf inhaltlicher Ebene bezüglich „Anzahl der betrachtenden Theorien als auch das qualitative Niveau, mit der sie betrachtet werden" (Marohn et al. 2020, S. 20), dar. Als Unterstützung wird der Fokus pro Studierendengruppe auf ein Thema gelegt, das einen lehrplanrelevanten Bezug zu Physik, Technik sowie BNE aufweist. In der Weiterentwicklung werden Anforderungen an Medien und Materialien, an Lehrhandlungen und zu reflektierende Dimensionen analysiert und mit möglichen Unterstützungsmaßnahmen gekoppelt. Es wird erwartet, dass dadurch potenziell die BNE-bezogene Medienkompetenz gesteigert werden kann, die List et al. (2024) in ihr erweitertes BNE-Kompetenzmodell aufgenommen haben. Dabei wird ein Augenmerk auf die Unterstützung in der Reflexionskompetenz durch Peer-Feedback unter den Studierenden als auch zwischen Betreuenden und Studierenden gelegt und angeleitet. Die strukturellen Anforderungen werden mit Unterstützungen in den Bereichen Heterogenität der Lerngruppe, Betreuungsrelation und Dauer der Unterrichtssequenz geplant. Beispielsweise: Unterrichtsminiaturen mit einer Dauer von 20 min werden in einem zuvor eingerichteten Labor-Ort von Studierenden unter Begleitung der Betreuenden mehrmals aufeinanderfolgend an zwei Halbtagen durchgeführt, reflektiert und optimiert.

3.5 Ausblick

Gestützt auf die vier formulierten Ansprüche für ein transdisziplinäres BNE-bezogenes außerschulisches Lehr-Lern-Arrangement erfolgt im nächsten Schritt eine kriteriengeleitete Auswahl von sechs Forschungsprojekten der Fachhochschule. Diese werden künftig als Lernkontexte im Setting des Lehr-Lern-Labors zu Netto-Null-Technologien eingesetzt. Die Pilotierung des neuentwickelten

Lehr-Lern-Labor-Seminars wird ab Herbst 2025 mit rund 40 Lehramtsstudierenden durchgeführt. Eine Begleitforschung soll weiterführende Informationen hinsichtlich gewünschter Passung der gewählten Forschungsprojekte zu Netto-Null-Technologien in Bezug auf Authentizität, Komplexität sowie Selbstkonzept- und Selbstwirksamkeitsentwicklung liefern.

Literatur

Allen, D. W., & Ryan, K. A. (Hrsg.). (1974). *Microteaching. Beltz-Studienbuch. Bd. 41* (2. Aufl.). Beltz.

Boeve-de Pauw, J., Olsson, D., Berglund, T. & Gericke, N. (2022). Teachers' ESD self-efficacy and practices: a longitudinal study on the impact of teacher professional development. *Environmental Education Research, 28*(6), 867–885. https://doi.org/10.1080/13504622.2022.2042206

Borchert, C., Nimz, A., Sonntag, D. & Bodensiek, O. (2021). Fach und Fachdidaktik im Lehramt MINT: Vernetzung produktiv aufgreifen. In S. Habig (Hrsg.), *Naturwissenschaftlicher Unterricht und Lehrerbildung im Umbruch: Online Jahrestagung 2020* (S. 338–341). Gesellschaft für Didaktik der Chemie und Physik. https://www.gdcp-ev.de/wp-content/tb2021/TB2021_338_Borchert.pdf

Breitenmoser, P. & Keller-Schneider, M. (2022). *Klimawandel unterrichten: Vorwissen und Sichtweisen von angehenden Lehrpersonen der Primarstufe*. Vorab-Onlinepublikation. https://doi.org/10.5281/ZENODO.6826247

Brüning, A.-K., Käpnick, F., Birgit, W., Köster, H. & Nordmeier, V. (2020). Lehr-Lern-Labore im MINT-Bereich – eine konzeptionelle Einordnung und empirisch konstruktive Begriffskennzeichnung. In B. Priemer & J. Roth (Hrsg.), *Lehr-Lern-Labore* (S. 13–26). Springer.

Cook-Sather, A. (2014). Student-faculty partnership in explorations of pedagogical practice: a threshold concept in academic development. *International Journal for Academic Development, 19*(3), 186–198. https://doi.org/10.1080/1360144X.2013.805694

de Haan, G. (2008). Gestaltungskompetenz als Kompetenzkonzept der Bildung für nachhaltige Entwicklung. In: I. Bormann, I. & G. de Haan (Hrsg.), *Kompetenzen der Bildung für nachhaltige Entwicklung. Operationalisierung, Messung, Rahmenbedingungen, Befunde* (S. 23–43). VS Verlag für Sozialwissenschaften.

Dvorakova, L. S. (2021). *Student perceptions of how partnership influences development of graduate attributes, identity, and belonging* [Dissertation]. University of Edinburgh. https://doi.org/10.7488/era/1744

Eccles, J. S. & Wigfield, A. (2002). Motivational beliefs, values, and goals. Annual *review of psychology, 53*, 109–132. https://doi.org/10.1146/annurev.psych.53.100901.135153

Elsholz, M. (2019). *Das akademische Selbstkonzept angehender Physiklehrkräfte als Teil ihrer professionellen Identität: Dimensionalität und Veränderung während einer zentralen Praxisphase*. Logos. https://doi.org/10.30819/4857

Grund, J. & Singer-Brodowski, M. (2020). Transformatives Lernen und Emotionen. Ihre Bedeutung für die außerschulische Bildung für nachhaltige Entwicklung. *Außerschulische Bildung,3*, 28–36.

Habig, S., Blankenburg, J., van Vorst, H., Fechner, S., Parchmann, I. & Sumfleth, E. (2018). Context characteristics and their effects on students' situational interest in chemistry. *International Journal of Science Education, 40*(10), 1154–1175. https://doi.org/10.1080/09500693.2018.1470349

Hauff, V. (Hrsg.). (1987). *Unsere gemeinsame Zukunft – der Brundtland-Bericht der Weltkommission für Umwelt und Entwicklung*. WCED.

Harms, U. & Riese, J. (2018). Professionelle Kompetenz und Professionswissen. In D. Krüger, I. Parchmann & H. Schecker (Hrsg.), *Lehrbuch. Theorien in der naturwissenschaftsdidaktischen Forschung* (S. 283–298). Springer. https://doi.org/10.1007/978-3-662-56320-5_17

Hermann, M. & Wilhelm, M. (2023). Transdisziplinäre Wege zu BNE an Pädagogischen Hochschulen: Ansätze an der PH Luzern. *Zeitschrift für Hochschulentwicklung, 18*(4), 117–133. https://doi.org/10.21240/zfhe/18-04/07

Jansen, M., Scherer, R. & Schroeders, U. (2015). Students' self-concept and self-efficacy in the sciences: Differential relations to antecedents and educational outcomes. *Contemporary educational psychology, 41*, 13–24. https://doi.org/10.1016/j.cedpsych.2014.11.002

Jerusalem, M. (2016). Selbstwirksamkeit. In H.-W. Bierhoff, D. Frey, N.-P. Birbaumer, J. Kuhl, W. Schneider & R. Schwarzer (Hrsg.), *Enzyklopädie der Psychologie Theorie und Forschung Sozialpsychologie: Band 1. Selbst und soziale Kognition* (S. 169–190). Hogrefe.

Kalcsics, K. & Wilhelm, M. (2017). *Lernwelten Natur-Mensch-Gesellschaft - Ausbildung: Fachdidaktische Grundlagen*. Schulverlag plus.

Kalcsics, K. & Wilhelm, M. (2022). Bedeutung einer «wissenschaftlichen» Fachdidaktik im Hinblick auf die Professionskompetenz von Lehrpersonen zum interdisziplinären Fachbereich «Natur, Mensch, Gesellschaft». *Beiträge zur Lehrerinnen- und Lehrerbildung, 40*(1), 58–71. https://doi.org/10.25656/01:24545

Kattmann, U., Duit, R., Gropengießer, H. & Komorek, M. (1997). Das Modell der Didaktischen Rekonstruktion – Ein Rahmen für naturwissenschaftsdidaktische Forschung und Entwicklung. *Zeitschrift für Didaktik der Naturwissenschaften, 3(*3), 3–17.

Kessels, U. (2012). Selbstkonzept: Geschlechtsunterschiede und Interventionsmöglichkeiten. In H. Stöger, A. Ziegler & M. Heilemann (Hrsg.), *Lehr-Lern-Forschung: Bd. 1. Mädchen und Frauen in MINT: Bedingungen von Geschlechtsunterschieden und Interventionsmöglichkeiten* (S. 163–192). Lit.

Köller, O., Trautwein, U., Lüdtke, O. & Baumert, J. (2006). Zum Zusammenspiel von schulischer Leistung, Selbstkonzept und Interesse in der gymnasialen Oberstufe. *Zeitschrift für Pädagogische Psychologie, 20*(1/2), 27–39. https://doi.org/10.1024/1010-0652.20.12.27

Korneck, F., Oettinghaus, L., Kunter, M. & Redinger, R. (2016). Überzeugungen und Handlungen von Lehrpersonen – Messung von Unterrichtsqualität in komplexitätsreduzierten Settings des Physikunterrichts. In U. Rauin, M. Herrle, T. Engartner (Hrsg.), *Videoanalysen in der Unterrichtsforschung - Methodische Vorgehensweisen und aktuelle Anwendungsbeispiele*. Beltz Juventa.

Kranz, J., Schwichow, M., Breitenmoser, P. & Niebert, K. (2022). The (Un)political Perspective on Climate Change in Education—A Systematic Review. *Sustainability, 14*(7), 1–44. https://doi.org/10.3390/su14074194

Kunter, M.; Baumert, J.& Blum, W. (Hrsg.) (2011). *Professionelle Kompetenz von Lehrkräften. Ergebnisse des Forschungsprogramms COACTIV.* Waxmann.

List, M. K., Schönenberger, S. & Hartig, J. (2024). Spezifizierung des COACTIV-Modells der professionellen Handlungskompetenz von Lehrkräften für den Bereich Bildung für nachhaltige Entwicklung. *Zeitschrift für Erziehungswissenschaft. Vorab-Onlinepublikation.* https://doi.org/10.1007/s11618-024-01224-9

Lorentzen, J., Friedrichs, G., Ropohl, M. & Steffensky, M. (2019). Förderung der wahrgenommenen Relevanz von fachlichen Studieninhalten: Evaluation einer Intervention im Lehramtsstudium Chemie. *Unterrichtswissenschaft, 47*(1), 29–49. https://doi.org/10.1007/s42010-018-00036-1

Marohn, A., Greefrath, G., Hammann, M., Hemmer, M., Kürten, R & Windt, A. (2020). Komplexitätsreduktion in Lehr-Lern-Laboren: Ein Planungs- und Reflexionsmodell. In R. Kürten, G. Greefrath & M. Hammann (Hrsg.), *Begabungsförderung: Band 8. Komplexitätsreduktion in Lehr-Lern-Laboren: Innovative Lehrformate in der Lehrerbildung zum Umgang mit Heterogenität und Inklusion* (S. 17–31). Waxmann.

Messner, H. & Reusser, K. (2000). Die berufliche Entwicklung von Lehrpersonen als lebenslanger Prozess. *Beiträge zur Lehrerbildung, 18*(2), 157–171. https://doi.org/10.25656/01:13427

Metzger, S., Schneider, C., Haselhofer, M. (2022). Förderung der MINT-Bildung durch hochschultypenübergreifende Zusammenarbeit. *Beiträge zur Lehrerinnen- und Lehrerbildung, 40*(1), S. 42–57.

Möller, J. & Trautwein, U. (2015). Selbstkonzept. In E. Wild & J. Möller (Hrsg.), *Springer-Lehrbuch. Pädagogische Psychologie* (S. 177–199). Springer. https://doi.org/10.1007/978-3-642-41291-2_8

Möller, J., Zitzmann, S., Helm, F., Machts, N. & Wolff, F. (2020). A Meta-Analysis of Relations Between Achievement and Self-Concept. *Review of Educational Research, 90*(3), 376–419. https://doi.org/10.3102/0034654320919354

Morin, A. (2017). Toward a Glossary of Self-related Terms. *Frontiers in Psychology, 8*, 280. https://doi.org/10.3389/fpsyg.2017.00280

Nachtigall, V., Shaffer, D. W. & Rummel, N. (2022). Stirring a Secret Sauce: A Literature Review on the Conditions and Effects of Authentic Learning. *Educational Psychology Review, 34*(3), 1479–1516. https://doi.org/10.1007/s10648-022-09676-3

Nachtigall, V., Shaffer, D. W. & Rummel, N. (2024). The authenticity dilemma: towards a theory on the conditions and effects of authentic learning. *European Journal of Psychology of Education. Vorab-Onlinepublikation.* https://doi.org/10.1007/s10212-024-00892-9

Nationale Plattform Bildung für nachhaltige Entwicklung (Hrsg.). (2017). *Nationaler Aktionsplan Bildung für nachhaltige Entwicklung. Der deutsche Beitrag zum UNESCO-Weltaktionsprogramm.* https://www.bmbf.de/bmbf/shareddocs/downloads/files/nationaler_aktionsplan_bildung_fuer_nachhaltige_entwicklung.pdf?__blob=publicationFile&v=1

Niebert, K. (2024). Mitbestimmung statt Moral: Wie Bildung für Nachhaltigkeit die Welt verbessern kann. In A. Fritz Carrapatoso, M. Wilhelm, M. Rehm & V. Reinhardt

(Hrsg.), *Unterrichtsqualität: Band 19. Wirksamer Unterricht in BNE (Bildung für nachhaltige Entwicklung)* (S. 115–125). Schneider Verlag Hohengehren.

Oberrauch, A., Mayr, H., Nikitin, I., Bügler, T., Kosler, T. & Vollmer, C. (2021). "I Wanted a Profession That Makes a Difference". An Online Survey of First-Year Students' Study Choice Motives and Sustainability-Related Attributes. *Sustainability, 13*(15), 8273. https://doi.org/10.3390/su13158273

Ohl, U. (2018). Herausforderungen und Wege eines systematischen Umgangs mit komplexen Themen in der schulischen Nachhaltigkeitsbildung. In T. Pyhel (Hrsg.), *DBU-Umweltkommunikation: Band 10. Zwischen Ohnmacht und Zuversicht? Vom Umgang mit Komplexität in der Nachhaltigkeitskommunikation* (S. 131–146). Gesellschaft für ökologische Kommunikation. https://opus.bibliothek.uni-augsburg.de/opus4/frontdoor/index/index/docId/51670

Olhoff, A., Bataille, C., Christensen, J., Elzen, M. den, Fransen, T., Grant, N., Blok, K., Kejun, J., Soubeyran, E., Lamb, W., Levin, K., Portugal-Pereira, J., Pathak, M., Kuramochi, T., Strinati, C., Roe, S. & Rogelj, J. (2024). *Emissions Gap Report 2024: No more hot air … please! With a massive gap between rhetoric and reality, countries draft new climate commitments*. United Nations Environment Programme. https://doi.org/10.59117/20.500.11822/46404

Otto, I. M., Donges, J. F., Cremades, R., Bhowmik, A., Hewitt, R. J., Lucht, W., Rockström, J., Allerberger, F., McCaffrey, M., Doe, S. S. P., Lenferna, A., Morán, N., van Vuuren, D. P. & Schellnhuber, H. J. (2020). Social tipping dynamics for stabilizing Earth's climate by 2050. *Proceedings of the National Academy of Sciences of the United States of America, 117*(5), 2354–2365. https://doi.org/10.1073/pnas.1900577117

Otto, S. (2007). *Bedeutung und Verwendung der Begriffe nachhaltige Entwicklung und Nachhaltigkeit: Eine empirische Studie.* Dissertation. http://nbn-resolving.org/urn:nbn:de:101:1-201305236906

Pawek, C. (2019). 20 Jahre Schülerlabore an Hochschulen und anderen Einrichtungen: Eine wissenschaftlich fundierte Erfolgsgeschichte. In C. Driesen & A. Ittel (Hrsg.), *Der Übergang in die Hochschule: Strategien, Organisationsstrukturen und Best Practices an deutschen Hochschulen* (S. 143–157). Waxmann.

Pettig, F. & Ohl, U. (2023). Transformatives Lernen für einen sozial-ökologischen Wandel: Facetten eines zukunftsfähigen Geographieunterrichts. *Praxis Geografie, 1*, 4–9.

Priemer, B. & Roth, J. (Hrsg.). (2020). *Lehr-Lern-Labore.* Springer. https://doi.org/10.1007/978-3-662-58913-7

Rehfeldt, D., Klempin, C., Brämer, M., Seibert, D., Rogge, I., Lücke, M., Sambanis, M., Nordmeier, V. & Köster, H. (2020). Empirische Forschung in Lehr- Lern-Labor-Seminaren – Ein Systematic Review zu Wirkungen des Lehrformats. *Zeitschrift für Pädagogische Psychologie, 34*(3-4), 149–169. https://doi.org/10.1024/1010-0652/a000270

Rieckmann, M. (2016). Kompetenzentwicklungsprozesse in der Bildung für nachhaltige Entwicklung erfassen – Überblick über ein heterogenes Forschungsfeld. In M. Barth & M. Rieckmann (Hrsg.), *Schriftenreihe "Ökologie und Erziehungswissenschaft" der Kommission Bildung für Nachhaltige Entwicklung der Deutschen Gesellschaft für Erziehungswissenschaft (DGfE). Empirische Forschung zur Bildung für nachhaltige Entwicklung - Themen, Methoden und Trends* (S. 89–109). Barbara Budrich.

Rieckmann, M. & Barth, M. (2022). Educators' Competence Frameworks in Education for Sustainable Development. In P. Vare, N. Lausselet & M. Rieckmann (Hrsg.), *Sustai-*

nable Development Goals Series. Competences in Education for Sustainable Development (S. 19–26). Springer International Publishing. https://doi.org/10.1007/978-3-030-91055-6_3

Scherer, R. (2013). Further evidence on the structural relationship between academic self-concept and self-efficacy: On the effects of domain specificity. *Learning and Individual Differences, 28*, 9–19. https://doi.org/10.1016/j.lindif.2013.09.008

Schmid, A. M. (2023). *Authentische Kontexte für MINT-Lernumgebungen: Eine zweiteilige Interventionsstudie in den Fachdidaktiken Physik und Technik.* Studien zum Physik- und Chemielernen: Band 356. Logos. https://doi.org/10.30819/5605

Schmid, A. M. & Brovelli, D. (2024). Kriteriengeleitete Modulentwicklung für einen gendersensiblen Natur- und Technikunterricht. In D. Brovelli, M. Hoesli & M. Elderton (Hrsg.), *Gendersensibilisierung in der Ausbildung von Natur- und Techniklehrpersonen: Beiträge aus Praxis und Forschung* (S. 173–187). hep.

Schmid, A. M., Rehm, M. & Brovelli, D. (2021). Innovative Kooperation mit Forschungsabteilungen aus Physik und Technik für das Lehramtsstudium: Kontextualisiertes Lernen anhand aktueller Forschungsprojekte. In M. Kubsch, S. Sorge, J. Arnold & N. Graulich (Hrsg.), *Lehrkräftebildung neu gedacht. Ein Praxishandbuch für die Lehre in den Naturwissenschaften und deren Didaktiken* (S.102–107). Waxmann.

Schüttler, T., Watzka, B., Girwidz, R., & Ertl, B. (2021). Die Wirkung der Authentizität von Lernort und Laborgeräten auf das situationale Interesse und die Relevanzwahrnehmung beim Besuch eines naturwissenschaftlichen Schülerlabors. *Zeitschrift für Didaktik der Naturwissenschaften, 27*(1), 109–125. https://doi.org/10.1007/s40573-021-00128-z

Sevian, H., Dori, Y. J., & Parchmann, I. (2018). How does STEM context-based learning work: What we know and what we still do not know. International Journal of Science Education, 40 (10), 1095–1107. https://doi.org/10.1080/09500693.2018.1470346

Singer-Brodowski, M. (2016). *Transformative Bildung durch transformatives Lernen. Zur Notwendigkeit der erziehungswissenschaftlichen Fundierung einer neuen Idee. Vorab-Onlinepublikation.* https://doi.org/10.25656/01:15443

Tretter, F., Simon, K.-H. & Glaeser, B. (2019). Humanökologie und Nachhaltigkeitswissenschaft: Unterschiede und Gemeinsamkeiten, Optionen für Synergien. *GAIA - Ecological Perspectives for Science and Society, 28*(2), 174–176. https://doi.org/10.14512/gaia.28.2.21

van Vorst, H. (2013). *Kontextmerkmale und ihr Einfluss auf das Schülerinteresse im Fach Chemie. Dissertation.* Studien zum Physik- und Chemielernen: Bd. 145. Logos.

van Vorst, H. & Aydogmus, H. (2021). One context fits all? – analysing students' context choice and their reasons for choosing a context-based task in chemistry education. *International Journal of Science Education, 43*(8), 1250–1272. https://doi.org/10.1080/09500693.2021.1908640

van Vorst, H., Dorschu, A., Fechner, S., Kauertz, A., Krabbe, H. & Sumfleth, E. (2015). Charakterisierung und Strukturierung von Kontexten im naturwissenschaftlichen Unterricht – Vorschlag einer theoretischen Modellierung. *Zeitschrift für Didaktik der Naturwissenschaften, 21*(1), 29–39. https://doi.org/10.1007/s40573-014-0021-5

Vare, P. (2014). *Are there inherent contradictions in attempting to implement education for sustainable developmentbr /in schools?* EdD thesis. Bath.

Vare, P. & Scott, W. (2007). Learning for a Change. *Journal of Education for Sustainable Development, 1*(2), 191–198. https://doi.org/10.1177/097340820700100209

Vereinte Nationen. (2015). *Transformation unserer Welt: die Agenda 2030 für nachhaltige Entwicklung: Resolution der Generalversammlung.* https://www.un.org/Depts/german/gv-70/band1/ar70001.pdf

Vereinte Nationen. (2023). *Ziele für Nachhaltige Entwicklung 2023: Sonderausgabe des Berichts.* https://unstats.un.org/sdgs/report/2023/The-Sustainable-Development-Goals-Report-2023.pdf

Weiss, L. & Müller, A. (2015). The notion of authenticity in the PISA units in physical science: an empirical analysis. *Zeitschrift für Didaktik der Naturwissenschaften, 21*(1), 87–97. https://doi.org/10.1007/s40573-015-0025-9

Weizsäcker, E. U. von & Wijkman, A. (2018). *Come On!* Springer. https://doi.org/10.1007/978-1-4939-7419-1

Wiek, A., Withycombe, L. & Redman, C. L. (2011). Key competencies in sustainability: a reference framework for academic program development. *Sustainability Science, 6*, 203-218. https://doi.org/10.1007/s11625-011-0132-6

Wilhelm, M. (2021). Bildung in Nachhaltiger Entwicklung am Reallabor. Vorab-Onlinepublikation. *Progress in Science Education (PriSE), 4*(3), 28–35. https://doi.org/10.25321/prise.2021.1294.

Wilhelm, M., Amacker, V. & Rehm, M. (2022). Das Viabilitätsmodell: vom Konzept der «sensitiven Nachhaltigkeit» in Hinblick auf die digitale Transformation lernen. In J. Weselek, F. Kohler & A. Siegmund (Hrsg.), *Digitale Bildung für nachhaltige Entwicklung: Herausforderungen und Perspektiven für die Hochschulbildung.* Springer. https://doi.org/10.1007/978-3-662-65122-3

Wilhelm, M. & Kalcsics, K. (2023). Diskussion einer Didaktik der Nachhaltigkeitswissenschaft. Auf der Suche nach einer Professionskompetenz zu BNE. *journal für lehrerInnenbildung, 23*(3), 16–25. https://doi.org/10.35468/jlb-03-2023-01

Wu, H., Guo, Y., Yang, Y., Le Zhao & Guo, C. (2021). A Meta-analysis of the Longitudinal Relationship Between Academic Self-Concept and Academic Achievement. *Educational Psychology Review, 33*(4), 1749–1778. https://doi.org/10.1007/s10648-021-09600-1

Make Your School – Im Team technische Lösungen für die eigene Schule entwickeln

Hannah Greving, Vanessa van den Bogaert, Anne Weißschädel, Leilah Maier und Till Bruckermann

Durch die zunehmende Digitalisierung ihrer Lebenswelt wird der Umgang mit digitaler Technik für Jugendliche immer selbstverständlicher. Dennoch gehen sie zumeist rezipierend und weniger gestaltend mit digitaler Technik um. Welche Chancen und Herausforderungen digitale Technik mit sich bringt, ist ihnen oft nicht bewusst (Dogruel et al. 2022). Außerdem haben sie Schwierigkeiten einzuschätzen, über welche technischen Fähigkeiten und Fertigkeiten sie überhaupt verfügen. Um diesen Herausforderungen zu begegnen und Raum für eine problemorientierte und selbstständige Auseinandersetzung mit digitaler Technik zu schaffen, eignet sich problembasiertes Lernen ohne Leistungsbewertung (Reinmann und Mandl 2006; siehe auch Garrecht et al. 2018). An dieser Stelle setzt das extracurriculare Angebot Hackdays von Make Your School – Eure Ideenwerkstatt an. Schüler*innen können dabei ihren Umgang mit digitaler Technik weiterentwickeln und von passiven Rezipient*innen zu aktiven Gestalter*innen werden.

H. Greving (✉) · V. van den Bogaert · T. Bruckermann
Leibniz Universität Hannover, Hannover, Deutschland
E-Mail: hannah.greving@iew.uni-hannover.de

V. van den Bogaert
E-Mail: vanessa.bogaert@iew.uni-hannover.de

T. Bruckermann
E-Mail: till.bruckermann@iew.uni-hannover.de

A. Weißschädel · L. Maier
Wissenschaft im Dialog gGmbH, Berlin, Deutschland
E-Mail: anne.weissschaedel@w-i-d.de

L. Maier
E-Mail: leilah.maier@w-i-d.de

A. Wenzel und T. Schmäing (Hrsg.), *Außerschulisches Lernen in der naturwissenschaftlichen Bildung*, https://doi.org/10.1007/978-3-658-50864-7_10

Der vorliegende konzeptionelle Beitrag stellt zunächst Make Your School und dessen Hintergrund, Rahmenbedingungen, Inhalte und Abläufe vor. Danach werden die zugrunde liegenden Modelle und Theorien beschrieben und die zu erwartenden Ergebnisse benannt, um die es bei der wissenschaftlichen Begleitung zur Evaluation des Projekts geht.

1 Make Your School – Eure Ideenwerkstatt

Kreatives Tüfteln im Team – das steht bei Make Your School im Mittelpunkt. Kernformat des Projekts sind die Hackdays, bei denen sich Schüler*innen überlegen, wie sie ihre Schule mithilfe digitaler und technischer Lösungen verbessern können. Mentor*innen unterstützen die Jugendlichen mit fachlichen Impulsen und geben Hilfe zur Selbsthilfe. Im Folgenden werden zunächst der Hintergrund von Make Your School und danach die Hackdays, die Mentor*innen und weitere Angebote vorgestellt.

1.1 Hintergrund und Zahlen

Make Your School ist ein Projekt der Wissenschaft im Dialog gGmbH. Die Klaus Tschira Stiftung ist bundesweiter Förderer. Die Vector Stiftung ist Regionalförderer für Baden-Württemberg. Make Your School wurde im Schuljahr 2016/2017 von Wissenschaft im Dialog mit Unterstützung der Klaus Tschira Stiftung entwickelt. Es startete mit einer Pilotphase, in der das Format Hackdays an Schulen getestet und deutschlandweit an fünf Schulen durchgeführt wurde. Im Schuljahr 2017/2018 wurden neun Hackdays an Schulen veranstaltet und im Schuljahr 2018/2019 fanden bereits 26 Hackdays statt. In den Schuljahren 2019/2020 und 2020/2021 stieg die Anzahl der Hackdays auf jeweils rund 40.

Durch die steigende Nachfrage wurde im Schuljahr 2020/2021 damit begonnen, ein Netzwerk mit Partnerorganisationen in ganz Deutschland aufzubauen. Partnerorganisationen einer Region bilden jeweils einen sogenannten Netzwerkhub. Regionalkoordinierende in den Netzwerkhubs betreuen jeweils vier bis sechs Hackdays an Schulen in der Region. Das zentrale Büro von Make Your School der Wissenschaft im Dialog gGmbH in Berlin steuert das bundesweite Netzwerk. Mit Hilfe dieses Netzwerks konnten mehr Schulen erreicht werden. Die Anzahl der Hackdays ist dadurch von rund 60 Hackdays im Schuljahr 2021/2022 auf rund 80 Hackdays im Schuljahr 2022/2023 bis hin zu rund 100 Hackdays im Schuljahr 2023/2024 gestiegen. Im Netzwerk gibt es mittlerweile 19 bestehende

Netzwerkhubs und es sollen in den nächsten Jahren noch weitere Partnerorganisationen hinzukommen.

1.2 Die Hackdays: Das Herzstück von Make Your School

Im Zentrum von Make Your School stehen die Hackdays. Dabei handelt es sich um zwei- bis dreitägige Veranstaltungen, die Schulen zu konkreten Orten zum Tüfteln werden lassen und so ein zusätzliches extracurriculares Lernangebot am Schulstandort darstellen. Das Ziel der Hackdays ist es, darauf hinzuwirken, dass die Jugendlichen nach den Hackdays ein höheres Zutrauen in ihre eigenen technischen Fähigkeiten und Fertigkeiten (d. h. eine höhere Selbstwirksamkeitserwartung im Umgang mit Technik und ein entwickeltes technikbezogenes Selbstkonzept) haben. In ihrer Herangehensweise sind Hackdays mit den immer beliebter werdenden Maker Spaces vergleichbar (z. B. Schön und Ebner 2017), welche ebenfalls Orte sind, an denen mit Handwerk und Technik Lösungen für bestehende Herausforderungen entwickelt werden.

Der Gesamtablauf der Hackdays ist strukturiert und stets vorgegeben. Dadurch können qualitativ hochwertige und vergleichbare Veranstaltungen in ganz Deutschland angeboten werden. Innerhalb dieser festen Struktur bieten sie aber eine offene Werkstattatmosphäre mit viel Raum fürs Tüfteln, Testen, Ausprobieren und Entwickeln.

Die Veranstaltungen starten immer mit einer Einführung, in der die grundlegende Idee der Hackdays und der weitere Ablauf im Plenum vorgestellt werden. Danach sind die Hackdays in drei Phasen aufgeteilt. In der (1) *Ideenfindungsphase* bilden die Schüler*innen Kleingruppen und sammeln zunächst Phänomene und Herausforderungen aus ihrem Schulalltag (z. B. ich kann mich während des Unterrichts nicht konzentrieren; die Pflanzen in unserem Klassenraum sehen schlecht aus). Anschließend definieren sie die zu den Herausforderungen gehörenden Probleme (z. B. während des Unterrichts ist es in der Klasse zu laut; während der Sommerferien werden die Pflanzen nicht gegossen). Abschließend überlegen sie sich, wie sie die Probleme lösen können, und entwickeln erste, allgemeine, technische Lösungsansätze (z. B. eine Lautstärkeampel gibt den Lärmpegel in der Klasse an; eine automatische Bewässerungsanlage gießt die Pflanzen). Jede Kleingruppe stellt im Anschluss ein bis zwei ihrer besten Lösungsansätze im Plenum vor. Die Schüler*innen suchen sich danach aus, an welchem der vorgestellten Lösungsansätze sie gerne arbeiten möchten und die beliebtesten Lösungsansätze werden während der Hackdays umgesetzt. Dafür werden pro Lösungsansatz neue Kleingruppen gebildet.

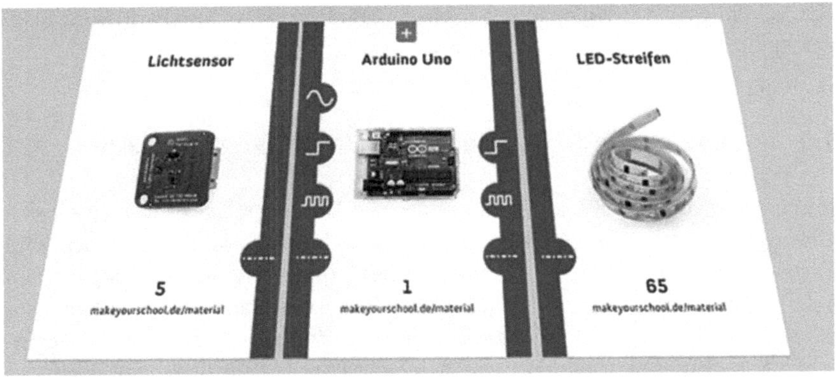

Abb. 1 Materialkarten. (Quelle Abbildung: Wissenschaft im Dialog/Stefan Bönisch)

In der (2) *Hacking-Phase* entwickeln die Schüler*innen in den neuen Kleingruppen eigene Prototypen für die ausgewählten Lösungsansätze. Als Vorbereitung auf das Bauen der Prototypen mit echten Materialien kommen die sogenannten Materialkarten (siehe Abb. 1) zum Einsatz. Diese Karten zeigen auf der Vorderseite einzeln die jeweils zur Verfügung stehenden technischen Bauteile, Mikrocontroller und Sensoren und deren korrekte Bezeichnung. Farbliche Markierungen und Symbole zeigen außerdem, welche Teile zusammengebaut werden können und welche nicht. Auf der Rückseite befinden sich Informationen und Erklärungen zu jedem Teil. Der Einsatz dieser Karten ermöglicht es den Schüler*innen, ihre technische Lösung zunächst zu planen, bevor sie mit dem Bau und der Umsetzung des funktionierenden Prototyps, der auch als Hack bezeichnet wird, beginnen. Die Hacking-Phase ist der Kern der Hackdays (siehe auch Abb. 2). Die Schüler*innen tüfteln, bauen, programmieren, testen und entwickeln und vor allem können sie einfach einmal machen (auf Englisch „to make"), weswegen in diesem Zusammenhang auch von Making gesprochen wird. Dieses Verhalten ist, wie der Name schon verrät, auch zentral in den Maker Spaces (vgl. Schön und Ebner 2017).

Für die abschließende (3) *Präsentationsphase* dokumentieren die Schüler*innen zunächst die Entwicklung ihrer Hacks von der ersten Idee bis hin zum Prototyp. Bei Fehlern oder wenn der Prototyp kaputtgehen sollte, kann so immer noch gezeigt und nachvollzogen werden, wie er funktioniert. Am Ende der Hackdays präsentieren die Schüler*innen ihre Hacks einem breiteren Publikum. Dazu gehö-

Hackdays

- Zwei- bis dreitägige extracurriculare Veranstaltungen in Schulen
- Schüler*innen entwickeln und bauen zusammen im Team Prototypen
- Von einer Herausforderung über die Definition eines Problems hin zu einer kreativen Lösung gelangen

Mentor*innen

- Studierende und junge Berufstätige aus technikorientierten Bereichen (z. B. Maschinenbau, Informatik, Elektrotechnik, Design)
- Begleiten die Hackdays und führen sie durch
- Geben fachliche Impulse und Hilfe zur Selbsthilfe

Abb. 2 Infokasten zu den Hackdays-Veranstaltungen. (Quelle Icons: Wissenschaft im Dialog/Stefan Bönisch)

ren beispielsweise die anderen teilnehmenden Schüler*innen der Hackdays, Familienangehörige, Freunde, andere Interessierte oder teilweise auch Vertreter*innen der Presse.

1.3 Die Mentor*innen: Unabdingbare Begleiter*innen der Hackdays

Ohne sie könnten die Hackdays nicht stattfinden: Die *Mentor*innen.* Sie begleiten die Hackdays-Veranstaltungen und sind vor allem Studierende technikorientierter Fachrichtungen wie beispielsweise Informatik, Robotik, Elektrotechnik, Maschinenbau oder Design. Bevor sie als Mentor*innen fungieren, werden sie zunächst in speziell entwickelten Trainings auf die Begleitung der Hackdays vorbereitet. Bei diesen Trainings erfahren sie mehr über die Inhalte, den organisatorischen Ablauf und ihre Rolle während der Hackdays. Zusätzlich erhalten sie ein Handbuch, das sie bei ihren Vorbereitungen und der Durchführung der Hackdays unterstützt.

Pro Hackdays-Veranstaltung sind vier Mentor*innen anwesend und begleiten die Hackdays. Während der Veranstaltung ist es ihre Aufgabe, die Hackdays entsprechend der Vorgaben durchzuführen. Sie begleiten und unterstützen die Schüler*innen bei der Entwicklung und Umsetzung ihres Prototyps, geben fachliche

Impulse und Hilfe zur Selbsthilfe. Wichtig ist, dass sie eine bewertungsfreie Atmosphäre schaffen, in der es – anders als im Schulalltag – nicht um Leistung und Bewertung, sondern um den Spaß am Umgang mit digitaler Technik geht.

1.4 Angebote über die Hackdays hinaus

Rund um die Hackdays hat Make Your School weitere Angebote entwickelt. Diese Angebote spielen eine wichtige Rolle für die Weiterführung der Making-Aktivitäten und die Vernetzung bzw. das Bilden einer Community für die vom Making begeisterten Jugendlichen. Sie dienen als Plattform zur Identifikation und weiteren Beschäftigung mit dem Thema. Zum einen findet jedes Jahr im Herbst das *Maker Festival* in Berlin statt. Schüler*innen aus ganz Deutschland, die bei Hackdays teilgenommen haben, bewerben sich im Team mit ihren selbst entwickelten Prototypen. Wenn sie angenommen worden sind, können sie beim Maker Festival ihre Prototypen einem großen Publikum vorstellen. Eine fachliche Jury beurteilt die vorgestellten Prototypen und verleiht die Make-Your-School-Awards in den Kategorien Innovation und Design. Außerdem wird noch ein Publikumspreis vergeben. Die Preisverleihung ist eingebettet in ein buntes Programm rund ums Making und Tüfteln.

Zum anderen gibt es ein *Alumni-Programm.* Es soll den Schüler*innen ermöglichen, sich bei jährlich stattfindenden Alumni-Treffen mit anderen Teilnehmenden der Hackdays aus ganz Deutschland zu vernetzen und sich übers Making und Tüfteln auszutauschen. Außerdem ermöglicht es den Zugang zu weiteren Informations- und Weiterbildungsangeboten. Zuletzt können die Jugendlichen im Bereich *Loslegen* auf der Internetseite von Make Your School mehr übers Making lernen und sich inspirieren lassen. Sie können sich zum Beispiel Tutorials über technische Bauteile und deren Programmierung anschauen und erhalten Hinweise dazu, wie sich in ihrer eigenen Schule ein Maker Space umsetzen lassen würde. Diese und weitere Informationen sind auch auf der Webseite von Make Your School[1] zu finden.

[1] https://makeyourschool.de/

2 Lerntheoretische Fundierung von Make Your School

Um die Rahmenbedingungen, Inhalte und Abläufe von Make Your School und das Potenzial des Projekts als innovatives, extracurriculares Lernangebot besser verstehen zu können, wurden anhand bestehender Modelle aus der Lehr-Lernforschung theoretische Rahmenmodelle entwickelt. Diese werden im Folgenden vorgestellt. Als Vorbereitung auf den theoretischen Rahmen wird zunächst auf das Lernverständnis eingegangen, das Make Your School zugrunde liegt.

2.1 Werkstattatmosphäre beim digitalen Lernen bei den Hackdays

Digitale Technik kann vielfältig und in unterschiedlichen Funktionsweisen eingesetzt oder selbst Gegenstand des Lernens werden. In der Literatur werden vier Metaphern vorgeschlagen (Cress und Renner 2018), die das Lernen mit digitaler Technik und die Funktionen, die die Technik dabei übernimmt, anschaulich beschreiben. Die Beziehung der vier Metaphern untereinander ist dabei so zu verstehen, dass sich die Funktionen der Technik beim Lernen Metapher für Metapher weiterentwickeln. Während die erste Metapher den Nutzer*innen noch eine passive Rolle zuschreibt, hat die Nutzung digitaler Technik in der vierten Metapher eine aktiv vernetzende und community-bildende Funktion.

Die (1) *Fernsehermetapher* nutzt die Massenmedien und passive Konsumhaltung als Beispiel. Sie versteht das Lernen mit digitaler Technik als unidirektionale Vermittlung der Inhalte, bei der das zu Lernende nur aufgenommen wird und die Nutzer*innen passive Rezipient*innen sind, ohne dass sie in irgendeiner Form mit der digitalen Technik interagieren. Die (2) *Tutormetapher* sieht in der digitalen Technik eine Begleiterin. Sie strukturiert komplexe Aufgaben, ist adaptiv und stellt sich auf das Wissen und die Fähigkeiten der Lernenden ein. So ermöglicht sie selbstgesteuertes, eigenverantwortliches Lernen und dient gleichzeitig als Interaktionspartnerin.

Die (3) *Werkstattmetapher* impliziert ein konstruktivistisches Verständnis vom Lernen mit digitaler Technik. Konstruktivistisch bedeutet dabei, dass vorhandenes Wissen nicht einfach weitergegeben, sondern neu konstruiert wird, indem es in die bereits bestehenden Wissensstrukturen integriert wird (Tenorth und Tippelt 2012). Bildlich gesprochen findet das Lernen wie in einer Werkstatt statt, in der sich die Lernenden durch Learning by doing, Versuch und Irrtum und Hilfe zur

Selbsthilfe neues Wissen und neue Fähigkeiten selbst aneignen und aktive Gestalter*innen sind. Zuletzt sieht die (4) *Netzwerkmetapher* das Potenzial beim Lernen mit digitaler Technik in der Kollaboration und dem Austausch mit einer Community. Dabei findet das Lernen in einer anderen, zumeist authentischen Umgebung statt, in der die Lernenden auch andere Rollen einnehmen können. Durch den Austausch können sich sowohl die Lernenden als auch die Community weiterentwickeln (siehe auch Cress und Kimmerle 2008; Cress et al. 2016).

Für Make Your School eignet sich am ehesten die Werkstattmetapher, da das konstruktivistische Lernen im Vordergrund steht. Die Schüler*innen sind bei den Hackdays keine passiven Rezipient*innen, sondern aktive Gestalter*innen, da sie digitale und technische Lösungen für Probleme und Herausforderungen im Schulalltag entwickeln. Dazu bedient sich Make Your School auch klassischen Design-Thinking-Ansätzen (Grönman und Lindfors 2021; Kochanowska und Gagliardi 2022; Plattner et al. 2011). Diese Ansätze beschreiben, wie von einer Herausforderung ausgehend ein Problem definiert wird, wie während der Ideenfindungsphase der Hackdays. Anhand der Definition wird dann etwa mittels eines Prototyps eine technische und/oder digitale Lösung für das Problem entwickelt, wie während der Hacking-Phase der Hackdays.

2.2 Das theoretische Rahmenmodell zu den Hackdays

Ausgehend vom konstruktivistischen Lernverständnis wurde ein theoretisches Rahmenmodell zur Beschreibung der Hackdays von Make Your School entwickelt. Anhand eines solchen Modells kann zum einen auf gesicherte Erkenntnisse zurückgegriffen werden, da es sich auf bisherige Forschung und Modelle bezieht. Zum anderen bietet es einen strukturierenden Rahmen für die Planung, Durchführung und Auswertung der geplanten Evaluation und wissenschaftlichen Begleitung von Make Your School.

Für die Entwicklung des theoretischen Rahmenmodells wurden sogenannte Angebot-Nutzungsmodelle für formale und non-formale Lernkontexte (Helmke 2012; Nickolaus et al. 2018) herangezogen. Diese beschreiben die Vorbereitung und Durchführung von Unterrichtsstunden und die Bedingungen, unter denen sie stattfinden. Damit geht es in diesen Modellen um üblichen Unterricht, der von Lehrkräften eigenständig vorbereitet und durchgeführt wird. Allerdings handelt es sich bei den Hackdays nicht um einen solchen Unterricht. Vielmehr sind die Hackdays ein problembasiertes, extracurriculares Lernangebot, dessen Ablauf zwar vorgegeben ist, aber gleichzeitig Raum für eigenverantwortliches Lernen bietet. Daher wurde das Angebot-Nutzungsmodell abgewandelt und um

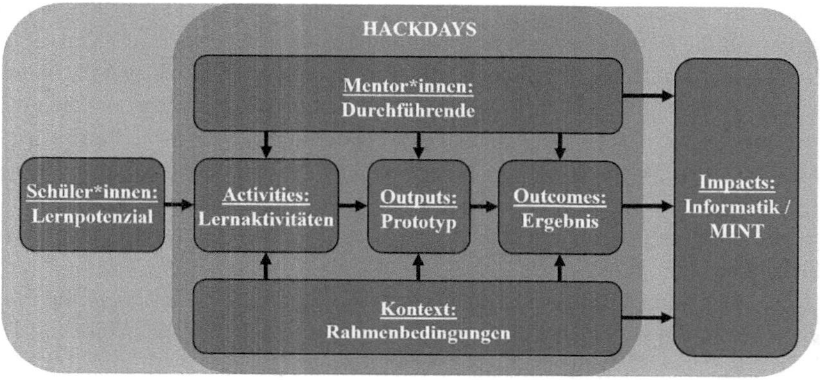

Abb. 3 Adaptiertes Angebot-Nutzungsmodell als Rahmenmodell zur Beschreibung der Hackdays. (Nach Bruckermann et al. 2020; Helmke 2012; Nickolaus et al. 2018; Shirk et al. 2012)

Komponenten sogenannter Logikmodelle erweitert, welche aus der Evaluation von Bildungsprogrammen stammen (Newton et al. 2013). Sie wurden bereits in non-formalen Lernkontexten eingesetzt, in denen sich Bürger*innen an wissenschaftlicher Forschung beteiligten (Bruckermann et al. 2020; Shirk et al. 2012). Da bei diesen Lernkontexten – wie bei den Hackdays – häufig problembasiert und an einem Output orientiert gelernt wurde, wurden sie ebenfalls als theoretische Grundlage herangezogen und mit dem Angebot-Nutzungsmodell kombiniert. Entstanden ist ein Rahmenmodell, dessen Ziel es war, die Voraussetzungen, Bedingungen, Aktivitäten und Ergebnisse der Hackdays für die teilnehmenden Schüler*innen optimal zu beschreiben (siehe Abb. 3). Im Folgenden werden das Modell und dessen einzelne Komponenten beschrieben.

Die teilnehmenden *Schüler*innen* bringen ein bestimmtes Lernpotenzial (z. B. Motivation, Interesse, Selbstwirksamkeitserwartung) und einen bestimmten Hintergrund zu den Hackdays mit. Beispielsweise kann es der Fall sein, dass Jungen mit mehr Erfahrung im Umgang mit Technik zu den Hackdays kommen und daher stärker davon profitieren als Mädchen. Dadurch kann es sein, dass Mädchen und Jungen zwar objektiv die gleichen Kompetenzen und Fähigkeiten haben, sich Jungen aber im Umgang mit digitaler Technik eher überschätzen, während Mädchen sich eher unterschätzen (Janneck et al. 2012).

Während der Hackdays gibt es ein Gefüge aus verschiedenen Faktoren. Zum einen finden die Hackdays in einem bestimmten *Kontext* statt. Das sind die

Schule, die Schulform, die Lage der Schule im eher städtischen oder ländlichen Raum und die Rahmenbedingungen, unter denen die Hackdays stattfinden (z. B. technische Ausstattung der Schule, Betreuung durch die Lehrkräfte). Bisher ist zum Beispiel bekannt, dass es einen positiven Zusammenhang zwischen der Nutzung der technischen Ausstattung der Schule und den Lernergebnissen gibt (Mikheeva und Meyer 2020). Im Umkehrschluss bedeutet das auch, dass, wenn die technische Ausstattung der Schule nicht gut ist, sich deswegen weniger Nutzungs- und Lerngelegenheiten bieten, wodurch die Lernergebnisse geringer ausfallen können.

Begleitet werden die Hackdays zum anderen von den *Mentor*innen.* Sie führen die Hackdays durch und interagieren mit den Schüler*innen. Während die Rolle von Lehrkräften in schulischen Lehrprozessen gut belegt ist (z. B. Datnow 2020), sind die Rollen der Akteur*innen in extracurricularen Angeboten weniger gut untersucht. Der Kontext und die Mentor*innen bilden zusammen den Rahmen für die Teilnahme der Schüler*innen, welche in drei Schritten beschrieben wird. Zunächst finden *Activities* (d. h. Lernaktivitäten) statt. Damit sind alle Aktivitäten gemeint, die die Schüler*innen während der drei Phasen der Hackdays ausführen, wie beispielsweise die Definition des Problems, der Umgang mit den Materialkarten und das Bauen des Prototyps. Während dieser Lernaktivitäten entstehen *Outputs*. Dabei handelt es sich um das Ergebnis der Lernaktivitäten, welches der Prototyp ist, den die Schüler*innen während der Hackdays erstellen.

Zuletzt resultiert die Teilnahme an den Hackdays in bestimmte *Outcomes* (d. h. Ergebnisse) für die Schüler*innen. Das können beispielsweise ein gesteigertes Interesse und eine gesteigerte Motivation sein, sich mit digitaler Technik zu beschäftigen, oder eine erhöhte Selbstwirksamkeitserwartung im Umgang mit digitaler Technik. Diese Ergebnisse sind Teil des technikbezogenen Selbstkonzepts, welches als zentraler Outcome fokussiert wird und auf das im nächsten Abschnitt detaillierter eingegangen wird. Dieses Selbstkonzept stellt nachweislich ein relevantes Ergebnis in formalen und non-formalen Lernkontexten dar (Nickolaus et al. 2018). Schlussendlich kann die Teilnahme an den Hackdays später langfristige *Impacts* für die Schüler*innen haben. So können sie sich zum Beispiel in ihrer Freizeit weiterhin mit dem Making beschäftigen oder sich grundlegend dafür entscheiden, später Informatik zu studieren oder einen Beruf im MINT-Bereich (d. h. in den Bereichen Mathematik, Informatik, Naturwissenschaften, Technik) auszuüben. Der Fokus der wissenschaftlichen Begleitung wird allerdings nicht auf den Impacts liegen, da die Erfassung der Impacts über die Möglichkeiten der Begleitforschung hinausgehen. Stattdessen liegt der Fokus vor allem auf den Ergebnissen für die teilnehmenden Schüler*innen.

Das theoretische Rahmenmodell ermöglicht es nun, in der wissenschaftlichen Begleitforschung bestimmte Komponenten des Modells genauer zu untersuchen beziehungsweise sie nicht weiter zu betrachten, wie die Impacts. Zum Beispiel kann theoretisch fundiert untersucht werden, wie das Lernpotenzial der Schüler*innen sich auf deren Lernaktivitäten und das Ergebnis auswirkt und welche Rolle dabei zum einen der Kontext der Hackdays und zum anderen die Mentor*innen spielen. Das heißt, dass einzelne Komponenten, verschiedene Komponenten in verschiedenen Konstellationen oder alle Komponenten zusammen wissenschaftlich untersucht werden können. Zu beachten ist aber auch, dass sich das Modell auf die genannten Komponenten beschränkt und keine weiteren Einflussfaktoren benennt.

2.3 Das technikbezogene Selbstkonzept als zentrales Ergebnis

Um die Ergebnisse der Hackdays kohärent und systematisch beschreiben zu können, wurde auf das technikbezogene Selbstkonzept zurückgegriffen. Das Selbstkonzept wird definiert als die Wahrnehmung und Bewertung der eigenen Überzeugungen und des grundlegenden Verständnisses des eigenen Selbst, welches in einem hierarchischen, organisierten und strukturierten Modell repräsentiert wird (Marsh 1990a, b; Shavelson et al. 1976). Jede Person hat ein allgemeines, generelles Selbstkonzept. Dieses Selbstkonzept lässt sich weiter aufteilen in ein nicht-akademisches Selbstkonzept, welches in diesem Buchkapitel aber nicht der Fokus ist, und ein akademisches Selbstkonzept. Das akademische Selbstkonzept lässt sich weiter in verschiedene Fachrichtungen einteilen. Ursprünglich wurden als Fächer Deutsch, Mathematik, Geschichte und Naturwissenschaften genannt (Shavelson et al. 1976). In weiteren Überarbeitungen wurde es in ein sprachliches und ein mathematisches Selbstkonzept ausdifferenziert (Marsh 1990a, b). Ausgehend von dieser Differenzierung wurden weitere Fachrichtungen, wie beispielsweise Informatik und Technik hinzugefügt, mithilfe derer das technikbezogene Selbstkonzept entwickelt wurde (Janneck et al. 2012; Vincent und Janneck 2012).

Vergleichbar mit dem allgemeinen Selbstkonzept wird das technikbezogene Selbstkonzept definiert als Wahrnehmung und Beschreibung des Verständnisses des eigenen technischen Selbst. Zur Darstellung der Facetten des technischen Selbst wird das technikbezogene Selbstkonzept ebenfalls mit einem organisierten und strukturierten Modell beschrieben. Es besteht aus drei verschiedenen Komponenten (siehe Abb. 4). Diese einzelnen Komponenten werden im Folgenden jeweils genauer beschrieben.

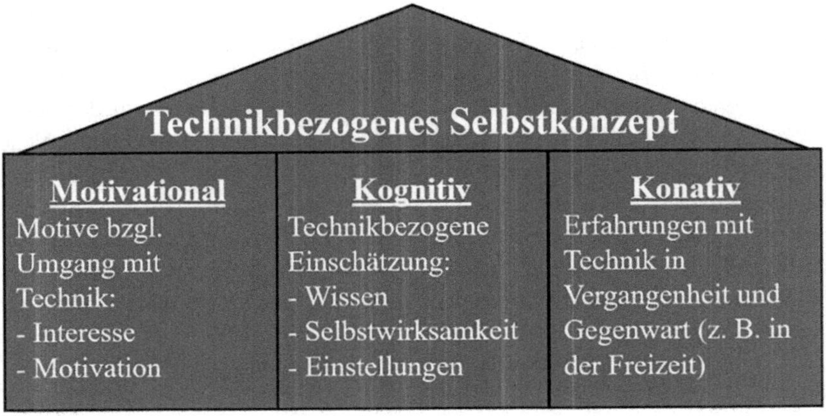

Abb. 4 Modell zum technikbezogenen Selbstkonzept (Janneck et al. 2012; Marsh 1990a, b; Shavelson et al. 1976; Vincent und Janneck 2012)

2.3.1 Die motivationale Komponente

Die erste Komponente ist die *motivationale Komponente.* Hierbei handelt es sich um den affektiven und motivationalen Umgang mit und Zugang zu digitaler Technik. Konkret geht es zum einen um das *Interesse* an digitaler Technik, welches anhand der Person-Gegenstandstheorie (Krapp 1992, 1998; Schiefele et al. 1993) beschrieben wird. Sie besagt, dass Interesse weder eine Einstellung noch ein Persönlichkeitsmerkmal ist, sondern sich aus der Interaktion zwischen einer Person und ihrer gegenständlichen Umwelt ergibt (Krapp 1998). Für das Erleben von Interesse sind die emotionale Bedeutung des Gegenstands (z. B. digitale Technik ist toll), der empfundene Wert des Gegenstands (z. B. digitale Technik ist für mich sehr wichtig) und das kognitive Bedürfnis, sich weiter mit dem Gegenstand zu beschäftigen (z. B. ich möchte mehr über digitale Technik lernen), relevant (Schiefele et al. 1993).

Zum anderen beschreibt die motivationale Komponente anhand der Selbstbestimmungstheorie (Deci und Ryan 1985; Deci et al. 1991) die *Motivation,* sich mit digitaler Technik zu beschäftigen. Sie kann auf einem Kontinuum mit sechs Abstufungen von internaler zu externaler Motivation beschrieben werden (Deci et al. 1991; Pelletier et al. 1995, 1997; siehe auch Müller et al. 2007). Eine Verhaltensweise kann (1) *internal motiviert* sein. Das bedeutet, dass die Verhaltensweise wegen des Verhaltens an sich ausgeübt wird (z. B. weil die Beschäftigung mit digitaler Technik Spaß macht und selbst initiiert wurde). Ist eine Verhaltensweise (2) *integriert reguliert,* dann bringt die Verhaltensweise einem einen persönlichen Nutzen (z. B. um die eigenen technischen Fähigkeiten weiterzuentwickeln). Eine Verhaltensweise kann (3) *identifiziert reguliert* sein. Das bedeutet, dass die Verhaltensweise als Mittel für einen wichtigen Zweck ausgeübt wird (z. B. um Einblicke in Tätigkeiten eines technischen Berufs zu erhalten). Eine Verhaltensweise kann (4) *introjiziert reguliert* sein. Damit ist gemeint, dass die Verhaltensweise eher aus externalen Gründen, die man verinnerlicht hat, ausgeübt wird (z. B. um andere Mitschüler*innen zu beeindrucken). Oder eine Verhaltensweise kann (5) rein *external motiviert* sein. Das heißt, dass es ausschließlich externale Gründe gibt, warum ein Verhalten ausgeübt wird (z. B. weil andere sich auch mit digitaler Technik beschäftigen und es von einem erwartet wird). Zuletzt können Verhaltensweisen auch (6) *unmotiviert,* also nicht motiviert sein. Hier gibt es keine internalen oder externalen Gründe (mehr) für die Ausübung eines Verhaltens. Da auf dieser Form der Motivation aber nicht der Fokus der wissenschaftlichen Begleitung liegt, wird nicht weiter darauf eingegangen.

2.3.2 Die kognitive Komponente

Die *kognitive Komponente* des technikbezogenen Selbstkonzepts beschreibt die technikbezogenen Einschätzungen, die eine Person von sich selbst hat. Zum einen geht es um das inhaltliche *Wissen* über digitale Technik. Diesem Wissen liegt ein konstruktivistisches Lernverständnis zugrunde (Papert und Harel 1991; Vygotsky 1978) und es kann in vier Abstufungen beschrieben werden (Kotsopoulos et al. 2017). Auf der ersten Stufe *(Unplugged Experiences)* kennen die Lernenden erste Konzepte, Objekte und Komponenten und können einfache Aufgaben bearbeiten (z. B. kennen sie die Input-Mikrocontroller-Output Logik zum Bauen von elektronischen Teilen). Auf der zweiten Stufe *(Tinkering Experiences)* können die Lernenden mit existierenden Objekten oder Komponenten arbeiten und sie verändern (z. B. können sie Fehler in Prototypen erkennen und anpassen). Auf der dritten Stufe *(Making Experiences)* können die Lernenden Objekte von Grund auf neu erstellen (z. B. können sie einen funktionierenden Prototyp komplett neu bauen). Auf der vierten Stufe *(Remixing Experiences)* sind die Lernenden in der Lage, kleinere Objekte oder Komponenten zu bauen, die sie dann für neue, größere Objekte verwenden (z. B. können sie die Teile eines Roboters vorbereiten und dann zusammensetzen).

Zum zweiten geht es bei der kognitiven Komponente um die *Selbstwirksamkeit* (Bandura 1997; Jerusalem und Schwarzer 1999; Schwarzer und Jerusalem 1999, 2002). Sie beschreibt das Vertrauen in die eigenen Kompetenzen zur Bewältigung spezifischer neuer, nicht alltäglicher Aufgaben und Situationen (z. B. die Beschäftigung mit digitaler Technik bei den Hackdays), die ein gewisses Maß an Anstrengung und Ausdauer erfordern (Schwarzer und Jerusalem 2002). An die Selbstwirksamkeit schließen sich Problemlösekompetenzen an, welche mit dem Konzept des *Computational Thinking* (Wing 2006) beschrieben werden. Es beschreibt analytische Fähigkeiten, auf algorithmische Art und Weise kreative Lösungen für komplexe Probleme zu entwickeln und umzusetzen (Jiang et al. 2024; Korkmaz et al. 2017), und lässt sich in fünf verschiedene Komponenten unterteilen (Jiang et al. 2024; Korkmaz et al. 2017): (1) Die Fähigkeit, Probleme zu lösen, indem adäquate Strategien ausgewählt und verwendet werden, die zur Lösung des Problems führen (z. B. relevante Komponenten zur Erstellung des Prototyps auszuwählen); (2) die Fähigkeit des algorithmischen Denkens, bei der Algorithmen verstanden, angewendet und evaluiert werden können (z. B. den passenden Programmiercode für den Prototyp zu schreiben); (3) Kreativität, welche die Verwendung der Vorstellungskraft und des Verstandes zur Lösung von Problemen beschreibt (z. B. einen besonderen Ansatz für die Erstellung des Prototyps zu entwickeln); (4) die Fähigkeit, komplex zu denken, also kognitive Strategien einzusetzen, um ein gewünschtes Verhalten auszuüben (z. B. die einzelnen Schritte zum Bau des Prototyps systematisch zu planen und umzusetzen); und (5) Kooperation, welche die Kollaboration und Zusammenarbeit mit anderen zur Erreichung eines Ziels beschreibt (z. B. erfolgreich zusammenzuarbeiten und verschiedene Fähigkeiten geschickt zu kombinieren).

Zuletzt beschreibt die kognitive Komponente die *Einstellungen* zu digitaler Technik, welche anhand der Theorie zum geplanten Verhalten (Ajzen 1991; Fishbein und Ajzen 2011; siehe auch Summers und Abd-El-Khalick 2018) beschrieben werden. Sie besagt, dass Verhaltensweisen nur dann ausgeübt werden, wenn die folgenden fünf Voraussetzungen vorliegen. Zunächst muss (1) eine positive *Einstellung* zu und demnach positive Bewertung eines Verhaltens (z. B. die Beschäftigung mit digitaler Technik ist toll) vorliegen. Dann muss es (2) auch *Intentionen* und demnach Absichten geben, das Verhalten auszuüben (z. B. ich möchte mich gerne mit digitaler Technik beschäftigen). Weiterhin muss (3) eine bestimmte *Verhaltensüberzeugung* vorliegen, bei der einem das Ausüben der Verhaltensweise für andere Bereiche im Leben weiterhilft (z. B. hilft die Beschäftigung mit digitaler Technik beim Schutz der persönlichen Daten im Internet). Es muss (4) eine *Kontrollüberzeugung* vorliegen, dass man bei der Ausübung des Verhaltens Vertrauen in sich selbst hat (z. B. ich kann gut mit digitaler Technik umgehen). Zuletzt muss (5) eine *normative Überzeugung* vorliegen, die besagt, dass auch andere, nahestehende Personen das Verhalten zeigen (z. B. meine Familie beschäftigt sich auch mit digitaler Technik).

Die Beschreibung der fünf Komponenten der Einstellungen zu digitaler Technik verdeutlicht, dass bestimmte Verhaltensweisen im Fokus der Theorie des geplanten Verhaltens stehen. Dennoch verwendet die bisherige Literatur sie für die Beschreibung von Einstellungen, beispielsweise zu Naturwissenschaften (Bruckermann et al. 2021; Summers und Abd-El-Khalick 2018) oder Bürgerwissenschaften[2] (Greving et al. 2023) und hat robuste, gut funktionierende Maße dafür entwickelt. Ihr entscheidender Vorteil ist, dass sie Einstellungen als facettenreiches, multifaktorielles Konzept versteht und sie als komplexes Gefüge darstellt. Dadurch ermöglicht sie es, die Einstellungen zu digitaler Technik umfassend zu beschreiben.

2.3.3 Die konative Komponente

Neben der motivationalen Komponente und der kognitiven Komponente beinhaltet das technikbezogene Selbstkonzept die *konative Komponente.* Bei dieser Komponente geht es um die konkreten und praktischen Handlungserfahrungen, die man in der Vergangenheit (z. B. in der Kindheit) oder in der Gegenwart (z. B. in der Freizeit) im Umgang mit digitaler Technik gesammelt hat (Janneck et al. 2012; Vincent und Janneck 2012). Wichtig ist, dass es um die tatsächlichen Handlungen und nicht die Handlungsabsicht geht. Diese Komponente ist ebenfalls relevant für das technikbezogene Selbstkonzept, da die bisherigen oder stattfindenden Handlungserfahrungen (z. B. ob und wie häufig sich die Schüler*innen in ihrer Kindheit oder Freizeit mit digitaler Technik beschäftigen) entscheidend mitbedingen, wie das derzeitige technikbezogene Selbstkonzept aufgebaut ist (z. B. ob, wie und warum sich die Schüler*innen mit digitaler Technik beschäftigen) und wie es sich gegebenenfalls weiterentwickelt.

3 Technische Herausforderungen mit Hilfe eines positiven technikbezogenen Selbstkonzepts meistern

Die Hackdays und die weitere Beschäftigung mit digitaler Technik über die Hackdays hinaus ermöglichen es den Schüler*innen ein positives technikbezogenes Selbstkonzept zu entwickeln. Anhand des Selbstkonzepts sind sie dann beispielsweise in der Lage, ihr Interesse, ihre Motivation, ihr Wissen und ihre

[2] Der Begriff Bürgerwissenschaften beschreibt die Zusammenarbeit zwischen Wissenschaftler*innen und engagierten Bürger*innen in wissenschaftlichen Projekten, zum Beispiel im Bereich der Vogelbeobachtung (Bonney 2021), Wildtierforschung oder vielen verschiedenen anderen Bereichen.

Selbstwirksamkeit einschätzen zu können. Die Hackdays fördern ebenfalls die Fähigkeiten der Schüler*innen, eigenständig und selbstreguliert zu lernen und mit technischen Problemen umzugehen. Dadurch werden die Schüler*innen darauf vorbereitet, auch zukünftig mit neuen technischen Herausforderungen umzugehen. Auch in anderen Kontexten und Situationen können die erlernten Fähigkeiten hilfreich sein (Wing 2006). Schlussendlich ist ein positives technikbezogenes Selbstkonzept äußerst relevant für den zukünftigen beruflichen Weg und Erfolg der Schüler*innen (Janneck et al. 2012; Vincent und Janneck 2012).

Daher wird das technikbezogene Selbstkonzept als zentrales Ergebnis bei der wissenschaftlichen Begleitung und Evaluation von Make Your School zugrunde gelegt. Es ist facettenreich und lässt Rückschlüsse auf unterschiedlichen Ebenen zu wie beispielsweise der affektiven, motivationalen oder kognitiven Ebene. Außerdem handelt es sich bei dem technikbezogenen Selbstkonzept um ein veränderbares Konzept (Vincent und Janneck 2012). Daher ist das Ziel der Evaluation von Make Your School, zu untersuchen, wie die Teilnahme an den Hackdays das technikbezogene Selbstkonzept der Schüler*innen verändert und welche Rolle der Rahmen der Hackdays (siehe Abb. 3) dabei spielt. Es wird erwartet, dass sich das technikbezogene Selbstkonzept der Schüler*innen durch die Teilnahme an den Hackdays positiv weiterentwickelt und es positive Veränderungen in den einzelnen Komponenten des Selbstkonzepts gibt. Dabei haben die Personenmerkmale der Schüler*innen, die Qualität der Lernaktivitäten, der Kontext und die Mentor*innen moderierende bzw. vermittelnde Funktionen.

Um die Fragestellung und Hypothese zu testen, werden während der Hackdays Befragungen durchgeführt. Am ersten Tag direkt zu Beginn der Hackdays wird ein Prä-Fragebogen erhoben, um das Lernpotenzial der Schüler*innen (siehe Abb. 3) zu erfassen. Er ermittelt das anfängliche Interesse, die Motivation, die Einstellungen und die Selbstwirksamkeit der Schüler*innen in Bezug auf ihren Umgang mit digitaler Technik sowie deren Bildungshintergrund. Dies geschieht zumeist anhand von Aussagen, auf die die Schüler*innen über Bewertungsskalen eine selbsteingeschätzte Antwort geben. Zur Ermittlung der Lernaktivitäten (siehe Abb. 3) wird die Qualität der Umsetzung der Hackdays anhand evidenzbasierter Methoden der Unterrichtsdiagnostik und Unterrichtsentwicklung (Helmke 2012; Helmke et al. 2012) ebenfalls mittels selbsteingeschätzter Antworten auf Bewertungsskalen erfasst. Ganz am Ende der Hackdays wird ein Post-Fragebogen erhoben, um das Ergebnis der Hackdays für die Schüler*innen (siehe Abb. 3) zu erfassen. Er ermittelt nochmals das Interesse, die Motivation, die Einstellungen und die Selbstwirksamkeit der Schüler*innen in Bezug auf ihren Umgang mit digitaler Technik anhand von Bewertungsskalen. Informationen zum Kontext, in dem die Hackdays stattfinden (siehe Abb. 3), werden getrennt von diesen Befragungen erfasst.

4 Ausblick

Zusammenfassend haben die teilnehmenden Schüler*innen der Hackdays von Make Your School die Gelegenheit, sich selbstgesteuert und eigenständig mit digitaler Technik auseinanderzusetzen, und zwar in einem bewertungsfreien Raum. Dabei können sie wichtige Arbeits- und Gestaltungsmethoden kennenlernen, die auch für ihr späteres Berufsleben wichtig sind. Anhand der wissenschaftlichen Begleitung kann ermittelt werden, welche Veränderungen sich bei den Schüler*innen ergeben und welches Potenzial extracurriculare, technikbezogene Lernangebote wie Make Your School haben. In einem nächsten Schritt sollen auch andere Beteiligte wie die Mentor*innen, die Netzwerkkoordinierenden und die Lehrkräfte befragt werden, um ein umfassendes Bild der Veränderungen durch die Hackdays zu bekommen. Insgesamt bietet Make Your School somit Schüler*innen eine erste Möglichkeit, im Rahmen der Hackdays einen besonderen Zugang zu Tüfteln und Technik und erste Einblicke in technische und informatische Berufe zu erhalten.

Literatur

Ajzen, I. (1991). The theory of planned behavior. *Organizational Behavior and Human Decision Processes, 50*(2), 179–211.

Bandura, A. (1997). *Self-efficacy: The exercise of control.* Freeman.

Bonney, R. (2021). Expanding the impact of citizen science. *BioScience, 71*(5), 448–451. https://doi.org/10.1093/biosci/biab041

Bruckermann, T., Greving, H., Schumann, A., Stillfried, M., Börner, K., Kimmig, S. E., Hagen, R., Brandt, M., & Harms, U. (2021). To know about science is to love it? Unraveling cause–effect relationships between knowledge and attitudes toward science in citizen science on urban wildlife ecology. *Journal of Research in Science Teaching, 58*(8), 1179–1202. https://doi.org/10.1002/tea.21697

Bruckermann, T., Lorke, J., Rafolt, S., Scheuch, M., Aristeidou, M., Ballard, H., Bardy-Durchhalter, M., Carli, E., Herodotou, C., Kelemen-Finan, J., Robinson, L., Swanson, R., Winter, S., & Kapelari, S. (2020). Learning opportunities and outcomes in Citizen Science: A heuristic model for design and evaluation. In: O. Levrini, & G. Tasquier (eds.), *Electronic proceedings of the ESERA 2019 conference. The beauty and pleasure of understanding: Engaging with contemporary challenges through science education* (pp. 889–898). University of Bologna.

Cress, U., Feinkohl, I., Jirschitzka, J., & Kimmerle, J. (2016). Mass collaboration as co-evolution of cognitive and social systems. In U. Cress, J. Moskaliuk, & H. Jeong (Eds.), *Mass collaboration and education* (pp. 85–104). Springer International Publishing.

Cress, U., & Kimmerle, J. (2008). A systemic and cognitive view on collaborative knowledge building with Wikis. *International Journal of Computer-Supported Collaborative Learning, 3*(2), 105–122. https://doi.org/10.1007/s11412-007-9035-z

Cress, U., & Renner, B. (2018). Neue Metaphern für das Lernen – Was digitale Medien in der Schule alles leisten und verändern können: fünftes Sankelmarker Gespräch: „Digitalisierung der Welt. Herausforderungen für Schule und Lehrerbildung". *Zeitschrift für Bildungsverwaltung, 2,* 49–57.

Datnow, A. (2020). The role of teachers in educational reform: A 20-year perspective. *Journal of Educational Change, 21*(3), 431–441. https://doi.org/10.1007/s10833-020-09372-5

Deci, E. L., & Ryan, R. M. (1985). The general causality orientations scale: Self-determination in personality. *Journal of Research in Personality, 19*(2), 109–134.

Deci, E. L., Vallerand, R. J., Pelletier, L. G., & Ryan, R. M. (1991). Motivation in education: The self-determination perspective. *Educational Psychologist, 26*(3-4), 325–346.

Dogruel, L., Masur, P., & Joeckel, S. (2022). Development and validation of an algorithm literacy scale for internet users. *Communication Methods and Measures, 16*(2), 115–133. https://doi.org/10.1080/19312458.2021.1968361

Fishbein, M., & Ajzen, I. (2011). *Predicting and changing behavior: The reasoned action approach.* Psychology Press.

Garrecht, C., Bruckermann, T., & Harms, U. (2018). Students' decision-making in education for sustainability-related extracurricular activities – A systematic review of empirical studies. *Sustainability, 10*(11), 3876. https://doi.org/10.3390/su10113876

Greving, H., Bruckermann, T., Schumann, A., Stillfried, M., Börner, K., Hagen, R., Kimmig, S. E., Brandt, M., & Kimmerle, J. (2023). Attitudes toward engagement in citizen science increase self-related, ecology-related, and motivation-related outcomes in an urban wildlife project. *BioScience, 73*(3), 206–219. https://doi.org/10.1093/biosci/biad003

Grönman, S., & Lindfors, E. (2021). The process models of design thinking: A literature review and consideration from the perspective of craft, design and technology education. *Techne serien – Design and Technology in Education, 28*(2), 110–118.

Helmke, A. (2012). *Unterrichtsqualität und Lehrerprofessionalität. Diagnose, Evaluation und Verbesserung des Unterrichts* (4. Aufl.). Klett-Kallmeyer.

Helmke, A., Schrader, F. W., & Helmke, T. (2012). EMU: Evidenzbasierte Methoden der Unterrichtsdiagnostik und -entwicklung. Unterrichtsdiagnostik – ein Weg, um Unterrichten sichtbar zu machen. *Schulverwaltung Bayern, 35*(6), 180–183.

Janneck, M., Vincent-Höper, S., & Othersen, I. (2012). Entwicklung und Validierung eines Fragebogens zum Technikbezogenen Selbstkonzept (TSK): Eine gendersensitive Studie. *Zeitschrift für Angewandte Organisationspsychologie, 43,* 289–310. https://doi.org/10.1007/s11612-012-0184-9

Jerusalem, M., & Schwarzer, R. (1999). *Förderung von Selbstwirksamkeit bei Schülern und Lehrern.* Berlin: Humboldt-Universität zu Berlin.

Jiang, H., Islam, A. A., Gu, X., & Guan, J. (2024). How do thinking styles and STEM attitudes have effects on computational thinking? A structural equation modeling analysis. *Journal of Research in Science Teaching, 61*(3), 645–673. https://doi.org/10.1002/tea.21899

Kochanowska, M., & Gagliardi, W. R. (2022). The double diamond model: In pursuit of simplicity and flexibility. In: D. Raposo, J. Neves, & J. Silva (eds.), *Perspectives on Design II. Research, Education and Practice* (vol 16, pp. 19–32). Springer. https://doi.org/10.1007/978-3-030-79879-6_2

Korkmaz, Ö., Çakir, R., & Özden, M. Y. (2017). A validity and reliability study of the computational thinking scales (CTS). *Computers in Human Behavior, 72,* 558–569. https://doi.org/10.1016/j.chb.2017.01.005

Kotsopoulos, D., Floyd, L., Khan, S., Namukasa, I. K., Somanath, S., Weber, J., & Yiu, C. (2017). A pedagogical framework for computational thinking. *Digital Experiences in Mathematics Education, 3,* 154–171.

Krapp, A. (1992). Interesse, Lernen und Leistung. Neuere Forschungsansätze in der Pädagogischen Psychologie. *Zeitschrift für Pädagogik, 38,* 747–770.

Krapp, A. (1998). Entwicklung und Förderung von Interessen im Unterricht. *Psychologie in Erziehung und Unterricht, 44*(3), 185–201.

Marsh, H. W. (1990a). A multidimensional, hierarchical model of self-concept: Theoretical and empirical justification. *Educational Psychology Review, 2,* 77–172.

Marsh, H. W. (1990b). The structure of academic self-concept: The Marsh/Shavelson model. *Journal of Educational Psychology, 82*(4), 623–636.

Mikheeva, E., & Meyer, S. (2020). IEA International Computer and Information Literacy Study 2018. User Guide for the International Database. *International Association for the Evaluation of Educational Achievement.*

Müller, F. H., Hanfstingl, B., & Andreitz, I. (2007). Skalen zur motivationalen Regulation beim Lernen von Schülerinnen und Schülern: Adaptierte und ergänzte Version des Academic Self-Regulation Questionnaire (SRQ-A) nach Ryan & Connell. *Wissenschaftliche Beiträge aus dem Institut für Unterrichts- und Schulentwicklung.* Klagenfurt: Alpen-Adria-Universität.

Newton, X. A., Poon, R. C., Nunes, N. L., & Stone, E. M. (2013). Research on teacher education programs: Logic model approach. *Evaluation and Program Planning, 36*(1), 88–96. https://doi.org/10.1016/j.evalprogplan.2012.08.001

Nickolaus, R., Steffensky, M., & Parchmann, I. (2018). Expertise zu Effekten zentraler außerschulischer MINT-Angebote; erstellt im Auftrag des Nationalen MINT Forum e.V. *Nationales MINT Forum,* 2–34.

Papert, S., & Harel, I. (1991). *Constructionism: Research reports and essays, 1985–1990.* Ablex Publishing Corporation.

Pelletier, L. G., Tuson, K. M., Fortier, M. S., Vallerand, R. J., Briere, N. M., & Blais, M. R. (1995). Toward a new measure of intrinsic motivation, extrinsic motivation, and amotivation in sports: The Sport Motivation Scale (SMS). *Journal of Sport and Exercise Psychology, 17*(1), 35–53.

Pelletier, L. G., Tuson, K. M., & Haddad, N. K. (1997). Client motivation for therapy scale: A measure of intrinsic motivation, extrinsic motivation, and amotivation for therapy. *Journal of Personality Assessment, 68*(2), 414–435.

Plattner, H., Meinel, C., & Leifer, L. (2011). *Design thinking: Understand-improve-apply.* Springer. https://doi.org/10.1007/978-3-642-13757-0

Reinmann, G. & Mandl, H. (2006). Unterrichten und Lernumgebungen gestalten. In: A. Krapp, M. Prenzel, & B. Weidenmann (Hrsg.), *Pädagogische Psychologie: Ein Lehrbuch* (S. 613–658). Beltz.

Schiefele, U., Krapp, A., & Schreyer, I. (1993). Metaanalyse des Zusammenhangs von Interesse und schulischer Leistung. *Zeitschrift für Entwicklungspsychologie und Pädagogische Psychologie, 10*(2), 120–148.

Schön, S., & Ebner, M. (2017). Maker-Bewegung macht Schule: Hintergründe, Beispiele sowie erste Erfahrungen. In: J. Erpenbeck, & W. Sauter (Hrsg.), *Handbuch Kompetenzentwicklung im Netz* (S. 257–270). Schäffer-Poeschel Verlag.

Schwarzer, R., & Jerusalem, M. (1999). *Skalen zur Erfassung von Lehrer- und Schülermerkmalen. Dokumentation der psychometrischen Verfahren im Rahmen der Wissenschaftlichen Begleitung des Modellversuchs Selbstwirksame Schulen.* Berlin: Freie Universität Berlin.

Schwarzer, R., & Jerusalem, M. (2002). Das Konzept der Selbstwirksamkeit. *Zeitschrift für Pädagogik Beiheft, 44,* 28–53. https://doi.org/10.25656/01:3930

Shavelson, R. J., Hubner, J. J., & Stanton, G. C. (1976). Self-concept: Validation of construct interpretations. *Review of Educational Research, 46*(3), 407–441.

Shirk, J. L., Ballard, H. L., Wilderman, C. C., Phillips, T., Wiggins, A., Jordan, R., McCallie, E., Minarchek, M., Lewenstein, B. V., Krasny, M. E., & Bonney, R. (2012). Public participation in scientific research: A framework for deliberate design. *Ecology & Society, 17*(2), 29. https://doi.org/10.5751/ES-04705-170229

Summers, R., & Abd-El-Khalick, F. (2018). Development and validation of an instrument to assess student attitudes toward science across grades 5 through 10. *Journal of Research in Science Teaching, 55*(2), 172–205. https://doi.org/10.1002/tea.21416

Tenorth, H. E., & Tippelt, R. (2012). *Beltz Lexikon Pädagogik.* Beltz.

Vincent, S., & Janneck, M. (2012). Das technikbezogene Selbstkonzept von Frauen und Männern in technischen Berufsfeldern: Modell und empirische Anwendung. *Psychologie des Alltagshandelns, 5*(1), 53–67.

Vygotsky, L. S. (1978). *Mind in society.* Cambridge: Harvard University Press.

Wing, J. M. (2006). Computational thinking. *Communications of the ACM, 49*(3), 33–35.

Die Make@thons als kreative Problemlösechallenge an der Schnittstelle (außer-)schulischen Lernens

Henning Amel, Tatjana Korte, Franziska von Einem und Marco Beeken

1 Außerschulisches Lernen während und nach der Pandemie

Bereits zu Beginn der COVID-19-Pandemie im Jahr 2020 wurde vielerorts angenommen, dass vor allem Kinder und Jugendliche aufgrund ihres Entwicklungsstadiums als vulnerable Bevölkerungsgruppe massiv von Lockdowns und Kontaktbeschränkungen belastet würden (Fegert et al. 2020; Schlack et al. 2020). Es zeigten sich durch fehlende Entfaltungs- und Stressregulierungsmöglichkeiten wie das Treffen mit Peers sowie durch unstrukturierte Tagesabläufe schnell depressive und Angstsymptome wie mangelndes Interesse an Tätigkeiten, gesteigerte Müdigkeit

H. Amel
Universität Osnabrück, Osnabrück, Deutschland
E-Mail: henning.amel@uni-osnabrueck.de

T. Korte
Münster, Deutschland
E-Mail: tatjana.korte@posteo.de

F. von Einem
Siemens Stiftung, München, Deutschland
E-Mail: franziska.einem@siemens-stiftung.org

M. Beeken (✉)
Universität Osnabrück, Osnabrück, Deutschland
E-Mail: marco.beeken@uni-osnabrueck.de

A. Wenzel und T. Schmäing (Hrsg.), *Außerschulisches Lernen in der naturwissenschaftlichen Bildung*, https://doi.org/10.1007/978-3-658-50864-7_11

und Reizbarkeit (Fegert et al. 2020; Zhou et al. 2020) – insbesondere bei Kindern und Jugendlichen aus sozial benachteiligten Familien (Andresen et al. 2020; Ravens-Sieberer et al. 2021). Neben der Vernachlässigung sozialer Kontakte während der Pandemie konnten entsprechend eines gemeinsamen Berichtes des Bundesministeriums für Gesundheit (BMG) und des Bundesministeriums für Familie, Senioren, Frauen und Jugend (BMFSFJ) auch damit verbundene Fehlernährung, Bewegungsmangel und starker Medienkonsum zu Vereinsamung und Zukunftsängsten führen und somit Risiken für eine angemessene Entwicklung der Kinder und Jugendlichen darstellen. Darüber hinaus habe die Pandemie Kinder und Jugendliche darin unterbrochen, ihren drei Kernherausforderungen Qualifizierung, Verselbstständigung und Selbstpositionierung in und neben der Schule nachzugehen (BMG und BMFSFJ 2021).

Die psychosoziale Entwicklung von Kindern und Jugendlichen erfordert den Kontakt zu Familie, aber auch oder insbesondere zu Peers, wie es in Einrichtungen wie Sportvereinen (mit Blick auf informelles Lernen) oder in der Schule (sowohl informell als auch formell) zu Zeiten der Pandemie nicht möglich war (Gärtner 2020). Außerschulische Entwicklungsräume fielen in der Regel weg, wurden in der politischen Diskussion vernachlässigt und, wenn überhaupt, erst in den darauffolgenden Jahren mit Abklingen der Pandemie wieder eröffnet (Grunert et al. 2022). Viele Formate außerschulischen Lernens wurden dabei in den oder an den Rand des digitalen Raums gedrängt, Kinder und Jugendliche vernetzende Aktivitäten dadurch deutlich reduziert (Thümmler 2021,2022).

2 Die Make@thons – kreative Problemlösechallenges

Mit Einsetzen der Pandemie in Deutschland zu Beginn des Jahres 2020 und daraus resultierenden Lockdowns in den darauffolgenden Monaten bedurfte es Möglichkeiten für interessierte Bürger*innen (und darunter konsequenterweise auch Jugendlichen), ihren naturwissenschaftlichen, handlungsorientierten Interessen nachzugehen.

In Zusammenarbeit etablierte der Fachbereich für Elektrotechnik und Informationstechnik der Fachhochschule Südwestfalen mit der Arbeitsgruppe für Chemiedidaktik der Universität Osnabrück aufbauend auf Hackathons und der Makerszene mit den sogenannten Make@thons handlungsorientierte Projektzeiträume, in denen Menschen aktiv werden konnten.

Definition 1 Maker sind Menschen, die Technologie als Einladung zum Erkunden und Experimentieren verstehen – dabei ist Technologie im möglichst weiten

Sinne zu verstehen, als jegliche Fähigkeit und Technik, die wir erlernen und anwenden (übersetzt nach Dougherty und Conrad 2016).

2.1 Didaktisch-methodische Überlegungen zu den Make@thons

2.1.1 Ursprünge

Bereits seit Ende des 20. Jahrhunderts vereinbaren Informatik-interessierte Menschen wie Programmierer*innen sogenannte Hackathons. In einer andauernden, konzentrierten Arbeitsphase (Silbe „-thon" von engl. marathon), in der Regel über wenige Tage, liegt der Fokus des Wettbewerbsformates auf kreativer Problemlösungsfindung im Bereich der Soft- und Hardwareentwicklung (Silbe „Hack-" von engl. to hack im Sinne des Programmierens), die eine anschließende Umsetzung in den Alltag anvisiert (Briscoe und Mulligan 2014; Komssi et al. 2015).

An die Stelle der Fokussierung auf die Software tritt in der Makerszene zumeist die Orientierung an einem Produkt, das potenziell über 3D-Druck oder andere Maßnahmen der Modellgestaltung realisiert wurde. Etwas zu machen – der sogenannte Make-Gedanke – liegt in der Natur des Menschen. Das Machen stellt vor Herausforderungen, erfordert Innovation (in kleinem oder in großem Maßstab), integriert Kreativität, Selbstwirksamkeit und Belohnung (Dougherty und Conrad 2016). Über die vergangenen Jahre wurden zahlreiche Makeathons für diverseste Zielgruppen etabliert, wie den Make Light Makeathon (Photonik Forschung Deutschland 2019), Makeathons der Hochschule Bielefeld (zusammen mit ITES und InCamS@BI) (Hochschule Bielefeld 2024) oder den Smart Green Island Makeathon von ITQ (ITQ 2024), um nur eine Auswahl zu nennen.

Das bei den von der Arbeitsgruppe für Chemiedidaktik der Universität Osnabrück organisierten Make@thons addierte @-Zeichen symbolisiert den digitalen, später hybriden (s. Präsenz-Make@thons) Charakter der Intervention.

2.1.2 Zwischen Breiten- und Begabungsförderung

Während die ersten Make@thons (s. Digitale Make@thons) noch für interessierte Bürger*innen zur Teilnahme offenstanden, war das Potenzial der Make@thons für eine Orientierung an Schüler*innen von Beginn an absehbar. Die Make@thons werden (mitunter) charakterisiert durch Selbstwirksamkeit, Handlungsorientierung und Kreativitätserleben. Mit bewusst gewählten offenen Aufgabenstellungen und freien Entfaltungsmöglichkeiten greifen sie motivierende Elemente einer Projektwoche auf und schaffen mit adressatengerechten und zukunftsträchtigen Themen Alltagsrelevanz für alle Schüler*innen.

Als außerschulische Projektwochen bedienen sich die Make@thons den Vorteilen non-formalen Lernens – mit non-formalem Lernen als organisierte, das Lernen ermöglichende Umgebung außerhalb des regulären schulischen Lernens (Coombs und Ahmed 1974; Paul und Peters 2024; Romi und Schmida 2009). Auf diesem Weg integriert die Auseinandersetzung mit Inhalten und Methoden durch die Jugendlichen potenziell eine prozedurale, in jedem Fall aber eine freiwillige Dimension und kognitive oder emotionale Verbundenheit (Johnson und Majewska 2022), die Motivation schaffen und die (über)fachliche Vernetzung mit bereits Bekanntem erleichtern kann. Non-formales Lernen verlässt den strukturierten, schulischen Rahmen und ermöglicht so die Adressierung essenzieller 21st Century Skills (Ionescu 2020; Souto-Otero 2016), deren Ausbildung insbesondere im Jugendalter höchste Relevanz hat (Düx und Rauschenbach 2016).

Neben diesen Vorteilen des non-formalen Lernens sind es ebenso die Charakteristika einer Projektwoche (im Folgenden kursiv, nach Gudjons 2014), die Schüler*innen Freiheiten einräumt, sich mit Themen auseinanderzusetzen, die sie interessieren. Über das Engagement gegenüber dem für die Teilnehmenden relevanten Themengebiet entwickelt sich *Schüler*innenorientierung auf der Sachebene,* die Verantwortungsübernahme verschiedener Aufgaben und die soziale Interaktion innerhalb der Kleingruppe fördert die *Kooperation auf der Ebene des Arbeitsvorhabens* sowie die *Kommunikation auf der Ebene sozialer Beziehungen,* wobei sich die Schüler*innen neben den Inhalten auch mit sich selbst und den anderen Teilnehmenden auseinandersetzen, ihre Kompetenzen des *sozialen und kommunikativen Handelns* stärken und so die Kriterien des sozialen Lernens erfüllen (Gudjons 2014), dem insbesondere nach den Jahren der Pandemie eine hohe Bedeutung zukommt.

Entgegen dem klassischen Lernen von Inhalten konstruieren sich die Teilnehmenden beim Make@thon über Handlungsorientierung ihr Wissen eigenständig, erschließen Zusammenhänge und verleihen jedem Schritt des Handlungsprozesses – vom Ziel über die Ausführung bis hin zur Reflexion – eine kohärente Struktur. Neben der Verantwortungsübernahme in der offenen und selbstbestimmten Umgebung des Make@thons können Teilnehmende Kompetenz und Selbstwirksamkeit empfinden (Gudjons 2014), die nach der Selbstbestimmungstheorie nach Deci und Ryan (1985) zur Motivation beitragen.

Ursprünglich konzipiert wurden die schüler*innenorientierten Make@thons als Enrichment-Maßnahme mit einem Blick auf naturwissenschaftlich-interessierte und tendenziell begabte Schüler*innen. Das offene Setting verbunden mit einem hohen Anteil selbstregulierter Handlungsorientierung galt als vielversprechend für Jugendliche, die von offenen Entwicklungsumgebungen profitieren (Amel et al. 2023; Otte et al. 2022). Losgelöst von festen Strukturen und gruppenbedingten Erwartungshaltungen konnten sich die Make@thons vor dem Hintergrund non-formalen Lernens aber ebenso als eine Umgebung etablieren, in der alle Schüler*innen an ihre individuellen Voraussetzungen sowie Kompetenzen anknüpfen und sich in ihrer Geschwindigkeit entwickeln können.

2.2 Digitale Make@thons

Die Konzeption der ersten Make@thons startete mit Einsetzen der COVID-19-Pandemie in Deutschland (und darüber hinaus) im Frühjahr des Jahres 2020. Mithilfe der Make@thons sollte interessierten Bürger*innen die Möglichkeit gegeben werden, sich digital handlungsorientiert zu engagieren und gleichzeitig das vielfältige Potenzial des 3D-Drucks für den sehr akuten medizinischen Bedarf zu nutzen. Die digital durchgeführten Make@thons wurden im Rahmen der Initiative Open Photonik des Bundesministeriums für Bildung und Forschung (BMBF) gefördert, zielten auf die Vernetzung von Bürger*innen und Wissenschaft ab und fanden im Zeitraum Juni 2020 bis März 2021 sechsmal statt. Obwohl die digitalen Make@thons für alle Interessierten offenstanden und als solche beworben wurden, nahmen zu Beginn insbesondere Informatik-interessierte Bürger*innen im Alter von 20 bis 40 Jahren teil, die bereits zuvor Erfahrungen im Programmieren oder im 3D-Druck gesammelt haben.

Mit Bezug auf die Maker-Bewegung *Maker vs. Virus*[1] verfolgten die Make@thons anfangs eine sehr konkrete Aufgabenstellung, die beispielsweise die Gestaltung eines Adapters für die Integration eines FaceShields in eine Stirnlampe für medizinisches Personal erforderte oder darauf abzielte, den Tragekomfort eines Mund-Nasen-Schutzes über eine Konstruktion zur Fixierung am Hinterkopf zu erhöhen (Otte et al. 2022).

Der *School's-out*-Make@thon vom 19. Dezember 2020 bis 9. Januar 2021 stellte darunter den ersten Make@thon dar, der ausschließlich Schüler*innen zur Teilnahme einlud. Vor dem Hintergrund der mit dem Winter verbundenen geringeren Lüftungsfrequenz in Schulgebäuden entwickelten 36 Schüler*innen in sechs Kleingruppen Kohlenstoffdioxid-Ampeln zum Monitoring der Kohlenstoffdioxidkonzentration im Klassenraum. Die Teams erhielten im Vorhinein Kohlenstoffdioxidsensoren, Arduino-Mikrocontroller sowie weiteres Material (Toschke

[1] *Maker vs. Virus* war eine Bewegung von Maker*innen, die zu Beginn der Pandemie Kapazitäten bündelten, um medizinisches Personal in der Bekämpfung der Pandemie zu unterstützen.

et al. 2022). Über die Kohlenstoffdioxidkonzentration konnte so ein Rückschluss auf die Aerosolbelastung in dem jeweiligen Raum gezogen werden, wobei wiederum die Ansteckungsgefahr mit dem Coronavirus über eine steigende Aerosolkonzentration zunimmt (Hartmann und Kriegel 2020). Wie schon die vorangegangen Make@thons wies dieser ebenso eine hohe Alltagsrelevanz und -aktualität auf, wodurch die Schüler*innen ihre Produkte auch tatsächlich im Einsatz wiederfanden.

Vom 2. bis zum 11. Juli 2021 wiederum fand mit dem Umwelt-Make@thon in Zusammenarbeit mit EndPlasticSoup und gefördert von Rotary Distrikt 1850 erstmalig ein Make@thon statt, der mit der Plastikmüll- und Mikroplastikproblematik ein nachhaltigkeitsorientiertes Thema adressierte und ebenso ausschließlich Schüler*innen ansprach. 130 Schüler*innen, verteilt über Norddeutschland, nahmen in 37 Teams an dem Make@thon teil, entwickelten Kampagnen zur Bekämpfung des Plastikmüllproblems in ihrer Region und präsentierten diese Ideen in einem Video von bis zu fünf Minuten.

Erstmalig wurden die Schüler*innen während des Make@thons von thematisch-passenden, digitalen Vorträgen von Expert*innen aus verschiedenen Wissenschafts(kommunikations)bereichen wie einer Meereisforscherin des Alfred-Wegener-Instituts oder einer Verantwortlichen aus dem Bereich der Abfallwirtschaft begleitet (Amel et al. 2023).

2.3 Präsenz-Make@thons

Aufbauend auf den Erfahrungen erster Make@thons mit Schüler*innen sowie nachhaltigkeitsorientierten Themen wurden mit Ausklingen der Pandemie die Make@thons konsequenterweise in ein Präsenzformat überführt. Seit 2022 werden die Make@thons von der Siemens Stiftung gefördert und sind Teil des MINT-Hubs Siemensstadt Square der Siemens Stiftung in Berlin-Spandau.

Die in Berlin durchgeführten Make@thons adressieren ausgewählte Themen innerhalb der Interdisziplinarität der Trias Nachhaltigkeit, Digitalität und Gesundheit und schaffen auf diesem Weg Alltags- und Zukunftsrelevanz. Tab. 1 gibt einen Überblick über die Interventionen im Präsenzformat, die nachfolgend anhand ausgewählter Charakteristika näher beleuchtet werden sollen („eher außerschulisch" bezieht sich in der Spalte Rahmung der Tab. 1 auf die Schule als Veranstaltungsort bei gleichzeitig freiwilliger Teilnahme losgelöst von schulischen Verpflichtungen im Nachmittagsbereich).

Im Zuge der Konzeption und Durchführung der Make@thons entwickelte Materialien zu Laboren, Ausstellungen, Aufgabenstellungen und Escape Rooms

Tab. 1 Kerndaten der Präsenz-Make@thons im Zeitraum 2022–2024

Zeitraum	Thema	Ort	Rahmung	Jahrgang	Anzahl Teilnehmende
23.05.–04.06.2022	Ernährung der Zukunft	Siemensstadt Square (Berlin)	Außerschulisch	9–13	60
22.09.–01.10.2022	Mobilität von morgen	Siemensstadt Square (Berlin)	Außerschulisch	9–13	95
12.06.–21.06.2023	Nachhaltige Textilien	Siemensstadt Square (Berlin)	Außerschulisch	9–13	80
21.08.–25.08.2023	Klima	Schule (Bremen)	Schulisch	11	55
07.11.–17.11.2023	Energiegeladen in die Zukunft	Siemensstadt Square (Berlin)	Außerschulisch	9–13	60
17.06.–26.06.2024	Klima	Schule (Berlin)	Eher außerschulisch	8–12	40
01.07.–05.07.2024	Klima	Schule (Berlin)	Schulisch	10	25
01.07.–05.07.2024	Klima	Schule (Berlin)	Eher außerschulisch	9–12	40
08.07.–12.07.2024	Klima	Schule (Berlin)	Schulisch	7–9	65
12.08.–16.08.2024	Klima	Schule (Bremen)	Schulisch	11	155
09.09.–13.09.2024	Klima	Schule (Berlin)	Schulisch	9	110
06.11.–15.11.2024	Circular Economy	Schule (Berlin)	Eher außerschulisch	9–10	56

stehen auf dem Internetauftritt der Arbeitsgruppe für Didaktik der Chemie der Universität Osnabrück zur Verfügung.

2.3.1 Ernährung der Zukunft & Mobilität von morgen

Neben der Erprobung des Konzeptes im Präsenz-Format bedurfte es insbesondere bei der Durchführung der Make@thons *Ernährung der Zukunft* und *Mobilität von morgen* dem Aufbauen eines Netzwerkes vor Ort. Über diverse Wege wurde versucht, Schüler*innen für eine Teilnahme an den Make@thons zu motivieren, wobei sich der Zugang über engagierte Lehrkräfte, die als Multiplikator*innen für das Projekt agierten, am vielversprechendsten erwies. Die Teilnahme an den Make@thons als außerschulisches Format ist, ebenso wie die Teilnahme an einzelnen Veranstaltungspunkten (wie Workshops), freiwillig, eine (zumindest teilweise) digitale Zuschaltung in der Regel möglich.

In der Zeit vom 23. Mai bis 4. Juni 2022 fand mit dem Make@thon *Ernährung der Zukunft* der erste Präsenz-Make@thon statt, an dem 60 Schüler*innen von Berliner Gymnasien, Sekundar- und Oberschulen teilnahmen. Der Veranstaltungsort war hierbei (wie auch bei den Make@thons *Mobilität von morgen, Nachhaltige Textilien* und *Energiegeladen in die Zukunft*) ein Loft in Berlin-Siemensstadt, das Teil von Siemensstadt Square ist, ausreichend Raum für die Projektdurchführung bot und zu freiem und kreativem Arbeiten einlud.

Der tägliche Rahmen lag in der Zeit von 14–19 Uhr, sodass die Teilnehmenden noch vor der Teilnahme am Make@thon im Vormittagsbereich den Regelunterricht besuchen konnten. Teilweise wurden Schüler*innen für die Teilnahme vom Nachmittagsunterricht befreit.

Der Gesamtzeitraum des Make@thons wurde in eine vorangestellte Phase des *Train-the-Make@thons*[2] und die Kernzeit des *Make@thons* gegliedert. Während des Train-the-Make@thons wurden vorbereitende Workshops angeboten, die die Teilnehmenden für die Bearbeitung der Aufgabenstellung, ohne diese zu kennen, vorbereiten sollte. Dahingehend wurden intern- sowie extern-organisierte Workshops zu Ethischem Bewerten, Programmieren, Referieren, 3D-Druck, Design Thinking und weiteren Themen und Methoden angeboten. Insbesondere die Workshops zu 3D-Druck sowie Design Thinking[3] sollten zentrale Elemente der Make@thons werden. Trotz des Wahrnehmens der Workshops auf freiwilliger Basis neben der Schule ergab sich eine lebhafte Beteiligung an allen Programmpunkten.

[2] Der Train-the-Make@thon wurde bereits von Otte et al. (2022) bei einem früheren digitalen Make@thon zur Vorbereitung auf die Kernzeit des Make@thons vorgeschlagen, anfangs unter dem Begriff *Fit4Make@thon* (Otte et al. 2022).

[3] Bei Design Thinking handelt es sich um eine Ideenfindungs- und ausarbeitungs-Methode; „Multidisziplinäre Teams arbeiten in einer flexiblen Umgebung mittels eines iterativen Prozesses, um „nutzerzentrierte" Produkte, Dienstleistungen oder Geschäftsmodelle zu entwickeln" (Meinel und Krohn 2022, S. 15).

Mit der Auftaktveranstaltung und darin integrierter Sensibilisierung und anschließender Verkündung der offenen Aufgabenstellung begann der tatsächliche Make@thon. Die Aufgabenstellung lautete in diesem Fall:

„*Werdet Maker:* Entwickelt allein oder im Team zu einem oder mehreren Themen des Feldes ‚Ernährung der Zukunft' (Urban Gardening, Nahrungsquellen, Start-ups, Lebensmittelverschwendung, Infrastruktur, …) mindestens ein Konzept oder Produkt und präsentiert eure Idee in Form eines 3–5-minütigen Videos."

Auf Grundlage der in der vorangegangenen Woche vertieften methodischen, aber auch inhaltlichen Kompetenzen konnten die Teilnehmenden daraufhin zeitnah mit der Arbeitsphase beginnen. Die Aufgabenstellung wurde in den darauffolgenden Tagen in Kleingruppen von bis zu fünf Personen bearbeitet. Hierfür standen den Teilnehmenden Materialien, aber auch 3D-Drucker zur Verfügung und die Gruppen wurden, wenn erwünscht, von Studierenden der Universität Osnabrück betreut und unterstützt. Die Make@thons stellen somit auch eine Lehr-Lern-Umgebung dar, in dem Lehramtsstudierende in einem außerschulischen Format ihre Persönlichkeit im Umgang mit Schüler*innen erproben können.

Um den Schüler*innen neben der Projektarbeit eine Möglichkeit zu geben, sich über einen spielerischen Ansatz experimentell mit der Lebensmittelchemie auseinanderzusetzen, wurde mit dem „Gourmet-Mörder" ein naturwissenschaftlicher Escape Room entwickelt. Hierbei versuchen die Teilnehmenden, den*die Täter*in über seine*ihre Ernährungsgewohnheiten zu überführen und führen im Zuge dessen verschiedene Experimente wie die Biuret-Probe oder einen Ethanolnachweis durch (Schmidt et al. 2024).

Darüber hinaus wurde mit dem Laborsetting „Es geht um die Wurst" des Schüler*innenlabors GreenLab_OS die Möglichkeit geschaffen, anhand diverser Experimental- sowie Materialstationen zur Lebensmittelanalytik fleischhaltige von vegetarischer und veganer Wurst zu unterscheiden (Beeken et al. 2018; Korte et al. 2023; Otte et al. 2023). Neben der Auseinandersetzung mit Wurstproben wurde so sichergestellt, dass auch für weiterführende Experimente auf Wunsch der Teilnehmenden nötige Materialien und Chemikalien vor Ort waren.

Sowohl das Laborsetting als auch der Escape Room boten den Teilnehmenden während der Arbeitsphasen des Make@thons die Option, sich teils spielerisch, handlungsorientiert und naturwissenschaftlich-forschend mit dem Thema auseinanderzusetzen und darin potenziell ihre Ideen zu begründen.

Obwohl in der Darstellung des Rahmenprogramms (s. Abb. 1) anders angegeben, konnten die Schüler*innen sowohl am Escape Room als auch am Laborsetting permanent arbeiten und wurden hierbei betreut. Einzig die Vorträge von

Rahmenprogramm
Make@thon
Ernährung der Zukunft

TAG	NACHMITTAGS	ABENDS
MO	**AUFTAKTVERANSTALTUNG**	**AUFTAKTVERANSTALTUNG**
DI	**ESCAPE ROOM:** GOURMET MORD	**VORTRAG** LEBENSMITTELVERTEILUNG
MI	**ESCAPE ROOM:** GOURMET MORD	**VORTRAG** TIERETHIK
DO	**NACHMITTAG FÜR LEHRERINNEN UND LEHRER**	**EXPERIMENTALVORTRAG** LEBENSMITTELANALYTIK
FR	**LABORSETTING:** ES GEHT UM DIE WURST	**VORTRAG** WISSENSCHAFTS-KOMMUNIKATION
SA	**PREISVERLEIHUNG**	**PREISVERLEIHUNG**

Abb. 1 Rahmenprogramm des Make@thons *Ernährung der Zukunft*

Expert*innen waren zeitlich fixiert, wobei diese den Schüler*innen in der Ausgestaltung ihrer Projekte Impulse liefern sollten. Unter anderem waren dahingehend eine Professorin des Instituts für Tierschutz, Tierverhalten und Versuchstierkunde der Freien Universität Berlin für einen Vortrag mit anschließender Diskussion zu Tierethik sowie Science-Youtuber und Role Model Jacob Beautemps vom Youtube-Kanal Breaking Lab für einen Vortrag zu den Regeln guten Präsentierens eingeladen.

Am letzten Tag wurde den Teilnehmenden viel Raum geschaffen, ihre Ideen entsprechend der Aufgabenstellung in Form eines kurzen Videos aufzubereiten und dieses einzureichen. Eine Jury aus Mitglieder*innen der Universität Osnabrück sowie der Siemens Stiftung sichtete die Beiträge und wählte anhand transparenter Auswahlkriterien (grob: Wiedererkennungswert, Kommunikation, Nachhaltigkeit, Innovation, Konkretheit) die besten Einreichungen aus. Bei der Abschlussveranstaltung, zu der bei Catering auch Freund*innen, Familie und Lehrkräfte der Teilnehmenden geladen waren, bekamen die Gruppen mit ebendiesen besten Ideen noch einmal eine Bühnenzeit von sieben Minuten, in der sie vor Ort ihre Idee einem breiten Publikum vorstellen durften und so zum Beispiel auch die Möglichkeit erhielten, ihre Forschung erneut in einem Experiment zur Schau zu stellen. Die Jury wertete daraufhin wiederum auf Grundlage der Einreichung sowie der Bühnenzeit und vergab Preise (unter anderem Bahngutscheine) an die Gruppen mit den Ideen:

1. *Mensascanner (Konzept):* Grundschüler*innen spielerisch über Ursprünge, Inhaltsstoffe und gesundheitliche Faktoren ihres Essens in der Schulmensa anhand eines Mensascanners aufklären
2. *Greenplay (App-Konzept):* Aufklärung über Auswirkungen diverser Ernährungsweisen hinsichtlich Regionalität, Saisonalität und verbundene Emissionen in Form einer App
3. *Wormmeal (Produktgestaltung, Firmen-Konzept):* Adressierung der Umsetzbarkeit der Etablierung von Produkten aus Mehlwürmern in Form von z. B. Brot, Keksen oder Milch

Der Make@thon *Mobilität von morgen* fand vom 22. September bis 1. Oktober 2022 statt, wobei 95 Schüler*innen von Berliner Gymnasien, Sekundar- und Oberschulen in Präsenz und/oder digital teilnahmen. Etwa ein Drittel der Schüler*innen (niedersächsische Gymnasialschüler*innen) nahm ausschließlich digital teil, beteiligte sich aber auch über diesen Weg aktiv am Make@thon. Die Rahmung des Make@thons orientierte sich stark an dem ersten Präsenz-Make@thon, sodass erneut das Konzept des Train-the-Make@thons verfolgt wurde, bevor die Kernzeit des Make@thons startete. In diesem Rahmen gab es weiterhin Workshops zu Design Thinking und 3D-Druck, es kamen aber auch neue Workshops zu Wissenschaftskommunikation oder Umweltsensorik hinzu.

An die Stelle des Laborsettings zur Lebensmittelanalytik trat ein Labor zur Mobilität, das Stationen zur Betrachtung von Individualmobilität oder ein Modell-Brennstoffzellenauto umfasste.

Angesichts der ausgeprägten Heterogenität unter den Teilnehmenden, die von verschiedensten sozialökonomischen Bedingungen und Bildungshintergründen geprägt wurden, wurde die Aufgabenstellung in Form einer Binnendifferenzierung angepasst. Die Aufgabenstellung blieb in einem offenen Format, offerierte den Teilnehmenden nun aber die Möglichkeit, in den Bereichen Bildung, Forschung und Entwicklung aktiv zu werden. Benötigten Teilnehmende für die erste Ausarbeitung ihrer Idee mehr Struktur, konnten sie beispielsweise dem Arbeitsauftrag „Erfasst Daten über die aktuelle Verkehrssituation in eurem direkten Umfeld" (Forschung) folgen. Um Teilnehmende gezielter auf ihrem Weg unterstützen zu können, wurden den Kleingruppen Pat*innen (Studierende der Universität Osnabrück) zugeordnet, mit denen ein nahegelegtes Zwischenstandsgespräch stattfinden sollte.

2.3.2 Nachhaltige Textilien & Energiegeladen in die Zukunft

Aufbauend auf dem entwickelten Netzwerk an Schüler*innen, Lehrkräften und weiteren Ansprechpersonen galt es, das Format der Präsenz-Make@thons entsprechend der Erfahrungen der ersten beiden Make@thons anzupassen. Die bedeutende Rolle engagierter Lehrkräfte in der Gewinnung von motivierten Schüler*innen kristallisierte sich ebenso heraus wie die Relevanz der zeitlichen Rahmung außerhalb von Klausuren- oder Schulabschlusszeiträumen, sowohl auf Seiten der Schüler*innen als auch der Lehrkräfte und Studierenden. Darüber hinaus ergaben sich unterschiedliche Meinungen hinsichtlich der Länge des Interventionszeitraums, wobei einigen Schüler*innen der zweiwöchige Zeitrahmen des Train-the-Make@thons in Kombination mit dem Make@thon zu lang, die Zeit zwischen Verkündung der Aufgabenstellung und der Präsentation der Idee oder des Produktes hingegen zu kurz erschien.

Vom 12. bis 21. Juni 2023 nahmen 80 Schüler*innen am Make@thon *Nachhaltige Textilien* teil. Anstelle eines vorangestellten Train-the-Make@thons wurde die Workshopphase in die Kernzeit des Make@thons integriert, sodass trotz Kürzung des Gesamtzeitraumes den Schüler*innen mehr Zeit zwischen der Verkündung der Aufgabenstellung und der Abschlusspräsentation für ihre Projekte blieb.

Um den Teilnehmenden fachliche Impulse zu bieten, wurden erneut zahlreiche Workshops und Vorträge von Expert*innen geplant, in deren Ablauf Abb. 2 einen Einblick liefert.

Die meisten Workshops wurden zweimal in Präsenz angeboten, um auch Teilnehmenden, die einen Termin nicht wahrnehmen konnten, die Möglichkeit zu geben, den Workshop zu besuchen. Die Vorträge wurden in Präsenz angeboten, aber synchron auch digital zur Verfügung gestellt.

Gerahmt wurden die inhaltlichen Impulse von Angeboten wie Catering oder einem Spieleabend (beim Make@thon *Energiegeladen in die Zukunft* zum Beispiel von einer Experimentiermeile mit Kinderpunsch und Showexperimenten

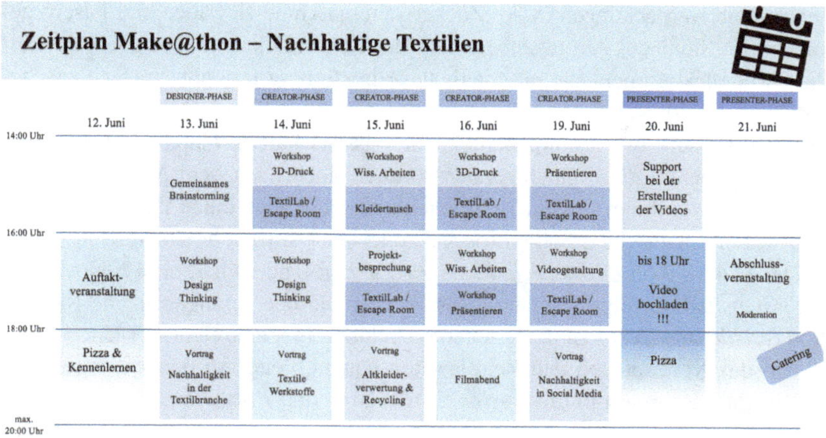

Abb. 2 Zeitplan des Make@thons *Nachhaltige Textilien*

oder dem Streamen eines Fußballspiels der Europameisterschaft während der Make@thons *Klima*).

Das eher naturwissenschaftlich-orientierte Laborsetting vorangegangener Make@thons wurde beim Make@thon *Nachhaltige Textilien* durch eine offenere, interaktive Ausstellung mit einigen Experimental-, aber auch Materialstationen ersetzt. Das TextilLab[4] bot dahingehend Stationen zur Bewertung der Nachhaltigkeit von Kleidungsstücken und Entwicklungen der Modeindustrie, Eigenschaften und Struktur von Stoffen sowie Lieferketten und textiles Recycling (Hager et al. 2024).

Dass bei den Make@thons auch Ideen entwickelt werden, die langfristig etabliert werden können, zeigt unter anderem ein Makerprojekt zum Recycling von Kunststoffabfällen in der Zuckerwattemaschine. Während in der Zeit des Make@thons nur anfängliche Forschung zu der Machbarkeit betrieben werden konnte, wurde auch über den Horizont des Make@thons hinaus an der Aufarbeitung von

[4] Das TextilLab wurde im Rahmen einer Masterarbeit mit dem Ziel der Anwendung während des Make@thons konzipiert und betreut. Dies stellt exemplarisch eines der vielen Charakteristika des Make@thons als Lehr-Lern-Format dar, in dem Studierende des Lehramts in einem dynamischen, interdependenten Prozess den Make@thon mitgestalten und gleichzeitig über die Interaktion mit den Teilnehmenden ihre Lehrpersönlichkeit üben.

Lebensmittelverpackungen in der Zuckerwattemaschine zu Fäden und Fasern geforscht. Im Sinne des Aufgabenbereiches der Kommunikation ermöglicht ein solches Modellexperiment die anschauliche Adressierung komplexer mechanischer Vorgänge der Recyclingindustrie im naturwissenschaftlichen Regelunterricht bei geringen Kosten. In Zusammenarbeit mit Wissenschaftler*innen der Universität Osnabrück hatten die Teilnehmenden so auch noch nach dem Make@thon die Möglichkeit, an ihrem Projekt zu arbeiten und schließlich einen Beitrag in einem naturwissenschafts-didaktischen Journal zu leisten (Amel et al. 2024).

Der Make@thon *Energiegeladen in die Zukunft* fand vom 7. bis 17. November 2023 statt und verfolgte ein ähnliches Format wie der vorangegangene Make@ thon *Nachhaltige Textilien.* Es konnten 60 Schüler*innen erreicht werden.

Um das Konzept und den Zeitplan konsequent weiter zu denken, wurde der Make@thon-Zeitraum in die *Designer-*, *Creator-* und *Presenter-*Phase unterteilt. Während es sich hierbei nicht um konkrete zeitliche Grenzen handelt, sollten sich die Workshops und Vorträge an den Phasen orientieren und den Schüler*innen niedrigschwellig Unterstützung in der Planung, Ideenfindung und -ausgestaltung (*Designer Phase,* z. B. Workshop zu Design Thinking und 3D-Druck für Anfänger), der Umsetzung erster Prototypen und der Überarbeitung dieser (*Creator Phase,* 3D-Druck für Fortgeschrittene, Start-up- und Schüler*innenfirmengründung) und der anschließenden Präsentation und Kommunikation (*Presenter Phase,* Bereitstellung von Material für Filme, Audioaufnahmen, Modellexperimente) bieten.

Die Aufgabenstellung des Make@thons *Energiegeladen in die Zukunft* schuf über einen gallery walk und damit verbundener neuartiger Zielsetzung bei der Abschlussveranstaltung Raum für alle Teilnehmenden, ihre Ideen und Produkte zu präsentieren:

Aufgabenstellung
„Entwickelt eine konkrete Lösung, um zur Energiewende beizutragen und präsentiert eure Ideen im Rahmen eines gallery walks.“

- *Forschung:* Identifiziert über investigative Forschung oder eine Studie Optimierungsbedarfe in der Energieproduktion oder –nutzung in eurer Umgebung.
- *Entwicklung:* Entwickelt ein Werkzeug, einen Gegenstand oder ein Konzept, um die Energiewende zu unterstützen.
- *Wissenschaftskommunikation:* Erstellt eine Kampagne, die über Energienutzung und -produktion, deren Nebeneffekte und Folgen aufklärt.

Weiterhin wurden entgegen vorhergegangener Make@thons statt einer geordneten Verteilung der Preise entsprechend der Plätze 1–3 Awards zu den Aufgabenbereichen vergeben:

- *Science Award* für die Gruppe, die die beste wissenschaftliche Forschung durchführte, z. B. in Form einer Studie oder einer Experimentalreihe.
- *Realisation Award* für die Gruppe, die die umsetzbarste Idee entwickelte oder ein konkretes Produkt präsentieren konnte.
- *Innovation Award* für die Gruppe, die das neuartigste, aber realistische Konzept entwickelte.

Die Vergabe dieser Awards sollte den verschiedenen Aufgabenbereichen der Aufgabenstellung gerecht werden, sodass auch Gruppen gewinnen konnten, deren Ziel nicht die Innovation war, sondern eher in der Kommunikation lag.

2.3.3 Circular Economy

Beim Make@thon *Circular Economy* setzten sich in der Zeit vom 6. bis 15. November 2024 56 Schüler*innen von drei Berliner Schulen, die Schnelllerner*innenklassen[5] anbieten, mit dem Thema Kreislaufwirtschaft und Wertschöpfungsketten auseinander. Der Make@thon gilt in diesem Fall auch als Netzwerk-Veranstaltung zwischen den Schulen und den Schüler*innen.

Während sich große Teile des Rahmenprogramms an den vergangenen Make@thons orientierten, stellten eine Expert*innenrunde sowie eine Exkursion neue konzeptionelle Elemente dar. Mit Akteur*innen aus der Wissenschaft, Abfallwirtschaft, Politik, Wirtschaft und der Schnittstelle daraus konnten sich die Teilnehmenden direkt nach der Auftaktveranstaltung ein multidimensionales Bild des interdisziplinären Themas machen und Ansätze für ihre Ideen gewinnen. Über die Exkursion konnten die Schüler*innen erfahren, wie zirkuläre Wertschöpfung in ihrer direkten Nachbarschaft bisher (nicht) etabliert wurde.

[5] Das Lernen in Schnelllerner*innenklassen ist ein Angebot von sieben Berliner Schulen, die die Umschulung von der Primar- in die Sekundarstufe I bereits nach Jahrgang 4 anstelle des in Berlin regulären Jahrgang 6 ermöglicht. Neben eines beschleunigten Lernens werden interessierten Schüler*innen Wahlmodule angeboten, in denen die Lernenden ihre Kompetenzen im Zuge von Enrichment-Maßnahmen zusätzlich erweitern können (SenBJF n. d.).

2.3.4 Schulinterne Make@thons – Klimawandel

Um das Potenzial der Make@thons auch in einem schulischen Kontext zu betrachten, wurden zuerst ein Pilot-Make@thon in Bremen und im Folgejahr sechs weitere schulinterne Make@thons durchgeführt.

Make@thon Klima (2023)

Vom 21. bis 25. August 2023 wurde ein erster schulinterner Make@thon zum Thema Klimawandel an einem Bremer Gymnasium durchgeführt, dessen Verantwortliche im Vorhinein Interesse geäußert hatten. Der Make@thon wurde als verpflichtende Projektwoche für die Schüler*innen des Biologie- und Chemie-Leistungskurses des 11. Jahrgangs etabliert, sodass 55 Schüler*innen teilnahmen.

Angesichts des deutlich kürzeren Zeitrahmens wurde die Anzahl an Vorträgen und Workshops reduziert, damit die Schüler*innen noch ausreichend Zeit für die freie Gestaltung ihrer Projektideen hatten. Der Make@thon sollte mitunter als Vorbereitung für die Seminararbeit der Schüler*innen dienen, in der beispielsweise die Lernenden des Chemie-Leistungskurses eine Experimentalreihe zu einem eigens gewählten Thema entwickeln sollten, beispielsweise im Themenbereich des Klimawandels.

Zur Unterstützung der Schüler*innen wurde dahingehend mit dem KlimaLab_OS eine Laborumgebung geschaffen, in der sich die Schüler*innen mit Prozessen und Folgen des Klimawandels, darunter dem Anstieg des Meeresspiegels, der Versauerung der Meere, dem Treibhauseffekt, den Folgen der Mobilität oder den Wäldern in der Klimakrise, auseinandersetzen konnten.

Make@thons Klima (2024)

Nach der ersten positiv verlaufenen Durchführung galt es im Folgejahr, die Tendenzen zu bestätigen, sodass sechs weitere schulinterne Make@thons in sehr ähnlicher Konzeption zum Thema Klimawandel (fünf davon in Berlin) veranstaltet wurden (siehe Tab. 1).

Aus den 2024 durchgeführten Make@thons stechen insbesondere die Zeiträume vom 12. bis 16. August sowie vom 09. bis 13. September aufgrund ihrer Teilnehmendenzahl (155 respektive 110 Schüler*innen) heraus. Bei den beiden genannten Interventionen nahmen jeweils der gesamte Jahrgang teil, sodass anders als bei anderen Make@thons auch Schüler*innen partizipierten, die kein ausgewiesenes Interesse an Naturwissenschaften beziehungsweise an dem Format an sich hatten.

Um diesen Schüler*innen dennoch die Möglichkeit zu geben, im Rahmen des Make@thons ihren Interessen nachzugehen, wurde die Aufgabenstellung so weit

Tab. 2 Kurzbezeichnungen der Make@thons sowie Stichprobenumfang der Begleitforschung

Make@thon	Kurzbezeichnung	Jahrgangsstufen	Stichprobenumfang N (pre/pre-post)
Ernährung der Zukunft	EDZ	9–13	38/33
Mobilität von morgen	MVM	9–13	43/34
Nachhaltige Textilien	NT	9–13	49/34
Klima (21.–25.08.2023)	K1	11	46/38
Energiegeladen in die Zukunft	ENG	9–13	48/31
Klima (17.–26.06.2024)	K2	8–12	32/26
Klima (01.–05.07.2024)	K3	10	23/21
Klima (01.–05.07.2024)	K4	9–12	63/19
Klima (08.–12.07.2024)	K5	7–9	80/72
Klima (12.–16.08.2024)	K6	11	132/125
Klima (09.–13.09.2024)	K7	9	85/71

geöffnet, dass die Lernenden auch einen künstlerischen, sprachlichen oder gesellschaftswissenschaftlichen Fokus verfolgen konnten, was wiederum aufgrund der Interdisziplinarität der Klimakrise als eher gewinnbringend als hinderlich zu betrachten ist. Neben Experimenten zu den Prozessen des Klimawandels entstanden so Klimaspiele, Gemälde, Modelle und Lieder.

3 Evaluation

Um Aussagen über das tatsächliche Potenzial der Make@thons an der Schnittstelle (außer-)schulischen Lernens machen zu können sowie außerschulische und schulinterne Make@thons miteinander zu vergleichen, wurden diese empirisch begleitet. Über annähernd sämtliche Fachdidaktiken wird das Potenzial außerschulischer Lernorte für den schulischen Regelunterricht bestätigt (u. a. Janßen und Ewig 2024; Paul und Peters 2024; Tischer et al. 2024), doch selten können die Vorteile eines entsprechenden Formates wie bei den Make@thons in den schulischen Rahmen integriert werden. Mit den Make@thons als (zumindest teilweise) freiwillige, (außer-)schulische, nachhaltigkeitsorientierte Projektwochen mit einem Fokus auf dem Make-Gedanken verbleiben sie in einem Bereich, der nur dürftig durch Forschung gedeckt ist und öffnen so eine Forschungslücke. Eine

Untersuchung hinsichtlich des Potenzials der Make@thons als außerschulisches-sowie schulisches Format scheint dahingehend zielführend.

Entsprechend der dynamischen Konzeption des innovativen Formates sollte untersucht werden, welche Aspekte der Make@thons für die Schüler*innen ansprechend und motivierend sowohl zur Anmeldung als auch zur Teilnahme galten, um auf diesen Ergebnissen aufbauend die darauffolgenden Make@thons zu gestalten.

Im Laufe der Projektjahre wurde der Forschungshintergrund und die Methodik mehrmals abgewandelt, sodass Einblicke mit Bezug auf das Format, aber auch die Effekte der Make@thons gegeben werden können. Die Ergebnisse des Umwelt-Make@thons wurden bereits in Amel et al. (2023) veröffentlicht und werden hier nicht berücksichtigt.

Zur besseren Übersicht und Zuordnung werden die Make@thons entsprechend des nachfolgenden Schemas abgekürzt (siehe Tab. 2). Des Weiteren umfasst die Tabelle Aussagen über die Stichprobe der voneinander getrennt erhobenen Datensätze.

3.1 Methodik

Die Make@thons wurden in Form einer quantitativen Fragebogenstudie im pre-post-follow-up-Design sowie über eine Interviewstudie mit verantwortlichen Lehrkräften untersucht. In die folgende Beschreibung und anschließende Auswertung sollen (auch aus Gründen der Aussagekraft) nur formatbezogene Ergebnisse aus den pre- und post-Bögen einfließen sowie einige Einblicke in die Interviewstudie gegeben werden, da insbesondere diese die Entwicklung des Formates beeinflusst haben und weiterhin prägen.

Pre-Fragebögen werden von den Teilnehmenden zu Beginn der Auftaktveranstaltung, post-Fragebögen am Ende der Abschlussveranstaltung und follow-up-Bögen sechs Wochen nach dem Make@thon bearbeitet. Neben der Motivation zur Teilnahme und den Charakteristika des Make@thons, die unter anderem bereits von Amel et al. (2023) erhoben wurden, wurden Daten über das Umweltbewusstsein anhand der Studien des Bundesministeriums für Umwelt, Naturschutz, nukleare Sicherheit und Verbraucherschutz sowie des Umweltbundesamtes (2022) erhoben. Hinsichtlich des Formates wurden einige Konstrukte eigens für diese Evaluation entwickelt (z. B. Motivierung durch Rahmenprogramm, siehe Abb. 4) und insofern sinnvoll anhand einer Vorstudie ($N=92$) validiert.

Ein Großteil der Items wurde im vierstufigen Likert-Typ-Design mit der zusätzlichen Möglichkeit, keine Angabe zu machen, konstruiert. Bei den Items zum

Rahmenprogramm im post-Test beispielsweise wurden die Schüler*innen aufgefordert, angesichts des vergangenen Make@thons Stellung zu nehmen und einzuschätzen, ob die Workshops, die Vorträge, das Laborsetting oder der Escape Room sie stark oder eher (de)motiviert hat, es keinen Einfluss hatte oder sie keine Angabe machen wollten.

Die Daten wurden über SosciSurvey erhoben, gegebenenfalls digitalisiert und entsprechend codiert. Die Auswertung der Daten und die Darstellung der Ergebnisse erfolgte über Microsoft Excel und IBM SPSS Statistics.

Die Interviewstudie wurde in einem Rahmen von vier Wochen nach dem jeweiligen Make@thon mit verantwortlichen Lehrkräften der Schulen geführt, die den Make@thon als schulinterne Intervention mitorganisierten. Insofern gegeben, wurden die Interviews als Gruppeninterviews anhand eines Leitfadens durchgeführt, der neben den Vor- und Nachteilen des Formates auf die Eignung für und das Vorgehen der Schüler*innen einging. Unter 4. Diskussion geben einige Aussagen von Lehrkräften einen Einblick in die Ergebnisse der Interviewstudie.

Darüber hinaus sollen in der Diskussion der Ergebnisse auch gesammelte Erfahrungen und reflektierte Erkenntnisse in der Durchführung der Interventionen durch die Projektkoordinator*innen einfließen. Auch wenn diese nur bedingt greif- oder kategorisierbar sind, stellen sie dennoch ein wichtiges Element in der Abwägung des Potenzials des Formates dar.

3.2 Ergebnisse

Die Schüler*innen gaben in einem einsteigenden Item die Gründe für ihre Teilnahme am Make@thon an. In Abb. 3 sind diese kategorisiert dargelegt. Von 210 Schüler*innen, die den Fragebogen vor den Make@thons (EDZ, MVM, NT, ENG, K2) bearbeitet haben, gab jeweils mehr als ein Drittel an, aus Spaß und Interesse oder wegen des Formates an dem Make@thon teilzunehmen. Darüber hinaus äußerten viele Teilnehmende ihr Interesse an Nachhaltigkeit oder dem entsprechenden Thema und dass sie die Teilnahme mit ihren Freund*innen motiviert.

In den post-Tests gaben die Teilnehmenden der Make@thons (NT, ENG, K1–K7) an, dass insbesondere der Escape Room auf sie stark motivierend gewirkt hat (hier wurden nur die Make@thons NT, ENG, K1 berücksichtigt; s. Abb. 4). Aber auch das Laborsetting respektive die interaktive Ausstellung (NT) sowie die Workshops und auch die Vorträge erfuhren viel Zustimmung (s. Abb. 4). Sämtliche Punkte des Rahmenprogramms motivierten die Teilnehmenden bei den außerschulischen Make@thons im Durchschnitt stärker als bei den schulinternen Make@thons.

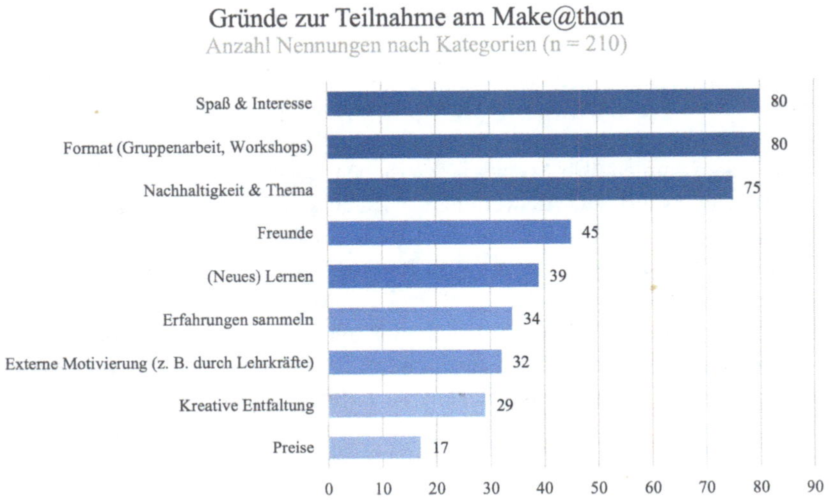

Abb. 3 Darstellung der Gründe zur Teilnahme am Make@thon ($N=210$; nach Anzahl Nennungen absteigend sortiert)

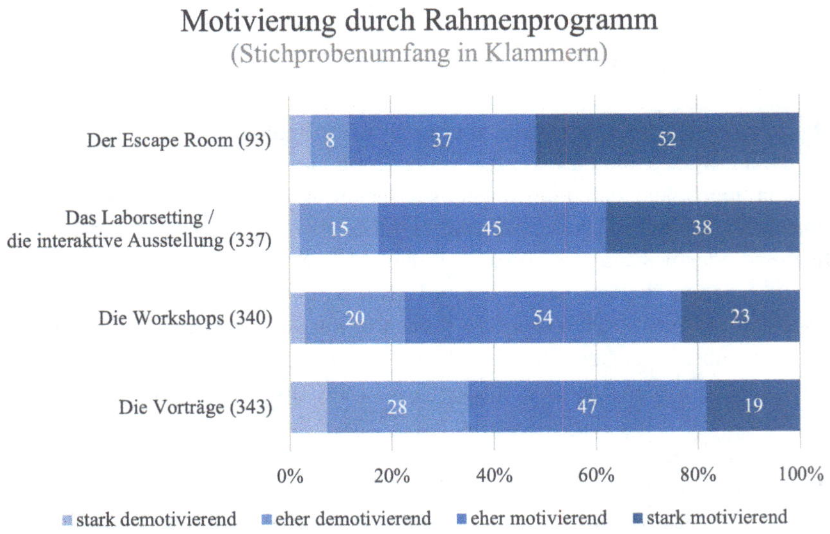

Abb. 4 Darstellung der Motivierung durch das Rahmenprogramm ($N=93$–343, absteigend nach Mittelwert sortiert)

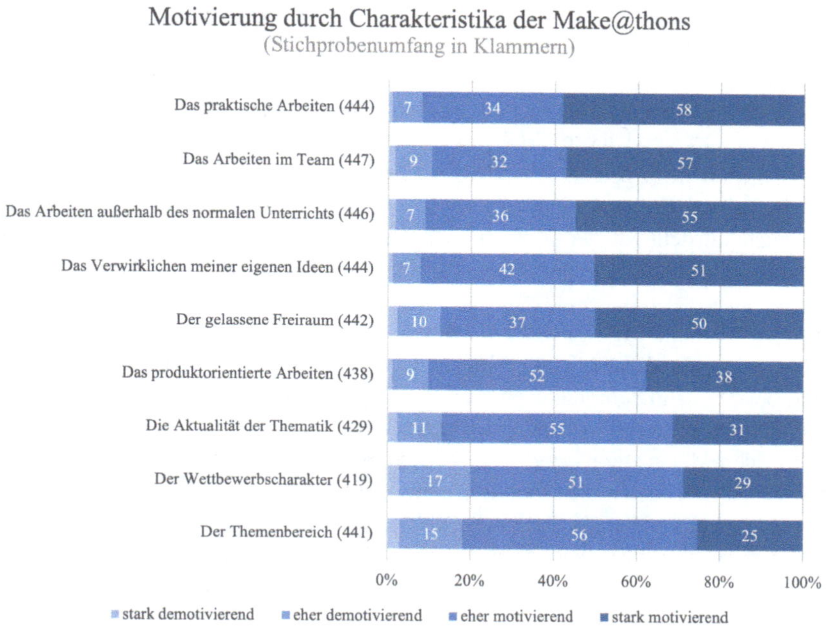

Abb. 5 Darstellung der Motivierung durch Charakteristika der Make@thons (N=419–447, absteigend nach Mittelwert sortiert)

Hinsichtlich der Charakteristika des Make@thons lag die Motivierung der Teilnehmenden vor allem im praktischen Arbeiten und im Arbeiten im Team begründet (s. Abb. 5). Aber auch sämtliche andere Orientierungen im Rahmen des freien Arbeitens erfuhren große Zustimmung bezüglich der Motivierung der Schüler*innen.

4 Diskussion

Auf Grundlage der Ergebnisse der wissenschaftlichen Untersuchung zu dem Format der Make@thons sowie den Erfahrungen, die in der Konzeption und Durchführung ebendieser gewonnen wurden, soll das Format nachfolgend diskutiert und reflektiert werden.

Die erhobenen Gründe zur Teilnahme an den freiwilligen, außerschulischen Make@thons lassen auf eine intrinsisch motivierte Teilnahme der meisten Schüler*innen schließen, die hauptsächlich auf dem naturwissenschaftlichen oder nachhaltigkeitsorientierten Interesse der Jugendlichen sowie dem Format des Make@thons fußt. Die Motivation zur Teilnahme an freiwilligen, außerschulischen Formaten entspricht den Annahmen anderer Forschungen (ganz grundlegend u. a. Deci und Ryan 1985), in denen teilweise ebenfalls der größte Lernzuwachs mit intrinsisch-motiviertem Verhalten verbunden wird (Skoršepa et al. 2024). Andere Studien wiederum zeigen, dass es stellenweise kaum einen Unterschied hinsichtlich der Motivation respektive des Interesses der Schüler*innen macht, ob Schüler*innen in einem schulischen oder (eher) außerschulischen Format lernen (Budke et al. 2019; Randler und Bogner 2009; Wünschmann et al. 2017). Walan und McEwen (2018) zeigten, dass die Kompetenzen im Bereich der 21st Century Skills von Schüler*innen, nach Einschätzung ihrer Lehrkräfte, während der Teilnahme an außerschulischen Wettbewerbsformaten gefördert werden und diese zu weiterer Motivation beitragen konnten.

Bei den Make@thons sind es insbesondere das praktische Arbeiten im Team, das die Schüler*innen als besonders motivierend während der Arbeitsphase empfinden, wobei bestehende Forschung dies in anderen Kontexten weitläufig bestätigt (u. a. Ateş und Köroğlu 2024; Li et al. 2024; Loes 2022). Auch das Rahmenprogramm einschließlich des Laborsettings und der Workshops werden als eher motivierend empfunden.

Während über die erhobenen Daten hinaus ein Großteil der Schüler*innen (im Nachhinein) die tatsächliche Teilnahme am Make@thon als Gewinn für ihre individuelle Entwicklung empfindet, stellt in einem ersten Schritt die Motivierung von Schüler*innen zur Teilnahme ein wiederholtes Hindernis dar. Um (interessierte) Schüler*innen gezielt zu erreichen und für eine Teilnahme zu begeistern, sind in vielen Fällen engagierte Lehrkräfte als Multiplikator*innen unabdingbar, da diese einen direkten Zugang zu den Schüler*innen haben und einschätzen können, welche Jugendlichen für eine solche Intervention aus einer Kapazitätsperspektive in Frage kommen. Diese Erfahrungen scheinen in den Publikationen vergleichbarer Formate unterzugehen, es ist jedoch zu erwarten, dass sich auch andere Interventionen durch begrenzte Bekanntheit mit Hürden in der Gewinnung von Schüler*innen konfrontiert sehen.

An der Schnittstelle zwischen außerschulischem und schulischem Lernen sowie Breiten- und Begabungsförderung identifizieren interviewte Lehrkräfte die Make@thons sowohl als Enrichment-Maßnahme für interessierte Schüler*innen (nach Aussage einer Lehrkraft: „Begabungsförderung at its best“) als auch als Möglichkeit zur Förderung der Kompetenzen offenen Lernens für alle Schüler*innen. In einem geeigneten Umfeld bietet sich das handlungsorientierte Format der Make@thons dementsprechend auch in einem bildungsgerechten Kontext zur Umsetzung innerhalb aber auch außerhalb der Schule für *alle* Jugendlichen an. Im Laufe der Projektjahre wurden zahlreiche Änderungen des Formates vorgenommen, um ebenjener Heterogenität der Teilnehmenden gerecht zu werden.

Über eine Verstetigung der Make@thons und damit verbundener Auslebung der Kreativität der Jugendlichen innerhalb eines nachhaltigkeitsorientierten Rahmens mit naturwissenschaftlicher Tendenz kann dem Bild der unkreativen Umgebung der Naturwissenschaften entgegengewirkt (Amel et al. 2023) und stattdessen ein innovatives und lösungsorientiertes Bild geprägt werden. Die Make@thons stellen dahingehend eine Lern- und Entwicklungsumgebung dar, in der Teilnehmende im Rahmen der Gruppenarbeit und darüber hinaus ihre 21st Century Skills fördern und Kreativität ausleben können. Insbesondere vor dem Hintergrund der Pandemie und damit verbundenen sozialen Entwicklungen sowie zunehmender globaler Herausforderungen ist diese Orientierung auf Gemeinsames und Zusammenarbeit nicht nur erstrebenswert, sondern auch notwendig.

5 Fazit & Ausblick

Das Format der Make@thons wurde über die vergangenen Jahre mit mehr als 1000 Jugendlichen an der Schnittstelle von außerschulischem zu schulischem Lernen durchgeführt und erfuhr durchweg positives Feedback. Durch offene Aufgabenstellungen, Handlungsorientierung und Selbstwirksamkeit empfinden die Teilnehmenden Motivation und finden kreative Lösungen für Themen mit hoher Alltags- und Zukunftsrelevanz.

Die Ergebnisse der Evaluation deuten darauf hin, dass sich das Format sowohl für einen außer- als auch innerschulischen Einsatz anbietet und im Zuge dessen das Empfinden der eigenen Kreativität und Problemlösefähigkeit zumindest kurzfristig fördert. Die Make@thons eignen sich als Enrichment-Maßnahme für naturwissenschaftlich-interessierte und begabte Schüler*innen, aber unterstützen auf ihrem Weg der Kreativitätsauslebung in gleichem Maße Lernende, die diese Unterstützung in dem Lehr-Lern-Format einfordern.

Neben fachlichen Inhalten zu wichtigen Themen der Nachhaltigkeit sind es insbesondere Kompetenzen des offenen Arbeitens und 21st Century Skills, deren Förderung nach den Pandemiejahren in der Jugend essenziell ist.

In naher Zukunft sollen weitere Make@thons zu diversen Themen der Nachhaltigkeit in Berlin und darüber hinaus durchgeführt werden. Begleitstudien können dabei ihren Teil zur weiteren empirischen Untersuchung leisten und das Potenzial der Make@thons unterstreichen. Während über Lehrkräfte als Multiplikator*innen und zur Verfügung gestellte Materialien das Projekt schulintern verstetigt werden kann, bieten sich schul(form)übergreifende Make@thons als regionale Netzwerkveranstaltungen zur Verbindung außerschulischen und schulischen Lernens an.

Anmerkungen Erste digitale Make@thons wurden im Rahmen der Initiative Open Photonik des Bundesministeriums für Bildung und Forschung gefördert und in Kooperation mit der Fachhochschule Südwestfalen durchgeführt. Der Umwelt-Make@thon wurde in Kooperation mit EndPlasticSoup durchgeführt und gefördert von Rotary Distrikt 1850. Die schulinternen sowie in Berlin stattfindenden Make@thons wurden und werden gefördert von der Siemens Stiftung und sind Teil des MINT-Hubs Siemensstadt Square in Berlin-Spandau.

Literatur

Amel, H., Kahmen, N., Hager, S., Pauly, N., Koch, F., Danke, K., Glasauer, R., Bergmann, R., Hobeck, L., Röser, M., & Beeken, M. (2024). "Kunststoffrecycling in der Zuckerwattemaschine" – ein Makerprojekt für den naturwissenschaftlichen Unterricht. CHEMKON, 32, 63–66. https://doi.org/10.1002/ckon.202400024

Amel, H., Schmidt, J., Kreienhop, N., & Beeken, M. (2023). "Nachhaltigkeit Make-It-Yourself" – der Umwelt-Make@thon als innovatives Wissenschaftskommunikationsformat. CHEMKON, 30(7), 294–299. https://doi.org/10.1002/ckon.202100078

Andresen, S., Lips, A., Möller, R., Rusack, T., Schröer, W., Thomas, S., & Wilmes, J. (2020). Kinder, Eltern und ihre Erfahrungen während der Corona-Pandemie. Erste Ergebnisse der bundesweiten Studie KiCo.

Ateş, H., & Köroğlu, M. (2024). Online collaborative tools for science education: Boosting learning outcomes, motivation, and engagement. Journal of Computer Assisted Learning, 40(3), 1052–1067. https://doi.org/10.1111/jcal.12931

Beeken, M., Walf, S., & Budke, M. (2018). Traditionell oder vegetarisch? – „Es geht um die Wurst!“ im GreenLab_OS. CHEMKON, 25(3), 112–117. https://doi.org/10.1002/ckon.201800005

Bundesministerium für Gesundheit [BMG] & Bundesministerium für Bildung, Familie, Senioren, Frauen und Jugend [BMFSFJ] (2021). Übersicht zu gesundheitlichen Auswirkungen der Corona-Pandemie auf Kinder und Jugendliche.

Bundesministerium für Umwelt, Klimaschutz, Naturschutz und nukleare Sichterheit [BMUV] & Umweltbundesamt [UBA] (2022). Umweltbewusstsein in Deutschland 2020 – Ergebnisse einer repräsentativen Bevölkerungsumfrage. www.umweltbundesamt.de

Briscoe, G., & Mulligan, C. (2014). Digital Innovation: The Hackathon Phenomenon. http://qmro.qmul.ac.uk/jspui/handle/123456789/7682

Budke, M., Parchmann, I., & Beeken, M. (2019). Empirical Study on the Effects of Stationary and Mobile Student Laboratories: How Successful Are Mobile Student Laboratories in Comparison to Stationary Ones at Universities? Journal of Chemical Education, 96(1), 12–24. https://doi.org/10.1021/acs.jchemed.8b00608

Coombs, P. H., & Ahmed, M. (1974). Attacking Rural Poverty: How Nonformal Education Can Help. A Research Report for the World Bank Prepared by the International Council for Educational Development.

Deci, E. L., & Ryan, R. M. (1985). Intrinsic Motivation and Self-Determination in Human Behaviour. Plenum.

Dougherty, D., & Conrad, A. (2016). Free to Make. How the Maker Movement is Changing Our Schools, Our Jobs, and Our Minds. North Atlantic Books.

Düx, W., & Rauschenbach, T. (2016). Informelles Lernen im Jugendalter. In Handbuch Informelles Lernen (S. 261–283). Springer. https://doi.org/10.1007/978-3-658-05953-8_18

Fegert, J. M., Vitiello, B., Plener, P. L., & Clemens, V. (2020). Challenges and burden of the Coronavirus 2019 (COVID-19) pandemic for child and adolescent mental health: A narrative review to highlight clinical and research needs in the acute phase and the long return to normality. Child and Adolescent Psychiatry and Mental Health, 14(1). https://doi.org/10.1186/s13034-020-00329-3

Gärtner, C. (2020). Kinder brauchen soziale Kontakte. https://www.meinbezirk.at/grieskirchen-eferding/c-lokales/kinder-brauchen-soziale-kontakte_a4043676

Grunert, C., Hoffmann, N. F., & Ludwig, K. (2022). Der verschlossene Ort – Zur Refiguration außerschulischer pädagogischer Räume in Zeiten der Corona-Pandemie. Diskurs Kindheits- Und Jugendforschung, 17(1), 89–103. https://doi.org/10.3224/diskurs.v17i1.06

Gudjons, H. (2014). Handlungsorientiert lehren und lernen. Schüleraktivierung – Selbsttätigkeit – Projektarbeit (8. Auflage). Klinkhardt.

Hager, S., Amel, H., & Beeken, M. (2024). "Wie viel ist dein Outfit wert?" – Eine interaktive Ausstellung zum Thema nachhaltige Textilien für den Chemieunterricht und darüber hinaus. CHEMKON, 31(5), 168–172. https://doi.org/10.1002/ckon.202300057

Hartmann, A., & Kriegel, M. (2020). Risikobewertung von virenbeladenen Aerosolen anhand der CO2-Konzentration. https://doi.org/10.14279/depositonce-10361

Hochschule Bielefeld. (2024). Makeathon – Spannende Herausforderungen für Studierende – neue Lösungsansätze für Unternehmen. https://www.hsbi.de/incamsbi/makeathon

Ionescu, F. (2020). Non-formal education approaches in school organization methodological aspects and case study. Journal of Education, Society & Multiculturalism.

ITQ. (2024). Smart Green Island Makeathon. https://www.itq.de/smart-green-island-makeathon/

Janßen, N., & Ewig, M. (2024). Schulische und außerschulische Bildungsangebote für Biologie ganzheitlich betrachten A holistic view towards in-school and out-of-school education in biology. Zeitschrift Für Didaktik Der Biologie – Biologie Lehren Und Lernen, 28, 38–45. https://doi.org/10.11576/zdb-6584

Johnson, M., & Majewska, D. (2022). Formal, non-formal, and informal learning: What are they, and how can we research them?

Komssi, M., Pichlis, D., Raatikainen, M., Kindstrom, K., & Jarvinen, J. (2015). What are Hackathons for? IEEE Software, 32(5), 60–67. https://doi.org/10.1109/MS.2014.78

Korte, T., Otte, L., Amel, H., & Beeken, M. (2023). "Burger.i.doo"—An Innovative Education Game for the Assessment of Sustainability from Meat and Substitute Products in Science Education. Sustainability, 15(1). https://doi.org/10.3390/su15010213

Li, R., Srikhao, S., & Jantharajit, N. (2024). An Experimental Study on the Impact of Collaborative and Active Learning on Vocational Students' Learning Achievement and Self-Motivation. GIST Education and Learning Research Journal, 28, 7–28.

Loes, C. N. (2022). The Effect of Collaborative Learning on Academic Motivation. Teaching and Learning Inquiry, 10. https://doi.org/10.20343/teachlearninqu.10.4

Meinel, C., & Krohn, T. (2022). Einführung: Design Thinking in der Bildung (Education). In C. Meinel & T. Krohn (Eds.), Design Thinking in der Bildung. Innovation kann man lernen. WILEY-VCH.

Otte, L., Amel, H., Korte, T., & Beeken, M. (2023). Die Wurst hat's in sich – Innovative Experimente zu den Inhaltsstoffen fleischhaltiger, vegetarischer und veganer Wurst. Naturwissenschaften Im Unterricht Chemie, 193, 16–20.

Otte, L., Schmidt, J., Lusmöller, J., Berben, D., & Beeken, M. (2022). Das Format "Make@thon" als Enrichment für den fächerübergreifenden MINT-Unterricht. MNU-Journal, 1, 74–79.

Paul, J., & Peters, H. (2024). Lernorte eröffnen Chancen – Chemie lernen in und außerhalb der Schule. In J. Paul, S. Schanze, & B. F. Sieve (Eds.), Fachdidaktik Chemie in Theorie und Praxis (S. 169–198). Springer. https://doi.org/10.1007/978-3-662-69820-4_6

Photonik Forschung Deutschland. (2019). Make Light Makeathon 2019: Rapid Prototyping für kreative Tüftler. https://www.photonikforschung.de/service/nachrichten/detailansicht/make-light-makeathon-2019-rapid-prototyping-fuer-kreative-tueftler.html

Randler, C., & Bogner, F. X. (2009). Efficacy of Two Different Instructional Methods Involving Complex Ecological Content. International Journal of Science and Mathematics Education, 7, 315337. https://doi.org/10.1007/s10763-007-9117-4

Ravens-Sieberer, U., Kaman, A., Otto, C., Adedeji, A., Napp, A. K., Becker, M., Blanck-Stellmacher, U., Löffler, C., Schlack, R., Hölling, H., Devine, J., Erhart, M., & Hurrelmann, K. (2021). Seelische Gesundheit und psychische Belastungen von Kindern und Jugendlichen in der ersten Welle der COVID-19-Pandemie – Ergebnisse der COPSY-Studie. Bundesgesundheitsblatt – Gesundheitsforschung – Gesundheitsschutz, 64(12), 1512–1521. https://doi.org/10.1007/s00103-021-03291-3

Romi, S., & Schmida, M. (2009). Non-formal education: A major educational force in the postmodern era. Cambridge Journal of Education, 39(2), 257–273. https://doi.org/10.1080/03057640902904472

Schlack, R., Neuperdt, L., Hölling, H., De Bock, F., Ravens-Sieberer, U., Mauz, E., Wachtler, B., & Beyer, A.-K. (2020). Auswirkungen der COVID-19-Pandemie und der Eindämmungsmaßnahmen auf die psychische Gesundheit von Kindern und Jugendlichen. Journal of Health Monitoring, 5(4), 23–34. https://doi.org/10.25646/7173

Schmidt, J., Korte, T., Amel, H., & Beeken, M. (2024). "Der Gourmet Mörder" – ein mobiler Escape Room zur Lebensmittelchemie. CHEMKON, 31(2), 60–66. https://doi.org/10.1002/ckon.202300013

SenBJF. (n. d.). Lernen in Schnelllerner-Klassen. https://www.berlin.de/sen/bildung/schule/foerderung/begabungsfoerderung/schnelllerner/

Skoršepa, M., Kmeťova, J., & İlhan Şen, A. (2024). Out-of-School Learning and Students' Motivation. In M. Nodzynska-Moron (Ed.), Global and local educational projects (S. 77–91). University of the National Education Commision. https://doi.org/10.24917/9788368020366.10

Souto-Otero, M. (2016). Young people's views of the outcomes of non-formal education in youth organisations: its effects on human, social and psychological capital, employability and employment. Journal of Youth Studies, 19(7), 938–956. https://doi.org/10.1080/13676261.2015.1123234

Thümmler, R. (2021). Lernen unter Distanzbedingungen-Auswirkungen der Corona-Pandemie auf jugendliche Entwicklungsaufgaben. In S. Gingelmaier, M. Hoanzl, & H. Weiß (Eds.), Lernen mit Kopf – ohne Herz und Hand? Impulse für leibhaftige Begegnungen, emotionsbasiertes Lernen und eine ästhetische Praxis mit Kindern und Jugendlichen (S. 58–69). Beltz Juventa.

Thümmler, R. (2022). Jugendliche Identitätsentwicklung in Zeiten der Pandemie. Zeitschrift Für Systematische Therapie Und Beratung, 40(3), 124–127.

Tischer, J., Vetter, E., De Buhr, I., & Komorek, M. (2024). Klimabildung – schulisch und außerschulisch vernetzt. DPG-Frühjahrstagung.

Toschke, Y., Lusmoeller, J., Otte, L., Schmidt, J., Meyer, S., Tessmer, A., Brockmann, C., Ahuis, M., Hüer, E., Kirberger, C., & Berben, D. (2022). Distributed LoRa based CO2 monitoring network – A standalone open source system for contagion prevention by controlled ventilation. HardwareX, 11. https://doi.org/10.1016/j.ohx.2022.e00261

Walan, S., & Mc Ewen, B. (2018). Teachers' and principals' reflections on student participation in a school science and technology competition. Research in Science and Technological Education, 36(4), 391–412. https://doi.org/10.1080/02635143.2017.1420644

Wünschmann, S., Wüst-Ackermann, P., Randler, C., Vollmer, C., & Itzek-Greulich, H. (2017). Learning Achievement and Motivation in an Out-of-School Setting—Visiting Amphibians and Reptiles in a Zoo Is More Effective than a Lesson at School. Research in Science Education, 47(3), 497–518. https://doi.org/10.1007/s11165-016-9513-2

Zhou, S. J., Zhang, L. G., Wang, L. L., Guo, Z. C., Wang, J. Q., Chen, J. C., Liu, M., Chen, X., & Chen, J. X. (2020). Prevalence and socio-demographic correlates of psychological health problems in Chinese adolescents during the outbreak of COVID-19. European Child and Adolescent Psychiatry, 29(6), 749–758. https://doi.org/10.1007/s00787-020-01541-4

Außerschulische und schulische Lernangebote komplementär vernetzt – Multidisziplinärer Zugang zu komplexen Herausforderungen

Jonas Tischer und Michael Komorek

1 Einleitung und Problematisierung

Außerschulisches Lernen hat eine besondere Bedeutung, die über eine dienende Funktion für das schulische Lernen hinausgeht (Braund und Reiss 2007; Tal 2012). Dennoch wird diese Möglichkeit, schulisches Lernen zu erweitern und durch Anregungen und Ergänzungen den Fachunterricht weiterzuentwickeln, nicht ausgeschöpft. Denn allzu oft finden die Besuche außerschulischer Lernstandorte als vom Fachunterricht losgelöste Ereignisse im Schulalltag statt: Die Besuche der Lernstandorte werden im Unterricht nicht hinreichend vor- und nachbereitet, die unterrichtliche Einbettung wird also unterbewertet. Es stellen sich hier zwei Fragen: Wie müssen die Angebote außerschulischer Lernstandorte ausgerichtet sein, damit sie einerseits eigenständig und thematisch abgeschlossen, andererseits mit dem Unterricht in bestimmten Schulfächern verknüpfbar sind? Und welche Anknüpfungen müssen auf Seiten des Unterrichts herausgearbeitet werden, damit außerschulische Bildungsangebote sinnvoll in einen Fachunterricht eingebettet werden können? Im Projekt ReBiS ist ein Lösungsansatz entwickelt und untersucht worden, der beide Fragen beantwortet. ReBiS steht für *Regionales MINT-Bildungsökosystem,* wird von der Physikdidaktik der Universität Oldenburg

J. Tischer (✉) · M. Komorek
Institut für Physik, Universität Oldenburg, Oldenburg, Deutschland
E-Mail: jonas.tischer@uni-oldenburg.de

M. Komorek
E-Mail: michael.komorek@uni-oldenburg.de

A. Wenzel und T. Schmäing (Hrsg.), *Außerschulisches Lernen in der naturwissenschaftlichen Bildung,* https://doi.org/10.1007/978-3-658-50864-7_12

im Raum Wilhelmshaven/Friesland/Oldenburg geleitet und von der Deutschen Telekom Stiftung gefördert.

Bei ReBiS haben sich sechs außerschulische Lernstandorte aus Wilhelmshaven, Friesland und Oldenburg und vier Schulen zusammen mit der Universität Oldenburg zu einem Netzwerk verbunden. Zu ihm gehören das Regionale Umweltzentrum in Schortens, der Botanische Garten Wilhelmshaven mit dem Verein grün&bunt, das Küstenmuseum Wilhelmshaven mit einem lokalhistorischen Ansatz, das Wattenmeer-Besucherzentrum Wilhelmshaven und die Schüler*innenlabore Lernort Technik und Natur in Wilhelmshaven und physiXS (Universität Oldenburg). Die ReBiS-Schulen sind die Integrierte Gesamtschule Wilhelmshaven, die Oberschulen Varel und Wilhelmshaven Mitte sowie das Neue Gymnasium in Wilhelmshaven.

Bei ReBiS wird ein Konzept entwickelt und erprobt, wonach außerschulische Angebote explizit in den Fachunterricht eingebettet werden, sodass sich Schüler*innen Themen nähern, die für den regulären Unterricht meist zu komplex sind. Mehrere Fächer und mehrere außerschulische Lernstandorte vernetzen sich mit ihren Bildungsangeboten in komplementärer Weise, also einander ergänzend oder im Kontrast zueinander. Zusammengenommen bieten die unterschiedlichen Perspektiven der Fächer und der Lernstandorte einen multidisziplinären Zugang zu komplexen Problemkontexten, wie sie der Klimawandel, die Veränderungen im Küstenraum oder die Ambivalenz von Kunststoffen darstellen.

Nachfolgend wird beschrieben, wie es den beteiligten Lernstandorten und Schulen gelungen ist, notwendige Anpassungen ihrer MINT-Bildungsangebote und kreative Vernetzungen zu gestalten. Dafür werden der theoretische Rahmen von ReBiS dargestellt sowie ein Einblick in die Begleitforschung gegeben.

2 ReBiS: Außerschulische und schulische MINT-Angebote komplementär vernetzen

Die Herausforderungen und Problemkontexte, denen die Gesellschaft im 21. Jahrhundert gegenübersteht, sind vielfältig und komplex. Vom Klimawandel über eine nachhaltige Energieversorgung bis hin zur Digitalisierung und dem Erreichen globaler Gerechtigkeit gibt es eine große Bandbreite von Herausforderungen, auf die Bildung, sei sie formal in der Schule oder non-formal an außerschulischen Lernstandorten, Schüler*innen vorbereiten muss (siehe auch Ohl 2018). Es lässt sich argumentieren, dass nur die gemeinsamen Zugänge formaler und non-formaler Bildung es erlauben, junge Menschen zu befähigen, die komplexen

Herausforderungen dieser Zeit anzunehmen und mit ihnen umzugehen (z. B. Pospiech et al. 2020).

Schulen allein fällt es durch ihre ausgeprägte Orientierung an den fächersortierten Curricula häufig schwer, Zugänge zu den genannten Herausforderungen zu finden. Dem einzelnen Schulfach fällt es zudem schwer, multiperspektivisch vorzugehen. In dieser Situation können außerschulische Bildungsangebote eine wichtige interdisziplinäre Erweiterung der disziplinären Fächerzugänge bieten. Denn sie sind häufig deshalb nicht disziplinär strukturiert, weil sie ein breites Publikum mit heterogenen Voraussetzungen erreichen wollen und weil sie sich ihrem Selbstverständnis gemäß zur Aufgabe gemacht haben, einen ganzheitlichen Zugang zur Welt zu bieten. Damit sind sie bemüht, komplexe Themen, Probleme und Herausforderungen auch komplex aufzuarbeiten, darzustellen und mit nachvollziehbaren Zukunftsaussichten zu verknüpfen (Pospiech et al. 2020). Die Kehrseite ist dann aber, dass diese Bildungsangebote weniger deutlich an eine fachlich-inhaltliche Systematik ankoppeln, als dies einem Schulfach gelingen kann.

2.1 Komplexe Kontexte zur Relevanzwahrnehmung und Motivation

Kern des ReBiS-Ansatzes ist es, dass beteiligte Schulklassen zu Beginn des Schuljahres einen komplexen Kontext auswählen, der während des gesamten Schuljahres bearbeitet, aufgeklärt und durchdrungen werden soll. Da die zu wählenden Kontexte von vornherein komplex sein sollen, also vielschichtig und mit Dilemmata und Konflikten behaftet, lässt sich auch von Problemkontexten sprechen, auch wenn dies eher die negativen Eigenschaften und weniger die Potenziale des Kontextes zu betonen scheint. Von der Vielfalt möglicher Problemkontexte sind bei ReBiS u. a. folgende erarbeitet worden: *Herausforderung Leben im Klimawandel, Fluch und Segen von Kunststoffen, Konsum und seine Folgen* und *Nachhaltige Nutzung von Ressourcen.*

Solche Kontexte allein aus einem Fachunterricht heraus aufzugreifen, gelingt meist nicht, weil der Fachunterricht oft *unterkomplex* aufgestellt ist, d. h. von seiner disziplinären Anlage her perspektivisch begrenzt ist und es auch sein soll; multiperspektivische Betrachtungen würden den Fachunterricht überfordern. Schulfächer, die eine inhaltliche Nähe zu einem solchen Kontext haben wie etwa der Physikunterricht zum Klimawandel, stoßen dann an ihre Grenzen, wenn etwa Dilemmata, die die komplexen Kontexte kennzeichnen, zusätzliche Perspektiven erfordern, die das jeweilige Fach naturgemäß nicht liefern kann (Pospiech und Kuske-Janßen 2020). Ein Beispiel: In einem Physikunterricht gelingt es im Kontext der Erneuerbaren Energie zwar noch, bei Energiequellen wie Wind oder Sonne bestimmte Energieumwandlungen oder elektrische Leitungsphänomene zu thematisieren. Dieser Physikunterricht stößt jedoch an Grenzen, wenn es etwa um die Stromtrassen für Windenergie geht, die quer durch die Republik verlaufen sollen und aufgrund der Flächenverbrauchs Konflikte zwischen Klimaschutz und Naturschutz hervorrufen. Hier muss der Physikunterricht normalerweise auf andere Fächer wie Erdkunde, Biologie oder Politik verweisen und ggf. eine Fächerverbindung eingehen.

Fächerverbindungen sind dann auch wesentliche Aspekte bei ReBiS, da komplexe Problemkontexte in einem Schuljahr aus der Perspektive verschiedener Schulfächer angegangen werden. Schon dadurch könnten die Schüler*innen anwendungsfähiges vernetztes Wissen aufbauen (Ohl 2018), Ziele etwa einer Bildung für nachhaltige Entwicklung (KMK und DUK 2007) erreichen oder auch ihren Interessen und Motivationen entsprechend lernen und arbeiten (Lewalter und Geyer 2009). ReBiS geht aber darüber hinaus, indem Teams von Lehrkräften einer Schulklasse zusammen mit ihren Schüler*innen einen Problemkontext auswählen und sich dann überlegen, welche außerschulischen Lernangebote zu welchen der beteiligten Fächer *und* zum Problemkontext passen. Unterstützt werden sie hierbei durch die Projektleitung und auch durch die außerschulischen Lernstandorte. Letztere bringen ein, welche Dilemmata und Kontroversen sich in ihren Bildungsangeboten finden und ausschärfen lassen und damit einen vielschichtigen Zugang erlauben.

Bei der Auswahl eines Problemkontexts wird zudem darauf geachtet, ob und wie die beteiligten Schulfächer an die Themen ihrer Fachcurricula anknüpfen können. Letzteres ist meist ein gutes Argument für die Lehrkräfte, sich mit dem ReBiS-Ansatz zu befassen und am Projekt mitzuwirken. Generell spielt bei ReBiS der Ansatz der Kontextorientierung (Nawrath 2010) eine wichtige Rolle. Gemeint ist, dass ein gewählter Problemkontext Raum bietet, fachliches Wissen darin wiederzufinden (fachliche Relevanz des Kontextes) und dass auch die Schüler*innen im Problemkontext eine Relevanz insbesondere für ihr Leben erkennen (wahrgenommene Relevanz des Kontextes); dies ist vom Alter und von der generellen Interessenslage einer Schulklasse abhängig, was Lehrkräfte grundsätzlich gut einschätzen können.

2.2 Ansatz des Projekt ReBiS: Komplementär vernetzte schulische und außerschulische Angebote

Im Projekt ReBiS werden zum einen die Bildungsangebote verschiedener außerschulischer Lernorte über einen längeren Zeitraum miteinander vernetzt, d. h. aufeinander abgestimmt, sodass sie sich ergänzen. Zum anderen werden die außerschulischen Angebote mit dem Fachunterricht vernetzt, d. h. sie werden in den Unterricht mehrerer Fächer eingebettet. In der konkreten Planung der Kooperation zwischen Schulklasse und Lernorten über ein Schuljahr äußern Lehrkräfte und Schüler*innen Ideen und Wünsche gegenüber den Lernstandorten, wie diese ihre Angebote ausrichten oder so aufeinander beziehen können, dass sie bezogen auf den gewählten Problemkontext eine passende Ergänzung des Unterrichts darstellen (oberer Pfeil in Abb. 1).

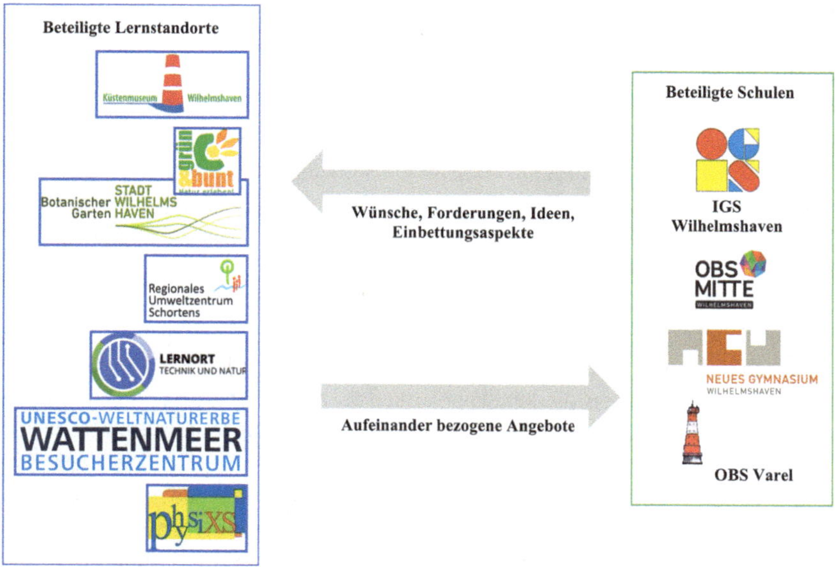

Abb. 1 Ansatz im Projekt ReBiS: Außerschulische und schulische Bildungsakteur*innen entwickeln gemeinsam vernetzte Angebote. (Eigene Abbildung mit den Logos der Partner*innen)

Im Gegenzug vernetzen die außerschulischen Lernstandorte ihre Angebote inhaltlich in komplementärer Weise. Das heißt, sie bilden Anknüpfungspunkte zwischen ihren durchaus unterschiedlichen Angeboten, sie ergänzen sich in ihren Perspektiven, Inhalten und Methoden oder sie stehen im Kontrast zueinander, wenn es gilt, ein Dilemma oder einen Konflikt auszuschärfen (Sajons und Komorek 2020). Ergänzung und Kontrast haben für die Schüler*innen Anregungspotenzial, wobei sich herausgestellt hat, dass die Vernetzung über die Inhalte am einfachsten gelingt (Richter et al. 2018). Wie der untere Pfeil in Abb. 1 symbolisiert, entwickeln die Lernstandorte für die Schulen ein vernetztes Bildungsangebot mit Bezug zum ausgewählten Problemkontext. Es ist in dem Sinne komplementär vernetzt, als es eine Kombination der Angebote mehrerer Lernstandorte ist. Die Vernetzung geht dann weiter, indem das außerschulische, bereits vielschichtige Angebot zusätzlich mit dem schulischen Angebot der beteiligten Schulfächer verbunden wird, indem es also in die Fachunterrichte eingebettet wird.

Erprobung in einer Projektwoche

Dieses Konzept der komplementären Vernetzung wurde zunächst in einer Projektwoche erprobt (Tischer 2020). Als Problemkontext wurde die *Herausforderung Leben im Klimawandel* gewählt, ein komplexer, breiter Problemkontext, zu dem alle Lernstandorte mit bereits bestehenden Angeboten beitragen konnten. Ein Beitrag war z. B. das Klimafrühstück im Umweltzentrum Schortens, das sich um klimagerechte Ernährung dreht. Ein anderes war das des Lernorts Technik und Natur, bei dem die Schüler*innen Boote mit Solarantrieb bauten. Eine Einbettung in den Unterricht der beteiligten rund 130 Schüler*innen des sechsten und siebten Jahrgangs wurde in der Projektwoche nicht vorgenommen.

Vier Schulklassen besuchten an vier aufeinander folgenden Tagen je ein außerschulisches Angebot zum Thema des Klimawandels; am fünften Tag reflektierten sie in ihren Schulen die kennengelernten Angebote, arbeiteten Übereinstimmungen und Kontraste sowie Verallgemeinerungen heraus (Sajons und Komorek 2020). Die begleitende Forschungsfrage war, inwieweit die Schüler*innen den Problemkontext Klimawandel mit Hilfe der vier Bildungsangebote multiperspektivisch erfassen und reflektieren konnten. Damit sollte insbesondere herausgefunden werden, inwiefern eine solche Strukturierung aus vernetzten außerschulischen Angeboten die Schüler*innen unterstützt, sich solch komplexen Kontexten zu nähern.

Erhoben wurden qualitative leitfadengestützte Interviews mit den Schüler*innen vor, während und unmittelbar nach der Projektwoche sowie im Follow-up zwei Wochen später. Die Interviews wurden in einer qualitativen Inhaltsanalyse

(Kuckartz 2018) ausgewertet, indem induktive Kategorien aus dem Material heraus gebildet wurden.

Es zeigte sich, dass das Ziel des multiperspektivischen Zugangs bei vielen der Schüler*innen erreicht wurde. Es zeigt sich aber ebenso, dass durch die hohe Dichte der Besuche eine Überforderung entstand (Tischer 2020). Auch konnten die Schüler*innen das Wahrgenommene aufgrund der Projektwochenstruktur kaum in der Tiefe nacharbeiten (Nur ein Tag stand zur Verfügung.), was aber bei der Fülle des mehrtägigen Angebots notwendig gewesen wäre (Zinn 2019; Tischer 2020). Die Projektwochenstruktur hatte Vorzüge bei der motivationalen und kognitiven Anregung, aber Nachteile hinsichtlich der Vernetzung mit Unterricht und der Reflexion durch die Schüler*innen.

Aus einer Woche wird ein Jahr

Die Erkenntnisse der Projektwoche machten deutlich, dass die Schüler*innen mehr Zeit benötigen, um die vielfältigen Anreize der außerschulischen Lernorte zu verarbeiten und dass die Schule mehr Zeit benötigte, um die Exkursionen inhaltlich vor- und nachzubereiten. In der aktuellen Version bei ReBiS finden die Besuche der Lernorte daher mit Abstand einiger Wochen in einem gesamten Schuljahr statt. Dies ermöglicht eine gründliche Einbettung in den beteiligten Schulfächern (vgl. Abschn. 2.3).

Abb. 2 stellt den schematischen Ablauf dieses längerfristigen Vorgehens dar. Zum gewählten Problemkontext (symbolisiert durch den grünen Pfeil in der Abbildung) wird zunächst aus dem Fach I heraus das außerschulische Lernangebot I besucht. Dieses ist auf den Problemkontext ausgerichtet und ist im Fachunterricht vor- und nachzubereiten. Es folgt dann nach einiger Zeit eine Übergabe an den Fachunterricht II, aus dem heraus der Lernort II besucht wird. Begründet ist diese Struktur dadurch, dass die singuläre Nutzung eines außerschulischen Angebots hinsichtlich fachlichen Lernens (Klees und Tillmann 2015) sowie hinsichtlich Interesse und Motivation (Dutz et al. 2016; Guderian 2007; Molz et al. 2022; Scharfenberg 2005) keinen langfristigen Effekt hat und dass sich eine intensive Einbettung des Außerschulischen bei Schüler*innen positiv auf Interesse und Motivation (Derda 2020; Itzek-Greulich und Vollmer 2017; Streller 2015) sowie das Fachliche Lernen (z. B. Reimann et al. 2020; Molz, Kuhn und Müller 2022) auswirkt. Diese Struktur war auch von den Lehrkräften in der Projektwoche vorgeschlagen worden (Zinn 2019).

Die Einbettung muss dabei eine Anbindung des außerschulischen Angebots an den Problemkontext und gleichermaßen an den Fachunterricht mit seinen spezifischen Anforderungen durch die Curricula und Vorstellungen der Fachlehrkräfte leisten. Zwar erzielt schon der einzelne Besuch einer Schulklasse an einem außerschulischer Lernstandort zusätzliche methodische und disziplinäre Zugänge, denn die außerschulischen Lernangebote sind grundsätzlich interdisziplinär angelegt (s. o.). Dennoch wäre ein einzelner außerschulischer Lernort überfordert damit, die notwendige Multiperspektivität allein zu realisieren. Ein Botanischer Garten etwa kann zwar einen hervorragenden Zugang zur Entwicklung von Pflanzen und Böden im Problemkontext des Klimawandels bieten, wird jedoch Schwierigkeiten haben, technische Lösungen z. B. für klimaneutrale Mobilität darzustellen. Aus diesem Grund werden weitere außerschulische Angebote eingebunden, die zusätzliche Sichtweisen auf den Problemkontext einbringen. Die Aufgabe der Einbettung wird dann je nach Lernort durch unterschiedliche Schulfächer realisiert, die die Weiterarbeit am Problemkontext vom einem zum andern weitergeben (hellblauer Pfeil in Abb. 2). Die Lehrkräfte der Fächer gestalten dies wie die Übergabe eines Staffelstabs. In der Konsequenz entsteht ein vielgestaltiges Bildungsangebot, das Unterrichsfächer und Lernortangebote verknüpft und es den Schüler*innen durch die verschiedenen Zugänge ermöglicht, ein differenzierteres Bild vom gewählten Problemkontext aufzubauen.

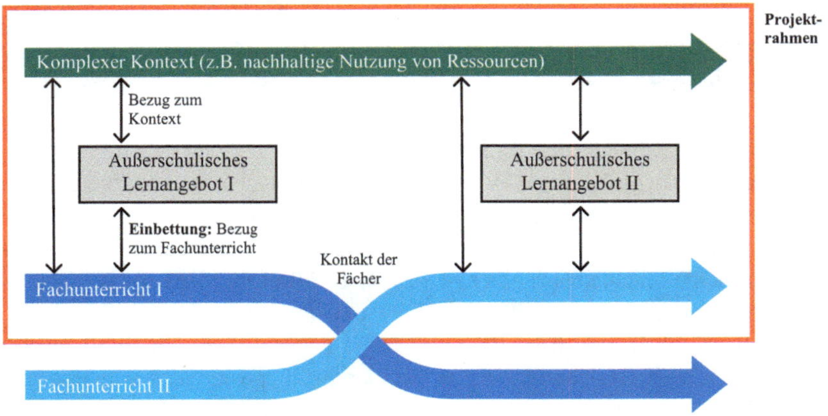

Abb. 2 Schematischer Darstellung des Zusammenspiels zwischen komplexem Problemkontext, außerschulischen Lernortbesuchen und dem schulischen Fachunterricht. (Eigene Darstellung)

2.3 Cliffhänger und längerfristige Aufgaben

Eine im Projekt entwickelte Methode der Einbettung ist die Idee der *Cliffhanger:* Im Unterricht wird der Problemkontext bearbeitet; zu einem bestimmten Zeitpunkt wird von der Lehrkraft im Klassengespräch eine Fragestellung ausgeschärft, bei der klar ist, dass sie im Unterricht nicht beantworten werden kann. Dies resultiert darin, dass nun ein anderer Ort besucht muss, an dem andere Kompetenzen vorhanden sind sowie andere Materialien oder Expert*innen, wie es sie an der Schule nicht gibt; hier entsteht der Cliffhanger. Die Bewegung aus der Schule heraus wird motiviert und der Besuch eines außerschulischen Lernstandortes erscheint als Lösung für das herausgearbeitete Erkenntnisproblem. Am außerschulischen Lernort findet die Schulklasse die gesuchten Antworten. Aber es entstehen dort neue Fragen und Aufgaben, denen am außerschulischen Lernort nicht so intensiv oder systematisch nachgegangen werden kann wie an der eigenen Schule. Z. B. müssen nun bestimmte systematische Messungen durchgeführt werden, die Zeit und Vorbereitung benötigen, was beides am außerschulischen Lernort nicht möglich ist. Oder die Notwendigkeit weiterer Perspektiven, die der jeweilige Ort nicht betrachten kann, wird erkannt. Dies ist der zweite Cliffhanger, die Bewegung geht zurück zur Schule.

Der Bedarf für ein weiteres methodisches Element ergibt sich aus der langen Projektzeit von einem Schuljahr pro Schulklasse. Es stellt sich die Frage, wie die Aufmerksamkeit der Schüler*innen gehalten und wie sie in den Verknüpfungen der einzelnen Lernortbesuche unterstützt werden können. Die Lösung ist im ReBiS-Konzept die Formulierung einer längerfristigen, fachübergreifenden Aufgabe bzw. der Erstellungen eines Produkts, das die in den verschiedenen Fächern und Lernorten gesammelten Erfahrungen dokumentiert und präsentiert. Die Ideen dafür reichen von der Erstellung einer Wandzeitung über das schülerseitige Planen einer Projektwoche am Ende des Schuljahres bis zum Befüllen einer schulöffentlichen Vitrine mit visualisierten Ergebnissen an den einzelnen Lernstandorten. Auch digitale Formate wurden gewählt.

Bei ReBiS sind viele Beispiele für längerfristige Aufgaben entstanden, tatsächlich auch die Gestaltung einer Vitrine in einem Naturwissenschaftstrakt, in der Ergebnisse und Produkte, die im Rahmen der ReBiS-Beteiligung entstanden sind, für die Schulöffentlichkeit ausgestellt wurden. Die Vitrine wurde über das Schuljahr immer weiter befüllt und umgestaltet; sie dokumentiert den Prozess der Schulklasse (Tischer et al. 2024). Auch die digitale Variante einer Wandzeitung wurde gewählt (vgl. Abschn. 2.4). Gemein ist den längerfristigen Aufgaben, dass die Schüler*innen dadurch die ReBiS-Arbeit dokumentieren und fachliche Aspekte der Fachunterrichte und der außerschulischen Angebote ausstellen, zusammenführen und dadurch vernetzen.

2.4 Nachhaltige Nutzung von Ressourcen mit Klasse 7

Das beschriebene ReBiS-Konzept ist von den Schulklassen der vier mitwirkenden Schulen individuell umgesetzt worden, denn die Lehrkräfte, Lernstandorte und Schulklassen sollten ihren eigenen ReBiS-Prozess eigenverantwortlich gestalten. Um das ReBiS-Konzept nachvollziehbar zu machen, wird die Umsetzung in einer siebten Klasse der mitwirkenden Integrierten Gesamtschule exemplarisch dargestellt (Abb. 3). Die Klasse hatte mit ihren Lehrkräften den Problemkontext *Nachhaltige Nutzung von Ressourcen* gewählt, einen Kontext, der komplex ist und eine Vielzahl an Dilemmata bereithält.

Station 1: ‚Energiedrehscheibe Wilhelmshaven' als Beitrag des Küstenmuseums

Die Klasse startet mit dem Besuch des Küstenmuseums in Wilhelmshaven, um das Angebot *Energiedrehscheibe Wilhelmshaven* (Küstenmuseum 2025) zu nutzen. Die Stadt Wilhelmshaven kann als Küsten- und Industriestadt eine lange Geschichte vorweisen. Die Anlandung von Kohle und Öl im Hafen hat dazu geführt, dass die Lagerung (von Öl) als nationale Ölreserve, die Verarbeitung und Umwandlung zur Stromerzeugung lange Zeit das Stadtbild dominiert haben. In letz-

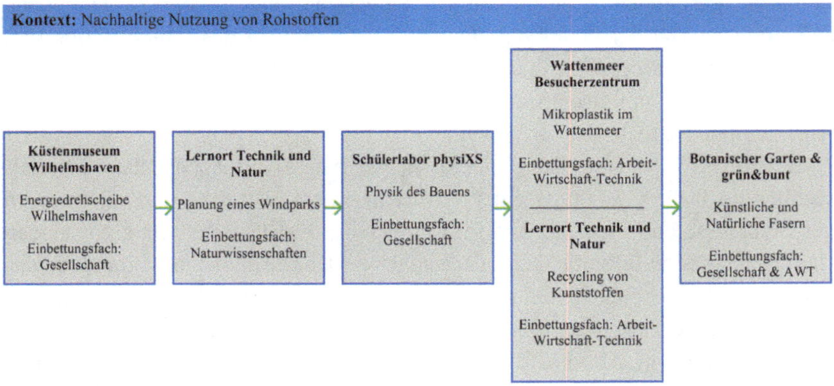

Abb. 3 Reihenfolge der Besuche außerschulischer Lernorte der IGS-Schulklasse

ter Zeit ist die Stadt durch die Errichtung eines LNG-Terminals zur Anlandung von Flüssiggas bekannt geworden, aber auch die Nutzung Erneuerbarer Energien wie Offshore-Windanlagen und Solarfeldern und die Abschaltung ihres Kohlekraftwerkes im Rahmen energetischer Transformation gehören dazu. Insbesondere für Windenergie fungiert Wilhelmshaven als Verteilerpunkt und *Drehscheibe*. Diese Funktionen der Stadt und die *energetische* Entwicklungsgeschichte bilden einen Schwerpunkt im Küstenmuseum.

Eine Einbettung dieses Angebots erfolgt im Gesellschaftsunterricht der Klasse 7 der IGS, der sich gemäß Schulcurriculum mit der Stadtgeschichte auseinandersetzt. Es zeichnen sich Dilemmata hinsichtlich des Erhalts bzw. der Transformation von Arbeitsplätzen und Industrieanlagen in Zeiten der Transformation ab. Für die Vorbereitung des einbettenden Unterrichts treffen sich die beteiligten Lehrkräfte mit den Pädagog*innen des Museums und überlegen gemeinsam, welche Aspekte des Museums fokussiert werden sollten. Sie entscheiden, dass der Museumsbesuch den Fokus auf die Geschichte der Energieträger Kohle und Öl in Wilhelmshaven legen soll, da die Erneuerbare Energien noch an anderen der beteiligten Lernstandorte thematisiert werden. Der vorbereitende Unterricht wirft zunächst gemäß Curriculum Fragen nach der Stadtgeschichte und danach auf, wie die Jugendlichen in ihrer Stadt leben wollen. Diese Frage begleitet die Jugendlichen auch weiter. Auch setzen sich die Schüler*innen mit den Rollen der Hafenarbeiter*innen, der Kapitän*innen oder auch der Tourist*innen für die Stadtentwicklung auseinander und setzen sie zu ihrer eigenen Lebenswelt in Bezug, aber immer auch mit einer Verbindung zum Problemkontext der begrenzten Ressourcen.

Digitales Whitebord als Advanced Organizer

Im Fach Gesellschaftslehre wurde auch die längerfristige Arbeit an der Dokumentations- und Reflexionsaufgabe gestartet. Die Klasse nutzte dazu ein digitales Whiteboard, auf dem die Schüler*innen selbst ihre Aktivitäten und Ergebnisse in Form von Texten, Fotos, Videos und weiteren Materialien sammeln konnten. Die Nutzung des digitalen Whiteboards ist Teil der Arbeiten sowohl im Unterricht und am Lernstandort und unterstütze damit auch die Einbettung des Museumsbesuchs in den Unterricht. Die Eintragungen auf dem Whiteboard wuchsen dann mit jedem Lernortbesuch und jedem einbettenden Unterricht, der auf das Whiteboard zurückgreifen konnte. Neben der Dokumentation übernahm das digitale Whiteboard auch die Funktion eines Advanced Organizers, der der Klasse zur Standortbestimmung diente. Es diente der Reorganisation von erarbeitetem Wissen und hatte eine Funktion darin, Ergebnisse zu präsentieren. Den nächsten Kolleg*innen half es, schnell einen Überblick über den Stand der Entwicklungen zu gewinnen.

Station 2: Schüler*innen planen einen Windpark
Im Fach Naturwissenschaften verlagert sich der Zugang hin zur naturwissenschaftlichen Perspektive. Im Curriculum für die 7. Klasse im Naturwissenschaftsunterricht ist vorgesehen, Kompetenzen hinsichtlich von Energieformen und Energieumwandlungsprozessen aufzubauen. Dazu wurde der Besuch des Schüler*innenlabors *Lernort Technik und Natur* in Wilhelmshaven in den NW-Unterricht eingebettet; dort wurde das Angebot *Planen eines Windparks* (Hamade 2020; Lernort Technik und Natur 2025) genutzt. Die Schüler*innen kamen in die Situation, selbst einen Windpark zu planen. Sie gingen dabei der Frage nach, welche fachlichen und überfachlichen Aspekte bei Planung und Bau eines Windparks zu berücksichtigen sind. Dazu zählen physikalische Aspekte der Umwandlung von Energie und des Transports elektrischer Energie von Offshore-Anlagen zum Festland (hier die Verbindung zum Curriculum), technische Aspekte des Baus einer Windkraftanlage unter Nutzung materieller Ressourcen (hier die Verbindung zum Problemkontext), aber auch ökonomische Aspekte wie die Baukosten und ökologische Aspekte wie die Beeinflussung der Natur durch den Windpark. In der Einbettung wurde auch explizit Bezug auf den vorherigen Besuch des Küstenmuseum genommen, indem ein Kontrast zu den konventionellen Energien hergestellt wurde.

Station 3: Physik des Bauens
Für eine dritte Einbettung, erneut aus dem Fach Gesellschaft heraus, wurde das Schüler*innenlabor physiXS zum Thema *Physik des Bauens* aufgesucht. Das Thema des Bauens von Häusern und anderer Infrastruktur hat einen starken gesellschaftlichen Bezug, umfasst aber auch naturwissenschaftliche Aspekte bei Fragen nach Hausdämmung, Nutzung passender Baumaterialien, der Statik, der Hausbegrünung, bei der Ableitung und Speicherung von Regenwasser oder bei der autarken Versorgung mit elektrischer Energie und Wärmeenergie. In jedem dieser Aspekte geht es auch um die nachhaltige Nutzung von Ressourcen. Der einbettende Gesellschaftsunterricht knüpft an die begleitende Frage nach dem *Wie wollen wir in unserer Stadt leben?* an und fokussiert dabei den Haus- und Wohnungsbau. Der Unterricht stellt Fragen nach fehlendem Wohnraum in Städten und einer notwendigen Verdichtung, welche im Widerspruch zur steigenden Erwärmung der Städte und der nachlassenden Schwammwirkung bei Starkregen steht. Somit führt der einbettende Unterricht auf Dilemmata und die Jugendlichen planten dort ihr zukünftiges Haus bzw. Wohnung und berücksichtigten dabei die Aspekte, die sie im Schüler*innenlabor erarbeitet hatten.

Stationen 4 und 5: Kunststoffrecycling
Im Fach Arbeit-Wirtschaft-Technik teilt sich die Schulklasse auf. Eine Hälfte besucht erneut das Schüler*innenlabor Lernort Natur und Technik. Es geht dort um das Recycling von Kunststoff aus dem Alltag, insbesondere den Schraubverschlüssen von PET-Flaschen. Sie erfuhren, wie das Recycling funktioniert und dass es teurer ist, aber den nachhaltigeren Umgang mit Rohstoffen unterstützt. Die andere Hälfte besuchte das Wattenmeer-Besucherzentrum und befasste sich mit dem Problem des Mikroplastiks in den Meeren. Das Angebot führte die Schüler*innen an die Folgen von Plastikmüll insbesondere für das Wattenmeer heran. Im Unterricht wurde einbettend das Dilemma herausgearbeitet, dass Kunststoffe zwar nützlich, billig und vielfältig einsetzbar sind, dass sie aber als Kunststoffmüll ernste ökologische und gesundheitliche Probleme bereiten, die gesellschaftlich belastend sind. Im Unterricht tauschen die beiden Schüler*innengruppen zunächst ihre jeweiligen Erfahrungen an den beiden außerschulischen Lernstandorten aus und beziehen sie anschließend in den Kontext zur nachhaltigen Nutzung von Rohstoffen mit ein.

Station 6: Natürliche und künstliche Textilfasern.
Die sechste Station war der Besuch der gesamten Schulklasse im Botanischen Garten, in dem der Verein *grün&bunt* an die beiden vorherigen Stationen angeknüpft hat und die Schüler*innen Erfahrungen mit natürlichen und künstlichen Fasern in Textilien sammeln ließ. Insgesamt setzen sich die Schüler*innen in den Stationen mit Dilemmata bei der Nutzung natürlicher und künstlicher Materialien bzw. Rohstoffe hinsichtlich ökonomischer, ökologisch und sozialer Aspekte auseinander.

3 Begleitforschung

Durch die Vielzahl der Akteure und Institutionen erfordert ReBiS einen hohen Grad an Abstimmung. Dabei spielen die Sichtweisen, Überzeugungen und Ziele der Akteure eine wichtige Rolle, denn sie sind durchgängig in ein Gleichgewicht zu bringen. Dafür ist es notwendig, ReBiS empirisch zu begleiten und die Überzeugungen der Akteur*innen zu erheben und die fördernden und hemmenden Faktoren zu analysieren. Sechs Forschungsfragen ist auf drei Ebenen (vgl. Abb. 4) nachgegangen worden:

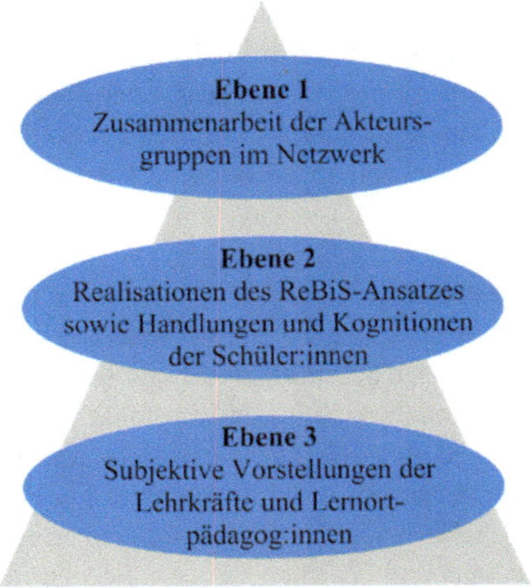

Abb. 4 Drei Ebenen der Begleitforschung: Die Forschungsfragen der begleitenden Studie sind den drei Ebenen jeweils zugeordnet

- Ebene 1: Wie bildet sich das Netzwerk? Dass Lehrkräfte unterschiedlicher Schulen gemeinsam und mit Pädagog*innen außerschulischer Lernstandorte über die Entwicklung von Bildungsstrukturen diskutieren und mitentscheiden, ist kein übliches Vorgehen. Über die Perspektive einer einzelnen Schule hinaus interessieren deshalb die Prozesse der Vernetzung zwischen beteiligten Schulen und Lernstandorten hinsichtlich der Etablierung des ReBiS-Ansatzes.
- Ebene 2: Wie setzen einzelne Schulen ReBiS um? Hier ist die Frage, wie die einzelnen Schulen den ReBiS-Ansatz für sich und mit den Lernstandorten umsetzen konnten und welche hemmenden und fördernden Faktoren zu beobachten waren. Auf dieser Ebene interessieren auch die fachbezogenen Handlungen und Kognitionen der Schüler*innen, wie sie mit dem ReBiS-Ansatz zurechtgekommen sind und welche Anregungen sie nutzen konnten.
- Ebene 3: Was denken die pädagogischen Akteur*innen? Die subjektiven Überzeugungen der Lehrkräfte und außerschulischen Pädagog*innen sind relevant für die Prozesse auf den beiden anderen Ebenen. Deshalb wurden ihre Vorstellungen hinsichtlich Nutzens und Wirkung des ReBiS-Ansatzes zu jeweils zwei Messzeitpunkten erhoben. Ihr Sicht auf das außerschulische Lernen, auf dessen Nutzen für die Erarbeitung komplexer Problemkontexte, auf die unterrichtliche Einbettung, die Vernetzungsprozesse sowie auf fördernde und hemmende Faktoren wurde untersucht.

Die Lehrkräfte wurden zu Beginn und nach ca. anderthalb Jahren Projektlaufzeit mittels eines qualitativen leitfadengestützten Interviews befragt. Gefragt wurde unter anderem *Inwiefern ergänzen außerschulische Lernorte deinen Fachunterricht?*, *Welchen Mehrwert hat eine systematische Einbettung der außerschulischen Lernangebote für die Schüler*innen?* und auch *Wie können außerschulische Angebote Schüler*innen beim Umgang mit komplexen Sachverhalten unterstützen?*. Die Lehrkräfte haben zudem Fragebögen zu ihren Wahrnehmungen bearbeitet; diese waren immer auch Gesprächsanlass für die Interviews. Auch die Lernortpädagog*innen wurden zu ihren subjektiven Überzeugungen und Wahrnehmungen per Fragebogen und Interview befragt. Die Interviewfragen an die Pädagog*innen der außerschulischen Lernstandorte waren dabei grundsätzlich ähnlich ausgerichtet, beispielsweise *Wie müssten Schulen den Besuch an eurem Lernort vorbereiten, damit er für die Schüler*innen ertragreich ist?* oder *Inwiefern ergänzen außerschulische Angebote den Fachunterricht der Schulen?*. Die Fragebögen dienen hauptsächlich zur Unterstützung im Interview als Gesprächsanlass, er enthält Aussagen wie beispielsweise *Schule hat zur Aufgabe, dass Schüler*innen lernen, sich mit komplexen Themen auseinanderzusetzen.* oder *Den Schüler*innen gelingt es, die Inhalte des Unterrichts mit den außerschulischen Angeboten zu verknüpfen.*, deren Zustimmung auf einer Likert-Skala abgefragt wurde.

Zusätzlich zu diesen Daten wurden Feldnotizen aus der begleitenden Beobachtung im Unterricht und währen der Lernortbesuche genutzt. Hierfür wurde theoriegeleitet ein Beobachtungsbogen entwickelt, der auf Äußerungen und Handlungen von Lehrkräften, Lernortpädagog*innen und Schüler*innen fokussiert. Auch wurden einzelne Schüler*innen mittels eines Leitfadeninterviews in zeitlicher Nähe zu den Lernortbesuchen befragt. Sie sollten darstellen, wie sie ihre Handlungen, die Angebote der Lernstandorte und die Einbettungen im Unterricht wahrgenommen haben. Zudem haben nahezu alle beteiligten Schüler*innen ($N_{SuS} = 146$) nach anderthalb Projektjahren einen Fragebogen bearbeitet.

Einzelne Ergebnisse der Befragungen und Beobachtungen sind bereits in den Fortgang des Projekts eingespeist worden. Zum jetzigen Zeitpunkt (Mai 2025) werden die Daten kategorienbasiert im Rahmen einer qualitativen Inhaltsanalyse und, wo es passt, auch statistisch ausgewertet und später veröffentlicht. Hinsichtlich der Ebene 3, den Subjektiven Vorstellungen der Bildungsanbietenden, wird eine qualitative Inhaltsanalyse (Kuckartz und Rädiker 2022) vorgenommen. Insbesondere wurden hier induktiv Kategorien hinsichtlich ihrer Sicht auf die Rolle außerschulischen Lernens, auf den Umgang mit Komplexität und die Einbettung herausgebildet. Auch hinsichtlich der Realisationen und der Netzwerkarbeit (Ebenen 1 und 2) wurden die in den Beobachtungsbögen und Interviews erhobenen

Daten mittels qualitativer Inhaltsanalyse ausgewertet, hier jedoch in einem stärker deduktiven Rahmen, da beispielsweise hinsichtlich der Realisationen ein Fokus auf die Einbettung sowie die übergeordnete Projektstruktur gelegt wurde.

4 Ausbau der Bildungsrealität durch ReBiS

Basierend auf den Erkenntnissen der Begleitforschung lassen sich bereits folgende Entwicklungspotenziale für Schulen und außerschulische Lernstandorten erkennen.

Selbstverständnis außerschulischer Lernstandorte Die Interviews belegen, dass sich die außerschulischen Lernorte im Projekt weniger als singuläre Anbieter, dafür als Teil eines regionalen Bildungsnetzwerkes, als Teil eines Bildungsökosystems verstehen. Dennoch erkennen sie als externe Anbieter bezogen auf die Schule ein gewisses Alleinstellungsmerkmal. Bei ReBiS äußert es sich so, dass sie ihre Aufgabe nicht darin sehen, gemeinsam mit Schulen ein Gesamtangebot zu gestalten, sondern darin, innerhalb der Gruppe der Lernstandorte ein komplexes Angebot zu erstellen und es Schulen anzubieten. Das zeigt sich beispielsweise bei den regelmäßigen Netzwerktreffen, bei denen die außerschulischen Pädagog*innen sich gegenüber den Schulen mit gemeinsamen Angeboten präsentieren. Das steht nicht im Widerspruch dazu, dass die Lernstandorte die Einbettung ihrer Angebote in den Unterricht maximal unterstützen wollen.

Adaption der außerschulischen Bildungsangebote Durch das ReBiS-Projekt hat es eine inhaltliche und strukturelle Weiterentwicklung der außerschulischen Angebote gegeben. Durch den intensiven Kontakt mit den Lehrkräften konnten die Angebote stärker an die unterschiedlichen Schülergruppen angepasst werden. Dies zeigt sich auch in den empirischen Daten auf Seiten der Schüler*innen. Insbesondere gelingt es, Anknüpfungspunkte für bestimmte Schulfächer herauszuarbeiten, die dann wiederum der schulischen Einbettung zugutekommen, und die didaktische Strukturierung der externen Lernangebote an den Zugang der Schulfächer anzupassen, ohne dass das außerschulische Angebot nur zu einer *Verlängerung* des Unterrichts wird. Damit dies gelingen konnte, wurde intensiv darüber kommuniziert, welchen Bedarf die Schulklassen haben und welche Aktivitäten an den Lernorten geplant sind. Gemeinsame Planungssitzungen in der Kleingruppe haben hier eine zentrale Funktion.

Idee der Einbettung kultivieren Mit den Lehrkräften ist die Problematik der Einbettung vielfältig diskutiert worden. Über das Ideal der Einbettung als systematische Vorbereitung des Lernortbesuchs, der Nutzung der oben beschriebenen dramaturgischen Figur der Cliffhanger und der Nachbereitung in der Schule als Vertiefung und Verbreiterung des am Lernort Erkannten und Gelernten konnte sich im Projektteam schnell verständigt werden. Die Umsetzung hielt einige Tücken bereit, die z. B. in organisatorischen Fragen des Stundenplans oder in unerwarteten Lehrkräftewechseln bestanden. In den meisten Fällen ist die Einbettung in dem Sinne gelungen, dass den Schüler*innen das außerschulische Angebot kognitiv greifbarer erschien, dass der kognitive Anspruch am Lernort reduziert wurde, indem bestimmte Begriffe oder Konzepte des Lernorts bereits im Unterricht thematisiert wurden *(Vorentlastung)* und dass der Problemkontext systematisch vorbereitet und nicht erst am Lernort angesprochen wurde.

Kontextualisierung des Unterrichts Unterricht, der teilweise stark aus einer Fachsystematik heraus geplant wird, erfährt durch den ReBiS-Ansatz eine stärkere Kontextorientierung. Insgesamt werden Zugänge, die von Lehrkräften an den beteiligten außerschulischen Lernorten als positiv wahrgenommen werden, auch in den Unterricht getragen und auch hier genutzt. Es ist also eine Rückwirkung des außerschulischen Lernens auf das schulische Lernen zu erkennen.

Fächer verbinden Fächerverbindung ist eine Aufgabe, an der sich Fachdidaktik und Pädagogik seit Jahrzehnten versuchen, aber in der Schulrealität sind dazu bislang keine guten Modelle zu finden. Grund ist meist der befürchtete organisatorische und personelle Aufwand. Die Lösung bei ReBiS, dass die Verbindung der Fächer über die Schulklasse und nicht über gemeinsame Sachstrukturen verschiedener Fächer geschieht, scheint die Hürden für die Mitarbeit zu reduzieren. Zwar müssen die Lehrkräfte Aufmerksamkeit auf ihre Rolle im ReBiS-Ablauf richten und das Angebot des Lernorts mitdenken sowie seine Einbettung vornehmen. Dieses passiert aber aus jeweils einem Fach heraus, die einzelne Lehrkraft muss nur ihren eigenen Unterricht und einen Lernort mental repräsentieren. Durch den Problemkontext und die längerfristige Aufgabe der Schüler*innen (z. B. Ausstattung einer Vitrine) wird der Rest der Fächerverbindung realisiert.

Bildung für nachhaltige Entwicklung Gemäß dem niedersächsischen BNE-Erlass (Niedersächsisches Kultusministerium 2021) sind Schulen dazu aufgefordert,

BNE umzusetzen und dabei insbesondere eine multiperspektivische Betrachtung relevanter Fragestellungen umzusetzen. Eine Zusammenarbeit mit außerschulischen Lernorten wird im Erlass ebenso gefordert. Einige der im Erlass explizit aufgeführten anerkannten BNE-Lernstandorten sind auch Partner bei ReBiS. Das Projekt unterstützt Schulen somit dabei, BNE umzusetzen; insbesondere dadurch, dass komplexe Problemkontexte zu einer multiperspektivischen Betrachtung führen.

5 Ausblick

Es hat sich gezeigt, dass der ReBiS-Ansatz an vielen Stellen vielversprechend ist, die Forderung nach einer multiperspektivischen Betrachtung komplexer Problemkontexte anzugehen. Zukünftig steht das Projekt vor der Herausforderung, den Ansatz zu konsolidieren und so zu etablieren, dass auch nach der Förderung durch die Deutsche Telekom Stiftung die Schulen und Lernorte in gleicher Weise weiter miteinander arbeiten. Es ist nach dreijähriger Projektlaufzeit zu erkennen, dass einige der Schulen den ReBiS-Ansatz in ihre Schulcurricula übernommen haben und unabhängig von der Moderation durch die Projektleitung durch die Physikdidaktik der Universität Oldenburg den ReBiS-Ansatz mit neuen Klassen fortführen.

Die zweite Herausforderung ist die der Expansion von ReBiS auf andere Regionen und Partner. Die Regionen Aurich und Delmenhorst, Unterzentren im Nordwesten Niedersachsens sind hier im Blick, um eine ähnliche Struktur wie in Wilhelmshaven aufzubauen. Das Wilhelmshavener Set hätte dann die Funktion, beim Aufbau der neuen Netzwerke *(ReBiS plus)* in der Expertenfunktion zur Seite zu stehen. Somit könne ein in die Fläche gehendes Netz der Netze entstehen mit gegenseitigem Austausch und gegenseitig nutzbarer Expertise. In diesem größeren Netzwerk könnten auch Orte der Jugendarbeit eine Rolle spielen und somit ReBiS auf den Freizeitbereich, in dem Jugendliche selbst zusätzlich Angebote wählen können, ausdehnen. Das bisherige ReBiS-Projekt könnte damit der Beginn eines weitergehenden dynamisch wachsenden Bildungsökosystems sein.

Auch hinsichtlich weiterer Forschungsaufgaben bietet das Projekt weiterhin großes Potenzial. Es lässt sich bereits absehen, dass der Ansatz geeignet ist, Komplexität für Schüler*innen erfahrbar zu machen, doch bleibt beispielsweise offen, ob dieser Effekt langfristig ist und die Lernenden ihre diesbezüglichen Kompetenzen auch in anderen komplexen Zusammenhängen anwenden können.

Literatur

Braund, M. & Reiss, M. (2007). Towards a more authentic science curriculum: The contribution of out-of-school learning. International Journal of Science Education, 28 (12), 1373–1388.

Derda, M. (2020). Untersuchung der Unterrichtseinbindung eines Schülerlaborbesuches und der Erwartungen begleitender Lehrkräfte sowie teilnehmender Schülerinnen und Schüler. In K. Sommer, J. Wirth & M. Vanderbeke (Hrsg.), Handbuch Forschen im Schülerlabor. Theoretische Grundlagen, empirische Forschungsmethoden und aktuelle Anwendungsgebiete. (S. 151–158). Münster: Waxmann.

Dutz, K., Landherr J. & Wegner H. (2016). Chancen und Grenzen der Einbindung von Angeboten außerschulischer Lernorte in schulinterne Curricula–Eine kritische Analyse. In F. Bünning (Hrsg.) *Konzepte und Effekte außerschulischer Lernorte in der technischen Bildung*. Bielefeld: wbv.

Guderian, P. (2007). Wirksamkeitsanalyse außerschulischer Lernorte Der Einfluss mehrmaliger Besuche eines Schülerlabors auf die Entwicklung des Interesses an Physik. Dissertation. Berlin: Humboldt-Universität.

Hamade, D. (2020). Bildung für nachhaltige Entwicklung am Lernort Technik und Natur–Entwicklung eines Schülerlaborangebots zu Windkraftanlagen. Universität Oldenburg: Bachelorarbeit.

Itzek-Greulich, H. & Vollmer, C. (2017). Emotional and Motivational Outcomes of Lab Work in the Secondary Intermediate Track: The Contribution of a Science Center Outreach Lab. *Journal of research in science teaching*. 54(1), S. 3–28.

Kuckartz, U. (2018). Qualitative Inhaltsanalyse. Methoden, Praxis, Computerunterstützung. Weinheim: Beltz Juventa.

Kuckartz, U. & Rädiker, S. (2022). Qualitative Inhaltsanalyse. Methoden, Praxis, Computerunterstützung. Weinheim: Beltz Juventa.

Kultusministerkonferenz (KMK) & Deutsche UNESCO-Kommission (DUK) (2007). Empfehlungen der Ständigen Konferenz der Kultusminister der Länder in der Bundesrepublik Deutschland (KMK) und der Deutschen UNESCO-Kommission (DUK) vom 15.06.2007 zur „Bildung für nachhaltige Entwicklung in der Schule".

Klees, G. & Tillmann, A. (2015). Design-Based Research als Forschungsansatz in der Fachdidaktik Biologie. In Journal für Didaktik der Biowissenschaften 6, S. 91–110.

Küstenmuseum Wilhelmshaven (2025). Mit Ihrer Klasse im Küstenmuseum. https://www.kuestenmuseum.de/veranstaltungen/angebote-fuer-schulen-und-kindergaerten [Zuletzt abgerufen am 22.05.2025]

Lernort Technik und Natur (2025). Themengebiete. https://lernort-whv.de/themengebiete [Zuletzt abgerufen am 22.05.2025]

Lewalter, D. & Geyer, C. (2009). Motivationale Aspekte von schulischen Besuchen in naturwissenschaftlich-technischen Museen. Zeitschrift für Erziehungswissenschaft 12, 28–44.

Molz, A., Kuhn, J. & Müller, A. (2022). Effectivness of science outreach labs with and without connection to classroom learning: Affective and cognitive outcomes. *Physical review physics education research*. 18(2).

Nawrath, D. (2010). *Kontextorientierung–Rekonstruktion einer fachdidaktischen Konzeption für den Physikunterricht.* (Beiträge zur Didaktischen Rekonstruktion, Bd. 29). Oldenburg: Didaktisches Zentrum.

Niedersächsisches Kultusministerium (2021). Bildung für nachhaltige Entwicklung (BNE) an öffentlichen allgemeinbildenden und berufsbildenden Schulen sowie Schulen in freier Trägerschaft.

Ohl, U. (2018). Herausforderung und Wege eines systematischen Umgangs mit komplexen Themen in der schulischen Nachhaltigkeitsbildung. In T. Pyhel (Hrsg.): Zwischen Ohnmacht und Zuversicht? Vom Umgang mit Komplexität in der Nachhaltigkeitskommunikation, S. 131–146. München: Oekom Verlag.

Pospiech, G., Niethammer, M., Wieser, D. & Kuhlemann, F.-M. (2020). Begegnungen mit der Wirklichkeit. Chancen für fächerübergreifendes Lernen an außerschulischen Lernorten. hep.

Pospiech, G. & Kuske-Janßen, W. (2020). Fächerübergreifendes Unterrichten und außerschulische Lernorte aus Perspektive der Physikdidaktik. In G. Pospiech, M. Niethammer, D. Wieser & F.-M. Kuhlemann (Hrsg.) Begegnungen mit der Wirklichkeit. Chancen für fächerübergreifendes Lernen an außerschulischen Lernorten. hep.

Reimann, M., Herzog, S., Parchmann, I. & Schwarzer, S. (2020). Wirksamkeit der schulischen Vor- und Nachbereitung eines Schülerlaborbesuchs. Zeitschrift für Didaktik der Naturwissenschaften, 26, 227–240.

Richter, C., Sajons, C., Gorr, C., Michelsen, C. & Komorek, M. (2018). Vernetzung außerschulischer GINT-Lernorte. In C. Maurer, *Qualitätsvoller Chemie–und Physikunterricht - normative und empirische Dimensionen* (Bd. 38, S. 648–651). Universität Regensburg: Gesellschaft für Didaktik der Chemie und Physik.

Sajons, C. & Komorek, M. (2020). Complementary networking of out-of-school learning environments. In O. Levrini & G. Tasquier (Eds.), Electronic Proceedings of the ESERA 2019 Conference. The beauty and pleasure of understanding: engaging with contemporary challenges through science education, Part 9 (coed. J. Dillon & A. Zeyer) (pp. 1072–1078). Bologna: Alma Mater Studiorium–University of Bologna.

Scharfenberg, F.-J. (2005). Experimenteller Biologieunterricht zu Aspekten der Gentechnik im Lernort Labor: empirische Untersuchung zu Akzeptanz, Wissenserwerb und Interesse.

Streller, M. (2015). The educational effects of pre and post-work in out-of-school laboratories. Dissertation, TU Dresden.

Tal, T. (2012). Out-of-School: Learning Experiences, Teaching and Students' Learning. In: B. J. Fraser, K. Tobin & C. J. McRobbie (Eds.) Second International Handbook of Science Education. (1109–1122) Heidelberg: Springer.

Tischer, J. (2020). *Schülerkognitionen in einer komplementär vernetzten außerschulischen Lernumgebung–Die Projektwoche „Herausforderung Leben im Klimawandel"*. Masterarbeit. Oldenburg: Universität Oldenburg.

Tischer, J., Vetter, E., de Buhr, I. & Komorek, M. (2024). Klimabildung–schulisch und außerschulisch vernetzt. In H. Grötzebauch: phydid B Beiträge zur DPG-Frühjahrestagung in Greifswald.

Zinn, I. (2019). *Konzeption und empirische Begleitung einer komplementären Projektwoche „Herausforderung Leben im Klimawandel"*. Masterarbeit: Universität Oldenburg.

Erkenntnisse aus der empirischen Beforschung

Auswirkungen unterschiedlicher E-Learning-Einheiten auf den Cognitive Load von Schüler*innen im Schüler*innenlabor „Biologie-hautnah"

Maria Sophie Kellner und Claas Wegner

1 Schüler*innenlabore als außerschulischer Lernort

Außerschulische Lernorte bilden in der deutschen Bildungslandschaft eine weit verbreitete und wirksame Instanz, um Schüler*innen praxisorientierte Erfahrungen zu ermöglichen (Favre und Metzger 2013; Röllke 2019). Die Verknüpfung zwischen Theorie und Praxis durch das an den außerschulischen Lernorten arrangierte Erleben von Primärerfahrungen steigert dabei die Motivation der Schüler*innen (Thomas 2009), sich mit fachspezifischen Phänomenen und Fragestellungen auseinanderzusetzen und kann dazu führen, dass ein nachhaltiges Verständnis für die Naturwissenschaften aufgebaut wird (Rennie 2014; Schäfers und Wegner 2020). Somit kann durch den Besuch eines außerschulischen Lernortes die Qualität schulischer Lernprozesse erhöht werden (Baar und Schönknecht 2018). Diese außerschulischen Lernorte beginnen im weitesten Sinne überall da, wo der Lernraum Schule verlassen und das alltägliche Unterrichtssetting aufgelöst wird (Guderian 2007; Karpa et al. 2015). Durch den direkten Kontakt mit verschiedenen Fachgebieten (Erhorn und Schwier 2016) und authentischen Situationen (Brade und Dühlmeier 2022; Edelson et al. 1999) können Schüler*innen

M. S. Kellner (✉) · C. Wegner
Universität Bielefeld, Bielefeld, Deutschland
E-Mail: maria_sophie.kellner@uni-bielefeld.de

C. Wegner
E-Mail: claas.wegner@uni-bielefeld.de

A. Wenzel und T. Schmäing (Hrsg.), *Außerschulisches Lernen in der naturwissenschaftlichen Bildung,* https://doi.org/10.1007/978-3-658-50864-7_13

ein tieferes Verständnis für ihre Lehrninhalte entwickeln und relevante Kompetenzen wie kritisches Denken, Problemlösung und Teamarbeit stärken (Burk et al. 2008; Sauerborn und Brühne 2012).

*Schüler*innenlabore* bilden eine Unterform der außerschulischen Lernorte, welche besonders das Lernen in Laboren, das Durchführen von Experimenten und das Anwenden wissenschaftlicher Denk- und Arbeitsweisen vor allem im MINT-Kontext bei Schüler*innen fördern (Hofstein und Mamlok-Naaman 2007; Pawek 2009; Wegner 2009). Viele Schüler*innenlabore konzentrieren sich auf bestimmte Themen, um den Schüler*innen einen vertieften Einblick in spezifische Bereiche zu ermöglichen. Die Einrichtungen sind in der Regel an Hochschulen, Forschungseinrichtungen oder Unternehmen angeschlossen (Haupt et al. 2013). Zwar wurden die ersten Schüler*innenlabore in Deutschland bereits in den 1980er und 1990er Jahren als Bildungsinnovationen gegründet, allerdings erhielten sie erst seit dem Jahr 2000, wahrscheinlich als Antwort auf den *PISA-Schock* (Anders und Roßbach 2013; Gold und Dubowy 2013), einen deutlichen Aufschwung (Huwer 2015; Röllke 2019), sodass bundesweit aktuell ca. 480 Schüler*innenlabore verzeichnet werden können (LernortLabor 2024).

1.1 Relevanz: Der Einfluss außerschulischen Lernens in Schüler*innenlaboren auf das Wissen und affektive Merkmale von Schüler*innen

Neben der Sammlung von Erfahrungen in einer authentischen Lernumgebung (u. a. Betz 2018; Itzek-Greulich und Vollmer 2018) und der Einübung wissenschaftlicher Denk- und Arbeitsweisen in Begleitung von Expert*innen (u. a. Glowinski 2007; Kuske-Janßen et al. 2020), kann das Lernen an außerschulischen Lernorten und speziell in Schüler*innenlaboren einen nachhaltigen Effekt auf das Wissen und affektive Merkmale von Schüler*innen haben (u. a. Dühlmeier 2014; Favre und Metzger 2013; Guderian 2007; Sitter 2019). Um die empirisch belegten Auswirkungen des außerschulischen Lernens auf Schüler*innen geordnet darzustellen, haben Romanik und Wegner (2024) ein systematisches Literaturreview angefertigt, in welchem sie quantitative und qualitative Studien in dem Zeitraum von 2000 bis 2023 beleuchten. Auch aus diesem Review geht hervor, dass das außerschulische Lernen von großer Bedeutung für die Lernenden ist und einige positive Auswirkungen nach sich ziehen kann (Romanik und Wegner 2024). Daher wurde bereits im Jahr 2009 durch die Kultusministerkonferenz *die Kooperation und das Lernen an außerschulischen Lernorten* als Handlungsfeld in den Maßnahmenkatalog zur Stärkung der mathematisch-naturwissenschaftlichen Bildung aufgenommen (KMK 2009; Romanik und Wegner 2024), was die Relevanz dieser Bildungsangebote unterstreicht (Beyer et al. 2020).

1.2 Auswirkungen der Coronapandemie auf den Betrieb der Schüler*innenlabore

Die Coronapandemie hat viele Bereiche des öffentlichen und privaten Lebens stark beeinflusst, darunter auch die Arbeit in Bildungseinrichtungen oder Schüler*innenlaboren. Dabei standen die Schüler*innenlabore als außerschulische Einrichtungen vor der besonderen Herausforderung, weiterhin Bildungsangebote offerieren und durchführen zu können. Lange war aufgrund der Schulschließungen im Jahr 2020 und folgenden Phasen (Helm et al. 2021) ein Präsenzbesuch von Kursen oder Schulklassen nur eingeschränkt möglich (Kubi et al. 2022), obwohl besonders die Förderung des Wissenschaftsverständnisses durch das praktische Arbeiten in den Schüler*innenlaboren im Fokus steht. Somit wurde zu einer großen Herausforderung, die physische Distanz zu wahren, ohne die Angebote durch die außerschulischen Bildungseinrichtungen einzustellen. Als Reaktion darauf generierten einige Schüler*innenlabore Online-Angebote z. B. in Form von E-Learning-Modulen, welche durch die Nutzung digitaler Endgeräte in den Kurs- oder Klassenraum sowie während des Distanzunterrichts zu den Schüler*innen nach Hause übertragen werden konnten (Flügel 2022; Keller et al. 2023; Kubi et al. 2022; Panhorst und Buschmann 2021; Schäfers et al. 2020).

1.3 Forschungsanliegen im Sinne des Design-Based Research-Ansatzes

In diesem Rahmen wurden auch im Schüler*innenlabor *Biologie-hautnah* im Osthushenrich-Zentrum für Hochbegabungsforschung an der Fakultät für Biologie (OZHB; Wegner et al. 2019, 2020) an der Universität Bielefeld zwischen März 2020 und Oktober 2021 zehn Online-Workshops in das Kursprogramm integriert, die sich mit unterschiedlichen Themen der Naturwissenschaften, Informatik und Technik auseinandersetzen.

In seiner methodologischen Ausrichtung verfolgt das OZHB den Design-Based Research Ansatz nach Shavelson et al. (2003), in welchem der Austausch und gegenseitige Einbezug von Wissenschaftler*innen und Praxisakteur*innen sowohl in die Forschung als auch in die konzeptionelle Arbeit im Fokus stehen (Schäfers und Wegner 2021; Schmiedebach und Wegner 2021). Durch diese

Verknüpfung soll es gelingen, „innovative Lösungsansätze für praxisrelevante Bildungsprobleme zu generieren" (Schäfers 2023, S. 20), um daraus wiederum wissenschaftliche Theorien bilden zu können (Klees und Tillmann 2015; Lehmann-Wermser und Konrad 2016).

In der Planung und konzeptionellen Strukturierung der Online-Angebote des OZHB fiel auf, dass zwar Studien zum Einsatz digitaler Methoden im Unterricht im Bereich MINT existieren, jedoch kaum zwischen unterschiedlichen Workshopkonzepten bzw. -methoden differenziert wurde. Obwohl Schüler*innen als *digital natives* bezeichnet werden (Panhorst und Buschmann 2021), da sie in einer digitalisierten Welt aufwachsen und auch im Alltag mit Technologie konfrontiert sind, bezieht sich der Einsatz der Technologien noch nicht durchgehend auf den schulischen Unterricht. So wurde vor der Coronapandemie in der JIM-Studie aus dem Jahr 2017 erhoben, dass selbst das meistgenutzte digitale Mittel *Whiteboard* lediglich zu 31 % der befragten Schüler*innen täglich oder mehrmals die Woche im Unterricht genutzt wurde, Computer (22 %), Smartphones (13 %), Laptops (9 %) und Tablets (4 %) hingegen deutlich weniger (mpfs 2017). Während der Coronapandemie zeigte sich in der JIM-Studie des Jahres 2020, dass die Schüler*innen motivationale Probleme beim Lernen außerhalb der schulischen Normalität hatten (59 %) und dass sie es als schwierig empfanden, sich in die unterschiedlichen Lernplattformen einzuarbeiten (36 %; mpfs 2020). Dies kann nicht zuletzt in einer kognitiven Überlastung der Schüler*innen begründet liegen, die sich zuvor noch nicht so intensiv mit digitalen Lernsettings im Bildungsbereich auseinandersetzen mussten.

Im Sinne des iterativen Forschungsprinzips wurden als Forschungsdesiderate im Rahmen der *Vorprüfung* des DBR-Ansatzes die fehlenden empirischen Befunde ausgemacht, welche die methodische Strukturierung von Online-Workshops für Schüler*innen in Bezug zur kognitiven Belastung setzt, um daraus Erkenntnisse und Kriterien für die gelingende und nachhaltige Gestaltung der Angebote ziehen zu können. Demnach wurde folgender Fragestellung im Rahmen dieser Studie nachgegangen: Wie wirken sich unterschiedliche Workshopkonzepte am außerschulischen Lernort auf den *cognitive load* von Schüler*innen aus?

2 Theoretischer Hintergrund: Cognitive Load Theory

Die *Cognitive Load Theory* (CLT; Chandler und Sweller 1991) ist eine wissenschaftlich anerkannte Theorie in Bezug auf die kognitive Belastung beim Lernen. Unter kognitiver Belastung *(cognitive load),* wie sie in der vorliegenden Studie erhoben wurde, wird die mentale Anstrengung oder die Beanspruchung der kognitiven Ressourcen verstanden, die zum Verstehen, zur Verarbeitung oder zum Lösen von Aufgaben benötigt werden (Chandler und Sweller 1991; Sweller et al. 1998; Zander 2010). Es stehen beim Lernen vor allem das *Arbeitsgedächtnis* und das *Langzeitgedächtnis* im Fokus, da die begrenzte Kapazität des Arbeitsgedächtnisses die Aufnahme neuer Informationen bestimmt (Cowan 2001; Rey und Nieding 2010) und stark von den vorhandenen Wissensstrukturen *(Schemata)* im Langzeitgedächtnis abhängt (Schmidt et al. 2019; Smith und Queller 2004). Somit ist die Belastung des Arbeitsgedächtnisses als kognitive Belastung definiert (Schmidt et al. 2019). Je stärker gestellte Aufgaben bestehende Schemata ansprechen, desto mehr kann die kognitive Belastung gesenkt werden, da gebündelte Wissensstrukturen adressiert und für die Lösung der Aufgabe herangezogen werden können. So muss nicht auf Einzelinformationen zurückgegriffen werden, was anderenfalls schnell zu einer Überschreitung der Belastungsgrenze führen kann (van Merriënboer und Sweller 2005; Sweller 1994).

Es lassen sich nach Sweller (1988, 2005a, 2005b) als anerkannter Erklärungsansatz für multimediales Lernen (Gerjets et al. 2009; Thompson und McGill 2008) drei Formen des *cognitive load* unterscheiden *(intrinsic, extraneous* und *germane cognitive load),* welche in ihrer Summe den *total cognitive load* abbilden (Merriënboer und Sweller 2005). Die intrinsische *(instrinsic)* Belastung bezieht sich auf die kognitive Anstrengung, die durch die direkte Komplexität des Lernmaterials entsteht und hängt somit stark von der Schwierigkeit und Interaktion der Elemente im Lernmaterial voneinander ab (Brünken et al. 2004; Sweller 1994). Besteht das Material aus unabhängigen Elementen, die einzeln gelernt werden können, ist die Belastung gering, wohingegen eine hohe Belastung gegeben ist, wenn die Elemente stark miteinander verknüpft sind. Die Art und Gestaltung des Lernmaterials bestimmt die extrinsische *(extraneous)* Belastung (Sweller und Chandler 1994). Durch beispielsweise überflüssige, sich wiederholende Informationen oder ablenkende Elemente im Material steigt die Belastung. Die extrinsische Belastung kann jedoch durch eine ansprechende und auf das Wesentliche reduzierte Gestaltung der Umgebung und des Materials verringert werden. Aktuelle Forschung spricht sich dafür aus, weitere Unterteilungen von extrinsischer Belastung zu definieren, die z. B. in Abhängigkeit der eingesetzten Medien oder der Aufgabenstellungen zu setzen sind (Skulmowski und Rey 2020). Die *germane* Belastung meint die mentale Anstrengung, die für die Verarbeitung von relevanten Informationen und die Bildung von langfristigem Wissen erforderlich ist (Rey 2009).

Tab. 1 Beispiele für Aufgaben aus dem Biologieunterricht mit einer hohen und niedrigen kognitiven Belastung aufgeteilt auf die drei Formen kognitiver Belastung der CLT nach Chandler und Sweller (1991)

	Hoch	Niedrig
Intrinsischer CL	Stammbaumanalyse	Lernen von Fachbegriffen im Glossar
Extrinsischer CL	Zu große Materialauswahl in Experimentierphasen	Klare, einheitliche Arbeitsmaterialien und gut strukturierter Fachraum
Germane CL	Planung, Durchführung und Auswertung eines Experiments	Auswendiglernen von lateinischen Tier- und Pflanzennamen

Anmerkungen: CL als Akronym für *cognitive load.*

In der Tab. 1 sind konkrete Beispiele aus dem Biologieunterricht aufgeführt, die jeweils einen hohen oder niedrigen Grad in Bezug auf die drei Formen kognitiver Belastung beanspruchen (s. Tab. 1):

Die Unterscheidung der Formen von kognitiver Belastung legen nahe, dass diese bei der Implementierung neuer Lehrformate, wie es die unterschiedlichen Konzepte der Online-Angebote im Schüler*innenlabor *Biologie-hautnah* darstellten, im Hinblick auf die verschiedenen Gestaltungsprinzipien und Schwerpunkte hin untersucht werden sollten.

3 Methodik

Zur Prüfung der kognitiven Belastung in Abhängigkeit vom eingesetzten Workshopkonzept wurde eine umfassende quantitative Vergleichsstudie durchgeführt. Folgend werden zunächst kurz die unterschiedlichen Workshopkonzepte erläutert.

3.1 Workshopkonzepte

Die Herbstbefragung des Jahres 2020 der *CoDu-Studie* bei Schüler*innen der vierten bis neunten Jahrgangsstufe in Bezug auf das Unterrichtsfach Mathematik brachte hervor, dass 47,4 % aller befragten Schüler*innen mehrmals die Woche Aufgabenblätter im Distanzlernen erhielten, lediglich 21,9 % in der gleichen Regelmäßigkeit Lernvideos oder Lernsoftwares durch ihre Lehrkraft zur Verfügung gestellt bekamen und nur zu 14,3 % mindestens zwei Videokonferenzen pro Woche abhielten (Anger et al. 2021). In Anlehnung an diese drei ge-

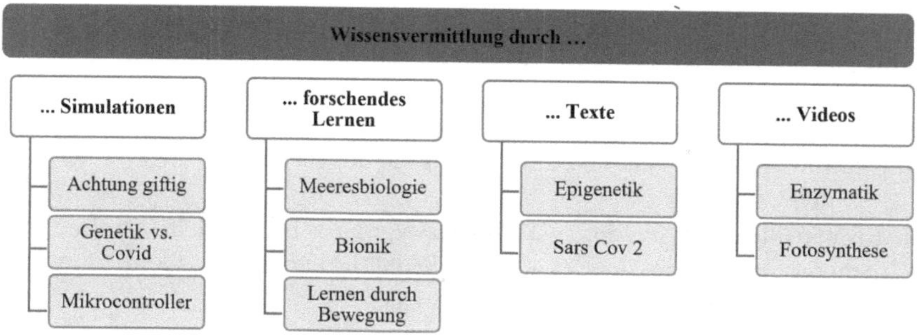

Abb. 1 Übersicht zu den Online-Workshopformaten und untergeordneten Workshopangeboten im Schüler*innenlabor „Biologie-hautnah"

nutzten Unterrichtsmethoden während des Distanzlernens wurden die zehn Online-Workshops des OZHB in vier Workshopkonzepte bzw. -formate geclustert, die jeweils einen anderen Schwerpunkt in der Methodik aufwiesen. Während die Workshops, in welchen Wissensvermittlung durch Texte und die Anleitung zum forschenden Lernen stattfand, den Aufgabenblättern zugeordnet werden konnten, wurden die Workshops mit der Wissensvermittlung durch Simulationen und Videos dem Einsatz von Lernvideos und -softwares zugeteilt. Als Rahmung und Begleitung wurde eine Videokonferenz abgehalten, welche somit über alle zehn Online-Workshops hinweg als übergreifende Methode zu finden war.

In Abb. 1 wird ein Überblick zu den zehn Online-Workshops des OZHB sowie die Einteilung in die übergreifenden Workshopkonzepte gegeben:

Im Folgenden werden die Workshops kurz inhaltlich vorgestellt:

1. Achtung giftig – Grundlagen der Neurobiologie Grundlagen der Neurobiologie durch interaktive digitale Experimente; Aufbau von Nervenzellen, die Wirkungsweisen von Giften sowie deren Auswirkungen auf den menschlichen Körper und Behandlungsmöglichkeiten.

2. Genetik vs. Covid 19 Interaktive Animationen zu gentechnischen Arbeitsweisen; Covid-19-Pandemie und die Impfstoffentwicklung als inhaltlicher Schwerpunkt.

3. Mikrocontroller – Kleine, unsichtbare Helfer Regelung, Kontrolle und Programmierung von Mikrocontrollern anhand der Arduino-Platine; interaktive Software.

4. Meeresbiologie – Erforschung einer eigenen Welt Experimente zum Ökosystem Meer; Auswirkungen des Klimawandels und anthropogener Einflüsse.

5. Bionik – Die Natur als Vorbild Handlungsorientierte Auseinandersetzung mit Phänomenen aus der Natur und Übertragung auf die Technik.

6. Lernen durch Bewegung – Wenn Bewegung schlau macht Theoretische Einbettung zum Gehirn und den exekutiven Funktionen und sportpraktischen Phasen zum Training der exekutiven Funktionen.

7. Epigenetik Auseinandersetzung mit reduzierten Studien (in englischer Sprache) in Kleingruppen; Auswirkungen von Sport auf die menschliche DNS.

8. Sars Cov 2 Immunologie und Sars Corona-Virus 2; Erarbeitung anhand von (Fach-)Texten zum Infektionsgeschehen.

9. Enzymatik – Waschmittel optimal nutzen Videografierte Experimente zur Temperatur-, pH- und Konzentrationsabhängigkeit von Enzymen.

10. Fotosynthese Grundlagen als auch Transferwissen zur Übertragung der Erkenntnisse der Fotosynthese auf großtechnische Prozesse durch gefilmte Experimente.

3.2 Studiendesign

Die quantitative Studie wurde von Februar bis Juli 2021 zur Begleitung der zehn beschriebenen Online-Workshops im Schüler*innenlabor *Biologie-hautnah* eingesetzt. Die Durchführung der Workshops erfolgte dabei, je nach Absprache mit der betreuenden Lehrkraft, über die Plattformen *Zoom, Microsoft Teams* oder *BigBlueButton.* Dokumente und Arbeitsmaterialien wurden bereits einige Tage vor der Workshopdurchführung über den nichtkommerziellen Filehosting-Dienst *sciebo* zur Verfügung gestellt, um längere Wartezeiten durch eventuelle Downloads, Installationen von Programmen oder PDF-Readern und Überlastungen der Internetverbindungen zu vermeiden. Aufgrund des coronabedingten Distanzlernens nahmen die Schüler*innen in der Regel von zuhause aus am Workshop teil und waren daher einzeln in das Meeting eingeloggt. In ca. 95 % der Workshops waren auch die Lehrkräfte, die ihren Kurs bzw. ihre Klasse für den Workshop angemeldet hatten, durchgehend zur Begleitung anwesend. Durch die Workshops leiteten ein bis zwei wissenschaftliche Mitarbeiter*innen des Schüler*innenlabors *Biologie-hautnah,* welche im Vorfeld auch die Absprachen mit den Lehrkräften und die Planungen der individuellen Durchführung übernahmen.

3.3 Stichprobe

Insgesamt besuchten N = 1,426 Schüler*innen (60,4 % weiblich, 37,4 % männlich, 1,0 % divers, 1,1 % o. A.) der Jahrgangsstufen 9 bis Q2 in dem genannten Zeitraum einen der digitalen Workshops. Die meisten Schüler*innen besuchten ein Gymnasium (n = 982) oder eine Gesamtschule (n = 365; $n_{\text{Andere Schulform}} = 79$). Der Altersdurchschnitt der Schüler*innen lag bei $M = 16{,}09$ Jahren ($SD = 1{,}715$), wobei die jüngsten Schüler*innen zwölf und die ältesten Schüler*innen 20 Jahre alt waren (s. Abb. 2a). Ähnlich zum Alter der Teilnehmenden verhielt sich auch die Zuordnung zu den besuchten Jahrgangsstufen (s. Abb. 2b).

In Bezug auf das besuchte Workshopkonzept (s. Abb. 3) zeigte sich eine leichte Überrepräsentation der Workshopformate *Wissensvermittlung durch Videos* (abgekürzt mit *Videos;* n = 460; 32,3 %) und *Simulationen* (n = 485; 34,0 %) im Gegensatz zu den Konzepten *Wissensvermittlung durch Texte* (abgekürzt mit *Text;* n = 198; 13,9 %) und *Anleitung zum forschenden Lernen* (abgekürzt mit *Forschendes Lernen;* n = 244; 17,1 %).

3.4 Testinstrument

Bei dem eingesetzten Testinstrument handelte es sich um einen quantitativen Fragebogen, welcher nach der Durchführung der Online-Workshops eingesetzt wurde, um u. a. die Selbsteinschätzung der Schüler*innen in Bezug auf den *cognitive load* zu quantifizieren. Das Testinstrument erfasste dabei neben personenbezogenen Daten u. a. auch die drei Formen des *cognitive load* nach Leppink et al. (2013) durch geschlossene Items auf einer sechsstufigen Ratingskala im Likert-Typ von 1 bis 6 (1 = trifft gar nicht zu; 6 = trifft voll zu). Außerdem wurden weitere Konstrukte zur Selbsteinschätzung erhoben, wie beispielsweise die *Usability* nach Brooke (1996), die *Prozessmerkmale des gemäßigten Konstruktivismus* nach Basten et al. (2015) und das *aufgabenbezogene situationale Interesse* nach *Ferdinand* (2014). Eine ausführlichere Darstellung der für die vorliegende Forschung relevanten Konstrukte kann der Tab. 2 entnommen werden:

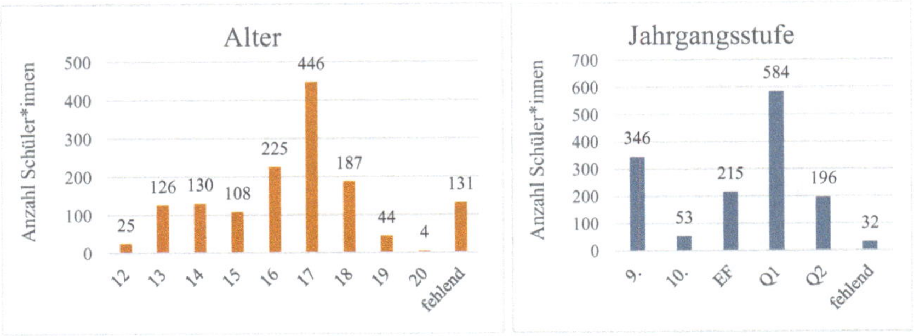

Abb. 2 (a) Alter und (b) besuchte Schuljahrgangsstufe der teilnehmenden Schüler*innen. (*Anmerkungen.* EF = Einführungsphase; Q1 = erstes Jahr der Qualifikationsphase; Q2 = zweites Jahr der Qualifikationsphase. In Abb. 2(b) ist sowohl die 10. Klasse als auch die EF aufgeführt. Während an Gymnasien die EF aufgrund der Kürzung der Schulbesuchszeit auf acht Jahre (G8) gleichzeitig das reguläre zehnte Schulbesuchsjahr beschreibt, existiert in anderen Schulformen weiterhin die 10. Klasse (auch an Gesamtschulen mit angeschlossener Oberstufe; G9))

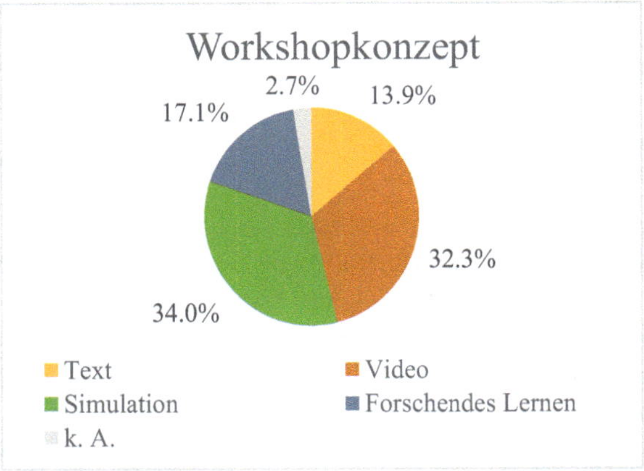

Abb. 3 Verteilung der teilnehmenden Schüler*innen auf die Workshopkonzepte (N = 1426)

Tab. 2 Überblick zu den für die Fragestellung des Beitrags relevanten Konstrukten des Fragebogens, zu den Autor*innen, zu der Anzahl der Items sowie zu den Cronbachs-α-Werten als Maß der inneren Konsistenz der Konstrukte

Autor*innen	Konstrukt	Itemanzahl	Beispielitem	α
Verändert nach Leppink et al. (2013)	Intrinsic load	2*	Der Online-Workshop umfasste naturwissenschaftliche Prozesse, die ich als sehr komplex empfand	,880
Verändert nach Leppink et al. (2013)	Extraneous load	2*	Die Anweisungen und Erklärungen in dem Online-Workshop waren in Bezug auf meinen Lernprozess sehr ineffektiv	,598
Verändert nach Leppink et al. (2013)	Germane load	4	Der Online-Workshop hat mein Verständnis über die behandelten Themen erweitert	,902

Anmerkungen. Die mit *-gekennzeichneten Konstrukte entsprechen in der Anzahl der Items nicht mehr der ursprünglichen Version, da es in den Items zu Überschneidungen mit der Usability nach Brooke (1996) kam. Daher wurden die Konstrukte *intrinsic load* und *extraneous load* um jeweils ein Item reduziert.

3.5 Auswertungsmethoden

Um die abhängigen Variablen (extrinisischer CL, intrisischer CL und germaner CL) in einer Analyse auf signifikante Unterschiede zwischen den Gruppen unter Berücksichtigung der gegenseitigen Wechselbeziehungen zu untersuchen, wurde eine multivariate Varianzanalyse (MANOVA) als statistische Methode (O'Brien und Kaiser 1985) gewählt. Diese ermöglicht die Analyse der simultanen Effekte mehrerer unabhängiger Variablen auf mehrere abhängigen Variable und stellt somit eine Erweiterung der ANOVA dar (Stevens 2002; Warne 2014; Zientek und Thompson 2009).

MANOVA haben eine erhöhte statistische Power und die Möglichkeit, komplexe Beziehungen innerhalb von Datensätzen zu untersuchen, was besonders im Hinblick auf die Auseinandersetzung mit latenten Variablen, die nicht direkt beobachtbar sind, vorzuziehen ist (Haase und Ellis 1987; Huberty und Morris 1989; Warne 2014). Darüber hinaus wird durch die MANOVA der Alphafehler bereits berücksichtigt und kontrolliert, was durch den Einsatz mehrerer ANOVA nachträglich erfolgen muss (Fish 1988; Haase und Ellis 1987; Huberty und Morris 1989).

4 Ergebnisse

4.1 Voraussetzungen

Vor der Durchführung der MANOVA wurden die grundlegenden Voraussetzungen überprüft. Die Unabhängigkeit der Messungen war erfüllt, da die Schüler*innen unabhängigen Gruppen zugeordnet wurden. Die abhängigen Variablen erfüllten die Anforderung, mindestens intervallskaliert zu sein, was für die mathematischen Operationen der MANOVA eine Voraussetzung darstellt. Die unabhängigen Variablen waren nominalskaliert und unabhängig voneinander. Die Einteilung erfolgte dabei sowohl auf natürliche (Geschlecht) als auch künstliche (Workshopkonzept, Jahrgangsstufe, Schulform) Weise.

Die Normalverteilungsannahme wurde aufgrund der großen Gesamtstichprobe ($N = 1426$) angenommen, da jede Gruppe der unabhängigen Variable ausreichend groß war. Die Linearitätsprüfung zeigte jedoch durch Punktewolken keine klaren Linearitäten zwischen den abhängigen Variablen. Trotzdem wurde die MANOVA durchgeführt, obwohl dies die statistische Power der MANOVA senkt.

Darüber hinaus wurde festgestellt, dass keine Multikollinearität vorlag, da die Korrelationen zwischen den abhängigen Variablen moderat waren ($p <$,001; $r =$,355 bis ,239). Hinsichtlich der Homoskedastizität zeigten die Levene-Tests, dass die Homogenität der Fehlervarianzen für die Variablen *intrinsischer CL* ($p =$,073) und *germaner CL* ($p =$,601) gegeben war, nicht aber für den *extrinsischen CL* ($p =$,003). Die Homogenität der Varianz-Kovarianz-Matrizen wurde durch den Box's M-Test geprüft. Da die Power des Box-Tests stark von der Fallanzahl (und dem Vorhandensein normalverteilter Daten) abhängt, wird der Box-Test schneller signifikant, umso mehr Fälle vorhanden sind. Einige Autor*innen empfehlen daher, den Box-Test nicht auf einem Signifikanzlevel von p < ,05 zu prüfen, sondern auf $p <$,025 oder$p <$,01 (Mertler 2004) bzw. p < ,001 (Verma 2015; Warner 2012). In der vorliegenden Studie war der Box's M-Test signifikant (M(276, 14,501,062) = 394,564; $p =$,005), konnte aber angesichts der großen Stichprobe als robust angesehen werden (Ateş et al. 2019).

Die multivariate Normalverteilung konnte nicht direkt getestet werden, wurde jedoch durch die Prüfung der univariaten Verteilungen für jede Gruppe der unabhängigen Variablen eingeschätzt. Darüber hinaus wurden 15 multivariate Ausreißer anhand der Mahalanobis-Distanz identifiziert (höchster Wert = 19,504, Cut-Off-Wert = 16,266) und vor der MANOVA-Analyse ausgeschlossen, um Verzerrungen der Ergebnisse zu vermeiden.

4.2 Ergebnisse der multivariaten Varianzanalyse ohne Messwiederholung

Die einfaktorielle MANOVA zeigte keinen statistisch signifikanten Unterschied zwischen den Workshopkonzepten für die kombinierten abhängigen Variablen, $F(9, 3052{,}057) = 1{,}711$, $p = {,}081$, partielles $\eta 2 = {,}004$, Wilk's $\Lambda = {,}988$. Darüber hinaus konnte ebenfalls kein signifikanter Unterschied zwischen den Geschlechtern ($F(9, 3052{,}057) = 1{,}380$, $p = {,}191$, partielles $\eta 2 = {,}003$, Wilk's $\Lambda = {,}990$), den Jahrgangsstufen ($F(15, 3462{,}143) = {,}909$, $p = {,}553$, partielles $\eta 2 = {,}004$, Wilk's $\Lambda = {,}989$) sowie den Schulformen ($F(12, 3318{,}064) = 1{,}338$, $p = {,}189$, partielles $\eta 2 = {,}004$, Wilk's $\Lambda = {,}987$) in Bezug auf die abhängigen Variablen festgestellt werden (s. Tab. 3).

5 Diskussion

Aus den Ergebnissen dieser Pilotstudie geht hervor, dass sich die unterschiedlichen Formen des *cognitive load* nach Sweller (1988, 2005a, 2005b) nicht durch die Workshopform, jedoch auch nicht durch das Geschlecht, die Jahrgangsstufe oder die Schulform begründen lassen (s. Tab. 3). Dies könnte darauf hinweisen, dass andere Faktoren (wie z. B. die Workshopinhalte), welche in diesem Beitrag nicht berücksichtigt wurden, im Vergleich einen stärkeren Einfluss auf die kognitive Belastung der Schüler*innen hatten. Durch die Daten der Studie lässt sich allerdings nicht schlussfolgern, ob es sich bei dem Einsatz der unterschiedlichen Workshopkonzepte und eine hohe kognitive Belastung und somit eine hohe Belastung des Arbeitsgedächtnisses der Schüler*innen handelt oder nicht, da keine aussagekräftige Kontrollgruppe in Bezug auf diesen Vergleich gebildet werden kann.

Es bleibt zu diskutieren, inwiefern die drei Formen der kognitiven Belastung (Merriënboer und Sweller 2005) durch das vorliegende Studiendesign und die Workshopsettings tatsächlich abgebildet bzw. erhoben werden können, da allen Workshops das Prinzip des forschend-entdeckenden Lernens zugrunde liegt. Durch die Studie wird nicht beleuchtet, inwiefern dieses Prinzip Einfluss auf die gesamte kognitive Belastung der Schüler*innen nimmt und es durch das aktive Erforschen naturwissenschaftlicher Phänomene und Fragestellungen zu einer globalen Einwirkung auf den *cognitive load* kommt. Somit können in dem vorliegenden Setting nicht durchgehend Aspekte im Aufbau, dem verwendeten Material und den ausgewählten Methoden trennscharf den drei Formen der kognitiven Belastung zugeordnet werden, wie es in Abb. 1 dargestellt wurde.

Tab. 3 Ergebnisse zu den multivariaten Tests zur Auswertung der MANOVA

Multivariate Tests							
Effekt		Wert	F	Hypothese df	Fehler df	p	Partielles η^2
Konstanter Term	Wilk's Λ	0,387	662,831	3,000	1254,000	0,000	0,613
Geschl	Wilk's Λ	0,990	1,380	9,000	3052,057	0,191	0,003
Jgst	Wilk's Λ	0,989	0,909	15,000	3462,143	0,553	0,004
Schulf	Wilk's Λ	0,987	1,338	12,000	3318,064	0,189	0,004
Wksf	Wilk's Λ	0,988	1,711	9,000	3052,057	0,081	0,004
Geschl.*Jgst	Wilk's Λ	0,981	0,870	27,000	3662,969	0,658	0,006
Geschl.*-Schulf	Wilk's Λ	0,986	1,004	18,000	3547,333	0,451	0,005
Geschl.*Wksf	Wilk's Λ	0,988	0,714	21,000	3601,361	0,823	0,004
Jgst.*Schulf	Wilk's Λ	0,986	0,973	18,000	3547,333	0,489	0,005
Jgst.*Wksf	Wilk's Λ	0,984	0,978	21,000	3601,361	0,487	0,005
Schulf.*Wksf	Wilk's Λ	0,988	0,989	15,000	3462,143	0,464	0,004
Geschl.*-Jgst.*Schulf	Wilk's Λ	0,995	0,681	9,000	3052,057	0,727	0,002
Geschl.*-Jgst.*Wksf	Wilk's Λ	0,989	1,150	12,000	3318,064	0,315	0,004
Geschl.*-Schulf.*Wksf	Wilk's Λ	0,987	1,074	15,000	3462,143	0,375	0,004
Jgst.*-Schulf.*Wksf	Wilk's Λ	0,995	1,061	6,000	2508,000	0,384	0,003
Geschl.*-Jgst.*Schulf.*Wksf	Wilk's Λ	0,997	1,090	3,000	1254,000	0,352	0,003

Anmerkungen: Es handelt sich um den gekürzten SPSS-Auszug. Geschl. = Geschlecht; Jgst. = Jahrgangsstufe; Schulf. = Schulform; Wksf. = Workshopformen.

Obwohl der vorliegenden Studie mit einer Größe von $N = 1426$ Schüler*innen eine ausreichend große Stichprobe zugrunde liegt, muss aus unterschiedlichen Gründen die verallgemeinerbare Aussagekraft der Studie kritisch beleuchtet werden. Im Studiendesign erfolgte ein horizontaler Vergleich der unterschiedlichen Workshopkonzepte im Hinblick auf den *cognitive load* der teilnehmenden Schüler*innen. Aufgrund der zeitlichen Begrenztheit der Workshops und der während der Coronapandemie stark reduzierten Kontaktzeit der Lehrkräfte mit den Schüler*innen war eine zusätzliche Prä-Erhebung nicht möglich, um beispielsweise einen Vergleich des *cognitive load* im Regelunterricht und im Workshop miteinander zu vergleichen. Es bleibt zu diskutieren, inwiefern eine Prä-Erhebung den tatsächlichen Regelunterricht abgebildet hätte, der nicht durch die pandemiebedingten Einschränkungen beeinflusst worden wäre und somit keinen validen Prä-Post-Vergleich zugelassen hätte. Darüber hinaus fand aufgrund der Dringlichkeit von digitalen Workshopangeboten keine Entwicklung von Kontrollworkshops statt. Um generalisierbare Aussagen über den *cognitive load* treffen zu können, hätten zu jedem Thema vier Workshops mit jeweils einem unterschiedlichen Konzept entwickelt werden müssen, um eine höhere Vergleichbarkeit zu schaffen. So ist uneindeutig, ob sich das Workshopkonzept und der vermittelte Inhalt gemeinsam auf den *cognitive load* der Schüler*innen auswirken. In Bezug auf das gewählte statistische Verfahren zeigte die Vorprüfung der MANOVA, dass nicht alle Voraussetzungen zur Durchführung erfüllt waren. Obwohl es sich bei der MANOVA um ein relativ robustes Verfahren gegenüber Verletzungen der Voraussetzungen handelt (Ateş et al. 2019), wird durch die Missachtung die statistische Power und somit die allgemeine Aussagekraft der Studie reduziert. Darüber hinaus kann das gewählte Messinstrument zur Erfassung des *cognitive load* der Schüler*innen und die Reduzierung der Items kritisch hinterfragt werden. Da sich nach der CLT die drei Formen kognitiver Belastung zu einer Gesamtbelastung aufsummieren (Chandler und Sweller 1991; Merriënboer und Sweller 2005), könnte auch das Gesamtkonstrukt erhoben werden. Dies könnte in der Analyse der Daten andere statistische Verfahren erfordern und in Bezug auf die Voraussetzungen eine höhere Zustimmung erzielen.

6 Fazit und Ausblick

Insgesamt lässt sich im Hinblick auf die eingangs aufgestellte Fragestellung festhalten, dass unterschiedliche Workshopkonzepte am außerschulischen Lernort keinen messbaren Einfluss auf den *cognitive load* zu haben scheinen und dass die unterschiedlichen Workshopkonzepte keinen geeigneten Parameter darzustellen scheinen, um die kognitive Belastung von Schüler*innen zu erheben. Wie in der Diskussion jedoch angedeutet, benötigt es für eine generalisierbare Aussage dazu die Implementierung unterschiedlicher Kontrollgruppen in das Studiendesign, um entsprechende Vergleiche genauer betrachten zu können. Dazu könnten in weiteren Studien die digitalen Workshopkonzepte hinsichtlich ergänzender Parameter auf Unterschiede hin untersucht werden, wie beispielsweise die Prozessmerkmale des gemäßigten Konstruktivismus, das Interesse oder die Bedienbarkeit der digitalen Workshopangebote. Außerdem ist nun nach Ende der pandemiebedingten Einschränkungen auch der systematische Vergleich zwischen Lernen am außerschulischen Lernort und im Regelunterricht möglich. Darüber hinaus bleibt zu untersuchen, wie sich unter anderem der *cognitive load* der Schüler*innen im Vergleich von digitalem Workshopformat und Workshop in Präsenz zum gleichen Lerninhalt verhält.

Literatur

Anders, Y., & Roßbach, H. (2013). Frühkindliche Bildungsforschung in Deutschland. In M. Stamm & D. Edelmann (Hrsg.), *Handbuch frühkindliche Bildungsforschung* (S. 183–196). Springer VS. https://doi.org/10.1007/978-3-531-19066-2_13

Anger, S., Christoph, B., Hörl, T., Leschnig, L., Margaryan, S., Peter, F., Sandner, M., Schubert, A., & Siedler, T. (2021). *Distanzunterricht in der Covid-19-Pandemie: Wer häufig Kontakt zu seiner Lehrkraft hat, lernt mehr für die Schule*. https://www.iab-forum.de/distanzunterricht-in-der-covid-19-pandemie-wer-haeufig-kontakt-zu-seiner-lehrkraft-hat-lernt-mehr-fuer-die-schule/

Ateş, C., Kaymaz, Ö., Kale, H. E., & Tekindal, M. A. (2019). Comparison of Test Statistics of Nonnormal and Unbalanced Samples for Multivariate Analysis of Variance in terms of Type-I Error Rates. *Computational and Mathematical Methods in Medicine*, 2019, 1-8. https://doi.org/10.1155/2019/2173638

Baar, R., & Schönknecht, G. (2018). *Außerschulische Lernorte: didaktische und methodische Grundlagen*. Beltz Verlag.

Betz, A. (2018). Der Einfluss der Lernumgebung auf die (wahrgenommene) Authentizität der linguistischen Wissenschaftsvermittlung und das Situationale Interesse von Lernenden. *Unterrichtswissenschaft, 46*, 261–278. https://doi.org/10.1007/s42010-018-0021-0.

Beyer, L., Gorr, C., Kather, C., Komorek, M., Röben, P., & Selle, S. (2020). Außerschulische Lernorte und die Weiterentwicklung der Bildungslandschaft. In L. Beyer, C. Gorr, C. Kather, M. Komorek, P. Röben & S. Selle (Hrsg.), *Orte und Prozesse außerschulischen Lernens erforschen und weiterentwickeln. Tagungsband zur 6. Tagung Außerschulischer Lernorte an der Carl von Ossietzky Universität Oldenburg vom 29.-31. August 2018* (S. 11–22). LIT Verlag.

Brade, J., & Dühlmeier, B. (2022). Lehren und Lernen an außerschulischen Lernorten. In J. Kahlert, M. Fölling-Albers, M. Götz, A. Hartinger, S. Miller & S. Wittkowske (Hrsg.), *Handbuch Didaktik des Sachunterrichts* (S. 455–462). Verlag Julius Klinkhardt.

Brünken, R., Plass, J. L., & Leutner, D. (2004). Assessment of cognitive load in multimedia learning with dual-task methodology: Auditory load and modality effects. *Instructional Science, 32*, 115–132. https://doi.org/10.1023/B:TRUC.0000021812.96911.c5

Burk, K., Rauterberg, M., & Schönknecht, G. (Hrsg.) (2008). *Schule außerhalb der Schule. Lehren und Lernen an außerschulischen Orten*. Grundschulverband.

Chandler, P., & Sweller, J. (1991). Cognitive load theory and the format of instruction. *Cognition and Instruction, 8*(4), 293–332.

Cowan, N. (2001). The magical number 4 in short-term memory: A reconsideration of mental storage capacity. *Behavioral & Brain Sciences, 24*(1), 87–114. https://doi.org/10.1017/s0140525x01003922

Dühlmeier, B. (2014). Grundlagen außerschulischen Lernens. In B. Dühlmeier (Hrsg.), *Außerschulische Lernorte in der Grundschule: Neun Beispiele für den fächerübergreifenden Sachunterricht* (S. 6–50). Schneider.

Edelson, D. C., Gordin, D. N., & Pea, R. D. (1999). Addressing the Challenges of Inquiry-Based Learning Through Technology and Curriculum Design. *Journal of the Learning Sciences, 8*(3-4), 391–450. https://doi.org/10.1080/10508406.1999.9672075

Erhorn, J., & Schwier, J. (2016). Außerschulische Lernorte. Eine Einleitung. In J. Erhorn & H. Schwier (Hrsg.), *Pädagogik außerschulischer Lernorte. Eine interdisziplinäre Annäherung* (S. 7–14). transcript Verlag.

Favre, P., & Metzger, S. (2013). Außerschulische Lernorte nutzen. In P. Labudde (Hrsg.), *Fachdidaktik Naturwissenschaften: 1.-9. Schuljahr* (S. 165–180). Haupt.

Fish, L. J. (1988). Why multivariate methods are usually vital. *Measurement and Evaluation in Counseling and Development, 21*, 130–137.

Flügel, A. (2022). Digitale Angebote am außerschulischen Lernort NS-Gedenkstätte. *widerstreit sachunterricht, 26*, 3.

Gerjets, P., Scheiter, K., Opfermann, M., Hesse, F. W., & Eysink, T. H. S. (2009). Learning with hypermedia: The influence of representational formats and different levels of learner control on performance and learning behavior. *Computers in Human Behavior, 25*(2), 360-370. https://doi.org/10.1016/j.chb.2008.12.015

Glowinski, I. (2007). *Schülerlabore im Themenbereich Molekularbiologie als Interesse fördernde Lernumgebungen*. Dissertation. Christian-Albrechts-Universität zu Kiel.

Gold, A., & Dubowy, M. (2013). *Frühe Bildung. Lernförderung im Elementarbereich*. W. Kohlhammer.

Guderian, P. (2007). *Wirksamkeitsanalyse außerschulischer Lernorte: Der Einfluss mehrmaliger Besuche eines Schülerlabors auf die Entwicklung des Interesses an Physik*. Dissertation. Humboldt-Universität zu Berlin. https://doi.org/10.18452/15610

Haase, R. F., & Ellis, M. V. (1987). Multivariate analysis of variance. *Journal of Counseling Psychology, 34*, 404–413. https://doi.org/10.1037/0022-0167.34.4.404

Haupt, O. J., Domjahn, J., Martin, U., Skiebe-Corrette, P., Vorst, S., Zehren, W., & Hempelmann, R. (2013). Schülerlabor - Begriffsschärfung und Kategorisierung. *MNU Journal, 66*(6), 324–330.

Helm, C., Huber, S., & Loisinger, T. (2021). Was wissen wir über schulische Lehr-Lern-Prozesse im Distanzunterricht während der Corona-Pandemie? – Evidenz aus Deutschland, Österreich und der Schweiz. *Zeitschrift für Erziehungswissenschaft, 24*, 237–311.

Hofstein, A., & Mamlok-Naaman, R. (2007). The laboratory in science education: the state of the art. *Chemistry Education Research and Practice, 8*(2), 105–107. https://doi.org/10.1039/B7RP90003A

Huberty, C. J., & Morris, J. D. (1989). Multivariate analysis versus multiple univariate analyses. *Psychological Bulletin, 105*, 302–308. https://doi.org/10.1037/0033-2909.105.2.302

Huwer, J. (2015). *Nachhaltigkeit und Chemie im Schülerlabor. Forschendes Experimentieren im Kontext einer naturwissenschaftlich-technischen Umweltbildung*. Dissertation. Universität des Saarlandes.

Itzek-Greulich, H., & Vollmer, C. (2018). Quantitative Forschung zur Authentizität der Wissenschaftsvermittlung im Schülerlabor. Ein Diskussionsbeitrag. *Unterrichtswissenschaft, 46*, 321–326. https://doi.org/10.1007/s42010-018-0023-y

Karpa, D., Lübbecke, G., & Adam, B. (2015). Zur Einführung. In D. Karpa, G. Lübbecke & B. Adam (Hrsg.), *Außerschulische Lernorte. Theorie, Praxis und Erforschung außerschulischer Lerngelegenheiten* (S. 7–10). Prolog Verlag.

Keller, J., Schmidt, V., Fiene, C., & Siegmund, A. (2023). Innovative digitale Angebote zur Komplementierung der außerschulischen Lernorte GIS-Station und Geco-Lab. *heiEDUCATION, 2023*(3), 169–182. https://doi.org/10.17885/heiup.heied.2023.11.24884

Klees, G., & Tillmann, A. (2015). Design-Based Research als Forschungsansatz in der Fachdidaktik Biologie. *Journal für Didaktik der Biowissenschaften, 6*, 91–110.

Kultusministerkonferenz (KMK) (2009). Empfehlung der Kultusministerkonferenz zur Stärkung der mathematisch-informatisch-naturwissenschaft-technischen Bildung. Beschluss der KMK vom 07.05.2009. Verfügbar unter: https://www.kmk.org/fileadmin/veroeffentlichungen_beschluesse/2009/2009_05_07-Empf-MINT.pdf

Kubi, M., Wenzel, V., Roßmanith, E., & Weiser, M. (2022). Museen und Zoos zu Hause erleben? *Biologie in unserer Zeit, 52*(1), 27–28. https://doi.org/10.11576/biuz-5190

Kuske-Janßen, W., Niethammer, M., Pospiech, G., Wieser, D., Wils, J.-T., & Wilsdorf, R. (2020). Außerschulische Lernorte – theoretische Grundlagen und Forschungsstand. In G. Pospiech, M. Niethammer, D. Wieser & F.-M. Kuhlemann (Hrsg.), *Begegnungen mit der Wirklichkeit. Chancen für fächerübergreifendes Lernen an außerschulischen Lernorten* (S. 21–49). hep.

Lehmann-Wermser, A., & Konrad, U. (2016). Design-Based Research als eine der Praxis verpflichtete, theoretisch fundierte Methode der Unterrichtsforschung und -entwicklung. Methodologische Grundlagen, dargestellt am Beispiel eines Forschungsprojekts im Bandklassen-Unterricht. In J. Knigge & A. Niessen (Hrsg.), *Musikpädagogik und Erziehungswissenschaft* (S. 265–280). Waxmann.

LernortLabor (Hrsg.) (2024). *Schülerlabor-Atlas*. Verfügbar unter: https://www.schuelerlabor-atlas.de/home

Mertler, C. A. (2004). *Advanced and Multivariate Statistical Methods: Practical Application and Interpretation*. Pyrczak Publishing.

mpfs (Hrsg.) (2017). JIM-Studie 2017. Jugend, Information, (Multi-)Media. Verfügbar unter: https://www.mpfs.de/studien/jim-studie/2017/

mpfs (Hrsg.) (2020). JIM-Studie 2020. Jugend, Information, Medien. Verfügbar unter: https://www.mpfs.de/studien/jim-studie/2020/

O'Brien, R. G., & Kaiser, M. K. (1985). MANOVA method of analyzing repeated measures designs: An extensive primer. *Psychological Bulletin, 97*, 316–333. https://doi.org/10.1037/0033-2909.97.2.316

Panhorst, M., & Buschmann, J.-K. (2021). Online-Lernen im Schülerlabor. Der Online-Workshop „Evolution von Coronaviren". *BU praktisch, 4*(2), 2.

Pawek, C. (2009). *Schülerlabore als interessefördernde außerschulische Lernumgebungen für Schülerinnen und Schüler aus der Mittel- und Oberstufe*. Dissertation. Christian-Albrechts-Universität zu Kiel. Verfügbar unter: https://macau.uni-kiel.de/receive/diss_mods_00003669

Rennie, L. J. (2014). Learning Science Outside of School. In N. G. Lederman & S. K. Abell (Hrsg.), *Handbook of research on science education* (S. 120–144). Routledge.

Rey, G. D. (2009). *E-Learning. Theorien, Gestaltungsempfehlungen und Forschung*. Huber.

Rey, G.D., & Nieding, G. (2010). Arbeitsgedächtnis und Cognitive Load. In H.-P. Trolldenier, W. Lenhard & P. Marx (Hrsg.), *Brennpunkte der Gedächtnisforschung. Entwicklungs- und pädagogisch-psychologische Perspektiven* (S. 67–85). Hogrefe.

Röllke, K. (2019). *Was kann ein Schülerlabor leisten? Konzeptionierung des Schülerlabors teutolab-biotechnologie als Lehr-Lern-Labor mit Angeboten zur Breiten- und zur Begabtenförderung von Schülerinnen und Schülern.* Dissertation. Universität Bielefeld. https://doi.org/10.4119/unibi/2935577

Romanik, M., & Wegner, C. (2024). *Auswirkungen außerschulischer Lernortbesuche auf Schüler*innen: Ein systematisches Literaturreview für MINT-Fächer.* Eingereicht.

Sauerborn, P., & Brühne, T. (2012). *Didaktik des außerschulischen Lernens*. Schneider Verlag.

Schäfers, M. S. (2023). *Entwicklung und Pilotierung eines naturwissenschaftlichen Begabungstests für den Elementarbereich. „Ich glaub', ich denk jetzt einfach mal!"*. Dissertation. Universität Bielefeld. https://doi.org/10.4119/unibi/2983790

Schäfers, M. S., Schmiedebach, M., & Wegner, C. (2020). Virtuelle Labore im Biologieunterricht. Auswirkungen von Labster auf die Selbsteinschätzung von Schülerinnen und Schülern. *Zeitschrift MedienPädagogik* (Occasional Papers), 140–167. https://doi.org/10.21240/mpaed/00/2020.08.31.X

Schäfers, M. S., & Wegner, C. (2020). Long-term effects of the enrichment program „Kolumbus-Kids". *Journal of Gifted Education and Creativity*, 7(2), 73-82.

Schäfers, M.S., & Wegner, C. (2021). Design-Based Research in der Hochbegabungsforschung. Ein multiperspektivischer Problemloser?! *Labyrinth, 44*(2), 30–31.

Schmidt, S., Stiller, C., & Wilde, M. (2019). Hilfen beim Experimentieren. Auswirkungen unterschiedlicher Arten der Unterstützung auf den extraneous Cognitive Load. *Erkenntnisweg Biologiedidaktik, 2019*, 9–23.

Schmiedebach, M., & Wegner, C. (2021). Design-Based Research als Ansatz zur Lösung praxisrelevanter Probleme in der fachdidaktischen Forschung. *bildungsforschung, 19*(2), 11.

Seufert, T., Jänen, I., & Brünken, R. (2007). The impact of intrinsic cognitive load on the effectiveness of graphical help for coherence formation. *Computers in Human Behavior, 23*(3), 1055–1071. https://doi.org/10.1016/j.chb.2006.10.002

Shavelson, R.J., Phillips, D.C., Towne, L., & Feuer, M.J. (2003). On the science of education design studies. *Educational Researcher, 32*(1), 25–28. https://doi.org/10.3102/0013189X032001025

Sitter, K. (2019). Geometrische Körper an inner- und außerschulischen Lernorten. Der Einfluss des Protokollierens auf eine sichere Begriffsbildung. Springer Fachmedien. https://doi.org/10.1007/978-3-658-27999-8

Skulmowski, A., & Rey, G. D. (2020). Subjective cognitive load surveys lead to divergent results for interactive learning media. *Human Behavior and Emerging Technologies, 2*(2), 149–157. https://doi.org/10.1002/hbe2.184

Smith, E. R., & Queller, S. (2004). Mental representations. In M. B. Brewer & M. Hewstone (Hrsg.), *Social cognition* (S. 5–27). Blackwell Publishing.

Stevens, J. P. (2002). *Applied multivariate statistics for the social sciences*. Lawrence Erlbaum Associates.

Sweller, J. (1988). Cognitive load during problem solving: Effects on learning. *Cognitive Science, 12*(2), 257–285. https://doi.org/10.1207/s15516709cog1202_4

Sweller, J. (1994). Cognitive load theory, learning difficulty and instructional design. *Learning and Instruction, 4*(4), 295–312. https://doi.org/10.1016/0959-4752(94)90003-5
Sweller, J. (2005a). Implications of cognitive load theory for multimedia learning. In R. E. Mayer (Hrsg.), *The Cambridge Handbook of Multimedia Learning* (S. 19–30). Cambridge University Press. https://doi.org/10.1017/CBO9780511816819.003
Sweller, J. (2005b). The redundancy principle in multimedia learning. In R. E. Mayer (Hrsg.), *The Cambridge Handbook of Multimedia Learning* (S. 159–167). Cambridge University Press. https://doi.org/10.1017/CBO9781139547369.013
Sweller, J., & Chandler, P. (1994). Why some material is difficult to learn. *Cognition and Instruction, 12*(3), 185–233. https://doi.org/10.1207/s1532690xci1203_1
Sweller, J., van Merriënboer, J. J. G., & Paas, F. (1998). Cognitive architecture and instructional design. *Educational Psychology Review, 10*, 251–295. https://doi.org/10.1023/A:1022193728205
Thomas, B. (2009). Lernorte außerhalb der Schule. In K.-H. Arnold, U. Sandfuchs & J. Wiechmann (Hrsg.), *Handbuch Unterricht* (S. 283–287). Julius Klinkhardt Verlag.
Thompson, N., & McGill, T. J. (2008). Multimedia and cognition: Examining the effect of applying cognitive principles to the design of instructional materials. *Journal of Educational Computing Research, 39*(2), 143–159. https://doi.org/10.2190/EC.39.2.c
Van Merriënboer, J.J.G., & Sweller, J. (2005). Cognitive Load Theory and Complex Learning. Recent Developments and Future Directions. *Educational Psychology Review, 17*(2), 147–177. https://doi.org/10.1007/s10648-005-3951-0
Verma, J. P. (2015). *Repeated Measures Design for Empirical Researchers*. Wiley.
Warne, R. (2014). A Primer on Multivariate Analysis of Variance (MANOVA) for Behavioral Scientists. *Practical Assessment, Research & Evaluation, 19*(17). https://doi.org/10.7275/sm63-7h70
Warner, R. M. (2012). *Applied Statistics: From Bivariate Through Multivariate Techniques*. Sage Publications Ltd.
Wegner, C. (2009). *Entwicklung und Evaluation des Projektes "Kolumbus-Kids" zur Förderung begabter SchülerInnen in den Naturwissenschaften*. Dissertation. Universität Bielefeld.
Wegner, C., Schäfers, M. S., & Wiese, I. (2019). OZHB – Neuigkeiten im Bereich der Hochbegabungsforschung an der Universität Bielefeld. *ABB-Information. Jahresheft, 2018*, 101–110.
Wegner, C., Zehne, C., Wiese, I., & Schäfers, M. S. (2020). Introducing a Concept for Supporting Scientifically Gifted Students - the Osthushenrich-Center for Giftedness Research (OZHB) at the Department of Biology at Bielefeld University, Germany. *Journal of Gifted Education and Creativity, 7*(1), 13–19.
Zander, S. (2010). *Motivationale Lernervoraussetzungen in der Cognitive Load Theory. Zwei Studien zum Einfluss motivationaler Lernervoraussetzungen auf die kognitive Belastung beim Lernen mit unterschiedlichen Instruktionsdesigns*. Logos.
Zientek, L. R., & Thompson, B. (2009). Matrix summaries improve research reports: Secondary analyses using published literature. *Educational Researcher, 38*, 343–352. https://doi.org/10.3102/0013189X09339056

Wissenserwerb im Schüler*innenlabor – Vergleich zwischen einem Präsenz- und einem Onlinekurs zur Enzymkinetik

Annkathrin Wenzel, Kerstin Röllke und Norbert Grotjohann

1 Einleitung

In der heutigen Gesellschaft gilt eine mathematisch-naturwissenschaftliche Grundbildung als Grundvoraussetzung für eine erfolgreiche gesellschaftliche und berufliche Teilhabe (Kleine 2021). Dies wird durch die steigende Nachfrage an qualifizierten Wissenschaftler*innen und Beschäftigten im MINT-Bereich besonders deutlich. Jedoch ist bereits in vielen MINT-Berufsfeldern ein Fachkräftemangel erkennbar (Anger et al. 2024). Obwohl qualifizierter Nachwuchs in diesem Bereich gesucht wird, lässt sich ein negativer Trend in der Einstellung der Jugendlichen zu den MINT-Fächern erkennen (Gebhard et al. 2017; Schiepe-Tiska et al. 2016). Die Schüler*innen geben als Grund insbesondere eine fehlende Alltagsrelevanz an, weshalb die Inhalte von ihnen als zu schwierig wahrgenommen werden (Winkelmann et al. 2021). Zusätzlich zu den Einstellungen der Jugendlichen fehlen häufig auch die entsprechend notwendigen Kompetenzen. So weisen Lernstudien, wie die PISA-Studie, auf einen Optimierungsbedarf in Bezug auf die naturwissenschaftliche Grundbildung (scientific literacy) und die

A. Wenzel (✉)
Fachgebiet Sachunterricht, Universität Osnabrück, Osnabrück, Deutschland
E-Mail: annkathrin.wenzel@uni-osnabrueck.de

K. Röllke · N. Grotjohann
Biologiedidaktik, Universität Bielefeld, Bielefeld, Deutschland
E-Mail: kerstin.roellke@uni-bielefeld.de

N. Grotjohann
E-Mail: norbert.grotjohann@uni-bielefeld.de

A. Wenzel und T. Schmäing (Hrsg.), *Außerschulisches Lernen in der naturwissenschaftlichen Bildung*, https://doi.org/10.1007/978-3-658-50864-7_14

mathematische Grundbildung (mathematical literacy) hin (Klieme et al. 2010; Lewalter et al. 2023).

Um die mathematisch-naturwissenschaftliche Grundbildung zu fördern, wurden seit der Jahrtausendwende zahlreiche Schüler*innenlabore gegründet (Haupt et al. 2019). Diese mussten jedoch 2020 aufgrund der COVID-19-Pandemie vorübergehend schließen. Vielfach wurden daher Präsenzangebote in vergleichbare Onlineangebote umgewandelt und durchgeführt (Haupt & Stamer 2021). So auch der fächerübergreifende Kurs *Enzymkinetik von Lactase – Lactoseintoleranz verstehen und berechnen* vom teutolab-biotechnologie der Universität Bielefeld, welcher biologische und mathematische Inhalte verbindet.

Inwieweit die Onlineangebote die Präsenzangebote ersetzen oder eine Ergänzung darstellen können, wurde bis zum aktuellen Zeitpunkt jedoch wenig untersucht und bildet ein Forschungsdesiderat. Dabei könnte dieses auch nach der Öffnung der Schüler*innenlabore interessant für Schulen, die aufgrund lokaler Gegebenheiten nicht die Möglichkeit haben, ein Schüler*innenlabor zu besuchen, sein. Zudem könnten individuelle Angebote für Schüler*innen, die nicht regulär zur Schule gehen können, geschaffen werden, um ihnen einen authentischen Einblick in die MINT-Fächer zu ermöglichen. Das ist jedoch nur sinnvoll, wenn die Onlineangebote in ähnlichem Maße lernwirksam sind. Daher wird in der vorliegenden Studie der Wissenszuwachs in einem Onlineangebot mit dem Wissenszuwachs in einem Präsenzangebot am Beispiel des Themas *Enzymkinetik von Lactase – Lactoseintoleranz verstehen und berechnen* untersucht.

2 Theoretischer Hintergrund

2.1 Wissen

Wissen kann definiert werden als „die auf Daten, Informationen und Erfahrungen beruhende Gesamtheit der Kenntnisse und Fähigkeiten zur Lösung von Problemen“ (Wiswede 2004, S. 624). Es repräsentiert einen recht konstanten Gedächtnisinhalt (Gruber & Stamouli 2020) und lässt sich in deklaratives und prozedurales Wissen unterteilen (Renkl 2020).

Deklaratives Wissen ist das Fakten- und Zusammenhangswissen. Es wird auch als konzeptuelles Wissen bezeichnet, wenn ein tieferes Verständnis konstruiert wird. Prozedurales Wissen, auch bezeichnet als Handlungswissen, beschreibt Verfahren zur Konstruktion, Verknüpfung und Anwendung von (deklarativem) Wissen. Die Grenzen zwischen diesen beiden Ausprägungen sind nicht eindeutig, jedoch ist der Erwerb von deklarativem Faktenwissen eine Voraussetzung für Prozeduralisierungsprozesse (Renkl 2009, 2020). Zusätzlich können (Handlungs-) Fähigkeiten als praktisches Wissen bezeichnet werden. Dabei geht es darum, Tätigkeiten zu erlernen (Göhlich & Zirfas 2007).

Der Wissenserwerb (Lernzuwachs) gilt als die wichtigste Zieldimension von Bildung. Die Begriffe Wissenserwerb und Lernen werden dabei im Allgemeinen synonym verwendet (Renkl 2020). Wissen muss dafür aktiv und selbstgesteuert vom Lernenden konstruiert werden (Reinmann & Mandl 2006; Riemeier 2007). Das Wissen wird dementsprechend vom Individuum konstruiert, dazu werden neue Informationen und Erfahrungen anhand des Vorwissens interpretiert und mit diesem verknüpft, um Wissensstrukturen aufzubauen (Gerstenmaier & Mandl 1995). Vorhandene Vorstellungen werden kontinuierlich (aus-)differenziert oder umstrukturiert (Möller 2019). Somit ist Lernen ein individueller Prozess (Möller 2019), bei dem Denken und Verstehen eine entscheidende Rolle einnehmen (Göhlich & Zirfas 2007).

2.2 Cognitive Theory of Multimedia Learning

Im Kontext des Wissenserwerbs in multimedialen Lernumgebungen fokussieren zahlreiche Autor*innen (Horz 2020; Nieding et al. 2015; Niegemann et al. 2008; Trepte et al. 2021) die kognitionspsychologischen Auffassungen der *Cognitive Theory of Multimedia Learning (CTML)*. In dieser Theorie nach Mayer (2014, 2022) wird angenommen, dass das menschliche Arbeitsgedächtnis über zwei Kanäle für die Informationsverarbeitung verfügt. Ein Kanal verarbeitet visuell-räumliche Informationen, der andere auditiv-verbale Informationen (Mayer 2022). Die Menge der Informationen, die gleichzeitig auf jedem Kanal verarbeitet werden kann, ist dabei begrenzt. Einen Erklärungsansatz hierfür bietet die *Cognitive Load Theory (CLT)*. Im Rahmen dieser Theorie wird die kognitive Belastung in eine intrinsische, eine extrinsische und eine lernbezogene Belastung unterteilt (Sweller et al. 2011; Chandler & Sweller 1991). Die aufgenommenen Informationen müssen durch einen aktiven Prozess der Selektion, der Organisation und der Integration verarbeitet werden.

Durch eine Lenkung der Aufmerksamkeit auf die (subjektiv) relevanten Informationen wird eine Selektion der Informationen vorgenommen. Nur die ausgewählten Informationen (Wörter/Klänge & Bilder/visuelle Darstellungen) können anschließend im Arbeitsgedächtnis weiterverarbeitet werden. Die entsprechenden Informationen werden während der Organisationsphase im Arbeitsgedächtnis in zusammenhängende mentale Repräsentationen umgewandelt. Die neu erstellten mentalen Modelle werden mit bereits vorhandenem sowie dem relevanten

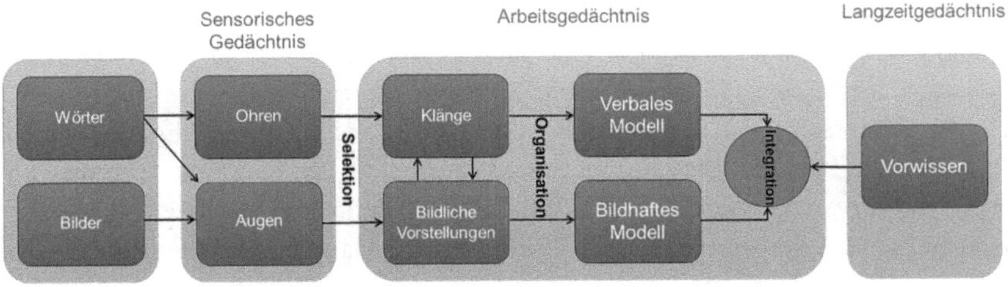

Abb. 1 Veranschaulichung des Zusammenhangs der Gedächtniskomponenten, kognitiven Prozesse und Repräsentationsformen in der *Cognitive Theory of Multimedia Learning* (CTML) (in Anlehnung an Mayer 2022)

Vorwissen verknüpft. Diese Integration ermöglicht eine Speicherung der neuen Informationen im Langzeitgedächtnis (Mayer 2014, 2022).

Die Zusammenhänge zwischen den Gedächtniskomponenten, kognitiven Prozessen und Repräsentationsformen sind in Abb. 1 dargestellt.

3 Forschungsfragen & Hypothesen

Während zahlreiche Studien positive motivationale sowie kognitive Effekte durch den Besuch eines Schüler*innenlabors nachweisen konnten (z. B. Itzek-Greulich & Vollmer 2017; Röllke 2019), gibt es erst wenige Studien, die sich mit Onlineangeboten (z. B. Wenzel 2022) oder mit einem Vergleich von Präsenz- und Onlineangeboten (z. B. Buschmann 2023) befassen. Dieses Forschungsdesiderat wird mit der folgenden Studie aufgegriffen. Sie vergleicht den Wissenserwerb der Schüler*innen, die am Präsenz- oder Onlineformat des Kurses *Enzymkinetik von Lactase – Lactoseintoleranz verstehen und berechnen* teilgenommen haben.

Dabei soll gemäß der theoretischen Herleitung die folgende Forschungsfrage betrachtet werden: *Welches Format des Kurses führt zu einem höheren Wissenserwerb?*

Zunächst soll geklärt werden, ob während des Kurses ein Wissenszuwachs erzielt wird. Dazu wird folgende Hypothese aufgestellt:

H1 *In beiden Formaten (Online und Präsenz) erzielen die Schüler*innen einen Wissenszuwachs in beiden Fachbereichen (Biologie und Mathematik).*

Da Prokop und Fančovičová (2017) einen höheren Wissenszuwachs durch praktische Arbeit im naturwissenschaftlichen Unterricht gegenüber einem Unterricht ohne praktische Aktivitäten nachweisen konnten, wird für den Wissenszuwachs im biologischen Bereich folgende Hypothese aufgestellt:

H2 *Im Fachbereich Biologie weisen die Schüler*innen des Präsenzangebotes einen größeren Wissenszuwachs auf als die Schüler*innen des Onlineangebots.*

Für den mathematischen Bereich konnten Mardiana et al. (2023) in ihrer Metaanlayse zeigen, dass konkrete Gegenstände, Labormaterial oder reale Beobachtungen im Labor die mathematischen Lernergebnisse steigern können. Daher wird auch hier folgende Hypothese aufgestellt:

H3 *Im Fachbereich Mathematik weisen die Schüler*innen des Präsenzangebotes einen größeren Wissenszuwachs auf als die Schüler*innen des Onlineangebotes.*

4 Material & Methode

4.1 Beschreibung der Kursformate

Der Kurs *Enzymkinetik von Lactase – Lactoseintoleranz verstehen und berechnen* befasst sich mit der Enzymkinetik der β-Galactosidase. Im Fokus stehen dabei die photometrische Untersuchung der Aktivität des Enzyms in Abhängigkeit von der Substratkonzentration und die Auswertung der experimentell gewonnenen Daten. Diese werden mit mathematischen Methoden und Werkzeugen analysiert. Das Ziel des Angebotes ist es, den Schüler*innen Stoffwechselvorgänge zu veranschaulichen und begreifbar zu machen. Dabei richtet sich der Kurs an Schüler*innen in der Einführungsphase der gymnasialen Oberstufe. Die allgemeine Struktur und die Inhalte der beiden Varianten wurden möglichst einheitlich gestaltet. Zudem wurde auch darauf geachtet, konstante Betreuer*innen beizubehalten, um einen Betreuer*inneneffekt ausschließen zu können.

Beide Varianten des Kurses starten mit einer gemeinsamen Begrüßung und organisatorischen Details. Bei dem Präsenzangebot findet dieses in den Räumlichkeiten des Schüler*innenlabors statt, bei dem Onlineangebot erfolgte die Kommunikation über das Videokonferenztool Zoom. Nach der Begrüßung wird das Thema des Kurses und die Forschungsfrage: „Wie lange brauchen die Enzyme im menschlichen Körper, um die Lactose aus einem Glas Milch abzubauen?“ vorgestellt. Diese wird am Ende des Kurses beantwortet und kritisch reflektiert.

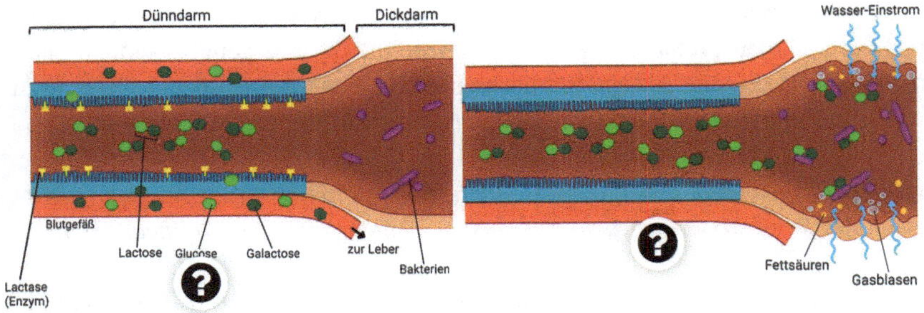

Abb. 2 Imagehotspot: Unterschied zwischen Lactoseverstoffwechselung bei lactosetoleranten (links) und lactoseintoleranten (rechts) Menschen (teutolab-biotechnologie)

Im Präsenzangebot wird das benötigte Fachwissen mit Hilfe einer PowerPoint Präsentation im Plenum erörtert. Anschließend folgt die Durchführung des Experiments in Kleingruppenarbeit. Dabei wird die Enzymaktivität in Abhängigkeit von der Substratkonzentration bestimmt. Zu diesem Zweck nutzen die Schüler*innen die vorbereiteten Chemikalien sowie die Laborausstattung. Nach der vollständigen Datenerhebung und einer Mittagspause folgt die Datenauswertung mit dem Programm Excel. Dazu können sich die Teilnehmenden an den Anleitungen im Skript orientieren oder eigene Strategien entwickeln. Bei Bedarf werden die Schüler*innen bei den einzelnen Auswertungsschritten individuell von den Betreuer*innen unterstützt. Anschließend erfolgt ein Vergleich der Ergebnisse, eine inhaltliche Interpretation und eine Diskussion im Plenum.

Im Rahmen des Onlineangebots erarbeiten sich die Schüler*innen das Faktenwissen über bereitgestellte Inhalte auf der Homepage des Schüler*innenlabors[1] selbstständig. Das Online-Lernangebot enthält neben kurzen und prägnanten Texten zusätzlich verschiedene interaktive Inhalte. So wurden Abbildungen mit Hotspots, Quizze mit verschiedenen Antwortmöglichkeiten, Lückentexte und interaktive Videos zur Anleitung für die mathematische Auswertung und ein virtuelles Schüler*innenlabor zur animierten Durchführung der Laborversuche entwickelt (siehe Abb. 2).

Nach einer gemeinsamen Besprechung der online erarbeiteten Inhalte experimentieren die Schüler*innen in dem digitalen Labor. Dazu führen sie in einem

[1] https://teutolabbiotechnologie-online.de/enzymkinetik-von-lactose/

Abb. 3 Screenshot aus der Livevorführung des Experimentes aus dem Labor beim Messen mit dem Photometer (teutolab-biotechnologie)

interaktiven Video die Experimentierschritte durch. Das Kennenlernen der Praxisphase wird mit einer Livevorführung des Experimentes aus dem Labor heraus ergänzt (siehe Abb. 3).

So wird außerdem ermöglicht, dass die Schüler*innen ebenso wie im Präsenzkurs Fragen stellen können und aktiv an der Datenerhebung beteiligt sind. Da in der Live-Vorführung nur eine von zehn Substratkonzentrationen untersucht wird, werden für die Auswertung weitere originale Messdaten zur Verfügung gestellt. Nach einer kurzen Pause findet auch im Onlinekurs die Datenauswertung mit dem Programm Excel statt. Diese wird von den Teilnehmenden eigenständig in Breakoutsessions in Kleingruppen durchgeführt. Dabei stehen ihnen detaillierte Anleitungen im Videoformat zur Verfügung. Auch hier erfolgt eine gemeinsame Besprechung der Ergebnisse im Plenum.

Anschließend wird sowohl im Präsenz- als auch im Online-Format die Forschungsfrage beantwortet. Dazu erhalten die Schüler*innen die Möglichkeit, eigene Lösungswege zu erarbeiten. Abschließend wird das Vorgehen im Plenum besprochen. Da dieses durch Vereinfachungen und Modellannahmen gekennzeichnet ist, schließt sich eine Modell- und Methodendiskussion an. Als biotech-

Tab. 1 Geschlechter- und Schulverteilung der Teilstichproben

	Onlinekurs	Präsenzkurs
Geschlecht		
weiblich	138	129
männlich	62	61
divers	2	1
Schulform		
Gymnasium	121	123
Gesamtschule	76	30
(Berufs-)Kolleg	5	38

nologischer Ausblick wird die Herstellung lactosefreier Milch thematisiert und vorgeführt (vgl. Wenzel 2022).

4.2 Studiendesign und Stichprobe

An der Studie nahmen insgesamt 396 Schüler*innen teil. Davon führten 203 Schüler*innen ($M_{Jahre} = 16{,}5$; $SD = 0{,}92$) den Onlinekurs und 193 Schüler*innen ($M_{Jahre} = 16{,}5$; $SD = 1{,}18$) den Präsenzkurs *Enzymkinetik von Lactase – Lactoseintoleranz verstehen und berechnen* durch. Weitere Informationen zu den Teilstichproben können Tab. 1 entnommen werden.

Die Erhebung fand in einem Prä-Posttest-Design statt. Dabei wurde der Präfragebogen am Anfang des Kurses direkt nach der Begrüßung und der Postfragebogen unmittelbar vor der Verabschiedung der Schüler*innen ausgefüllt. Der Wissenstest war zu beiden Zeitpunkten identisch.

Beurteilungen in den naturwissenschaftlichen Disziplinen haben oft eine negative Bedeutung, da sie mit Ängsten verbunden sind (Adamina 2019). Um dieses bei der Beantwortung des Wissenstestes zu vermeiden, wurde die Anonymität und die Freiwilligkeit betont und in Anlehnung an den Power Test ohne Zeitdruck durchgeführt (Moosbrugger & Kelava 2012; J. Rost 2004).

Die Durchführung der Onlineangebote fand während der Laborschließungen aufgrund der Covid-19 Pandemie 2020–2022 statt und die Präsenzangebote im Anschluss bis 2023.

4.3 Testinstrument

Zur Ermittlung des Vorwissens und des Lernzuwachses wurde ein Wissenstest konstruiert und in einer Vorstudie, siehe Wenzel (2022), geprüft. Dabei wurden die Itemschwierigkeit sowie die Trennschärfe als gut bewertet (Wenzel 2022). Der Wissenstest ist die klassische Form der Wissensdiagnostik, welche das deklarative Wissen fokussiert (Adamina 2019). Dabei wird neben dem Wissensstand (Vorwissen) auch der Lernerfolg festgestellt (Göhlich & Zirfas 2007). Mithilfe eines Prä-Post-Test-Designs kann die Auswirkung des Treatments auf den Lernerfolg bzw. den Wissenszuwachs ermittelt werden (Riemeier 2007). Der Fragebogen bestand aus neun biologischen und neun mathematischen Fragen mit geschlossenen und halboffenen Aufgabenformaten. Geschlossene Aufgaben wurden dabei präferiert. Sie haben zwar einen hohen Konstruktionsaufwand, sind jedoch zeitökonomisch und objektiv auswertbar (Clasen 2009). Je nach Schwierigkeitsgrad der Aufgaben konnten zwei oder vier Punkte bei richtiger Bearbeitung erreicht werden. Das Anforderungsniveau der biologischen und mathematischen Fragen war gleich, sodass für jede Fachdisziplin 20 Punkte, insgesamt also 40 Punkte, erreicht werden konnten.

4.4 Auswertung

Nach Prüfung der Voraussetzungen wurde zunächst ein *t*-Test für verbundene Stichproben zur Ermittlung des kurzfristigen Wissenszuwachses vom Prä- zum Posttest durchgeführt. Da rein deskriptiv Unterschiede zwischen den Daten aus dem Prätest der beiden Formate vorlagen, wurden diese ergänzend auf Unterschiede zwischen den Treatmentgruppen mit einem *t*-Test überprüft. Aufgrund des ermittelten signifikanten Unterschieds wurde für die weiteren Analysen eine Analysis of Covariates (ANCOVA) durchgeführt. Bei diesem Verfahren wird der Einfluss einer Kontrollvariablen auf die abhängige Variable eliminiert, welches regressionstechnisch mittels der Partialkorrelation geschieht (Döring 2023). Das heißt, das Vorwissen aus dem Vortest wurde bei den weiteren Analysen als Kovariate berücksichtigt. Dafür wurden alle Voraussetzungen beachtet und geprüft (Döring & Bortz 2016; Field 2018). Die Auswertung der erhobenen Daten erfolgte mit Hilfe der Software IBM SPSS Statistics 28.

Tab. 2 Mittelwerte (M) und Standardabweichungen (SD) der erreichten Punktzahlen im Online- und Präsenzangebot unterteilt in die Bereiche Biologie, Mathematik und Gesamtpunktzahl

	Biologie		Mathematik		Gesamt	
	M	*SD*	*M*	*SD*	*M*	*SD*
Pretest						
Online	12,5	2,11	11,7	2,18	24,2	3,75
Präsenz	11,0	3,68	10,0	3,58	21,0	6,03
Posttest						
Online	13,5	2,8	14,2	2,59	27,7	4,95
Präsenz	12,2	3,02	13,0	3,31	25,2	5,25

5 Ergebnisse

Im Folgenden werden die Ergebnisse entsprechend der Hypothesen dargestellt.

H1 *Wissenszuwachs während es Kurses in beiden Formaten (Online und Präsenz) und beiden Disziplinen (Biologie und Mathematik)*

Die Ergebnisse zeigen, dass beide Versionen des Kurses einen kurzfristigen Wissenszuwachs vom Prä- zum Posttest ermöglichen. Dies bezieht sich auf den Gesamtwert (Online: $t(202)=14{,}44$, $p<0{,}001$, $d_z=1{,}01$; Präsenz:$t(192)=11{,}18$, $p<0{,}001$, $d_z=0{,}81$) sowie auf die beiden Fachdisziplinen Biologie (Online: $t(202)=5{,}92$, $p<0{,}001$, $d_z=0{,}42$; Präsenz: $t(192)=4{,}01$, $p<0{,}001$, $d_z=0{,}30$) und Mathematik (Online: $t(202)=15{,}09$, $p<0{,}001$, $d_z=1{,}06$; Präsenz: $t(192)=9{,}87$, $p<0{,}001$, $d_z=0{,}71$).

Bei Betrachtung der Mittelwerte (siehe Tab. 2) zeigen die unadjustierten Mittelwerte rein deskriptiv höhere Werte bei dem biologischen und dem mathematischen Teil sowie entsprechend der Gesamtpunktzahl bei den Schüler*innen, die an dem Onlineangebot teilgenommen haben.

Da die Werte sich im Prätest zwischen den Gruppen ‚Online' und ‚Präsenz' jeweils signifikant unterscheiden (Biologie: $t(394)=4{,}86$, $p<0{,}001$; Mathematik: $t(394)=5{,}67$, $p<0{,}001$; Gesamt: $t(394)=6{,}25$, $p<0{,}001$), wurde im Folgenden eine ANCOVA gerechnet. Die im Rahmen einer ANCOVA um das unterschiedliche Vorwissen neutralisierten Mittelwerte führten für die Gesamtpunktzahl dementsprechend beim Onlinekurs zu leicht niedrigeren Werten ($M=26{,}7$; $SD=0{,}29$) und beim Präsenzkurs zu höheren Werten ($M=26{,}2$; $SD=0{,}3$). Ebenso kam es bei den biologischen (Online: $M = 13{,}3$; $SD = 0{,}2$; Präsenz: $M = 12{,}4$; $SD = 0{,}2$) und den mathematischen Werten (Online: $M = 13{,}9$; $SD = 0{,}2$; Präsenz: $M = 13{,}3$; $SD = 0{,}2$) zu entsprechenden Verschiebungen.

H2 *Vergleich zwischen Online- und Präsenzformat im Fachbereich Biologie*

Mittels ANCOVA konnte ein statistisch signifikanter Unterschied für die biologische Punktzahl ($F(1, 393) = 8{,}83$, $p = {,}003$, partielles $\eta^2 = {,}022$) ermittelt werden. Der Wissenszuwachs war im Präsenzformat höher als im Onlineformat.

H3 *Vergleich zwischen Online- und Präsenzformat im Fachbereich Mathematik*

Auch für die mathematische Punktzahl ($F(1, 393) = 4{,}23$, $p = {,}04$, partielles $\eta^2 = {,}011$) konnte ein signifikanter Unterschied zwischen den adjustierten Mittelwerten ermittelt werden. Der Wissenszuwachs war im Präsenzformat niedriger als im Onlineformat.

Die höheren Werte im Präsenzformat in Biologie und die niedrigeren Werte im Fach Mathematik führten dazu, dass für die Gesamtpunkzahl kein statistisch signifikanter Unterschied zwischen den adjustierten Mittelwerten ermittelt werden konnte ($F(1, 393) = 1{,}51$, $p = {,}220$).

6 Diskussion

Im Folgenden werden die Ergebnisse anhand der Hypothesen diskutiert und anschließend Limitationen aufgezeigt.

H1 *Wissenszuwachs während des Kurses in beiden Formaten (Online und Präsenz) und beiden Disziplinen (Biologie und Mathematik)*

Insgesamt zeigen die Ergebnisse, dass durch den Kurs *Enzymkinetik von Lactase – Lactoseintoleranz verstehen und berechnen* ein (kurzfristiger) Wissenszuwachs erreicht wird. Dieses gilt sowohl für die Biologie als auch für die Mathematik, somit kann H1 angenommen werden. Es kann somit von einer generellen Lernwirksamkeit des Angebotes ausgegangen werden. Dies steht im Einklang mit den Ergebnissen von Fröhlich (2012) und Polte und Wilde (2021), die einen Lernzuwachs für außerschulische Lernorte nachweisen konnten. Speziell im Bereich der Schüler:innenlabore konnten verschiedene Studien von Damerau (2012), Itzek-Greulich (2014), Rodenhauser (2016), Röllke (2019) und Schult (2020) einen Wissenszuwachs durch den Besuch eines Schüler*innenlaborkurses nachweisen.

Dabei konnte bei der Untersuchung von Scharfenberg (2005) festgestellt werden, dass insbesondere der Ort Schüler*innenlabor einen positiven Einfluss hat. Auch in digitalen Lernsettings konnte die Lernwirksamkeit bereits nachgewiesen werden (Buschmann 2023).

H2 *Vergleich zwischen Online- und Präsenzformat im Fachbereich Biologie*

Der kurzfristige Wissenszuwachs ist bei den Schüler*innen, die am Präsenzangebot teilgenommen haben, im biologischen Teil signifikant größer ist als bei den Schüler*innen mit einer Teilnahme am Onlineangebot. Somit kann H2 angenommen werde. Diese Erkenntnis stimmt mit den Ergebnissen von Buschmann (2023) überein, welche den Wissenszuwachs in einem biotechnologischen Kurs überprüfte.

Verschiedene Studien konnten zeigen, dass praktische Arbeitsweisen im naturwissenschaftlichen Unterricht zu einem größeren Wissenszuwachs führen (Prokop & Fančovičová 2017; Stiller et al. 2018). Ebenfalls wurde bereits nachgewiesen, dass die Schüler*innen insgesamt mehr lernen, wenn sie das Experiment selbstständig durchführen und nicht nur (digital) demonstriert bekommen (Wicaksono et al. 2018). Praktische Arbeiten scheinen also für den Wissenserwerb eine große Bedeutung zu haben. Zwar führt auch die Durchführung eines Onlineangebots zu einer Erweiterung des biologischen Wissens, diese fällt aber geringer aus als beim Präsenzangebot. Auch der Umgang mit realen Objekten kann zu einem signifikanten Wissenszuwachs führen (Polte & Wilde 2021). Im Onlinekurs können die Laborgeräte und Chemikalien nur digital nachgestellt sowie in einer Videokonferenz erlebt werden. Die Schüler*innen können jedoch nicht mit eigenen Händen praktisch damit arbeiten. Zudem konnte in einer Studie von Schüttler et al. (2021) nachgewiesen werden, dass sich der Lernort und die authentische Ausstattung positiv auf die Wahrnehmung auswirken kann. Dieses könnten Gründe dafür sein, dass der Wissenszuwachs im biologischen Teil im Präsenzkurs höher ausfällt. Allerdings ist die Befundlage nicht eindeutig, so konnten Kerr et al. (2004) in ihrer Studie keinen Unterschied im Wissenszuwachs zwischen einem Präsenz- und einem Onlineangebot mit Bezugsfach Chemie feststellen. Auch Müller und Mildenberger (2021) konnten in ihrer Metaanalyse vergleichbare Lernergebnisse der beiden Formate zeigen.

H3 *Vergleich zwischen Online- und Präsenzformat im Fachbereich Mathematik*

Im mathematischen Teil ist der kurzfristige Wissenszuwachs im Onlineangebot signifikant größer als beim Präsenzangebot, somit muss H3 abgelehnt werden.

Generell kann eine Mediennutzung lernförderlich sein (Stegmann et al. 2018), dieses gilt auch für den mathematischen Bereich (Ladel 2016). Allerdings konnten Digel und Roth (2023) in ihrer Studie mit einem mathematischen Setting keine Unterschiede im Lernzuwachs zwischen dem Präsenz- und Onlineformat feststellen. Jedoch konnte eine weitere Studie nachweisen, dass eine digitale Lernumgebung das funktionale Denken signifikant steigern konnte (Lichti & Roth 2018, 2020). Digitale Lernumgebungen scheinen also auch für einen mathematischen Wissenszuwachs nicht generell lernförderlicher zu sein.

Unter Rückbezug auf die *CTML* kann vermutet werden, dass sich die interaktiven Anleitungen in der digitalen Lernumgebung für die mathematische Auswertung positiv ausgewirkt haben. Insgesamt wurden visuelle Anleitungen in der Lernumgebung mit akustischen Erklärungen im Plenum unterstützt (vgl. Mayer 2014, 2022). Das gestaltete Material könnte auch dazu geführt haben, dass die extrinsische Belastung gering ist. So könnten die Ressourcen des Arbeitsgedächtnisses für die intrinsische Belastung genutzt werden, um so die relevante Belastung zu steigern. Dies ist insbesondere bei komplexen Inhalten und Aufgaben von Bedeutung (Paas & Sweller 2014). Zudem haben sich interaktive Videos als besonders lernförderlich erwiesen (Buchner 2019; Merkt et al. 2011). Insgesamt kann also davon ausgegangen werden, dass das gestaltete Material zu den mathematischen Inhalten besonders lernförderlich ist.

Limitationen

Die Ergebnisse der Studie deuten darauf hin, dass die praktische Durchführung von Experimenten sowie die detaillierten mathematischen Anleitungen einen Einfluss auf den Wissenserwerb haben. Dabei sollten jedoch einige Einschränkungen beachtet werden.

Zum einen wurde der Onlinekurs während der COVID-19-Pandemie und der damit verbundenen Schulschließungen bzw. Beschränkungsmaßnahmen durchgeführt, während der Präsenzkurs erst anschließend durchgeführt wurde. Dieses kann einen Einfluss auf die Wahrnehmung der Angebote haben und dadurch die Lernmotivation und somit den Lernerfolg beeinflussen (Hidi & Renninger 2006; Krapp 2010). Darüber hinaus hatten die Schulschließungen und die Pandemie einen direkten negativen Einfluss auf den Lernerfolg. Schüler*innen sind über alle Fächer hinweg in ihrem Lernerfolg zurückgefallen (Zierer 2021). Inwiefern das die Ergebnisse der Studie beeinflusst, lässt sich nicht abschließend klären.

7 Fazit & Ausblick

Im Rahmen der vorliegenden Studie konnte gezeigt werden, dass der fächerübergreifende Kurs *Enzymkinetik von Lactase – Lactoseintoleranz verstehen und berechnen* sowohl als Präsenz- als auch als Onlineangebot im Schüler*innenlabor einen Lernzuwachs bei den Schüler*innen in beiden Fachdisziplinen bewirkte. Jedoch unterscheidet sich der Wissenszuwachs zwischen den Formaten. So scheint für die biologischen Inhalte das eigenständige Experimentieren mit authentischen Laborgeräten von besonderer Bedeutung zu sein, während die mathematischen Inhalte durch die interaktive und digitale Lernumgebung profitieren.

Diese Ergebnisse bieten auch nach der Pandemie und den Laboröffnungen ein großes Potenzial. So könnten die beiden Formate miteinander kombiniert werden, indem die Experimente im Labor selbstständig durchgeführt und die mathematische Auswertung durch die interaktiven Inhalte ergänzt werden. Auch im Hinblick auf die positive Studienlage hinsichtlich der Einbindung von Schüler*innenlaboren in den Schulunterricht durch Vor- und Nachbereitung zwecks Aufrechterhaltung und Längerfristigkeit der positiven kognitiven Effekte (Itzek-Greulich 2014; Reimann et al. 2020; Röllke & Grotjohann 2020) könnten Onlineangebote zu diesem Zweck eingesetzt werden. So könnte aus den beiden bestehenden Formaten ein Blended Learning oder ein Inverted Classroom Angebot entwickelt werden.

Diese Erkenntnis sollte durch weitere Studien mit rein fachlichen Angeboten überprüft werden. Zudem sollte ermittelt werden, ob sich Geschlechter oder verschiedene Schüler*innentypen (Wenzel 2022) in ihrem kurzfristigen Wissenszuwachs bei den verschiedenen Kursformaten unterscheiden, um ggf. eine differenzierte Förderung vornehmen zu können. Zudem sollte der längerfristige Wissenszuwachs im Vergleich zwischen den beiden Formaten noch untersucht werden. Zur Förderung der Langfristigkeit bietet sich zudem eine digitale Nachbereitung an, deren Effektivität überprüft werden sollte.

Es wäre vorteilhaft, wenn sowohl praktisches Experimentieren im Labor als auch Online-Materialien eingesetzt werden könnten, um den Lernerfolg von Schüler*innen zu unterstützen.

Literatur

Adamina, M. (2019). Lernen begutachten und beurteilen. In P. Labudde & S. Metzger (Hrsg.), *Fachdidaktik Naturwissenschaft: 1.- 9. Schuljahr* (3., erweiterte und aktualisierte Auflage, S. 197–212). Haupt Verlag.

Anger, C., Betz, J. & Plünnecke, A. (2024). *MINT-Frühjahrsreport 2024.* Institut der deutschen Wirtschaft. https://www.iwkoeln.de/studien/christina-anger-julia-betz-enno-kohlisch-axel-pluennecke-mint-sichert-zukunft.html

Buchner, J. (2019). Vom Video zum Lernvideo. Die Vorbereitungsphase im Flipped Classroom lernwirksam gestalten. In J. Buchner & S. Schmid (Hrsg.), *Flipped Classroom Austria: …und der Unterricht steht kopf!: Sekundarstufe 1 und 2* (1. Auflage, S. 31–46). ikon ikon VerlagsGesmbH.

Buschmann, J.-K. (2023). *Das Potential von E-Learning im Schüler*innenlabor - Entwicklung und Evaluation von Online-Angeboten für das teutolab-biotechnologie* [Dissertation]. Universität Bielefeld, Bielefeld.

Chandler, P. & Sweller, J. (1991). Cognitive Load Theory and the Format of Instruction. *Cognition and Instruction*, *8*(4), 293–332. https://doi.org/10.1207/s1532690xci0804_2

Clasen, H. (2009). *Die Messung von Lernerfolg: Eine grundsätzliche Aufgabe der Evaluation von Lehr- bzw. Trainingsinterventionen* [Dissertation]. Technische Universität Dresden, Dresden.

Damerau, K. (2012). *Molekulare und Zell-Biologie im Schülerlabor Fachliche Optimierung und Evaluation der Wirksamkeit im BeLL Bio (Bergisches Lehr-Lern-Labor Biologie)* [Dissertation]. Bergische Universität Wuppertal, Wuppertal.

Digel, S. & Roth, J. (2023). Mathe ist mehr @everywhere. In M. Meier, G. Greefrath, M. Hammann, R. Wodzinski & K. Ziepprecht (Hrsg.), *Edition Fachdidaktiken. Lehr-Lern-Labore und Digitalisierung* (S. 271–286). Springer VS. https://doi.org/10.1007/978-3-658-40109-2_26

Döring, N. (2023). *Forschungsmethoden und Evaluation in den Sozial- und Humanwissenschaften* (6. Auflage). Springer Berlin Heidelberg. https://nbn-resolving.org/urn:nbn:de:bsz:31-epflicht-2111682

Döring, N. & Bortz, J. (2016). *Forschungsmethoden und Evaluation in den Sozial- und Humanwissenschaften* (5. Aufl.). *Springer-Lehrbuch*. Springer. https://doi.org/10.1007/978-3-642-41089-5

Field, A. (2018). *Discovering statistics using IBM SPSS statistics. SAGE edge*. SAGE.

Fröhlich, G. (2012). *Umsetzung verschiedener didaktischer Theorien im außerschulischen Unterricht: Potentiale und Grenzen des wiederentdeckten Lernorts Bauernhof* [Dissertation]. Universität Bayreuth, Bayreuth. https://epub.uni-bayreuth.de/id/eprint/189/

Gebhard, U., Höttecke, D. & Rehm, M. (2017). *Pädagogik der Naturwissenschaften: Ein Studienbuch. Lehrbuch*. Springer VS. https://doi.org/10.1007/978-3-531-19546-9

Gerstenmaier, J. & Mandl, H. (1995). Wissenserwerb unter konstruktivistischer Perspektive. *Zeitschrift für Pädagogik*, *41*(6), 867–888. https://doi.org/10.25656/01:10534

Göhlich, M. & Zirfas, J. (2007). *Lernen: Ein pädagogischer Grundbegriff* (1. Auflage). Kohlhammer Verlag. http://nbn-resolving.org/urn:nbn:de:bsz:24-epflicht-1294305

Gruber, H. & Stamouli, E. (2020). Intelligenz und Vorwissen. In E. Wild & J. Möller (Hrsg.), *Lehrbuch. Pädagogische Psychologie* (3., vollständig überarbeitete und aktualisierte Auflage, korrigierte Publikation, S. 25–44). Springer.

Haupt, O., Engelbrecht, F., Henrich, B., Parrisius, M. & Hempelmann, R. (Hrsg.). (2019). *Schülerlabor-Atlas 2019: Schülerlabore im deutschsprachigen Raum* (1. Aufl.). LernortLabor-Bundesverband der Schülerlabore e.V.

Haupt, O. & Stamer, I. (2021). Schülerlabore digital – wie digital sind Schülerlabore? Eine Umfrage unter den Schülerlaboren. *LeLa magazin*, 2–5.

Hidi, S. & Renninger, K. A. (2006). The Four-Phase Model of Interest Development. *Educational Psychologist, 41*(2), 111–127. https://doi.org/10.1207/s15326985ep4102_4

Horz, H. (2020). Medien. In E. Wild & J. Möller (Hrsg.), *Lehrbuch. Pädagogische Psychologie* (3., vollständig überarbeitete und aktualisierte Auflage, korrigierte Publikation, S. 133–159). Springer.

Itzek-Greulich, H. (2014). *Einbindung des Lernorts Schülerlabor in den naturwissenschaftlichen Unterricht: empirische Untersuchung zu kognitiven und motivationalen Wirkungen eines naturwissenschaftlichen Lehr-Lernarrangements* [Dissertation]. Eberhard Karls Universität Tübingen, Tübingen. https://doi.org/10.15496/PUBLIKATION-1979

Itzek-Greulich, H. & Vollmer, C. (2017). Emotional and motivational outcomes of lab work in the secondary intermediate track: The contribution of a science center outreach lab. *Journal of Research in Science Teaching, 54*(1), 3–28. https://doi.org/10.1002/tea.21334

Kerr, M. S., Rynearson, K. & Kerr, M. (2004). Innovative Educational Practice: Using Virtual Labs in the Secondary Classroom. *The Journal of Educators Online, 1*(1). https://doi.org/10.9743/JEO.2004.1.3

Kleine, M. (2021). Mathematische Grundbildung als Baustein einer demokratischen Meinungsbildung. *PraxisForschungLehrer*innenBildung. Zeitschrift für Schul- und Professionsentwicklung, 3*(3), 113–121. https://doi.org/10.11576/PFLB-4957

Klieme, E., Artelt, C., Hartig, J., Jude, N., Köller, O., Prenzel, M., Schneider, W. & Stanat, P. (Hrsg.). (2010). *PISA 2009. Bilanz nach einem Jahrzehnt.* Waxmann. https://doi.org/10.25656/01:3526

Krapp, A. (2010). Interesse. In D. H. Rost (Hrsg.), *Handwörterbuch Pädagogische Psychologie* (4., überarb. und erw. Aufl., S. 311–323). Beltz.

Ladel, S. (2016). Lehren und Lernen von Mathematik mit digitalen Medien - ein Blick in die (nahe) Zukunft. In M. Peschel & T. Irion (Hrsg.), *Beiträge zur Reform der Grundschule: Band 141. Neue Medien in der Grundschule 2.0: Grundlagen - Konzepte - Perspektiven* (S. 247–257). Grundschulverband e.V.

Lewalter, D., Diedrich, J., Goldhammer, F., Köller, O. & Reiss, K. (2023). *PISA 2022: Analyse der Bildungsergebnisse in Deutschland.* Waxmann Verlag. https://www.pisa.tum.de/fileadmin/w00bgi/www/Berichtsbaende_und_Zusammenfassungungen/PISA-2022-zusammenfassung.pdf

Lichti, M. & Roth, J. (2018). How to Foster Functional Thinking in Learning Environments Using Computer-Based Simulations or Real Materials. *Journal for STEM Education Research, 1*(1-2), 148–172. https://doi.org/10.1007/s41979-018-0007-1

Lichti, M. & Roth, J. (2020). Wie Experimente mit gegenständlichen Materialien und Simulationen das funktionale Denken fördern. *Zeitschrift für Mathematikdidaktik in Forschung und Praxis, 1.* https://doi.org/10.48648/CJEE-Y110

Mardiana, T., Sardin & Wijayanto, S. (2023). A Systematic Literature Review on Concret Media: Application to Mathematics Learning. *International Journal of Mathematics and Mathematics Education*, 163–179. https://doi.org/10.56855/ijmme.v1i02.321

Mayer, R. E. (2014). *The Cambridge Handbook of Multimedia Learning.* Cambridge University Press. https://doi.org/10.1017/CBO9781139547369

Mayer, R. E. (2022). Cognitive Theory of Multimedia Learning. In R. E. Mayer & L. Fiorella (Hrsg.), *Cambridge handbooks. The Cambridge handbook of multimedia learning* (Third Edition, S. 57–72). Cambridge University Press.

Merkt, M., Weigand, S., Heier, A. & Schwan, S. (2011). Learning with videos vs. learning with print: The role of interactive features. *Learning and Instruction*, *21*(6), 687–704. https://doi.org/10.1016/j.learninstruc.2011.03.004

Möller, K. (2019). Lernen von Naturwissenschaften heißt: Vorstellungen verändern. In P. Labudde & S. Metzger (Hrsg.), *Fachdidaktik Naturwissenschaft: 1.- 9. Schuljahr* (3., erweiterte und aktualisierte Auflage, S. 59–74). Haupt Verlag.

Moosbrugger, H. & Kelava, A. (Hrsg.). (2012). *Testtheorie und Fragebogenkonstruktion*. Springer Berlin Heidelberg. https://doi.org/10.1007/978-3-642-20072-4

Müller, C. & Mildenberger, T. (2021). Facilitating flexible learning by replacing classroom time with an online learning environment: A systematic review of blended learning in higher education. *Educational Research Review*, *34*, 100394. https://doi.org/10.1016/j.edurev.2021.100394

Nieding, G., Ohler, P. & Rey, G. D. (2015). *Lernen mit Medien. StandardWissen Lehramt: Bd. 4001*. Ferdinand Schöningh.

Niegemann, H. M., Domagk, S., Hessel, S., Hein, A., Hupfer, M. & Zobel, A. (2008). *Kompendium multimediales Lernen*. Springer. https://doi.org/10.1007/978-3-540-37226-4

Paas, F. & Sweller, J. (2014). Implications of Cognitive Load Theory for Multimedia Learning. In R. E. Mayer (Hrsg.), *The Cambridge Handbook of Multimedia Learning* (S. 27–42). Cambridge University Press. https://doi.org/10.1017/CBO9781139547369.004

Polte, S. & Wilde, M. (2021). Wissenserwerb mit Originalobjekten im Naturkundemuseum - Eine Pilotstudie. Vorab-Onlinepublikation. https://doi.org/10.11576/ZDB-4606 (78–86/Zeitschrift für Didaktik der Biologie (ZDB) – Biologie Lehren und Lernen, Bd. 25 (2021).

Prokop, P. & Fančovičová, J. (2017). The effect of hands-on activities on children's knowledge and disgust for animals. *Journal of Biological Education*, *51*(3), 305–314. https://doi.org/10.1080/00219266.2016.1217910

Reimann, M., Herzog, S., Parchmann, I. & Schwarzer, S. (2020). Wirksamkeit der schulischen Vor- und Nachbereitung eines Schülerlaborbesuches. *Zeitschrift für Didaktik der Naturwissenschaften*, *26*(1), 227–240. https://doi.org/10.1007/s40573-020-00121-y

Reinmann, G. & Mandl, H. (2006). Unterrichten und Lernumgebungen gestalten. In A. Krapp & B. Weidenmann (Hrsg.), *Lehrbuch. Pädagogische Psychologie: Ein Lehrbuch* (5., vollst. überarb. Aufl., S. 613–659). Beltz Psychologie-Verl.-Union.

Renkl, A. (2009). Wissenserwerb. In E. Wild & J. Möller (Hrsg.), *Springer-Lehrbuch. Pädagogische Psychologie: Mit 27 Tabellen* (S. 3–26). Springer.

Renkl, A. (2020). Wissenserwerb. In E. Wild & J. Möller (Hrsg.), *Lehrbuch. Pädagogische Psychologie* (3., vollständig überarbeitete und aktualisierte Auflage, korrigierte Publikation, S. 3–24). Springer.

Riemeier, T. (2007). Moderater Konstruktivismus. In D. Krüger & H. Vogt (Hrsg.), *Theorien in der biologiedidaktischen Forschung: Ein Handbuch für Lehramtsstudenten und Doktoranden* (S. 69–79). Springer. https://doi.org/10.1007/978-3-540-68166-3_7

Rodenhauser, A. (2016). *Bilinguale biologische Schülerlaborkurse Elektronische Ressource: Konzeption und Durchführung sowie Evaluation der kognitiven und affektiven Wirksamkeit* [Dissertation]. Universität Wuppertal, Wuppertal.

Röllke, K. (2019). *Was kann ein Schülerlabor leisten? Konzeptionierung des Schülerlabors teutolab-biotechnologie als Lehr-Lern-Labor mit Angeboten zur Breiten- und zur Be-*

gabtenförderung von Schülerinnen und Schülern [Dissertation]. Universität Bielefeld, Bielefeld. https://doi.org/10.4119/UNIBI/2935577

Röllke, K. & Grotjohann, N. (2020). Einfluss der Nachbereitung eines Schülerlaborbesuches auf den Wissensbehalt der Schülerinnen und Schüler. In K. A. Sommer, J. T. C. Wirth & M. G. Vanderbeke (Hrsg.), *Handbuch Forschen im Schülerlabor: Theoretische Grundlagen, empirische Forschungsmethoden und aktuelle Anwendungsgebiete* (S. 127–135). Waxmann.

Rost, J. (2004). *Lehrbuch Testtheorie - Testkonstruktion* (2., vollst. überarb. und erw. Aufl.). *Psychologie Lehrbuch*. Huber.

Scharfenberg, F.-J. (2005). *Experimenteller Biologieunterricht zu Aspekten der Gentechnik im Lernort Labor* [Dissertation]. Universität Bayreuth, Bayreuth.

Schiepe-Tiska, A., Simm, I. & Schmidtner, S. (2016). Motivationale Orientierungen, Selbstbilder und Berufserwartungen in den Naturwissenschaften in PISA 2015. In K. Reiss, C. Sälzer, A. Schiepe-Tiska, E. Klieme & O. Köller (Hrsg.), *PISA 2015: Eine Studie zwischen Kontinuität und Innovation* (S. 99–132). Waxmann.

Schult, C. (2020). *Kreatives, ökologisches Lernen für Nachhaltigkeit. Eine explorative Studie zur Implementierung eines fächerübergreifenden Moduls zum Stadtklima im zdi-Schülerlabor im Rahmen der Entwicklung und Durchführung des K.Ö.L.N.-Projekts* [Dissertation]. Universität zu Köln, Köln. https://kups.ub.uni-koeln.de/11539/

Schüttler, T., Watzka, B., Girwidz, R. & Ertl, B. (2021). Die Wirkung der Authentizität von Lernort und Laborgeräten auf das situationale Interesse und die Relevanzwahrnehmung beim Besuch eines naturwissenschaftlichen Schülerlabors. *Zeitschrift für Didaktik der Naturwissenschaften, 27*, 109–125. https://doi.org/10.1007/s40573-021-00128-z

Stegmann, K., Wecker, C., Mandl, H. & Fischer, F. (2018). Lehren und Lernen mit digitalen Medien. In R. Tippelt & B. Schmidt-Hertha (Hrsg.), *Springer Reference Sozialwissenschaften. Handbuch Bildungsforschung* (4., überarbeitete und aktualisierte Auflage, S. 967–988). Springer VS. https://doi.org/10.1007/978-3-531-19981-8_42

Stiller, C., Stockey, A. & Wilde, M. (2018). Hands off, Minds on? – The Pros and Cons of Practical Experimentation? In O. Finlayson, E. McLoughlin, S. Erduran & P. Childs (Hrsg.), *Research, practice and collaboration in science education: Proceedings of the ESERA 2017 Conference* (S. 332–342). Dublin City University.

Sweller, J., Ayres, P. & Kalyuga, S. (2011). *Cognitive Load Theory*. Springer New York. https://doi.org/10.1007/978-1-4419-8126-4

Trepte, S., Reinecke, L. & Schäwel, J. (2021). *Medienpsychologie* (3., erweiterte und überarbeitete Auflage). *Kohlhammer Urban Taschenbücher*. W. Kohlhammer Verlag. https://doi.org/10.17433/978-3-17-039155-0.

Wenzel, A. (2022). *Entwicklung und Evaluation von fächerübergreifenden Bildungsangeboten im Schüler*innenlabor teutolab-biotechnologie* [Dissertation]. Universität Bielefeld, Bielefeld. https://pub.uni-bielefeld.de/record/2967777 https://doi.org/10.4119/unibi/2967777

Wicaksono, A. T., Subandi, S. & Marfuha, S. (2018). Comparing Lab-Work Learning Assisted with Vee Diagram and Lecturing-Demonstration in Improving Students Learning Motivation and Outcomes on Buffer Solution Topic. *Journal Pendidikan Sains*(1), 7–10.

Winkelmann, J., Freese, M. & Strömmer, T. (2021). Schwierigkeitserzeugende Merkmale im Physikunterricht. *Progress in Science Education*, *5*(2), 6–23. https://doi.org/10.25321/prise.2022.1168

Wiswede, G. (2004). *Sozialpsychologie-Lexikon.* Oldenbourg. https://doi.org/10.1515/9783486815641

Zierer, K. (2021). Effects of Pandemic-Related School Closures on Pupils' Performance and Learning in Selected Countries: A Rapid Review. *Education Sciences*, *11*(6), 252. https://doi.org/10.3390/educsci11060252

Retrofitting mit 5G in der SmartFactoryOWL – ein Lernszenario des Fraunhofer IOSB-INA und der Universität Paderborn

Johannes Schäfers, Kornelia Schuba und Katrin Temmen

1 Einführung

Ein Hauptziel der beruflichen Bildung ist es, berufliche Handlungsfähigkeit „in einer sich wandelnden Arbeitswelt […] zu vermitteln“ (BBiG 2013). Ein wichtiger Aspekt dieses Wandels ist der technologische Fortschritt, welcher die Art der Arbeit verändert und neue Kenntnisse und Fähigkeiten fordert. Die zunehmende Geschwindigkeit dieses Fortschritts stellt dabei auch die berufliche Bildung vor immer größere Herausforderungen. Sowohl die Technik als auch das dafür notwendige Wissen werden immer komplexer und spezifischer (Sattelberger et al. 2022). Berufsschulen stehen vor der Aufgabe, ihre Schüler*innen trotzdem optimal zu qualifizieren. Um dieser anspruchsvollen Aufgabe gerecht zu werden, benötigen die berufsbildenden Schulen Unterstützung. Den Lehrkräften und

J. Schäfers (✉) · K. Temmen
Technikdidaktik, Universität Paderborn, Paderborn, Deutschland
E-Mail: johannes.schaefers@uni-paderborn.de

K. Temmen
E-Mail: katrin.temmen@uni-paderborn.de

K. Schuba
Fraunhofer IOSB-INA, Lemgo, Deutschland
E-Mail: kornelia.schuba@iosb-ina.fraunhofer.de

A. Wenzel und T. Schmäing (Hrsg.), *Außerschulisches Lernen in der naturwissenschaftlichen Bildung*, https://doi.org/10.1007/978-3-658-50864-7_15

Bildungseinrichtungen müssten die notwendigen Ressourcen zur Verfügung gestellt werden, um die Schüler*innen besonders in Hinblick auf neue Technologien bestmöglich auf ihre berufliche Zukunft vorzubereiten (Risius et al. 2021). Dazu müssen auch aktuelle technologische Entwicklungen in den Lehrplan integriert werden, wie es beispielsweise bereits durch die Zusatzqualifikationen geschieht (Sattelberger et al. 2022). Ob bzw. wie dies bei aktueller Spitzentechnologie realisierbar ist, ist jedoch fraglich.

Gleichzeitig stellt sich aufgrund des allgegenwärtigen technologischen Wandels die Frage, auf welche Themen und Technologien der Schwerpunkt gelegt werden sollte. Es muss entschieden werden, welche neuen Technologien in den Unterricht aufgenommen werden, da aufgrund der Masse und Diversität nicht alle betrachtet werden können (Euler & Wilbers 2019). Die folgenden zwei Kriterien werden dabei als sinnvoll erachtet: Erstens sollte die jeweilige Technologie so wichtig und universell sein, dass sie nicht nur für einzelne Auszubildende, sondern in ganzen Klassen oder Bildungsgängen thematisiert werden sollten. Zweitens sollten die Auszubildenden während und nach ihrer Ausbildung direkt mit der jeweiligen Technologie in Kontakt kommen, sodass eine Vorbereitung durch die Berufsausbildung nötig ist (GIZ 2020).

Bezüglich des ersten Kriteriums führt die Entwicklung und Weiterentwicklung vieler Technologien zu einer immer stärkeren Spezialisierung, so dass der Fortschritt oft nur für einen kleinen Teil einer Berufsgruppe relevant ist (Engelkenmeier et al. 2022). Solche Technologien können in der Berufsschule nur ineffizient vermittelt werden, da ihre Relevanz sehr individuell ist. Eine daraus resultierende Forderung ist der Aufbau beruflicher Kompetenzzentren (Schelten 2008). Anders verhält es sich bei den sogenannten Schlüsseltechnologien. Diese haben eine breite Anwendungsbasis und sind daher für viele Beschäftigte relevant (Kroll et al. 2022). Ein Beispiel für eine solche Technologie ist der Quantencomputer. Obwohl sich diese Technologie noch in einem frühen Entwicklungsstadium befindet, könnte sie in Zukunft zahlreiche Anwendungen revolutionieren, von der Dechiffrierung bis hin zur Wettervorhersage (Fasnacht & Straube 2024).

Hinsichtlich des zweiten Kriteriums müssen die in der Berufsschule behandelten Technologien neben einer breiten Anwendbarkeit auch direkt neue Fertigkeiten oder Kenntnisse von den Auszubildenden erfordern, damit eine Thematisierung notwendig ist (Wittmann & Weyland 2020). Dies kann beispielsweise mit einer direkten Verwendung dieser durch die Auszubildenden in Verbindung gebracht werden. Beim Beispiel Quantencomputer ist der aktuelle Stand der Technik noch sehr weit von der Nutzung durch Ausbildungsberufe entfernt (Fasnacht & Straube 2024). Daher ist die Integration dieser Technologie in die beruflichen Schulen derzeit weniger relevant.

Eine geeignete Schlüsseltechnologie ist hingegen der Mobilfunk der fünften Generation (5G). 5G wird als Schlüsseltechnologie eingestuft, da es für unterschiedlichste Anwendungen genutzt werden kann (Kroll et al. 2022). Beispiele dafür sind Echtzeitanwendungen von Virtual Reality (VR) und Augmented Reality (AR), die Vernetzung der Infrastruktur von Städten (Smart Cities) und die Automatisierung von Produktionsprozessen (Trick 2020). In Bezug auf das zweite Kriterium ist die (drahtlose) Industrieautomatisierung mit Hilfe von 5G ein konkreter Bereich, der für viele gewerblich-technische Ausbildungsberufe relevant wird.

Die Vorteile und neuen Möglichkeiten, die 5G hier bietet, werden – nach der Einführung in diesem ersten Kapitel – im zweiten Kapitel dieses Beitrags erläutert. Das notwendige Grundlagenwissen und Wissen aus der aktuellen Forschung zur Schlüsseltechnologie 5G liegt in der Regel nicht in den Berufsschulen vor. Somit ist eine Kooperation mit Expert*innen in dem Bereich und das Auslagern der Wissensvermittlung naheliegend. So kann die Nutzung von Forschungsinstituten wie den Fraunhofer-Instituten, die in dem jeweiligen Bereich forschen, als außerschulische Lernorte in Ergänzung zum schulischen Lernort sinnvoll sein. Die Eignung des Fraunhofer IOSB-INA als außerschulischer Lernort und ein entwickeltes außerschulisches Lernszenario für den Lernort Forschungsinstitut werden in Kapitel drei und vier dieses Beitrages beschrieben. Die konkrete Umsetzung des Lernszenarios „Retrofitting mit 5G“ in zwei Erprobungen mit Berufsschulklassen sowie die anschließende Evaluation werden in Kapitel fünf beschrieben.

2 Technologischer Hintergrund: Was macht 5G zentral für die Industrie?

Der Einsatz von Funklösungen in der produzierenden Industrie steigt seit den letzten Jahren kontinuierlich an. Die Gründe hierfür liegen unter anderem an dem zunehmenden Grad an Flexibilität und Mobilität in der Produktion, dem Einsparungspotential für Verkabelung oder dem Wunsch nach schneller Nachrüstbarkeit von Maschinen und Anlagen (Loidl et al. 2020).

5G ist der erste Mobilfunkstandard, für dessen Einsatzzwecke auch Forderungen der Industrie berücksichtigt werden. So setzt sich z. B. die 5G Alliance for Connected Industries and Automation (5G ACIA) für die Anwendbarkeit von 5G für industrielle Anwendungen ein. Die weltweite Initiative arbeitet beispielsweise an der Definition von Normen und Regularien für industrielle Anforderungen und Anwendungsfällen von 5G (Trick 2020, 5G ACIA 2024).

Für die konkrete 5G-Anwendung kann ein passendes Betreibermodell ausgewählt werden. Es kann ein privates und lokales 5G-Campusnetz betrieben, auf die Netzinfrastruktur der öffentlichen Mobilfunkbetreiber zurückgegriffen oder Mischungen dieser zwei Varianten umgesetzt werden. Je nach Anwendung und Anforderung ist abzuwägen, welches die beste Lösung für die Anwendung(en) des Unternehmens ist (Angerer et al. 2020).

Auch wenn der Einsatz von 5G vielleicht zunächst nur auf neue Produktionsanlagen bezogen sein mag, ist es für die flächendeckende Verbreitung einer Technologie wie 5G zentral, dass auch „Lösungen für existierende Fertigungs- und Prozessanlagen angeboten werden" (Grotepass et al. 2019). Eine Lösung dafür kann ein Industrie 4.0-Retrofit mit 5G sein. Industrie 4.0-Retrofit bezeichnet die Nachrüstung bestehender Maschinen und Anlagen mit Sensorik und Kommunikationsschnittstellen, um sie dann in einer Industrie 4.0-Prdouktionsumgebung betreiben zu können (Friesen et al. 2020). Sollen Maschinen und Anlagen erweitert oder flexibel vernetzt werden und kommen insbesondere auch Aspekte wie hohe Beweglichkeit, Mobilität oder Nachrüstung dazu, ist dies oftmals nur mit einer kabellosen Vernetzung realisierbar (Loidl et al. 2020).

Maschinendaten werden oft, ohne eine Vernetzung, lediglich im laufenden Prozess genutzt bzw. die Daten beispielsweise für eine vorausschauende Wartung nicht gespeichert oder genutzt. Große Datenmengen können auch im Rahmen eines Retrofits zudem nicht ausschließlich auf Maschinen verarbeitet werden, sodass eine Auslagerung der Rechenkapazität notwendig ist. Technologien wie WLAN oder 4G können aufgrund der Anforderungen an die Datenübertragung und den Quality of Service in dem Fall ausgeschlossen werden. Im Gegensatz dazu kann 5G deutlich höhere Anforderungen bedienen und eine Verarbeitung von zeit- und sicherheitskritischen Anwendungen in der Cloud ermöglichen. Die erweiterten Auswertungsmöglichkeiten der Produktions- und Maschinendaten in der Cloud erlauben die Umsetzung von Anwendungen, wie einer vorausschauenden Wartung oder einer Qualitätssicherung (Grotepass et al. 2019).

2.1 Umsetzung der Thematisierung von 5G in der beruflichen Bildung

Den Rahmen für die im Folgenden beschriebene Integration von 5G in die berufliche Bildung bildet das Forschungsprojekt 5G-Lernorte OWL. Das Projekt wird vom Ministerium für Wirtschaft, Industrie, Klimaschutz und Energie des Landes Nordrhein-Westfalen gefördert und ab dem Mai 2022 bis zum Dezember 2024 umgesetzt. Das Forschungsprojekt wird von insgesamt zwölf Partnern aus Wirtschaft, Wissenschaft und Bildung gemeinsam bearbeitet.

Ziel des Projektes ist es, die Grenzen und Vorzüge von 5G-Technologie für die Berufliche Bildung zu erforschen. Den Auszubildenden wird Zugang zu neuen Themenbereichen, wie dem Einsatz von 5G Mobilfunk (unter Verwendung des öffentlichen Mobilfunks und eines privaten Campusnetzes) in der Industrie ermöglicht. Erlerntes Wissen wird auf diesem Wege in die Betriebe getragen. Der Fokus im Projekt liegt auf den gewerblich-technischen und kaufmännischen Ausbildungsberufen. Es werden konkrete Lernszenarien für ausgewählte Bildungsgänge entwickelt und in vier Berufskollegs erprobt und evaluiert und in einem Handbuch dokumentiert (Koppius et al. 2024). Neben dem Lernort Berufsschule werden die Lernorte Unternehmen und Forschungseinrichtung durch außerschulische Lernszenarien, wie „Retrofitting mit 5G" eingebunden. Dieses wird im Folgenden aufgegriffen und mit seiner Konzeption, Durchführung und Evaluierung beschrieben.

3 Das Fraunhofer IOSB-INA als außerschulischer Lernort für 5G-Technologien

Wie eingangs beschrieben, erschweren die Komplexität der Technologie an sich, das fehlende Know-how und auch hohe Investitionskosten für 5G-fähige Technik den direkten Einsatz und die konkrete Thematisierung der Schlüsseltechnologie 5G in Berufsschulen. Eine Erweiterung des Lernortes Schule um weitere außerschulische Lernorte ist sinnvoll, um Lücken hinsichtlich des Knowhows und der Technik zu schließen. Im Folgenden werden klassische außerschulische Lernorte beschrieben und darauf aufbauend auf den außerschulischen Lernort Forschungsinstitut, insbesondere das Fraunhofer IOSB-INA, eingegangen.

3.1 *Klassische* außerschulische Lernorte

Neben der Schule und dem Ausbildungsbetrieb als duale Lernorte existieren in der beruflichen Bildung überbetriebliche Bildungsstätten als dritte Säule bzw. dritter Lernort. Die ungefähr 1000 Einrichtungen in Deutschland unterstützen in erster Linie spezialisierte handwerkliche Unternehmen bei der Vermittlung von Ausbildungsinhalten, welche die Ausbildungsunternehmen selbst nicht vermitteln können (Mahrin 2023). Dadurch soll eine möglichst betriebsunabhängige gleichwertige Berufsausbildung gewährleistet werden (Hoffschroer 2005). Das Spektrum der Angebote erstreckt sich dabei von Grundlagen bis hin zu komplexen Technologien (Mahrin 2023). In Bezug auf letztere findet idealerweise über die überbetrieblichen Bildungsstätten auch ein Technologietransfer in die Ausbildungsunternehmen statt (Wuttke et al. 2010) – ein Aspekt, welcher durch die Zusammenarbeit mit Forschungseinrichtungen noch effektiver möglich wäre (Troeger-Weiß & Wagner 2006).

Diese geschlossene Einteilung in Schule, Ausbildungsbetrieb und anerkannte überbetriebliche Bildungsstätten als einzige Lernorte ist dabei keineswegs selbstverständlich, was ein Vergleich mit der allgemeinen Bildung zeigt. Dort ist die Definition eines Lernortes deutlich offener, denn durch die Einbindung in den schulischen Unterricht können auch Einrichtungen, die in der Regel außerpädagogischer Natur sind, zu Lernorten werden (Erhorn & Schwier 2016). Eine Beschränkung auf (drei) fest definierte außerschulische Lernorte wie in der beruflichen Bildung ist somit nicht vorhanden (Baar & Schönknecht 2018).

Außerschulische Lernorte bieten hier eine Reihe von Potenzialen, insbesondere im Kontext des problemorientierten Unterrichts, dessen Ansatz mit der in der beruflichen Bildung geforderten Handlungsorientierung vergleichbar ist (Bundesministerium für Bildung und Forschung 2023). Im Vergleich zur schulischen Umgebung können dabei authentischere Lernanlässe und -umgebungen genutzt werden (Karpa et al. 2015). Gerade im Kontext der Industrie 4.0 für die weder alle ausbildenden Unternehmen noch alle beruflichen Schulen die nötige Ausstattung und das nötige Knowhow haben, um die Themen handlungsorientiert vermitteln zu können, könnten außerschulische Lernorte geeignete Lernanlässe und -umgebungen bieten (Dauser et al. 2021). Die Fraunhofer-Institute könnten als solche außerschulischen Lernorte – im Sinne der Determination der allgemeinen Bildung – für die berufliche Bildung fungieren und darüber kann gleichzeitig ein Wissenstransfer in die Ausbildungsunternehmen erreicht werden (Comin et al. 2019), da relevante Innovationen und Erkenntnisse zu aktuellen Forschungs- und Industriethemen noch schneller und unmittelbar Einzug in die berufliche Bildung halten könnten. Des Weiteren ist zu berücksichtigen, dass im Gegensatz zu den überbetrieblichen Bildungsstätten für den Besuch eines Fraunhofer-Instituts als außerschulischer Lernort im Rahmen des Berufsschulunterrichts keine Freistellung der Auszubildenden erforderlich ist. Bezogen auf den Technologietransfer bieten die lokalen Fraunhofer-Institute noch tiefergehende Transfermöglichkeiten als die überbetrieblichen Bildungsstätten in Bezug auf aktuelle Industriethemen. Der Einsatz als außerschulischer Lernort sorgt zudem – neben der Schulung der Auszubildenden zu diesen Themen – für einen ersten Kontakt zur Unterstützung von Ausbildungsunternehmen durch das jeweilige Fraunhofer-Institut.

3.2 Das Fraunhofer IOSB-INA – ein Forschungsinstitut als Lernort

Das Fraunhofer-Institut IOSB-INA in Lemgo widmet sich ebendieser Aufgabe und unterstützt Herstellende von Automatisierungstechnik, Maschinen- und Anlagenbauende, Betreibende und Nutzende von automatisierten technischen Systemen sowie Kommunen, Städte und Stadtwerke bei der digitalen Transformation durch Forschungs- und Entwicklungskooperationen sowie durch individuelle Unterstützungs- und Weiterbildungsangebote.

Mit der SmartFactoryOWL wird ein Reallabor für die Nutzung von intelligenten technischen Systemen in der Fabrik der Zukunft betrieben. Die SmartFactoryOWL ist eine gemeinsame Einrichtung des Fraunhofer IOSB-INA und der Technischen Hochschule Ostwestfalen-Lippe (TH OWL), dessen drei Säulen die Forschung, die Qualifikation und der Transfer zu Technologien der digitalen Industrie sind. Auf der Produktions- und Innovationsfläche sind aktuelle Technologie und neuste Forschungsergebnisse anschaulich anhand von Demoanlagen dargestellt. So steht z. B. ein 5G-Testbed mit 5G-Campusnetz und entsprechenden Endgeräten zur Verfügung. Das Themenfeld Industrie 4.0-Retrofit wird z. B. anhand einer Standbohrmaschine aus den 1990-Jahren demonstriert. An dieser sind extern Sensoren angebracht, die Daten zur Erkennung von Fehlern während der Produktion oder zur Vorhersage von Verschleiß ermitteln. In Seminaren zu Themen wie 5G oder Sensorik, als auch in individuellen Schulungen qualifiziert das Fraunhofer IOSB-INA Unternehmen im Bereich 5G-Mobilfunk und Industrie 4.0-Retrofit. So haben die Mitarbeitenden des Fraunhofer IOSB-INA Lehrerfahrungen basierend auf durchgeführten Seminaren und darüber hinaus durch eigene Vorlesungen an der TH OWL.

Industrie 4.0-Retrofit ist ein Anwendungsbeispiel für die Nutzung von 5G in Unternehmen. Zudem findet es sich – wenn auch nicht explizit – in den Rahmenlehrplänen vieler technischer Ausbildungsberufe wieder. Beispiele hierfür sind die Fachschule für Maschinenbautechnik (Schulministerium NRW 2014) oder die Zusatzqualifikation Digitale Fertigungsprozesse (IHK Nord Westfalen 2024). Da das Fraunhofer IOSB-INA in beiden Themenbereichen eine ausgeprägte Kernkompetenz hat, wird das außerschulische Lernszenario in diesem Bereich entwickelt. Thematisch wird Industrie 4.0-Retrofit von Maschinenbeständen als Basis gewählt und die Fragestellung, welche Potentiale 5G dafür bietet, darauf aufgesetzt. Nachfolgend wird das entwickelte Lernszenario in diesem Setting vorgestellt.

4 Vorstellung des Lernszenarios *Retrofitting mit 5G*

Die Zielgruppen dieses Lernszenarios sind zunächst Schüler*innen der Fachschule für Maschinenbautechnik und Schüler*innen der Zusatzqualifikation digitale Vernetzung, da diese gemäß ihrer jeweiligen Bestimmungen passende Anknüpfungspunkte zum Thema Industrie 4.0-Retrofit aufweisen (Schulministerium NRW 2014; DIHK 2018). Der Einsatz ist jedoch nicht auf diese beiden Bildungsgänge beschränkt.

Der Handlungsprozess des Lernszenarios beginnt mit der inhaltlichen Vorbereitung in der beruflichen Schule, in der die Problemstellung eingeführt wird, welche ein Retrofitkonzept der entsprechenden Maschine unter Berücksichtigung von 5G zur Datenübertragung notwendig macht. Dazu wird der ausgewählte Lernträger vorgestellt und dessen Funktionsweise erläutert. Zur Erstellung des Retrofitkonzepts soll dabei die Expertise des beteiligten Fraunhofers-Instituts eingeholt werden, weswegen die Schüler*innen dieses in der Durchführungsphase aufsuchen. Die Unterstützung während des Besuchs besteht dabei aus einem theoretischen Input als Basis und der anschließenden Unterstützung bei der Erstellung der Konzepte. Der theoretische Teil gliedert sich dabei in zwei ca. halbstündige fachliche Vorträge, welche Industrie 4.0-Retrofitting und 5G anwendungsbezogen thematisieren. Ebenfalls beinhaltet sind die bei der Umsetzung eines Retrofits zu planenden Aspekte, welche die Basis für das von den Schüler*innen zu erstellende Konzept darstellen. Im anschließenden praktischen Teil erarbeiten die Schüler*innen zunächst innerhalb von ca. 45 min in Dreier- bis Vierergruppen die Konzepte. Dabei werden sie durch die Mitarbeitenden des Fraunhofers gezielt unterstützt, z. B. wenn sich konkrete Fragen ergeben oder sie neue Denkanstöße benötigen. In der folgenden 20-minütigen Nachbesprechung werden die Konzepte einer Gruppe vorgestellt und diese gemeinsam durch alle Schüler*innen und Expert*innen diskutiert und ergänzt, sodass am Ende ein möglichst vielseitiges Retrofitkonzept vorliegt. Im Anschluss führen die Expert*innen die Schüler*innen durch die SmartFactoryOWL vor Ort und zeigen als Ausblick konkrete Umsetzungsbeispiele für realisierte Retrofits und 5G-Anwendungen. Den Abschluss des Fraunhofer-Besuchs bildet die Zusammenfassung der Ergebnisse durch die Schüler*innen, welche ebenfalls durch die Expert*innen ergänzt wird. Im Anschluss daran kann und sollte in der beruflichen Schule der Besuch eingeordnet und reflektiert werden. Die schulischen Anteile sind dabei ausdrücklich nicht Teil des außerschulischen Lernszenarios, da sie von der Lehrkraft an die speziellen Gegebenheiten der schulischen Lernfabrik und in die didaktische Jahresplanung des jeweiligen Bildungsganges angepasst werden müssen. Die schulische Aufarbeitung ist dabei trotzdem zentral für die nachhaltige Wirkung des Lernszenarios (Bünning 2016).

Bezogen auf den Handlungsraum sind am Lernszenario die zwei Mitarbeitenden des Fraunhofers als fachliche Expert*innen involviert. Als Material wird der Lehrkraft eine Checkliste zum Retrofitpotenzial von Maschinen und Anlagen zur Verfügung gestellt, welche die Auswahl des Lernträgers erleichtert. Diese Liste steht außerdem den Schüler*innen bei der Erstellung des Retrofitkonzepts zur Verfügung. Zusätzlich dazu liegen die beiden gehaltenen Präsentationen vor, sodass deren Inhalte auch für den schulischen Unterricht genutzt werden können. Zur Veranschaulichung der Retrofitkonzepte werden außerdem Stellwände mit Heftzetteln und einer Abbildung der jeweiligen Maschine zur Verfügung gestellt. Nach Ausarbeitung und Vorstellung des Konzepts wird ein Demonstrator, der einen Retrofit an einer Standbohrmaschine zeigt, als exemplarisches Umsetzungsbeispiel eingesetzt.

Der Handlungsprozess führt dabei innerhalb des Handlungsraums zum Handlungsergebnis. Dieses stellt das Ziel des Lernszenarios dar und ist bezogen auf das dargestellte Lernszenario (s. Abb. 1) das bereits genannte Retrofitkonzept. Das Konzept umfasst die aufzunehmenden Messgrößen, die interne und externe Sensorik, die Vorverarbeitung in Form von Metadaten und die Übertragung der Messwerte und Möglichkeiten durch 5G. Dieses wird, wie beschrieben, in der Klasse präsentiert, wobei die einzelnen Entscheidungen begründet werden. Hinsichtlich der Arbeitsstrategien holen sich die Schüler*innen Expertise bei einem Forschungsinstitut ein und wenden die erlangten Erkenntnisse auf eine Problemstellung an.

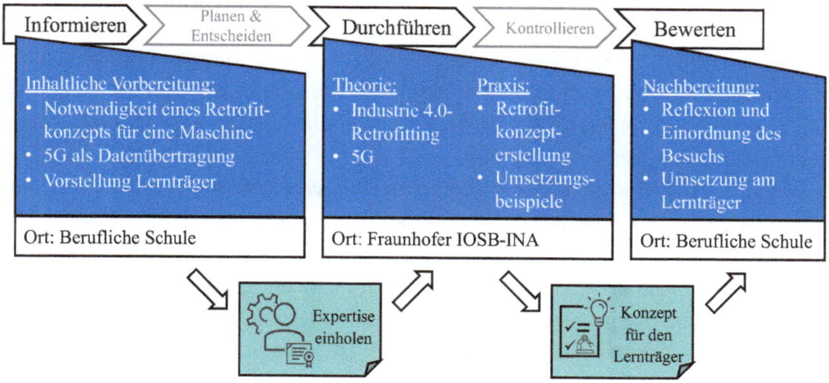

Abb. 1 Grafische Darstellung des Handlungsprozesses

Das Fraunhofer IOSB-INA entwickelt den Inhalt und Aufbau des Lernszenarios auf technischer und inhaltlicher Ebene. Der didaktische Aufbau im Detail wird gemeinsam mit dem Fachgebiet Technikdidaktik der Universität Paderborn als auch mit Lehrkräften, die für eine Erprobung ausgewählt werden, abgestimmt. Die fachlichen Inputs zu den beiden Themenschwerpunkten werden anhand von bereits vorhandenem und veröffentlichtem Basismaterial vorbereitet. Für die Labtour in der SmartFactoryOWL werden die passenden Demonstratoren ausgewählt. Ein Konzept für die Gruppenarbeitsphase wird erarbeitet. Hierfür dient die am Fraunhofer IOSB-INA etablierte schrittweise Vorgehensweise bei der Durchführung eines Industrie 4.0-Retrofits als Vorlage (Friesen et al. 2020). Das Fachgebiet Technikdidaktik unterstützt dabei das Fraunhofer-Institut auch bei der Umsetzung des Lernszenarios. Die Evaluation des Lernszenarios wird durch das Fachgebiet Technikdidaktik konzipiert, durchgeführt und im folgenden Kapitel vorgestellt.

5 Evaluation des Lernszenarios

Ziel der empirischen Evaluation ist es, die Stärken und Schwächen des Lernszenarios zu identifizieren und darauf basierend Empfehlungen für die Weiterentwicklung und zukünftige Gestaltung von Lernszenarien im Fraunhofer-Institut abzuleiten.

5.1 Evaluationsmethodik

Zur Evaluation wird die von den bei der Entwicklung und Durchführung beteiligten Akteur*innen wahrgenommenen Güte des Lernszenarios untersucht. Dieser Ansatz reiht sich dabei in die umfangreiche Forschung zur Unterrichtsqualität ein, welche unter anderem in Drechsel & Schindler (2019) und Bauer & Logemann (2011) dargestellt ist. Da das Lernszenario in der beruflichen Bildung und in Anlehnung an schulische Lernsituationen entwickelte wurde, wird zur Untersuchung eine hier verortete Qualitätsbeurteilung eingesetzt, welche den Problemgehalt, die innere Struktur, die äußere Struktur und das selbstregulierte Lernen der Lernsituation evaluiert (Dilger et al. 2006). Die Erhebung zu den Einschätzungen der Schüler*innen wird an dieser Stelle nicht vorgestellt, da sie keine evaluative Perspektive hat, sondern die Technologieakzeptanz erhebt.

Es erfolgen zunächst zwei Durchführungen des außerschulischen Lernszenarios *Retrofitting mit 5G* im Rahmen des Forschungsprojektes 5G-Lernorte OWL mit zwei verschiedenen Klassen von Auszubildenen zweier im Projekt beteiligter Berufskollegs. Die erste Durchführung fand im Dezember 2023 mit einer Klasse der Technikerausbildung für Maschinenbautechnik statt. Die Teilnehmenden hatten daher bereits eine Berufsausbildung im Metallbereich. Es nahmen 26 Schüler*innen teil, von denen 24 angaben, männlich zu sein. Ihr durchschnittliches Alter betrug 27,2 Jahre (*SD* = 7,7), wobei 15 Teilnehmende die Fachoberschulreife, sechs Fachabitur, einer Abitur und zwei einen Hauptschulabschluss hatten. Die zweite Durchführung fand im Februar 2024 mit Auszubildenden der Zusatzqualifikation *Digitale Fertigungsprozesse* ebenfalls in der SmartFactoryOWL vor Ort statt. An dieser nahmen neun ausschließlich männliche Schüler teil. Ihr durchschnittliches Alter betrug 20,5 Jahre (*SD* = 2,7). Fünf der Teilnehmenden hatten das Abitur, einer die Fachhochschulreife und drei die Fachoberschulreife.

Als Untersuchungsmethode werden halbstandardisierte Interviews gewählt (Flick 2007). Diese ermöglichen es sowohl, eine kriteriengeleitete und zwischen den Proband*innen vergleichbare Evaluation durchzuführen als auch darüber hinaus weitere Aspekte zu thematisieren, die sich im Interview ergeben können. Auch können diese bei einer gemeinsamen Basis gut auf die jeweilige Perspektive der Proband*innen angepasst werden und die Interviews in ihrer Gesamtheit somit einen perspektivreichen Einblick geben (Misoch 2019). Aufbauend auf den oben beschriebenen vier Qualitätsbereichen nach Dilger et al. (2006) wird der Interviewleitfaden entwickelt, indem die Kernaussagen der vier Qualitätsbereiche in offene Interviewfragen überführt werden. Die einzelnen Qualitätsfragen nach Dilger et al. (2006) werden ergänzend als offen formulierte vertiefende Fragen eingesetzt.

Wie oben beschrieben, stellen die beteiligten Akteur*innen die Proband*innen der Interviews dar. Da sie jeweils bei unterschiedlichen Aspekten der Entwicklung und Durchführung beteiligt waren, gleichzeitig aber das gesamte Lernszenario und dessen Durchführung bewerten, ergibt sich ein umfassendes Bild aus unterschiedlichen Perspektiven und die Evaluation stellt keine ausschließliche Selbstevaluation dar. Insgesamt werden vier Proband*innen interviewt. Davon sind zwei Mitarbeitende des Fraunhofer IOSB-INAs und haben das Lernszenario mitentwickelt. Sie haben dabei vorrangig eine technisch-inhaltliche Perspektive zu den Themen 5G und Industrie 4.0-Retrofitting. Ein Interviewpartner ist die Lehrkraft der jeweiligen Klassen und ist somit für die Vor- und Nachbereitung der Auszubildenden zuständig und kann daher neben der Einschätzung der fachlichen Inhalte auch eine didaktisch-pädagogische Perspektive einnehmen. Der vierte Proband ist für die Nachwuchsstiftung Maschinenbau, dem für den Transfer zuständigen Projektpartner, tätig und kann daher auf viele Erfahrungen im Zusammenhang mit der Durchführung von Schulungen zu maschinenbaulichen Themen zurückgreifen. Die Proband*innen haben durchschnittlich zwölf Jahre Berufserfahrung (*SD* = 7,4). Drei Teilnehmende sind dabei männlich und eine weiblich.

Die Interviews werden in Form von Videotelefonaten innerhalb von vier Tagen nach der Durchführung des Lernszenarios durchgeführt und haben eine Länge von 13 bis 17 min. Empfehlungen zur Durchführung von Interviews nach Autor*innen wie Misoch (2019), wie vor allem das aktive Zuhören und die Vermittlung von Ergebnisoffenheit während der Interviews, werden beachtet. Im Anschluss an die Interviews werden Transkripte automatisiert erstellt und vollständig manuell geprüft sowie korrigiert. Zur Auswertung wird die inhaltlich strukturierende qualitative Inhaltsanalyse nach Kuckartz & Rädiker (2022) in Form der kategorienbasierten Auswertung entlang der Hauptkategorien angewendet. Die vier Qualitätsbereiche nach Dilger et al. (2006) bilden als Hauptfragen des Interviewleitfadens die a-priori Hauptkategorien der qualitativen Inhaltsanalyse, während die einzelnen Qualitätsfragen der Bereiche als a-priori Subkategorien verwendet werden. In der am Material gebildeten Hauptkategorie *Fazit* werden die abschließenden Anmerkungen der Interviewteilnehmenden kodiert, indem in dieser Subkategorien ebenfalls am Material gebildet und die Aussagen zugeordnet werden. Die auf diese Weise gebildeten Subkategorien sind *Vergleich mit der Planung, Herausforderungen des Lernszenarios* und *Verbesserungsvorschläge.* Die Kodierung wird von einer Person vorgenommen.

5.2 Durchführung des Lernszenarios

Für die Erprobungen wählen die Berufskollegs jeweils individuell Beispielanlagen, die in den Schulen verfügbar und geeignet sind. Für die erste Erprobung wird eine Standbohrmaschine von 1976 ausgewählt, ähnlich dem Retrofit-Demonstrator in der SmartFactoryOWL. Für die zweite Erprobung wird ein Fräsbohrplotter (umgangssprachlich „Platinenfräse“) ausgewählt. Den beteiligten Schüler*innengruppen wird die ausgewählte Maschine, deren Funktion und Bedienung, aber auch Probleme und Potenziale im Vorfeld der Erprobung des Lernszenarios durch die jeweiligen Lehrkräfte im Berufskolleg gezeigt und erläutert. Die Lehrkräfte füllen – stellvertretend als Auftragsgebende – die Industrie 4.0-Retrofit-Checkliste zur Anforderungserhebung (Friesen et al. 2020) aus. In dieser wird anhand von Fragen zu möglichen Messparametern und Usecases der Retrofitbedarf und die gewünschten Maschinendaten abgefragt. Sie steht den Schüler*innen als Auftragsnehmende bei der Erstellung des Retrofitkonzepts zur Verfügung.

Im fachlichen Beitrag zu Industrie 4.0-Retrofit wird zunächst das Thema Industrie 4.0 erläutert und motiviert. Dann werden konkrete Anwendungen zur Nachrüstung von Maschinen mit Sensoren, Kommunikationsschnittstellen und Datenanalyseverfahren zur Industrie 4.0-Integration vorgestellt. Es werden Bedarfe und Anforderungen erläutert und die schrittweise Vorgehensweise bei der Planung und Umsetzung erklärt. Der fachliche Input zu 5G enthält, neben einer technischen Übersicht zur 5G-Technologie und drahtlosen Kommunikationssystemen allgemein, die 5G-Architektur mit Systemkomponenten. Der Bezug von 5G zum Retrofitting geschieht mit einer Übersicht über mögliche Potentiale und Anwendungsbeispiele aus der Praxis.

Während der Wiederholung des Arbeitsauftrags durch die Lehrkraft nimmt diese Bezug auf die von ihr ausgefüllte Retrofit-Checkliste und die Anforderungen, wie z. B. der Bestimmung der Ursache für variable Qualität bei den Produkten. Während der Arbeit an den Konzepten in den Kleingruppen wird u. A. der Einsatz möglicher Sensoren, wie einem Schwingungssensor zur Detektion von Abnutzung und Auffälligkeiten diskutiert. Die Experten weisen darauf hin, dass bei den Überlegungen der Fokus auf die Festlegung der für eine Zusammenführung und Vergleichbarkeit von Daten relevanten Informationen gelegt werden sollte.

Die Diskussion im Anschluss an die Vorstellung der Ergebnisse beziehen sich hauptsächlich auf die Visualisierung von Daten und der damit verbundenen Übermittlung an die Maschinenbedienenden. Vorschläge sind, ein Display neben der Maschine anzubringen. Daraufhin wird eingeworfen, dass eine Anzeige auf dem Diensthandy auch sinnvoll sein könnte, da dies stets zur Verfügung stünde. Weiter wird angemerkt, dass auch eine Halterung installiert werden müsste, damit die Maschinenbedienenden weiterhin beide Hände frei haben. Das Lernszenario wird im Anschluss wie geplant fortgesetzt und abgeschlossen.

5.3 Ergebnisse und Diskussion der Interviews

5.3.1 Ergebnisse als kategorienbasierte Auswertung entlang der Hauptkategorien

Die Darstellung der Ergebnisse erfolgt anhand der Hauptkategorien und damit anhand der Qualitätsbereiche von Lernsituationen als Bündelung der jeweiligen Subkategorien. Die Inhalte der jeweils enthaltenen Subkategorien werden dabei zusammenfassend dargestellt, sodass ein Gesamtüberblick der Interviewergebnisse gegeben wird, anhand dessen die wahrgenommene Güte des Lernszenarios beurteilt werden kann.

Problemstellung des Lernszenarios

Die Problemstellung des Lernszenarios wird von der Lehrkraft als offen beschrieben, da als Ziel zwar die Erstellung eines Retrofitkonzepts angegeben wird, das Ziel des Retrofits selbst hingegen nicht ausgeführt wird. Dadurch werde das Thema breit aber nicht tiefergehend behandelt. Trotz dessen wird der jeweilige Lernträger (z. B. die Standbohrmaschine) als geeigneter Gegenstand zur didaktischen Reduktion komplexer technischer Inhalte bewertet. Gerade die Wahl einer bekannten Maschine erleichtere die Weiterarbeit im schulischen Kontext. Bezogen auf die fachlichen Inhalte bewerten die Mitarbeitenden des Fraunhofers das Lernszenario als einen ersten sehr grundlegenden Einstieg zu den beiden Themen und deren Verknüpfung. Hinsichtlich des Berufsbezugs wird von allen Interviewpartner*innen herausgestellt, dass die Erstellung von Retrofits für die anwesenden Klassen zwar nicht zu den Hauptaufgaben im Beruf zählt, aber trotzdem relevant ist und die Schüler*innen daher darauf vorbereitet werden müssten.

„Also ich meine, die Leute, die dort saßen, werden ja womöglich irgendwann vor das Problem gestellt, dass sie einen Retrofit machen müssen, einen Retrofit planen müssen […].“ (Fraunhofer).

Auch die Exemplarität des Lernträgers wird hervorgehoben.

Innere Struktur des Lernszenarios

Das Lernszenario wies gemäß aller Interviewpartner*innen eine sinnvolle Phasierung auf, da die Informations- und Praxisphasen gut ausbalanciert waren. Die Lehrkraft führt dabei an, dass die Planen- und Entscheidungsphasen ausschließlich von ihr selbst übernommen werden und auch die Bewertungsphase zum Vorgehen nicht innerhalb der Zeit im Fraunhofer-Institut stattfindet. Die Phasierung sei jedoch in Hinblick auf die Gesamtdauer trotzdem angemessen gewesen. Bezogen auf die Ergebnisorientierung sind die 5G- und Retrofitbeispiele zielgerichtet in Bezug auf den Auftrag und die zu erstellenden Retrofitkonzepte standen im Vordergrund. Lediglich Teile der Labtour werden von einem der Fraunhofer-Mitarbeitenden als Exkurs angesehen. Der Mitarbeitende der Nachwuchsstiftung betont dabei, dass das Ziel jederzeit trotzdem im Vordergrund steht.

„Zur Arbeitsweise. Da würde ich tatsächlich sagen, da stand das Ergebnis klar im Vordergrund.“ (Nachwuchsstiftung).

Trotz des hohen theoretischen Inputs zu Beginn können sich im anschließenden praktischen Teil alle Schüler*innen ausgewogen und aktiv in den Gruppenarbeiten einbringen, was alle Interviewpartner*innen angeben. Auch insgesamt arbeiteten die Gruppen selbstständig und nutzten die Expert*innen gezielt zur Unterstützung, was eine hohe Selbststeuerung in dieser Phase ermögliche. Die Gruppendiskussion stelle zum Abschluss die Kontrollphase dar und ermöglichte eine kritische Auseinandersetzung durch die verschiedenen Gruppen mit ihren Ergebnissen, wobei die Bewertung noch ausstünde.

Äußere Struktur des Lernszenarios

Der jeweilige Lernträger werde im vorangegangenen Unterricht bereits behandelt, weswegen an diesen direkt angeknüpft werden könne. Der Mitarbeitende der Nachwuchsstiftung gibt dabei an, dass das Vorwissen für die Teilnahme am Lernszenario ausreichend sei, wobei die Lehrkraft betont, dass dies trotz des geringen Vorwissens zu 5G und Industrie 4.0-Retrofits selbst der Fall sei.

„[...] es war angemessen. Man hat bei den Übungen gemerkt, [...] dass sie bei den Übungen im Bereich der Sensorik und wie kann ich etwas erfassen, sehr aktiv waren. Was noch so ein bisschen fehlte war, wo auch dann die Experten Impulse gegeben haben [...]" (Fraunhofer).

Die Mitarbeitenden des Fraunhofer ziehen dabei in Betracht, das Lernszenario noch weiter an die Metalltechnik als Arbeitsbereich der Schüler*innen auszurichten. Hierbei wird die Komplexität des Themas trotzdem als ausreichend reduziert eingeschätzt. Lediglich hinsichtlich der Aspekte der Sensorik seien gezielte Hilfestellungen nötig. Auch der Mitarbeitende der Nachwuchsstiftung gibt an, dass das Niveau weder zu niedrig noch zu hoch gewesen sei. Außerdem führt er aus, dass das Lernszenario zur beruflichen Handlungskompetenz beitrage, indem es die Lernenden auf die potenzielle Aufgabe vorbereitete, ein Retrofit im beruflichen Umfeld zu realisieren. Besonders positiv wurde hervorgehoben, dass auch wirtschaftliche Überlegungen einbezogen wurden, was die Relevanz für den Unternehmenserfolg unterstreiche.

„[...] einmal diese wirtschaftliche Betrachtungsweise, als auch, dass ich nicht sofort eine neue Maschine anschaffen muss. Weil ich kann sie ja gegebenenfalls in ein modernes Umfeld trotzdem mit einbetten, wenn es zu meinem Prozess passt. Finde ich sehr gewinnbringend für sämtliche weitere Schritte im Unternehmenserfolg" (Nachwuchsstiftung).

Die Lehrkraft gibt dabei zu bedenken, dass das vermittelte Fachwissen zur Sensorik möglicherweise nicht langfristig im Gedächtnis der Schüler*innen bleibe.

Selbst reguliertes Lernen

Hinsichtlich des Anteils selbstständiger Arbeit wird das Verhältnis der theoretischen und der praktischen Phase von den Mitarbeitenden des Forschungsinstituts und dem Mitarbeitenden der Nachwuchsstiftung als ausgewogen bezeichnet. Auch seien in der praktischen Phase kreative Lösungen möglich und die Unterstützung der Expert*innen nur punktueller Natur. Die Lehrkraft bezeichnet die

Informationsphase als eindeutig fremdgesteuert, beschreibt die praktische Phase aber als eigenständig.

„In der Durchführungsphase waren die Schüler dann natürlich schon innerhalb ihrer Gruppe relativ frei, was sie sich überlegen konnten, um diese Maschine aufzurüsten“ (Lehrkraft).

Fazit der Interviewteilnehmenden

Zusätzlich zu den Qualitätsbereichen nach Dilger et al. (2006) zeigt sich in den Fazits der Interviewteilnehmenden, dass die Durchführung des Lernszenarios insgesamt als gut bewertet wird. Der Mitarbeitende der Nachwuchsstiftung merkt dabei an, dass es erst im letzten Ausbildungsjahr eingesetzt werden sollte, damit genügend Grundlagenwissen vorhanden ist. Die Mitarbeitenden des Fraunhofer empfehlen zudem eine stärkere Fokussierung der Inhalte der theoretischen Phase zu Beginn, wobei noch nicht klar sei, an welchen Stellen gekürzt werden könne. Eine weitere Anregung ist, die praktische Phase zu verlängern und dabei mehr Zeitpuffer und Pausen einzuplanen. Die Lehrkraft schlägt zudem vor, die Fachvorträge um Retrofit-Umsetzungsbeispiele zu ergänzen und diese durch die Schüler*innen bewerten zu lassen, um auch eine analytische Perspektive einzunehmen.

5.3.2 Einordnung der Ergebnisse

Es zeigt sich, dass sowohl die einzelnen vier Qualitätsbereiche von den Interviewteilnehmenden als gut bewertet werden als auch die einzelnen Fazits positiv ausfallen. Auch wenn einzelne Verbesserungsvorschläge oder kleinere Kritikpunkte genannt werden, kann die wahrgenommene Güte bzw. Qualität des Lernszenarios damit abschließend im Sinne der Evaluation nach Dilger et al. (2006) als gut bewertet werden.

5.3.3 Diskussion im Hinblick auf das Fraunhofer IOSB-INA als außerschulischen Lernort

Hinsichtlich der Problemstellung ist die Schaffung der Verknüpfung von Schule und Forschungsinstitut zentral, um einen natürlichen Übergang zum außerschulischen Lernort zu legitimieren. Wie beim Thema Retrofitting sollte es aus Sicht der Auszubildenden nahe liegen, eine Stelle wie das Fraunhofer IOSB-INA zur Gewinnung von Expertise in die jeweilige Lernsituation einzubinden (Erhorn & Schwier 2016). Begründet werden kann dies durch die technische und personelle Infrastruktur der Forschungsinstitute, welche gleichzeitig zur Eignung als außerschulischer Lernort beiträgt (Dauser et al. 2021). Die Problemstellung muss also sowohl für eine Unterstützungsanfrage an das Institut als auch für die berufliche

Ausrichtung der Schüler*innen exemplarisch sein. Dafür sollte die Problemstellung zudem noch zielgerichteter sein, als es bei der evaluierten Durchführung der Fall war, beispielsweise durch ein konkretes Ziel des Retrofits. Auch das Kennenlernen des Fraunhofer-Instituts sollte dabei als Lernziel aufgefasst werden, da dessen Expertise für die aktuellen und zukünftigen Arbeitgeber*innen von sehr großem Nutzen sein kann (Comin et al. 2019).

Für den Einsatz in der beruflichen Bildung müssen die Phasen (der vollständigen Handlung) Informieren, Planen, Entscheiden und Bewerten zu einem größeren Anteil vorkommen als in der ersten kompakten Durchführung. Hierfür kann vor allem das Berufskolleg als Lernort dienen und die Phasen können autonom durch die jeweilige Lehrkraft gestaltet werden. Während im Forschungsinstitut vor allem die Durchführungsphase als Kern der Lernsituation von den *„Realbegegnungen der Lernenden mit den Lerngegenständen"* profitieren kann und so *„einen Erfahrungs- und Aneignungsvorteil"* erhält (Erhorn & Schwier 2016). Die Kontrollphase kann anschließend entweder zusammen mit den Expert*innen im Fraunhofer oder vor der Bewertungsphase wieder im Berufskolleg durchlaufen werden. Die Ergebnisorientierung während aller Phasen wird dabei durch die bereits geforderte fokussiertere Aufgabenstellung gestärkt.

Wie bei der beschriebenen kompakten Durchführung sollte auch bei anderen Themen als Retrofitting und 5G ein fundiertes Vorwissen bei den Schüler*innen vorhanden sein, damit die Mitarbeitenden des Fraunhofers auch ihr Expertenwissen vermitteln können. Für eine nachhaltige Wirkung ist dabei die Integration in den schulischen Ablauf und der Austausch zwischen Lehrkraft und den Dozent*innen des Fraunhofers zentral (Bünning 2016). Die Evaluation zeigt dabei, dass dies generell möglich ist.

Auch selbstständige Arbeitsphasen können im Forschungsinstitut durch gezielte und punktuelle Rückmeldung der Mitarbeitenden gut umgesetzt werden. Diese inhaltlichen Impulse ermöglichen es dabei, dass die Schüler*innen, bzw. Auszubildenden auch an unbekannteren Themen eigenständig arbeiten können (Schmohl 2019; Schaper 2021). Beim evaluierten Lernszenario hat sich dies insbesondere bei den Anregungen der Expert*innen im Bereich der Sensorik gezeigt, welcher selbst nicht im Mittelpunkt stehen sollte.

Als Fazit zeigt sich, dass sich das Fraunhofer IOSB-INA in Bezug auf die Themen 5G und Industrie 4.0-Retrofitting als außerschulischer Lernort eignet. Im Gegensatz zu den klassischen außerschulischen Lernorten ist es dabei jedoch wichtig, sich an die besonderen Rahmenbedingungen eines Forschungsinstituts als Lernort anzupassen und den außerschulischen Unterricht innerschulisch zu ergänzen.

6 Fazit und Ausblick

Zusammengefasst wird in diesem Beitrag die Thematisierung der für technische Auszubildende relevante Schlüsseltechnologie 5G sowie die Nutzung des Fraunhofer IOSB-INA als außerschulischen Lernort in der beruflichen Bildung vorgestellt. Dazu wird zunächst die Notwendigkeit der Thematisierung relevanter Schlüsseltechnologien dargestellt und für das Beispiel 5G-Mobilfunk erläutert. Anschließend wird der technologische Hintergrund für 5G und dessen zentrale Anwendung Industrie 4.0-Retrofitting betrachtet, um einen kurzen Einblick über mögliche relevante Lehrinhalte zu geben. Im Anschluss findet eine Betrachtung inklusive der Ziele außerschulischer Lernorte sowohl in der allgemeinen als auch in der beruflichen Bildung statt, um eine Einordnung der Fraunhofer-Institute in dieses Schema einzuordnen. Auf dieser Basis wird die Entwicklung und Durchführung eines exemplarischen Lernszenarios zu den Themen 5G und Industrie 4.0-Retrofitting vorgestellt. Abschließend erfolgt die darauf bezogene Evaluation, anhand derer sich auch Schlüsse auf die gegebene Eignung des Fraunhofer-Instituts als außerschulischer Lernort ziehen lassen, wobei die Integration in den schulischen Unterricht und Einbettung in eine größere vollständige Handlung zentral für das Gelingen ist.

In Hinblick auf den entwickelten Ansatz und dessen Evaluation zeigt sich auf Basis einer ersten explorativen Erhebung, dass weitere Durchführungen und die Entwicklung zusätzlicher Angebote beispielsweise zu weiteren Schlüsseltechnologien sehr vielversprechend erscheinen. Der Einsatz von Lernszenarien erweitert den Nutzen eines Besuchs des jeweiligen Forschungsinstituts zudem deutlich, da kontextbezogen eine viel stärkere Einbindung in den schulischen beruflichen Unterricht möglich ist und das Ziel des jeweiligen Lernszenarios im Vordergrund steht. Gleichzeitig ergeben sich für den breiteren Einsatz von Fraunhofer-Instituten als außerschulische Lernorte offene Frage beispielsweise zur Identifizierung relevanter Themen, dem Aufbau von Kooperationen zwischen einzelnen Schulen und Forschungsinstituten, der Finanzierung der Besuche und der Entwicklung weiterer Lernszenarien.

Es zeigt sich, dass Forschungsinstitute als außerschulische Lernorte Berufsschüler*innen die Möglichkeit bieten können, aktuelle Forschungsthemen mit direktem Anwendungsbezug zu ihrer Ausbildung zu vermitteln. Es ergibt sich somit die Chance, aktuelle Forschungsthemen durch die Auszubildenen in die Unternehmen zu tragen.

Literatur

5G ACIA. (2024). https://5g-acia.org/organisation/about-us/

Angerer, H., Bahr, M., Bergmann, A., Drachsler, K. & Fessler, M. (2020). Leitfaden 5G-Campusnetze - Orientierungshilfe für kleine und mittelständische Unternehmen: Konzepte, Begriffe, Betreibermodelle und Auswahlkriterien für Produktion und Logistik mit Übertragbarkeit auf weitere Domänen wie Medizin-Campus/Krankenhäuser, Häfen, Bergbau, Baustellen und Landwirtschaft. https://www.bmwk.de/Redaktion/DE/Publikationen/Digitale-Welt/leitfaden-5G-campusnetze-orientierungshilfe-fuer-kleine-und-mittelstaendische-unternehmen.html

Baar, R. & Schönknecht, G. (2018). *Außerschulische Lernorte: didaktische und methodische Grundlagen*. Beltz. https://nbn-resolving.org/urn:nbn:de:bsz:31-epflicht-1141583

Bauer, K.-O. & Logemann, N. (2011). *Unterrichtsqualität und fachdidaktische Forschung* (1. Auflage). Waxmann.

Bundesministerium für Bildung und Forschung. (2023). *Handlungsorientierung in der Beruflichen Bildung – Potenziale für BNE: Forum Berufliche Bildung der Nationalen Plattform „Bildung für nachhaltige Entwicklung"*. https://www.bne-portal.de/bne/shareddocs/downloads/files/positionspapier-forum-bb-handlungsorientierung.pdf?__blob=publicationFile&v=3

Berufsbildungsgesetz (2013). https://www.jav.ovgu.de/jav_media/Gesetze/BBiG-p-892.pdf

Bünning, F. (2016). *Konzepte und Effekte außerschulischer Lernorte in der technischen Bildung. Berufsbildung, Arbeit und Innovation: Band 42*. wbv. https://doi.org/10.3278/6004571w

Comin, D., Licht, G., Pellens, M. & Schubert, T. (2019). Do Companies Benefit from Public Research Organizations? The Impact of the Fraunhofer Society in Germany. *SSRN Electronic Journal*. Vorab-Onlinepublikation. https://doi.org/10.2139/ssrn.3354365

Dauser, D., Fischer, A., Lorenz, S. & Schley, T. (2021). *Digital und regional vernetzt – Ansätze zur Optimierung der Lernortkooperationen in der beruflichen Bildung: Ein Leitfaden zum Online-Selbstcheck*. wbv Media. https://www.doi.org/https://doi.org/10.3278/9783763970032

DIHK (2018). IHK-Leitfaden zu den Änderungen in der Prüfungsorganisation der Industriellen Metallberufe, Industriellen Elektroberufe und des Mechatronikers: Änderungsverordnungen zum 1. August 2018. https://www.ostwestfalen.ihk.de/fileadmin/Dokumente/Berufliche_Bildung/Ausbildung/gewerblich-_technisch/Metall_Elektro/2020-06-22_Leitfaden_Zusatzqualifikationen.pdf (Hinweise für Ausbildungsbetriebe und Auszubildende sowie Prüferinnen und Prüfer).

Dilger, B., Sloane, P. F. E. & Tiemeyer, E. (2006). *Entwicklung von Lernsituationen zur Förderung des selbstregulierten Lernens. segel-bs Modellversuchsinformationen*. Kettler Verlag. https://www.berufsbildung.nrw.de/cms/upload/_download/segel-bs/modellversuchsinformation_heft4.pdf

Drechsel, B. & Schindler, A.-K. (2019). Unterrichtsqualität. In D. Urhahne, M. Dresel & F. Fischer (Hrsg.), *Psychologie für den Lehrberuf* (S. 353–372). Springer Berlin Heidelberg. https://doi.org/10.1007/978-3-662-55754-9_18

Engelkenmeier, U., Forster, M.-L. & Fröhlich, S. (2022). „Irgendwas mit Zukunft" – Impulse für eine nachhaltige Aus- und Weiterbildung im Berufsfeld Bibliothek. *Bibliothek Forschung und Praxis*, *46*(3), 450–456. https://doi.org/10.1515/bfp-2022-0033

Erhorn, J. & Schwier, J. (Hrsg.). (2016). *Pädagogik außerschulischer Lernorte: Eine interdisziplinäre Annäherung*. transcript Verlag.

Euler, D. & Wilbers, K. (2019). Berufsbildung in digitalen Lernumgebungen. In M. Apelt, I. Bode, R. Hasse, U. Meyer, V. V. Groddeck, M. Wilkesmann & A. Windeler (Hrsg.), *Springer Reference Sozialwissenschaften. Handbuch Organisationssoziologie* (S. 1–13). Springer Fachmedien Wiesbaden. https://doi.org/10.1007/978-3-658-19372-0_34-1

Fasnacht, D. & Straube, C. (2024). Quantencomputing als Basistechnologie für den nächsten Konjunkturzyklus. *HMD Praxis der Wirtschaftsinformatik*, *61*(1), 284–298. https://doi.org/10.1365/s40702-023-00969-x

Flick, U. (2007). *Qualitative Sozialforschung: Eine Einführung* (Orig.-Ausg., vollst. überarb. und erw. Neuausg. [1. Aufl. der Neuausg.]. *Rororo Rowohlts Enzyklopädie: Bd. 55694*. Rowohlt-Taschenbuch-Verl. http://www.socialnet.de/rezensionen/isbn.php?isbn=978-3-499-55694-4

Friesen, A., Flatt, H., Jasperneite, J. & Kraus, T. (2020). *Leitfaden Retrofit für Industrie 4.0: Neuer Nutzen mit vorhandenen Maschinen*. VDMA Verlag GmbH. https://www.vdma.org/documents/34570/15610928/Leitfaden_I40_Retrofit_DE_FINAL.pdf

GIZ (Hrsg.). (2020). *Handbuch zur Berufsbildung 4.0 im Kontext von Industrie 4.0: Industrie 4.0 Lernplattform Projekt*. Fujian Education Press. https://fao.szpu.edu.cn/xzzx/xsyj/4.0_DE.pdf

Grotepass, J., Eichinger, J. & Voigtländer, F. (2019). *Mit 5G zu neuen Potentialen in Produktion und Logistik. Springer NachschlageWissen*. Springer Vieweg Berlin, Heidelberg. https://doi.org/10.1007/978-3-662-45537-1_106-1

Hoffschroer, M. (2005). Die historische Entwicklung der überbetrieblichen Berufsausbildung bis zum Beginn des 21. Jahrhunderts – Erkenntnisse für die Weiterentwicklung überbetrieblicher Berufsausbildung aus regierungspolitischer, parteipolitischer, wissenschaftlicher und gesellschaftspolitischer Perspektive. *Berufsbildung in Wissenschaft und Praxis*. http://www.bwpat.de/ausgabe9/hoffschroer_bwpat9.pdf

IHK Nord Westfalen (Hrsg.). (2024). *IHK-Zusatzqualifikation Digitale Fertigungsprozesse: Kompetenzfeststellung*. https://www.ihk.de/nordwestfalen/bildung/ausbildung/ausbildungsberufe-a-z/zusatzqualifikation-digitale-fertigungsprozesse-3883012

Karpa, D., Lübbecke, G. & Adam, B. (Hrsg.). (2015). *Reihe: Band 31. Außerschulische Lernorte: Theorie, Praxis und Erforschung außerschulischer Lerngelegenheiten*. Prolog Verlag.

Koppius, S., Schäfers, J., Schuba, K., Wilke, C., Lütke-Börding, A.-L. & Richter, M. (2024). *Die Ausbildung von morgen gestalten: mit 5G und für 5G*. https://www.ostwestfalenlippe.de/projekte/bildung-4owl/neues-handbuch-acht-wege-5g-in-den-unterricht-zu-bringen/

Kroll, H., Berghäuser, H., Blind, K., Neuhäusler, P., Scheifele, F., Thielmann, A. & Wydra, S. (2022). *Schlüsseltechnologien*. Studien zum deutschen Innovationssystem (7–2022). https://hdl.handle.net/10419/251361

Kuckartz, U. & Rädiker, S. (2022). *Qualitative Inhaltsanalyse: Methoden, Praxis, Computerunterstützung: Grundlagentexte Methoden* (5. Auflage). *Grundlagentexte Methoden*. Beltz Juventa. https://www.beltz.de/fileadmin/beltz/leseproben/978-3-7799-6231-1.pdf

Loidl, K., Niemann, B., Grün, T. von der, Tittel, M. & et al. (2020). 5G im Maschinen- und Anlagenba: Leitfaden für die Integration von 5G in Produkt und Produktion.

Mahrin, B. (2023). *Überbetriebliche Berufsbildungsstätten und Kompetenzzentren der beruflichen Bildung als Stabilitätsgaranten und Innovationstreiber*. https://depositonce.tu-berlin.de/items/4833230a-0c4c-4d57-aaa0-2c32adadfe88 https://doi.org/10.14279/DEPOSITONCE-17028

Misoch, S. (2019). *Qualitative Interviews* (2., erweiterte und aktualisierte Auflage). De Gruyter Oldenbourg. http://www.blickinsbuch.de/item/d150225024e9aceebfefae80b50e64ce

Risius, P., Seyda, S. & Meinhard, D. (2021). Alles im digitalen Wandel: Chancen und Herausforderungen der Ausbildung 4.0(3). https://netzwerkq40.de/fileadmin/user_upload/Mediathek/publikationen/Studie-Q_4.0-3-2021.pdf

Sattelberger, T., Rump, J. & Eilers, S. (2022). *Employability Management 5.0: Impulse für die Transformation von Wirtschaft, Bildung und Gesellschaft* (1. Aufl.). Schäffer-Poeschel. https://content-select.com/de/portal/media/view/627e580e-badc-4198-a5f8-76a78677ec64?forceauth=1

Schaper, N. (2021). Lernförderliche Arbeitsgestaltung und selbstgesteuertes Lernen in der Arbeit – Stand der Forschung und Entwicklung. In G. Richter (Hrsg.), *Arbeit und Altern* (S. 355–386). Nomos Verlagsgesellschaft mbH & Co. KG. https://doi.org/10.5771/9783748909378-355

Schelten, A. (2008). Traditionelle und neue Bildungsaufgaben der Berufsschule. *Brennpunkte beruflicher Bildung. Berlin: dbb Verlag*, 45–57.

Schmohl, T. (2019). *Selbstgesteuertes Lernen. Explorative hochschuldidaktische Formate mit Modellcharakter für vier akademische Statusgruppen.* wbv. https://doi.org/10.25656/01:18051

Schulministerium NRW (2014). Richtlinien und Lehrpläne für das Berufskolleg in Nordrhein-Westfalen: Fachschule für Technik. Fachrichtung Maschinenbautechnik. *Schule in NRW*. http://www.berufsbildung.nrw.de/lehrplaene-fachschule/

Trick, U. (2020). *5G: Eine Einführung in die Mobilfunknetze der 5. Generation* (1. Auflage). De Gruyter; De Gruyter Oldenbourg.

Troeger-Weiß, G. & Wagner, N. (2006). *Wissensbasierte Regionalentwicklung - Diskussion der Bedeutung außeruniversitärer Forschungseinrichtungen für den Transfer von Wissen und Technologie in kleinere und mittlere Unternehmen (KMU): Das Beispiel des Fraunhofer Instituts für Experimentelles Software Engineering in Kaiserslautern*. Technische Universität Kaiserslautern.

Wittmann, E. & Weyland, U. (2020). Berufliche Bildung im Kontext der digitalen Transformation. *Zeitschrift für Berufs- und Wirtschaftspädagogik*, *116*(2), 269–291. https://doi.org/10.25162/zbw-2020-0012

Wuttke, E., Friese, M., Fürstenau, B. & Tenberg, R. (Hrsg.). (2010). *Schriftenreihe der Sektion Berufs- und Wirtschaftspädagogik der Deutschen Gesellschaft für Erziehungswissenschaft (DGfE). Dimensionen der Berufsbildung: Bildungspolitische, gesetzliche, organisationale und unterrichtliche Aspekte als Einflussgrößen auf berufliches Lernen.* Verlag Barbara Budrich. https://elibrary.utb.de/doi/book/https://doi.org/10.3224/9783866496989

Motivationsforschung zum außerschulischen Lernen im Rahmen von Freizeitangeboten

Eileen Reckmann, Tobias Blomberg und Katrin Temmen

1 Einführung

Lehr- und Lernarrangements an außerschulischen Lernorten zeichnen sich unter anderem durch eine hohe Motivation der Teilnehmenden aus (Baar & Schönknecht 2018; Wiegand et al. 2013; Wünschmann et al. 2017). Zu den außerschulischen Lernorten zählen auch Schüler*innenlabore. Pawek (2019) analysierte 15 abgeschlossene Dissertationen zu Wirkungen von Schüler*innenlaboren und stellte hierbei einige unterschiedliche Wirkungsweisen heraus. Unter anderem können Schüler*innenlabore bei allen Geschlechtern und Altersgruppen Interesse an den behandelten Themen wecken, Vorstellungen über die eigenen Fähigkeiten steigern, psychologische Bedürfnisse befriedigen, das Image der Naturwissenschaften und Vorstellungen über die Arbeitswelt verbessern sowie Wissen und Kompetenzen vermitteln (vgl. Brandt 2005; Engeln 2004; Glowinski 2007; Itzek-Greulich 2015; Pawek 2009; Plasa 2013; Streller 2015; Weißnigk 2013). Im Rahmen des vom BMBF geförderten Projektes MINT 4.OWL werden Angebote aus dem Schüler*innenlabor coolMINT.paderborn flächendeckend in OWL

E. Reckmann (✉) · T. Blomberg · K. Temmen
EIM-E/TD (Technikdidaktik), Universität Paderborn, Paderborn, Deutschland
E-Mail: eileen.reckmann@uni-paderborn.de

T. Blomberg
E-Mail: tobias.blomberg@uni-paderborn.de

K. Temmen
E-Mail: katrin.temmen@uni-paderborn.de

A. Wenzel und T. Schmäing (Hrsg.), *Außerschulisches Lernen in der naturwissenschaftlichen Bildung*, https://doi.org/10.1007/978-3-658-50864-7_16

durchgeführt („mobile Angebote"). Hierzu fahren die Moderierenden – studentische Mitarbeiter*innen der Universität Paderborn – mit Materialien aus dem Schüler*innenlabor zu verschiedenen Durchführungsorten wie Bibliotheken, Museen und Jugendzentren und führen Angebote aus dem Schüler*innenlabor durch. An diesen mobilen Angeboten können Kinder und Jugendliche im Alter zwischen 10 und 16 Jahren in ihrer Freizeit teilnehmen. Hierdurch sollen Berührungspunkte mit dem MINT-Bereich geschaffen und das Interesse auf diesem Gebiet bei den Kindern und Jugendlichen geweckt und gefördert werden. Diese außerschulischen Angebote unterscheiden sich von anderen zum einen dadurch, dass die Kinder und Jugendlichen in ihrer Freizeit an Schüler*innenlaborkursen teilnehmen und zum anderen dadurch, dass diese Kurse an Orten durchgeführt werden, die keinen Schul- oder Laborbezug haben. Auf diese Weise können die Teilnehmenden sich an für sie vertrauten Freizeitorten in einem strukturierten Lernarrangement mit MINT-Themen beschäftigen. Diese geschaffenen Bildungsangebote gliedern sich in die vielfältige non-formale Bildungslandschaft ein, in der Angebote oft strukturell nicht trennscharf voneinander abgegrenzt werden können. Auch die Herausforderung, Lern- und Bildungsprozesse im Freizeitbereich zu erfassen, kann Grund für die geringe empirische Datenlage im Bereich der non-formalen Bildung sein (Thole & Züchner 2020).

In einer ersten Untersuchung der beschriebenen Bildungsangebote wurden die Moderierenden der Angebote interviewt. Diese berichten, dass sie bei den Teilnehmenden der mobilen Angebote eine höhere Motivation wahrnehmen als bei den Teilnehmenden im Schüler*innenlabor (Blumberg et al. 2026). Dieser wahrgenommene Unterschied soll durch die vorliegende Untersuchung vertiefend betrachtet werden. In diesem Fall wird die intrinsische Motivation betrachtet, die durch Autonomieerleben, Kompetenzerleben sowie Vergnügen und Interesse gekennzeichnet ist (Urhahne 2008). Ziel der Untersuchung ist es, erste Erkenntnisse über mögliche Einflussfaktoren auf die intrinsische Motivation der Teilnehmenden zu gewinnen.

2 Theoretischer Hintergrund

Der Fokus der vorliegenden Untersuchung liegt auf den in der Einleitung beschriebenen mobilen außerschulischen Lernorten und der ersten wissenschaftlichen Betrachtung dieser. Zunächst wird in diesem Kapitel das Schüler*innenlabor coolMINT.paderborn vorgestellt, bevor das Projekt in dessen Rahmen die mobilen Angebote durchgeführt werden (MINT 4.OWL) und die betrachteten

Kurse genauer beschrieben werden. Im Anschluss wird der für die Untersuchung relevante theoretische Hintergrund dargelegt und die Forschungsfragen abgeleitet.

2.1 Das Schüler*innenlabor coolMINT.paderborn

Das Schüler*innenlabor coolMINT.paderborn ist eine Kooperation der Universität Paderborn und des Heinz Nixdorf MuseumsForum in Paderborn, welches durch die Gemeinschaftsinitiative Zukunft durch Innovation (zdi) unterstützt wird. Das übergeordnete Ziel des Schüler*innenlabors ist es, Kinder und Jugendliche für MINT und MINT-Studiengänge zu begeistern und so den niedrigen Studienanfangszahlen in diesem Bereich entgegenzuwirken. Das Angebot besteht seit 2010 und wird von dem Fachgebiet Technikdidaktik der Universität Paderborn wissenschaftlich begleitet. In inhaltlicher Kooperation mit den MINT-Fakultäten und -Fachbereichen der Universität Paderborn werden in mehr als 30 verschiedenen dreistündigen Modulen für Schulklassen und Gruppen Angebote zur MINT-Bildung bereitgestellt. Die Angebote richten sich an Schüler*innen von der Grundschule bis zur Oberstufe. Wichtiger Bestandteil des Schüler*innenlabors sind die Moderierenden, welche studentische und wissenschaftliche Hilfskräfte der Universität sind und mindestens ein MINT-Fach oder -Lehramt studieren. Dadurch bringen sie aktuelle didaktische und pädagogische Konzepte aus ihrem Studium mit und können ihre Studieninhalte direkt in der Praxis anwenden. Wenn die Studierenden ihre Mitarbeit im Schüler*innenlabor beginnen, haben sie ihre ersten Semester an der Universität bereits absolviert oder stehen schon am Übergang in den Masterstudiengang ihres Faches. Die Studierenden werden vor der Durchführung in die vorgestellten Themen und Module eingearbeitet und führen beispielsweise die Experimente für einen Perspektivwechsel zunächst selbst durch. Mehrere Hospitationen bei anderen Durchführungen und erste eigene Moderationen im Tandem mit erfahrenen Moderierenden schließen die Einarbeitung ab. Aufgrund des geringen Altersunterschieds zu den Kindern und Jugendlichen können sie gleichzeitig als Role-Model für ihre Studienfächer auftreten. In dieser Rolle können sie zu möglichen neuen Zielen inspirieren, zeigen, dass diese Ziele erreichbar sind und wie sie erreicht werden können (Morgenroth et al. 2015). Damit die Studierenden als Role-Model wahrgenommen werden, müssen sich die Teilnehmenden mit ihnen und ihrer Persönlichkeit identifizieren können (Kressdorf et al. 2022), was nicht immer gegeben sein kann. Sie stehen in dieser Rolle unter anderem für Fragen zum Studium allgemein, zu ihren eigenen Studiengängen und ihrem Weg ins Studium zur Verfügung.

Im Schüler*innenlabor werden über das regelmäßige Dauerangebot hinaus auch weitere Projekte durchgeführt, wie beispielsweise das im Folgenden näher erläuterte Projekt MINT Community 4.OWL.

2.2 Das Projekt MINT Community 4.OWL

Die MINT Community 4.OWL (MINT 4.OWL) ist ein vom BMBF gefördertes MINT-Cluster, welches sich über den Raum Ostwestfalen-Lippe (OWL) erstreckt. In Kooperation unter anderem mit den regionalen zdi-Zentren hat die Universität Paderborn mit dem Schüler*innenlabor coolMINT.paderborn seit 2021 die Aufgabe, für neu erschlossene außerschulische Lernorte ein mobiles MINT-Angebot bereitzustellen. Als neue außerschulische Lernorte werden Orte erschlossen, die sich im ländlichen Raum der Region OWL befinden und keine günstige Anbindung an die regionalen Zentren mit bestehenden Angeboten zur MINT-Förderung (z. B. Schüler*innenlabore) haben. Ferner sind diese Orte für die Jugendlichen gut zu erreichen und besitzen meist bereits einen Bezug zu Jugendlichen generell ohne einen zwingenden Lernortbezug. Während der Projektlaufzeit haben sich hauptsächlich Bibliotheken und Jugendzentren als bewährte Anlaufpunkte herausgestellt, da Jugendliche diese Orte bereits kennen und auch in ihrer Freizeit nutzen. Es finden ebenfalls Kurse an Schulen im Nachmittagsbereich oder auch bei regionalen Vereinen statt. Das mobile Angebot besteht aus Kursen, die bereits erfolgreich im Schüler*innenlabor durchgeführt werden und dort etabliert sind. Diese Kurse werden von denselben Moderierenden begleitet, die auch das Angebot im Schüler*innenlabor durchführen. Der Schwerpunkt der angebotenen Kurse liegt auf den Themen der Digitalisierung, Industrie 4.0 und weiteren Zukunftstechnologien, die Jugendliche im Alter von 10 bis 16 Jahren angeleitet erkunden können. Dies beinhaltet unter anderem die Themen IT-Sicherheit, Big Data, virtuelle und erweiterte Realität, digitaler Zwilling oder auch Künstliche Intelligenz. Das Ziel dieser Kurse ist das selbständige Kennenlernen und Auseinandersetzen der Teilnehmenden mit den Technologien sowie Begeisterung dafür zu schaffen. Im ersten Förderzeitraum wurden insgesamt 3400 Jugendliche mit dem Angebot der mobilen MINT-Kurse erreicht.

2.3 Betrachtete Angebote aus dem coolMINT. paderborn

Die in der Untersuchung betrachteten Kurse „Kollege Roboter – wie Assistenzsysteme den Arbeitsalltag verändern“ (Kollege Roboter), „Wie kommt die Kugel in die Trillerpfeife? – Eine Einführung in den 3D-Druck“ (Trillerpfeife) und „Interaktive Geschichten mit Scratch“ (Scratch) sind etablierte Kurse des Schüler*innenlabors coolMINT.paderborn und Teil des Angebotes im Projekt MINT 4.OWL. Die drei Kurse werden im Schüler*innenlabor und an den mobilen außerschulischen Lernorten inhaltlich und methodisch identisch durchgeführt. Unterschiede können aufgrund lokaler Gegebenheiten jedoch vorkommen und beziehen sich dann zumeist auf organisatorische Anpassungen.

In dem Kurs „Kollege Roboter“ werden mithilfe von Sphero BOLTs, rollenden Robotern in Kugelform, Zusammenhänge zur Robotik in der Industrie 4.0 hergestellt. Diese Roboter können von Hand ferngesteuert, blockbasiert programmiert und mithilfe von Sensoren in ein technisches Szenario überführt werden. In diesem Kurs werden unter anderem Vergleiche zu Waren- und Fertigungslagern hergestellt, indem entsprechende Abläufe vorgestellt und von den Teilnehmenden programmiert werden.

Der Kurs „Trillerpfeife“ legt den Fokus auf eine Heranführung an den 3D-Druck als additives Fertigungsverfahren und den Umgang mit professioneller CAD-Software. Nach einer theoretischen Einführung und Begriffsklärung/Erläuterung wird mithilfe des CAD Programms Onshape eine Trillerpfeife konstruiert, die für den 3D Druck optimiert ist und am Ende mitgenommen werden kann.

In dem Kurs *Scratch* machen die Teilnehmenden erste Erfahrungen mit der blockbasierten Programmierung mit Scratch. Sie werden mithilfe einer Einführung in grundlegende Abläufe und Befehle an das Thema herangeführt und können sich im zweiten Teil eines von drei kleinen Spielen aussuchen, welches sie nach Anleitung programmieren und ausprobieren.

2.4 Interesse, Motivation und Selbstbestimmung im Zusammenhang

Außerschulische Lernorte bieten unter anderem durch die Möglichkeit, frei von äußerem Druck, selbstgesteuert zu lernen ein großes Potenzial (Wilde et al. 2009). Auch die mobilen Angebote, die im Rahmen des Projektes MINT 4.OWL durchgeführt werden, sollen Kindern und Jugendlichen die Möglichkeit bieten sich ohne äußeren Druck in ihrer Freizeit mit MINT-Themen zu beschäftigen. Hierdurch sollen die Teilnehmenden Interessen im MINT-Bereich entwickeln. In der Pädagogischen Psychologie (Person-Gegenstand Theorie) wird unter Interesse die Beziehung zwischen einer Person und einem Gegenstand verstanden (Krapp 1999; Krapp & Weidenmann 2006). Unterschieden wird in diesem Zusammenhang häufig zwischen dem situationalen und dem individuellen Interesse (Krapp 2010). Das situationale Interesse ist ein motivationaler Zustand, der durch die Umwelt hervorgerufen wird, während das individuelle Interesse eine motivationale Disposition darstellt, die als Persönlichkeitsmerkmal aufgefasst werden kann (Krapp 1998, 2010). Unter passenden Voraussetzungen kann sich situationales Interesse stabilisieren und zu individuellem Interesse entwickeln (Hoffmann et al. 1998; Krapp 1998). Eng verbunden mit dem Konzept des Interesses ist das Konzept der (intrinsischen) Motivation und der von Deci und Ryan (1985, 2019) formulierten Selbstbestimmungstheorie (Krapp 1998). Motivation kann als Antrieb menschlichen Handelns, der die Richtung, Ausdauer und Intensität einer Handlung bestimmt, betrachtet werden (Han & Yin 2016; Urhahne, 2008). Bezogen auf das Lernen ist Motivation demnach „die Absicht, bestimmte Inhalte oder Fertigkeiten zu lernen bzw. bestimmte Aufgaben auszuführen" (Schiefele & Köller 2010, S. 336). Die Gründe, aus denen eine Person beabsichtigt zu handeln, lassen eine weitere Untergliederung des Motivationsbegriffes in intrinsische und extrinsische Motivation zu (Schiefele & Köller 2010). Eine Handlung wird als intrinsisch motiviert bezeichnet, wenn diese um ihrer selbst willen durchgeführt wird, da „sie als interessant, spannend oder in sich befriedigend erlebt wird" (Urhahne 2008, S. 157). Extrinsisch motivierte Handlungen werden dagegen durchgeführt, um positive Effekte zu erzielen oder negative abzuwenden (Schiefele & Köller 2010). Diese beiden Motivationsformen sind, durch ihr häufiges Zusammenwirken, allerdings nicht getrennt voneinander zu betrachten (Urhahne 2008; Wilde et al. 2009). Die Selbstbestimmungstheorie nach Deci und Ryan (1985, 2019) liefert einen Erklärungsansatz in dem Forschungsfeld der intrinsischen Motivation (Deci & Ryan 1985; Urhahne 2008). Das Fundament dieser Theorie bildet die Annahme, dass Autonomie-, Kompetenzerleben und soziale Eingebundenheit menschliche psychologische Grundbedürfnisse darstellen (Frühwirth 2020; Ryan & Deci 2019; Urhahne 2008). Diese Grundbedürfnisse stehen nicht explizit im Mittelpunkt von Handlungsmotiven, ihre Befriedigung oder Frustration führen jedoch zu unterschiedlich starken Investitionen in verfolgte Aktivitäten oder Ziele (Ryan & Deci 2019). Bei dem Entstehen intrinsischer Motivation sind vor allem das Bedürfnis nach Kompetenz- und Autonomieerleben von Bedeutung, während das Bedürfnis nach sozialer Eingebundenheit eine untergeordnete Rolle spielt (Urhahne 2008; Wilde et al. 2009). Daher sollte versucht werden, eben diese Grundbedürfnisse durch die Angebote zu befriedigen, um die Entwicklung intrinsischer Motivation bei den Teilnehmenden zu ermöglichen. Die intrinsische Motivation kann im Folgenden dazu beitragen, dass sich die Teilnehmenden längerfristig und intensiver mit den Themen der Angebote befassen und so ein individuelles Interesse ausbilden (Renninger & Hidi 2019).

2.5 Forschungsstand zu intrinsischer Motivation von Schüler*innen an außerschulischen Lernorten

Zu der Wirkung von Schüler*innenlaboren auf Interesse und Motivation liegen zahlreiche Untersuchungen vor (vgl. Brandt 2005; Engeln 2004; Glowinski 2007; Pawek 2009, 2019; Streller 2015; Weißnigk 2013; Wenzel, 2022). In diesen wurden zumeist Schüler*innenlabore aus den naturwissenschaftlichen Bereichen betrachtet, die Fächer Mathematik, Informatik und Technik sind hierbei unterrepräsentiert. Obwohl Pawek (2019) betont, dass jedes Schüler*innenlabor einzigartig ist, konnten bei seiner Analyse von Dissertationsergebnissen einige Effekte auf die intrinsische Motivation und das Interesse festgestellt werden. Demnach können klassische Schüler*innenlabore die Bedürfnisse nach Autonomie, Kompetenzerleben und sozialer Eingebundenheit befriedigen (vor allem bei Mädchen), die Motivation und das Interesse an Fachunterricht und seinen Inhalten fördern und bei beiden Geschlechtern in Mittel- und Oberstufe ein über mehrere Wochen andauerndes Interesse wecken (Pawek 2019). Oftmals können bei dem Besuch außerschulischer Lernorte positive Effekte auf die (intrinsische) Motivation von Schüler*innen festgestellt werden, wobei diese bei Mädchen teils stärker ausgeprägt sind als bei Jungen (Bätz et al. 2010; Mikkelsen et al. 2023; Röllke 2019; Salmi & Thuneberg 2019; Wünschmann et al. 2017). Außerschulische Lernorte wie Schüler*innenlabore können demnach zu einer gesteigerten intrinsischen Motivation bei Schüler*innen führen. Untersuchungen zum Zusammenhang vom Alter und der Wirkung außerschulischer Lernorte sind kaum vorhanden. Schmäing und Grotjohann (2023) konnten einen negativen Zusammenhang zwischen dem Alter und der intrinsischen Motivation der Teilnehmenden bei dem Besuch eines biologischen außerschulischen Lernortes feststellen. Unabhängig von außerschulischen Lernorten konnte in anderen Untersuchungen ein Absinken der intrinsischen Motivation von Schüler*innen in der Schule mit zunehmendem Jugendalter beobachtet werden (Gillet et al. 2012; Gottfried et al. 2001). Auch wenn es inzwischen einige Freizeitlernangebote für Kinder und Jugendliche gibt, scheint es bislang keine Forschungen in diesem Gebiet zu geben. Wenn in der bisherigen Forschung mobile Schüler*innenlabore erwähnt werden, handelt es sich hierbei nicht um Freizeitangebote außerhalb der Schule (vgl. Budke 2019; Holmeier & Stotz 2016). Die mobilen Schüler*innenlaborangebote, die im Rahmen des Projektes MINT 4.OWL angeboten werden, stellen somit ein Forschungsdesiderat dar.

3 Forschungsfragen

Ziel dieser Untersuchung ist es, Erkenntnisse über mögliche Einflussfaktoren auf die intrinsische Motivation der Teilnehmenden zu gewinnen. Mithilfe dieser Erkenntnisse sollen neue Angebote entwickelt und die Bestehenden angepasst werden. Um eine möglichst interessensförderliche Umgebung schaffen zu können, soll zur Gewinnung erster Erkenntnisse daher folgenden Fragestellungen nachgegangen werden:

1. Unterscheiden sich die Teilnehmenden hinsichtlich ihrer intrinsischen Motivation, je nachdem, ob sie an einem dreistündigen, schulklassengebundenen MINT-Angebot im Schüler*innenlabor oder an einem mobil durchgeführten MINT-Angebot im Rahmen von MINT 4.OWL teilgenommen haben?
2. Besteht ein Zusammenhang zwischen dem Alter der Teilnehmenden (mobil und im Schüler*innenlabor) und ihrer intrinsischen Motivation bei der Teilnahme an den dreistündigen MINT-Angeboten?
3. Gibt es geschlechtsspezifische Unterschiede hinsichtlich der intrinsischen Motivation der Teilnehmenden (mobil und im Schüler*innenlabor) bei den dreistündigen MINT-Angeboten?

4 Durchführung der Erhebung

Im Folgenden wird die Methodik der Untersuchung geschildert. Hierzu werden die Stichprobe, das Vorgehen bei der Erhebung der Daten sowie bei der Auswertung beschrieben.

4.1 Die betrachtete Stichprobe

An der Befragung nahmen 227 Kinder und Jugendliche teil. Von diesen besuchten 117 Kinder und Jugendliche das Schüler*innenlabor coolMINT.paderborn im Klassen- oder Kursverbund und 110 Kinder und Jugendliche nahmen außerhalb des Schüler*innenlabors im Rahmen des Projektes MINT 4.OWL an den Angeboten teil. Die Kinder und Jugendlichen waren im Durchschnitt 12.26 Jahre alt ($SD = 2.51$), das jüngste Kind acht und der älteste Jugendliche 19 Jahre alt. Die Teilnehmenden im Schüler*innenlabor waren im Durchschnitt 12.87 Jahre alt ($SD = 2.65$), die Teilnehmenden der mobilen Angebote 11.61 Jahre alt

(SD = 2.19). Von den Befragten gaben 67 % an männlich und 33 % an weiblich zu sein. Im Schüler*innenlabor lag der Anteil der weiblichen Teilnehmenden bei 36 % und bei den mobilen Angeboten bei 27 %. Von den 227 Teilnehmenden besuchten 100 das Angebot „Kollege Roboter", 75 „Scratch" und 52 „Trillerpfeife". Es wurden Daten bei 30 Angeboten erhoben; 19 dieser Angebote fanden im Rahmen des Projektes MINT 4.OWL außerhalb des Schüler*innenlabors und 11 im Schüler*innenlabor coolMINT.paderborn statt.

4.2 Die Erhebung der Daten

Die Kinder und Jugendlichen, die an der Befragung teilnahmen, haben unmittelbar vor der Erhebung an einem der beschriebenen Angebote teilgenommen. Die Daten wurden mittels Paper-Pencil-Befragung zwischen Oktober 2023 und Juni 2024 auf freiwilliger Basis erhoben. Der Fragebogen dient der Erfassung der wahrgenommenen intrinsischen Motivation bei den Angeboten. Diese Angebote wurden von je zwei Moderierenden des Schüler*innenlabors coolMINT.paderborn durchgeführt. Die Erfassung der wahrgenommenen intrinsischen Motivation erfolgte mit der *Kurzskala intrinsischer Motivation* (KIM) nach Wilde et al. (2009), welche im Kontext außerschulischer Lernorte entwickelt wurde und eine Adaption der *Intrinsic Motivation Inventory Scale* von Deci und Ryan darstellt (Deci & Ryan 2019). Mithilfe der KIM können vier Faktoren (Subskalen) abgebildet werden: das Interesse/Vergnügen, die wahrgenommene Wahlfreiheit, die wahrgenommene Kompetenz sowie der Druck/die Anspannung. Es wurden jeweils drei Items mithilfe einer fünfstufigen Likert-Skala (0-stimmt gar nicht, 1-stimmt wenig, 2-stimmt teils-teils, 3-stimmt ziemlich, 4-stimmt völlig) abgefragt (Wilde et al. 2009).

Die interne Konsistenz kann auf Grundlage von Cronbachs Alpha als akzeptabel bis gut ($\alpha \geq .7$) für alle Subskalen (vgl. Tab. 1) eingestuft werden (DeVellis 2012).

Tab. 1 Übersicht über die interne Konsistenz des eingesetzten Messinstrumentes

Subskala	Anzahl Items	Cronbachs α
Vergnügen/Interesse	3	.79
Wahrgenommene Kompetenz	3	.78
Wahrgenommene Wahlfreiheit	3	.76
Druck/Anspannung	3	.75

4.3 Das Vorgehen bei der Auswertung

Mithilfe des Programms IBM SPSS Statistics 29 wurden die Berechnungen durchgeführt. Zur Beantwortung der Forschungsfragen (1) und (3) wurden multivariate Varianzanalysen (MANOVA) durchgeführt. Da die Varianzhomogenität nicht in jedem Fall vorliegt, wurde Wilk´s Lambda, als dieser Verletzung gegenüber robuste Teststatistik, gewählt (Ateş et al. 2019). Zur Beantwortung der zweiten Forschungsfrage wurden Korrelationsanalysen durchgeführt, gewählt wurde der Korrelationskoeffizient nach Pearson.

5 Ergebnisse der Untersuchung

Die Ergebnisdarstellung erfolgt in der gleichen Reihenfolge wie die Darstellung der Forschungsfragen.

5.1 Ergebnisse zu Forschungsfrage (1) – Unterschied Standorte

Es kann ein signifikanter Unterschied zwischen den Teilnehmenden der mobilen Angebote und denen im Schüler*innenlabor bezüglich ihrer intrinsischen Motivation festgestellt werden ($F(4, 222) = 6.234$; $p < .001$; $\text{Wilk's} - \lambda = .899$; $\eta_p^2 = .101$). Die Effektstärke ist von mittlerer Größe (Cohen 1988). Für ein differenzierteres Bild wurde eine follow-up ANOVA für jede abhängige Variable durchgeführt. Signifikante Unterschiede können für die Subskalen Vergnügen/Interesse, wahrgenommene Wahlfreiheit und Druck/Anspannung festgestellt werden (vgl. Tab. 2). Für die Subskala Vergnügen/Interesse ist die Effektstärke von mittlerer Größe, für die wahrgenommene Wahlfreiheit und den Druck/die Anspannung als schwach zu bewerten (Cohen 1988). Für die Subskala wahrgenommene Kompetenz kann kein signifikanter Unterschied zwischen den Gruppen festgestellt werden (vgl. Tab. 2).

5.2 Ergebnisse zu Forschungsfrage (2) – Zusammenhang Alter

Die Korrelationsanalyse zur zweiten Forschungsfrage zeigt eine signifikant negative Korrelation mit allen berücksichtigten Faktoren, außer dem Druck/der Anspannung auf. Demnach weisen die jüngeren Teilnehmenden eine höhere intrinsi-

Tab. 2 Mittelwerte, Standardabweichungen, ANOVAs und Effektstärke für die Subskalen der KIM bezogen auf die Teilnehmenden der mobilen und der im Schüler*innenlabor durchgeführten Angebots

Subskala	mobil	Schüler*innenlabor	ANOVA	η_p^2
Vergnügen/Interesse	$M=3.31$ $SD=.68$	$M=3.03$ $SD=.79$	$F(1,225)$ $= 15.124$***	.063
Kompetenz	$M=3.06$ $SD=.76$	$M=2.95$ $SD=.83$	$F(1,225)$ $= 1.08$	.005
Wahlfreiheit	$M=2.94$ $SD=.85$	$M=2.56$ $SD=1.01$	$F(1,225)$ $= 9.19$**	.040
Druck/Anspannung (invers)	$M=3.15$ $SD=.80$	$M=2.77$ $SD=1.10$	$F(1,225)$ $= 8.9$**	.038

*$p < .05$; ** $p < .01$; ***$p < .001$

Tab. 3 Die Ergebnisse der Korrelationsanalysen in der Grundgesamtheit (n = 226) und den Teilmengen „mobil" (n = 109) und „Schüler*innenlabor" (n = 117)

Subskala	Gesamt	mobil	Schüler*innenlabor
Vergnügen/Interesse	−.25**	−.05	−.31**
Kompetenz	−.26**	−.25**	−.26**
Wahlfreiheit	−.27**	−.26**	−.22*
Druck/Anspannung	.08	.07	.01

**. Die Korrelation ist auf dem Niveau von.01 (2-seitig) signifikant
*. Die Korrelation ist auf einem Niveua von.05 (2-seitig) signifikant

sche Motivation bei den Angeboten auf als die älteren Teilnehmenden. Der Tab. 3 sind die ermittelten Korrelationen zwischen den betrachteten Faktoren und dem Alter (bezogen auf die Teilmengen „Gesamt", „mobil" und „Schüler*innenlabor"), angegeben durch den Korrelationskoeffizienten ***r***, zu entnehmen. Die vorliegenden Korrelationen weisen eine mittlere Stärke auf (Gignac & Szodorai 2016).

In der Teilmenge derjenigen, die im Schüler*innenlabor an den Angeboten teilgenommen haben, kann ebenfalls eine signifikant negative Korrelation zwischen allen Subskalen und dem Alter der Teilnehmenden, außer dem Druck/der Anspannung, festgestellt werden. Dass die jüngeren Schüler*innen eine höhere intrinsische Motivation als die älteren bei den Angeboten aufweisen, trifft demnach auch auf die Teilmenge derjenigen zu, die im Schüler*innenlabor an den Angeboten teilnahmen. Die Korrelation zwischen dem Faktor Vergnügen/Inter-

Tab. 4 Mittelwerte, Standardabweichungen, ANOVAs und Effektstärke für die Subskalen der KIM bezogen auf die männlichen und weiblichen Teilnehmenden

Subskala	männlich	weiblich	ANOVA	η_p^2
Vergnügen/Interesse	$M=3.23$ $SD=.74$	$M=3.17$ $SD=.78$	$F(1,222)$ $=.37$	.002
Kompetenz	$M=3.04$ $SD=.81$	$M=2.92$ $SD=.79$	$F(1,222)$ $=.998$	.004
Wahlfreiheit	$M=2.76$ $SD=.98$	$M=2.71$ $SD=.91$	$F(1,222)$ $=0,095$	.000
Druck/Anspannung (invers)	$M=2.90$ $SD=1.02$	$M=3.06$ $SD=.90$	$F(1,222)$ $=1.332$	.006

esse und dem Alter der Teilnehmenden ist als groß zu bewerten. Die Teilmenge derjenigen, die an den mobilen außerschulischen Lernorten an den Angeboten teilgenommen haben, korrelieren bezogen auf die wahrgenommene Kompetenz und Wahlfreiheit mit dem Alter signifikant negativ. Keine Korrelation konnte in dieser Teilmenge zwischen den Faktoren Vergnügen/Interesse sowie Druck/Anspannung und dem Alter festgestellt werden.

5.3 Ergebnisse zu Forschungsfrage (3) – Unterschied Geschlechter

Es kann kein signifikanter Unterschied der intrinsischen Motivation zwischen den weiblichen und männlichen Teilnehmenden festgestellt werden ($F(4, 219) = 0.692$; $p = .6 > .01$; Wilk's $- \lambda = .988$; $\eta_p^2 = .012$). Zusätzlich wurde eine follow-up ANOVA für jede abhängigen Variablen durchgeführt. Auch bei diesen können bei keiner der Subskalen signifikante Unterschiede festgestellt werden (vgl. Tab. 4). Die intrinsische Motivation der männlichen und weiblichen Teilnehmenden war demnach gleich hoch.

6 Diskussion

In dieser Untersuchung wurde erstmals die intrinsische Motivation von Kindern und Jugendlichen, die in ihrer Freizeit an Angeboten der mobilen außerschulischen Lernorte teilnehmen, untersucht. Im Folgenden werden die Ergebnisse diskutiert.

6.1 Diskussion zu Forschungsfrage (1) – Unterschied Standorte

Die Kinder und Jugendlichen, die an den mobilen Angeboten teilnehmen, stellen bereits eine selektierte Gruppe dar. Wenn die Teilnehmenden sich selbst dazu entscheiden, an einem Angebot zu einem MINT-Thema teilzunehmen, haben diese vermutlich bereits ein grundlegendes Interesse an dem Angebotsthema. Die höher wahrgenommene Wahlfreiheit und der geringere Druck/Anspannung stehen wahrscheinlich mit der Freiwilligkeit der Teilnahme im Zusammenhang. Während die Kinder und Jugendlichen im Schüler*innenlabor im Schulkontext an den Angeboten teilnehmen und in einer bestehenden sozialen Gruppe interagieren, sind die Teilnehmenden bei mobilen Angeboten für die Dauer der Angebote in Gruppen zusammengestellt, deren Individuen sich unabhängig voneinander für eine Teilnahme entschieden haben. Schulklassen stellen eine besondere Form von Gruppen mit eigenen Normen und Regeln dar, die einen Einfluss auf Arbeitsabläufe und Zusammenarbeit und somit auch auf den Ablauf der Angebote haben können (Urhahne et al. 2019). Zudem ist im Schüler*innenlabor immer mindestens eine zur Klasse gehörige Lehrperson anwesend. Auch diese könnte einen Einfluss auf das Erleben von Druck und Anspannung bei den Schüler*innen haben. Im Schulkontext kann durch Leistungsanforderungen an die Schüler*innen ein Gefühl von Druck durch Lehrkräfte entstehen (Becker & Börnert-Ringleb 2024). Auch wenn im Schüler*innenlabor keine klassische Unterrichtssituation vorliegt, unterscheidet sie sich durch den Schulkontext deutlich von den mobilen Angeboten. Einige Moderierende der Angebote gaben in Interviews an, durch eine anwesende Lehrperson selbst Druck zu verspüren und vermuten einen ähnlichen Zusammenhang bei den Teilnehmenden (Blumberg et al. im Druck). Untersuchungen zu der Auswirkung der Anwesenheit von Lehrkräften in außerschulischen Lernkontexten könnten hilfreiche Einblicke liefern. Die Mittelwerte der Subskalen Vergnügen/Interesse, wahrgenommene Kompetenz sowie Wahlfreiheit aus der Gruppe der Schüler*innenlaborteilnehmenden sind vergleichbar mit denen aus den Untersuchungen von Röllke (2019) und Hofferber et al. (2016). In der Untersuchung von Röllke (2019) wurden die Daten ebenfalls in einem Schüler*innenlabor erhoben, während in der Studie von Hofferber et al. (2016) autonomiefördernder Unterricht betrachtet wurde. Die Teilnehmenden im Schüler*innenlabor weisen demnach bereits eine hohe intrinsische Motivation auf und die Angebote haben ähnliche Auswirkungen wie der autonomieförderliche Unterricht in der Studie von Hofferber (2016). Die Ergebnisse liefern Indizien dafür, dass die untersuchten Angebote außerhalb des Schüler*innenlabors und des schulischen Kontextes motivationsförderlicher wirken als es bereits im Schüler*innenlabor der Fall ist. Aufgrund der geringen Stichprobengröße und der Einschränkung auf die drei Kurse sind für generalisierte Aussagen weitere Untersuchungen nötig. Die spezifischen Rahmenbedingungen der mobilen Angebote (Freiwilligkeit, soziales Gefüge, grundlegende Motivation) hatten keinen Einfluss auf die Kompetenzwahrnehmung der Teilnehmenden.

6.2 Diskussion zu Forschungsfrage (2) – Zusammenhang Alter

Von einem Rückgang der intrinsischen Motivation mit zunehmendem Alter wurde bereits in mehreren Studien berichtet (Gillet et al. 2012; Gottfried et al. 2001; Schmäing & Grotjohann 2023). Während diese Untersuchungen die intrinsische Motivation im schulischen Kontext oder an außerschulischen Lernorten mit biologischem Schwerpunkt erfassten, erweitert die vorliegende Studie diese Erkenntnisse auf ein (mobiles) MINT-Schüler*innenlabor. Die Ergebnisse stützen die Annahme, dass die Teilnehmenden im mobilen Setting bereits ein grundlegendes Interesse mitbringen. Besonders deutlich wird dies durch den ausgeprägten Unterschied der Korrelationskoeffizienten beider Gruppen in der Subskala Vergnügen/Interesse. Inwiefern dieser Unterschied durch den Einfluss des Besuches im Schulkontext oder die freiwillige Auswahl der mobilen Angebote zustande kommt, bleibt offen. Möglich wäre auch, dass die betrachteten Angebote thematisch vor allem jüngere Kinder ansprechen. Eine Betrachtung von Themen, die Jugendliche vermehrt ansprechen, könnte die Angebote auch für die Teilnehmenden im Schüler*innenlabor aufwerten. Damit die älteren Teilnehmenden beim Lösen der Aufgaben gleichermaßen Kompetenz erleben können, scheint eine Anpassung nötig. Kompetenz wird dann erlebt, wenn ein „optimales Niveau an Herausforderung" (Frühwirth 2020, S. 23) erreicht wird, die Aufgaben also weder zu schwer noch zu leicht zu lösen sind. Häufig wird auch der Vergleich mit anderen Individuen für eine Einschätzung herangezogen (Frühwirth 2020). Da jüngere Teilnehmende weniger Lernerfahrung aufweisen als ältere, könnten die Aufgaben in den Angeboten zu leicht für die älteren wirken oder die eigenen Leistungen, durch den direkten Vergleich mit jüngeren herabgesetzt werden. Die Moderierenden gaben jedoch an, darauf zu achten, die Aufgaben so anzupassen, dass jeder Teilnehmende Erfolgserlebnisse während eines Angebotes erfährt (Blumberg et al. im Druck). Inwiefern dies wirklich erfolgt, bleibt jedoch offen. Eine weitere Erklärung ist, dass das akademische Selbstkonzept, das Selbstwertgefühl und Einstellungen gegenüber der Schule bei Schüler*innen im Alter von

11 bis 14 Jahren abnimmt (Kuscuoglu & Hartas 2024). Eine genauere Betrachtung des Schwierigkeitsgrades der Aufgaben, Beobachtungen während der Angebote und gezielte Befragungen der Teilnehmenden zu ihrem Kompetenzerleben können Aufschlüsse über die genauen Gründe liefern. Im nächsten Schritt könnte eine Betrachtung des Kompetenzerlebens bezogen auf die einzelnen Angebote sinnvoll sein. Mithilfe dieser Ergebnisse könnten gezielte Anpassungen der Angebote vorgenommen werden, um im besten Fall auch den älteren Teilnehmenden im gleichen Maße Kompetenzerleben zu ermöglichen. Die geringere Autonomiewahrnehmung der älteren Kinder könnte mit ihrem Entwicklungsstand in Verbindung stehen. Da Jugendliche während des Heranwachsens nach immer mehr Autonomie streben, unterscheidet sich auch die Wahrnehmung dieser in verschiedenen Altersgruppen (Wray-Lake et al. 2010). Jüngeren Kindern reicht demnach ein geringeres Maß an Wahlmöglichkeiten für das Erleben von Autonomie. Um den älteren Teilnehmenden das Autonomieerleben zu ermöglichen, sollten die Angebote daher für diese freier gestaltet werden. Eine differenzierte Gestaltung der Angebote für unterschiedliche Altersgruppen scheint sinnvoll. Inwiefern dies umsetzbar ist, bleibt an dieser Stelle offen. Da die Angebote für verschiedene Altersgruppen konzipiert sind, könnte eine Betrachtung der Zusammenhänge bezogen auf die einzelnen Angebote sinnvoll sein.

6.3 Diskussion zu Forschungsfrage (3) – Unterschied Geschlechter

Der nicht vorhandene Unterschied zwischen den Geschlechtern kann als positiv gewertet werden, da zum einen Themen im Gebiet der Technik und Informatik behandelt werden, die eher von Jungen präferiert werden (Merayo & Ayuso 2022). Zum anderen weisen Mädchen in anderen Untersuchungen häufig eine höhere intrinsische Motivation an außerschulischen Lernorten auf als Jungen (vgl. Bätz et al. 2010; Mikkelsen et al. 2023; Röllke 2019; Salmi & Thuneberg 2019; Wünschmann et al. 2017). Diese beiden Faktoren könnten auch gemeinsam wirken. Mit den betrachteten Angeboten aus dem Schüler*innenlabor coolMINT. paderborn werden demnach pädagogische Interventionen geschaffen, die keine geschlechtsspezifische Auswirkung auf die intrinsische Motivation der Teilnehmenden haben. Für eine differenzierte Betrachtung sind weitere Untersuchungen nötig. Die Mittelwerte der Subskalen sind vergleichbar oder sogar höher (wahrgenommene Wahlfreiheit) als die anderer Studien (Hofferber et al. 2016; Meyer et al. 2016; Röllke 2019). Die Angebote scheinen demnach, bezogen auf die intrinsische Motivation, positiv auf alle Teilnehmenden zu wirken. Im nächsten

Schritt wäre eine Betrachtung von geschlechtsspezifischen Unterschieden in verschiedenen Untergruppen (mobil und Schüler*innenlabor sowie einzelnen Angeboten) sinnvoll.

7 Limitationen

Die diskutierten Ergebnisse verdeutlichen das Potenzial von Freizeit MINT-Angeboten. Dennoch weist die Untersuchung auch bestimmte Limitationen auf, die im Folgenden betrachtet werden. Mögliche Einflüsse durch die unterschiedlichen Orte der Durchführung, die jeweils beteiligten Moderierenden und die drei Kursformate konnten im Rahmen der Untersuchung nicht systematisch erfasst werden. Inwiefern diese Faktoren die Ergebnisse beeinflusst haben, lässt sich daher nicht abschließend klären. Die betrachteten Kurse behandeln zudem nur technische und informatische Themen, für weitere Themengebiete wie zum Beispiel Naturwissenschaften sollten demnach weitere Untersuchungen durchgeführt werden. Da Kinder und Jugendliche in ihrer Freizeit befragt wurden, ist ein kurzer Fragebogen zu einem Erhebungszeitpunkt gewählt worden. Ein umfassenderer Fragebogen oder ein ergänzendes Prä-Post-Design hätten möglicherweise zu einer tiefergehenden Datengrundlage und differenzierteren Ergebnissen geführt. Auch von Vorteil wären eine größere Stichprobe und ein höherer Mädchenanteil in dieser gewesen.

8 Fazit

Das Ziel dieser Untersuchung war es, erste Erkenntnisse über mögliche Einflussfaktoren mobiler Angebote auf die intrinsische Motivation von Kindern und Jugendlichen zu gewinnen. Die Ergebnisse weisen auf eine sehr hohe intrinsische Motivation der Teilnehmenden bei den durchgeführten Freizeitangeboten hin. Obwohl die Kinder und Jugendlichen bereits im Schüler*innenlabor eine hohe intrinsische Motivation zeigen, kann diese durch eine freiwillige Teilnahme an den Angeboten weiter gesteigert werden. Dies unterstreicht die Bedeutung von Freizeitangeboten mit MINT-Lerninhalten zur Förderung von MINT-Interessen. Allerdings spricht das Freizeitangebot wahrscheinlich primär eine bereits interessierte Gruppe an Kindern und Jugendlichen an. Während diese Angebote das Potenzial haben, bestehende Interessen zu stärken, wird die breite Masse der Kinder und Jugendlichen aktuell eher durch die Programme im Schüler*innenlabor erreicht. Positiv hervorzuheben ist, dass die betrachteten Geschlechter gleichermaßen von den Angeboten angesprochen werden. Da die Mädchenquote bei den Angeboten jedoch gering ist, sollte überlegt werden, wie diese direkt angesprochen werden können. Da das Kompetenzerleben derzeit bei älteren Kindern weniger stark ausgeprägt ist, erscheinen gezielte Anpassungen notwendig. Besonders bei den älteren Teilnehmenden sollte eine stärkere Differenzierung erfolgen, beispielsweise durch herausforderndere Aufgaben, die offen kommuniziert werden. Zudem könnte den Älteren angeboten werden, jüngere Kinder zu unterstützen, um ihr eigenes Kompetenz- und Autonomieerleben zu fördern. Für die Bewertung des Erfolges solcher Maßnahmen sind weitere Untersuchungen nötig. Zur Vertiefung der Ergebnisse sollten die Angebote im nächsten Schritt differenzierter analysiert werden. Dies umfasst eine getrennte Betrachtung der verschiedenen Angebots- und Kursformate. Die vorliegende Untersuchung kann als Grundlage für diese weiterführenden Analysen dienen. Generell erscheint die Durchführung von Schüler*innenlaborangeboten als Freizeitangebot sinnvoll, da sie motivationsfördernd wirken und damit das Interesse an MINT-Themen weiter stärken können.

9 Ausblick

Die gewonnenen Erkenntnisse sollen zur Optimierung bestehender Angebote und Kurse genutzt werden und in die Konzeption neuer Programme einfließen. Ein nächster Schritt besteht in der umfassenden Betrachtung von Freizeitbildungsangeboten im MINT-Bereich unter anderem, um strukturelle Voraussetzungen für deren erfolgreiche Umsetzung herauszuarbeiten. Diese ersten Ergebnisse deuten darauf hin, dass Freizeitbildungsangebote eine hohe intrinsische Motivation hervorrufen. Gleichzeitig muss jedoch beachtet werden, dass die Kinder und Jugendlichen in sehr heterogenen Gruppen bei den Freizeitbildungsangeboten interagieren. Eine sichtbare Differenzierung der Aufgaben in den Angeboten scheint daher einen zentralen Aspekt für Freizeitbildungsangebote im MINT-Bereich darzustellen. Im Weiteren wird untersucht, wie eine breitere Zielgruppe erreicht werden kann – insbesondere mehr Mädchen sowie Kinder und Jugendliche, die bislang kein grundlegendes Interesse an MINT zeigen. Weitere Analysen der erhobenen Daten erfolgen hinsichtlich der spezifischen Kurse und Schulformen. Zudem werden die offenen Antworten zu den Themenwünschen der Teilnehmenden qualitativ ausgewertet, um besser zu verstehen, welche Themen welche Gruppen besonders ansprechen.

Literatur

Ateş, C., Kaymaz, Ö., Kale, H. E. & Tekindal, M. A. (2019). Comparison of Test Statistics of Nonnormal and Unbalanced Samples for Multivariate Analysis of Variance in terms of Type-I Error Rates. *Computational and mathematical methods in medicine, 2019*, 2173638. https://doi.org/10.1155/2019/2173638

Baar, R. & Schönknecht, G. (2018). *Außerschulische Lernorte: didaktische und methodische Grundlagen*. Beltz.

Bätz, k., Wittler, S. & Wilde, M. (2010). Differences between boys and girls in extracurricular learning settings. *International Journal of Environmental and Science Education, 5*.

Becker, S. & Börnert-Ringleb, M. (2024). Zur querschnittlichen Beziehung von Leistungsdruck, Leistungsorientierungen und dem Erleben von Angst und Stress in der Schule. *Zeitschrift für Erziehungswissenschaft, 27*(5), 1329–1350. https://doi.org/10.1007/s11618-024-01250-7

Blumberg, E., Wenzel, A., Schulze, J. R., Reckmann, E., Puppe, R., Crummenerl, L. L. & Temmen, K. (2026). „transMINT4.0" – MINT-Bildung stärken durch die Einbindung außerschulischer Lernorte am Übergang von der Primarzur Sekundarstufe. *GDSU-Journal (16)*, 186–201. https://gdsu.de/sites/default/files/gdsu-info/files/GDSU_Journal_16.pdf.

Brandt, A. (2005). *Förderung von Motivation und Interesse durch außerschulische Experimentierlabors*. Zugl.: Bielefeld, Univ., Diss., 2005 (1. Aufl.). Cuvillier.

Budke, M. (2019). *Entwicklung und Evaluation des Projektes GreenLab_OS: Empirische Studie zuEffekten von stationären und mobilen Schülerlaborangeboten* [Dissertation]. Universität Osnabrück, Osnabrück.

Cohen, J. (1988). *Statistical Power Analysis for the Behavioral Sciences*. Routledge.

Deci, E. & Ryan, R. (2019). *Intrinsic Motivation Inventory (IMI)*. https://selfdeterminationtheory.org/intrinsic-motivation-inventory/

Deci, E. L. & Ryan, R. M. (1985). *Intrinsic motivation and self-determination in human behavior. Perspectives in social psychology*. Plenum Press.

DeVellis, R. F. (2012). *Scale development: Theory and applications* (3. ed.). *Applied social research methods series: Bd. 26*. Sage Publ.

Engeln, K. (2004). *Schülerlabors* [Dissertation]. GBV Gemeinsamer Bibliotheksverbund.

Frühwirth, G. (2020). *Selbstbestimmt unterrichten dürfen – Kontrolle unterlassen können*. Springer Fachmedien Wiesbaden. https://doi.org/10.1007/978-3-658-29071-9

Gignac, G. E. & Szodorai, E. T. (2016). Effect size guidelines for individual differences researchers. *Personality and Individual Differences, 102*, 74–78. https://doi.org/10.1016/j.paid.2016.06.069

Gillet, N., Vallerand, R. J. & Lafrenière, M.-A. K. (2012). Intrinsic and extrinsic school motivation as a function of age: the mediating role of autonomy support. *Social Psychology of Education, 15*(1), 77–95. https://doi.org/10.1007/s11218-011-9170-2

Glowinski, I. (2007). *Schülerlabore im Themenbereich Molekularbiologie als Interesse fördernde Lernumgebung* [Dissertation]. Christian-Albrecht-Universität zu Kiel, Kiel. https://macau.uni-kiel.de/receive/diss_mods_00002564

Gottfried, A. E., Fleming, J. S. & Gottfried, A. W. (2001). Continuity of academic intrinsic motivation from childhood through late adolescence: A longitudinal study. *Journal of Educational Psychology, 93*(1), 3–13. https://doi.org/10.1037/0022-0663.93.1.3

Han, J. & Yin, H. (2016). Teacher motivation: Definition, research development and implications for teachers. *Cogent Education, 3*(1), 1217819. https://doi.org/10.1080/2331186X.2016.1217819

Hofferber, N., Basten, M., Großmann, N. & Wilde, M. (2016). The effects of autonomy-supportive and controlling teaching behaviour in biology lessons with primary and secondary experiences on students' intrinsic motivation and flow-experience. *International Journal of Science Education, 38*(13), 2114–2132. https://doi.org/10.1080/09500693.2016.1229074

Hoffmann, L., Krapp, A., Renninger, K. A. & Baumert, J. (Hrsg.). (1998). *IPN: Bd. 164. Interest and learning: Proceedings of the Seeon Conference on Interest and Gender.* IPN.

Holmeier, M. & Stotz, T. (2016). *MobiLab: Buchungen, Evaluationsergebnisse, Folgerungen.*

Itzek-Greulich, H. (2015). *Einbindung des Lernorts Schülerlabor in den naturwissenschaftlichen Unterricht: Empirische Untersuchung zu kognitiven und motivationalen Wirkungen eines naturwissenschaftlichen Lehr-Lernarrangements.* Universitätsbibliothek Tübingen. http://dx.doi.org/10.15496/publikation-1979

Krapp, A. (1998). Entwicklung und Förderung von Interessen im Unterricht. *Psychologie in Erziehung und Unterricht*(44), 185–201.

Krapp, A. (1999). Interest, motivation and learning: An educational-psychological perspective. *European Journal of Psychology of Education, 14*(1), 23–40. https://doi.org/10.1007/BF03173109

Krapp, A. (2010). Interesse. In D. H. Rost (Hrsg.), *Handwörterbuch Pädagogische Psychologie* (4., überarbeitete und erweiterte Auflage, S. 311–323). Beltz.

Krapp, A. & Weidenmann, B. (Hrsg.). (2006). *Anwendung Psychologie. Pädagogische Psychologie: Ein Lehrbuch* (5., vollst. überarb. Aufl.). Beltz PVU. https://content-select.com/index.php?id=bib&ean=9783621279024

Kressdorf, F., Rabe, T. & Winkler, A. (2022). *MINT-Bildungswege in der Perspektive junger Frauen: Wissenschaftliche Begleitstudie zum Projekt helpING.* Logos Verlag. https://nbn-resolving.org/urn:nbn:de:101:1-2022092912203984255137 https://doi.org/10.30819/5383

Kuscuoglu, A. & Hartas, D. (2024). Academic self- concept, self-esteem and school attitudes in pre and mid adolescents: gender, SES and parenting. *Research Papers in Education, 39*(3), 492–515. https://doi.org/10.1080/02671522.2022.2150885

Merayo, N. & Ayuso, A. (2022). Analysis of barriers, supports and gender gap in the choice of STEM studies in secondary education. *International journal of technology and design education*, 1–28. https://doi.org/10.1007/s10798-022-09776-9

Meyer, A., Klingenberg, K. & Wilde, M. (2016). The Benefits of Mouse Keeping—an Empirical Study on Students' Flow and Intrinsic Motivation in Biology Lessons. *Research in Science Education, 46*(1), 79–90. https://doi.org/10.1007/s11165-014-9455-5

Mikkelsen, S., Müllertz, A. L. O., Bølling, M., Aadahl, M. & Elsborg, P. (2023). O.6.1-3 The association between education outside the classroom, intrinsic school motivation, and physical activity in primary school pupils. *European Journal of Public Health, 33*(Supplement_1), Artikel ckad133.262. https://doi.org/10.1093/eurpub/ckad133.262

Morgenroth, T., Ryan, M. K. & Peters, K. (2015). The Motivational Theory of Role Modeling: How Role Models Influence Role Aspirants' Goals. *Review of General Psychology*, *19*(4), 465–483. https://doi.org/10.1037/gpr0000059

Pawek, C. (2009). *Schülerlabore als interessensfördende außerschulische Lernumgebungen für Schülerinnen und Schüler aus der Mittel- und Oberstufe* [Dissertation]. Christian-Albrecht-Universität zu Kiel, Kiel.

Pawek, C. (2019). 20 Jahre Schülerlabore an Hochschulen und anderen Einrichtungen: Eine wissenschaftlich fundierte Erfolgsgeschichte. In A. Ittel & C. Driesen (Hrsg.), *Der Übergang in die Hochschule: Strategien, Organisationsstrukturen und Best Practices an deutschen Hochschulen* (S. 143–158). Waxmann.

Plasa, T. (2013). *Die Wahrnehmung von Schülerlaboren und Schülerforschungszentren*. Zugl.: Kassel, Univ., Diss., 2013. *Studien zum Physik- und Chemielernen: Bd. 152*. Logos Verl.

Renninger, K. A. & Hidi, S. (Hrsg.). (2019). *Cambridge handbooks in psychology. The Cambridge handbook of motivation and learning*. Cambridge University Press. https://www.cambridge.org/core/books/cambridge-handbook-of-motivation-and-learning/46466FAA78401E47066FE98465CCC878 https://doi.org/10.1017/9781316823279

Röllke, K. (2019). *Was kann ein Schülerlabor leisten? Konzeptionierung des Schülerlabors teutolab-biotechnologie als Lehr-Lern-Labor mit Angeboten zur Breiten- und zur Begabtenförderung von Schülerinnen und Schülern.* https://doi.org/10.4119/unibi/2935577

Ryan, R. M. & Deci, E. L. (2019). Brick by Brick: The Origins, Development, and Future of Self-Determination Theory. In A. J. Elliot (Hrsg.), *Advances in Motivation Science. Advances in Motivation Science: Volume 6* (Bd. 6, S. 111–156). Elsevier. https://doi.org/10.1016/bs.adms.2019.01.001

Salmi, H. & Thuneberg, H. (2019). The role of self-determination in informal and formal science learning contexts. *Learning Environments Research*, *22*(1), 43–63. https://doi.org/10.1007/s10984-018-9266-0

Schiefele, U. & Köller, O. (2010). Intrinsische und extrinsische Motivation. In D. H. Rost (Hrsg.), *Handwörterbuch Pädagogische Psychologie* (4., überarbeitete und erweiterte Auflage, S. 336–344). Beltz.

Schmäing, T. & Grotjohann, N. (2023). Biologiedidaktische Interessens- und Motivationsforschung zum ausserschulischen Lernen im Wattenmeer. Vorab-Onlinepublikation. https://doi.org/10.25321/prise.2023.1402 (91–101 Pages / Progress in Science Education (PriSE), Vol. 6 No. 2 (2023).

Streller, M. (2015). *The educational effects of pre and post-work in out-of-school laboratories* [Dresden, Technische Universität Dresden, Diss., 2015, Saechsische Landesbibliothek- Staats- und Universitaetsbibliothek Dresden; Technische Universität Dresden, Dresden]. Deutsche Nationalbibliothek.

Thole, W. & Züchner, I. (2020). Kindheit und Jugend in non-formalen Bildungsräumen. In H.-H. Krüger, C. Grunert & K. Ludwig (Hrsg.), *Handbuch Kindheits- und Jugendforschung* (S. 1–18). Springer Fachmedien Wiesbaden. https://doi.org/10.1007/978-3-658-24801-7_34-1

Urhahne, D. (2008). Sieben Arten der Lernmotivation. *Psychologische Rundschau*, *59*(3), 150–166. https://doi.org/10.1026/0033-3042.59.3.150

Urhahne, D., Dresel, M. & Fischer, F. (Hrsg.). (2019). *Lehrbuch. Psychologie für den Lehrberuf.* Springer.

Weißnigk, S. (2013). *Kooperatives Arbeiten an Industrienahen außerschulischen Lernorten* [Dissertation]. Christian-Albrechts-Universität zu Kiel, Kiel. https://macau.uni-kiel.de/servlets/MCRFileNodeServlet/dissertation_derivate_00004630/dissertation_susanne_wessnigk.pdf

Wenzel, A. (2022). *Entwicklung und Evaluation von fächerübergreifenden Bildungsangeboten im Schüler*innenlabor teutolab-biotechnologie* [Disseration]. Universität Bielefeld, Bielefeld.

Wiegand, F., Kubisch, A. & Heyne, T. (2013). Out-of-school learning in the botanical garden: Guided or self-determined learning at workstations? *Studies in Educational Evaluation, 39*(3), 161–168. https://doi.org/10.1016/j.stueduc.2013.06.001

Wilde, M., Bätz, k., Kovaleva, A. & Urhahne, D. (2009). Überprüfung einer Kurzskala intrinsischer Motivation (KIM). *Zeitschrift für Didaktik der Naturwissenschaften, 15*, 31–45.

Wray-Lake, L., Crouter, A. C. & McHale, S. M. (2010). Developmental patterns in decision-making autonomy across middle childhood and adolescence: European American parents' perspectives. *Child development, 81*(2), 636–651. https://doi.org/10.1111/j.1467-8624.2009.01420.x

Wünschmann, S., Wüst-Ackermann, P., Randler, C., Vollmer, C. & Itzek-Greulich, H. (2017). Learning Achievement and Motivation in an Out-of-School Setting—Visiting Amphibians and Reptiles in a Zoo Is More Effective than a Lesson at School. *Research in Science Education, 47*(3), 497–518. https://doi.org/10.1007/s11165-016-9513-2

Außerschulische Lernangebote von Nationalpark-Häusern, Discovery Centern und Schüler*innenlaboren kooperativ didaktisch rekonstruieren

Kai Bliesmer, Michael Komorek und Claudia Gorr

1 Forschungsstand und Anbahnung der Studien

Die in der Literatur dargelegten Erwartungen an außerschulisches Lernen sind hoch: Lernenden bieten sich dort Erfahrungen, die in der Schule nicht möglich sind (Erhorn & Schwier 2016; Thomas 2009). Die Orte sind authentisch (u. a. Sauerborn & Brühne 2012; Euler, Schüttler & Hausamann 2014) und eine alltagsweltliche Erschließung von Inhalten ist möglich (Thomas 2009). Gemäß Erhorn und Schwier (vgl. 2016, S. 8) wird durch die Freiheit an den Lernorten methodische Offenheit motiviert (z. B. entdeckendes Lernen, Freiarbeit, Projektmethode etc.). Bei gelungener Inszenierung kann das Lernklima positiv beeinflusst sowie anwendungsorientiertes, kooperatives und selbstgesteuertes Lernen angeregt werden (Erhorn & Schwier 2016; Sauerborn & Brühne 2012), wobei insbesondere

K. Bliesmer · M. Komorek · C. Gorr
Institut für Physik, Carl von Ossietzky Universität Oldenburg, Oldenburg, Deutschland

M. Komorek
E-Mail: michael.komorek@uol.de

K. Bliesmer (✉)
Institut für Physik, Universität Rostock, Rostock, Deutschland
E-Mail: kai.bliesmer@uni-rostock.de

C. Gorr
Experimenta gGmbH, Heilbronn, Deutschland

A. Wenzel und T. Schmäing (Hrsg.), *Außerschulisches Lernen in der naturwissenschaftlichen Bildung*, https://doi.org/10.1007/978-3-658-50864-7_17

die Chance für fächerübergreifendes Lernen besteht, sodass stärker problemorientiert gearbeitet wird als in der Schule (Karpa, Lübbecke & Adam 2015). Braund und Reiss (2006) unterstreichen, Wissenschaft an außerschulischen Lernstandorten wird aufregender und motivierender wahrgenommen als in der Schule. In Discovery Centern besteht der Vorteil, dass Kognition und Emotion mit sensomotorischen Informationen verknüpft werden, was sich positiv auf das Behalten von Fakten und die Entwicklung von Fähigkeiten auswirkt (Hooper-Greenhill 2007). Speziell für den Bereich der Schüler*innenlabore wird herausgestellt, dass Schüler*innen dort naturwissenschaftlichen Fragestellungen unter Einsatz empirischer bzw. experimenteller Methoden nachgehen können (Haupt et al. 2013), wobei Lehrende tendenziell im Hintergrund agieren, damit die Teilnehmenden möglichst selbständig forschend tätig sein und sich handlungsorientiert neue Inhalte erschließen können (Nativ Ronen & Tal 2019).

Im Vergleich zu den vielen positiven Erwartungen, die an das außerschulische Lernen gehegt werden, sind die empirischen Ergebnisse tendenziell ernüchternd. Meist werden in empirischen Untersuchungen affektive Effekte außerschulischer Lernangebote beschrieben: Sowohl im Hinblick auf Wissenschaftsmuseen und Discovery Center als auch auf Schüler*innenlabore wird festgestellt, dass es zwar Effekte auf Motivation und Interesse gibt (Lewalter 2020; Pawek 2019; Priemer et al. 2018; Brownell et al. 2012), sie aber nur kurzlebig sind (Klees & Tillmann 2015; Schwarzer & Itzek-Greulich 2015). Lewalter (2020) argumentiert, dass hierdurch bereits ein gewisser Beitrag zur Scientific Literacy geleistet werde, da das Interesse an naturwissenschaftlichen Fragestellungen zur naturwissenschaftlichen Grundbildung gehöre. Explizit für Schüler*innenlabore wird beschrieben, dass sie positive Effekte auf das Fähigkeitsselbstkonzept haben (Streller 2015; Damerau 2012), wobei die Effektstärken von Bohnhardt und Schüttler (2020) als schwach, aber langanhaltend ausgewiesen werden und die Effektivität des Schüler*innenlabors von epistemischen Überzeugungen der Lernenden abhängt (Kremer & Kapitza 2020).

Im Hinblick auf Schüler*innenlabore konstatiert Stadtler (2020), dass bisher kaum zum Erwerb kognitiver Kompetenzen im Schüler*innenlabor geforscht wurde. Vereinzelte Studien existieren von Itzek-Greulich et al. (2014) zu positiven Effekten auf den Wissenserwerb der Teilnehmenden sowie von Scharfenberg et al. (2007), die darstellen konnten, dass Schüler*innen unmittelbar nach dem Besuch des Schüler*innenlabors im Vergleich zu Kontrollgruppen den größten Zuwachs bei deklarativem Wissen und Transferfragen zeigten. Auch hier wird beschrieben, dass der Wissenszuwachs von den epistemischen Überzeugungen der Lernenden abhänge (Kremer & Kapitza 2020). Im Hinblick auf den Besuch von Ausstellungen in Wissenschaftsmuseen wird beschrieben, dass physikalische

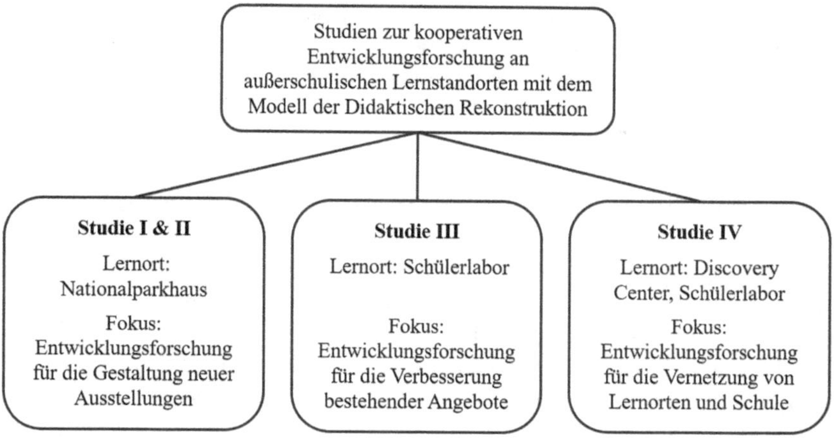

Abb. 1 Die vier Studien mit jeweiligem Fokus im Überblick. Eigene Darstellung

Konzepte nicht allein durch die Auseinandersetzung mit Exponaten aufgebaut werden könnten (Rennie & McClafferty 1996), sondern es weiterer Unterstützung bedürfte. Dies passt zur Erkenntnis, dass bei Besuchen der Lernstandorte eine systematische Vor- und Nachbereitung erfolgen müsse (Röllke & Grotjohann 2020).

Insbesondere der Kontrast zwischen den hohen Erwartungen an außerschulisches Lernen und den empirischen Befunden hat dazu bewogen, vier Studien an außerschulischen Lernstandorten zur kooperativen Entwicklungsforschung anzusetzen. Diese wurden in den Jahren 2016–2021 durchgeführt. Sie wurden durch die Deutsche Bundesstiftung Umwelt (DBU) und das Land Niedersachsen im Rahmen des Graduiertenkollegs „GINT – Lernen in informellen Räumen“ gefördert.

Der Beitrag soll zum einen über die Rahmenbedingungen, Forschungsfragen, Forschungsmethoden sowie über zentrale Erkenntnisse der Studien informieren. Zum anderen sollen Leser*innen aber vor allem von den in den Studien gewonnenen Erfahrungen aus der Kooperation mit außerschulischen Lernstandorten entlang des Modells der Didaktischen Rekonstruktion profitieren. Deshalb legt der Beitrag das Augenmerk darauf, was man an den Studien für zukünftige kooperative fachdidaktische Entwicklungsforschung mit und an außerschulischen Lernstandorten lernen kann. Der Beitrag gliedert sich zu diesem Zweck in drei Teile: einen Teil zur Begriffsklärung und zur methodologischen Fundierung, einen Teil zur Darstellung der Studien und einen Teil, in dem Generalisierungen bezüglich Stolpersteinen und Leitlinien bei der Zusammenarbeit mit außerschulischen Lernstandorten formuliert werden. Die angestrebten Generalisierungen begründen, weshalb in diesem Beitrag alle vier Studien gemeinsam dargestellt werden.

2 Begriffsklärung und methodologische Rahmung

Als zweckmäßig und widerspruchsfrei hat sich die Unterscheidung zwischen außerschulischen Lernorten und außerschulischen Lernstandorten nach Salzmann (2009) erwiesen. Zu außerschulischen Lernorten zählen Orte außerhalb der Schule, sofern dort Lernprozesse stattfinden. Es muss sich dabei nicht zwangsläufig um Orte handeln, die bewusst zum Lernen geschaffen wurden. Denn auch der Wald, der Supermarkt oder die Tankstelle sind Orte, an denen gelernt werden kann. Orte außerhalb der Schule, die absichtlich dafür eingerichtet wurden, Lernprozesse anzuregen, bilden eine Teilmenge der außerschulischen Lernorte und werden als außerschulische Lernstandorte bezeichnet. Nationalpark-Häuser, Discovery Center und Schüler*innenlabore sind Beispiele für außerschulische Lernstandorte, da sie ihren Besucher*innen didaktische Strukturierungen anbieten. Solche Orte werden in den darzustellenden Studien betrachtet. Formales, formelles, non-formales und informelles Lernen (UNESCO 2010; Täubig 2018) werden nicht als Begriffe verwendet, denn sie haben sich in den Studien als nicht widerspruchsfrei erwiesen. Unbefriedigend ist vor allem, dass bei diesen Begriffen nicht zwischen der Angebotsseite und der Nutzungsseite unterschieden wird. Das führt dazu, dass Bildungsangebote von den Anbieter*innen durchaus anders charakterisiert werden als von den Nutzer*innen. Es besteht also die Notwendigkeit, diese Begriffe im Rahmen eines Angebots-Nutzungs-Modells (Helmke 2012) zu klären, was bisher nicht geschehen ist.

Bei der Zusammenarbeit mit den Lernstandorten wurden die Entwicklung, Beforschung und Weiterentwicklung der Angebote nach fachdidaktischen Grundsätzen betrieben. Als methodologische Rahmung fungiert das genuin fachdidaktische Modell der Didaktischen Rekonstruktion (MDR) (Duit et al. 2012). Im Kern fordert es, dass eine erzeugte didaktische Strukturierung der analysierten fachlichen Sicht und der empirisch erhobenen Sicht der Lernenden gleichermaßen Rechnung trägt. Die mittels des MDR entwickelten Angebote wurden sodann in einem Design-based Research-Ansatz (DBR) (Reinmann 2005) erprobt und beforscht. In diesem Ansatz diente die Forschung zweierlei Zielen: Zum einen wurden die erhobenen Daten eingesetzt, um die untersuchten Angebote datenbasiert zu optimieren. Zum anderen lassen sich durch den iterativen Ansatz Generalisierungen – sog. lokale Theorien (Reinmann 2005) – zum Lernen an außerschulischen Lernstandorten und zur Zusammenarbeit mit den Betreiber*innen formulieren. Das MDR und das DBR spannten einen methodologischen Rahmen auf, der in den Studien bedarfsspezifisch methodisch ausgestaltet werden musste.

3 Darstellung der Studien

Es folgt die überblicksartige Darstellung der vier durchgeführten Studien entlang von zentralen Forschungsfragen, Methoden und Erkenntnissen. Zwei Studien zum außerschulischen Lernen im Nationalpark-Haus (Bliesmer 2020; Roskam 2020) werden wegen ihres engen Bezugs zusammen dargestellt. Es schließt sich sodann eine Studie zu Schüler*innenlaboren (Sajons 2020) sowie eine Studie zur Verknüpfung von außerschulischen Lernstandorten mit der Schule (Gorr 2021) an.

4 Studien an Nationalpark-Häusern

Zwei Studien zum außerschulischen Lernen an Nationalpark-Häusern im Niedersächsischen Wattenmeer wurden 2016–2021 durchgeführt. Sie wurden von der Deutschen Bundesstiftung Umwelt (DBU) unter dem Projekttitel „Klimawandel und die physikalische Dynamik des Wattenmeeres als Gegenstand schulischer und außerschulischer Umweltbildung" gefördert. Bei den Nationalpark-Häusern handelt es sich um Ausstellungshäuser, die thematisch an den Nationalpark gebunden sind, für den sie errichtet wurden. Um Anknüpfungspunkte für eine Kooperation auszuloten, wurde eine Interview-Vorstudie mit Betreiber*innen von 11 Lernstandorten durchgeführt (Bliesmer 2020; Roskam 2020). Dabei wurde ermittelt, dass die Betreiber*innen mit Ausstellungsagenturen zusammenarbeiten, um neue Exponate zu entwickeln. Deren Expertise liegt im visuellen Design, nicht jedoch in der Anregung von Lernprozessen. Fachliche Expertise wird durch die Mitarbeiter*innen am Lernstandort eingespeist, die sich ggf. extern beraten lassen. Alle Ausstellungen hatten einen biologiebezogenen Schwerpunkt. Wegen dieser Unausgewogenheit wurde eine Kooperation vereinbart, bei der physikbezogene Phänomene, die im Wattenmeer vorkommen, fachdidaktisch aufbereitet wurden – es wurden Strömungs- und Strukturbildungsphänomene gewählt.

5 Forschungsfragen

In der ersten Studie (Bliesmer 2020) wurde eine Didaktische Rekonstruktion von Strömungs- und Strukturbildungsphänomenen durchgeführt, um fachdidaktische Leitlinien für die Thematisierung der physikalischen Dynamik des Wattenmeeres in einer Ausstellung zu formulieren. In der zweiten Studie von Roskam (2020) wurde sodann eine entsprechende prototypische Ausstellung zu Strömungs- und Strukturbildungsphänomenen entwickelt. Die Ausstellung wurde an der Universität Oldenburg (Laborstudie) und im Nationalpark-Haus Norden (Feldstudie) in einem DBR-Ansatz (Reinmann 2005) empirisch untersucht. Folgende Forschungsfragen wurden formuliert:

F1: Welche Leitlinien für die Thematisierung von Strömungs- und Strukturbildungsphänomenen an Exponaten lassen sich durch das Aufeinanderbeziehen der fachlichen Sicht und der Lernendensicht auf die Phänomene formulieren?
F2: Welche Schlüsse lassen sich durch die empirische Erhebung von Handlungen und Kognitionen aufseiten der Besucher*innen bei ihrer Interaktion mit den entwickelten Exponaten zu Strömungs- und Strukturbildungsphänomenen ziehen, mit denen sich die Exponate weiterentwickeln lassen?

6 Forschungsmethodik

In der Studie von Bliesmer (2020) wurde zur Beantwortung von F1 im ersten Schritt eine fachliche Klärung durchgeführt, indem zu etwa 15 Strukturbildungs- bzw. Strömungsphänomenen (z. B. Rippel, Dünen, Wirbelstürme, Priele, Wasserwellen etc.) Artikel aus Journals vergleichend untersucht wurden. Ziel war es, physikalische Konzepte herauszuarbeiten, die häufig zur Entschlüsselung der Phänomene eingesetzt werden. Hierdurch gelang eine Elementarisierung (Bleichroth 1991), also die Formulierung zentraler fachlicher Konzepte mit Bezug zu ihrer Vermittlung an Laien. Im zweiten Schritt wurde die Lernendenperspektive erfasst. Hierzu wurden zum einen problemzentrierte Interviews (Witzel & Reiter 2012) eingesetzt (n = 16), in denen Fotos von Strömungen und Strukturbildungen präsentiert wurden und anhand derer sich Prototypen und Merkmale der Phänomene aus Lernendensicht diskutieren ließen. Zum anderen wurde ein Teaching Experiment (Komorek & Duit 2007) durchgeführt, das entlang der POE-Methode (White & Gunstone 1992) strukturiert war und für das je ein prototypisches Exponat zu einer Strömung und einer Strukturbildung genutzt wurde.

Alle Äußerungen der Befragten wurden transkribiert und nach Kuckartz (2018) einer kategoriengeleiteten qualitativen Inhaltsanalyse zugeführt. Die Kategorien wurden induktiv gebildet. Durch den Vergleich zwischen fachlicher Sicht und Lernendensicht, deren Nähe bzw. Ferne es zu bestimmen galt, wurden im dritten Schritt Leitlinien für die didaktische Strukturierung von Exponaten zu Strömungen und Strukturbildungen formuliert.

In der Studie von Roskam (2020) wurden zur Beantwortung von F2 die zwei bereits entwickelten prototypischen Exponate durch weitere zur Dünenbildung, zu Prielen und zu Tsunamis ergänzt. In einem DBR-Ansatz wurde die entstandene Ausstellung sodann in zwei Zyklen empirisch beforscht, wobei ein Zyklus jeweils aus einer Feld- und einer Laborstudie bestand. In den im Nationalpark-Haus durchgeführten Feldstudien wurden Beobachtungen und nachgängige leitfadengestützte Interviews (Witzel & Reiter 2012) durchgeführt. Zur besseren Erfassung kognitiver Prozesse wurden an der Universität zusätzlich Laborstudien durchgeführt, bei denen eine teilnehmende Beobachtung im Sinne ethnografischer Unterrichtsforschung (Breidenstein 2012) stattfand. Ergänzt wurde hier durch einen Fragebogen, der das Vorwissen der Besucher*innen erfasste. Erhobene Daten wurden bereits nach dem ersten Zyklus nach Kuckartz (2018) kategoriengeleitet qualitativ ausgewertet, um die Ausstellung für den zweiten Zyklus zu optimieren. Die Aussagen der Lernenden wurden deduktiven Kategorien zugeordnet, die auf Basis der Schrittfolge der POE-Methode (White & Gunstone 1992) gebildet wurden. Im Anschluss wurden zur Ausdifferenzierung induktive Subkategorien gebildet.

7 Zentrale Erkenntnisse

Im Hinblick auf F1 wurden Elementaria zur Entschlüsselung von Strömungen und Strukturbildungen herausgearbeitet: Fachlich gesehen, werden Strömungen als phänomenologische Manifestation von Ausgleichsprozessen beschrieben, da diese durch ein Ungleichgewicht (Temperatur, Druck, Dichte etc.) entstehen und diese Ungleichgewichte ausgleichen. Strukturbildungen im Sand werden wiederum als phänomenologische Manifestation von Rückkopplungsprozessen beschrieben. Sie treten auf, weil Strömungen Sand in Bewegung setzen, wodurch dieser aneinander stößt, es zur Dissipation (Energieverzehr) kommt und ein Wechselspiel verschiedener Rückkopplungsprozesse ausgelöst wird.

Für die Lernenden ist der Prototyp einer Strömung die Meeresströmung. Sie gehen davon aus, dass Strömungen lokal dort entstehen, wo warmes und kaltes Wasser aufeinandertreffen. Strukturbildungen werden recht widersprüchlich beschrieben; Lernende sehen in ihnen sowohl Regelmäßigkeit (wiederkehrende Muster) als auch Unregelmäßigkeit (Abgrenzung von der Umgebung). Sie sind nicht in der Lage, Strukturbildungen aus der Strukturlosigkeit heraus zu erklären. Ihre Erklärungsstrategie verläuft stets so, dass sie von einer Struktur in einem Medium ausgehen (z. B. im Wasser), die sich dann auf ein anderes Medium (z. B. im Sand) überträgt – wie ein Abdruck. So nehmen sie mit Blick auf Rippelmuster an, dass Strukturen im Sand bereits vorangelegt seien, dass also der Sand auf Mikroebene bereits über eine Struktur verfüge. Ferner wird auch dem sich über dem Sand bewegenden Wasser eine Struktur unterstellt, die sich dann auf den Sand übertrage. Das folgende Zitat belegt diese Schlussfolgerung: „[…] z. B. so einen Schuhabdruck im Sand. Da entsteht ja auch irgendwie so eine Struktur der Sohle. Und das würde ich jetzt auch noch ein bisschen mit Bild 5 [Sandrippel] verbinden, ich finde, das sieht ähnlich aus; […] also bei 5 kann ich mir das vorstellen durch die Wellenbewegung, weil die ja nicht nur oberflächlich ist, sondern auch unter Wasser.“ (Bliesmer 2020, S. 423).

Der Vergleich zwischen fachlicher Sicht und Lernendensicht legte nahe, dass Strömungen am Prototyp der Meeresströmung noch vor den Strukturbildungen thematisiert werden müssen. Zur Darstellung ist ein Wasserbecken geeignet, an dessen Rändern jeweils eine Heizung bzw. eine Kühlung angebracht ist. Mit eingetropfter Farbe wird gezeigt, dass die Strömung bereits bei Vorliegen eines Temperaturgradienten entsteht. Bei Strukturbildungen im Sand ist als Entstehungsbedingung auf Strömungen zu verweisen. Strukturbildungen sollten nicht einfach als regelmäßig bzw. unregelmäßig charakterisiert werden, sondern es muss gezeigt werden, dass innerhalb der Struktur Ähnlichkeiten auftreten, wodurch sich eine Strukturbildung von ihrer unstrukturierten Umgebung abhebt. Empfehlenswert ist, für die Entstehung von Sandstrukturen runden Sand zu verwenden und diesen mikroskopieren zu lassen, sodass die Lernenden selbst erkennen, dass die Sandkörner nicht unterschiedlich aufgebaut sind. Außerdem wird ein Apparat eingesetzt, der eine Struktur durch eine Strömung erzeugt, die über dem Sand in eine Richtung verläuft und sich nicht hin- und herbewegt.

Im Zuge der Beantwortung von F2 hat sich in der prototypischen Ausstellung im ersten Zyklus gezeigt, dass die Besucher*innen durch die ihnen noch unbekannten Exponate und deren Informationsfülle kognitiv überfordert waren. Diese kognitive Überforderung äußerte sich gemäß den Rückmeldungen der Besucher*innen darin, dass die zahlreichen Schautafeln, Beobachtungsaufträge und Markierungen am Exponat den Eindruck vermittelten, die Beschäftigung mit dem Exponat sei zeitaufwendig und kompliziert. Folglich wurden die am Exponat befindlichen Beobachtungsaufträge übergangen; Originalzitat: „Nein, wahrscheinlich [würde ich das in einer anderer Ausstellung] nicht [alles lesen]. Ich würde es wahrscheinlich ausprobieren und mir denken: ja ist ja nett. Ganz cool, macht

Spaß und dann reicht mir schon praktisch die Antwort darauf." (Roskam 2020, S. 300). Auch QR-Codes wurden fast durchgängig ignoriert; Originalzitat: „Also ehrlich gesagt ich habe momentan keine [QR-Scanner-App] und selbst wenn, ich würde es nicht benutzen, weil die Texte immer sehr umfangreich sind und dann nur Nebeninformationen haben, die für mich jetzt nicht so wichtig sind und für mich relativ viel Zeit beanspruchen" (Roskam 2020, S. 300). Die Besucher*innen führten folglich zufällige Handlungen am Exponat aus und wendeten sich zügig dem nächsten zu. Dies war insofern problematisch, als es nur zu oberflächlichen Verknüpfungen zwischen dem Phänomen am Exponat und seiner realen Entsprechung in der Natur kam. Diese Oberflächlichkeit zeigte sich insbesondere in den Interviews: Zwar machten sich die Befragten die am Exponat kennengelernten Begrifflichkeiten zu eigen, sie setzten sie jedoch fachlich nicht angemessen ein. Die in der Didaktischen Rekonstruktion herausgearbeiteten Elementaria konnten von den Lernenden zunächst also nicht erarbeitet werden.

Im zweiten Zyklus trugen folgende Strategien diesbezüglich zu einer großen Verbesserung bei: Es wurde zunächst eine ‚Vernetzungsstation' entwickelt, die eine Vorausschau auf alle fünf Strömungs- und Strukturbildungsexponate bot. Darüber hinaus wurde die didaktische Strukturierung an jedem der fünf Exponate in drei Phasen gegliedert: In der Phase „Entschlüsselung" wurde den Besucher*innen Raum gegeben, sich mit der Bedienung des Exponats vertraut zu machen, um ein Strömungs- bzw. Strukturbildungsphänomen erzeugen und verändern zu können. Prägnante Anleitungen, die sich direkt an den Exponaten befanden, unterstützten die Besucher*innen in dieser Phase, in der das Beobachten und die Phänomenologie im Vordergrund standen. In der Phase „Analogiebildung" kommt die reale Entsprechung des am Exponat repräsentierten Phänomens ins Spiel: Durch multimediales Material mit zielgerichteten Beobachtungsaufträgen, das am Exponat ohne Nutzung eigener Geräte (keine QR-Codes) abgerufen werden kann, wurden Besucher*innen durch Vergleich zwischen den Elementen des Exponats und der Entsprechung in der Natur systematisch dabei unterstützt, Analogien herzustellen. Erst in der Phase „Erklärung" wurden physikbezogene Konzepte angeboten, mit denen die Besucher*innen die Phänomene entschlüsseln konnten. Der Dreischritt half deutlich dabei, dass es besser gelang, dass die Besucher*innen Fachbegriffe und physikbezogene Konzepte aufbauen konnten.

8 Studie an Schüler*innenlaboren

Im deutschsprachigen Raum sind mehr als 400 Schüler*innenlabore registriert. Sie stellen einen wesentlichen Teil jener MINT-Bildungsangebote dar, mit denen Schulen ihr Bildungsangebot außerschulisch komplementär ergänzen (Braund &

Reiss 2006; Rohs 2016; Harring et. al. 2016). An den Besuch eines Schüler*innenlabors sind hohe Erwartungen an die Förderung von Eigenständigkeit und MINT-bezogenen Interessen sowie an das fachliche Lernen von Schüler*innen bis hin zur Unterstützung ihrer Berufsorientierung geknüpft. Da empirisch geklärt werden muss, ob sich diese Erwartungen erfüllen, hat sich bzgl. Angebot und Nutzung von Laborangeboten ein neues fachdidaktisches Forschungsfeld entwickelt. Zu klären ist, wie und welche naturwissenschaftliche Bildung sich an diesen Orten realisieren lässt. Die hiermit verbundene komplexe Angebots-Nutzungs-Dynamik (Helmke 2012) in Schüler*innenlaboren ist kaum verstanden. Daher wurde von Sajons (2020) in Kooperation mit den Schüler*innenlaboren znt in Aurich, Lernort Technik und Natur in Wilhelmshaven und DLR_School Lab in Bremen eine Studie durchgeführt. Im Sinne des Angebots-Nutzungs-Modells wurden vier Fragestellungen verfolgt, die miteinander verzahnt wurden: Zunächst ging es darum, die Ziele der Anbieter*innen zu erheben, die vorgehaltenen didaktischen Strukturierungen zu analysieren und die Angebote im Feld empirisch zu untersuchen. Auf Basis des Vergleichs zwischen Zielen, Potenzialen und Evidenzen wurde im Sinne des Modells der Didaktischen Rekonstruktion eine Anpassung der didaktischen Strukturierung vorgenommen und diese abermals untersucht.

9 Forschungsfragen

Mit dem Ziel, sowohl die Angebots- als auch die Nutzungsseite der Schüler*innenlabore zu beforschen, ging Sajons (2020) folgenden Forschungsfragen nach:

F1: Welche Ziele verfolgen die Betreibenden der Schüler*innenlabore und worin sehen sie ihre eigenen Potentiale? Inwiefern decken sich die erhobenen Ziele mit gesellschaftlich und fachdidaktisch diskutierten Zielen? (→ Perspektive der Anbieter*innen erheben)
F2: Wie ist die didaktische Strukturierung der Schüler*innenlaborangebote zu charakterisieren? Welche potenziell beobachtbaren Prozesse (kognitiv, motivational, handlungsorientiert) lassen sich aus der Strukturierung ableiten? (→ Angebote fachdidaktisch analysieren)
F3: Wie nutzen Schüler*innen die Angebote der Schüler*innenlabore? Welche Handlungen, kognitiven Verarbeitungsprozesse und motivationalen Prozesse werden angeregt, wenn die Schüler*innen im Schüler*innenlabor aktiv sind? (→ Nutzung der Angebote empirisch erheben)

F4: Wie lassen sich Angebote auf Basis der didaktischen Analyse und der empirischen Daten so variieren und weiterentwickeln, dass die Potentiale der Schüler*innenlabore besser ausgeschöpft werden? (→ Angebote variieren, erproben, Nutzung erneut empirisch erheben)

10 Forschungsmethodik

Die Forschungsfragen F1 und F2 nahmen die Angebotsseite der Schüler*innenlabore unter die Lupe. So wurden mit Blick auf F1 mit neun der pädagogisch Verantwortlichen der drei Schüler*innenlabore problemzentrierte qualitative Interviews (Witzel & Reiter 2012) über die Ziele und die Ausrichtungen ihrer Angebote geführt. Um bezüglich F2 zu untersuchen, zu welchen Denk- und Lernprozessen die Schüler*innen durch das Schüler*innenlaborangebot potenziell angeregt werden können, wurden die Angebote teilnehmend beobachtet und entlang von drei Dimensionen fachdidaktisch analysiert: Erstens, inwieweit das Angebot kontextualisierende bzw. dekontextualisierende Elemente umfasst und wie diese die Denk- und Lernprozesse sowie die Wahrnehmung von Relevanz anregen oder hemmen können. Zweitens, inwiefern Problemlöseaufgaben, die Selbstwirksamkeit unterstützen und die Kompetenzwahrnehmung steigern können, eingesetzt werden bzw. inwieweit das Angebot auf Instruktionen setzt, die Schüler*innen mit geringen Lernvoraussetzungen zugutekommt. Drittens, inwiefern das Angebot autonomes Handeln der Lernenden und ihre Wahrnehmung von Autonomie unterstützt. Dabei wurden kognitive und motivationale Prozesse (Lewalter & Geyer 2005) in ihrer Wechselwirkung miteinander betrachtet.

Die Forschungsfragen F3 und F4 fokussierten auf die Nutzung der Schüler*innenlaborangebote. Im Hinblick auf F3 wurden rund 250 Schüler*innen (neun Schulklassen, Klassenstufe 6) per Pre-Post-Fragebögen zur Einschätzung des unveränderten Angebots befragt. 10 % der Schüler*innen wurden zudem während des Angebots begleitet und anschließend entlang eines teilstrukturierten Leitfadens zu ihren Aktivitäten, zu fachlichen Inhalten, zu eingesetzten Kontexten und zu motivationalen Aspekten interviewt. In der begleitenden Beobachtung wurde die Studienleiterin zum Teil der dreiköpfigen Schülergruppen. Sie beobachtete, inwiefern die Gruppen Aufgabenstellungen nachvollzogen, inwieweit sie selbst Entscheidungen treffen konnten und mit welchen Äußerungen sie die ggf. wahrgenommene Relevanz von Aufgaben und eigenem Handeln kommentierten. Die hierbei erzielten empirischen Ergebnisse wurden im Rahmen der Beantwortung von F4 schließlich mit den Anbieter*innen der Schüler*innenlabore diskutiert und ihren Zielen, die sie mit den Angeboten erreichen wollen, gegenübergestellt. Gemeinsam wurde die didaktische Strukturierung der Angebote verändert und erneut beforscht.

11 Zentrale Erkenntnisse

Es hat sich bezüglich F1 gezeigt, dass die Befragten mit ihren Schüler*innenlaboren Fachwissen vermitteln, für Naturwissenschaft und Technik interessieren sowie für Berufe motivieren wollen. Ferner wollen sie helfen, aufgebautes Wissen in Alltags- oder Berufskontexten anwenden zu können. Auch nennen die Befragten selbstgesteuertes Lernens und die Wahrnehmung von Selbstwirksamkeit als wichtige Ziele ihrer Angebote. Folgendes Zitat illustriert dies: „Auch das Kompetenzerleben, also selbst, wenn die jetzt nicht verstanden haben, ob ich da jetzt drei Flossen dran machen muss oder zwei, eine oder wie viele und warum die Spitze jetzt schief ist, aber die haben ja trotzdem sich da selber mit eingebracht, selber viel zu beigetragen" (Sajons 2020, S. 56). Die Förderung von Problemlösefähigkeit wird hingegen nicht als ein vordringliches Ziel angegeben; diese Zieldimension ist für die Befragten zwar nachvollziehbar, aber sie haben kaum Ideen, wie sie Problemlösefähigkeiten durch ihre Angebote fördern könnten. Hier ist die Notwendigkeit der Weiterentwicklung der Angebote zu erkennen.

Die Analyse der Angebote im Rahmen von F2 zeigte, dass in den drei Dimensionen an allen drei Schüler*innenlaboren Ungleichgewichte in der didaktischen Strukturierung vorlagen, was sich potenziell negativ auf die kognitiven und motivationalen Prozesse der Schüler*innen auswirkt. Die Angebote waren meist eng geführt und instruktionalistisch ausgerichtet, ließen also wenig Freiraum für autonome Entscheidungen und hatten kaum Problemaufgaben integriert. Kontexte waren zwar Teil der didaktischen Strukturierung, wurden aber nicht durchgehalten, indem früh im Angebot dekontextualisiert wurde. Dies bot den Schüler*innen wenig Chancen, die Relevanz der Handlungen und Aufgaben wahrzunehmen.

Auf der Nutzungsseite zeigte sich mit Blick auf F3, dass die Schüler*innen durch die Angebote durchaus angesprochen und motiviert werden, weil sie oft praktische Anteile enthalten. Dies liegt nach Angaben der Lernenden daran, dass sie in der Schule nur sehr selten eigenaktiv experimentieren können. Im Detail beklagen die Schüler*innen aber die Engführung der Schüler*innenlaborangebote, wie folgende Passage zeigt (Sajons 2020, S. 127): „Interviewer*in: Okay und würdet ihr jetzt sagen, dass ihr euch herausgefordert gefühlt habt von dem, was gemacht wurde heute? Schüler*in 1: Also, ich fand, es war schon ziemlich leicht und ich finde auch, dass es mehr Auswahl geben könnte. Also, dass man jetzt zum Beispiel wählen könnte, ob man jetzt ein Boot baut oder einen Roboter oder sowas. Schüler*in 2: Ja und dass man auch entscheiden kann, welche Schaltungen man haben möchte". Das Herstellen von Zusammenhängen mit den angeführten Kontexten war im Durchschnitt sehr gering und damit auch die Relevanzwahrnehmung. Das fachliche Lernen durch die meist vierstündigen Angebote war gering ausgeprägt. Alle Probleme der fachdidaktischen Analyse bestätigten sich und begründeten einen Handlungsbedarf. Lediglich die generelle Motivation aufgrund des eigenen Handelns an Stationen war meist stark ausgeprägt.

Bezüglich Forschungsfrage F4 lässt sich festhalten, dass die datenbasierten Weiterentwicklung aller Laborangebote, die zusammen mit den Anbieter*innen stattfand, auf eine stärkere Relevanzwahrnehmung der Aufgabenstellungen durch die Schüler:innen zielte. Dies wurde erreicht, indem die Kontextualisierung im gesamten Laborangebot eine viel stärker strukturgebende Funktion übernahm, sodass den Schüler*innen durchgängig verständlich wurde, welche Bedeutung ihre konkreten Handlungen für den gesamten Laborvormittag hatte. Dazu wurden explizit narrative Anker genutzt und die Funktion einzelner Aufgaben im Lichte des Kontextes wurde durchgängig thematisiert. Dekontextualisierende Phasen wurden als solche kenntlich gemacht und betont. Ein Mittel der Kontextualisierung war die Integration von Problemlöseaufgaben; z. B. war ein Lander zu konstruieren, der ohne Schaden auf dem Mars landen kann. Solche Problemlöseaufgaben stärkten auch die Autonomiewahrnehmung. Instruktionsorientierte Aufgaben blieben allerdings als Mittel der Differenzierung erhalten. Geführte Plenumsphasen hatten ihre Funktion nun darin, dass die Schüler*innen immer wieder zusammenkamen und ihre Aktivitäten auf das Gesamtziel des Laborvormittags beziehen konnten. Insgesamt wurde die bisherige didaktische Strukturierung nicht komplett geändert, aber ergänzt und variiert; auch mit Blick darauf, dass die Anbieter*innen die Angebote weiterhin als ihre eigenen wahrnehmen konnten (Autonomiewahrnehmung der Anbieter*innen!).

Generalisierend über alle drei Schüler*innenlabore kann festgestellt werden, dass die neu eingestellte Balance in den Dimensionen Kontextualisierung, Problemlösen und Selbstwirksamkeit/Autonomie bei den Schüler*innen zu einem besseren Verständnis der fachlichen Inhalte und Zusammenhänge führte. Und durch ein vertieftes Erleben von Selbstwirksamkeit wurde die Motivation, sich mit den Aufgaben im Laborangebot zu befassen, gesteigert.

12 Studie zur Verknüpfung von außerschulischen Lernstandorten und Schule

Diese Studie widmete sich der Entwicklung von Systemkompetenz in Bezug auf das Klima bei Schüler*innen der Gesamtschule (Klassenstufe 7) durch die Verknüpfung des Schulunterrichts mit außerschulischen Lernstandorten. Ausgangssituation war, dass Schüler*innen laut Forschungsstand ein fragmentiertes Verständnis des Klimawandels aufweisen, das dynamische Zusammenhänge im Klimasystem kaum berücksichtigt und insofern ein Hindernis für das Verständnis von Anpassungs- und Minderungsstrategien darstellt (Shepardson et al. 2011; Calmbach et al. 2016). Davon ausgehend wurde eine auf dem SYSDENE-Modell der Systemkompetenz (vgl. Frischknecht et al. 2008 S. 30, Abb. 2) basierende Lehr-Lern-Sequenz zum Klimasystem entwickelt.

Im Detail war die Lehr-Lern-Sequenz folgendermaßen strukturiert (s. Abb. 3): In der Schule untersuchten Schüler*innen zunächst die Systemelemente des Klimas durch Experimente. Im Klimahaus Bremerhaven erlebten sie, wie diese Faktoren zusammenwirken und stabile Klimazonen bilden. Zurück in der Schule analysierten die Lernenden an praktischen Modellen Muster und Regeln im Zusam-

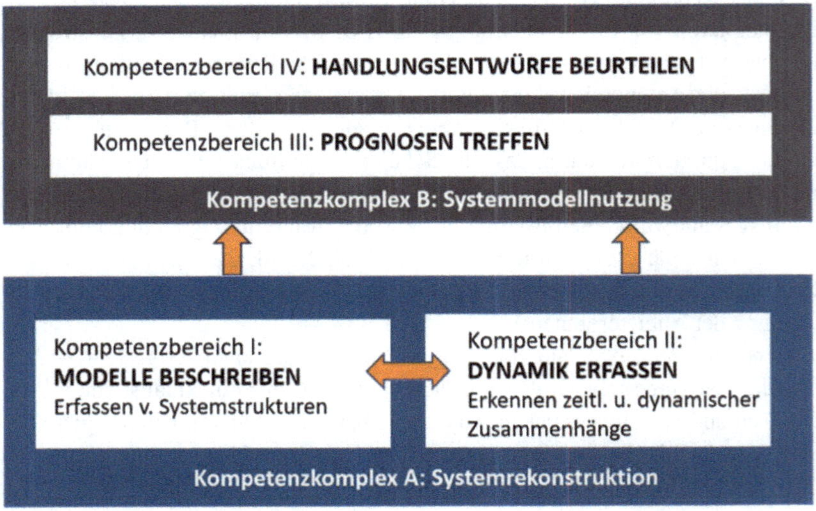

Abb. 2 Systemkompetenzmodell der Schweizer SYSDENE-Forschungsgruppe. Eigene Darstellung, nach Frischknecht-Tobler, Nagel und Seyboldt (2008)

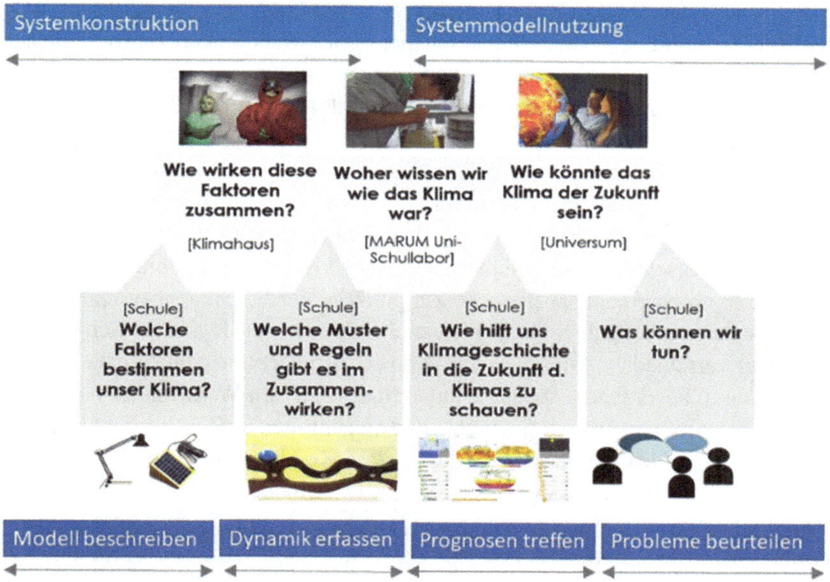

Abb. 3 Lehr-Lernsequenz zur Entwicklung von Systemkompetenz in Bezug auf Klima mit sieben ineinandergreifenden Fragen. Eigene Darstellung

menspiel der Systemelemente (z. B. Kreisläufe, Kettenreaktionen, Kipppunkte). Im MARUM-Schüler*innenlabor der Universität Bremen untersuchten sie dann ein Bohrkernsediment. Mit ihrem Wissen über die Systemelemente modellierten die Schüler*innen das Klima mit dem Monash University Interactive Simple Climate Model. Die dynamischen Wechselwirkungen der Klimafaktoren und die möglichen Auswirkungen menschlicher Eingriffe erlebten sie anschließend an einem 3D-animierten Datenglobus im Universum Science Center Bremen. Den Abschluss bildete ein Quiz in der Schule, bei dem die Gruppe mit den besten Argumentationen zu Klimawandel und Vermeidungsstrategien gewann.

Die Ausgestaltung der einzelnen Module dieser Lehr-Lernsequenz erfolgte entlang der Rückwärtsplanung (Richter & Komorek 2017), die auf dem MDR (Duit et al. 2012) fußt. Rückwärtsplanung bedeutet, dass bei einer zu entwickelnden didaktischen Strukturierung stets von Kognitionen ausgegangen wird, die aufseiten der Lernenden angeregt werden sollen (Schritt I). Im Anschluss wird dann festgelegt, welche Handlungen die Schüler*innen ausführen müssen, sodass jene Kognitionen angeregt werden (Schritt II). Erst zum Schluss wird davon abgeleitet, was die Lehrkraft für Materialien, Experimente etc. bereitstellen muss (Schritt III), um den Schüler*innen entsprechende Handlungen zu ermöglichen. Die Rückwärtsplanung hat das Ziel, den Lernprozess vom Lernenden aus zu denken und nicht von den Handlungen der Lehrkraft; angestrebte Denk- und Lernprozesse aufseiten der Lernenden sollen daher explizit gemacht und zuerst benannt werden, um aus ihnen dann die nötigen Handlungen der Schüler*innen und der Lehrkraft schlussfolgern zu können.

Beispiel für eine Rückwärtsplanung: Die Schüler*innen sollen nachvollziehen, wie die Wissenschaft Aussagen über historische klimatische Bedingungen treffen kann, z. B. ob zu einem spezifischen Zeitpunkt in der Vergangenheit eine Warm- oder Kaltzeit vorherrschte. Hierfür müssen Lernende den logischen Schluss ziehen, dass verschiedene Foraminiferen-Arten (Einzeller) unterschiedliche Wassertemperaturen bevorzugen, sodass aus der Häufigkeit von Warmwasser-Arten und Kaltwasser-Arten auf das vorherrschende Ozeanklima zur Zeit ihrer Ablagerung geschlossen werden kann (Schritt I). Um diese Kognitionen anzuregen, untersuchen die Schüler*innen Sedimentkerne vom Ozeanboden insofern, als sie deren Alter und die Häufigkeit von enthaltenen Warmwasser- und Kaltwasser-Arten der Foraminiferen bestimmen (Schritt II). Um den Lernenden dies zu ermöglichen, nimmt die Lehrkraft Kontakt mit einem Schüler*innenlabor auf, das einen entsprechenden Kurs anbietet. Die Lehrkraft stimmt zudem ihren Unterricht auf den Besuch ab.

Die empirische Untersuchung der Lehr-Lern-Sequenz erfolgte iterativ im DBR-Ansatz. Über drei Zyklen hinweg wurden durch empirische Begleiterhebungen und informelle Gespräche zu den Erfahrungen und Reflexionen beteiligter Lehrender, Schüler*innen- und Anbieter*innen am Lernstandort Erkenntnisse generiert, die in eine Optimierung der Sequenz einflossen.

13 Forschungsfragen

Um zu erfassen, wie sich das konzeptuelle Verständnis der Lernenden von Klima als System bei der Sequenz veränderte, wurden drei Forschungsfragen verfolgt:

F1: Welche Muster und Strategien in der konzeptuellen Entwicklung lassen sich bezogen auf den Klimasystembegriff nachvollziehen – sowohl für die gesamte Gruppe als auch individuell? Diese Frage fokussierte die Entwicklung des konzeptuellen Verständnisses der Lernenden von Klima als System hinsichtlich des SYSDENE-Kompetenzmodells (Abb. 2). Vereinfacht ausgedrückt: Erreichen die Lernenden durch Kenntnis der Klimasystemelemente und Eigenschaften des Systems (zum Beispiel Stabilisierungsprozesse in Form von Rückkopplungen) tatsächlich ein komplex-dynamisches Verständnis von Klima, das sie im weiteren Verlauf bei Problemlösevorschlägen berücksichtigen? Und welche Strategien sind im Lernprozess der Schüler*innen im Sinne von Conceptual Change erkennbar? Dazu zählen z. B. das situative Heranziehen von Wissensfragmenten, Änderungen von Begriffsprioritäten, das Aufgeben und Ersetzen von zuvor verwendeten Begriffen oder das Erkennen von übergreifenden abstrakten Regeln in ähnlichen konkreten Situationen.

F2: Inwieweit können die Lernenden sich neue Konstrukte erschließen und intendierte fachliche Anknüpfungspunkte im Laufe der Sequenz selbständig konstruieren? Durch eine Analyse der Unterrichtsgespräche und Schülerinterviews ließ sich rekonstruieren, inwiefern es den Lernenden gelang, bewusst angelegte inhaltliche Verknüpfungen in der Sequenz eigenständig zu erkennen und anzuwenden. Konnten Schülerinnen und Schüler beispielsweise die im Klimahaus dargestellten Klimafaktoren der verschiedenen Klimazonen in einen Zusammenhang mit vorangegangenen Schulexperimenten zu Kondensation, Reflektion/Absorption, Strömungen und Einfallswinkel der Sonne bringen? Und taten sie es selbstmotiviert oder vorwiegend mit Hilfestellung?

F3: Was sind die Potenziale einer Verzahnung außerschulischen und schulischen Lernens für die Entwicklung eines systemischen Klimaverständnisses? Hierbei ging es darum, zu erkennen, welche besonderen Eigenschaften und Möglichkeiten die Schule und die außerschulischen Lernstandorte für die Systemkompetenzentwicklung boten, aber auch welche Beschränkungen und Herausforderungen sich an ihnen ergaben – und wie diese ggf. von der jeweils anderen Lernumgebung aufgefangen werden konnten.

13.1 Forschungsmethodik

Die Auswirkungen der dreimonatigen Lehr-Lern-Sequenz auf 19 Schülerinnen und Schüler der siebten Klasse wurden mit einem Mixed-Method-Ansatz untersucht. Neben qualitativen Methoden zur Beschreibung von Mustern und Typen wurden auch quantitative Daten in die Interpretation einbezogen, um statistische Veränderungen über die gesamte Gruppe hinweg nachzuvollziehen. Insgesamt wurden drei Perspektiven des Entwicklungsprozesses beleuchtet:

- Produkte: Um vergleichbare Aussagen über Systemwissen und Vorstellungen von Schüler*innen zu Beginn und zum Ende der Intervention machen zu können, wurde ein Prä-/Posttest eingesetzt, der quantitative Daten erzeugte. Der Test deckte nahezu ausschließlich den Kompetenzkomplex „Systemkonstruktion“ und damit die Kompetenzbereiche 1 und 2 des SYSDENE-Modells ab. Die Lernenden waren u. a. gefragt, die Aussage „Das Ganze ist mehr als die Summe der Teile“ mit eigenen Worten zu beschreiben und auf das Klimasystem zu beziehen. Sie mussten des Weiteren mittels vorgegebener und freier Begriffe eine Concept-Map zum Klimasystem konstruieren, einen vermeintlichen in einem Klimawandelskeptiker-Comic adressierten Widerspruch zwischen Wetter und Klima erläutern und Ausgänge konkreter Experimentalsituationen voraussagen, die u. a. Kenntnisse über Rückkopplungen und Dominoeffekte erforderten.

- Prozesse: Um zu verstehen, welche Prozesse, Muster und kommunikative Strategien die Konzeptentwicklung begleiteten, wurden Transkripte der Unterrichtsgespräche qualitativ analysiert.
- Reflektionen: Zusätzlich wurden ausgewählte Schüler*innen angeregt, Erfahrungen und Erkenntnisse während der Sequenz in sequenzbegleitenden Interviews zu reflektieren. Es wurden Schüler*innen für das Interview gewählt, die sich hinsichtlich quantitativer Daten stark unterschieden (→ Methode des größten Kontrasts).

14 Zentrale Erkenntnisse

Im Hinblick auf F1 zeigte der schriftliche Prä-Post-Test, dass sich aufseiten der Lernenden ihre Fähigkeit, Klima als komplexes System zu erfassen, signifikant und mit starkem Effekt verbesserte (*Median Prä* = 6,75, *Median Post* = 12,5; Wilcoxon-Test: $p = .003$, $r = .82$). Dennoch verdeutlichten die Verteilung der Testergebnisse und die qualitative Analyse von Klassengesprächen, Interviews und Concept Maps, dass eine kognitive Entwicklung hin zu einem komplex-dynamischen Systemverständnis nicht bei allen Schüler*innen erfolgt war. Einige Lernende hatten bis zuletzt Schwierigkeiten, neue Beziehungen zwischen Begriffen herzustellen und eine systemische Sichtweise zu entwickeln. Bei ihnen überwog auch nach der Lehr-Lernsequenz eine linear-fragmentarische Vorstellung. Ein erweitertes Verständnis für dynamische Zusammenhänge im Klimasystem erlangten vor allem Schüler*innen mit anfangs durchschnittlichem Verständnis. Rückblickend erwies sich im Rahmen des SYSDENE-Modells der Kompetenzbereich "Modell beschreiben" als entscheidend, denn deutlich wurde, dass es nicht ausreicht, die wichtigsten Faktoren des Klimasystems benennen zu können. Lernende müssen zudem Wetter und Klima unterscheiden und verschiedene Konzepte wie Treibhauseffekt, Wasserkreislauf und Albedo entschlüsseln und anwenden können.

Bezüglich F2 zwangen bewusst angelegte inhaltliche Verknüpfungen innerhalb der Sequenz die Lernenden, immer wieder Konzepte zu nutzen, die sie zuvor aufgebaut hatten. Die qualitative Analyse von Unterrichtstranskripten und Interviews zeigte, dass es den Schüler*innen zu Beginn der Sequenz, als die Informationen noch übersichtlicher waren, gut gelang, sinnvolle Verknüpfungen herzustellen. Der Anteil an nicht sinnvollen bzw. unwissenschaftlichen Verknüpfungen nahm im Verlauf der Sequenz zunächst stark zu, sank dann aber wieder unter das Ausgangsniveau. Die im Laufe der zyklischen Entwicklung optimierte zeitliche Dehnung der Sequenz wirkte sich konsolidierend auf die Konzeptentwicklung der Lernenden aus: Die vielen neuen Informationen und Erfahrungen konnten von vielen Schüler*innen nach einer vorübergehenden Phase der Desorganisation langsam systematisiert und kategorisiert werden. Exemplarisch sei dies durch die Aussage eines Schülers im abschließenden Interview unterstrichen, der Erfahrungen und Informationen unterschiedlicher Phasen der Lernsequenz miteinander verknüpft, um Auswirkungen der arktischen Eisschmelze abzuleiten: „Also, weil halt die Eisfläche nicht mehr da ist, ähm, ist es dort ja ganz dunkel. Und das [kann] die Sonnenstrahlen nicht mehr reflektieren, und deswegen werden die Sonnenstrahlen absorbiert. Und dann wird halt dadurch, dass das Wasser sich erwärmt, auch der Golfstrom gestoppt, und deswegen wird das halt auch in vielen Ländern kälter werden, dadurch, dass der Golfstrom die nicht mehr mit Wärme versorgt…“ (Gorr 2021, S. 245).

Im Zuge der Beantwortung von F3 zu den Potenzialen außerschulischer Lernorte für das schulische Lernen ergaben sich widersprüchliche Erkenntnisse. So hoben Schüler*innen in den retrospektiven Interviews immer wieder die Notwendigkeit eigener Erfahrungen hervor, für die außerschulische Lernangebote prinzipiell fruchtbaren Boden bieten; außerschulische Erlebnisse riefen auch die meisten Assoziationen und selbstmotivierten Erinnerungen bei den Jugendlichen hervor. Dennoch traten vor Ort nicht alle Schüler*innen in eine vertiefte Auseinandersetzung mit den (Ausstellungs-)inhalten. Eine Hypothese, die sich aus den Audiomitschnitten ergab, war, dass physischer und sozialer Stress bei Schüler*innen eine tiefere Auseinandersetzung mit den Objekten, Texten und Installationen einschränken.

15 Generalisierung der Studien

Es wurde eingangs als primäres Ziel des Beitrags herausgestellt, dass interessierte Leser*innen, die selbst Entwicklungsforschung an außerschulischen Lernstandorten betreiben möchten, von den Erfahrungen, die in den vier dargestellten Studien gewonnen wurden, profitieren sollen. Deshalb werden in diesem Kapitel die Erkenntnisse aus den vier Studien, die an verschiedenen außerschulischen Lernorten mit je unterschiedlichem Fokus (s. Abb. 1) durchgeführt wurden, generalisiert.

Zunächst ist festzuhalten, dass sich das MDR sowie der Ansatz des DBR für die Entwicklungsforschung an außerschulischen Lernstandorten bewährt haben. Beide bieten als methodologische Rahmen einerseits eine klare Abfolge von zu leistenden Arbeitsschritten, anderseits aber auch Flexibilität, da sie mit den unterschiedlichsten Entwicklungs- und Forschungsmethoden kompatibel sind und so spezifische Entwicklungs- und Forschungsbedarfe an den Lernstandorten adressieren können. Auch waren sie gut geeignet, um den Anbieter*innen der Lernstandorte Grundsätze fachdidaktischen Arbeitens pointiert zu verdeutlichen. MDR und DBR unterstützen somit eine *fachdidaktische Wissenschaftskommunikation,* also die Kommunikation über fachdidaktische Arbeitsweisen mit den Kooperationspartner*innen der außerschulischen Lernstandorte.

In den Studien wurde deutlich, dass die Anbieter*innen an den Lernstandorten oftmals eher auf die Angebotsseite denn auf die Nutzungsseite (die Seite der Lernenden) fokussieren. Fachliche Inhalte in den Angeboten werden dementsprechend selten auf die Perspektiven von Besucher*innen bezogen und nur unangemessen elementarisiert. Deshalb ist es notwendig, die Kompetenz der Fachdidaktik zu nutzen, zu vermittelnde Inhalte sach- und adressatengerecht zu elementarisieren und sie dabei auf die Perspektive von Lernenden beziehen zu können. Die Fachdidaktik muss also auch bei den Kooperationspartner*innen an den außerschulischen Lernorten einen „shift from teaching to learning" (Barr & Tagg 1995, S. 13) anbahnen. Strategisch war es diesbezüglich sinnvoll, den Partner*innen zu verdeutlichen, dass sie durch die Fokussierung auf die Nutzer*innenseite – wobei sie von der Fachdidaktik gut unterstützt werden können – ihre gesetzten Angebotsziele besser erreichen können, als wenn sie sich lediglich auf die Angebotsseite konzentrieren. So wurde im Prozess der Zusammenarbeit herausgestellt, dass die Fachdidaktik zwar keine Patentlösungen, aber dennoch robuste Modelle und Konzepte einbringen kann, durch die Fortschritte erzielt werden können.

Kooperatives Arbeiten mit den Anbieter*innen ist im Prozess der Entwicklung bzw. Weiterentwicklung von Angeboten an außerschulischen Lernstandorten unabdingbar. Im Hinblick auf die zu durchlaufenden Zyklen im Prozess des DBR können auf Basis der Studien folgende Hinweise gegeben werden: Zwischen den Zyklen sollte es stets eine Abstimmung mit den Anbieter*innen des Lernstandorts geben, in denen zwischenzeitlich ausgewertete Daten kommuniziert werden. Daraus lässt sich dann gemeinsam über Anpassungsschritte für ein Programm/Angebot entscheiden, sodass sichergestellt ist, dass Neuerungen bzw. Änderungen für die jeweiligen Anbieter*innen an den Lernstandorten nicht wie Fremdkörper wirken und besser akzeptiert werden. Empfehlenswert ist es allerdings auch, mit den Anbieter*innen am Lernstandort beim iterativen Vorgehen nicht zu viele Zyklen zu durchlaufen, weil es für sie sonst zu aufwendig erscheint; etwa zwei bis drei Zyklen haben sich als optimal erwiesen. Daraus folgt der Bedarf, einen Zyklus möglichst breit aufzustellen. So können an den Lernstandorten durchgeführte Feldstudien durch Laborstudien an der Universität, z. B. in Form eines Teaching Experiments, einer Interviewreihe oder der Arbeit mit Prototypen flankiert werden. Hierdurch können viele Erkenntnisse generiert werden und der Aufwand für die Lernstandorte bleibt trotzdem überschaubar.

Damit Veränderungen stattfinden, müssen die Anbieter*innen den Bedarf selbst wahrnehmen. In den Studien war folgende Strategie erfolgreich: Die Überzeugungskraft empirischer Daten wurde genutzt, um ihnen Diskrepanzen zwischen ihren eigenen Zielen und den erhobenen Prozessen auf der Nutzer*innenseite zu verdeutlichen. Eine so initiierte Kooperation durchlief verschiedene Phasen. Vom ersten Kennenlernen über die teils schmerzliche Diskussion von Problemen mit bisherigen Angeboten bis hin zur detailreichen Ausarbeitung von Neugestaltungen bzw. Veränderungen. Solche Phasen sind meistens emotional konnotiert und Zwänge und Grundsätze der Lernstandorte müssen im Gespräch mit den Anbieter*innen erfasst und ernst genommen werden. Das können neben wirtschaftlichen, auch personelle, technische, identitäts- (Marken-)bezogene oder sicherheitsbezogene Aspekte sein.

Es war in den Studien notwendig, eine ethnografische Perspektive einzunehmen, sich also in die Regeln und die Sozialstruktur an den Orten einzudenken. Dabei waren auch die entstehenden Emotionalitäten auszuhalten, die durch die von den Forschenden ausgelösten Irritationen entstanden. Die Irritationen riefen drei Reaktionsmuster bzgl. der vorgeschlagenen Veränderungen hervor, die während der Studien erkannt wurden: 1) die bereitwillige Übernahme der Vorschläge durch die pädagogisch Verantwortlichen, 2) die Ablehnung der Vorschläge und Renitenz gegenüber Veränderung von bisher als zielführend angenommenen Laborangeboten und 3) das Vermitteln zwischen Extrempositionen, meist durch die Leitenden der Labore, die den Forschenden den Zugang ermöglicht hatten. Diese Reaktionsmuster zu kennen und sie zu erwarten, kann in weitergehenden Forschungen hilfreich sein, um sich im ethnografischen Sinne erfolgreich in die soziale Struktur des zu beforschenden Lernortes einzufügen und seine Rolle als Forschende zu finden.

In allen Studien wurde deutlich, dass eine mit Fingerspitzengefühl eingebrachte fachdidaktische Perspektive in Form einer kooperativen Angebots(weiter)-entwicklung hilfreich ist, um die ohnehin an den Orten verfolgten Ziele besser erreichen zu können oder um kooperativ neue Angebote zu schaffen. Für die Fachdidaktik stellt sich somit ein wichtiges Forschungs- und Entwicklungsfeld mit hoher praktischer Relevanz dar, das in Zukunft weiterhin bearbeitet werden sollte, um die Potenziale dieser Orte zur Anregung fachlicher Lernprozesse besser auszuschöpfen.

16 Ausblick

Die in den Studien gewonnenen Erfahrungen zur kooperativen Didaktischen Rekonstruktion mit vielgestaltigen Kooperationspartner*innen sind in den vergangenen Jahren in viele organisationsübergreifende Projekte der Physikdidaktik an der Universität Oldenburg eingeflossen. Ein aktuelles Beispiel ist das von der Telekom-Stiftung geförderte Projekt ReBiS (Regionales MINT-Bildungsökosystem Wilhelmshaven–Friesland–Oldenburg). Ziel des Projekts ist es, außerschulische MINT-Angebote systematisch miteinander zu vernetzen und gezielt in den Unterricht verschiedener Fächer zu integrieren. Die Besuche der Lernorte werden fächerübergreifend aus dem Unterricht heraus vorbereitet. Dabei ergänzen die außerschulischen Lernorte mit ihren spezifischen Potenzialen den Fachunterricht und erweitern ihn inhaltlich wie methodisch. Um die Zusammenarbeit zwischen Schulen, Universität und außerschulischen Partnern nachhaltig zu gestalten, werden die Bildungsangebote kooperativ entlang der Prinzipien der Didaktischen Rekonstruktion entwickelt. Ein vergleichbar kooperatives Vorgehen liegt auch dem Projekt AquaCitizens zugrunde, das von der Deutschen Bundesstiftung Umwelt gefördert wird. In diesem Citizen-Science-Projekt erforschen Jugendliche Fragestellungen im Bereich des nachhaltigen Wassermanagements, erheben wissenschaftliche Daten und werten diese aus. Unterstützt werden sie dabei durch mobile Schüler*innenlabore, in denen sie gezielt auf ihre Forschungsarbeit vorbereitet werden. Die Umsetzung erfolgt in Zusammenarbeit mit dem Regionalen Umweltbildungszentrum Oldenburg sowie dem Oldenburgisch-Ostfriesischen Wasserverband. Auch in diesem Projekt bildet die kooperative Didaktische Rekonstruktion die fachdidaktische Grundlage für eine effektive Zusammenarbeit der beteiligten Institutionen.

Literatur

Barr, R. B. & Tagg, J. (1995). From Teaching to Learning. A New Paradigm For Undergraduate Education Change. *The Magazine of Higher Learning, 27*(6), 12–26.

Bleichroth, W. (1991). Elementarisierung, das Kernstück der Unterrichtsvorbereitung. *NiU Physik*, *2*(6), 4–11.

Bliesmer, K. (2020). *Physik der Küste für außerschulische Lernorte. Eine Didaktische Rekonstruktion*. Logos.

Bohnhardt, T. & Schüttler, T. (2020). Fähigkeitsselbstkonzept im klassischen Schülerlabor. In K. Sommer, J. Wirth & M. Vanderbeke (Hrsg.), *Handbuch Forschen im Schülerlabor* (S. 111–118). Waxmann.

Braund, M. & Reiss, M. (2006). Towards a more authentic science curriculum: the contribution of out-of-school learning. *IJSE, 28*(12), 1373–1388.

Breidenstein, G. (2012). Ethnografisches Beobachten. In H. de Boer & S. Reh (Hrsg.), Beobachtung in der Schule – Beobachten lernen (S. 27–44). Springer.

Brownell, S.E., Kloser, M.J., Fukami, T. & Shavelson, R. (2012). Undergraduate Biology Lab Courses: Comparing the Impact of Traditionally Based "Cookbook" and Authentic Research-Based Courses on Student Lab Experiences. *Journal of College Science Teaching, 41*(4), 36–45.

Calmbach, M., Borgstedt, S., Borchard, I., Thomas, P. M. & Flaig, B. B. (2016). *Wie ticken Jugendliche 2016? Lebenswelten von Jugendlichen im Alter von 14 bis 17 Jahren in Deutschland*. Springer Fachmedien.

Damerau, K. (2012). *Molekulare und Zell-Biologie im Schülerlabor. Fachliche Optimierung und Evaluation der Wirksamkeit im Bell Bio (Bergisches Lehr-Lern-Labor Biologie)*. Dissertation: Bergische Universität Wuppertal.

Duit, R., Gropengießer, H., Kattmann, U., Komorek, M. & Parchmann, I. (2012). The Model of Educational Reconstruction – a Framework for improving Teaching and learning Science. In D. Jorde & J. Dillon (Hrsg.), *Science Education Research and Practice in Europe*. (S. 13–37). Sense Publishers.

Erhorn, J. & Schwier, J. (2016). Außerschulische Lernorte. Eine Einführung. In J. Erhorn & J. Schwier (Hrsg.), *Pädagogik außerschulischer Lernorte* (S. 7–13). transcript Verlag.

Euler, M., Schüttler, T. & Hausamann, D. (2014). Schülerlabore: Lernen durch Forschen und Entwickeln. In E. Kircher, R. Girwidz & P. Häußler (Hrsg.), *Physikdidaktik. Theorie und Praxis* (S. 759–782). Springer.

Frischknecht-Tobler, U., Nagel, U. & Seybold, H. (2008). *Systemdenken. Wie Kinder und Jugendliche komplexe Systeme verstehen lernen*. Pestalozzianum.

Gorr, C. (2021). *Klimawandel im Kontext des Klimasystems vermitteln. Cognitive-Development-Prozesse bezüglich des Klimabegriffs im Zuge der Verknüpfung schulischen und außerschulischen Lernens*. OOPS.

Haupt, O. J., Domjahn, J., Martin, U., Skiebe-Corrette, P., Vorst, S., Zehren, W., Hempelmann, R. (2013). Schülerlabor – Begriffsschärfung und Kategorisierung, *MNU, 66*, 324–330.

Harring, M., Witte, M. D. & Burger, T. (Hrsg.) (2016). *Handbuch informelles Lernen*. Beltz.

Helmke, A. (2012). *Unterrichtsqualität und Lehrerprofessionalität*. Kallmeyer.

Hooper-Greenhill, E. (2007). *Museums and Education. Purpose, Pedagogy, Performance*. Routledge.

Itzek-Greulich, H., Flunger, B., Vollmer, C., Nagengast, B., Rehm, M. & Trautwein, U. (2014). The impact of a science center outreach lab workshop on german 9th graders' achievement in science. In *Proceedings of the 10th Conference of the European Science Education Research Association* (S. 97–106). ESERA.

Karpa, K., Lübbecke, G. & Adam, B. (2015). Außerschulische Lernorte – Theoretische Grundlagen und praktische Beispiele. In D. Karpa, G. Lübbecke & B. Adam (Hrsg.), Außerschulische Lernorte. Theorie, Praxis und Erforschung außerschulischer Lerngelegenheiten (S. 11–25). Prolog-Verlag.

Klees, G. & Tillmann, A. (2015). Design-Based Research als Forschungsansatz in der Fachdidaktik Biologie. Entwicklung, Implementierung und Wirkung einer multimedialen Lernumgebung im Biologieunterricht zur Optimierung von Lernprozessen im Schülerlabor. *Journal für die Didaktik der Biowissenschaften, 6*, 91–109.

Komorek, M. & Duit, R. (2007). The teaching experiment as a powerful method to develop and evaluate teaching and learning sequences in the domain of non-linear systems. *IJSE, 26*(5), 619–633.

Kremer, K. & Kapitza, M. (2020). Untersuchung von epistemischen Überzeugungen im Schülerlabor – Möglichkeiten und Herausforderungen. In K. Sommer, J. Wirth & M. Vanderbeke (Hrsg.), *Handbuch Forschen im Schülerlabor* (S. 79–90). Waxmann.

Kuckartz, U. (2018). *Qualitative Inhaltsanalyse.* Beltz Juventa.

Lewalter, D. (2020). Schülerlaborbesuche aus motivationaler Sicht unter besonderer Berücksichtigung des Interesses. In K. Sommer, J. Wirth & M. Vanderbeke (Hrsg.), *Handbuch Forschen im Schülerlabor* (S. 63–70). Waxmann.

Lewalter, D. & Geyer, C. (2005). Evaluation von Schulklassenbesuchen im Museum. *Zeitschrift für Pädagogik, 51*(6), 774–785.

Nativ Ronen, E., & Tal, T. (2019). Stakeholders' Perceptions of Science-Day Programs at University-Based Science Outreach Centers. *Visitor Studies, 22*(2), 147–170.

Pawek, C. (2019). 20 Jahre Schülerlabore an Hochschulen und anderen Einrichtungen. Eine wissenschaftlich fundierte Erfolgsgeschichte. In C. Driesen & A. Ittel (Hrsg.), Der Übergang in die Hochschule. Strategien, Organisationsstrukturen und Best Practices an deutschen Hochschulen (S. 143–157). Waxmann.

Priemer, B., Menzl, C., Hagos, F., Musold, W., & Schulz, J. (2018). Das situationale epistemische Interesse an physikalischen Themen von Mädchen und Jungen nach dem Besuch eines Schülerlabors. Zeitschrift für Didaktik der Naturwissenschaften, 24(1), 279–285.

Reinmann, G. (2005). Innovation ohne Forschung? Ein Plädoyer für den Design-Based Research-Ansatz in der Lehr-Lernforschung. *Unterrichtswissenschaft 33*(1), 52–69.

Rennie, L. J., McClafferty, T. P. (1996). Science Centres and Science Learning. *Studies in Science Education, 27*(1), 53–98.

Richter, C. & Komorek, M. (2017). Backbone – Rückgrat bewahren beim Planen. In S. Wernke & K. Zierer (Hrsg.), *Die Unterrichtsplanung: Ein in Vergessenheit geratener Kompetenzbereich?!* (S. 91–103). Julius Klinkhardt.

Röllke, K. & Grotjohann, N. (2020). Einfluss der Nachbereitung eines Schülerlaborbesuches auf den Wissensbehalt der Schülerinnen und Schüler. In K. Sommer, J. Wirth & M. Vanderbeke (Hrsg.), *Handbuch Forschen im Schülerlabor* (S. 127–135). Waxmann.

Rohs, M. (Hrsg.) (2016). *Handbuch informelles Lernen.* Springer.

Roskam, A. (2020). *Kognitive Verarbeitungsprozesse in der Interaktion mit Strömungsexperimenten in einer Ausstellung*. Springer.

Sajons, C. M. (2020). *Kognitive und motivationale Dynamik in Schülerlaboren.* Logos.

Sauerborn, P. & Brühne, T. (2012). *Didaktik des außerschulischen Lernens.* Schneider Verlag.

Salzmann, C. (2009). Lernorte – Lerntheorie. In D. H. Heck & U. Sandfuchs (Hrsg.), *Grundschule von A bis Z* (S. 161–163). Westermann.

Scharfenberg, F.-J., Bogner, F.X. & Klautke, S. (2007). Learning in a gene technology laboratory with educational focus: Results of a teaching unit with authentic experiments. *Biochemistry and Molecular Biology Education, 35*, 28–39.

Schwarzer, S. & Itzek-Greulich, H. (2015). Möglichkeiten und Wirkungen von Schülerlaboren. Vor- und Nachbereitung zur Vernetzung mit dem Schulunterricht. *Unterricht Chemie, 26*, 8–13.

Shepardson, D.P., Niyogi, D., Roychoudhury, A., Hirsch, A. (2011). Conceptualizing climate change in the context of a climate system. Implications for climate and environmental education. In *Environmental Education Research, 18*(3), 323–352.

Stadtler, M. (2020). Non scholae, sed vitae discimus: zur Erfassung von Kompetenzen und Wissen im Schülerlabor. In K. Sommer, J. Wirth & M. Vanderbeke (Hrsg.), *Handbuch Forschen im Schülerlabor* (S. 119–126). Waxmann.

Streller, M. (2015). *The educational effects of pre and post-work in out-of-school laboratories*. Dissertation: Technische Universität Dresden.

Täubig, V. (2018). Informelle Bildung. In G. Graßhoff, A. Renker & W. Schröer (Hrsg.), *Soziale Arbeit. Eine elementare Einführung* (S. 413–428). Springer.

Thomas, B. (2009). Lernorte außerhalb der Schule. In K.-H. Arnold, U. Sandfuchs & J. Wiechmann (Hrsg.), *Handbuch Unterricht* (S. 283–287). Julius Klinkhardt.

UNESCO (2010). *Guidelines for TVET Policy Review* (= ED/ESB/TVET/2010/02). https://unesdoc.unesco.org/ark:/48223/pf0000187487 [07.09.2025].

White, R. & Gunstone, R. (1992). *Probing Understanding*. Routledge.

Witzel, A. & Reiter, H. (2012). *The Problem-centred Interview*. Sage.

Virtuelle Live-Führungen im Naturkundemuseum – Effekte eines innovativen Vermittlungskonzepts

Michael Kubi und Volker Wenzel

1 Einleitung

Der Besuch außerschulischer Lernorte hat eine besondere Bedeutung innerhalb des Bildungs- und Erziehungsauftrags von Schulen (DeWitt & Storksdieck 2008). Insbesondere das Interesse an biologischen Inhalten kann dort durch authentische Erlebnisse und Originalbegegnungen gefördert werden (Wilde et al. 2019). Die Corona-Pandemie brachte jedoch für Schulen gravierende Einschränkungen mit sich. Ausgangssperren und Maßnahmen zur sozialen Distanzierung führten zu weitreichenden Schließungen oder starken Restriktionen und zwangen Pädago-g*innen, traditionelle Präsenzveranstaltungen in virtuelle Formate umzuwandeln (Fickermann et al. 2021; Kowalski 2021).

So waren auch außerschulische Lernorte wie Naturkundemuseen über längere Zeit geschlossen. Der Ausfall von Besucher*innen führte nicht nur zu einer Unterbrechung der Bildungsaktivitäten, sondern stellte auch eine erhebliche finanzielle Belastung für viele Bildungseinrichtungen dar, deren Geschäftsmodell von Eintrittskarten abhängig ist (Antara & Sen 2020). Diese Krise zwang Museen, kreativ zu werden und neue Wege der Publikumsbindung zu erschließen. Dazu gehörten unter anderem Online-Führungen und interaktive virtuelle Plattformen, die den Austausch mit Besucher*innen ermöglichten (Ennes et al. 2021; Kubi et al. 2022). Um Schulklassen auch unter Pandemiebedingungen die Möglichkeit

M. Kubi (✉) · V. Wenzel
Didaktik der Biowissenschaften, Goethe Universität, Frankfurt am Main, Deutschland
E-Mail: kubi@bio.uni-frankfurt.de

V. Wenzel
E-Mail: wenzel@bio.uni-frankfurt.de

A. Wenzel und T. Schmäing (Hrsg.), *Außerschulisches Lernen in der naturwissenschaftlichen Bildung*, https://doi.org/10.1007/978-3-658-50864-7_18

zu bieten, diese Lernorte zu besuchen, wurden im Senckenberg Naturmuseum virtuelle Live-Führungen speziell für Schulklassen konzipiert, durchgeführt und evaluiert. Der Schwerpunkt der Museumsführung lag auf Dinosauriern. Um die Auswirkungen dieses Unterrichtsformats auf das Interesse an ausgestorbenen Tieren im Museum bei Schüler*innen zu untersuchen, wurden diese in einem Prä-/Post-/Follow-up-Design schriftlich befragt.

2 Theoretischer Hintergrund

2.1 Interessentheorie

Interesse wurde in den letzten Jahrzehnten intensiv untersucht und gilt als wichtiger Faktor im Zusammenhang mit Lernvorgängen (Renninger & Hidi 2011). Hervorzuheben sind hier die Untersuchungen des Interessenkonstrukts von Krapp (1999), Prenzel (1992) und Schiefele (1991). Interesse wird hierbei als eine dynamische Beziehung zwischen einer Person und einem Interessengegenstand beschrieben, wobei es sich dabei um ein reales Objekt, ein Thema, eine Idee oder eine Aktivität handeln kann. Viele Studien belegen den positiven Einfluss von Interesse auf das Lernen und den Lernerfolg (Ainley et al. 2002; Hidi 2006; Hidi & Renninger 2006; Schiefele 1991). Es hat sich gezeigt, dass Interesse mit erhöhter Aufmerksamkeit, höherer kognitiver Leistung und nachhaltigem Lernen verbunden ist (Ainley et al. 2002). Damit stellt es auch eine wichtige Variable für das Lernen in außerschulischen Kontexten dar (Falk & Dierking 2000; 2013).

Es lassen sich zwei grundlegende Formen von Interesse unterscheiden (Krapp 1992; Hidi et al. 2004; Hidi 2006; Silvia 2006): individuelles Interesse (II) und situationales Interesse (SI). Situationales Interesse ist ein kurzfristiger psychologischer Zustand, der durch den Reiz einer bestimmten Lernsituation entsteht und nicht lange anhält (Krapp 1992; Hidi 2006). Im Laufe der Zeit kann sich das situative Interesse durch wiederholte Beschäftigung mit dem Interessengegenstand zu einem dauerhaften und stabilen individuellen Interesse entwickeln. Im Vergleich zum situationalen Interesse ist individuelles Interesse eine relativ stabile, dauerhafte persönliche Neigung, sich mit bestimmten Aufgaben, Objekten, Ereignissen oder Ideen zu beschäftigen (Hidi 2006; Silvia 2006). Individuelles Interesse ist durch eine dispositionelle Verinnerlichung des Interesses einer Person an einem Interessensgegenstand gekennzeichnet. Die Beschäftigung der Person mit dem Objekt kann dann selbstgesteuert erfolgen – unabhängig von externen Auslösern oder Unterstützungen (Ainley 2017; Hidi und Renninger 2006). In einer realen Lernsituation tragen sowohl die situationalen Merkmale der Lernumgebung (SI) als auch die individuellen Merkmale der Person (II) zum Interesse an einem Lernobjekt bei. Auf der subjektiven Ebene ist es nicht möglich, zwischen situationalem und individuellem Interesse zu unterscheiden. (Ainley 2017; Harackiewicz & Knogler 2017; Knogler 2017; Silvia 2006).

Interesse wird in drei zentrale Komponenten untergliedert: eine emotionale, eine wertbezogene und eine kognitive Komponente (Krapp 2002; Ainley 2017; Hidi 2006). Die emotionale Komponente bezieht sich auf die positiven Gefühle, die bei der Beschäftigung mit dem Interessengegenstand entstehen. Die wertbezogene Komponente betont die persönliche Relevanz des Gegenstands, während die kognitive Komponente den Wunsch beinhaltet, das Wissen über das Interessensobjekt zu erweitern und zu vertiefen (Krapp 2002; Krapp & Prenzel 2011). In der vorliegenden Studie wurde ein Messinstrument zum Interesse an der Natur (Nature interest scale, NIS) adaptiert, das alle drei Komponenten abbildet (Kleespies et al. 2021).

Basierend auf binären Geschlechterklassifikationen zeigen viele Studien Unterschiede im Interesse an Naturwissenschaften zwischen Jungen und Mädchen (May et al. 2022). Einige Studien berichten über geschlechtsspezifische Unterschiede zugunsten von Jungen (Sainz et al. 2021). Im Gegensatz dazu identifiziert eine vergleichbare Anzahl von Studien Unterschiede zugunsten von Mädchen (Jia et al. 2020; Kang et al. 2021) oder keine Unterschiede zwischen Jungen und Mädchen (Cheung 2018; May et al. 2022). Die Ergebnisse zeigen, dass Mädchen offenbar mehr Interesse an Biologie als an Chemie und Physik haben (Jia et al. 2020; Kang et al. 2019).

2.2 Bedeutung außerschulischer Lernorte für die Interessenentwicklung

Museumsbesuche scheinen für die Vermittlung naturwissenschaftlicher Themen besonders geeignet zu sein, da sie einem breiten Publikum die Möglichkeit bieten, naturwissenschaftliche Phänomene zu erleben und zu verstehen (Gibson & Chase 2002). Um dieses Ziel zu erreichen, bieten die meisten Naturkundemuseen eine Vielzahl von Bildungsprogrammen an, darunter Führungen, Informationsmaterial vor Ort und online sowie Arbeitsblätter (DeWitt & Storksdieck 2008). Neben den positiven affektiven und kognitiven Effekten können Museumsbesuche auch andere wissenschaftsbezogene Freizeitaktivitäten auslösen – etwa das Anschauen von Fernsehdokumentationen, das Lesen von Fachbüchern, das Sammeln von Präparaten oder das eigenständige Experimentieren (McMeeking et al. 2016; Mujtaba et al. 2018; Krapp & Prenzel 2011).

Führungen sind die häufigste Vermittlungsform in Museen (Tinio et al. 2010; Johnson et al. 2009; Bamberger und Tal 2008; Best 2012). Besucher*innen schätzen besonders die persönliche Begleitung durch einen Guide, da dieser nicht nur durch die Ausstellung führt, sondern auch Fragen beantwortet und auf individuelle Interessen eingehen kann – ein Vorteil, den schriftliche Texte, Audioguides oder die Exponate selbst nicht bieten (Tinio et al. 2010). Neben dem Wunsch, Neues zu lernen (Falk & Dierking 2000; 2013), spielt auch der soziale Austausch innerhalb von Schüler*innengruppen eine wichtige Rolle (Bitgood 2002). Insgesamt bieten Schulausflüge in Naturkundemuseen also eine hervorragende Gelegenheit, das naturwissenschaftliche Interesse auf vielfältige Weise zu fördern. Sie ermöglichen den Kindern und Jugendlichen authentische Erlebnisse und direkten Kontakt mit realen Exponaten, während sie gleichzeitig positive soziale Interaktionen erleben. Zusammen mit der besonderen Ausflugsatmosphäre können so Neugier und Interesse an unterschiedlichsten Themen geweckt werden (Schwan et al. 2014).

Die Corona-Pandemie brachte jedoch für Schulen viele Einschränkungen mit sich. Neben Wechselunterricht und Home-Schooling blieben viele außerschulische Lernorte, wie Naturkundemuseen, über längere Zeit geschlossen. Auch nach deren Öffnung war es Schulklassen aufgrund der geltenden Kontaktbeschränkungen oft nicht möglich, diese Orte zu besuchen.

Um Schulklassen dennoch den Zugang zu diesen Lernorten zu ermöglichen, wurden im Naturmuseum Senckenberg virtuelle Live-Führungen speziell für Schulklassen konzipiert. Ziel war es, Schüler*innen trotz räumlicher Distanz ein museales Lernerlebnis bieten zu können. Bei den durchgeführten virtuellen Live-Führungen wurde dann empirisch geprüft, inwieweit diese das Interesse an ausgestorbenen, prähistorischen Tieren – insbesondere Dinosauriern – fördern können. Bislang liegen hierzu keine bekannten Studien vor (Kubi et al. 2022; 2024).

3 Methoden

3.1 Stichprobe

Die Datenergebung für das Senckenberg Naturmuseum, eines der größten und bedeutendsten Naturkundemuseen Europas, fand im Zeitraum von Februar bis April 2021 statt. Um eine ausreichend große Stichprobe zu erhalten, wurden mehrere Schulen im Großraum Rhein-Main (Hessen, Deutschland) kontaktiert. Die Teilnahme an den Umfragen war freiwillig und anonym. Die Eltern der Schüler*innen wurden im Vorfeld über den Inhalt der Studie informiert und mussten eine Einverständniserklärung abgeben.

Insgesamt nahmen 93 Schüler*innen aus zwölf verschiedenen Klassen zweier Schulen (Klassenstufen 5 und 6) an den virtuellen Live-Führungen und allen zugehörigen Umfragen teil. Das Durchschnittsalter betrug 11,75 Jahre (Altersspanne 9–14 Jahre, $SD = 0{,}79$). Von den teilnehmenden Schüler*innen waren 38 (40,9 %) männlich, 54 (58,1 %) weiblich, und eine Schüler*in (1 %) machte keine Angaben zum Geschlecht.

Das Senckenberg Naturmuseum in Frankfurt am Main ist mit einer Ausstellungsfläche von 6000 Quadratmetern und über 10.000 Exponaten in der Dauerausstellung eines der größten Naturkundemuseen Deutschlands (Mosbrugger et al. 2015). Es ist ein beliebtes Ausflugsziel, gerade auch für Schulklassen. Das Museum ist vor allem für seine beeindruckenden Dinosaurierskelette bekannt, die im ersten Lichthof ausgestellt sind. Dabei handelt es sich sowohl um Originalfossilien – darunter *Diplodocus, Psittacosaurus, Plateosaurus,* Dinosauriereier und *Triceratops*-Schädel als auch um detailgetreue Repliken (Abgüsse) von Originalfossilien, wie etwa *Tyrannosaurus, Iguanodon* und *Stegosaurus.*

3.2 Durchführung

Um die virtuellen Live-Führungen möglichst authentisch und interaktiv zu gestalten, wurden die Schüler*innen über die Videokonferenzsoftware Zoom live in das Museum zugeschaltet. Ein Guide führte sie durch die Ausstellung, während eine zweite Person (Kameramann/-frau) die Führung filmte. Durch dieses Setting war es für den Guide möglich, ähnlich wie in einer Präsenzführung zu agieren und so ein möglichst authentisches Führungserlebnis zu schaffen. Die Konsistenz und Qualität der virtuellen Live-Führungen wurden dadurch gewährleistet, dass alle Führungen von derselben Person konzipiert und durchgeführt wurden. Jede Klasse, die das Museum besuchte, erhielt die gleiche Führung. Über die Chat-Funktion konnten die Schüler*innen spontan Fragen stellen und Antworten erhalten, wodurch eine Interaktion ähnlich der in realen Führungen entstand. Aus Datenschutzgründen durften Chat-Transkriptionen weder gespeichert noch ausgewertet werden.

Jede Führung dauerte etwa eine Stunde und konzentrierte sich thematisch auf Dinosaurier. Behandelt wurden Aspekte wie Größe, Anatomie, Ernährung, Lebensweise, zeitliche Einordnung, Fossilisation und das Aussterben dieser Tiere. Folgende Gattungen wurden gezeigt: *Diplodocus, Tyrannosaurus, Triceratops, Oviraptor, Maiasaura* und Eier von Dinosauriern. Aufgrund der

Themenschwerpunkte während der Führung wurden die Schüler*innen nach ihrem Interesse an ausgestorbenen Tieren befragt.

Um die Auswirkungen dieses Bildungsformats auf das Interesse der Schüler*innen zu untersuchen, wurden die Schüler*innen in einem Prä-/Post-/Follow-up-Design schriftlich befragt. Der Prätest (T1) fand etwa eine Woche vor der Führung statt, der Posttest (T2) unmittelbar nach der Führung und der Follow-up-Test (T3) etwa drei Wochen nach der Führung. Alle Befragungen (T1, T2 und T2) wurden online mittels eines Links durchgeführt, der in den Chatraum der Zoom-Konferenz eingefügt wurde. Zu allen drei Testzeitpunkten wurden die gleichen Messinstrumente verwendet. Das Ausfüllen der Fragebögen dauerte maximal 15 min.

3.3 Messung

Das Interesse an ausgestorbenen Tieren wurde mit einem Erhebungsinstrument erfasst, das eine Adaption der NIS von Kleespies et al. (2021) darstellt. Die Anpassung der ursprünglichen Skala bestand darin, den Begriff *Natur* durch *ausgestorbene Tiere* zu ersetzen, weil sich die Führungen im Museum auf ausgestorbene, prähistorische Tiere (am Beispiel der Dinosaurier) konzentrierten (Tab. 1). Eine explorative Faktorenanalyse ergab, dass die drei Komponenten des Interessenkonstrukt adäquat abgebildet werden konnten. Mit Werten über 0,7 für alle drei Subskalen liegt die interne Konsistenz (Cronbachs Alpha) beim Prätest (T1) für alle drei Subskalen in einem akzeptablen Bereich (Tavakol & Dennick 2011, Tab. 2) und ist vergleichbar mit der ursprünglichen Skala von Kleespies et al. (2021). Die Schüler*innen konnten die Merkmalsausprägungen der einzelnen

Tab. 1 Items zum Interesse an ausgestorbenen Tieren. Die drei Komponenten des Interessenkonstrukts (emotionale [EMO], kognitive [COG] und wertbezogene [VAL] Komponente) wurden in Anlehnung an Kleespies et al. (2021) mit jeweils zwei Items dargestellt. Die Schüler*innen konnten die Merkmalsausprägungen der einzelnen Items auf einer fünfstufigen Likert-Skala von „trifft überhaupt nicht zu" (1) bis „trifft sehr zu" (5) bewerten

EMO1	Ich finde es spannend, mich mit ausgestorbenen Tieren zu beschäftigen
EMO2	Etwas über ausgestorbene Tiere zu lernen, macht mir Spaß
COG1	Ich möchte noch viel mehr über ausgestorbene Tiere wissen
COG2	Ich würde gerne mehr über ausgestorbene Tiere lernen
VAL1	Ich finde es sinnvoll, mich mit ausgestorbenen Tieren zu beschäftigen
VAL2	Das Thema *ausgestorbene Tiere* ist wichtig für mich

Tab. 2 Cronbachs Alpha für die drei Subskalen der Interessensskala

	EMO	COG	VAL
Cronbachs Alpha	0,776	0,779	0,726

Items auf einer fünfstufigen Likert-Skala von *trifft überhaupt nicht zu* (1) bis *trifft sehr zu* (5) bewerten.

3.4 Auswertung

Alle statistischen Analysen wurden mit IBM SPSS 28 durchgeführt. Da der Kolmogorov–Smirnov-Test keine Normalverteilung zu den drei Testzeitpunkten zeigte, wurde der Friedman-Test angewandt, um zu überprüfen, ob sich das Interesse während der drei Testzeitpunkte verändert hat. Wenn die Ergebnisse signifikant waren, wurde der Dunn-Bonferroni-Test als Post-hoc-Analyse verwendet. Die Effektstärke wurde nach der Formel $r = z \div \sqrt{N}$ berechnet (Fritz et al. 2012). Ein Wert von $r < 0{,}3$ entspricht einer geringen Effektstärke, während r im Bereich zwischen 0,3 und 0,5 als moderat und ein Wert von $r > 0{,}5$ als stark eingestuft wird. Um Unterschiedshypothesen zweier unabhängiger Stichproben zu prüfen, wurde für die nichtnormalverteilten Variablen der U-Test nach Mann und Whitney angewendet (Field 2013).

4 Ergebnisse

4.1 Interesse an ausgestorbenen Tieren

Für die virtuellen Live-Führungen im Senckenberg Naturmuseum (Abb. 1a) wurde ein signifikanter Anstieg ($p < 0{,}001$) mit einem mittleren Effekt ($r = 0{,}38$) von T1 ($MV = 3{,}33$; $SD = 0{,}90$) zu T2 ($MV = 3{,}70$; $SD = 0{,}93$) für das Gesamtinteresse gemessen. Der Rückgang von T2 zu T3 ($MV = 3{,}37$; $SD = 1{,}01$) war ebenfalls bei mittlerer Effektstärke signifikant ($p < 0{,}001$; $r = 0{,}33$). Die Unterschiede zwischen T1 und T3 sind nicht signifikant ($p = 1{,}000$).

Die Mittelwerte der einzelnen Komponenten des Interesses an ausgestorbenen Tieren während der virtuellen Live-Führungen entsprechen im Wesentlichen dem Verlauf des Gesamtinteresses (Abb. 1b). Für die emotionale Komponente zeigt sich ein signifikanter Anstieg ($p < 0{,}001$) von T1 ($MV = 3{,}36$; $SD = 0{,}97$) zu T2 ($MV = 3{,}89$; $SD = 0{,}94$) mit einer mittleren Effektstärke ($r = 0{,}45$).

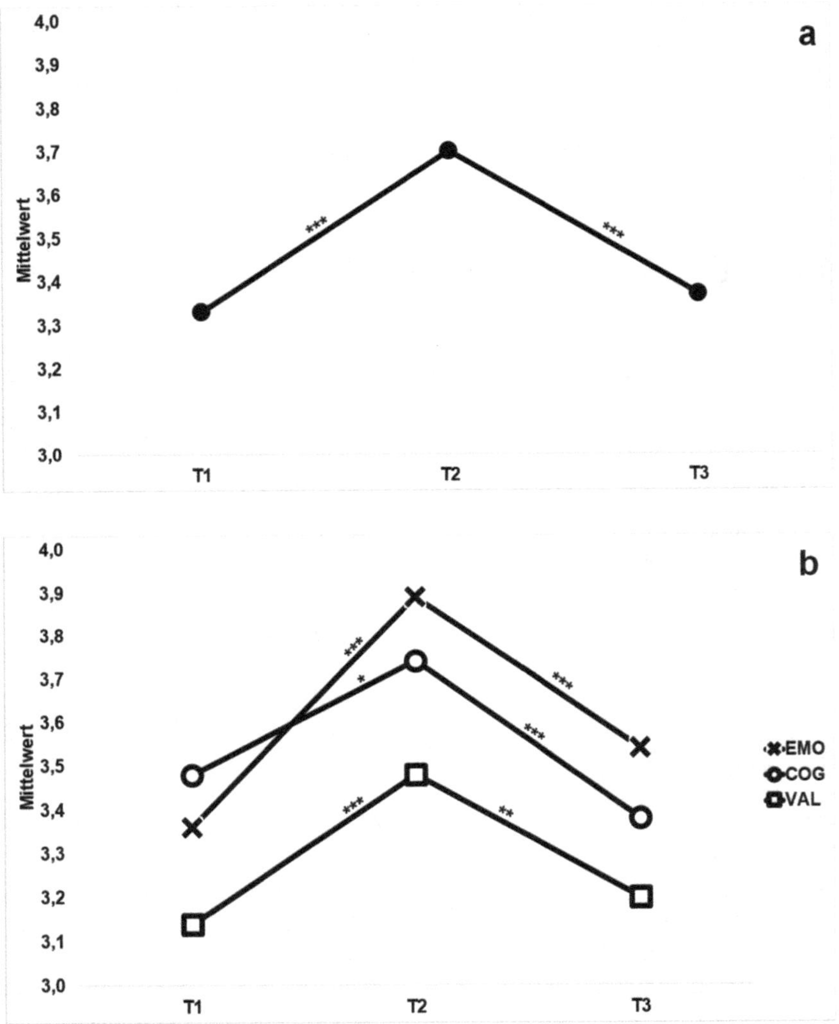

Abb. 1 a) Mittelwerte des Interesses an ausgestorbenen Tieren bei virtuellen Live-Museumsführungen zu den drei Testzeitpunkten. b) Mittelwerte der emotionalen (EMO), kognitiven (COG) und wertbezogenen (VAL) Komponenten des individuellen Interesses an ausgestorbenen Tieren bei virtuellen Live-Museumsführungen. T1 = Pretest, T2 = Posttest, T3 = Follow-up-Test. n. s. = nicht signifikant, * = $p < 0{,}05$, ** = $p < 0{,}01$, *** = $p < 0{,}001$. In beiden Fällen ist der Unterschied zwischen T1 und T3 nicht signifikant. Copyright bei den Autoren

Dieser Wert sinkt zum Zeitpunkt T3 (*MV*=3,51; *SD*=1,08) wieder signifikant ($p < 0{,}001$; $r=0{,}31$), bleibt aber über dem Wert von T1. Zwischen T1 und T2 zeigten sich keine signifikanten Unterschiede ($p=0{,}156$).

Die kognitive Komponente des Interesses liegt zu T1 bei einem Mittelwert von 3,44 (*SD*=0,98). Zum Zeitpunkt T2 steigt der Wert signifikant ($p=0{,}021$) mit einer kleinen Effektstärke ($r=0{,}2$) an (*MV*=3,74; *SD*=1,04). Zum Zeitpunkt T3 (*MV*=3,38; *SD*=1,12) sinkt er signifikant ($p < 0{,}001$) mit geringer Effektstärke ($r=0{,}29$) auf einen etwas niedrigeren Wert als zu T1. Die Unterschiede zwischen T1 und T3 sind nicht signifikant ($p=0{,}783$).

Die wertbezogene Komponente hat die niedrigsten Mittelwerte aller Komponenten über alle drei Zeitpunkte hinweg. Von T1 (*MV*=3,14; *SD*=0,97) steigt dieser zunächst signifikant ($p < 0{,}001$) mit einer kleinen Effektstärke ($r=0{,}29$) zu T2 (*MV*=3,48; *SD*=0,99) an. Zum Zeitpunkt T3 (*MV*=3,20; *SD*=1,03) sinkt der Wert wieder signifikant ($p=0{,}007$) mit geringer Effektstärke ($r=0{,}23$) ab. Die Unterschiede zwischen T1 und T3 sind nicht signifikant ($p=1{,}000$).

4.2 Geschlechterunterschiede

Bei den virtuellen Live-Führungen haben Jungen ($n=38$) zum Zeitpunkt T1 höhere Mittelwerte (*MW*=3,39; *SD*=0,93) als Mädchen ($n=54$; *MW*=3,2 7; *SD*=0,89; Abb. 2). Der Mann–Whitney-Tests zeigte hier jedoch keine signifikanten Unterschiede zwischen den Geschlechtern ($p=0{,}411$). Bei beiden Geschlechtern wurde zu T2 eine signifikante Steigerung des Interesses festgestellt, wobei die Effektstärke bei den Mädchen höher ausfällt (T2 Mädchen: *MW* = 3,63; *SD* = 1,00; $p < 0{,}001$; $r = 0{,}43$ / T2 Jungen: *MW* = 3,81; *SD*=0,85; $p=0{,}017$; $r=0{,}32$). Während die Mittelwerte bei den Mädchen zum Zeitpunkt T3 signifikant auf den Wert von T1 absanken (*MW*=3,27; *SD*=1,0 6; $p < 0{,}001$; $r=0{,}04$), fiel der Wert bei den Jungen nicht signifikant auf einen Wert über dem von T1 ab (*MW*=3,51; *SD*=0,94; $p=0{,}203$). Bei beiden Geschlechtern waren die Unterschiede zwischen T1 und T3 nicht signifikant (Mädchen: $p=1{,}000$; Jungen $p=1{,}000$).

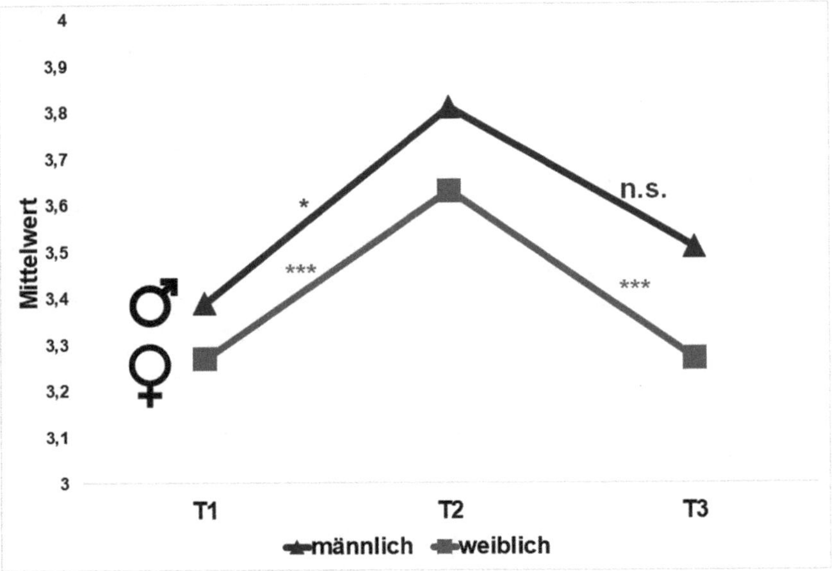

Abb. 2 Mittelwerte des Interesses an ausgestorbenen Tieren bei Jungen und Mädchen während der virtuellen Live-Touren im Zoo zu den drei Testzeitpunkten. T1 = Vortest, T2 = Nachtest, T3 = Nachtest. n. s. = nicht signifikant, * = $p < 0{,}05$, ** = $p < 0{,}01$, *** = $p < 0{,}001$. In beiden Fällen ist der Unterschied zwischen T1 und T3 nicht signifikant. Copyright bei den Autoren

5 Diskussion

5.1 Interesse an ausgestorbenen Tieren

Die Ergebnisse (Abb. 1a) zeigen, dass die virtuellen Führungen ein wirksames Mittel sind, um das Interesse der Schüler*innen zu steigern (T2), wenn auch diese Effekte nicht von Dauer sind (T3). Bei der Betrachtung der einzelnen Komponenten des Interesses (Abb. 1b) zeigt sich, dass insbesondere die emotionale Komponente maßgeblich zur Steigerung des Interesses zum Testzeitpunkt T2 beiträgt. Dies deckt sich auch mit anderen Interventionsstudien, in denen hohe Werte für die emotionale Komponente des Interesses festgestellt wurden (Kals & Ittner 2003; Kals et al. 1998; 1999; Leske & Bögeholz 2008; Rennie 1994; Guderian & Priemer 2008; Kubi et al. 2024). Nach Falk und Dierking (2013) sind die lebhaftesten Erinnerungen an Museumserlebnisse häufig mit emotionalen Elementen verbunden – ein Ergebnis, das auch durch die vorliegenden Daten gestützt wird. Insbesondere die durch die mobile Kamera ermöglichten Nahaufnahmen der Schädel von *Tyrannosaurus rex* und *Triceratops*, könnten hier zu positiven Reaktionen bei den Schüler*innen geführt haben. Hier konnten Details der Dinosaurier beobachtet werden, die mit bloßem Auge vielleicht übersehen worden wären (z. B. die Schneidekante des Zahns von *Tyrannosaurus rex* oder das feine Adernetz der Halskrause von *Triceratops*). Solche Details lassen sich bei Vor-Ort-Führungen beispielsweise durch Handstücke, wie Nachbildungen des Zahns eines *Tyrannosaurus rex*, erfahrbar machen. Solche besonderen Objektmerkmale können, ähnlich wie Überraschungseffekte oder Diskrepanz-Erfahrungen, das Interesse fördern, da sie die Aufmerksamkeit der Lernenden auf sich ziehen (Scheersoi 2015; 2016; Scheersoi & Weiser 2017). Museumsbesuche sind in der Regel soziale Ereignisse und stehen daher mit der emotionalen Komponente des Interesses im Zusammenhang. Während des Besuchs tauschen sich die Menschen über ihre Erfahrungen aus, reden miteinander oder versuchen gemeinsam, ein vorgestelltes Problem zu lösen (Falk & Dierking 2000; 2013; Dierking 2002). Heath und vom Lehn (2008) stellen fest, dass die gemeinsame Beschäftigung mit Objekten oder soziale Interaktionen während eines Ausstellungsbesuchs von grundlegender Bedeutung dafür sind, wie Besucher*innen Museen erkunden und Ausstellungen erleben. Tatsächlich sind laut Bitgood (2002) soziale Interaktionen manchmal das wichtigste Motiv für einen Museumsbesuch. Dieser „soziokulturelle Kontext", der das Museumserlebnis stark beeinflusst (Falk & Dierking 2000; 2013; Anderson et al., 2006), ist bei virtuellen Live-Führungen jedoch zwangsläufig stark eingeschränkt.

Bei der kognitiven Komponente des Interesses zeigt sich, dass sie nur geringfügig niedriger ausfällt als die emotionale Komponente (Bei T1 ist sie sogar höher als die emotionale Komponente.). Dies könnte darauf zurückzuführen sein, dass Schüler*innen in dieser Altersgruppe besonders motiviert sind, sich mit Dinosauriern zu beschäftigen (Salmi et al. 2017). Studien zeigen, dass das Interesse an evolutionsbiologischen Phänomenen besonders groß ist, wenn die behandelten Arten als spannend wahrgenommen werden oder beliebt sind (Jördens & Hammann 2019). Da Dinosaurier allgemein als faszinierend gelten und populär sind, eignen sie sich damit besonders gut, um evolutionsbiologische Inhalte zu vermitteln (Mayr 2004).

Wie beim Gesamtinteresse steigen die Werte aller drei Komponenten unmittelbar nach der Führung (T2) stark an, um im Follow-up-Test (T3) nahezu auf das Ausgangsniveau zurückzufallen. Dieses charakteristische Muster verdeutlicht, dass bei virtuellen Museumsbesuchen nur von einem kurzfristigen Effekt ausgegangen werden kann.

Es hat sich immer wieder gezeigt, dass einmalige Erfahrungen, wie kurze Bildungsprogramme, meist nur kurzfristige Wirkungen haben, die nicht über längere Zeiträume anhalten. So zeigten Heuken et al. (2021), dass ein einmaliger Besuch in einem naturhistorischen Museum kaum langfristige Effekte hat. Randler und Bogner (2007) vermuten, dass das nachlassende Interesse in ihrer Interventionsstudie zum Ökosystem See darauf zurückzuführen ist, dass das anfängliche Interesse gestillt wurde – eine Erklärung, die sich auch auf andere Studien übertragen lässt.

Da zum Zeitpunkt der Studie keine Vergleiche mit Führungen in Präsenz möglich waren, sind weitere Studien in Museen notwendig, um einen Vergleich zwischen beiden Führungsformaten ziehen zu können. Vergleichbare Führungen unter Realbedingungen haben gezeigt, dass das Interesse unter diesen Vor-Ort-Bedingungen höhere Mittelwerte erzielt als bei den Online-Führungen. Allerdings waren auch diese Effekte nicht von Dauer, wie Folgeuntersuchungen zeigten (Kubi et al. 2025).

5.2 Geschlechterunterschiede beim Interesse an ausgestorbenen Tieren

Die hier festgestellten Geschlechterunterschiede zeigen, dass Jungen vor der Führung (T1) höhere Mittelwerte beim Interesse an ausgestorbenen Tieren aufweisen als Mädchen. Dies deckt sich mit Studien, die Jungen ein stärkeres Interesse an Naturwissenschaften bescheinigen (Sainz et al. 2021), auch wenn Mädchen innerhalb der Naturwissenschaften das Fach Biologie präferieren (Jia et al. 2020; Kang et al. 2019).

Nach der Führung (T2) zeigt sich bei beiden Geschlechtern ein signifikanter Anstieg des Interesses, wobei die Effektstärke bei den Mädchen höher ausfällt (Abb. 2). Zwar weisen einige Studien darauf hin, dass Jungen eine größere Vorliebe für Dinosaurier haben oder über mehr Wissen zu diesem Thema verfügen (Salmi et al. 2017; Chin 1997), doch lassen sich solche Ergebnisse nicht uneingeschränkt verallgemeinern. In der frühen Adoleszenz gewinnen Rollenmodelle zunehmend an Einfluss und der Druck, geschlechtsspezifischen Erwartungen zu entsprechen, nimmt zu. Dies kann sich auch auf die Wahrnehmung von Mensch-Tier-Beziehungen auswirken (Muldoon et al. 2015; 2019).

6 Schlussfolgerungen und Ausblick

Ziel dieser Studie war es, den Effekt von virtuellen Live-Führungen auf das Interesse an ausgestorbenen Tieren in Museen, insbesondere Dinosauriern, zu untersuchen. Die Ergebnisse der Studie zeigen eine deutliche Steigerung des Interesses an ausgestorbenen Tieren unmittelbar nach der Führung. Doch diese Effekte sind nicht von Dauer, wie Folgeuntersuchungen zeigen. Mögliche Gründe dafür könnten das Fehlen eines authentischen Erlebnisses, die besondere Atmosphäre eines Museumsbesuchs oder der persönliche Bezug zu den Exponaten sein. Auch das Gruppenerlebnis einer gemeinsamen Führung geht bei den virtuellen Live-Führungen weitgehend verloren. Schließlich können die Teilnehmer*innen bei Vor-Ort-Führungen im Gegensatz zu virtuellen Live-Führungen ihre Aufmerksamkeit je nach Interesse auf andere Details der Exponate lenken und sind nicht durch den Fokus der Kamera eingeschränkt.

Auch wenn die virtuelle Live-Führungen kein vollwertiger Ersatz für Präsenzführungen sind, können sie dennoch unter bestimmten Bedingungen eine sinnvolle Alternative sein. Die Corona-Pandemie (2020–2022) hat dies eindrucksvoll gezeigt. Dieses innovative Führungsformat ermöglichte hier eine willkommene Abwechslung des Home-Schoolings und erlaubte durch die Kameraführung auch faszinierende Einblicke in Details der Exponate (z. B. Nahaufnahmen des Schädels von *Tyrannosaurus rex*), die bei Präsenzführungen nicht möglich sind.

Vielleicht werden virtuelle Live-Führungen in Zukunft auch ohne Pandemie das Bildungsangebot weiterer außerschulischer Lernorte ergänzen – zum Beispiel für Besucher*innen mit körperlichen Beeinträchtigungen oder Gruppen, für die die Anreise zu aufwendig wäre. Durch digitale Angebote lassen sich finanzielle, physische oder mentale Barrieren abbauen, die den Zugang zu einem Museumserlebnis in Präsenz erschweren könnten (siehe auch van Houwelingen-Snippe et al. 2020a; 2020b; 2021).

Um den Einfluss von Originalexponaten im Vergleich zu den virtuellen Darstellungen auf das Interesse der Schüler*innen weiter zu untersuchen, sind zukünftige Studien notwendig (Kubi et al 2024; 2025).

7 Limitationen

Obwohl die Studie mit großer Sorgfalt durchgeführt wurde, müssen einige Einschränkungen berücksichtigt werden. Eine mögliche Einflussgröße auf die Ergebnisse sind die individuellen Lebensumstände der Schüler*innen während der

Pandemie, darunter Familiendynamiken, sozioökonomische Hintergründe und fehlende Sozialkontakte.

Das Messinstrument ist eine Anpassung der NIS von Kleespieß et al. (2021) an das Interesse an ausgestorbenen Tieren. Auch wenn bei dieser Anpassung das Instrument die drei Komponenten des Interesses gut abbildet, wurde dieses bei einer sehr homogenen Stichprobe (Schüler*innen der Klassen 5 und 6), die nicht nach dem Zufallsprinzip ausgewählt wurde, durchgeführt. Für zukünftige Studien wäre es daher wünschenswert, weitere Personen- und Altersgruppen miteinzubeziehen, um die Generalisierbarkeit der Ergebnisse zu erhöhen. Die Konsistenz und Qualität der virtuellen Live-Führungen wurden dadurch sichergestellt, dass alle Führungen von demselben Guide durchgeführt wurden, der über langjährige Erfahrung mit Führungen an außerschulischen Lernorten verfügt. Gleichzeitig kann jedoch nicht ausgeschlossen werden, dass durch eingefahrene Routinen neue Potentiale virtueller Führungen nicht ausreichend genutzt wurden. Alle Klassen erhielten die gleiche Führung. Dennoch können zufällige Faktoren wie Verbindungsprobleme oder individuelle Nachfragen dazu führen, dass Führungen nie vollkommen identisch ablaufen. Diese Variationen hatten jedoch keinen grundlegenden Einfluss auf die Qualität oder den Inhalt der Führungen. Schließlich lässt sich in virtuellen Settings noch weniger als in Präsenzsituationen kontrollieren, ob Schüler*innen die Führungen tatsächlich durchgehend aufmerksam verfolgt haben oder sich zwischenzeitlich mit anderen Dingen beschäftigten.

Danksagung Die Autoren danken dem Senckenberg Naturmuseum und den beteiligten Schulen für die Möglichkeit zur Durchführung der Studie.

Ethische Genehmigung Die Studie wurde von der Ethikkommission der wissenschaftsdidaktischen Institute und Fachbereiche (FB 13, 14, 15) der Goethe-Universität Frankfurt am Main geprüft und genehmigt.

Literatur

Ainley, M. (2017). Interest: Knowns, Unknowns, and Basic Processes. In O'Keefe, P. A., & Harackiewicz, J. M. (Hrsg.). The Science of Interest. Springer International Publishing, Basel, S. 3–24. https://doi.org/10.1007/978-3-319-55509-6_1

Ainley, M., Hidi, S., & Berndorff, D. (2002). Interest, Learning, and the Psychological Processes that Mediate their Relationship. Journal of Educational Psychology 94(3), 545–561. https://doi.org/10.1037/0022-0663.94.3.545

Antara, N., & Sen, S. (2020). The Impact of COVID-19 on Museum and The Way Forward to be Resilience. Journal of International Museum Education, 2(1), 54–61.

Bamberger, Y., & Tal, T. (2008). Multiple Outcomes of Class Visits to Natural History Museums: The Students' View. Journal of Science Education and Technology 17, 274–284. https://doi.org/10.1007/s10956-008-9097-3

Best, K. (2012). Making Museum Tours Better: Understanding what a Guided Tour Really is and what a Tour Guide Really does. Museum Management and Curatorship 27(1), 35–52. https://doi.org/10.1080/09647775.2012.644695

Bitgood, S. (2002). Environmental Psychology in Museums, Zoos, and Other Exhibition Centers. In Bechtel, R. B., & Churchman, A. (Hrsg.). Handbook of Environmental Psychology. Wiley, New York City, S. 461–480.

Cheung, D. (2018). The key factors affecting students' individual interest in school science lessons. International Journal of Science Education, 40(1), 1–23. https://doi.org/10.1080/09500693.2017.1362711

Chin, C. C. (1997). Taiwanese Elementary Students' Perceptions of Dinosaurs. Proceedings National Science Council Republic of China Part D Mathematics Science and Technology Education 7, 24–37.

DeWitt, J., & Storksdieck, M. (2008). A Short Review of School Field Trips: Key Findings from the Past and Implications for the Future. Visitor Studies, 11(2), 181–197. https://doi.org/10.1080/10645570802355562

Dierking, L. D. (2002). The Role of Context in Children's Learning from Objects and Experiences. In Paris, S. G. (Hrsg.). Perspectives On Object-Centered Learning in Museums. Lawrence Erlbaum Associates, Mahwah, NJ, S. 3–18.

Ennes, M., Wagner-Pelkey, A., & McVey, M. (2021). Museum-Based Online Learning One Year After Covid-19 Museum Closures. Journal of Museum Education, 46(4), 467–480. https://doi.org/10.1080/10598650.2021.1982221

Falk, J. H., & Dierking, L. D. (2000). Learning from Museums: Visitor Experiences and the Making of Meaning. Altamira, Walnut Creek, CA.

Falk, J. H., & Dierking, L. D. (2013). The Museum Experience Revisited. Left Coast, Walnut Creek, CA.

Fickermann, D., Edelstein, B., Gerick, J. & Racherbäumer, K. (2021). Schule und Schulpolitik während der Corona-Pandemie. Nichts gelernt? Münster; New York: Waxmann (Die Deutsche Schule, Beiheft; 18). https://doi.org/10.25656/01:23869

Field, A. (2013). Discovering Statistics Using IBM SPSS Statistics. Sage Publishing, Los Angeles, USA.

Fritz, C. O., Morris, P. E., & Richler, J. J. (2012). Effect Size Estimates: Current Use, Calculations, and Interpretation. Journal of Experimental Psychology: General 141(1), 2–18. https://doi.org/10.1037/a0024338

Gibson, H. L., & Chase, C. (2002). Longitudinal Impact of an Inquiry-Based Science Program on Middle School Students' Attitudes Toward Science. Science Education 86, 693–705. https://doi.org/10.1002/sce.10039

Guderian, P., & Priemer, B. (2008). Interesseförderung durch Schülerlaborbesuche – Eine Zusammenfassung der Forschung in Deutschland. Physik und Didaktik in Schule und Hochschule 7, 27–36.

Harackiewicz, J. M., & Knogler, M. (2017). Interest: Theory and application. In Elliot, A. J., Dweck, C. S. & Yaeger, D. S. (Hrsg.). Handbook of competence and motivation: Theory and application. The Guilford Press, New York City, S. 334–352.

Heuken, N., Schüder, A.-L., & Christian, A. (2021). Differences between First-Time and Repeat Visitors in a Special Exhibition at a Natural History Museum. Visitor Studies 1–19. https://doi.org/10.1080/10645578.2021.1907150

Hidi, S. (2006). Interest: A Unique Motivational Variable. Educational Research Review 1(2), 69–82. https://doi.org/10.1016/j.edurev.2006.09.001

Hidi, S., & Renninger, K. A. (2006). The Four-Phase Model of Interest Development. Educational Psychologist 41(2), 111–127. https://doi.org/10.1207/s15326985ep4102_4

Hidi, S., Renninger, K. A., & Krapp, A. (2004). Interest, a Motivational Variable that Combines Affective and Cognitive Functioning. In Day, D. Y., & Sternberg, R. J. (Hrsg.). The Educational Psychology Series. Motivation, Emotion, and Cognition: Integrative Perspectives on Intellectual Functioning and Development. Routledge, New York City, S. 89–115.

Jia, C., Yang, T., Qian, Y., & Wu, X. (2020). The Gender Differences in Science Achievement, Interest, Habit, and Creativity: A national representative evidence from China. Science Education International, 31(2), 195–202. https://doi.org/10.33828/sei.v31.i2.9

Johnson, A., Huber, K., Cutler, N., Bingmann, M., & Grove, T. (2009). The Museum Educator's Manual. AltaMira, Lanham, MD.

Jördens, J., & Hammann, M. (2019). Driven by topics: Students' interest in evolutionary biology. Research in Science Education 51, 599–616. https://doi.org/10.1007/s11165-018-9809-5

Kals, E., & Ittner H. (2003). Children's Environmental Identity: Indicators and Behavioral Impacts. In: Clayton, S., & Opotow (Hrsg.). Identity and the natural environment: The psychological significance of nature. MIT Press, S. 135–157. https://doi.org/10.7551/mitpress/3644.003.0009

Kals, E., Schumacher, D., & Montada, L. (1998). Experiences with nature, emotional ties to nature and ecological responsibility as determinants of nature protect behavior. Zeitschrift für Sozialpsychologie 29(1), 5–19.

Kals, E., Schumacher, D., & Montada, L. (1999). Emotional affinity toward nature as a motivational basis to protect nature. Environment and Behavior 31(2), 178–202. https://doi.org/10.1177/00139169921972056

Kang, J., Hense, J., Scheersoi, A., & Keinonen, T. (2019). Gender study on the relationships between science interest and future career perspectives. International Journal of Science Education 41 (1), 80–101. https://doi.org/10.1080/09500693.2018.1534021

Kang, J., Keinonen, T., & Salonen, A. (2021). Role of interest and self-concept in predicting science aspirations: Gender study. Research in Science Education, 51 (Suppl. 1), 513-535. https://doi.org/10.1007/s11165-019-09905-w

Kleespies, M. W., Doderer, L., Dierkes, P. W., & Wenzel, V. (2021). Nature Interest Scale -Development and Evaluation of a Measurement Instrument for Individual Interest in Nature. Frontiers in Psychology 12: 774333. https://doi.org/10.3389/fpsyg.2021.774333

Knogler, M. (2017). Situational Interest: A Proposal to Enhance Conceptual Clarity. In O'Keefe, P. A., & Harackiewicz, J. M. (Hrsg.). The Science of Interest. Springer International Publishing, Basel, S. 109–124. https://doi.org/10.1007/978-3-319-55509-6_6

Kowalski, M. (2021): Umgangsweisen mit den Schulschließungen und dem ‚Homeschooling' im Kontext der Corona-Pandemie – Orientierungen von Schulleitungen inklusiver Grundschulen zum Lernen auf Distanz. QfI - Qualifizierung für Inklusion 3(1). https://doi.org/10.25656/01:23420

Krapp, A. (1992). Interesse, Lernen und Leistung. Neue Forschungsansätze in der pädagogischen Psychologie. Zeitschrift Für Pädagogik 5, 747–770. https://doi.org/10.25656/01:13977

Krapp, A. (1999). Interest, motivation and learning: An educational-psychological perspective. European Journal of Psychology of Education, 14(1), 23–40. https://doi.org/10.1007/BF03173109

Krapp, A. (2002). An Educational-Psychological Theory of Interest and its Relation to SDT. In Deci, E. L., & Ryan, R. M. (Hrsg.). Handbook of Self-Determination Research. University of Rochester Press, Rochester, S. 405–427.

Krapp, A., & Prenzel, M. (2011). Research on Interest in Science: Theories, Methods, and Findings. International Journal of Science Education 33(1), 27–50. https://doi.org/10.1080/09500693.2010.518645

Kubi, M., Roßmanith, E., Weiser, M., & Wenzel, V. (2022): Museen und Zoos zu Hause erleben? Biologie in unserer Zeit (52), 27–28. https://doi.org/10.11576/biuz-5190

Kubi, M., Kleespies, M. W., & Wenzel, V. (2024). Effects of online tours at the zoo and natural history museum on interest in extant and extinct animals. Journal of Biological Education, 1–16. https://doi.org/10.1080/00219266.2024.2386249

Kubi M., Kleespies, M. W., & Wenzel, V. (2025). Dinosaurs as skeletons or lifelike replicas - effects on interest in extinct animals. Front. Ecol. Evol. 13: 1557255. https://doi.org/10.3389/fevo.2025.1557255

Leske, S., & Bögeholz, S. (2008). Biologische Vielfalt lokal und global erhalten – Zur Bedeutung von Naturerfahrung, Interesse an der Natur, Bewusstsein über deren Gefährdung und Verantwortung. Zeitschrift für Didaktik der Naturwissenschaften (ZfDN) 14, 167–184

May, B. K., Wendt, J. L., & Barthlow, M. J. (2022). A comparison of students' interest in STEM across science standard types. Social Sciences & Humanities Open 6(1): 100287. https://doi.org/10.1016/j.ssaho.2022.100287

Mayr, E. (2004). What makes biology unique? Cambridge: Cambridge University Press.

McMeeking, L. B., Weinberg, A. E., Boyd, K. J., & Balgopal, M. M. (2016). Student Perceptions of Interest, Learning, and Engagement from an Informal Traveling Science Museum. School Science and Mathematics 116(5), 253–264. https://doi.org/10.1111/ssm.12176

Mosbrugger, V., Dürr, S., Havlik, P., Herkner, B., Moll, V., Neitscher, E. & Rossmanith, E. (2015, Hrsg.). Auge in Auge mit der Natur Senckenberg Naturmuseum Frankfurt. Frankfurt am Main: Senckenberg Gesellschaft für Naturforschung.

Mujtaba, T., Lawrence, M., Oliver, M., & Reiss, M. J. (2018). Learning and Engagement Through Natural History Museums. Studies in Science Education 54(1), 41–67. https://doi.org/10.1080/03057267.2018.1442820

Muldoon, J. C., Williams, J. M., & Currie, C. (2019). Differences in boys' and girls' attachment to pets in early–mid adolescence. Journal of Applied Developmental Psychology 62, 50–58. https://doi.org/10.1016/j.appdev.2018.12.002

Muldoon, J. C., Williams, J. M., & Lawrence, A. (2015). 'Mum cleaned it and I just played with it': Children's perceptions of their roles and responsibilities in the care of family pets. Childhood 22(2), 201–216. https://doi.org/10.1177/0907568214524457

Prenzel, M. (1992). The selective persistence of interest. In: K. A. Renninger, K. A., S. Hidi, S. & A. Krapp, A. (Hrsg.). The role of interest in learning and development. Lawrence Erlbaum Associates, Inc., S. 71–98.

Prenzel, M., Krapp, A., & Schiefele, H. (1986). Grundzüge einer pädagogischen Interessentheorie. Zeitschrift Für Pädagogik 32(2), 163–173. https://doi.org/10.25656/01:14383

Randler, C., & Bogner, F. X. (2007). Pupils' interest before, during and after a curriculum dealing with ecological topics and its correlation with achievement. Educational Research and Evaluation 13(5), 463–478. https://doi.org/10.1080/13803610701728295

Rennie, L. J. (1994). Measuring Affective Outcomes to Visit a Science Centre. Research in Science Education 24, 261–269. https://doi.org/10.1007/BF02356352

Renninger, K. A, & Hidi, S. (2011). Revisiting the Conceptualization, Measurement, and Generation of Interest. Educational Psychologist 46(3), 168–184. https://doi.org/10.1080/00461520.2011.587723

Sainz, M., Upadyaya, K., & Salmela-Aro, K. (2021). The co-development of science, math, and language interest among Spanish and Finnish secondary school students. Frontiers in Education 6: 684543. https://doi.org/10.3389/feduc.2021.684543

Salmi, H., Thuneberg, H., & Vainikainen, M.-P. (2017). Learning with dinosaurs: a study on motivation, cognitive reasoning, and making observations. International Journal of Science Education, Part B 7(3), 203–218. https://doi.org/10.1080/21548455.2016.1200155

Scheersoi, A. (2015). Catching the visitor's interest. In Tunnicliffe, S. D., & Scheersoi, A. (Hrsg.). Natural history dioramas. History, construction and educational role. Springer, Dodrecht, S. 145–160.

Scheersoi, A. (2016). Dioramen als Bildungsmedien. In Gall, A., & Trischler, H. (Hrsg.). Szenerien und Illusion. Geschichte, Varianten und Potenziale von Museumsdioramen. Wallstein Verlag, Göttingen, S. 319–333.

Scheersoi, A. & Weiser, L. E. (2017). Receiving the message – environmental education at dioramas. In: Tunnicliffe, S. D., & Scheersoi, A. (Hrsg.). Natural history dioramas. History, construction and educational role. Springer, Dodrecht, S. 163–174.

Schiefele, U. (1991). Interest, learning, and motivation. Educational Psychologist, 26(3-4), 299–323. https://doi.org/10.1080/00461520.1991.9653136

Schwan, S., Grajal, A., & Lewalter, D. (2014). Understanding and Engagement in Places of Science Experience: Science Museums, Science Centers, Zoos, and Aquariums. Educational Psychologist 49(2), 70–85. https://doi.org/10.1080/00461520.2014.917588

Silvia, P. J. (2006). Exploring the Psychology of Interest. Oxford University Press, New York City.

Tavakol, M., & Dennick, R. (2011). Making sense of cronbach's alpha. International Journal of Medical Education, 2, 53–55. https://doi.org/10.5116/ijme.4dfb.8dfd

Tinio, P. P. L., Smith, J. K., & Potts, K. (2010). 'The Object and the Mirror': The Nature and Dynamics of Museum Tours. The International Journal of Creativity and Problem Solving 20(1), 37-52.

Van Houwelingen-Snippe, J., Ben Allouch, S., & Van Rompay, T. J. L. (2021). Virtual Reality Representations of Nature to Improve Well-Being amongst Older Adults: A Rapid Review. Journal of Technology in Behavioral Science, 6(3), 464–485. https://doi.org/10.1007/s41347-021-00195-6

Van Houwelingen-Snippe, J., van Rompay, T. J. L., & Ben Allouch, S. B. (2020a). Feeling connected after experiencing digital nature: A survey study. International Journal of Environmental Research and Public Health, 17(18): 6879. https://doi.org/10.3390/ijerph17186879

van Houwelingen-Snippe, J., van Rompay, T. J. L., de Jong, M. D. T., & Ben Allouch, S. (2020b). Does digital nature enhance social aspirations? An experimental study. International Journal of Environmental Research and Public Health, 17(4): 1454. https://doi.org/10.3390/ijerph17041454

Wilde, M., Retzlaff-Fürst, C., Scheersoi, A., Basten, M., & Groß, J. (2019). Non-formales Biologielernen mit Schulbezug. In Groß, J., Hammann, M., Schmiemann, P., & Zabel, J. (Hrsg). Biologiedidaktische Forschung: Erträge für die Praxis. Springer Spektrum. https://doi.org/10.1007/978-3-662-58443-9_14

Die Naturverbundenheit messen – Entwicklung und Erprobung einer illustrierten Naturverbundenheitsskala (IINS) für Grund- und Förderschüler*innen

Matthias Winfried Kleespies

1 Das Konzept der Naturverbundenheit in Forschung und Praxis

Schon vor über 60 Jahren stellte der berühmte Ökologe Leopold fest, dass die Menschen die Natur oft als eine Ware betrachten und daher ausbeuten. Als Alternative schlug er vor, die Natur als eine Gemeinschaft anzusehen, von der wir ein Teil sind und die wir mit Liebe und Respekt behandeln sollten (Leopold 1949). Damit legte er den Grundstein für ein Konzept, das bis heute eine überaus wichtige Bedeutung hat: die Naturverbundenheit.

In der aktuellen Forschung gilt die Naturverbundenheit als wichtiger Prädiktor für umweltfreundliches Verhalten (Mayer & Frantz 2004; Nisbet et al. 2009). Menschen mit einer gesteigerten Naturverbundenheit zeigen in der Regel mehr umweltfreundliches Verhalten (Cheng & Monroe 2012; Clayton 2003; Dunlap et al. 2000; Geng et al. 2015; Kaiser et al. 2008). Neben zahlreichen Einzelstudien konnte dieser Effekt inzwischen auch in groß angelegten Metastudien belegt werden (Barragan-Jason et al. 2022; Whitburn et al. 2020). Somit kann die Naturverbundenheit als ein wichtiger Antrieb für den Schutz und Erhalt von Natur

M. W. Kleespies (✉)
Didaktik der Biowissenschaften und Zootierbiologie, Goethe-Universität Frankfurt, Frankfurt am Main, Deutschland
E-Mail: kleespies@em.uni-frankfurt.de

A. Wenzel und T. Schmäing (Hrsg.), *Außerschulisches Lernen in der naturwissenschaftlichen Bildung*, https://doi.org/10.1007/978-3-658-50864-7_19

und Umwelt gesehen werden (Dutcher et al. 2007; Kals et al. 1999; Schultz 2002; Schultz & Tabanico 2007).

Eine Steigerung der Naturverbundenheit bietet allerdings nicht nur Vorteile für die Umwelt, sondern bringt auch einen großen individuellen Nutzen mit sich. Menschen mit höherer Naturverbundenheit sind im Vergleich psychisch gesünder und zeigen ein höheres Wohlbefinden (Capaldi et al. 2014; Cervinka et al. 2012; Mayer et al. 2009; Nisbet et al. 2011; Ryan et al. 2010; Zelenski & Nisbet 2014). Auch dieser Effekt konnte in einer ganzen Reihe von Metastudien belegt werden (Barrable et al. 2024; Barragan-Jason et al. 2023).

Vor allem in wohlhabenden Industrieländern geht die Naturverbundenheit der Menschen allerdings aktuell zurück (Kleespies & Dierkes 2023a), was auch mit einem Verlust der Möglichkeiten von Naturerfahrungen zusammenhängt (Soga & Gaston 2016). Diese Trennung zwischen Menschen und Natur kann als einer der Gründe für unsere heutigen Umweltprobleme gesehen werden (Jordan 2009; Tacey 2000).

Obwohl die Naturverbundenheit in verschiedenen Disziplinen wie der Umweltbildungsforschung oder der Umweltpsychologie untersucht wird, gibt es bis heute keine eindeutige und allgemein gültige Definition. Einige Autoren legen zum Beispiel in ihrem Naturverbundenheitskonzept besonderen Fokus auf die Verbindung der eigenen Identität zur Natur (Clayton 2003; Walton & Jones 2018). Andere Autoren heben die emotionale Verbindung zur Natur besonders hervor (Kals et al. 1999; Mayer & Frantz 2004; Nisbet et al. 2009).

Aufgrund der unterschiedlichen Sichtweisen auf die Naturverbundenheit wurden über die Jahre unterschiedliche Messinstrumente entwickelt, die unterschiedliche Schwerpunkte setzen. Die *Connectedness to Nature Scale (CNS)* von Mayer und Frantz (2004) erfasst die emotionale Verbindung zur Natur anhand von 14 Items, die sich auf das Zugehörigkeitsgefühl und die gefühlte Einheit mit der natürlichen Welt konzentrieren. Die *Nature Relatedness Scale* (NR) von Nisbet et al. (2009) erweitert diesen Fokus, indem sie neben den emotionalen Aspekten auch kognitive und erfahrungsbezogene Dimensionen der Beziehung zur Natur untersucht. Sie umfasst 21 Items, die Aspekte wie Umweltbewusstsein und das Erleben der Natur in den Alltag einbinden. Die *Environmental Identity Scale* (EID) von Clayton (2003) setzt ebenfalls auf einen multidimensionalen Ansatz und misst die kognitiven und emotionalen Komponenten der Beziehung zur natürlichen Welt mit insgesamt 24 Items. Sie legt besonderen Wert auf die Rolle der Identität im Zusammenhang mit Umweltverhalten und moralischen Werten. Im Gegensatz zu diesen expliziten Selbstberichtsverfahren erfasst ein angepasster *Implicit Association Test (IAT)* von Schultz et al. (2004) unbewusste Verbindungen zur Natur. Dieses computergestützte Verfahren misst mithilfe von Reaktionszeiten die Stärke der Assoziation zwischen *Natur* und *Selbst,* ohne auf bewusste

Reflexion angewiesen zu sein. Diese Vielzahl unterschiedlicher Instrumente verdeutlicht, dass die Naturverbundenheit aus verschiedenen Perspektiven betrachtet und gemessen werden kann.

Eines der meistverwendeten Konzepte in diesem Zusammenhang ist die „Inclusion of Nature in Self" von Schultz (2002). In seinem Konzept setzt sich die Naturverbundenheit aus drei hierarchischen Ebenen zusammen: Die kognitive Komponente gilt als Grundlage und gibt an, wie stark eine Person die Natur als Teil der eigenen Persönlichkeit wahrnimmt. Auf der kognitiven baut die affektive Ebene auf, die untersucht, inwieweit eine Person emotionale Verantwortung für die Natur empfindet. Die dritte und oberste Ebene, die auf der affektiven Ebene beruht, umfasst das Verhalten und zeigt, ob Menschen bereit sind, im besten Interesse der Natur zu handeln.

Schultz entwickelte zur Messung der Inclusion of Nature in Self die „Inclusion of Nature in Self Scale" (INS). Diese Skala basiert auf einem Konzept von Aron et al. (1992) und besteht aus sieben Paaren von Kreisen. Einer der Kreise ist jeweils mit *Natur*, der andere Kreis mit *Ich* beschriftet. Die Paare variieren in ihrem Grad der Überlappung, von vollkommen getrennten Kreisen (keine Verbindung zur Natur) bis hin zu Kreisen, die sich vollständig überschneiden (eins mit der Natur). Um ihre eigene Naturverbundenheit zu erfassen, wählen die Teilnehmenden das Kreispaar, das ihrer persönlichen Beziehung zur Natur am besten entspricht. Ein Vorteil der INS ist ihre Kompaktheit, die eine einfache Integration in Fragebögen ermöglicht. Außerdem kann sie problemlos in andere Sprachen übersetzt werden, was den Einsatz in internationalen Studien erleichtert (Kleespies & Dierkes 2023a). Die Validität der INS wurde in mehreren Studien bestätigt (Brügger et al. 2011; Olivos et al. 2011; Tam 2013). Dennoch gibt es einige Einschränkungen: Die Überprüfung der Faktorstruktur und der Reliabilität ist schwierig (Schultz et al. 2004), und das Instrument setzt ein gewisses Maß an Abstraktionsvermögen seitens der Teilnehmenden voraus (Mayer & Frantz 2004). Zwar wurde die Reliabilität inzwischen in anderen Studien belegt (Martin & Czellar 2016), allerdings eignet sich das Instrument nicht für alle Zielgruppen. Besonders für Personen mit Förderbedarf, die Probleme damit haben, komplexe und vielschichtige Begriffe wie „Natur" zu erfassen, ist die abstrakte Darstellung der INS problematisch. Ebenso könnten junge Kinder mit eingeschränktem Leseverständnis, kürzeren Konzentrationsspannen und langsamerer Wahrnehmung von einer alternativen Skala profitieren.

In der Vergangenheit hat sich gezeigt, dass Abbildungen eine entscheidende Rolle beim Verständnis von Begriffen und Texten spielen können (Sieghart 2019). So können Bilder schwierige oder auch zentrale Konzepte stützen. Wichtige Informationen können besser dargestellt werden und damit den Verstehensprozess aktiv unterstützen (Maaß 2015). Das Ziel dieser Untersuchung war es daher, die INS mit grafischen Elementen weiterzuentwickeln, um ein praxistaugliches Messinstrument zur Erhebung der Naturverbundenheit von beispielsweise Förderschüler*innen oder sehr jungen Proband*innen zu erhalten. Eine solche Skala kann dabei nicht nur zur Evaluation von außerschulischen Bildungsprogrammen eingesetzt werden, sondern auch in der Forschung, um das Konzept der Naturverbundenheit weiter zu untersuchen.

Um den Begriff Natur zielgruppengerecht zu visualisieren, wurden im ersten Schritt 183 Schüler*innen nach ihrem Naturverständnis gefragt. Daraus wurde eine illustrierte Erweiterung der INS, die illustrierte INS (IINS) entwickelt, die durch ihre grafischen Elemente leichter zu verstehen und nachzuvollziehen ist. Im zweiten Schritt wurde die IINS zur Prüfung ihrer Validität an 588 Studierenden getestet und mit der ursprünglichen INS und der CNS verglichen. Im dritten Schritt wurde die IINS an 106 Förderschüler*innen, der eigentlichen Zielgruppe, getestet. Dazu wurde die neue Skala zwei etablierten Naturverbundenheitsskalen, dem CNS und einer gekürzten Version der NR gegenübergestellt. Im letzten Schritt wurde die praktische Anwendbarkeit der Skala an einem außerschulischen waldpädagogischen Umweltbildungsprogramm überprüft.

2 Entwicklung der illustrierten Inclusion of Nature in Self Scale (IINS)

Im ersten Schritt der Untersuchung sollte festgestellt werden, welche Vorstellung Schüler*innen von Natur haben, um daraus eine illustrierte Version der INS zu erstellen. Dazu wurden 183 Schüler*innen (45,9 % weiblich; 54,1 % männlich) in Deutschland mittels eines Paper–Pencil Fragebogens befragt. Die Schüler*innen stammten aus acht Klassen und waren zwischen 7 und 15 Jahre alt. Die Teilnahme an der Befragung war freiwillig und es wurde das schriftliche Einverständnis der Erziehungsberechtigten eingeholt. Die Schüler*innen sollten drei Begriffe aufschreiben, die sie als wichtigen Teil der Natur sehen. Die Ergebnisse dieser Befragung sind in Abb. 1 dargestellt. Begriffe, die weniger als fünf Mal genannt wurden, wurden einer Oberkategorie zugeordnet.

Nachdem bekannt war, was Schüler*innen unter dem Begriff Natur verstehen, wurde daraus eine illustrierte Erweiterung der INS, die illustrierte INS (IINS) entwickelt, die durch ihre grafischen Elemente leichter zu verstehen und nachzuvollziehen ist. Damit soll die unmittelbare Erfassung des vielschichtigen und nicht eindeutig definierten Begriffs „Natur“ für die Zielgruppe vereinfacht werden. Die IINS ist in Abb. 2 dargestellt, ein Link zur kolorierten Version der IINS findet sich am Ende des Beitrags.

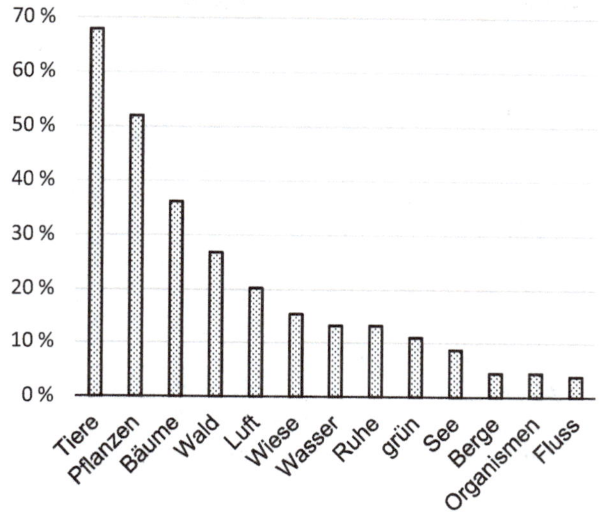

Abb. 1 Prozentuale Verteilung der 13 meistgenannten Begriff. Der Arbeitsauftrag im Fragebogen lautete: „Bitte nenne drei Dinge, die für dich unbedingt zur Natur gehören."

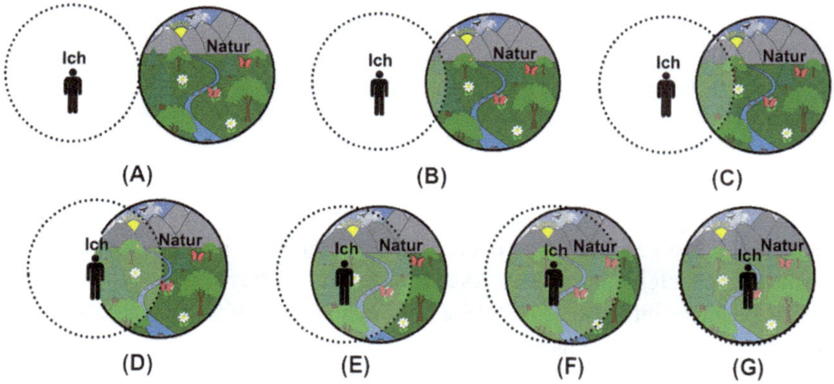

Abb. 2 Illustrierte Version der INS. Ein Link zur Skala befindet sich am Ende dieses Beitrags

3 Validierung der IINS im Vergleich zu bestehenden Instrumenten

Um die Validität und Anwendbarkeit der neu entwickelten IINS zu überprüfen, wurden Testläufe in zwei homogenen Studierendengruppen (gleiche Alters-, Geschlechter- und Studiengangverteilung) durchgeführt. In Gruppe 1 wurden 322 Studierende (64,3 % weiblich, 33,9 % männlich, 1,8 % keine Angabe, $M_{alter}=20{,}44$) mit der ursprünglichen INS befragt. In Gruppe 2 wurde die Naturverbundenheit von insgesamt 266 Studierenden (62,0 % weiblich, 35,3 % männlich, 2,6 % keine Angabe, $M_{alter}=20{,}51$) mit der IINS erhoben. Zusätzlich wurde in beiden Gruppen die Naturverbundenheit mit einer gekürzten Version des CNS erhoben (Kleespies & Dierkes 2020a).

Beim Vergleich des CNS zwischen beiden Gruppen konnte der Mann–Whitney-U-Test keinen signifikanten Unterschied feststellen ($p=0{,}276$). Daher kann davon ausgegangen werden, dass in beiden Gruppen ein ähnliches Level an Naturverbundenheit vorliegt. Wenn man davon ausgeht, dass in beiden Gruppen ein ähnliches Niveau an Naturverbundenheit vorliegt und die IINS die Naturverbundenheitswerte im Vergleich zur INS nicht verfälscht oder verzerrt, sollte sich kein signifikanter Unterschied zwischen den Testinstrumenten zeigen. Dies konnte bestätigt werden ($p=0{,}247$).

Einen zusätzlichen Hinweis auf die Validität der IINS liefert die Korrelation der IINS mit dem CNS ($r=0{,}618$), die im gleichen Bereich liegen wie die Korrelationen zwischen INS und CNS (Brügger et al. 2011; Olivos et al. 2011; Tam 2013).

4 Einsatz der IINS bei Förderschüler*innen

Im dritten Schritt wurde die IINS an 106 Förderschüler*innen mit dem Förderschwerpunkt Lernen (45 % weiblich, 54 % männlich, 1 % keine Antwort), der eigentlichen Zielgruppe, getestet. Auch dabei wurde die IINS zwei etablierten Naturverbundenheitsskalen, eine gekürzte Version des CNS und des NR-6, gegenübergestellt. Die Befragung wurde sowohl vom Hessischen Kultusministerium als auch von der lokalen Schulkonferenz genehmigt. Die befragten Schüler*innen waren zwischen 9 und 14 Jahren alt. Die Befragung wurde von einem Mitglied der Goethe-Universität durchgeführt. Dabei wurde die Funktionsweise der Likert-Skala anhand von Alltagsbeispielen erläutert. Die einzelnen Fragen wurden danach den Schüler*innen vorgelesen und bei Unklarheiten einzelne Worte erläutert. Den Schüler*innen wurde genug Zeit gegeben, jede Frage zu beantworten. Schon bei der Durchführung der Befragungen zeigte sich, dass die IINS von den Förderschüler*innen deutlich schneller und ohne größere Probleme ausgefüllt werden konnte. Die Items des CNS und NR mussten ausführlich eingeführt und erklärt werden, um Verständnisprobleme zu verhindern. Die Korrelation zwischen IINS und CNS betrug $r = 0{,}570$ und zwischen IINS und NR-6 $r = 0{,}844$.

Diese Korrelationen deuten darauf hin, dass die IINS die Naturverbundenheit auch bei Förderschüler*innen in einer ähnlichen Weise misst, wie die etablierte INS. Zum einen sind die Korrelationen über einem Wert von $r = 0{,}5$, was für eine hohe konvergente Validität der IINS spricht (Carlson & Herdman 2012). Zum anderen decken sich die hier festgestellten Korrelationen zwischen IINS, CNS und NR-6 mit den Korrelationen, die in der Literatur zwischen INS, CNS und NR-6 zu finden sind (Brügger et al. 2011; Davis et al. 2011; Howell et al. 2011; Kleespies & Dierkes 2020b; Mayer & Frantz 2004; Nisbet & Zelenski 2013; Olivos et al. 2011; Tam 2013). Zusammenfassend zeigen die Ergebnisse der Korrelationsanalysen, dass eine ähnlich gute konvergente Validität zwischen CNS, NR und der IINS besteht, wie zwischen CNS, NR und der ursprünglichen INS.

5 Evaluation eines waldpädagogischen Umweltbildungsprogramms mit der IINS

Aufgrund der besonderen Bedeutung der Naturverbundenheit gibt es immer wieder Bestrebungen, die Naturverbundenheit zu verbessern (Kleespies & Dierkes 2023b). Die aktuelle Studienlage deutet darauf hin, dass sich vor allem die Zeit, die eine Person in der Natur verbringt, sich positiv auf die Naturverbundenheit auswirkt (Kals et al. 1999; Lengieza & Swim 2021). Aber auch die Teilnahme an Umweltbildungsprogrammen gilt als eine Möglichkeit, die Naturverbundenheit zu verbessern (Barrable & Booth 2020). Waldpädagogische Ansätze bieten durch praktische, erlebnisorientierte Lernmethoden eine ideale Grundlage, um sowohl die Naturkenntnis als auch das Interesse und die emotionale Bindung zur Natur zu fördern. Die Kindheit gilt dabei als eine sensible Phase für die Naturverbundenheit, die einen Einfluss bis in das Erwachsenenalter haben kann (Chawla 2020). Daher wurde im vierten Schritt ein waldpädagogisches Konzept entwickelt, durchgeführt und mittels der zuvor erstellten IINS evaluiert.

Bei dem entwickelten Konzept handelte es sich um eine 90-minütige Waldexkursion, bei der das multisensorische Erkunden des Waldes und der Rindenstruktur der Bäume im Vordergrund stand. In verschiedenen Spielen wurden die Lerninhalte in Gruppen in direktem Kontakt mit den natürlichen Originalobjekten erarbeitet. Originalobjekte sind authentische Gegenstände, die nicht von Menschen nachgebildet, sondern aus der Natur entnommen wurden, wie beispielsweise Pflanzen(-teile) oder Tiere (Killermann et al. 2016; Polte & Wilde 2021). Bei diesem waldpädagogischen Programm standen Bäume, deren Blätter, Früchte und Rinde im Vordergrund. Der Kontakt mit diesen Originalobjekten ermöglicht sogenannte Primärerfahrungen, bei denen Lernende unmittelbar und mit all ihren Sinnen mit den Objekten interagieren können. Dabei werden die realen Objekte im Gegensatz zu Sekundärerfahrungen, die durch Bilder, Modelle oder Texte vermittelt werden, direkt erlebt. Solche Primärerfahrungen gelten als besonders wertvoll, da sie nicht nur die Wissensaneignung, sondern auch die emotionale Bindung zur Natur fördern und das Interesse der Lernenden steigern können (Eschenhagen et al. 2006; Graf 2012; Schmäing & Grotjohann 2023). Die Spiele umfassten Aufgaben, die sowohl körperliche Aktivität als auch das Verständnis für natürliche Prozesse förderten. Neben den Spielen sollten die Kinder den Wald mit allen Sinnen erleben, um eine tiefere emotionale Verbindung zur Natur aufzubauen.

Das Programm wurde mit 105 Grundschüler*innen im Alter von acht bis elf Jahren aus fünf inklusiv beschulten Grundschulklassen durchgeführt. Zur Analyse der Naturverbundenheit wurde die Naturverbundenheit mittels der IINS direkt vor der Exkursion (Pretest T1) und direkt danach (Posttest T2) quantitativ erhoben.

Bei der Analyse der Daten wurden drei Naturverbundenheitsgruppen gebildet: Schüler*innen mit einer niedrigen Naturverbundenheit (IINS Werte 1–3), Schüler*innen mit einer mittleren Naturverbundenheit (IINS Wert 4) und Schüler*innen mit einer hohen Naturverbundenheit (IINS Werte 5–7). Die Veränderung der Naturverbundenheit durch das waldpädagogische Programm aufgeteilt nach diesen drei Gruppen ist in Abb. 3 dargestellt.

Beim Vergleich zwischen T1 und T2 konnte der Wilcoxon-Test für die Gruppe mit niedriger Naturverbundenheit einen signifikanten Naturverbundenheitsanstieg feststellen ($p = 0{,}009$; $r = 0{,}450$). Auch für die Gruppe mit mittlerer Naturverbundenheit konnte ein signifikanter Naturverbundenheitsanstieg nach dem waldpädagogischen Programm festgestellt werden ($p = 0{,}026$; $r = 0{,}352$). In der Gruppe mit hoher Naturverbundenheit gab es keine signifikante Änderung ($p = 0{,}819$).

Die Evaluation des waldpädagogischen Konzeptes bestätigt, was schon andere Untersuchungen für die Naturverbundenheit feststellen konnten: So profitieren besonders Personen mit niedriger Naturverbundenheit von Umweltbildungskonzepten, während Personen mit höherer Naturverbundenheit kaum Veränderungen zeigen (Braun & Dierkes 2017; Kleespies et al. 2020). Diese Analyse zeigt auch, dass schon einfache und kurze Umweltbildungsprogramme einen positiven Einfluss auf die Naturverbundenheit haben können (Kleespies et al. 2020; Kossack

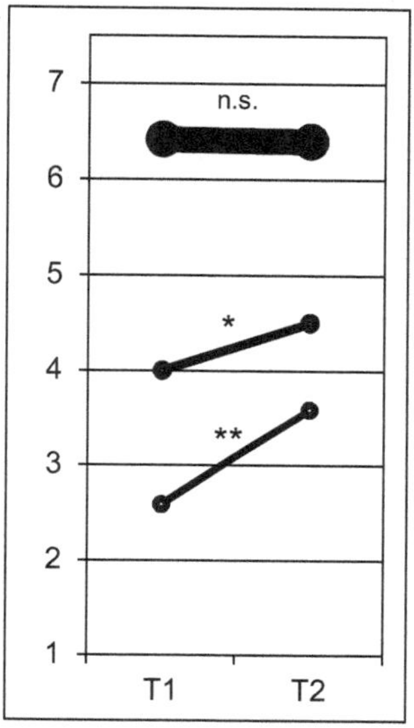

Abb. 3 Ergebnisse der Evaluation nach den drei Naturverbundenheitsgruppen. Die Strichdicke repräsentiert die Gruppengröße. Die Signifikanzlevel sind markiert: n.s. $p > 0{,}05$; $^{*}p < 0{,}05$; $^{**}p < 0{,}01$; $^{***}p < 0{,}001$

& Bogner 2012; Sellmann & Bogner 2013). Neben diesen pädagogischen Einblicken zeigt dieses Praxisbeispiel auch die Anwendbarkeit der IINS. Bei der durchgeführten Untersuchung konnte mittels der IINS die Naturverbundenheit der jungen und inklusiven Schüler*innen problemlos erfasst werden. Zudem lieferte die IINS realistische Ergebnisse, die sich mit Ergebnissen von vorherigen Untersuchungen aus der Literatur decken.

6 Schlussfolgerung

Der Vergleich der neu entwickelten IINS mit dem ursprünglichen INS zeigt keine signifikanten Unterschiede, was einen Beleg dafür liefert, dass die illustrierte Skala die Naturverbundenheit vergleichbar mit dem ursprünglichen Messinstrument misst. Die hohen Korrelationen der IINS mit den etablierten Naturverbundenheitsmessinstrumenten liefern Belege für die Validität der neu entwickelten Skala. Das durchgeführte Praxisbeispiel zeigt zudem, dass die IINS einfach anzuwenden ist und auch Ergebnisse liefert, die sich mit der Literatur decken.

Aus dieser Untersuchung geht damit ein valides und praxistaugliches Messinstrument zur Erhebung der Naturverbundenheit für einen deutlich erweiterten Personenkreis hervor. Es ist nun möglich, auch in heterogen zusammengesetzten Klassen die Schüler*innen mit dem gleichen Instrument zu befragen, um beispielsweise den Einfluss von bestimmten Unterrichtssequenzen auf die Naturverbundenheit zu untersuchen. Neben der Gleichbehandlung von Schüler*innen mit und ohne Förderbedarf bei Evaluationen in inklusiven Settings kann man nun auch untersuchen, welche Faktoren die Naturverbundenheit speziell von Förderschüler*innen beeinflussen. Aber auch die Naturverbundenheit von Grundschüler*innen kann mit dem Instrument besser erhoben werden. Die IINS könnte somit beispielsweise gezielt bei der Evaluation von außerschulischen Umweltbildungsprogrammen für Grund- und Förderschüler*innen an außerschulischen Lernorten wie Naturparks, Zoos oder botanischen Gärten eingesetzt werden. Aber auch die Besuche freier Lernorte in der Natur, wie Wiesen, Gewässer oder Wälder können mit der IINS evaluiert werden.

Zudem kann die IINS als eine neue Möglichkeit gesehen werden, Bildungsprogramme gezielt zu optimieren. Waldpädagogische Programme, Projekttage in botanischen Gärten oder außerschulische Lernangebote im Allgemeinen könnten beispielsweise durch den Einsatz der Skala auf ihre Wirksamkeit überprüft werden. So besteht in Zukunft die Möglichkeit den Effekt auf die Naturverbundenheit dieser Interventionen auch bei Grund- und Förderschulklassen zu untersuchen. Zudem kann durch gezielte Interventionsstudien überprüft werden, welche Methoden, Inhalte und Lernorte besonders effektiv sind, um die Naturverbundenheit dieser besonderen Gruppen zu steigern. Daraus können in Zukunft effektivere Konzepte oder Handlungsanweisungen gewonnen werden, die potenziell dazu beitragen können, die Naturverbundenheit von Personen mit und ohne Förderbedarf zu steigern. Aufgrund der Kürze und einfachen Anwendbarkeit der Skala ist eine Übertragung in der Praxis auf verschiedenste weitere Projekte denkbar.

Der Beitrag stellt eine erweiterte und adaptierte Version des folgenden Artikels da:

Kleespies, M. W., Braun, T., Dierkes, P. W., & Wenzel, V. (2021). Measuring Connection to Nature – A Illustrated Extension of the Inclusion of Nature in Self Scale. Sustainability, 13(4), 1761. https://doi.org/https://doi.org/10.3390/su13041761.

Die deutsche Version der Skala finden Sie unter:
https://www.bio.uni-frankfurt.de/108102553

Danksagung Wir danken allen Schüler*innen, die an unserer Untersuchung teilgenommen und somit diese Studie möglich gemacht haben. Für die Entwicklung und Durchführung des waldpädagogischen Angebotes gilt Hans-Adem Akduman ein besonderer Dank.

Interessenskonflikt Es liegen keine Interessenskonflikte vor.

Ethische Standards Die lokalen Schulkonferenzen und das hessische Kultusministerium haben der Durchführung der Untersuchung zugestimmt. Vor jeder Befragung wurde das schriftliche Einverständnis der Erziehungsberechtigten eingeholt. Die Teilnahme an allen Befragungen war freiwillig. Es wurden die Regelungen und Vorgaben der Ethikkommission der mathematisch-naturwissenschaftlichen Fachbereiche (FB 13,14,15) der Goethe-Universität Frankfurt beachtet.

Literatur

Aron, A., Aron, E. N., & Smollan, D. (1992). Inclusion of Other in the Self Scale and the structure of interpersonal closeness. *Journal of Personality and Social Psychology, 63*(4), 596–612. https://doi.org/10.1037/0022-3514.63.4.596

Barrable, A., & Booth, D. (2020). Increasing Nature Connection in Children: A Mini Review of Interventions. *Frontiers in Psychology, 11*, 492. https://doi.org/10.3389/fpsyg.2020.00492

Barrable, A., Friedman, S., Tam, K.-P., & Papadatou-Pastou, M. (2024). Nature connection and wellbeing in children and adolescents: A systematic review and meta-analysis. Advance online publication. https://doi.org/10.23668/psycharchives.14858

Braun, T., & Dierkes, P. (2017). Connecting students to nature – how intensity of nature experience and student age influence the success of outdoor education programs. *Environmental Education Research, 23*(7), 937–949. https://doi.org/10.1080/13504622.2016.1214866

Barragan-Jason, G., Loreau, M., Mazancourt, C. de, Singer, M. C., & Parmesan, C. (2023). Psychological and physical connections with nature improve both human well-being and nature conservation: A systematic review of meta-analyses. Biological Conservation, 277, 109842. https://doi.org/10.1016/j.biocon.2022.109842

Barragan-Jason, G., Mazancourt, C. de, Parmesan, C., Singer, M. C., & Loreau, M. (2022). Human-nature connectedness as a pathway to sustainability: A global meta-analysis. Conservation Letters, 15(1), e12852. https://doi.org/10.1111/conl.12852

Brügger, A., Kaiser, F. G., & Roczen, N. (2011). One for All? Connectedness to nature, inclusion of nature, environmental identity, and implicit association with nature. *European Psychologist, 16*(4), 324–333. https://doi.org/10.1027/1016-9040/a000032

Capaldi, C. A., Dopko, R. L., & Zelenski, J. M. (2014). The relationship between nature connectedness and happiness: A meta-analysis. *Frontiers in Psychology, 5*, 976. https://doi.org/10.3389/fpsyg.2014.00976

Carlson, K. D., & Herdman, A. O. (2012). Understanding the Impact of convergent validity on research results. *Organizational Research Methods, 15*(1), 17–32. https://doi.org/10.1177/1094428110392383

Cervinka, R., Röderer, K., & Hefler, E. (2012). Are nature lovers happy? On various indicators of well-being and connectedness with nature. *Journal of Health Psychology, 17*(3), 379–388. https://doi.org/10.1177/1359105311416873

Chawla, L. (2020). Childhood nature connection and constructive hope: A review of research on connecting with nature and coping with environmental loss. *People and Nature, 2*(3), 619–642. https://doi.org/10.1002/pan3.10128

Cheng, J. C.-H., & Monroe, M. C. (2012). Connection to nature. *Environment and Behavior, 44*(1), 31–49. https://doi.org/10.1177/0013916510385082

Clayton, S. (2003). Environmental identity: A conceptual and an operational definition. In S. Clayton & S. Opotow (Eds.), *In identity and the natural environment: The psychological significance of nature.* MIT Press.

Davis, J. L., Le, B., & Coy, A. E. (2011). Building a model of commitment to the natural environment to predict ecological behavior and willingness to sacrifice. *Journal of Environmental Psychology, 31*(3), 257–265. https://doi.org/10.1016/j.jenvp.2011.01.004

Dunlap, R. E., van Liere, K. D., Mertig, A. G., & Jones, R. E. (2000). New trends in measuring environmental attitudes: Measuring endorsement of the New Ecological Paradigm: A revised NEP scale. *Journal of Social Issues, 56*(3), 425–442. https://doi.org/10.1111/0022-4537.00176

Dutcher, D. D., Finley, J. C., Luloff, A. E., & Johnson, J. B. (2007). Connectivity with nature as a measure of environmental values. *Environment and Behavior, 39*(4), 474–493. https://doi.org/10.1177/0013916506298794

Eschenhagen, D., Kattmann, U., & Rodi, D. (2006). Fachdidaktik Biologie (7., völlig überarb. Aufl.). Aulis Verlag Deubner.

Geng, L., Xu, J., Ye, L., Zhou, W., & Zhou, K. (2015). Connections with nature and environmental behaviors. *PloS One, 10*(5), e0127247. https://doi.org/10.1371/journal.pone.0127247

Graf, E. (2012). *Biologiedidaktik für Studium und Unterrichtspraxis* (2. Auflage). Auer.

Howell, A. J., Dopko, R. L., Passmore, H.-A., & Buro, K. (2011). Nature connectedness: Associations with well-being and mindfulness. *Personality and Individual Differences, 51*(2), 166–171. https://doi.org/10.1016/j.paid.2011.03.037

Jordan, M. (2009). Nature and Self—An Ambivalent Attachment? *Ecopsychology, 1*(1), 26–31. https://doi.org/10.1089/eco.2008.0003

Kaiser, F. G., Roczen, N., & Bogner, F. X. (2008). Competence formation in environmental education: Advancing ecology-specific rather than general abilities, *12*(2), 56–70.

Kals, E., Schumacher, D., & Montada, L. (1999). Emotional affinity toward nature as a motivational basis to protect nature. *Environment and Behavior, 31*(2), 178–202. https://doi.org/10.1177/00139169921972056

Killermann, W., Hiering, P., & Starosta, B. (2016). Biologieunterricht heute: Eine moderne Fachdidaktik (16. aktualisierte Auflage). Auer.

Kleespies, M. W., & Dierkes, P. W. (2020a). Exploring the construct of relational values: An empirical approach. *Frontiers in Psychology, 11*, 209. https://doi.org/10.3389/fpsyg.2020.00209

Kleespies, M. W., & Dierkes, P. W. (2020b). Impact of biological education and gender on students' connection to nature and relational values. *PloS One, 15*(11), e0242004. https://doi.org/10.1371/journal.pone.0242004

Kleespies, M. W., & Dierkes, P. W. (2023). Connection to nature of university students in the environmental field — An empirical study in 41 countries. Biological Conservation, 283, 110093. https://doi.org/10.1016/j.biocon.2023.110093

Kleespies, M. W., & Dierkes, P. W. (2023b). Connection to nature for sustainable development at universities—What should be done? *Frontiers in Sustainability, 4*, Article 1249328. https://doi.org/10.3389/frsus.2023.1249328

Kleespies, M. W., Gübert, J., Popp, A., Hartmann, N., Dietz, C., Spengler, T., Becker, M., & Dierkes, P. W. (2020). Connecting high school students with nature - How different guided tours in the zoo influence the success of extracurricular educational programs. *Frontiers in Psychology, 11*, 1804. https://doi.org/10.3389/fpsyg.2020.01804

Kossack, A., & Bogner, F. X. (2012). How does a one-day environmental education programme support individual connectedness with nature? *Journal of Biological Education, 46*(3), 180–187. https://doi.org/10.1080/00219266.2011.634016

Lengieza, M. L., & Swim, J. K. (2021). The Paths to Connectedness: A Review of the Antecedents of Connectedness to Nature. *Frontiers in Psychology, 12*, 763231. https://doi.org/10.3389/fpsyg.2021.763231

Leopold, A. (1949). *A sand county almanac: With other essays on conservation from round river*. Ballantine Books.

Maaß, C. (2015). *Leichte Sprache. Das Regelbuch*. LIT Verlag.

Martin, C., & Czellar, S. (2016). The extended Inclusion of Nature in Self scale. *Journal of Environmental Psychology, 47*, 181–194. https://doi.org/10.1016/j.jenvp.2016.05.006

Mayer, F. S., & Frantz, C. M. (2004). The connectedness to nature scale: A measure of individuals' feeling in community with nature. *Journal of Environmental Psychology, 24*(4), 503–515. https://doi.org/10.1016/j.jenvp.2004.10.001

Mayer, F. S., Frantz, C. M., Bruehlman-Senecal, E., & Dolliver, K. (2009). Why is nature beneficial? *Environment and Behavior, 41*(5), 607–643. https://doi.org/10.1177/0013916508319745

Nisbet, E. K., & Zelenski, J. M. (2013). The NR-6: A new brief measure of nature relatedness. *Frontiers in Psychology, 4*, 813. https://doi.org/10.3389/fpsyg.2013.00813

Nisbet, E. K., Zelenski, J. M., & Murphy, S. A. (2009). The Nature Relatedness scale: Linking individuals' connection with nature to environmental concern and behavior. *Environment and Behavior, 41*(5), 715–740. https://doi.org/10.1177/0013916508318748

Nisbet, E. K., Zelenski, J. M., & Murphy, S. A. (2011). Happiness is in our nature: Exploring nature relatedness as a contributor to subjective well-being. *Journal of Happiness Studies, 12*(2), 303–322. https://doi.org/10.1007/s10902-010-9197-7

Olivos, P., Aragonés, J. I., & Amérigo, M. (2011). The connectedness to nature scale and its relationship with environmental beliefs and identity. *International Journal of Hispanic Psychology*, *4*(1), 5–19.

Polte, S., & Wilde, M. (2021). Wissenserwerb mit Originalobjekten im Naturkundemuseum - Eine Pilotstudie. Zeitschrift für Didaktik der Biologie (ZDB) – Biologie Lehren und Lernen, 25, 78–86. https://doi.org/10.11576/zdb-4606

Ryan, R. M., Weinstein, N., Bernstein, J., Brown, K. W., Mistretta, L., & Gagné, M. (2010). Vitalizing effects of being outdoors and in nature. *Journal of Environmental Psychology*, *30*(2), 159–168. https://doi.org/10.1016/j.jenvp.2009.10.009

Schmäing, T., & Grotjohann, N. (2023). Die Artenkenntnis von angehenden Biologie- und Sachunterrichtslehrkräften zum Ökosystem Wattenmeer. *Zeitschrift Für Didaktik Der Naturwissenschaften*, *29*(1). https://doi.org/10.1007/s40573-023-00153-0

Schultz, P. W. (2002). Inclusion with nature: The psychology of human-nature relations. In P. Schmuck & P. W. Schultz (Eds.), *Psychology of Sustainable Development* (Vol. 17, pp. 61–78). Springer. https://doi.org/10.1007/978-1-4615-0995-0_4

Schultz, P. W., Shriver, C., Tabanico, J. J., & Khazian, A. M. (2004). Implicit connections with nature. *Journal of Environmental Psychology*, *24*(1), 31–42. https://doi.org/10.1016/S0272-4944(03)00022-7

Schultz, P. W., & Tabanico, J. (2007). Self, identity, and the natural environment: Exploring implicit connections with nature. *Journal of Applied Social Psychology*, *37*(6), 1219–1247. https://doi.org/10.1111/j.1559-1816.2007.00210.x

Sellmann, D., & Bogner, F. X. (2013). Effects of a 1-day environmental education intervention on environmental attitudes and connectedness with nature. *European Journal of Psychology of Education*, *28*(3), 1077–1086. https://doi.org/10.1007/s10212-012-0155-0

Sieghart, S. (2019). Leichte Sprache, Typografie & Angemessenheit. *In Lesbar. Typografie Inder Wissensvermittlung*, 124–132.

Soga, M., & Gaston, K. J. (2016). Extinction of experience: the loss of human–nature interactions. *Frontiers in Ecology and the Environment, 14*(2), 94–101. https://doi.org/10.1002/fee.1225

Tacey, D. (2000). *Reenchantment: The New Australian Spirituality*. Harper Collins.

Tam, K.-P. (2013). Concepts and measures related to connection to nature: Similarities and differences. *Journal of Environmental Psychology*, *34*, 64–78. https://doi.org/10.1016/j.jenvp.2013.01.004

Walton, T. N., & Jones, R. E. (2018). Ecological identity: The development and assessment of a measurement scale. *Environment and Behavior*, *50*(6), 657–689. https://doi.org/10.1177/0013916517710310

Whitburn, J., Linklater, W., & Abrahamse, W. (2020). Meta-analysis of human connection to nature and proenvironmental behavior. Conservation Biology : The Journal of the Society for Conservation Biology, 34(1), 180–193. https://doi.org/10.1111/cobi.13381

Zelenski, J. M., & Nisbet, E. K. (2014). Happiness and feeling connected: The distinct role of nature relatedness. *Environment and Behavior*, *46*(1), 3–23. https://doi.org/10.1177/0013916512451901

Das Verständnis vom Wesen der Naturwissenschaften bei Schüler*innen der Sekundarstufe I durch Fachunterricht Biologie fördern

Ergebnisse einer Interventionsstudie unter Nutzung des Lernorts Schulgarten

Torsten Kreher und Carolin Retzlaff-Fürst

1 Der Bildungsauftrag von Schule und des naturwissenschaftlichen Unterrichts

Schule stellt für viele junge Menschen eine wichtige Sozialisationsinstanz dar. Neben grundlegenden Fähigkeiten wie Lesen, Schreiben und Rechnen wird auch ein soziales Miteinander gelernt, gelehrt und geübt. Schüler*innen sollen durch den allgemeinen Bildungsauftrag von Schule dazu befähigt werden, als mündige und selbstbestimmte Bürger*innen am gesellschaftlichen Leben teilzuhaben. Um diesen hohen Anspruch an Bildung gerecht zu werden und erfüllen zu können, leisten alle Unterrichtsfächer ihren jeweils spezifischen Beitrag, wie Abb. 1 verdeutlicht (a Campo et al. 2003).

T. Kreher (✉)
IGSP/Allgemeine GSP, Universität Rostock/PHF, Rostock, Mecklenburg-Vorpommern, Deutschland
E-Mail: torsten.kreher2@uni-rostock.de

C. Retzlaff-Fürst
IfBi/Fachdidaktik Biologie, Universität Rostock/MNF, Rostock, Mecklenburg-Vorpommern, Deutschland
E-Mail: carolin.retzlaff-fuerst@uni-rostock.de

A. Wenzel und T. Schmäing (Hrsg.), *Außerschulisches Lernen in der naturwissenschaftlichen Bildung*, https://doi.org/10.1007/978-3-658-50864-7_20

Abb. 1 Unterrichtsfächer im allgemeinbildenden Schulsystem. Nach Schaefer (2002) und Schulgesetz Mecklenburg-Vorpommern für die Sekundarstufe I (links) und Sekundarstufe II (rechts), eigene Darstellung

1.1 Naturwissenschaftliche Grundbildung

Die naturwissenschaftlichen Unterrichtsfächer übernehmen im Rahmen des allgemeinen Bildungsauftrags die Förderung einer naturwissenschaftlichen Grundbildung bei den Schüler*innen. Diese Aufgabe wurde durch Einführung der Bildungsstandards für den naturwissenschaftlichen Unterricht durch die Kultusministerkonferenz (KMK) bekräftigt. So heißt es beispielsweise in den Bildungsstandards im Fach Biologie für den Mittleren Schulabschluss, dass eine „[n]aturwissenschaftliche Bildung […] dem Individuum eine aktive Teilhabe an gesellschaftlicher Kommunikation und Meinungsbildung über technische Entwicklung und naturwissenschaftliche Forschung [ermöglicht] und […] deshalb wesentlicher Bestandteil von Allgemeinbildung [ist]“ (KMK 2004a, S. 6; 2004b; 2004c). Diese Forderung behält auch nach der aktuellen Weiterentwicklung der Bildungsstandards in den Naturwissenschaften seine Gültigkeit (KMK 2024a, S. 5; 2024b; 2024c).

Naturwissenschaftliche Grundbildung wird in „Benchmarks for Science Literacy" (AAAS 1993) und „National Science Education Standards" (NRC 1996) sowie durch die bundesweiten Ländervergleichsstudien der KMK, den Bildungstrends des Instituts für Qualitätsentwicklung im Bildungsbereich (IQB) und den PISA-Studien der Organisation für wirtschaftliche Zusammenarbeit und Entwicklung (OECD) verschieden definiert. Die Definitionen eint, dass sie eine zunehmende Urteils- und Reflexionsfähigkeit bei den Schüler*innen fordern (Fischler et al. 2018; Pongratz & Bünger 2008). Ebenso sehen diese ein Verständnis vom Wesen der Naturwissenschaften als wesentliches Element der naturwissenschaftlichen Grundbildung an (Billion-Kramer 2021; Kircher & Dittmer 2004; Schwartz et al. 2004).

1.2 Das Wesen der Naturwissenschaften

Obwohl die Bedeutsamkeit eines Nachdenkens über das Wesen der Naturwissenschaften im Unterricht unter Pädagog*innen und Fachdidaktiker*innen unbestritten ist, kann der Terminus *Wesen der Naturwissenschaften* nicht klar definiert werden (Dittmer & Langlet 2023; Dittmer & Zabel 2019; Kircher & Dittmer 2004). Gründe hierfür liegen u. a. darin, dass selbst innerhalb der Naturwissenschaften, Naturwissenschaftsphilosophie, Naturwissenschaftshistorik sowie bei Naturwissenschaftslehrenden kein einheitliches Verständnis darüber vorliegt, „was das Wesen der Naturwissenschaften ist" (Billion-Kramer 2021, S. 7; Lederman 2004).

Durch verschiedene internationale Studien (Lederman 2004; McComas & Olson 1998; Osborne et al. 2003) konnten „sieben alltags- und schüler[*innen] relevanten [sic] Eigenschaften von naturwissenschaftlichem Wissen" (Heering und Kremer 2018, S. 108) ermittelt werden. Diese werden als *allgemeine Aspekte* vom Wesen der Naturwissenschaften angesehen und daher auch als *Konsensansicht* bezeichnet (Billion-Kramer 2021; Cofré et al. 2019; Dittmer & Zabel 2019; Heering & Kremer 2018). Die sieben Kerndimensionen der *Konsensansicht* nach Lederman et al. (2002) sind in Abb. 2 dargestellt.

Eine inhaltliche Ausführung zu den sieben Kerndimensionen findet sich u. a. bei Kreher und Retzlaff-Fürst (2018). Die Legitimation der Konsensansicht für schulnahe empirische Unterrichtforschung ist u. a. bei Kreher und Retzlaff-Fürst (2021) nachzulesen.

Ein Verständnis vom Wesen der Naturwissenschaften kann durch fachpraktische naturwissenschaftliche Arbeitsverfahren als Kernelement des naturwissenschaftlichen Fachunterrichts gefördert werden (Bell & Lederman 2003; Gebhard et al. 2017; Hofheinz 2008; Hößle et al. 2004; Kremer et al. 2014; Lederman

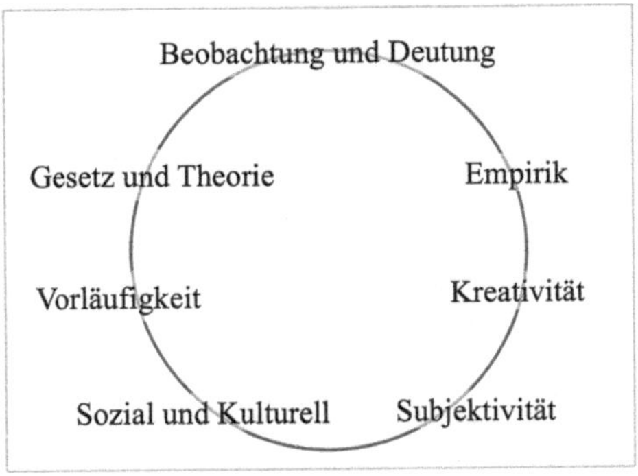

Abb. 2 Kerndimensionen vom Wesen der Naturwissenschaften entsprechend der „Konsensansicht". Nach Lederman et al. (2002), eigene Darstellung

2004; Lederman & Lederman 2014; Rudge & Howe 2009). Der Schulgarten ist ein Lernort, an dem fachpraktische naturwissenschaftliche Arbeitsverfahren angewendet werden können.

1.3 Der Schulgarten als Ort der zeitgemäßen Unterrichtsgestaltung

Der Schulgarten ist ein Ort des allgemeinen schulischen Lernens im Sinne des oben skizzierten schulischen Bildungsauftrags (siehe 1.1), unabhängig weiterer Kriterien wie bspw. Größe, Lage oder Ausstattung.

So konnte Pollin (2022) für Schüler*innen eines 6. Jahrganges aufzeigen, dass naturwissenschaftlicher Unterricht im Schulgarten das Wohlbefinden, soziale Kontakte und das Erleben von Gefühlen fördert (Pollin 2022; Pollin & Retzlaff-Fürst 2018). Neben dem Wohlbefinden als einen möglichen psychologischen Indikator für Gesundheit wirkt sich das Tätig-Sein im Schulgarten auch positiv auf biophysiologische Parameter wie beispielweise Puls und Blutdruck aus. So konnte ein Zusammenhang zwischen systolischem Blutdruck bzw. Puls und Messzeitpunkt teilweise auf signifikantem Niveau nachgewiesen werden. Die statistischen Berechnungen zeigen, dass der systolische Blutdruck bzw. Puls mit steigender körperlicher Belastung durch leichte Gartentätigkeit sinkt (Kreher & Retzlaff-Fürst 2022).

Auch überfachliche Aufgaben wie Bildung für nachhaltige Entwicklung lassen sich im Schulgarten lehren und lernen, wie verschiedene Beiträge u. a. bei Benkowitz und Retzlaff-Fürst (2023) zeigen. So können bspw. durch Überlegungen zum Wassermanagement für die Bewässerung des Gartens, der Gestaltung des

Geländes und der Art- und Sortenwahl Beiträge zur Verwirklichung der Nachhaltigkeitsziele (z. B. Ziel 12 *Nachhaltige/r Konsum und Produktion* und Ziel 13 *Maßnahmen zum Klimaschutz*) geleistet werden.

Der Schulgarten ist aber auch ein Ort des spezifischen naturwissenschaftlichen Lernens. Denn der Schulgarten stellt eine „Miniatur der Wirklichkeit (z. B. für ein ökologisches System, einen Lebensraum) dar, […] der hoch komprimiert eine Vielzahl an Zusammenhängen der Wirklichkeit in abstrakter Form [enthält], die jedoch ganz konkret erschlossen werden können" (Giest 2015, S. 159).

Dem Schulgarten als Lernort sind Naturbegegnungen, Naturerfahrungen und Naturgestaltung immanent (Giest 2015). Der Schulgarten ist somit prädestiniert dazu, als Lernort für den Biologieunterricht genutzt zu werden, denn in authentischen naturnahen Situationen wenden Schüler*innen „spezifische naturwissenschaftliche Arbeitsweisen" (Scharfenberg & Guder 2013, S. 2) wie bspw. „Beobachten, Untersuchen, Vergleichen, Experimentieren, Protokollieren und Zeichnen" (Retzlaff-Fürst 2023, S. 224; Lehnert 2005) an, um biologische Erkenntnisse zu gewinnen. Diese fachpraktischen naturwissenschaftlichen Arbeitsverfahren wurden bereits als „Fördermöglichkeiten" für ein Verständnis vom Wesen der Naturwissenschaften (siehe 1.2) benannt. Naturwissenschaftliche Arbeitsverfahren sind im Schulgarten offensichtlich sogar besser zu lernen als im Klassenraum. So konnte Klemmer et al. (2005) bei Schüler*innen der Grundschule zeigen, dass die Schüler*innen, die im Garten waren, „signifikant bessere Leistungen im naturwissenschaftlichen Arbeiten" (Wilde et al. 2019, S. 258) zeigten.

Durch die unmittelbare Naturbegegnung der Schüler*innen bietet der Schulgarten zu allen Jahreszeiten Beobachtungsanlässe. Dadurch „entstehen automatisch viele Fragen" (Lehnert & Köhler 2016, S. 148). Diese können lernmotivierend Grundlage für das eigene forschende Arbeiten der Schüler*innen am Lernort Schulgarten sein und somit zur Förderung der naturwissenschaftlichen Erkenntnisgewinnung beitragen. Es wird daher nachfolgend in beispielhaften theoretischen Überlegungen dargestellt, wie die Kerndimensionen vom Wesen der Naturwissenschaften (siehe 1.2 und Abb. 2) durch Fachunterricht im Schulgarten gefördert werden könnten.

Beobachtung und Deutung:

Kriteriengeleitete Kurz- und Langzeitbeobachtungen von Pflanzen und Tieren (z. B. Wachstum von Pflanzen, Insektenanflugverhalten) sowie Aussagen, Schlussfolgerungen und Begründungen, weshalb das Naturphänomen so zu beobachten ist; z. B. Lichteinfall wirkt auf das Längenwachstum von Pflanzen (Deutung), da Pflanzen an schattigen Standorten kleiner sind als Pflanzen an sonnigen Standorten (Beobachtung).

Empirik:

Erkenntnisse in der Biologie beruhen auf Beobachtungen von Naturphänomenen oder werden von diesen abgeleitet; z. B. es liegt eine ähnliche, artunabhängige Entwicklung bei Samenpflanzen von Quellung über Keimung zum Wachstum vor.

Kreativität:

Aufgrund vielfältiger Einflussfaktoren im Schulgarten müssen die Schüler*innen kreative Lösungen finden, um entsprechende Faktoren zu isolieren (z. B. Experimentier- und Versuchsaufbauten müssen im Schulgarten so ausgestaltet werden, dass Wettereinflüsse (z. B. Regen) als beeinflussende Faktoren (z. B. Regen für den Faktor *Feuchtigkeit/Wasser*) ausgeschlossen/minimiert werden).

Subjektivität:

Es werden unterschiedliche Fragen an die natürlichen Phänomene gestellt, Beobachtungen gemacht oder Deutungen gefunden, je nach Vorwissen und Erfahrungen der Lernenden; z. B. es wird nicht mit der Blütenfarbe als Erklärung für das Anflugverhalten von Insekten argumentiert, wenn Kenntnisse zu den Mundwerkzeugen bei Insekten vorhanden sind.

Sozial und Kulturell:

Das naturwissenschaftliche Arbeiten lädt zum gemeinsamen Arbeiten ein, da Ideen und Lösung gemeinsam eher erarbeitet werden können. Die erzielten Ergebnisse der Beobachtungen sind auch im Kontext zu bewerten; z. B. es wird gemeinsam nach einer Lösung gesucht, wie der Faktor *Regen* beim Experimentieren ausgeschlossen werden kann. Die Ergebnisse des Experiments werden dahingehend kritisch betrachtet, ob im Garten beispielsweise biologisch oder chemisch gedünkt wird.

Vorläufigkeit:

Aufgrund unterschiedlicher Annahmen, Erhebungsmethoden und Auswertungsverfahren können verschiedene Erklärungen für eine ähnliche Beobachtungen parallel vorliegen; z. B. das Anflugverhalten wird durch Anatomie oder Morphologie der Insekten erklärt.

Gesetz und Theorie:

> Nach mehrfacher Beobachtung natürlicher Phänomene können Aussagen oder Beschreibungen der Beziehungen zwischen diesen durch Gesetzmäßigkeiten formuliert werden. Die abgeleiteten Erklärungen für die natürlichen Phänomene lassen sich in Theorien darstellen; z. B. aus der unterschiedlichen Beobachtung zum Pflanzenwachstum lässt sich das Minimumgesetz formulieren. Aus dem Zusammenspiel verschiedener Erklärungen kann auf die Systemtheorie geschlossen werden.

Es wird deutlich, dass durch den Eigencharakter des Schulgartens als Lernort durch seine zahlreichen Beobachtungsanlässe und durch fachpraktisches Arbeiten die verschiedenen Kerndimensionen angesprochen werden.

2 Empirische Untersuchung: Fragestellung, Intervention und Ergebnisse

2.1 Fragestellung

Explizites und reflektiertes theoretisches Durchdenken und fachpraktisches naturwissenschaftliches Arbeiten werden als geeignete Maßnahmen angesehen, um ein Verständnis vom Wesen der Naturwissenschaften zu fördern (Khishfe & Abd-El-Khalick 2002; Rudge & Howe 2009). Gegenwärtig liegen jedoch keine Studien vor, die einen Zusammenhang zwischen naturwissenschaftlichem Arbeiten im Schulgarten und der Förderung eines Verständnisses vom Wesen der Naturwissenschaften für die höheren Jahrgangstufen der Sekundarstufe I untersuchen. Die Interventionsstudie zielt darauf ab, empirische Erkenntnisse zu Vorstellungen vom Wesen der Naturwissenschaften bei Schüler*innen der Sekundarstufe I zu erheben und zu betrachten, ob diese durch den Unterricht im Schulgarten verändert werden können. Es ergibt sich daher für die Interventionsstudie folgende zentrale wissenschaftliche Fragestellung:

Führt naturwissenschaftliches Arbeiten im Schulgarten während des regulären Biologieunterrichts zu einer Veränderung des Verständnisses vom Wesen der Naturwissenschaften bei Schüler*innen der Sekundarstufe I?

2.2 Untersuchungsdesign und Messinstrumente

Die Untersuchung ist als quasi-experimentelle Feldstudie konzipiert (Eifler 2014). Im Rahmen des regulären Biologieunterrichts arbeiten die Schüler*innen regelmäßig über die Dauer von zehn Wochen am Lernort Schulgarten (Interventionsgruppe) oder im Fachraum (Kontrollgruppe). Praktisches und reflektiertes naturwissenschaftliches Arbeiten dient als Mittel der Erkenntnisgewinnung und bildet daher den Schwerpunkt des Fachunterrichts in beiden Lerngruppen.

Die Untersuchung folgt einem Mixed-Methods-Ansatz (Kelle 2014). Es wird der Fragebogen „Views of Nature of Science Questionnaire – Version D+" (Lederman & Lederman 2010) verwendet. Hierbei handelt es sich um einen offenen Fragebogen, der international bereits häufig verwendet und „zu einem Standardinstrument in der empirischen Forschung zu[m] [Wesen der Naturwissenschaften] geworden ist" (Heering & Kremer 2018, S. 109). Ausführungen zur Legitimation des offenen Fragebogens für die Interventionsstudie sowie Details, statistische Kennwerte zum Übersetzungsprozess nach wissenschaftlichem Standard und Ergebnisse der Pilotierung finden sich bei Kreher und Retzlaff-Fürst (2021). Ergänzend wurde der geschlossene Fragebogen „Sieben Skalen zur Natur der Naturwissenschaften" (Urhahne et al. 2008) eingesetzt. Auch hier finden sich bei Kreher und Retzlaff-Fürst (2021) Hinweise zur Adaption und Pilotierung des Fragebogens. Die erhobenen Daten sind jedoch nicht Gegenstand dieses Beitrags.

Inwieweit es durch die Interventionsmaßnahme zu signifikanten Veränderungen vom Pre- zum Posttest innerhalb der Interventions- bzw. Kontrollgruppe gekommen ist, wurde mittels Wilcoxon-Tests (Wilcoxon-Vorzeichen-Rang-Test) geprüft (Bortz & Döring 2016; Jansen & Laatz 2017).

2.3 Interventionsmaßnahme – Biologieunterricht im Schulgarten

Eine einmalige Exkursion an ein schulnahgelegenes Ökosystem wie bspw. einen Wald, Wiese oder Teich kann sich förderlich auf den Kompetenzzuwachs bei Schüler*innen auswirken, bspw. wenn ökologische Themen vermittelt oder Arten bestimmt werden können, die so während des Unterrichts in der Schule nicht vermittelbar wären (Wilde et al. 2019). Es zeigt sich aber auch, dass bei unregelmäßigen Exkursionen oder als *außerschulisch* gekennzeichneten Angeboten diese nachteilige Auswirkungen auf das Lernen haben können, da bspw. ein gewisse

Ernsthaftigkeit beim Lernen fehlt oder Ablenkungen vom Lernen vorliegen (Groß 2007; Wilde et al. 2019).

Im Rahmen der Interventionsmaßnahme wurde der Schulgarten daher nicht einmalig, sondern wöchentlich während des Biologieunterrichts über die Dauer von zehn Wochen durch die 52 Schüler*innen der Interventionsgruppe aufgesucht. Der erteilte Biologieunterricht wurde auf Basis der damals gültigen Ordnungsdokumente (Rahmenplan (MBWK 2011a; 2011b) und Bildungsstandards (KMK 2004a)) geplant, durchgeführt und reflektiert. Die Schüler*innen erhielten Unterricht im Themenfeld *Ökologie.* Schwerpunkt des Themenfeld war das explizite und reflektierte fachpraktische naturwissenschaftliche Arbeiten. Eine Übersicht zu den fachlichen Inhalten und der schwerpunktmäßigen Arbeitsweise der jeweiligen Unterrichtsstunde enthält Tab. 1. So haben die Schüler*innen in der Vermittlungsstunde zur *Abhängigkeit der Lebewesen von Umweltfaktoren* bspw. experimentell geprüft, welchen Einfluss die Faktoren *Wasser* und *Licht* auf tierische (am Beispiel der Assel) und pflanzliche (am Beispiel der Kresse) Organismen haben. Ebenso konnten inner- und zwischenartliche Beziehungen (6. Block) im Schulgarten beobachten werden (z. B. Baumflechten, Nahrungsbeziehungen).

Die Schüler*innen der Interventionsgruppe suchten den Lernort Schulgarten eigenständig auf, um dort am Unterricht teilzunehmen. Die Schüler*innen der Kontrollgruppe blieben im Fachraum der Schule. In beiden Gruppen lag der Schwerpunkt auf dem eigenständigen fachpraktischen naturwissenschaftlichen Arbeiten der Schüler*innen. Die inhaltliche und methodische Gestaltung war für die Schüler*innen aus beiden Gruppen gleich. So entwickelten diese beispielsweise ein experimentelles Design, um die Abhängigkeit von tierischen und pflanzlichen Lebewesen auf die Umweltfaktoren Licht und Wasser zu prüfen (siehe Block 2 in Tab. 1). Die Bearbeitung der Aufgaben erfolgte in unterschiedlichen Sozialformen und in einem unterschiedlich starken Grad der Instruktion.

2.4 Ergebnisse

Insgesamt nahmen 110 Schüler*innen der 9. Jahrgangsstufe an der Untersuchung teil. Die Schüler*innen waren zwischen 13 und 17 Jahre alt ($M=14{,}71$; $SD=0{,}576$). Die Experimentalgruppe bestand aus 58 Schüler*innen ($M=14{,}73$; $SD=0{,}532$; 28 Schüler, 30 Schülerinnen) die Kontrollgruppe aus 52 Schüler*innen ($M=14{,}63$; $SD=0{,}541$; 29 Schüler, 23 Schülerinnen).

Die Daten wurden mit dem offenen Fragebogen „Views of Nature of Science Questionnaire" (Lederman et al. 2002) in der Version „D+" (Lederman & Lederman 2010) erhoben. Der Fragebogen besteht aus verschiedenen Einzelfragen, die

Tab. 1 Übersicht über die Unterrichtsinhalte und Methoden der Interventionsmaßnahme. Eigene Darstellung

Block	Fkt[1]	Inhalte	schwerpunktmäßige naturwissenschaftliche Arbeitsweise
1.	E	Ökologie, Biozönose, Biotop, abiotische und biotische Faktoren	Beobachten, Vergleichen
2.	V	Abhängigkeit der Lebewesen von Umweltfaktoren	Beobachten, Experimentieren, Vergleichen
3.	V	Beziehungen zwischen Lebensraum und Lebewesen, Toleranzkurve	Vergleichen, Modellieren
4.	V; F	Nahrungsbeziehungen, Wiederholung	Modellieren
5.	K; F	1. Lernerfolgskontrolle, Bestimmungsübungen	Bestimmen
6.	V	Inner- und zwischenartliche Beziehungen, Veränderungen von Ökosystemen	Vergleichen, Modellieren
7.	V	Stoffkreislauf und Energiefluss, Zustände von Ökosystemen	Modellieren
8.	V; F	Mensch und Umwelt, Schutzmaßnahmen, Wiederholung	Modellieren
9.	K; F	2. Lernerfolgskontrolle, Bestimmungsübungen	Bestimmen

sich auf die Kerndimensionen vom Wesen der Naturwissenschaften (siehe 1.2) beziehen und schließt fakultative halbstrukturierte Follow-up-Interviews mit ein. Beim verwendeten Fragebogen handelt es sich um einen international bereits häufig verwendeten Fragebogen, „der zu einem Standardinstrument in der empirischen Forschung [zum Wesen der Naturwissenschaften] geworden ist" (Heering & Kremer 2018, S. 109). Der Fragebogen lag bisher nicht in einer deutschsprachigen Fassung vor. Diese wurde im Rahmen des Forschungsvorhabens nach wis-

[1] Funktion: E = Einführung, F = Festigung, K = Kontrolle, V = Vermittlung.

senschaftlichen Kriterien erstellt. Details zur Übersetzung ins Deutsche und Pilotierung der deutschsprachigen Fassung des Fragebogens finden sich bei Kreher & Retzlaff-Fürst (2021).

Den Fragebogen beantworteten die Schüler*innen beider Gruppen unmittelbar vor und nach der Interventionsmaßnahme (siehe 2.3). Die Antworten der Schüler*innen wurden mittels quantitativer Inhaltsanalyse ausgewertet und durch fünf Kodierer*innen als „naiv", „transformiert" oder „informiert" kodiert. Weiterhin stand die Kodieroption „keine Angabe" bzw. „keine Zuordnung" zur Verfügung, wenn die Schüler*innen gar nichts geschrieben oder eine Antwort geschrieben haben, die sich nicht auf die Frage bezog.

Die im folgenden präsentierten Ergebnisse beziehen sich auf die Daten des Pre- ($n=103$) und Posttests ($n=100$). Für den Pre-Posttest-Vergleich konnten lediglich vollständige Datensätze berücksichtigt werden. Als vollständiger Datensatz wird ein Datensatz bezeichnet, bei dem sowohl Pre- als auch Posttest vorliegen. Der bereinigte Datensatz umfasst 89 Fälle.

Die Auswertung des Pretests ist in Abb. 3 dargestellt. Die Auswertung zeigt, dass die Schüler*innen überwiegend über naive Niveaustufen verfügen. Dies gilt für alle Kerndimensionen vom Wesen der Naturwissenschaften gleichermaßen. Sie ist die im Verhältnis der Kodierungen am häufigsten vorkommende Niveaustufe (zwischen knapp 38 % (für die Kerndimension *Sozial und Kulturell*) und etwa 85 % (für die Kerndimension *Empirik*)). Die transformierte Niveaustufe ist in allen sieben Kerndimensionen vorhanden. Hier zeigt sich eine breite Streuung über die Kerndimensionen vom Wesen der Naturwissenschaften zwischen knapp 10 % (für die Kerndimension *Sozial und Kulturell*) bis hin zu etwa 35 % (für die Kerndimension *Subjektivität*). Die informierte Niveaustufe wies den geringsten Anteil auf (zwischen knapp 3 % für die Kerndimension *Beobachtung und Deutung* und etwa 10 % für die Kerndimension *Kreativität*). Für die beiden Kerndimensionen *Empirik* und *Gesetz und Theorie* konnten keine informierten Niveaustufen kodiert werden.

Es zeigt sich, dass es bei einem Großteil der Schüler*innen in beiden Gruppen zu keinen Veränderungen in der Niveaustufenkodierung vom Pre- zum Posttest gekommen ist. Wenn veränderte Niveaustufen vom Pre- zum Posttet kodiert wurden, dann für alle sieben Kerndimensionen stets auf einem nicht signifikanten Niveau. Bei alle sieben Kerndimensionen ist der Signifikanzwert *„p"* stets > 0,005. Die zugehörige *p*-Wert können Tab. 2 entnommen werden.

Um zu überprüfen, ob sich die Niveaustufenkodierungen der Posttests zwischen Interventions- und Kontrollgruppe unterscheiden, wurde der Mann-Whitney-U-Test (Wilcoxon-Rangsummen-Test) verwendet (Bortz & Döring 2016; Jansen & Laatz 2017). Auch hier ist zu erkennen, dass es zwischen den beiden

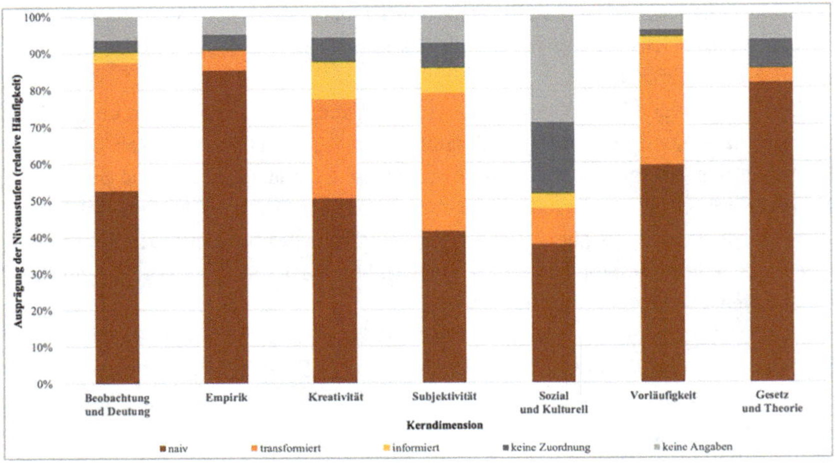

Abb. 3 Ausprägung der Niveaustufen für die einzelnen Kerndimensionen für den Fragebogen „Sichtweisen zum Wesen der Naturwissenschaften – Version D+" (Pretest). Eigene Darstellung

Gruppen zu einer unterschiedlichen Anzahl an Niveaustufenkodierungen im Posttest gekommen ist. Dies jedoch ebenso auf einem nicht signifikanten Niveau. Der Signifikanzwert p ist bei allen sieben Kerndimensionen stets > 0,005. Die zugehörigen p-Wert können Tab. 3 entnommen werden.

2.5 Diskussion

Im theoretischen Teil dieses Beitrags wurde literaturbasiert dargelegt, dass der Schulgarten ein Ort für das fachpraktische naturwissenschaftliche Arbeiten ist. Das wurde als Möglichkeit gekennzeichnet, ein Verständnis vom Wesen der Naturwissenschaften zu fördern (siehe 1.2 und 1.3).

Die aus den theoretischen Betrachtungen abgeleitete Fragestellung, ob naturwissenschaftliches Arbeiten im Schulgarten während des regulären Biologieunterrichts zu einer Veränderung des Verständnisses vom Wesen der Naturwissenschaften bei Schüler*innen der Sekundarstufe I führt, muss für die Schüler*innen dieser Stichprobe jedoch verneint werden. Die statistische Auswertung der Daten im Pre-Posttest-Vergleich zwischen und innerhalb der Interventions- und Kont-

Tab. 2 Wilcoxon-Test für den Fragebogen „Sichtweisen zum Wesen der Naturwissenschaften – Version D+“

Kerndimension														
Wilcoxon-Test	Beobachtung und Deutung		Empirik		Kreativität		Subjektivität		Sozial und Kulturell		Vorläufigkeit		Gesetz und Theorie	
Gruppe	Interventionsgruppe	Kontrollgruppe	Interventionsgruppe	Kontrollgruppe	Interventionsgruppe	Kontrollgruppe	Interventionsgruppe	Kontrollgruppe	Interventionsgruppe	Kontrollgruppe	Interventionsgruppe	Kontrollgruppe	Interventions-gruppe	Kontrollgruppe
Summe positiver Ränge (Pretest < Posttest)	1030,30	2120,00	9,00	2,50	120,00	137,50	575,50	1211,00	3,00	26,00	210,00	756,000	1,00	7,50
Summe negativer Ränge (Pretest > Posttest)	1050,00	2536,00	6,00	7,50	90,00	162,50	370,50	869,00	0,00	10,00	420,00	897,00	0,00	2,50
W (kleinere Rangsumme) =	1030,00	2120,00	6,00	2,50	90,00	137,50	370,50	869,00	0,00	10,00	210,00	756,00	0,00	2,50
z =	−0,074	−0,855	−0,447	−1,000	−0,626	−0,408	−1,356	−1,288	−1,414	−1,155	−1,947	−0,634	−1,000	−1,000
p =	0,941	0,393	0,655	0,317	0,532	0,683	0,175	0,198	0,500	0,336	0,052	0,526	1,000	0,625
n =	64	96	6	4	20	24	43	64	2	8	35	57	1	4
r = (Cohen, 2009)	–	–	–	–	–	–	–	–	–	–	–	–	–	–

Tab. 3 Mann-Whitney-U-Test für den Fragebogen „Sichtweisen zum Wesen der Naturwissen-schaften – Version D+“

	Kerndimension						
Mann-Whitney-U-Test	Beobachtung und Deutung	Empirik	Kreativität	Subjektivität	Sozial und Kulturell	Vorläufigkeit	Gesetz und Theorie
Kolmogorov-Smirnov-Z	7,172	6,038	3,797	4,347	1,726	6,301	4,064
$p=$	0,001	0,001	0,001	0,001	0,005	0,001	0,001
M_{Rang}/Mdn	M_{Rang}	M_{Rang}	M_{Rang}	M_{Rang}	M_{Rang}	M_{Rang}	M_{Rang}
Interventionsgruppe	246,36	86,83	81,33	159,10	25,16	158,65	39,69
Kontrollgruppe	246,60	83,71	85,05	164,96	26,50	172,44	41,95
$U=$	29.684,500	3337,000	3196,500	12.321,500	288,000	12.391,000	754,500
$Z=$	−0,022	−1,275	−0,570	−0,614	−0,343	−1,681	−1,022
$p=$	0,982	0,202	0,569	0,539	0,731	0,093	0,307
$r=$(Cohen, 2009)	–	–	–	–	–	–	–

rollgruppe hat gezeigt, dass es bei den Schüler*innen der Interventionsgruppe durch den Biologieunterricht im Schulgarten zu keinen signifikanten Veränderungen zu den Vorstellungen vom Wesen der Naturwissenschaften gekommen ist.

Ein Grund dafür kann in der Intervention selbst liegen. Die Schüler*innen der Stichprobe hatten innerhalb ihrer Schüler*innenbiografie zwar bereits Exkursionstage erlebt, jedoch bisher noch nie einen Lernort wie den Schulgarten für den regulären Biologieunterricht über eine längere Zeitspanne genutzt. Die *Neuerung,* die für die Schüler*innen mit derartigen Interventionsmaßnahmen verbunden ist, kann sich sowohl förderlich als auch hinderlich auf das Lernen der Schüler*innen auswirken (Wellenreuther 2015; Wilde et al. 2019). Um hier entgegenzuwirken, wurde der Empfehlung entsprochen, den Schulgarten nicht nur einmal, sondern im Rahmen der Interventionsmaßnahme regelmäßig aufzusuchen.

Durch weitere lernortunabhängige statistische Berechnungen der mit dem Pre- und Posttest erhobenen Daten kann gezeigt werden, dass der reguläre Biologieunterricht im Schulgarten einen „signifikanten" Beitrag zur Veränderung der Vorstellungen vom Wesen der Naturwissenschaften bei den Schüler*innen der Stichprobe leistet. So zeigt sich für die vier Kerndimensionen (siehe 1.2) *Subjektivität, Sozial und Kulturell, Vorläufigkeit* und *Gesetz und Theorie* eine Veränderung der kodierten Antworten der Schüler*innen vom Pre- zum Posttest auf signifikantem Niveau, jedoch mit unterschiedlicher Effektstärke. Für die drei Kerndimensionen (siehe 1.2) *Beobachtung und Deutung, Empirik* und *Kreativität* kann keine signifikante Veränderung vom Pre- zum Posttest unabhängig des Lernorts nachgewiesen werden. Diese Ergebnisse sind insbesondere dahingehend interessant, da Cofré et al. (2019) genau diese drei Kerndimensionen in seinem Beitrag eher als *leicht* zu vermittelnde Kerndimensionen kennzeichnet. Der geplante und durchgeführte Unterricht hat somit bei drei Kerndimensionen (*Sozial und Kulturell, Vorläufigkeit* sowie *Gesetz und Theorie*) zu signifikanten Veränderungen geführt, die Cofré et al. (2019) als eher schwer zu erlernen charakterisiert. Dies wird als Qualitätsmerkmal für einen *guten* Biologieunterricht gedeutet, wenn selbst eigentlich eher schwer zu vermittelnde Inhalt durch die Schüler*innen der Sekundarstufe I dieser Stichprobe gelernt wurden. Die Schüler*innen der Stichprobe wurden bzgl. ihrer fachlichen Leistungen im Biologieunterricht durch die sie bis dahin unterrichtenden Biologielehrer*innen als *durchschnittlich* beschrieben. Die signifikante Veränderung ist daher vermutlich eher der angemessenen didaktischen Gestaltung des Biologieunterrichts zuzuschreiben.

Der Schulgarten ist dennoch ein geeigneter Ort für den regulären Biologieunterricht. Dies konnte anhand des durchgeführten Unterrichts mit 52 Schüler*innen der 9. Jahrgangsstufe aus dem allgemeinbildenden Schulsystem gezeigt werden. Er animiert dazu, sich in ihm aufzuhalten, sich zu bewegen und in ihm zu verweilen. Er regt dazu an, naturwissenschaftliche Fragen zu stellen und naturwissenschaftliche Phänomene zu entdecken und eignet sich insbesondere, um eigenständig kleineren Forschungsaufträgen mittels fachpraktischer naturwissenschaftlicher Arbeitsverfahren nachzugehen. Dies kann durch eigene unsystematische Beobachtungen (Aufenthalts- und Bewegungsverhalten der Schüler*innen) sowie durch die im Fachunterricht intendierten Aufgabenstellungen zum fachpraktischen naturwissenschaftlichen Arbeiten und eine damit einhergehende eigene ebenfalls unsystematische Beobachtung bestätigt werden. Das *Phänomen* einer *fragenden Haltung* der Schüler*innen wurde sowohl durch den Fachunterricht intendiert, ergab sich aber ebenso innerhalb *zwangloser* Pausengespräche zwischen der Lehrkraft und den Schüler*innen sowie bei den Schüler*innen untereinander.

Der Fachunterricht ist nur einer von einer Vielzahl an Faktoren, die einen Einfluss auf das Lernen der Schüler*innen hat. Diverse dieser Faktoren stellt Hattie in seiner Metaanalyse heraus (Beywl & Zierer 2013). Teilweise decken sich diese mit Erkenntnissen aus den beiden PISA-Studien aus den Jahren 2006 und 2015. In diesen wird neben dem naturwissenschaftlichen Interesse der Schüler*innen auch deren zukünftige Berufserwartung und eine naturwissenschaftsbezogene Tätigkeit der Eltern als beeinflussende Faktoren genannt (Prenzel et al. 2007; Reiss et al. 2016). Die statistischen Berechnungen wurden daher um lernortunabhängige Faktoren wie naturwissenschaftliches Interesse oder ein naturwissenschaftlicher zukünftiger Berufswunsch der Schüler*innen erweitert. Ebenso wurde in die statistische Berechnung mit einbezogen, ob die Eltern der Schüler*innen sich in ihrer ausgeübten Tätigkeit (z. B. Chemielaborant*in) mit naturwissenschaftlichen Sachverhalten auseinandersetzen oder nicht. Es zeigt sich, dass diese Faktoren durchaus einen Einfluss auf den Aussagegehalt der Daten haben. So wirkt der Lernort Schulgarten bspw. positiv mit einem mittleren Effekt bei der Kerndimension *Beobachtung und Deutung*. Dies gilt beispielsweise für Schüler*innen, die nach eigenen Angaben nicht an Biologie und Chemie, Physik oder Mathematik interessiert seien.

Für weitere Ausführungen zu den berücksichtigten lernortunabhängigen Faktoren Interesse, Berufswunsch der Schüler*innen und berufliche Tätigkeit der Eltern und den durchgeführten statistischen Auswertungen wird auf (Kreher 2024) verwiesen.

2.6 Fazit und Ausblick

Anhand des durchgeführten Unterrichts konnte gezeigt werden, dass der Schulgarten ein geeigneter Lernort für den regulären Biologieunterricht ist. Die Daten deuten drauf hin, dass das Kriterium der Standardisierung für das gewählte quasi-experimentelle Design kritisch zu betrachten ist. Eine Wiederholung des Forschungsvorhabens unter einem alternativ gestalteten Forschungsansatz bietet die Möglichkeit, dass Potenzial des Schulgartens als Lernort voll ausschöpfen zu können. Denkbar wäre ein *Cross-Over-Design*. Dabei wären die Schüler*innen ihre eigene Kontrolle (Lim & In 2021; Schumacher & Schulgen 2008; Wellek & Blettner 2012).

Interessenskonflikt Die beiden Autor*innen erklären, dass keine Interessenkonflikte vorliegen.

Ethische Standards Bei dem vorliegenden Beitrag handelt es sich um die Ausführungen zu einer Interventionsstdie, die mit Schüler*innen durchgeführt wurde. Die damit verbundene Datenerhebung wurde bei der Datenschutzbeauftragten der Universität Rostock, Mecklenburg-Vorpommern, Deutschland, dem Landesbeauftragten für Datenschutz und Informationsfreiheit Mecklenburg-Vorpommern, Deutschland sowie beim damaligen Ministerium für Bildung, Wissenschaft und Kultur Mecklenburg-Vorpommern, Deutschland beantragt. Sie wurde durch die jeweiligen Stellen geprüft und genehmigt. Die Bestimmungen zum Datenschutz wurden eingehalten. Die Einverständniserklärung zur Datenerhebung, -verarbeitung und -veröffentlichung durch die damals an der Intervention teilnehmenden Schüler*innen sowie deren gesetzliche Vertreter*innen liegt vor. Eine Beantragung des Vorhabens bei der Ethikkommission war nicht erforderlich.

Literatur

a Campo, A., Langlet, J., Kremer, M. & Philipp, W. (2003). *Lernen und Können im naturwissenschaftlichen Unterricht. Denkanstöße und Empfehlungen zur Entwicklung von Bildungsstandards in den naturwissenschaftlichen Fächern Biologie, Chemie und Physik.*

American Association for the Advencement of Science (AAAS) (1993). *Benchmarks for Science Literacy.* Oxford University Press, New York.

Bell, R. L. & Lederman, N. G. (2003). Understanding of the Nature of Science and Decision Making in Science and Technology Based Issus. *Science Education 87*(3), 352–377.

Benkowitz, D. & Retzlaff-Fürst, C. (2023). Der Schulgarten als Lernort für BNE. *Unterricht Biologie 47*(483), 2–8.

Beywl, W. & Zierer, K. (2013). *Lernen sichtbar machen.* Überarbeitete deutschsprachige Ausgabe von Visible Learning. Schneider Verlag Hohengehren.

Billion-Kramer, T. (2021). *Nature of Science. Lernen über das Wesen der Naturwissenschaften.* Springer VS.

Bortz, J. & Döring, N. (2016). *Forschungsmethoden und Evaluation für Human- und Sozialwissenschaftler.* Springer.

Cofré, H., Núñez, P., Santibáñez, D., Pavez, J. M., Valencia, M. & Vergara, C. (2019). A Critical Review of Students´and Teachers´ Understanings of Nature of Science. *Science Education 28*(3–5), 205–248.

Dittmer, A. & Langlet, J. (2023). Kultur der Naturwissenschaften. In H. Gropengießer & U. Harms (Hrsg.), *Fachdidaktik Biologie* (S. 420–441). Aulis Verlag im Friedrich Verlag GmbH.

Dittmer, A & Zabel, J. (2019). Das Wesen der Biologie verstehen. Impulse für den wissenschaftspropädeutischen Unterricht. In J. Groß, M. Hammann, P. Schmiemann & J. Zabel (Hrsg.), *Biologiedidaktische Forschung. Erträge für die Praxis* (S. 93–110). Springer.

Eifler, S. (2014). Experiment. In N. Bauer & J. Blasius (Hrsg.), *Handbuch Methoden der empirischen Sozialforschung* (S. 195–209). Springer VS.

Fischler, H., Gebhard, U. & Rehm, M. (2018). Naturwissenschaftliche Bildung und Scientific Literacy. In D. Krüger, I. Parchmann & H. Schecker (Hrsg.), *Theorien in der naturwissenschaftsdidaktischen Forschung* (S. 11–29). Springer.

Gebhard, U., Höttecke, D. & Rehm, M. (2017). *Pädagogik der Naturwissenschaften. Ein Studienbuch.* Springer.

Giest, H (2015). Schulgarten. In A. Kaiser & D. Pech (Hrsg.), *Basiswissen Sachunterricht Band 5 Unterrichtsplanung und Methoden* (S. 156–164). Schneider Verlag Hohengehren.

Groß, J. (2007). Biologie verstehen. Wirkungen außerschulischer Lernangebote. Didaktisches Zentrum, Oldenburg.

Heering, P. & Kremer, K. (2018). Nature of Science. In D. Krüger, I. Parchmann & H. Schecker (Hrsg.), *Theorien in der naturwissenschaftsdidaktischen Forschung* (S. 105–119). Springer.

Hofheinz, V. (2008). *Erwerb von Wissen über "Nature of Science". Eine Fallstudie zum Potenzial impliziter Aneignungsprozesse in geöffneten Lehr-Lern-Arrangements am Beispiel von Chemieunterricht.* Dissertation. Universität Siegen.

Hößle, C., Höttecke, D. & Kircher, E. (Hrsg.) (2004). *Lehren und Lernen über die Natur der Naturwissenschaften.* Schneider Verlag Hohengehren.

Jansen, J. & Laatz, W. (2017).*Statistische Datenanalyse mit SPSS. Eine anwendungsorientiere Einführung in das Basissystem und das Modul Exakte Tests.* Springer.

Kelle, U. (2014). Mixed Methods. In N. Baur & J. Blasius (Hrsg.), *Handbuch Methoden der empirischen Sozialforschung* (S. 153–166) Springer VS.

Khishfe, R. & Abd-El-Khalick, F. (2002). Influence of Explicit and Reflective versus Implicit Inquiry-Oriented Instruction on Sixth Graders' Views of Nature of Science. *Journal of Research in Science Teaching 39*(7), 551–578.

Kircher, E. & Dittmer, A. (2004). Lehren und lernen über die Natur der Naturwissenschaften. In C. Hößle, D. Höttecke & E. Kircher (Hrsg.), *Lehren und lernen über die Natur der Naturwissenschaften* (S. 2–22). Schneider Verlag Hohengehren.

Kreher, T. (2024). Naturwissenschaftliches Arbeiten am Lernort Schulgarten. Auswirkungen von naturwissenschaftlichem Arbeiten am Lernort Schulgarten auf das Verständnis vom Wesen der Naturwissenschaften bei Schülerinnen und Schüler der Sekundarstufe I. Dissertation, Universität Rostock.

Kreher, T. & Retzlaff-Fürst, C. (2018). Naturwissenschaftlich-biologisches Arbeiten am außerschulischen Lernort Schulgarten. In: Krüger; D., Schmiemann, P;, Möller, A.; Dittmer, A.; Zabel, J.; Schlüter, K.; Großschedl, J. (Hrsg.) Erkenntnisweg Biologiedidaktik 17. S. 177–191.

Kreher, T. & Retzlaff-Fürst, C. (2021). Forschungsinstrumente zur Erhebung von Vorstellungen von Schülerinnen und Schülern zum Wesen der Naturwissenschaften – Übersetzung und Pilotierung. In: Kapelari, S.& Schmiemann, P. (Hrsg.) Lehr- und Lernforschung in der Biologiedidaktik (Band 9). StudienVerlag, Innsbruck, Wien, S. 127–143.

Kreher, T. & Retzlaff-Fürst, C. (2022). Grün tut gut Auswirkung des Lernens und praktischen Arbeitens an „grünen" Lernorten auf das Wohlbefinden von Pädagog*innen, Studierenden und Schüler*innen. In: Kirner, L.; Stürmer, B.; Hainfellner, E. (Hrsg.) Vom grünen Lernort bis zur Direktvermarktung. Aktuelle Beiträge zur Agrar- und Umweltpädagogik. StudienVerlag, Innsbruck, Wien, S. 9–22.

Kremer, K.; Specht, C.; Urhahne, D.; Mayer, J. (2014). The relationship in biology between the nature of science and scientific inquiry. Journal of Biological Education 48(1): 1–8.

Kultusministerkonferenz (KMK) (2004a). *Bildungsstandards im Fach Biologie für den Mittleren Schulabschluss*. Beschluss vom 16.12.2004.

Kultusministerkonferenz (KMK) (2004b). *Bildungsstandards im Fach Chemie für den Mittleren Schulabschluss*. Beschluss vom 16.12.2004.

Kultusministerkonferenz (KMK) (2004c). *Bildungsstandards im Fach Physik für den Mittleren Schulabschluss*. Beschluss vom 16.12.2004.

Kultusministerkonferenz (KMK) (2024a). *Weiterentwickelte Bildungsstandards in den Naturwissenschaften für das Fach Biologie (MSA)*. Beschluss der Kultusministerkonferenz vom 16.12.2004 i.d.F. vom 13.06.2024.

Kultusministerkonferenz (KMK) (2024b). *Weiterentwickelte Bildungsstandards in den Naturwissenschaften für das Fach Chemie (MSA)*. Beschluss der Kultusministerkonferenz vom 16.12.2004 i.d.F. vom 13.06.2024.

Kultusministerkonferenz (KMK) (2024c). *Weiterentwickelte Bildungsstandards in den Naturwissenschaften für das Fach Physik (MSA)*. Beschluss der Kultusministerkonferenz vom 16.12.2004 i.d.F. vom 13.06.2024.

Lederman, N. G. (2004). Syntax of Nature of Science within Inquiry and Science Instruction. In L. B. Flick & N. G. Lederman (Hrsg.), *Scientific Inquiry and Nature of Science. Implications for Teaching, Learning, and Teacher Education* (S. 301–317). Kluger Academic Publisher.

Lederman, N. G., Abd-El-Khalick, F., Bell, R. L. & Schwartz, R. S. (2002). Views of Nature of Science Questionnaire. Toward Valid and Meaningful Assessment of Learners´ Conceptions of Nature of Science. *Journal of Research in Science Teaching 39*(6), 497–521.

Lederman, N. G. & Lederman, J. S. (2010). *Views of Nature of Science Questionnaire – Version D+*.

Lederman, N. G. & Lederman, J. S. (2014). Research on Teaching and Learning of Nature of Science. In N. G. Lederman & J. S. Lederman (Hrsg.), *Handbook of Research on Science Education Volume II* (S. 600–620). Routledge.

Lehnert, H. J. (2005). Schulgartenthemen im Bildungsplan Baden-Württemberg 2004. In H. J. Lehnert & K. Köhler (Hrsg.), *Schulgelände zum Leben und Lernen* (S. 95–111). Books on Demand.

Lehnert, H. J. & Köhler, K. (2016). Science im Garten – die (natur)wissenschaftliche Brille In H. J. Lehnert, K. Köhler & D. Benkowitz (Hrsg.), Schulgärten anlegen, pflegen, nutzen (S. 144–150). Eugen Ulmer KG.

Lim, C. Y. & In, J. (2021). Considerations for crossover design in clinical study. *Korean Journal of Anesthesiology 74*(4), 293–299.

McComas WF, Olson JK (1998). The Nature of Science in International Science Education Standard Documents. In: McComas, WF (Hrsg.) The Nature of Science in Science Education. Rationales and Strategies. Kluwer Academic Publishers, Dordrecht, S. 41–52.

Ministerium für Bildung, Wissenschaft und Kultur Mecklenburg-Vorpommern (MBWK) (Hrsg.) (2011a). *Rahmenplan Biologie für die Jahrgangsstufen 7 bis 10 des gymnasialen Bildungsgangs.*

Ministerium für Bildung, Wissenschaft und Kultur Mecklenburg-Vorpommern (MBWK) (Hrsg.) (2011b).*Rahmenplan Biologie für die Jahrgangsstufen 7 bis 10 des nicht-gymnasialen Bildungsgangs.*

National Research Council (NRC) (1996). *National Science Education Standards*. National Academy Press.

Osborne, J., Collins, S., Ratcliffe, M., Millar, R. & Duschl, R. (2003). What „ideas-about-science" should be taught in school science? A Delphie study of the Expert Community. *Journal of Research in Science Teaching 40*(7), 692–720.

Pollin, S. (2022). *Der Schulgarten – ein Ort mit Gesundheitspotenzial: eine empirische Untersuchung zur Förderung des psychischen Wohlbefindens bei Schülerinnen und Schülern der Jahrgangsstufe 6 durch naturwissenschaftlich-biologischen Unterricht im Schulgarten.* Dissertation, Universität Rostock.

Pollin, S. & Retzlaff-Fürst, C. (2018). Förderung von Wohlbefinden und sozialer Kompetenz bei Schüler*innen durch naturwissenschaftlichen Unterricht im Schulgarten. In M. Hammann & M. Lindner M (Hrsg.), *Lehr- und Lernforschung in der Biologiedidaktik* (Band 8). (S. 191–206). StudienVerlag.

Pongratz, L. A. & Bünger, C. (2008). Bildung. In H. Faulstich-Wieland & P. Faulstich (Hrsg.), *Erziehungswissenschaft. Eine Einführung* (S. 110–129). Rowolt Taschenbuch Verlag.

Prenzel, M., Schöps, K., Rönnebeck, S., Senkbeil, M., Walter, O., Carstensen, C. H. & Hammann, M. (2007). Naturwissenschaftliche Kompetenz im internationalen Vergleich. In M. Prenzel, C. Artelt, J. Baumert, W. Blum, M. Hammann, E. Klieme & R. Pekrun (Hrsg.), *PISA 2006. Die Ergebnisse der dritten internationalen Vergleichsstudie* (S. 63–105). Waxmann.

Reiss, K., Sälzer, C., Schiepe-Tiska, A., Klieme, E. & Köller, O. (2016). *PISA 2015. Eine Studie zwischen Kontinuität und Innovation*. Waxmann.

Retzlaff-Fürst, C. (2023). Biologieunterricht im Lernraum Schule. In: H. Gropengießer & U. Harms (Hrsg.), *Fachdidaktik Biologie* (S. 208–226). Aulis Verlag in Friedrich Verlag GmbH.

Rudge, D. W. & Howe, E. M. (2009). An explicit and reflective approach to the use of history to promote understanding of the nature of science. *Science Education 18*, 561–580.

Schaefer, 2002 Schaefer, G. (2002). *Allgemeinbildung und Naturwissenschaften.Denkanschrift der GDNÄ-Bildungskommission.* Aulis Verlag Deubner.

Scharfenberg, F. J. & Guder, J. (2013). *Schulgärten an bayrischen Gymnasien: eine Bestandsaufnahme zur unterrichtlichen Einbindung, zu Nutzungsformen und Zielvorstellungen.*

Schumacher, M. & Schulgen, G. (2008). *Methodik klinischer Studien. Methodische Grundlagen der Planung, Durchführung und Auswertung.* Springer.

Schwartz, R. S., Lederman, N. G. & Crawford, B. A. (2004). Developing Views of Nature of Science in an Authentic Context. An Explicit Approach to Bridging the Gap Between Nature of Science and Scientific Inquiry. *Science Teacher Education 88*(4), 610–645.

Urhahne, D., Kremer, K. & Mayer, J. (2008). Welches Verständnis haben Jugendliche von Natur der Naturwissenschaften? Entwicklung und erste Schritte zur Validierung eines Fragebogens. *Unterrichtswissenschaft 36*(1), 71–93.

Wellek, S. & Blettner, M. (2012). Vom richtigen Umgang mit dem Cross-over-Design in klinischen Studien. *Deutsches Ärzteblatt International 109*(15), 276–281.

Wellenreuther, M. (2015). *Lehren und Lernen – aber wie?* Schneider Verlag Hohengehren.

Wilde, M., Retzlaff-Fürst, C., Scheersoi, A., Basten, M. & Groß, J. (2019). Non-formales Biologielernen mit Schulbezug. In: J. Groß, M. Hammann, P. Schmiemann & J. Zabel (Hrsg.), *Biologiedidaktische Forschung. Erträge für die Praxis* (S. 251–268). Springer.

Städtische Naturerfahrungsräume als informelle außerschulische Lernorte für Stadtkinder

Heike Molitor und Claudia Friede

1 Einleitung

Grundlage des Beitrags ist ein Entwicklungs- und Erprobungsvorhaben „Naturerfahrungsräume in Großstädten am Beispiel Berlin" (2015–2020), bei dem die Implementierung von drei Naturerfahrungsräumen (NER) in Berlin durch die Stiftung Naturschutz Berlin wissenschaftlich durch die Hochschule für nachhaltige Entwicklung Eberswalde (HNEE) begleitet wurde (gefördert durch das Bundesamt für Naturschutz und das Bundesministerium für Umwelt, Naturschutz, nukleare Sicherheit und Verbraucherschutz). Auf diesen NER-Pilotflächen wurden vielfältige Untersuchungen durchgeführt. Kinder wurden zur Identifizierung von Naturerfahrungen beobachtet und befragt. Eltern wurden hinsichtlich der Akzeptanz, Planer*innen wurden hinsichtlich der Umsetzbarkeit der NER befragt. Kartierungen von Flora und Fauna bewerteten NER aus ökologischer Sicht (Molitor et al. 2020).

In diesem Forschungskontext wurden auch zahlreiche Abschlussarbeiten und Projektarbeiten von Studierenden betreut. In diesem Beitrag werden Ergebnisse einer Masterarbeit einbezogen, die der Frage nachgegangen ist, ob sich NER insbesondere aus Sicht von Lehrkräften als außerschulische Lernorte für den schulischen Alltag eignen (Zeunert 2017).

H. Molitor (✉) · C. Friede
Hochschule für nachhaltige Entwicklung Eberswalde, Eberswalde, Deutschland
E-Mail: heike.molitor@hnee.de

C. Friede
E-Mail: claudia.friede@hnee.de

A. Wenzel und T. Schmäing (Hrsg.), *Außerschulisches Lernen in der naturwissenschaftlichen Bildung*, https://doi.org/10.1007/978-3-658-50864-7_21

Ausgangslage des Beitrags sind u. a. die aktuellen Rahmenlehrpläne Berlin-Brandenburg, die die Wichtigkeit außerschulischer Lernorte betonen. Der Besuch dieser Lernorte kann Schüler*innen ermöglichen, auf vielfältige Weise Erfahrungen begreifbar machen (Landesinstitut für Schule und Medien Berlin-Brandenburg [LISUM] 2024a).

Dieser Beitrag legt dar, warum NER aus theoretischer Perspektive außerschulische Lernorte sind und inwiefern Lehrkräfte städtische NER als außerschulische Lernorte verstehen.

Der Beitrag ist so aufgebaut, dass zuerst darauf eingegangen wird, was städtische NER sind und welche (Natur-)Erfahrungen die Kinder in NER machen können. Danach wird dargelegt, was unter außerschulischen Lernorten verstanden wird und NER als außerschulische Lernorte beschrieben. Im empirischen Teil werden Ergebnisse einer qualitativen Befragung von ausgewählten Lehrkräften zu NER dargelegt. Zum Abschluss wird auf Grundlage der theoretischen Überlegungen und der empirischen Ergebnisse ein Fazit gezogen, inwiefern NER als außerschulische Lernorte verstanden werden können.

2 Städtische Naturerfahrungsräume als außerschulische Lernorte

Zunächst werden die Charakteristika von NER beschrieben und dargelegt, welche Qualitäten von Naturerfahrungen Kinder machen können. Danach erfolgt eine begriffliche Skizzierung außerschulischer Lernorte und die Begründung, NER als außerschulischen Lernort zu verstehen.

2.1 Merkmale von städtischen Naturerfahrungsräumen

Bei städtischen NER handelt es sich um wenig gestaltete, naturnahe Freiflächen, in denen Kinder wohnort- bzw. schulnah eigenständig spielen können. Die Kinder sind i. d. R. sechs bis zwölf Jahre alt, können selbstständig zu diesen Flächen gelangen und sich ohne die Beaufsichtigung Erwachsener auf diesen Flächen aufhalten. Jüngere Kinder müssen begleitet werden.

NER weisen eine Strukturvielfalt auf, offenere Bereiche und dichtere Gehölzstrukturen wechseln sich ab. NER sind i. d. R. einen Hektar groß. Dies ist in der Stadt oft nicht erreichbar aufgrund bestehender Flächenkonkurrenzen. Kleinere Flächen sind geeignet, wenn der NER in Grünstrukturen eingebunden ist. Etwa die Hälfte der Fläche des NER wird eher extensiv gepflegt. Die Kinder sind in

Planung, Umsetzung und Pflege der NER aktiv einbezogen. Die auf dem NER vorhandenen natürlichen Strukturen und Materialien regen die Fantasie der Kinder zum vielseitigen freien Spiel und Naturerfahrungen an. Abb. 1a und 1b zeigen exemplarisch zwei für die vorliegende Untersuchung relevante NER und Abb. 2a und 2b Aktivitäten (Erkunden und Gestalten) von Kindern im NER (Fotos: Molitor). Klassische Spielgeräte sind nicht vorgesehen. Es gelten wie auf Spielplätzen die Bestimmungen zur Flächensicherheit (Pretzsch et al. 2020, S. 54; Schemel 1998, S. 15–17; Schemel 2008, S. 80–84; Stopka und Rank 2013, S. 14).

Im ursprünglichen Konzept der NER ist eine pädagogische Begleitung der Kinder nicht vorgesehen. In städtischen NER erfolgte eine Anpassung durch einen Kümmerer bzw. eine Kümmerin als Ansprechperson für Kinder, Eltern und pädagogische Fachkräfte. Diese machen zudem den NER im Schul- und Woh-

Abb. 1 Blick in zwei unterschiedlich entwickelte NER in Berlin – **a** links NER 1 in Spandau, **b** rechts NER 2 am Kienberg. (Fotos: Molitor)

Abb. 2 Aktivitäten (Erkunden und Gestalten) von Kindern im NER. (Fotos: Molitor)

numfeld bekannt und unterstützen bei Pflegemaßnahmen (Friede et al. 2024, S. 598; Molitor et al. 2020, S. 27–28; Stopka und Rank 2013, S. 45).

3 Naturerfahrungsräume als Orte der Naturerfahrung und der Persönlichkeitsentwicklung

Städte entwickeln sich kontinuierlich zur Wohnform der Zukunft (Zerbe et al. 2023). Die Inanspruchnahme innerstädtischer Flächen steigt kontinuierlich, Zugangsmöglichkeiten zu öffentlichem Grün für Kinder sinkt (UNESCO 2020). Dabei können Kinder in natürlichen Umgebungen im freien Spiel spezifische Erfahrungen machen. Sie präferieren Umwelten, die sich stets ein wenig verändern, immer wieder neu und doch vertraut sind. Naturräumliche Strukturen sind gekennzeichnet durch ständigen Wandel einerseits und relative Kontinuität andererseits. Die Kennzeichen einer solchen anregenden Reizumgebung für Kinder sind erkennbare Reaktionen, angemessene Komplexität und Vielfalt in Form und Farbe bzw. Variationen durch Veränderungen im Tages- und Jahresverlauf (Gebhard 2024, S. 104–105). Bedürfnisse von Kindern nach Orientierung, Neugier, Abenteuer, Verlässlichkeit und Sicherheit werden bedient. Natürliche Landschaftsstrukturelemente (wie Sand, Steine, Wasser, Pflanzen, Tiere) regen vielfältige Naturerfahrungen der Kinder an und fördern selbstbestimmtes und freies Spiel. Es ist der Freiraum, die Freiheit, die den Aufenthalt in der Natur so attraktiv machen. „Das freie Spiel bedarf der Muße und braucht Raum für Kreativität, Nachdenklichkeit und Eigensinn" (Dittmer und Gebhard 2021, S. 14). Die Kinder erleben Natur z. T. ambivalent. Neben Freiheit erfahren sie Widerstände und lernen eigene Stärken und Schwächen kennen. Tiere und Pflanzen reagieren für Kinder erkennbar, bewerten aber nicht, im Gegensatz zu sozialen Settings (Knopf 1987). Kinder können sich diesen verbunden fühlen (Gebhard 2024, S. 105; Renz-Polster und Hüther 2013, S. 43–56; Schemel 2008, S. 89–91).

Auch das Bedürfnis nach Selbstständigkeit und Selbstwirksamkeit kann in der Natur befriedigt werden (Renz-Polster und Hüther 2013). Selbstwirksamkeit bedeutet das Zutrauen in die eigene Fähigkeit, gestalten zu können (Bandura 1977, 1991). Gelingt diese Gestaltung bzw. die Umsetzung von Ansprüchen, entwickeln die Kinder Selbstvertrauen, das sich in anderen Lebensbereichen auswirken kann (Renz-Polster und Hüther 2013; Schlehufer 2016).

Kontinuierlicher Naturkontakt hat positive Wirkung auf die Gesundheit der Kinder, steigert das Wohlbefinden, verbessert die Selbstwahrnehmung, stärkt die Selbstkompetenz (Kreativität, Motivation, Selbstständigkeit, Konzentrationsfähigkeit, Sprachkompetenz) und die Sozialkompetenz (Kooperationsfähigkeit, Kommunikationsfähigkeit, Sozialverhalten). Zudem verbessert sich die motorische Entwicklung (Gleichgewicht, Koordination, Grobmotorik). Kinder sind durch den Naturkontakt i. d. R. krankheitsresistenter und haben ein gesünderes Körpergewicht (Hart 1979; Raith und Lude 2014; Retzlaff-Fürst und Pollin, 2021; Wells und Evans 2003).

Kinder können in NER unterschiedliche Qualitäten von Naturerfahrungen machen. Diese werden in Abb. 3 als Naturerfahrungsdimensionen (NERD) kategorisiert:

- Die ästhetische NERD ist durch positive oder negative visuelle, auditive, olfaktorische, geschmackliche und haptische Erfahrungen gekennzeichnet. Insbesondere geht es um die Wahrnehmung von Farben, Gerüchen, Formen und Mustern (von Landschaft) (Bögeholz 1999).
- Die erkundende NERD beschreibt das wertschätzende Untersuchen, Beobachten und Erforschen von Lebewesen und deren Verhalten (Bögeholz 1999).
- Die instrumentelle NERD zeichnet sich durch einen Nutzen der Natur aus (z. B. Essen von Früchten oder Verbauen von Naturmaterial) (Bögeholz 1999).
- Die ökologische NERD beschreibt ein konkretes Naturschutzhandeln sowie die ‚Rettung' von Tieren und Pflanzen z. B. durch Begießen letzterer (Bögeholz 1999; Lude 2001; Meske 2011).
- Die abenteuerliche NERD umfasst das (geheimnisvolle) (Um-)Gestalten der Natur in Form von (Geheim-)Verstecken oder das Beklettern von Bäumen (Lude 2001).
- Die spielbezogene NERD beschreibt das Spiel in der Natur (z. B. Rollenspiele) und mit Teilen der Natur. Natur kann dabei als Kulisse dienen (Meske 2011).
- Die subjektbezogene NERD meint die emotionale Beziehung zu einem Tier (z. T. auch zu einer Pflanze) in einem Moment. Charakteristisch ist, dass das Tier in der Natur verbleibt und am nächsten Tag möglicherweise zu einem anderen Individuum die Bindung aufgebaut wird (Molitor et al. 2020; Molitor und Martens 2021).

- Die widerständige NERD umfasst den Umgang mit einer herausfordernden Situation (z. B. Umgang mit Brennnesseln) und den entwickelten Bewältigungsstrategien damit (Molitor et al. 2020; Molitor und Martens 2021).

Naturerfahrungen in den NER können das Potenzial für die weitere Entwicklung von Kompetenzen[1] positiv beeinflussen. Der Kompetenzerwerb in NER erfolgt beiläufig und ungeplant. Dies sind informelle Lernprozesse, unter denen eben beiläufiges, z. T. unbewusstes oder implizites Lernen verstanden wird (Dohmen 2001). Im freien Spiel in den NER entwickeln Kinder eigene Ideen, bauen Naturbeziehung auf und ihre Selbstwirksamkeitserfahrungen kann zunehmen (Martens und Molitor 2020). Informelle Bildungskontexte können dabei unterstützen, Gestaltungskompetenz, zukunftsfähiges Wissen, das Planen und Umsetzen zukunftsfähiger Projekte und Selbstwirksamkeit zu entwickeln (Göll 2016). Auch die in Abb. 3 beschriebenen NERD, können in Verbindung mit dem Erwerb von Gestaltungskompetenz (de Haan und Harenberg 1998) betrachtet werden (Molitor 2023, S. 142): Kinder lernen, sich mit Risiken, Gefahren und Unsicherheiten auseinanderzusetzen (widerständige NERD). Sie entwickeln gemeinsam Lösungen oder Ideen im NER, nehmen so an kollektiven Entscheidungsprozessen teil und können idealerweise vorausschauend denken und handeln (spielbezogene NERD, abenteuerlichen NERD, ökologische NERD). Sie können sich selber oder andere motivieren, aktiv zu werden (ökologische ND) und Empathie für andere Lebewesen zu entwickeln (subjektbezogene NERD, z. T. auch ästhetische NERD) (Molitor 2023, S. 143).

Von einigen der Naturerfahrungsdimensionen lässt sich die Kompetenz ableiten, eigenständig oder mit anderen planen und handeln zu können (z. B. erkundende NERD, spielbezogene NERD, instrumentelle NERD) (Molitor 2023, S. 143). Insbesondere die erkundende NERD kann durch das Erkunden und das Erforschen das Denken in Zusammenhängen (systemisches Denken) befördern (Molitor 2024, S. 161).

NER können als gleichberechtigte Lebensräume von Kindern, Tieren und Pflanzen verstanden werden (Molitor 2023, S. 143) und so zu Denk- und Handlungsräumen des Mensch-Natur-Verhältnisses werden (Schubert 2021, S. 791).

[1] Unter dem Begriff „Kompetenzen" wird in Anlehnung an das Berliner Bildungsprogramm nach dem Kompetenzbegriff nach Cameron verstanden: „Als ganzheitlicher Begriff schließt er die Aneignung von Wissen, kognitiven und praktischen Fähigkeiten und Fertigkeiten ebenso ein wie Haltungen, Gefühle, Werte und Motivation" (Senatsverwaltung für Bildung, Jugend und Wissenschaft [SBJW] 2014, S. 27).

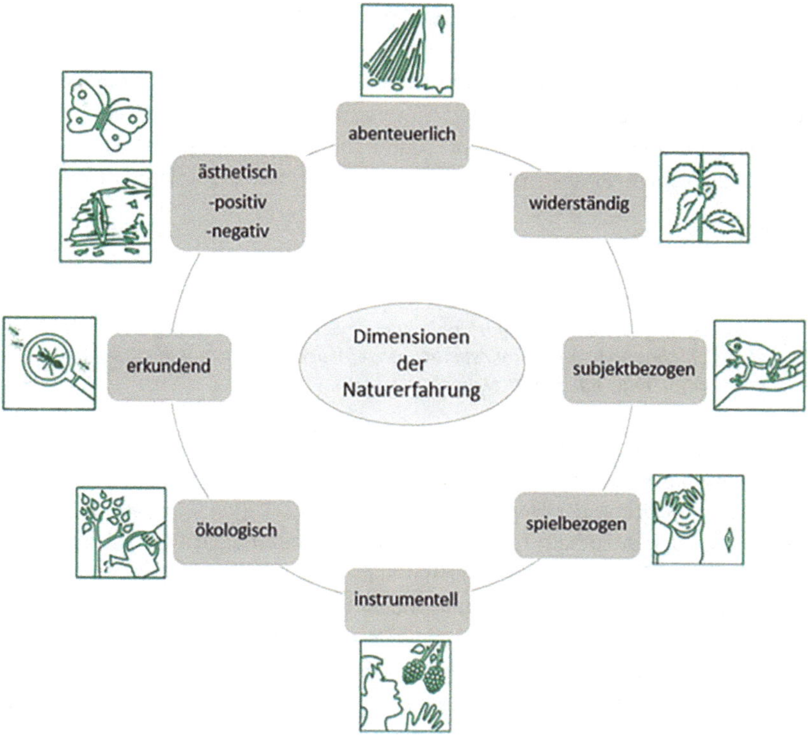

Abb. 3 Naturerfahrungsdimensionen im NER (Molitor und Martens 2021, S. 47)

Die Nutzung des NER sollte so gestaltet werden, dass der NER für alle Lebewesen gleichermaßen attraktiv bleibt. Für die Kinder ist hier das Spannungsfeld zwischen Schutz und Nutzung direkt erlebbar (Molitor 2023, S. 143).

Die Partizipationsmöglichkeiten der Kinder bei Planung, Einrichtung und im Betrieb eines NER sind wichtige Aspekte beim Erlernen von Beteiligungsmöglichkeiten. Sie lernen, dass ihre Stimme und ihre Perspektive relevant sind (Schubert 2021, S. 791). NER können in diesem Zusammenhang auch als Handlungsfeld der Demokratiebildung verstanden werden (Molitor 2023, S. 143).

4 Außerschulische Lernorte

Lernen findet an unterschiedlichen Orten statt (Erhorn und Schwier 2016), wodurch Lernende auch verschiedenartig stimuliert werden (Tenorth und Tippelt 2007). Begrifflich wurde der ‚Lernort' durch die Bildungskommission des Deutschen Bildungsrates (1974) im Kontext formeller (institutioneller) Lernprozesse geprägt:

> *Unter Lernort ist eine im Rahmen des öffentlichen Bildungswesens anerkannte Einrichtung zu verstehen, die Lernangebote organisiert. Der Ausdruck 'Ort' besagt zunächst, dass das Lernen nicht nur zeitlich..., sondern auch lokal gegliedert ist. Es handelt sich aber nicht allein um räumlich verschiedene, sondern in ihrer pädagogischen Funktion unterscheidbare Orte.* (S. 69)

Jeder Lernort besitzt demzufolge eine „pädagogisch-didaktische Eigenständigkeit" (Deutscher Bildungsrat 1974, S. 69).

Mit der Einführung des Begriffs *Lernort* in die Fachsprache wurde anerkannt, dass Lernen auch außerhalb formeller Bildungseinrichtungen wie beispielsweise Schule, Volkshochschule und Universität stattfinden kann. Lernorte sind vielfältig, durchaus zahlreich und für unterschiedliche Altersgruppen (bis ins Erwachsenenalter) geeignet (Tippelt und Reich-Claassen 2010, S. 11). Nicht berücksichtigt wurden in den Anfängen der Debatte Orte informellen Lernens (Tippelt und Reich-Claassen 2010, S. 11). Diese sind im Vergleich zu Lernorten im formell-organisierten, institutionengebundenen Kontext oft stärker sinnorientiert und ermöglichen stärkere emotionale Zugänge (Diersen und Paschold 2020, S. 12; Kubi et al. 2024; Messmer et al. 2011; Tippelt und Reich-Claassen 2010, S. 14).

In schulischen Zusammenhängen hat sich der Begriff *außerschulischer Lernort* etabliert. Mit einem *außerschulischen Lernort* ist ein externer Ort gemeint, an dem unterrichtliche Aktivitäten im schulischen Rahmen (innerhalb der Unterrichtszeit) außerhalb des Klassenraumes bzw. des Schulgeländes stattfinden (Diersen und Paschold 2020, S. 11; Karpa et al. 2015, S. 13). Diese Aktivitäten können kurze Lernphasen umfassen wie Unterrichtsgänge oder längere Lernphasen, wie Tagesexkursionen, mehrtägige Projekte (mit und ohne Übernachtung) oder Langzeitprojekte (Diersen und Paschold 2020, S. 11).

Dabei wird der Lernort innerhalb des Schulbereichs als primärer Lernort und der Lernort außerhalb des Schulbereichs als sekundärer Lernort kategorisiert (Keck und Feige 2014).

Die Vielfalt außerschulischer Lernorte ist groß. Allen gemein ist, dass sie die Lernkultur ergänzen (i. d. R. hohe Schüler*innenorientierung). Charakteristisch ist der unmittelbare und authentische Kontakt mit Objekten (Situationsorientierung), verbunden mit eigenen Erfahrungen und Erlebnissen (handlungsorientiertes, erfahrungsorientiertes, forschendes Lernen). Individuelle Kenntnisse und Einsichten werden gefördert, ein Thema bzw. eine Fragestellung kann vorrangig Orientierung bieten (Problemorientierung, Systemorientierung) (Albers und Mußmann 2007; Diersen und Paschold 2020, S. 11; Lucker und Kölsch 2009; Roellke et al. 2022). Der Klassenraum kann weiterhin der Ort sein, an dem diese Erlebnisse bzw. Erfahrungen (auch fächerübergreifend) vor- und nachbereitet und damit reflektiert werden (Diersen und Paschold 2020, S. 11). Außerschulische Lernorte als sekundäre Lernorte können somit nicht losgelöst von primären Lernorten (dem Klassenraum) betrachtet werden.

Der Begriff bzw. die Idee der außerschulischen Lernorte wird an wenigen Stellen in den Rahmenlehrplänen Berlin-Brandenburg (LISUM 2024b) für die Klassenstufen eins bis zehn aufgegriffen. Es werden vorrangig formelle außerschulische Lernorte beschrieben (LISUM 2024b):

> *Durch die Teilnahme an Projekten und Wettbewerben, durch das Lernen an außerschulischen Lernorten wie in Schülerlaboren, Forschungsstätten, Museen, Gedenkstätten, Theatern, Universitäten oder in Unternehmen, durch Auslandsaufenthalte und durch internationale Begegnungen erweitern die Lernenden ihren Erfahrungshorizont. Sie erhalten Gelegenheit, in neuen Zusammenhängen zu denken und zu handeln sowie eigene Haltungen, Einschätzungen und Perspektiven zu reflektieren.* (S. 7)

An anderer Stelle wird der Begriff des außerschulischen Lernortes mit dem Konzept Bildung für nachhaltige Entwicklung (BNE) in Beziehung gesetzt (LISUM 2024c):

> *Eine Bildung für nachhaltige Entwicklung bzw. ein Lernen in globalen Zusammenhängen gelingt besonders gut in der Kooperation mit außerschulischen Partnern und der Einbeziehung von außerschulischen Lernorten, z. B. entwicklungspolitischen Bildungseinrichtungen, Naturerlebniseinrichtungen, ökologischen Landbaubetrieben, Weltläden.* (S. 34)

Auch hier werden vorrangig formelle außerschulische Lernorte aufgelistet. Es sind allerdings auch Naturerlebniseinrichtungen als Lernorte genannt, die einem NER ähnlich sein können, und die die Mensch-Naturbeziehung ins Zentrum pädagogischen Handelns stellen. Hier findet sich ein erster Hinweis, dass Orte des Naturerlebens im Sinne des Rahmenlehrplans außerschulische Lernorte sein können.

In der Zusammenfassung lassen sich zwei Typen von außerschulischen Lernorten nach dem Grad der formellen oder informellen Ausrichtung des Bildungsprozesses unterscheiden (in Lucker und Kölsch 2009, S. 20–21):

1. *Als Lernort konzipierte Einrichtungen mit Bildungsfunktion – formell:*
   In der Regel weisen diese Einrichtungen ein pädagogisches Konzept auf, wie z. B. Besucherzentren in Schutzgebieten, Umweltbildungseinrichtungen, Freilandlabore, Museen, Botanische und Zoologische Gärten u. a. Die Veranstaltungen werden von pädagogischen Fachkräften zielgruppengerecht konzipiert und durchgeführt und stellen z. T. auch didaktisch-methodische Anregungen für die Vor- und Nachbereitung des Angebots im Unterricht dar (Lucker und Kölsch 2009, S. 20–21). Diese Lernorte sind im Rahmenlehrplan Berlin-Brandenburg sinngemäß genannt worden.
2. *Nicht primär für pädagogische Nutzung erschlossene Lernorte – informell:*
   Es sind meist Orte, die nicht unmittelbar als Lernumgebung konzipiert wurden. Es können Lebensräume in der Stadt oder auf dem Land sein, wie beispielsweise der Wald bzw. Waldrand, ein Park, ein Bachverlauf, eine Wiese oder eine Brache. Diese Orte kennzeichnet, dass sie für Kinder vergleichsweise gut, schnell erreichbar und mit geringem organisatorischen Aufwand aufzusuchen sind, da diese meist schulortnah verortet sind. Arbeitsformen sind frei wählbar, das Verhältnis Lernende und Lehrende kann sich verändern (Lucker und Kölsch 2009, S. 20–21). Externe Expert*innen können Zusatzinformationen bereitstellen. Meist gibt es keine pädagogisch-didaktischen Materialien, sodass mit dem, was vor Ort verfügbar ist, gearbeitet wird. Im schulischen Kontext kann je nach konzeptioneller Einbindung allerdings ein größerer Aufwand an Vor- und Nachbereitung für den Unterricht entstehen (Lucker und Kölsch 2009, S. 21).

Die Abgrenzung zwischen diesen beiden Lernort-Typen ist nicht trennscharf. Ein Wald, eine Wiese oder ein Gewässer kann aus der Perspektive der Biologiedidaktik, eingebettet in ein methodisch-didaktisches Konzept eines externen pädagogischen Partners, als formeller Lernort eingeordnet werden. Lernen Schüler*innen hingegen selbstorganisiert und frei, so können diese Landschaftstypen eher als informelle Lernorte verstanden werden (Groß 2007, S. 38). Insbesondere für das Schulfach Biologie ist es unabhängig von den Lernorttypen wichtig, verschiedene Ökosysteme mehrperspektivisch zu betrachten – aus der Perspektive eines modernen, schüler*innenorientierten Unterrichts, der sich durch die Förderung von Selbstständigkeit und Interesse auszeichnet (Schmäing und Grotjohann 2024, S. 455). Häufig haben Lernorte sowohl formelle als auch informelle Aspekte. Ein

Museum kann beispielsweise in der Freizeit (informell) oder auch im schulischen Kontext (als Exkursion, Klassenausflug) (formell) aufgesucht werden (Lucker und Kölsch 2009).

5 NER als informeller außerschulischer Lernort

NER ermöglichen Kindern im freien Spiel vielfältige Naturerfahrungen und die Stärkung vor allem der Selbst- und Sozialkompetenz (Molitor et al. 2020). Ein städtischer NER ist ein Ort, der durch die Gestaltung das freie Spiel und damit Lernprozesse anregen kann. Städtische NER sind i. d. R. für die Kinder gut erreichbar und mit geringem organisatorischem Aufwand aufzusuchen, sofern diese schulnah verortet sind. Es sind keine pädagogisch-didaktischen Materialien vorgesehen, der Ort wirkt für sich. Ein Kümmerer bzw. eine Kümmerin ist als Ansprechperson für einen NER eingebunden und kann das freie Spiel der Kinder anregen.

Aus den vorherigen Darlegungen lässt sich ableiten, dass NER als informelle außerschulische Lernorte verstanden werden können, da

- NER eine Lernumgebung darstellen, die nicht primär als Lernumgebung konzipiert wurde,
- der Ort für sich spricht,
- NER i. d. R. gut erreichbar sind,
- Naturerfahrungen zur Stärkung des Mensch-Natur-Verhältnisses möglich sind,
- Sozial- und Selbstkompetenz gestärkt werden,
- NER sich durch hohe Situationsorientierung und ausgeprägten Schüler*innenorientierung auszeichnet,
- das erfahrungsorientierte Lernen im Vordergrund steht. (Diese Merkmale können auch auf außerschulische formelle Lernorte zutreffen, jedoch bieten NER hier besonders viel Freiraum für diese Aspekte.)

Literaturbasiert lässt sich ableiten, dass NER informelle außerschulische Lernorte (Lucker und Kölsch 2009) sein können. Da die Zielgruppe des Konzepts der NER Kinder im Alter von sechs bis zwölf Jahren sind (Molitor et al. 2020), ist die Perspektive der Grundschullehrkräfte, die Kinder von der ersten bis zur sechsten Klasse (6–12-Jährige) in Berlin unterrichten, relevant. Es stellt sich die Frage, ob diese einen NER auch als außerschulischen Lernort interpretieren.

Folglich wird im vorliegenden Beitrag der Fragestellung nachgegangen, ob Grundschullehrer*innen im Umfeld eines NER diesen als außerschulischen Lernort begreifen und welche Anknüpfungspunkte sie sehen, Naturerfahrungsräume als außerschulische Lernorte in den Schulalltag zu integrieren.

6 Methodisches Vorgehen: Befragung ausgewählter Lehrkräfte

Für die Beantwortung der Fragestellung wurde ein qualitatives Design gewählt, da bisher kaum empirischen Erkenntnisse vorlagen (Flick 2011). Auch wenn die Bedeutung von naturnahen Spielorten insbesondere für das komplexe und soziale Spielverhalten der Kinder z. T. erhoben wurde (Luchs und Fikus 2013; Raith und Lude 2014), ist eine Betrachtung dieser Orte für die Nutzbarkeit als non-formale Lernorte nicht aber als informelle Lernorte diskutiert worden. Die Perspektive der Lehrkräfte ist dabei nicht systematisch einbezogen worden (Lude 2001).

Um subjektive Sichtweisen der Grundschullehrkräfte zu erheben, wurde ein halbstandardisiertes Leitfadeninterview konzipiert (Mieg und Näf 2005).

Der Leitfaden war in zwei große Frageblöcke unterteilt (Zeunert 2017), S. 91–95): Zum einen wurden Fragen zum Themenblock ‚außerschulischer Lernort' unter Berücksichtigung der folgenden Aspekten gestellt:

- Nutzung von außerschulischen Lernorten (welche)
- Grund und Vorteil der Nutzung
- Nachteile und Hemmnisse der Nutzung

Zum anderen wurden Fragen zum Themenblock ‚Naturerfahrungsräume' unter Berücksichtigung der nachfolgenden Aspekte gestellt:

- Kenntnis/Bekanntheit des NER
- Interesse und Vorteile am bzw. bei der Nutzung eines NER
- Nachteile und Hemmnisse der Nutzung eines NER
- Anknüpfungspunkte an den Unterricht
- Bedeutung des Kümmerers bzw. der Kümmerin

Zur Beantwortung der Fragestellung erfolgte eine gezielte Auswahl der Lehrkräfte nach folgenden Kriterien (Zeunert 2017, S. 34):

- Lehrkräfte aus Grundschulen (Berliner Grundschulen umfassen erste bis sechste Klasse, 6–12jährige Kinder und damit die Zielgruppe eines NER)
- Lehrkräfte, deren Schule im Radius von 1,5 km lag
- Lehrkräfte waren mit ihrer Schulklasse bereits einmal in einem NER

Tab. 1 Überblick Interviewpartner*innen (nach Zeunert 2017)

	Ansprache über Schulleitungen	Ansprache über Kümmernde	Gesamt
NER 1	2 Lehrkräfte	1 Lehrkräfte	3 Lehrkräfte
NER 2	-	7 Lehrkräfte	7 Lehrkräfte
			10 Lehrkräfte

Die Ansprache der Lehrkräfte erfolgte per Brief an die entsprechenden Schulen, wobei der Rücklauf gering war. Daraufhin wurden der Kümmerer und die Kümmerinnen motiviert, Lehrkräfte direkt im NER anzusprechen und für ein Interview zu vermitteln. Insgesamt konnten 10 weibliche Grundschullehrkräfte erreicht werden (Tab. 1), die im Schnitt 19 Jahre Berufserfahrung hatten. Die Spannbreite der Berufserfahrung ist weit. Weniger Berufserfahrung hatten zwei Lehrerinnen (2, 3 Jahre), zwei weitere hatten eine mittlere (7, 11 Jahre) und sechs hatten viel Berufserfahrung (25–36 Jahre). Die Lehrkräfte kamen aus zwei der drei NER. NER 1 liegt in Spandau (am Spieroweg) mit einer Größe von einem Hektar und NER 2 in Marzahn-Hellersdorf (auf dem ehemaligen Gelände der Internationalen Gartenausstellung) mit einer Größe von 1,6 Hektar (siehe Abb. 1a und 1b).

Die Interviews wurden im Juni und Juli 2017 durchgeführt. Die transkribierten Interviews bildeten die Grundlage für die Auswertung, die entlang der inhaltlich strukturierenden Inhaltsanalyse nach Kuckartz (2012) mit Hilfe des Programms MaxQDA (Version 18) Schritt für Schritt erfolgte. Nach intensivem Lesen der Interviews wurden Fallzusammenfassungen angefertigt. Danach wurden aus dem Material folgende sechs Hauptkategorien deduktiv festgelegt: allgemeine Angaben, außerschulischer Lernort, Naturerfahrungsraum, Anknüpfungspunkte an den Unterricht, Einschätzung der Lehrkraft, Vision einer Schule der Zukunft. Auf dieser Grundlage wurden Subkategorien deduktiv und induktiv herausgearbeitet, den Hauptkategorien zugeordnet und zur klaren Abgrenzung Definitionen erarbeitet. Nach Festlegung der Codierregeln wurden die Interviewtexte codiert, die Subkategorien z. T. überarbeitet und danach nochmal codiert. Nach den fallbezogenen thematischen Zusammenfassungen erfolgte die kategorienbasierte Auswertung entlang der Hauptkategorien (Zeunert 2017). Die Darstellung der Ergebnisse erfolgt entlang der Hauptkategorien.

7 Ergebnisse und Diskussion

Im Folgenden werden die Ergebnisse der Interviews zu den Themenblöcken (bzw. Hauptkategorien) ‚außerschulischer Lernort' und ‚Naturerfahrungsraum' dargelegt.

Unter dem Themenblock ‚außerschulischer Lernort' wurde der Frage nachgegangen, welche und warum außerschulischen Lernorte von den Lehrkräften aufgesucht werden und welche Hemmnisse und Nachteile sie sehen (Zeunert 2017, S. 48–51):

Nutzung außerschulischer Lernorte

Die interviewten Lehrkräfte gaben an, dass sie unterschiedliche außerschulische Lernorte aufsuchen. Als außerschulische Lernorte mit eher formeller Ausrichtung wurden Kinderforschungszentrum, Sozialeinrichtung, Jugendfreizeittreff, Windmühle mit spezifischen Angeboten, Schulbauernhof, Planetarium, Forscherwerkstatt sowie Umweltbildungszentrum im Wald benannt. Auch das Spektrum außerschulischer Lernorte mit eher informellem Charakter, ist umfangreich, u. a. Bücherei, Tierpark, Spielplatz, Wald, Wiese, Parks, Tümpel, Feuerwehr, Kleingärten, Konzerthaus und Bowlingcenter. Vorteile der Nutzung dieser außerschulischen Lernorte liegen in der Arbeitsentlastung der Lehrkraft, Dinge direkt zu erleben und Spaß zu haben. Schüler*innen sind an diesen Orten oft motivierter und aufnahmefähiger. Eine besondere Gruppendynamik wird gefördert und Beziehungen zwischen den Lehrkräften und den Schüler*innen sowie den Schüler*innen untereinander werden gestärkt. Oft werden soziale Kompetenzen betont, die bei Besuchen außerschulischer Lernorte gefördert werden.

Nachteile und Hemmnisse des Besuchs außerschulischer Lernorte

Ein großes Hemmnis bei dem Besuch außerschulischer Lernorte ist der hohe organisatorischer Aufwand im Vorfeld des Besuches. Es muss z. B. eine Begleitperson organisiert, Geld eingesammelt und Einverständniserklärungen der Eltern eingeholt werden. Weite Wege und z. T. schlechte Qualität des Angebots sind weitere Hemmnisse (Zeunert 2017, S. 51–52).

Unter dem Themenblock ‚Naturerfahrungsraum' wurde der Frage nachgegangen, woher die Lehrkräfte den NER kennen, warum der NER aufgesucht wurde, welche Hemmnisse bzw. Nachteile gesehen werden, welche Anknüpfungspunkte es an den Schulunterricht gibt und welche Bedeutung die Person des Kümmerers oder der Kümmererin hat (Zeunert 2017, S. 52–62).

Bekanntheit des NER

Die Lehrkräfte haben aus unterschiedlichen Quellen von dem jeweiligen NER erfahren. Lehrkräfte, die mit Schüler*innen an der partizipativen Gestaltung des NER beteiligt waren, kannten diesen bereits. Andere Lehrkräfte sind über eine Lokalzeitung oder über die Presse- und Öffentlichkeitsarbeit der Internationalen Gartenausstellung (IGA) auf den NER aufmerksam geworden (ein NER befand sich auf dem Gelände der IGA 2017). Die Lehrkräfte äußerten, es wäre hilfreich den NER in der Liste der ‚Grünen Lernorte' aufzunehmen, um NER besser als außerschulische Lernorte erkennen zu können.

Interesse und Vorteile eines Besuches im NER

Nach Meinung der Lehrkräfte bieten NER über das Maß anderer außerschulischer Lernorte hinaus die Möglichkeit, Kindern in der Großstadt die Natur näher zu bringen. Die Lehrkräfte sehen eine zunehmende Naturentfremdung bei den Kindern, z. T. besteht Angst vor Tieren oder dem Wald. Die Lehrkräfte sehen einen Mehrwert der NER gegenüber klassischen Spielplätzen darin, dass NER die intensive und/oder kreative Auseinandersetzung mit der Natur anregen. Sie können mit den vorhandenen Materialien Dinge gestalten, bauen, erkunden und erleben. Die Lehrkräfte beschreiben die Kinder z. T. als motivierter und aktiver. Es wird zudem der sozialen oder motorischen Entwicklung der Kinder eine Bedeutung zugeschrieben. In einem NER können auch fachliche Inhalte praktisch bearbeitet werden. Der Besuch eines NER kann eine entspannende Wirkung für Lehrkraft und Kinder haben. Der NER ist kostenlos und nah der Schule leicht zugänglich, so dass sich auch ein Besuch für zwei Unterrichtsstunden lohnt.

Nachteile und Hemmnisse eines Besuches im NER

Einige Lehrkräfte sind es nicht gewohnt, Kinder frei spielen zu lassen. Eine inhaltliche Vermittlung bestimmter Themen im NER wäre aus ihrer Sicht wünschenswert. Den Unterrichtsstoff des Lehrplans zu vermitteln, erzeugt zeitlichen Druck. Zeit für freies Spiel ist eigentlich nicht vorgesehen. Aus Sicht einiger Lehrkräfte lastet im NER mehr Verantwortung auf ihnen, wenn den Kindern Freiraum ermöglicht wird. So sind sie z. T. in Sorge, dass Kinder auf Bäume klettern und sich möglicherweise verletzen könnten. An anderen außerschulischen Lernorten, wie z. B. einer Messehalle sei die Verletzungsgefahr geringer. Dennoch sehen die Lehrkräfte den Nutzen, wenn sich Kinder durch Grenzen, die die Natur ihnen setzt, besser selbst kennen lernen können. Das Wetter wird als weiterer Unsicherheitsfaktor benannt.

Tab. 2 Thematische Anknüpfungspunkte der befragten Lehrkräfte zu den Unterrichtsfächern Sachunterricht und Naturwissenschaften (Zeunert 2017, S. 60)

Tiere	• im Winter/Frühjahr • im Unterholz • Vögel • Insekten, Bienen
Vegetation	• Bäume • Frühblüher • Wald- und Wiesenpflanzen • Essbare Pflanzen • Gesunde Ernährung
Naturschutz	Wasser, Luft
Gestaltung	• Konstruktionen • Bauen
Jahreszeiten	Sommer, Frühling, Herbst und Winter
Landschaftsformen	• Wiese • Wald • Verhalten im Wald

Anknüpfungspunkte an den Unterricht

Die Lehrkräfte sehen in den Fächern Sachunterricht, Deutsch, Kunst, Mathematik, Musik oder Sport Anknüpfungspunkte für den NER als außerschulischen Lernort. Insbesondere für das Unterrichtsfach Sachunterricht (erste bis vierte Klasse) bzw. Naturwissenschaften (fünfte und sechste Klasse) finden sich zahlreiche thematische Bezüge (Tab. 2).

Einige Lehrkräfte sehen insbesondere die Förderung der Sozialkompetenz beim Besuch eines NER als Möglichkeit den Erziehungsauftrag von Schule zu erfüllen. Die Partizipationsmöglichkeit der Kinder bei der Einrichtung von NER wird positiv gesehen insbesondere, dass die Bindung zum NER gefördert wird.

Bedeutung des Kümmerers/der Kümmerin

Lehrkräfte begrüßen einen Kümmerer bzw. eine Kümmerin als Expert*in und Ansprechperson. Diese Person wäre für die Schüler*innen eine Respektperson und könnte während des Aufenthaltes unterstützen. Gerne hätten die Lehrkräfte eine Handreichung für Nutzungsmöglichkeiten und den Umgang mit Risiken. Einige Lehrkräfte fühlen sich durch einen Kümmerer bzw. eine Kümmerin entlastet. Sie können eher eine Beobachter*innenrolle einnehmen und die Schüler*innen möglicherweise anders wahrnehmen. Sie würden es z. T. auch begrüßen, wenn ein Kümmerer bzw. eine Kümmerin in die Schulen kommt und über den NER informiert, sodass das Format bekannter wird (Zeunert 2017, S. 65–67).

Aus den Ergebnissen wird deutlich, dass die befragten Lehrkräfte NER als Orte verstehen, in denen die Schüler*innen vielfältig lernen können, insbesondere hinsichtlich der Sozialkompetenz, der Kreativität, der Sprachförderung und der naturbezogenen Themen. NER sind somit für die Lehrkräfte Lernorte. Es lassen sich spezifische Anknüpfungspunkte zur Integration von NER in den Schulalltag von Grundschulen zusammenfassen (Zeunert 2017, S. 73–76):

1. Integration des NER in den Unterricht
NER können in den Schulalltag integriert werden, wenn fachbezogene Themen des Unterrichts im NER umgesetzt werden. Damit geht keine Unterrichtszeit verloren. Der NER fungiert als *Grünes/Offenes Klassenzimmer.* Geeignete Unterrichtsfächer können neben dem Sachunterricht Deutsch, Kunst, Mathematik, Musik und Sport sein. Vertretungsunterricht bietet eine geeignete Möglichkeit NER zu besuchen. Eine Handreichung, welche inhaltliche und didaktische Bezüge zwischen NER, dem Kerncurriculum und dem Rahmenlehrplan verdeutlicht, wird als hilfreich erachtet.

2. Integration der NER durch Wandertage, Exkursionen oder Projekttage
Eine weitere Möglichkeit, NER in den Schulalltag zu integrieren, sind (ganztägige) Besuche im Rahmen von Wandertagen, Exkursionen oder Projekttagen. Die Entfernung zur Schule spielt dann eine eher untergeordnete Rolle. Projekttage, welche einen klaren thematischen Bezug wie *Natur* oder *Natur erleben* aufweisen sollen, können im NER umgesetzt werden. NER sind kostenlos ohne großen organisatorischen Aufwand für die Lehrkräfte nutzbar. Schüler*innen sind nach einem Besuch im NER entspannter, ausgeglichener sowie aufnahmefähiger.

3. Integration des NER durch die Gestaltung des Schulhofes
Die Gestaltung des Schulhofes als NER bietet eine weitere Möglichkeit zur Integration. Gelingt es den Schulhof als NER zu gestalten, wäre ein Aufsuchen vor allem in den Pausen einfach. Schüler*innen könnten auf dem Schulgelände Erfahrungen mit und in der Natur sammeln, nebenbei ihre motorischen Fähigkeiten weiterentwickeln und soziale Kompetenzen stärken.

4. Integration des NER als Teil der allgemeinen Bildung
Die weitere Option besteht darin, NER als Teil der allgemeinen Bildung in der Schule anzuerkennen. Hierbei geht es vor allem um die Entwicklung der Sozialkompetenz, Kreativität, Wahrnehmung, Motorik, sowie Bewegung der Kinder.

Lehrkräfte empfinden den Besuch von Natur bzw. eines NER als wichtigen Teil der kindlichen Entwicklung. Naturerfahrung als Teil der allgemeinen Bildung anzuerkennen, ermöglicht es Schüler*innen während der Schulzeit Erfahrungen mit sich und der Natur draußen zu sammeln.

5. Integration des NER durch die partizipative Einbindung
Die partizipative Einbindung vor, während und nach der Entwicklung von NER, ist eine weitere Möglichkeit der Integration. Sind Schulen, Lehrkräfte und Schüler*innen an solchen Prozessen beteiligt, gestaltet sich die Beziehung zu diesem Ort positiver, enger und vertrauter. Die Schüler*innen nutzen diese NER dann eher in der Freizeit und halten den NER eher sauber.

Die Partizipation der Kinder erhöht die Akzeptanz der Eltern, ihre Kinder im NER frei spielen zu lassen (Molitor et al. 2020, S. 199).

Damit zeigt sich, dass NER sowohl theoretisch (Lucker & Kölsch 2009) als auch empirisch (aus Sicht der Lehrkräfte) als außerschulische Lernorte verstanden werden.

Dies zeigt sich daran, dass spezifische Unterrichtsthemen in den Naturerfahrungsraum als außerschulischen Lernort integriert werden können (Groß 2007) – eine Ansicht, die auch die Lehrkräfte teilen. Insbesondere die Stärkung von Sozial- und Selbstkompetenzen als Teil der allgemeinen Bildung (s. o.) sind wichtige gemeinsame Kriterien für einen außerschulischen Lernort (Schmäing & Grotjohann 2024). NER lassen sich somit als informelle außerschulische Lernorte bestätigen.

8 Zusammenfassendes Fazit

In städtischen NER können Kinder vielfältige Naturerfahrungen machen und wichtige Kompetenzen stärken. NER geben den Kindern Freiraum für freies Spiel in der Natur und ermöglichen vielfältige Qualitäten der Naturerfahrung (Naturerfahrungsdimensionen). NER animieren die Kinder durch ihre Gestaltung, eigene kreative Ideen und Spiele zu entwickeln und fördern damit informelle Lernprozesse. Die Kinder kooperieren im NER miteinander, sie bauen eine Naturbeziehung auf und Selbstwirksamkeitserfahrungen nehmen zu (Blinkert 2016; Martens und Molitor 2020; Wells und Evans 2003). All diese Erfahrungen sind grundlegend für den Kompetenzerwerb. Neben der Sozial- und Selbstkompetenz können weitere Teilkompetenzen der Gestaltungskompetenz einer Bildung für nachhaltigen Entwicklung angeregt werden (Diersen und Paschol 2020, S. 11–13; Molitor 2024; Rieckmann 2021).

Der förderliche Einfluss von NER auf die kindliche Kompetenzentfaltung kann im schulischen Kontext genutzt werden. Orientierung bieten die Rahmenlehrpläne Berlin/Brandenburg (LISUM 2024a, b) in Bezug auf fachübergreifende Kompetenzentwicklung und die Nutzung außerschulischer Lernorte. Außerschulische Lernorte, zu welchen die NER zuzurechnen sind, bilden einen wertvollen sekundären Lernraum um formales Lernen in Institutionen mit dem informellen Lernen (insbesondere der Kompetenzentwicklung als schulisches Bildungsziel) zu verbinden.

Gerade im Biologieunterricht sind außerschulische Naturerfahrungen wichtige Faktoren, die mit Interesse an Biologie einhergehen (Uitto et al. 2006, S. 124).

Die Befragung der Grundschullehrkräfte im Umfeld ausgewählter NER ergab, dass NER aus ihrer Sicht in unterschiedlicher Weise als außerschulischer Lernort gesehen werden:

- Im Unterricht können NER zur Umsetzung fachbezogener Themen im NER (als Grünes Klassenzimmer) in den Fächern Sachunterricht, Naturwissenschaft, Deutsch, Kunst, Mathematik, Musik, Sport mit Bezug zum Rahmenlehrplan (oder im Vertretungsunterricht) integriert werden. Insbesondere in der Biologie ist die Relevanz außerschulischer Lernorte hinlänglich diskutiert (Groß 2007; Badri et al. 2017).
- Im Kontext eines Wandertags oder Projekttags kann ein NER aufgesucht werden. In diesem Fall kann der NER im konzeptionellen Sinn (freies Spiel) als informeller außerschulischer Lernort interpretiert werden.
- Die Gestaltung des Schulhofes kann konzeptionell als NER angelegt sein, um als Grünes Klassenzimmer auf dem Schulgelände pädagogisch arbeiten zu können. In dieser Variante würde man nicht mehr von einem außerschulischen Lernort sprechen, da der NER sich auf dem Schulgelände befindet (Diersen und Paschold 2020, S. 11; Karpa et al. 2015, S. 13), die Effekte des freien Spiels wären aber in dieser Variante ähnlich.
- NER könnten Lernorte als Teil der allgemeinen Bildung (u. a. LISUM 2024b) sein, die die Entwicklung von Sozialkompetenz, Kreativität, Wahrnehmung, Motorik, Bewegung, sowie einem Miteinander der Kinder untereinander und zum Lehrpersonal zum Ziel hat. Aus dieser Perspektive sind NER den informellen außerschulischen Lernorten zuzuordnen.
- NER können insbesondere durch die partizipative Einbindung im Entstehen dieses Ortes außerschulische Lernorte sein, da hier ein Miteinander (Sozialkompetenz) stark im Mittelpunkt steht.

NER bieten demzufolge insbesondere die Möglichkeit der persönlichen und sozialen Kompetenzentwicklung von Kindern. Diese Kompetenzen können eine Basis für die Kompetenzentwicklung im Kontext einer Bildung für nachhaltigen Entwicklung sein (de Haan und Harenberg 1998), da durch das Naturerfahren die Kind-Natur-Beziehung im Mittelpunkt steht. Damit bietet sich die Chance, informelle Lernprozesse stärker in schulische Lernprozesse zu verankern und ihnen eine höhere Bedeutung zukommen zu lassen. Hier sind Diskussionsstränge der Sozialen Arbeit anschlussfähig, die eine stärkere Verbindung von informellen Lernprozessen zum Kontext der Nachhaltigkeit in den eigenen Diskurs einfordern (Liedholz und Verch 2022). An dieser Stelle besteht vertiefender Forschungsbedarf, um die Bedeutung dieser informellen Lernprozesse an außerschulischen Lernorten einordnen zu können.

Die Untersuchungen bzw. Erhebungen im E+E Vorhaben wurden vor der Corona-Pandemie durchgeführt. Es wäre interessant, diese jetzt zu wiederholen, um beispielsweise zu schauen, ob sich das Nutzungsverhalten der Kinder, die Perspektive der Eltern oder die Sichtweisen der Lehrkräfte verändert haben. Hat die Bedeutung von NER als informellen außerschulischen Lernorten, die insbesondere Sozial- und Selbstkompetenzen fördern, zugenommen? Folgt man der Logik des Aktionsprogramms *Aufholen nach Corona* des Bundesministeriums für Familie, Senioren, Frauen und Jugend (aus dem Jahr 2021/2022), so sind zu der Zeit auch Angebote unterstützt worden, die explizit Kreativität, Persönlichkeitsentwicklung und soziale Kompetenzen fördern sollten (BMFSFJ o. J.). Vor diesem Hintergrund hätten NER eine besondere Bedeutung spielen können. Eine Auswertung bzw. intensivere Evaluation dieses Programms konnte aufgrund der schnellen Umsetzung nicht umfassend erfolgen (KMK 2024). Hier besteht Forschungsbedarf, um informelles außerschulisches Lernen bzw. informelle außerschulische Lernorte (wie NER) in ihrer Bedeutung (auch im Kontext der sozialen Arbeit) einordnen zu können.

Literatur

Albers, T., & Mußmann, J. (2007). Das Projekt „Außerschulische Lernorte in Hannover". Perspektiven für die sonderpädagogische Förderung in Niedersachsen. *Zeitschrift für Heilpädagogik. 58*, 18–22.

Badri, M., Yang, G., Al Mazroui, K., Mohaidat, J., Al Rashedi, A., & Al Housani, N. (2017). Out-of-school experience categories influencing interest in biology of secondary school students by gender: Exploration on an Abu Dhabi sample. *Journal of Biological Education,* 51(2), 166–185. https://doi.org/10.1080/00219266.2016.1177576

Bandura, A. (1977). Self-efficacy. Toward a unifying theory of behavioral change. *Psychological Review, 84,* 191–215.

Bandura, A. (1991). Social cognitive theory of self-regulation. *Organizational Behavior and Human Decision Processes, 50,* 248–287. https://doi.org/10.1016/0749-5978(91)90022-L

Blinkert, B. (2016). Urbane Kindheit und Räume. In R. Braches-Chyrek & C. Röhner (Hrsg.), *Kindheit und Raum* (S. 65–84). Budrich.

Bögeholz, S. (1999). *Qualitäten primärer Naturerfahrung und ihr Zusammenhang mit Umweltwissen und Umwelthandeln.* Leske und Budrich.

Bundesministeriums für Familie, Senioren, Frauen und Jugend [BMFSFJ] (o. J.). Aktionsprogramm Aufholen nach Corona für Kinder und Jugendliche für die Jahre 2021 und 2022 – 2 Mrd. Euro. https://www.bmfsfj.de/resource/blob/178838/798ecd9014605892b3638f1a866cf30d/aktionsprogramm-aufholen-nach-corona-fuer-kinder-und-jugendliche-factsheet-data.pdf

Deutscher Bildungsrat (1974). *Zur Neuordnung der Sekundarstufe II: Konzept für eine Verbindung von allgemeinem und beruflichem Lernen; verabschiedet auf der 38. Sitzung d. Bildungskommission am 13./14. Febr. 1974 in Bonn.* Bundesdruckerei.

Diersen, G., & Paschold, L. (2020). Außerschulisches Lernen – ein Beitrag zur Bildung für nachhaltige Entwicklung und Inklusion. *Zeitschrift für international Bildungsforschung und Entwicklungspädagogik (ZEP), 45*(1), 11–19. https://doi.org/10.31244/zep.2020.01.03

Dittmer, A., & Gebhard, U. (2021). Zur Unverfügbarkeit von Bildungs- und Erfahrungsprozessen am Beispiel Natur. In U. Gebhard, A. Lude, A. Möller, & A. Moormann (Hrsg.), *Naturerfahrung und Bildung* (S. 1–18). Springer.

Dohmen, G. (2001). *Das informelle Lernen. Die internationale Erschließung einer bisher vernachlässigten Grundform menschlichen Lernens für das lebenslange Lernen aller.* BMBF.

Erhorn, J., & Schwier, J. (2016). *Pädagogik außerschulischer Lernorte. Eine interdisziplinäre Annäherung.* Transcript.

Flick, U. (2011). *Qualitative Sozialforschung. Eine Einführung.* Rowohlt-Taschenbuch.

Friede, C., Martens, D., & Molitor, H. (2024). Bedingungen für städtische Naturerfahrungsräume als Freiraum für Kinderspiel. In R. Braches-Chyrek, C. Röhner, J. Moran-Ellis, & H. Sünker (Hrsg.), *Handbuch Kindheit, Ökologie und Nachhaltigkeit.* (S. 588–600). Budrich.

Gebhard, U. (2024). Zur Bedeutung von Naturerfahrungen im Kindesalter. In R. Braches-Chyrek, C. Röhner, J. Moran-Ellis, & H. Sünker (Hrsg.), *Handbuch Kindheit, Ökologie und Nachhaltigkeit.* (S. 102–118). Budrich.

Göll, E. (2016). Informelles Lernen vor Ort – mit Vernetzung über Rio plus 20 hinaus. In M. Brodowski & J. Verch (Hrsg.), *Informelles Lernen vor Ort als Beitrag zur nachhaltigen Kommunal- und Regionalentwicklung.* (S. 25–44). Budrich

Groß, J. (2007). Biologie verstehen. Wirkungen außerschulischer Lernangebote. Didaktisches Zentrum der Carl von Ossietzky Universität Oldenburg. https://www.uni-bamberg.de/fileadmin/nawididaktik/Downloads/Wirkungen_ausserschulischer_Lernorte_Jorge_Gross.pdf

de Haan, G., & Harenberg, D. (1998). *Bildung für eine nachhaltige Entwicklung – Gutachten zum Programm. Bund-Länder-Kommission für Bildungsplanung und Forschungsförderung (BLK),* 72. https://doi.org/10.25656/01:218

Hart, R. (1979). *Children's experience of place*. Irvington.

Karpa, G, Lübecke, G., & Adam, B. (2015). Außerschulische Lernorte – Theoretische Grundlagen und praktische Beispiele. In G. Karpa, G. Lübecke, & B. Adam (Hrsg.), *Außerschulische Lernorte. Theorie, Praxis und Erforschung außerschulischer Lerngelegenheiten.* (S. 11–28). Prolog.

Keck, R. W. & Feige, B. (2014). Lernorte. In W. Einsiedler, M. Götz, H. Hacker, J. Kahlert, R. W. Keck, & U. Sandfuchs (Hrsg.), *Handbuch Grundschulpädagogik und Grundschuldidaktik.* (4. überarb. Aufl., S. 426–432). Klinkhardt.

Knopf, R. (1987). Human behavior, cognition, and affect in the natural environment. In D. Stokols & I. Altman (Hrsg.), *Handbook of Environmental Psychology* (S. 783–825). Wiley.

Kubi, M., Kleespies, M. W., & Wenzel, V. (2024). Effects of online tours at the zoo and natural history museum on interest in extant and extinct animals. *Journal of Biological Education*, https://doi.org/10.1080/00219266.2024.2386249

Kuckartz, U. (2012). *Qualitative Inhaltsanalyse. Methoden, Praxis, Computerunterstützung.* Beltz.

Kultusministerkonferenz [KMK] (2024). *Abschließendes Berichtsblatt zum Aktionsprogramm „Aufholen nach Corona für Kinder und Jugendliche" für die Jahre 2021 und 2022. Maßnahme „Abbau von Lernrückständen".* https://www.kmk.org/fileadmin/veroeffentlichungen_beschluesse/2024/2024_03_28-Aufholen-nach-Corona-Abschlussbericht.pdf

Landesinstitut für Schule und Medien Berlin-Brandenburg (2024a, 23. September). *Rahmenlehrplan Online Berlin-Brandenburg.* Bildungsserver Berlin-Brandenburg. https://bildungsserver.berlin-brandenburg.de/rlp-online

Landesinstitut für Schule und Medien Berlin-Brandenburg (2024b, 23. September): *Rahmenlehrplan – Teil A Bildung und Erziehung in den Jahrgangsstufen 1 – 10.* Bildungsserver Berlin-Brandenburg. https://bildungsserver.berlin-brandenburg.de/fileadmin/bbb/unterricht/rahmenlehrplaene/Rahmenlehrplanprojekt/amtliche_Fassung/Teil_A_2015_11_16web.pdf

Landesinstitut für Schule und Medien Berlin-Brandenburg (2024c, 23. September): *Rahmenlehrplan – Teil B Fachübergreifende Kompetenzentwicklung.* Bildungsserver Berlin-Brandenburg. Fachübergreifende Kompetenzentwicklung. https://bildungsserver.berlin-brandenburg.de/fileadmin/bbb/unterricht/rahmenlehrplaene/Rahmenlehrplanprojekt/amtliche_Fassung/Teil_B_2015_11_10_WEB.pdf

Liedholz, Y., & Verch, J. (2023). *Nachhaltigkeit und Soziale Arbeit. Grundlagen, Bildungsverständnisse, Praxisfelder.* Budrich.

Luchs, A., & Fikus, M. (2013). A comparative study of active play on differently designed playgrounds. *Journal of Adventure Education and Outdoor Learning*, 13(3), 206–222. https://doi.org/10.1080/14729679.2013.778784

Lucker, T. & Kölsch, O. (2009). Fokus: Außerschulische Lernorte. Ergebnisse des F+E-Vorhabens „Bildung für nachhaltige Entwicklung (BNE) – Positionierung des Naturschutzes. *Naturschutz und Bildung für nachhaltige Entwicklung. 74,* 15–57.

Lude, A. (2001). *Naturerfahrung & Naturschutzbewusstsein. Eine empirische Studie. Forschungen zur Fachdidaktik* (2). Studien-Verlag.

Martens D. & Molitor H. (2020). Play in Appropriate Natural Environments to Support Child Development. *Psyecology,11*(3), 363–396. https://doi.org/10.1080/21711976.2020.1782040

Meske, M. (2011). *„Natur ist für mich die Welt". Lebensweltlich geprägte Naturbilder von Kindern.* Springer.

Messmer, K., Niederhäuser, R., Rempfler, A., & Wilhelm, M. (2011). *Außerschulische Lernorte – Beiträge zur Didaktik. Band 1. Außerschulische Lernorte – Positionen aus Geographie, Geschichte und Naturwissenschaften.* LIT.

Mieg, H. A. & Näf, M. (2005). *Experteninterviews.* ETH Zürich.

Molitor, H. (2023). Nachhaltigkeit und freies Spiel als informelle Bildung in Naturerfahrungsräumen. In Y. Liedholz & J. Verch (Hrsg.) *Nachhaltigkeit und Soziale Arbeit. Grundlagen, Bildungsverständnisse, Praxisfelder* (S. 135–146). Budrich.

Molitor, H. (2024). Naturerfahrungsräume als Spielorte für Stadtkinder und als Lebensraum für Pflanzen und Tiere in der Stadt — Möglichkeiten für den Umgang mit Umbrüchen in der Stadtentwicklung. In H. Kminek, M. Singer-Brodowski, & V. Holz (Hrsg.), *Bildung für eine nachhaltige Entwicklung im Umbruch? Beiträge zur Theorieentwicklung angesichts ökologischer, gesellschaftlicher und individueller Umbrüche.* (S.143–162). Budrich

Molitor, H. & Martens, D. (2021). Kinderspiel und Stadtnatur – Empirisch ermittelte Naturerfahrungsdimensionen in Naturerfahrungsräumen. *Umweltpsychologie, 25*(2), 38–63.

Molitor, H., Peters, J., Martens, D., Pretzsch, M., Friede, C., Heimann, J., & Wilitzki, A. (2020). *Naturerfahrungsräume in Großstädten. Flächenentwicklung - Kinderspiel - rechtliche Rahmenbedingungen.* Bundesamt für Naturschutz.

Pretzsch, M.; Heimann, J.; Martens, D.; Friede, C.; Wilitzki, A.; Blohm-Trei, B.; Peters, J., & Molitor, H. (2020). *Leitfaden für Naturerfahrungsräume in Großstädten – eine Arbeitshilfe für Vorbereitung, Planung, Einrichtung und Betrieb*, Bundesamt für Naturschutz.

Renz-Polster, H., & Hüther, G. (2013). *Wie Kinder heute wachsen. Natur als Entwicklungsraum; ein neuer Blick auf das kindliche Lernen, Denken und Fühlen.* Beltz.

Raith, A., & Lude, A. (2014). *Startkapital Natur. Wie Naturerfahrung die kindliche Entwicklung fördert.* Oekom.

Retzlaff-Fürst, C. & Pollin, S. (2021). Naturerfahrung als Quelle des Wohlbefindens – Zum Verhältnis von Naturerfahrung und Gesundheit. In U. Gebhard, A. Lude, A. Möller, & A. Moormann (Hrsg.), *Naturerfahrung und Bildung* (S. 79–100). Springer.

Rieckmann, M. (2021). Bildung für nachhaltige Entwicklung. Ziele, didaktische Prinzipien und Methoden. *merz - Zeitschrift für Medienpädagogik, 65*(4), 10–17.

Roellke, K., Sellmann-Risse, D., Wenzel, A., Buschmann, J.-K., & Grotjohann, N. (2022). Supporting Interest in Science – Comparison of Students' Situational Interest and Intrinsic Motivation in a Regular School Class and in an Out-of-School Student Lab. *Science Journal of Education, (10)*4, 133–140. https://doi.org/10.11648/j.sjedu.20221004.12

Schemel, H.-J. (1998). *Naturerfahrungsräume. Ein humanökologischer Ansatz für naturnahe Erholung in Stadt und Landschaft.* BfN-Schriftenvertrieb.

Schemel, H.-J. (2008). Das Konzept der städtischen Naturerfahrungsräume. In Bundesamt für Naturschutz (Hrsg.), *Kinder und Natur in der Stadt. Spielraum Natur: Ein Handbuch für Kommunalpolitik und Planung sowie Eltern und Agenda-21-Initiativen* (S. 79–92). BfN Skripten 230.

Schlehufer, A. (2016). *Kinder lieben Abenteuer. Wilde und echte Erlebnisse für 6- bis 12-jährige.* Ernst Reinhardt.

Schmäing, T., & Grotjohann, N. (2024). A classroom station work on the Wadden Sea and its influence on the motivation and interest. *European Journal of Psychology of Education,* 39, 455–473. https://doi.org/10.1007/s10212-023-00699-0

Schubert, S. (2021). Nachhaltigkeit und Offene Kinder- und Jugendarbeit. In U. Deinet, B. Sturzenhecker, L. von Schwanenflügel, & M. Schwerthelm (Hrsg.), *Handbuch Offene Kinder- und Jugendarbeit* (S.811–825). Springer.

Stopka, I., & Rank, S. (2013). *Naturerfahrungsräume in Großstädten. Wege zur Etablierung im öffentlichen Freiraum. Abschlussbericht zur Voruntersuchung für das Erprobungs- und Entwicklungsvorhaben „Naturerfahrungsräume in Großstädten am Beispiel Berlin“.* BfNSkripten 345.

Senatsverwaltung für Bildung, Jugend und Wissenschaft (2014). *Berliner Bildungsprogramm für Kitas und Kindertagespflege.* Verlag das Netz.

Tenorth, H.-E., & Tippelt, R. (2007). *BELTZ Lexikon Pädagogik.* Beltz.

Tippelt, R., & Reich-Claassen, J. (2010). Lernorte – Organisationale und lebensweltbezogene Perspektiven. *Zeitschrift für Weiterbildungsforschung, 33*(2), 11–21.

Uitto, A., Juuti, K., Lavonen, J., & Meisalo, V. (2006). Students' interest in biology and their out-of-school experiences. *Journal of Biological Education, 40*(3), 124–129. https://doi.org/10.1080/00219266.2006.9656029

United Nations Educational, Scientific and Cultural Organization (UNESCO) (2020). *Education for sustainable development: a roadmap.*

Wells, N., & Evans, G. (2003). Nearby Nature. A Buffer of Life Stress Among Rural Children. *Environment and Behavior, 35*(3), 311–330. https://doi.org/10.1177/0013916503035003001

Zerbe, S., Hornberg, C., Macher, M., & Fehr, R. (2023). Forschungsförderprogramm „Stadt der Zukunft – gesunde und nachhaltige Metropolen“. *Gesundheitswesen, 85*(5): 270–277. https://doi.org/10.1055/a-2156-4244

Zeunert, S.-A. (2017). *Welche Anknüpfungspunkte bieten Naturerfahrungsräume als außerschulische Lernorte Grundschulen? Eine Untersuchung im Umfeld der Berliner Naturerfahrungsräume „Spieroweg“ und „Kienberg“* [Unveröffentlichte Masterarbeit, Hochschule für nachhaltige Entwicklung Eberswalde].

Perspektivwechsel durch außerschulische Lernorte? Eine Vergleichsstudie

Paul Böning und Gesche Pospiech

1 Einleitung

Unsere Gesellschaft ist zunehmend geprägt durch Fragen nachhaltiger Entwicklung. In diesem Kontext müssen Schüler*innen im Rahmen ihrer Partizipation am demokratischen Diskurs lernen, komplexe gesellschaftliche Fragen zu bewerten (Klafki 2007; Schreiber und Siege 2016). Die Bildungsstandards für die Naturwissenschaften haben die Entwicklung entsprechender Fähigkeiten durch die Etablierung des Kompetenzbereichs „Bewertung" zu einer Aufgabe für die Schule erklärt (KMK 2020). Auch im internationalen Diskurs wird im Rahmen der *Vision III* der *scientific literacy* gefordert, Naturwissenschaften nicht nur des Fachwissens wegen zu unterrichten, sondern die Schüler*innen zur aktiven Partizipation an einer demokratischen Gesellschaft zu befähigen (Sjöström und Eilks 2018).

Inwiefern außerschulische Lernorte (ASL) durch ihre authentischen Kontexte (Kuske-Janßen et al. 2020) die Entwicklung dieser Bewertungskompetenz unterstützen können, ist dabei noch wenig untersucht. Die hier vorgestellte Studie untersucht exemplarisch am Kohleausstieg in der Lausitz, welchen Einfluss der Besuch eines außerschulischen Lernortes (konkret: eines Kohlekraftwerks) auf die Meinungsbildung der Schüler*innen hat.

P. Böning (✉) · G. Pospiech
Professur für Didaktik der Physik, TU Dresden, Dresden, Deutschland
E-Mail: paul.boening@tu-dresden.de

G. Pospiech
E-Mail: gesche.pospiech@tu-dresden.de

A. Wenzel und T. Schmäing (Hrsg.), *Außerschulisches Lernen in der naturwissenschaftlichen Bildung*, https://doi.org/10.1007/978-3-658-50864-7_22

2 Theoretischer Hintergrund

2.1 Bewertungskompetenz, Socioscientific reasoning und Perspektivwechsel

In den nationalen Bildungsstandards wird Bewertungskompetenz als ein wichtiges Bildungsziel definiert. In diesem Kontext werden in der fachdidaktischen Forschung mehrere Modellierungen diskutiert (Eggert und Bögeholz 2006; Hößle 2007; Hostenbach et al. 2011).

Das international diskutierte *socioscientific reasoning* (SSR, Sadler et al. 2007) vereinigt Aspekte des Umgangs mit *socioscientific issues* (SSI) sowie das Ziel der Befähigung zur aktiven Partizipation an der Gesellschaft *(citizenship)*. Unter SSI versteht man dabei wichtige soziale Themen und Probleme, welche einen naturwissenschaftlichen Bezug aufweisen. Beispiele hierfür sind die Debatten um den Kohleausstieg, die Endlagersuche oder die Rückkehr des Wolfes. Das SSR wird mit vier Dimensionen operationalisiert:

- Erkennen der inhärenten Komplexität der SSI,
- Betrachtung der Themen aus verschiedenen Perspektiven heraus,
- Anerkennen, dass SSI Objekt fortlaufender Forschung sind sowie
- Skepsis bei Konfrontation mit potentiell verzerrten Informationen.

In (fast) allen dieser Modellierungen nimmt die Fähigkeit, „verschiedene Sichtweisen betroffener Personen und Lebewesen wahrzunehmen und nachvollziehen zu können“ (Alfs et al. 2012, S. 90) eine zentrale Position ein. Diese Fähigkeit wird als *Perspektivwechsel* bezeichnet. Im Folgenden werden deren wichtigste Aspekte dargestellt.

Reitschert und Hößle (2007) geben dem Begriff *„Perspektivwechsel“* zwei verschiedene Bedeutungen. Zum einen wird darunter die Fähigkeit verstanden, Gegenargumente formulieren zu können. Zum anderen wird die Fähigkeit, „den eigenen Blickwinkel zu einer entpersonifizierten gesellschaftlichen Perspektive hin zu erweitern“ (S. 127) mit diesem Begriff beschrieben. Abhängig davon, welche Folgen für welchen Personenkreis in einer Argumentation angesprochen werden, wird von einem unterschiedlichen Niveau des Perspektivwechsels gesprochen. Die konkreten empirisch gefundenen Niveaus des Perspektivwechsels unterscheiden sich je nach Studie. Der Kontext der zu bewertenden Dilemmasituation beeinflusst dabei maßgeblich die möglichen Personenkreise. Zum Beispiel können gesetzliche Entscheidungen zu medizinethischen Dilemmasituationen maximal auf einer gesellschaftlichen Ebene getroffen werden, globale Folgen sind weniger relevant. Eine Unterscheidung in die Einnahme lediglich der eigenen Perspektive, anderer unterschiedlicher Perspektiven und einer gesellschaftlichen Perspektive ist jedoch meist möglich.

Im SSR-Konstrukt nimmt *perspective taking* eine zentrale Rolle ein. Romine et al. (2020) stellten im Rahmen einer quantitativen Untersuchung, in der SSR mit Hilfe eines standardisierten Fragebogens mit Multiple-Choice-Fragen erhoben wurde, fest, dass die oben genannten vier Aspekte des SSR eine Hierarchie darstellen. Schüler*innen entwickeln die einzelnen Fähigkeiten nacheinander, nicht parallel. *Perspective taking* ist dabei die zweite Stufe nach dem Komplexitätserkennen. Die Fähigkeit zum Perspektivwechsel ist nach diesem Modell die Voraussetzung, Skepsis zu entwickeln und die Notwendigkeit weiteren Forschungsbedarfs zu erkennen. Daher wird *perspective taking* als *gateway* (Kahn und Zeidler 2019, S. 606) zu fortgeschritteneren Argumentationsformen bezeichnet.

In der Forschungsliteratur zum SSR werden jedoch unter dem Begriff *perspective taking* viele verschiedene Fähigkeiten beschrieben, unter anderem die Anzahl verschiedener *„reasoning modes"* (Wu und Tsai 2007) oder die Fähigkeit, Gegenargumente und Entkräftungen zu formulieren (Sadler und Donnelly 2006). Um dieses zentrale, jedoch oft diffuse Konstrukt zu klären, führten Kahn und Zeidler (2019) eine Konzeptanalyse des Perspektivwechsels durch. Sie identifizierten dabei drei (notwendige und hinreichende) Bedingungen, um Perspektiven anderer Personen einzunehmen. Diese sind:

1. Die Auseinandersetzung mit anderen und deren Lebensumständen,
2. Ein Wechsel der Sichtweise eines *Outsiders* zu einem *Insider* (*etic-emic-shift*[1]) sowie
3. das Vorhandensein eines moralischen Kontextes, der die Anwendung ethischer Prinzipien und moralisches Argumentieren erfordert.

Diese theoretischen Überlegungen und empirischen Ergebnisse zeigen die hohe Relevanz der Fähigkeit zum Perspektivwechsel und daher die Notwendigkeit auf, diese schulisch zu fördern (vgl. Kahn und Zeidler 2019, S. 606).

Im Kontext der Diskussion der SSI-Aspekte in der Schule schreibt man außerschulischen Lernorten ein besonderes Potential zu.

[1] Die Begriffe wurden von den Wörtern *„phonetic"* und *„phonemic"* abgeleitet. *Etic* bezeichnet dabei den außenstehenden, *emic* den Insider-Blickwinkel.

2.2 Außerschulische Lernorte

In diesem Beitrag wird unter einem ASL eine „topografisch bestimmbare Lokalität jenseits des Schulhauses oder Schulgeländes, die über ein Potenzial für schulisches intendiertes und unterrichtlich geplantes Lernen verfügt" (Kuske-Janßen et al. 2020, S. 21), verstanden. Ein zentraler Punkt dieser Definition ist, dass der Besuch an einem Lernort nicht allein für sich steht, sondern immer „auf schulisches Lernen bezogen [ist,] davon aus[geht] und […] darauf zurück[führt]" (Thomas 2009, S. 285). Diese Einbettung in den Unterricht bietet viele Potentiale für den Schulunterricht, zum Beispiel das Aufzeigen von Lebensweltbezügen der Fachinhalte. Diese Lebenswelt kann durch in der Region stark diskutierte Themen geprägt sein. Oft weisen diese regionalen Themen einen Bezug zu naturwissenschaftlichen Konzepten auf und sind damit SSI. Eine intensive Auseinandersetzung mit solchen Themen kann die Identifizierung der Lernenden mit der Region sowie die gesellschaftliche Partizipation stärken (Kuske-Janßen et al. 2020, S. 25 f.).

Dieser Beitrag fokussiert sich auf ASL, die in realen Kontexten verankert sind. Dadurch bieten diese authentische Zugänge zu Fragen und Themen, welche unterschiedliche Fachdisziplinen zur Bearbeitung benötigen. Somit ist ein fächerübergreifendes Vorgehen erforderlich (Kuske-Janßen et al. 2020, S. 27 f.). Auch die Beschäftigung mit SSI ist per definitionem nicht aus einer einzigen Fachperspektive heraus möglich. Neben einer naturwissenschaftlichen Auseinandersetzung (bereits hier kann eine erste Interdisziplinarität notwendig sein) müssen ethische, soziale oder wirtschaftliche Aspekte mit betrachtet werden (Sadler et al. 2007, S. 371).

Besonderes Potential außerschulischer Lernorte sind die direkten und unmittelbaren, also nicht mediierten, Begegnungen mit den Lerngegenständen, sog. Primärerfahrungen. Beispielsweise können die Dimensionen der benötigten Ressourcen bei einem Kohlekraftwerk nur vor Ort erfasst werden. ASL bieten darüber hinaus Möglichkeiten, Kommunikation zwischen Expert*innen und Lai*innen zu initiieren. Diese können die wahrgenommene Authentizität erhöhen und stellen ihr umfangreiches Fachwissen den Lernenden zur Verfügung. Es besteht dabei jedoch die Gefahr, „dass die Schüler in gewisser Weise überwältigt werden." (Karpa et al. 2015, S. 16). Daher sollte die Expert*innenposition, allgemeiner die Erfahrungen am ASL insgesamt, reflektiert und ausdifferenziert werden. Kontakt zu Expert*innen, die auch gleichzeitig Betroffene eines SSI sein können, ist jedoch nach Kahn und Zeidler (2019) eine Bedingung für Perspektivwechsel (siehe oben).

Die Potentiale außerschulischer Lernorte überschneiden sich also mit den Möglichkeiten einer und Bedingungen für die Beschäftigung mit SSI. In diesem Beitrag soll daher die Thematisierung von SSI an außerschulischen Lernorten im Rahmen des schulischen Unterrichts und der Einfluss dieser Thematisierung auf den Umgang der Schüler*innen mit SSI (die Bewertungskompetenz) untersucht werden. Dazu wird im Folgenden dargestellt, welche empirischen Erkenntnisse zu dieser Überschneidung bereits vorliegen.

2.3 Socioscientific issues an außerschulischen Lernorten

In den USA wurde eine kleine Zahl an Studien durchgeführt, die den Einfluss einer *field-* bzw. *place-based intervention* zu einem SSI auf das SSR oder verwandter Konstrukte untersuchen.

Herman et al. (2018, 2021) entwarfen eine Intervention zum Umgang mit Wölfen in der Greater Yellowstone Area für Studierende. In zwei Artikeln untersuchten sie den Einfluss der mehrwöchigen Interventionen mit mehrtägigen *field-trips* auf *emotive reasoning* (Herman et al. 2018) bzw. *„socioscientific orientations“* (Herman et al. 2021) sowie den Perspektivwechsel als ein eindimensionales Konstrukt. Sie fanden dabei heraus, dass die Studierenden nach der Intervention deutlich nuanciertere Reaktionen auf das SSI zeigten als noch vor der Intervention. Dies wird als ein Hinweis darauf interpretiert, dass eine *place-based instruction* den Studierenden einen angemessenen Kontext für emotionales Argumentieren zu SSI gab. Zudem hat sich der Perspektivwechsel durch die Intervention signifikant verbessert (Herman et al. 2021, S. 608). Die gefundenen Effekte werden teilweise auf Primärerfahrungen zurückgeführt. Der Kontakt mit den Expert*innen wird ebenfalls als möglicher Einflussfaktor diskutiert. Diese Erklärungen der Effekte bleiben jedoch auf einem anekdotischen Niveau. Eine systematische Untersuchung fand nicht statt und wird explizit als Ziel weiterer Forschung genannt.

Kinslow et al. (2019) untersuchten mit Hilfe des Messinstruments zu SSR von Romine et al. (2017) einen mehrwöchigen Ökologieunterricht an einer US-amerikanischen High School mit mehreren *field-trips*. Nach der Intervention erreichten die Schüler*innen höhere Testscores als vor der Intervention (Kinslow et al. 2019, S. 397). Insbesondere verbesserte sich die Fähigkeit zum Perspektivwechsel. In Lerntagebüchern stellten die Schüler*innen Verbindungen zu ihrer Lebenswelt her (Kinslow et al. 2019, S. 405). Auch in dieser Studie werden Primärerfahrungen als mögliche Ursache für die Verbesserungen im SSR angeführt.

Alle drei Studien verwendeten mehrwöchige Interventionen. Die Aufenthalte an den Lernorten dauerten mehrere Tage an. Die Autor*innen berufen sich dabei auf Romine et al. (2017), die herausfanden, dass lange Interventionen zur Förderung von SSR nötig sind. Kurze Interventionen zeigten bereits in früheren Studien keine signifikanten Effekte auf das SSR (Sadler et al. 2011). Ebenfalls ist den drei vorgestellten Studien gemein, dass es keine Vergleichsgruppen gab. Es bleibt daher unklar, inwieweit die Ergebnisse auf die Beschäftigung mit dem SSI an sich oder auf den Lernortbesuch zurückgeführt werden können. Die Erklärungen der Effekte basieren in allen drei Studien nicht auf konkreten Unterrichtsmodellen. Darüber hinaus richtete sich nur eine der Studien an adoleszente Schüler*innen, die anderen Studien untersuchten College-Studierende. Eine weitere Limitation der drei vorgestellten Studien ist die kleine Teilnehmendenzahl, welche von 19 bis 34 reicht.

Ein Praxisbeispiel für die Thematisierung von SSI an ASL im deutschen Sprachraum ist ein fächerübergreifendes Unterrichtskonzept zum Konflikt der Salzlaugeneinleitung in die Werra durch Kali + Salz (Moegling und Brandt 2015). Es wird berichtet, dass das vernetzte Denken in dieser Intervention gefördert wurde. Eine systematische Untersuchung fand jedoch nicht statt.

Die vorliegende Studie hat das Ziel, diese Forschungslücke empirisch zu untersuchen. Dafür wird zunächst als theoretische Basis ein Unterrichtsmodell entwickelt.

3 Zusammenwirken von Schule und ASL – ein Modell

Um mögliche Effekte eines Lernortbesuches erklären zu können, wird hier ein Unterrichtsmodell auf Basis der Angebots-Nutzungs-Modelle (ANM) von Helmke (2014) sowie Labudde und Möller (2012) entwickelt. Dieses berücksichtigt in besonderer Weise das Zusammenwirken des schulischen Lernens und des Lernens am ASL. Die in Abschn. 2.2 dargestellten Potentiale sowie der didaktische Ansatz zur Gestaltung von Lehr-Lern-Situationen an ASL von Niethammer et al. (2020), welcher problemorientiertes Lernen als Ausgangspunkt nimmt, stellen wichtige Ausgangspunkte dar. Das ANM in Abb. 1 beschreibt die Lernsituation als Zentrum des Lernprozesses. Die Wahrnehmung der Lernsituation durch die Schüler*innen bestimmt sich aus den individuellen Lernvoraussetzungen, durch die Gegebenheiten am Lernort, die Problemstellung aus dem schulischen Unterricht sowie deren Wechselspiel.

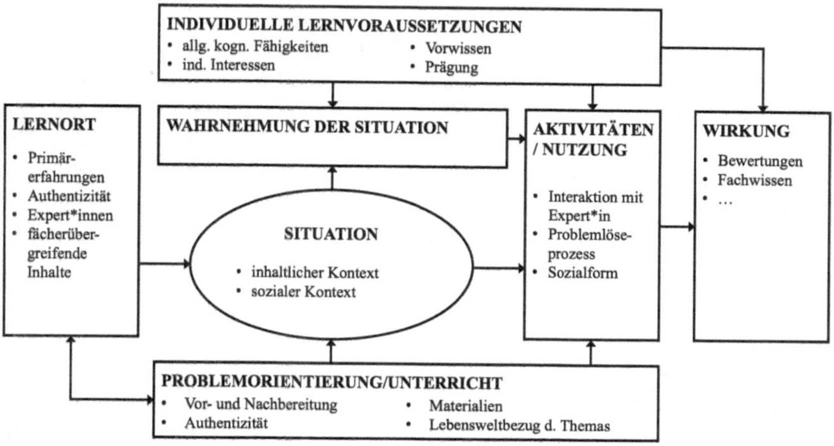

Abb. 1 Angebots-Nutzungs-Modell des außerschulischen Lernens

Im Folgenden wird jeder Bestandteil des Modells und das Zusammenwirken der Teile kurz theoretisch eingeordnet.

Situation

Grundannahme des hier vorgestellten Angebots-Nutzungs-Modells ist, dass jedes Lernen situiert ist: „Das Gelernte kann unter keinen Umständen vom Akt des Lernens und von der Situation, in der gelernt wird, getrennt werden" (Mandl et al. 2002, S. 140). Eine Lernsituation ist nach dem *contextual model of learning* (CML) (Falk und Dierking 2000) durch einen persönlichen, einen soziokulturellen und einen physischen Kontext charakterisiert. Das bedeutet, dass die persönlichen, individuellen Vorerfahrungen die Situationswahrnehmung und das Handeln in der Situation beeinflussen (Resnick 1994, S. 491). In Greeno und Moores Theorie der Situativität wird Lernen „als eine Anpassung an die Restriktionen und Affordanzen der in einer Situation wirkenden Aktivitäten" (Law 2000, S. 269) verstanden. Affordanzen sind die „properties of the things in the environment that are relevant to their contributions to interactions that people have with them" (Greeno und Moore 1993, S. 51 f.). Der Lernort und die Problemorientierung bzw. die Ausgestaltung des Unterrichts bestimmen solche Affordanzen sowie Restriktionen und gestalten damit die Lernsituation. Lave (1991) betont im Rahmen der *community of practice* die sozialen Interaktionen, in denen Lernen stattfindet. Dieser Aspekt wird im CML als *soziokultureller Kontext* diskutiert.

Lernort

Ausgangspunkt des Lernens und der Beschreibung des Lernens am ASL ist der ASL selbst. Dieser ist durch die an ihm möglichen Primärerfahrungen sowie authentische und interdisziplinäre Themen charakterisiert (siehe Abschn. 2.2). Die Inhalte und Themen des Lernortes dienen als Ausgangspunkt für die Problemorientierung (Niethammer et al. 2020). Die Gestaltung der Lernaktivitäten (Unterricht) soll Primärerfahrungen und den Kontakt mit den Expert*innen ermöglichen. Falk und Dierking (2000) betonen im CML die Bedeutung des physischen Kontexts der Lernumgebung. Jegliches Lernen scheint unauflöslich mit der (räumlichen) Umgebung, in der es stattfindet, verbunden zu sein.

Lernaktivitäten

Zentrale Annahme des ANM nach Helmke (2014) ist, dass der Unterricht nur eine indirekte Wirkung auf das Lernergebnis hat. Die Nutzung der Angebote bzw. die individuellen Verarbeitungsprozesse durch die Lernenden sind von entscheidender Bedeutung. Diese Nutzung der Angebote durch die Lernenden ist abhängig von deren individuellen kognitiven, affektiven und motivationalen Lernvoraussetzungen, aber auch von familiären und außerfamiliären Einflüssen (Helmke 2014, S. 71 f.). Die vorhandenen Angebote des Lernorts (z. B. die Möglichkeit, mit Expert*innen in Kontakt zu treten) beeinflussen die methodischen Gestaltungsmöglichkeiten und damit indirekt die Lernaktivitäten.

Problemorientierung/Unterricht

Niethammer et al. (2020) stellen einen didaktischen Ansatz vor, in welchem durch eine Strukturierung der Lehr-Lern-Prozesse durch eine Problemstellung die Potentiale des fächerübergreifenden und des außerschulischen Lernens verknüpft werden:

> *„Das didaktische Grundprinzip besteht darin, dass die Lernenden mit für sie bedeutungsvollen Problemstellungen, die über Erkenntnis- oder Gestaltungsbedarfe abgeleitet werden können, konfrontiert werden. Über die Bewältigung des Problems, das mehr oder weniger komplex sein kann, wenden die Lernenden ihr Wissen an, erschließen neues Wissen und reflektieren dessen Reichweite aus einer fächerübergreifenden Perspektive."* (Niethammer et al. 2020, S. 179)

Problembasiertes Lernen (PBL) ist nach Tan (2002) durch folgende Aspekte charakterisiert:

1. Ein Problem ist Ausgangspunkt des Lernens.
2. Das Problem entstammt der echten Welt oder ist so authentisch wie möglich.

3. Das Lernen ist selbstbestimmt.
4. Das Lernen ist kollaborativ, kommunikativ und kooperativ.
5. Die Entwicklung von Forschungs- und Problemlösefähigkeiten ist genauso wichtig wie der Wissenszuwachs.

Wird konkreter Unterricht für bzw. mit einem ASL geplant, muss zunächst eine Problemstellung gefunden werden (Punkt 1). In diesem Prozess stehen die Möglichkeiten des Lernortes und die Formulierung der Problemstellung in ständiger Wechselbeziehung. Die Fragen und Probleme des Lernorts können als Ausgangspunkt des Lernens dienen (Punkt 2) und die konkrete Problemstellung beeinflusst, welche Potentiale des Lernorts besonders genutzt werden können. Die Gestaltung des Unterrichts charakterisiert die Lernsituation der Schüler*innen und Lernaktivitäten werden durch den Unterricht bzw. die Problemorientierung strukturiert und bestimmt (Punkte 3 und 4). Das PBL ermöglicht nach Punkt v den Erwerb deklarativen und strategischen Wissens. Lernen durch Problemlösen erfordert die Anwendung vorhandenen Wissens (Tan 2002), daher hat das Vorwissen der Lernenden einen direkten Einfluss auf die Lernwirksamkeit des problemorientierten Unterrichts.

Individuelle Lernvoraussetzungen

Der Einfluss individueller Lernvoraussetzungen wurde bereits mehrfach angesprochen. Nach Helmke (2014) ist

> *„Unterricht […] lediglich ein Angebot; ob und wie effizient dieses Angebot genutzt wird, hängt von einer Vielzahl dazwischenliegender Faktoren ab. Die Mediationsprozesse […] hängen ihrerseits entscheidend von den individuellen Eingangsbedingungen (insbesondere dem Vorkenntnisniveau, den Lernstrategien und der Lernmotivation) der Schüler und vom Klassenkontext ab." (Helmke* 2014, *S. 71 f.)*

Falk und Dierking (2000) diskutieren den Einfluss der individuellen Bedingungen im CML als *personal context*. In Dilemmasituationen verwenden Jugendliche oft habitualisierte Bewertungsschemata, daher hat die individuelle Sozialisiationsgeschichte einen Einfluss auf die Bewertungen (Sander und Höttecke 2018).

Fazit

Das Angebots-Nutzungs-Modell wurde auf Basis bestehender Theorien entwickelt. Falk und Storksdieck (2005) stellten in einer empirischen Überprüfung des CML fest, dass kein einzelner Faktor den identifizierten Lernzuwachs an einem Science Center in ausreichendem Maße erklären konnte: „The real take-away message of this article is that simple, reductionist, linear approaches to affecting and understanding learning from museum will simply not suffice“ (Falk und Storksdieck 2005, S. 772). Weitere empirische Ergebnisse zu den postulierten Wirkungen existieren teilweise, können jedoch an dieser Stelle nicht diskutiert werden. Das hier vorgestellte Modell soll qualitative Erklärungen gefundener Wirkungen eines ASL-Besuches auf einer theoretischen Basis ermöglichen.

4 Forschungsfrage

Das ANM postuliert vielfältige Beziehungen zwischen den genannten Aspekten. Von besonderem Interesse für diesen Beitrag sind die Wirkungen des Lernortes auf die Wahrnehmung der Situation, auf die Aktivitäten in der Lernsituation und auf die Argumentationen bzw. Bewertungsprozesse der Schüler*innen.

Für den Beitrag wurde daher folgende Fragestellung formuliert:

> Inwiefern und auf welche Weise unterscheiden sich die vollzogenen Perspektivwechsel und die Argumentationen der Schüler*innen, die einen ASL besucht haben, von denen der Schüler*innen, die keinen ASL besucht haben?

5 Methodik

5.1 Untersuchungsdesign

Zur Beantwortung der Forschungsfrage wird eine qualitative Vergleichsstudie durchgeführt. Es gibt zwei Interventionsgruppen. Eine Gruppe erfährt ein problemorientiertes Unterrichtskonzept zu einem SSI (siehe Abschn. 5.2) mit Lernortbesuch (ASL-Gruppe), die zweite Gruppe erfährt dasselbe Unterrichtskonzept, verbleibt jedoch die ganze Intervention über in der Schule (Schulgruppe). Das im Unterrichtskonzept behandelte SSI ist die Debatte um das eventuelle Vorziehen des Kohleausstieges in der Lausitz von 2038 auf 2030.

Am Ende der Intervention werden die Schüler*innen aufgefordert, eine persönliche Stellungnahme zum Thema zu verfassen (siehe Abschn. 5.2). Diese wurde im Rahmen des Physikunterrichts verfasst. Die Texte werden mit einer qualitativen Inhaltsanalyse nach Kuckartz und Rädiker (2022) in Hinblick auf verschiedene Aspekte der Bewertungskompetenz analysiert. Die Texte wurden pseudonymisiert. Zitate aus den Stellungnahmen werden mit den Pseudonymen angegeben.

An der Studie haben fünf neunte Klassen eines Lausitzer Gymnasiums teilgenommen, davon wurden zwei der ASL-Gruppe zugeordnet (53 Personen) und drei der Schulgruppe (75 Personen). Die Studie wurde im Mai und Juni 2023 durchgeführt. Es liegen 110 (= 46 + 64) Stellungnahmen vor.

5.2 Unterrichtskonzept

Die problemorientierte Intervention dauerte vier Doppelstunden (Schulgruppe) bzw. drei Doppelstunden zuzüglich ASL-Besuch (ASL-Gruppe). Die Schüler*innen arbeiteten in Kleingruppen von vier bis fünf Personen.

In der Problemstellung des Unterrichtskonzeptes werden die Schüler*innen mit einer schulinternen Diskussion um die Einführung eines Ökostromtarifs für die Schule als Beitrag zum Klimaschutz konfrontiert. Die Authentizität wird durch eine Mail eines Vaters, der gegen den Ökostromtarif und gegen den Kohleausstieg argumentiert, erhöht. Die Schulleitung fordert die Klasse auf, Informationen zum Kohleausstieg zu recherchieren und eine Informationsbroschüre zusammenzustellen. Die Schulsprecherin fordert alle Schüler*innen auf, eine persönliche Stellungnahme zur kontroversen Frage zu verfassen.

In der ersten Stunde analysierten die Schüler*innen das Problem. Die ASL-Gruppe besuchte im Anschluss an die erste Stunde der Intervention im Rahmen der Recherchen das Braunkohlekraftwerk Schwarze Pumpe. Durch das Kraftwerk führten ehemalige Beschäftigte des Kraftwerks. Diesen konnten die Schüler*innen permanent Fragen stellen. Schwerpunkte der Führung sind die Energieumwandlungen und Prozesse im Kraftwerk. Außerdem wird die Funktionsweise des Stromnetzes und die Rolle der Kohlekraftwerke für die Netzstabilität betont. Während der Führung konnten vielfältige Primärerfahrungen erlebt werden. Zum Beispiel sahen die Schüler*innen Kohlezüge ankommen und bekamen einen Ausblick über die Umgebung (inkl. Tagebaue) vom Aussichtspunkt aus. Im Anschluss an die Führung erhielt die ASL-Gruppe vor Ort einen fachlichen Input zum Treibhauseffekt, welcher die Position der Kraftwerksführer*innen kontrastieren soll.

Die Schulgruppe sah sich statt der Exkursion ein Erklärvideo zur Funktionsweise eines Kohlekraftwerks, welches die gleichen inhaltlichen Schwerpunkte wie die Führung setzte und Bildmaterial vom Kraftwerk enthielt, sowie ein Erklärvideo zum Treibhauseffekt an.

In der dritten Stunde der Intervention setzten die Klassen ihre Recherchen und die Arbeit an ihren Broschüren fort. In der abschließenden Stunde wurde mit den Schüler*innen eine Bewertungsstrategie, die Nutzwertanalyse (NWA) (Schuh

2001, S. 20), behandelt. Die Lernenden wurden im Anschluss daran aufgefordert, die Stellungnahme für die Schulsprecherin zu verfassen. Es stand ihnen frei, die NWA anzuwenden.

5.3 Analysemethode

Zur Beantwortung der Forschungsfrage wurden die Stellungnahmen in Hinblick auf die Aspekte *Nutzung vielfältiger Argumente* sowie *Perspektivwechsel* codiert.

Der Perspektivwechsel wurde in dieser Studie mit zwei Dimensionen erfasst. Die erste Dimension ist der *angesprochene Personenkreis,* die zweite Dimension die *Tiefe der Perspektivübernahme*. Für beide Dimensionen wurde eine evaluative Kategorienbildung nach Kuckartz und Rädiker (2022) vorgenommen. Als Codiereinheit wurden dabei alle Sätze und Teilsätze, in denen die Argumentation für einen bestimmten Personenkreis bzw. eine soziale Gruppe erfolgt oder aus deren Blickwinkel heraus argumentiert wird, festgelegt. Jede so gefundene Perspektive wurde einzeln codiert und in Hinblick auf beide Dimensionen eingeschätzt.

Die Dimension *angesprochener Personenkreis* ist inhaltlich nah an den Niveaus der Folgenreflexion nach Hößle (2001) und Reitschert (2010) sowie an der Dimension des *„etic-emic-shifts"* nach Kahn und Zeidler (2019). Es wird hier untersucht, welche Personenkreise die Schüler*innen bei ihrer Argumentation berücksichtigt haben.

Die Dimension *Tiefe der Perspektivübernahme* untersucht, wie intensiv die angesprochenen Perspektiven diskutiert werden bzw. wie sehr sie ernst genommen werden.

In der Kategorie *Nutzung vielfältiger Argumente* wurden die Argumente der Schüler*innen inhaltlich-strukturierend kategorisiert. Die Kategorien wurden dabei induktiv gebildet.

Es wurde ein Codierleitfaden erstellt. Eine Stichprobe der Texte wurde durch eine zweite Person codiert. Nach konsensuellem Codieren i. S. v. Kuckartz und Rädiker (2022, S. 243 ff.) wurde eine prozentuale Übereinstimmung der Codierungen von 100 % erreicht.

Die Häufigkeiten der einzelnen Kategorien werden gruppenspezifisch betrachtet. Unterschiede zwischen den Gruppen werden mit einem χ^2- bzw. Fisher-Test (wenn die erwartete Häufigkeit einer Kategorie in einer Gruppe < 5 ist) auf statistische Signifikanz geprüft, um Effekte des Lernorts zu identifizieren (Kuckartz und Rädiker 2022, S. 116).

6 Ergebnisse

6.1 Perspektivwechsel

Für die erste Dimension des Perspektivwechsels konnten induktiv folgende angesprochene Personenkreise identifiziert werden:

- Eigene Person und Familie
- Schule
- Region
- Gesamtgesellschaft
- Global

Diese bilden in Abb. 2 die vertikale Achse. Die horizontale Achse stellt die Tiefe der Perspektivübernahme dar. Induktiv konnten drei Niveaus identifiziert werden.

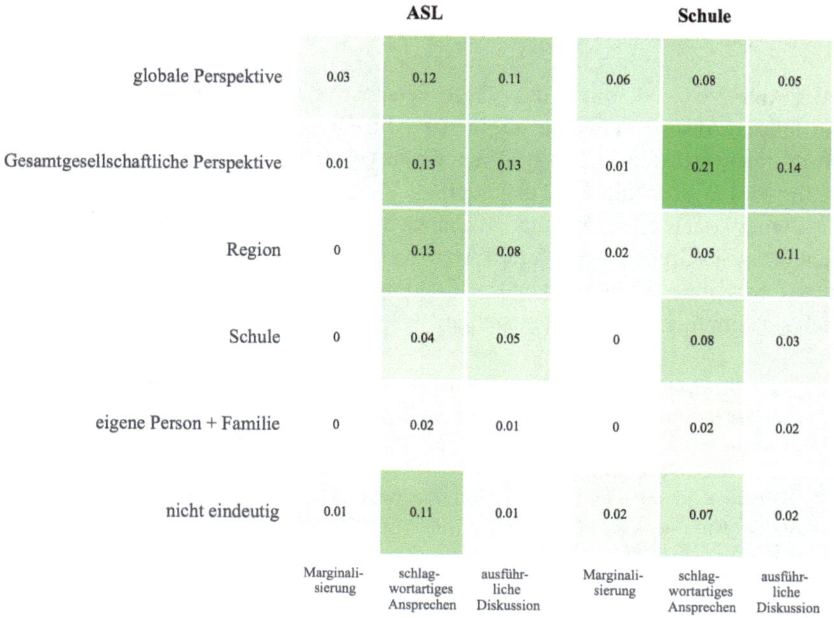

Abb. 2 Relative Häufigkeiten der Perspektivwechselkategorien nach Gruppe

Diese reichen von einer Marginalisierung der Perspektive über ein schlagwortartiges Ansprechen betroffener Personenkreise zu einer ausführlichen Diskussion. Die relativen Häufigkeiten der Codierungen sind in Abb. 2 je Gruppe dargestellt.

Es gibt in den angesprochenen Personenkreisen teilweise Häufungen bestimmter Themen, so wurden Argumente zum Klimawandel zum Beispiel fast ausschließlich als globale Perspektive codiert.

Im Folgenden betrachten wir die Subkategorien, die die deutlichsten qualitativen wie quantitativen Unterschiede zwischen den Gruppen aufweisen.

6.1.1 Regionale Perspektive

Wie in Abb. 2 zu erkennen ist, wurde nur in der Schulgruppe die regionale Perspektive marginalisiert. Drei Segmente wurden der Marginalisierung der regionalen Perspektive zugeordnet. Alle Segmente betreffen das Argument, dass durch einen Kohleausstieg Arbeitsplätze verloren gehen können. Ein Beispiel dafür ist folgendes Zitat:

> „*Wie zum Beispiel die Beschäftigten verlieren zwar ihren Job, jedoch ist eine Vereinbarung getroffen worden, wo die Arbeiter einen sicheren Job für danach zur Verfügung gestellt werden.*“ (ANM03Y, Schule, Pos. 2)

Aus Abb. 2 ist ersichtlich, dass diese Perspektive in der Schulgruppe häufiger ausführlich diskutiert wurde als in der ASL-Gruppe. Diese Unterschiede sind nach einem exakten Fisher-Test signifikant ($p = 0{,}017$). Eine mögliche Ursache dafür wird in Abschnitt 6.2.2 diskutiert.

Ferner konnten zwei qualitative Unterschiede identifiziert werden. Schüler*innen der ASL-Gruppe formulierten Argumente, die Auswirkungen der Kohlekraftwerke bzw. eines Kohleausstieges auf regionale Wassersysteme betreffen. Es handelt sich um folgende zwei Textstellen:

> „*Der Ökostrom ist natürlich besser für die Umwelt und das Klima als die Kohleenergie, da durch diese öfters in die umliegenden Flüsse warmes Wasser hineingepumpt wird, wodurch das Ökosystem in diesem Gewässer zusammenbrechen kann.*“ (EUD26E, ASL, Pos. 2)
>
> „*Wie sieht es mit der Grundwasserversorgung in unserer Region aus? Wird die Kochsa und die Spree in ihrer jetzigen Form erhalten bleiben können?*“ (AHD04N, ASL, Pos. 2)

Das zweite Zitat bezieht sich dabei auf die Auswirkungen der Tagebauschließungen auf die Grundwassersituation. Dieser Aspekt wurde durch einen/eine Kraftwerksführer*in angesprochen, war jedoch nicht Teil des Erklärvideos für die

Schulgruppe. Ebenso verhält es sich mit dem Aspekt der Einleitung noch warmen Kühlwassers in die Flüsse. Dies wurde bei Besichtigung der Kühltürme thematisiert.

Weiterer Bestandteil der Führung war die Besichtigung des Gipslagers des Kraftwerks. Im Entschwefelungsprozess entsteht als Abfallprodukt Gips. Dieser wird in einem Bunker im Kraftwerk zwischengelagert und später an ein benachbartes Unternehmen abgegeben. Diese Information war auch Bestandteil des Erklärvideos. Jedoch wurde nur in der ASL-Gruppe (2 Personen) darauf in den Stellungnahmen verwiesen.

6.1.2 Globale Perspektive

Diese Perspektive ist inhaltlich durch Argumente zum Klimawandel geprägt. Dieses Thema wird in Abschn. 6.2.1 detaillierter betrachtet. Weiteres relevantes Thema in der globalen Perspektive ist ein internationaler Vergleich, bei welchem die Rolle eines deutschen Kohleausstieges für den globalen Klimaschutz eingeschätzt wird. In allen vier (= 3 + 1) Segmenten ist dabei die zentrale These, dass durch den Weiterbetrieb bzw. den Ausbau von Kohlekraftwerken in anderen Ländern (z. B. China oder den USA) ein deutscher Kohleausstieg keine oder zu geringe Auswirkungen auf den Klimawandel hat. Dieses Argument wurde in der ASL-Gruppe häufiger formuliert als in der Schulgruppe.

6.2 Nutzung vielfältiger Argumente

Es konnten in einer inhaltlich-strukturierenden Analyse neun verschiedene Themen identifiziert werden, welche die Schüler*innen diskutieren. Zusätzlich erfasst die Kategorie *Sonstige* alle weiteren Themen, welche jedoch weniger als dreimal genannt wurden, und damit keine eigene Kategorie bildeten. Abb. 3 gibt einen Überblick über die identifizierten Themen und ihre relativen Anteile an allen Argumenten in den beiden Gruppen.

Im Folgen werden ausgewählte identifizierte qualitative und quantitative Unterschiede in den einzelnen Subkategorien vorgestellt.

6.2.1 Klimawandel

Das Klimawandelargument ist in der ASL-Gruppe das häufigste genannte Argument, in der Schulgruppe jedoch nur das fünfthäufigste (siehe Abschn. 3). Die Häufigkeit der Nennung dieses Themas unterscheidet sich signifikant nach der Gruppe ($p = 0{,}0002$; Mittelwert Häufigkeit ASL: 0,87; Mittelwert Häufigkeit Schule: 0,47; Cohen's $d = -0{,}75$) mit einem mittleren Effekt.

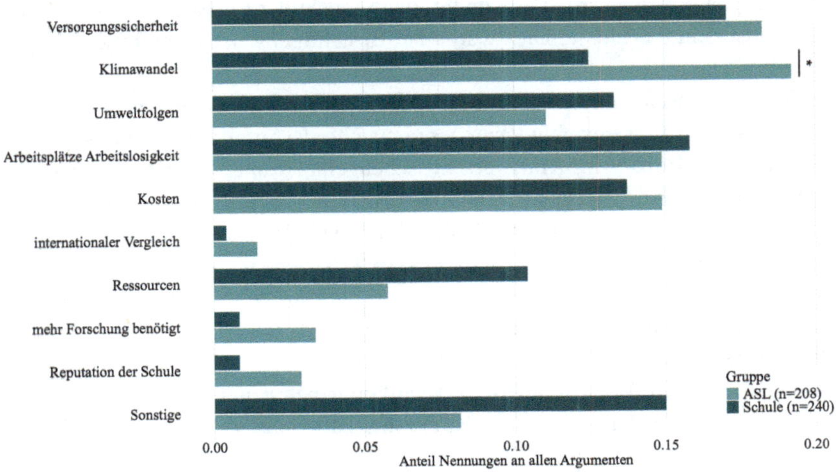

Abb. 3 Relativer Anteil der Themen an allen Argumenten nach Gruppe

Über diesen quantitativen Unterschied hinaus wurde qualitativ zwischen den Gruppen eine unterschiedliche Kontextualisierung dieses Themas identifiziert. In der ASL-Gruppe wird im Kontext des Themas häufiger auf Kohlekraftwerke verwiesen, wie beispielsweise in diesem Zitat:

> *„Während Kohlekraftwerke eine der größten Verursacher des anthropogenen Treibhauseffektes/Treibhausgasemmissionen [sic!] sind, findet bei Ökostrom ein deutlich geringerer CO2-Ausstoß statt. Die erhöhten Treibhausgasemissionen führen z. B. zum Anstieg des Meeresspiegels, Trinkwassermangel & zu vielen weiteren Dingen, die für Menschen existenzbedrohend werden könnten.“* (EAA31I, ASL, Pos. 2)

Die Begriffe „Kohle“ und „Kraftwerk“ treten in der ASL-Gruppe in 20 von insgesamt 40 Segmenten zum Klimawandel auf. In der Schulgruppe sind es lediglich sieben aus 31 Segmenten. Dies ist nach einem χ^2-Test signifikant ($p = 0{,}0345$).

6.2.2 Arbeitsplätze/Arbeitslosigkeit

In der Problemstellung nimmt der potentielle Verlust an Arbeitsplätzen durch einen Kohleausstieg in der fiktiven Mail eines Vaters eine zentrale Stellung ein. Diese fiktive Person verwendet dafür den emotionalisierenden Begriff der

„Massenarbeitslosigkeit“. Den Schüler*innen standen darüber hinaus Informationen zum sog. „Kohlekompromiss“ zur Verfügung, welche diese Position kontrastieren sollten.

Auch bei diesem Thema lässt sich eine unterschiedliche Kontextualisierung in den Gruppen feststellen. Die Schulgruppe setzte dabei einen sozialeren Fokus. Dies wird durch Formulierungen deutlich, die die konkreten betroffenen Menschen und teilweise deren Emotionen in den Mittelpunkt stellen:

> *„Ein weiterer Grund sind die Arbeiter und deren Familien, die auf Kohle gebaut haben oder einen Job erfüllen, der in Verbindung mit der Kohleförderung steht. Die Umstellung auf Ökostrom würden viele ‚Leben‘ in diesem Sinne, zerstören und tausende Menschen zwingen neue Jobs bzw., noch schlimmer, neue Lebensräume zu finden und ihr altes Leben hinter sich zu lassen.“* (ORC23N, Schule, Pos. 3)

Die persönliche Betroffenheit durch dieses Thema ist ebenfalls in der Schulgruppe ausgeprägter:

> *„und viele Personen in meiner Familie und in meinem Umfeld bei der LEAG tätig sind […]“* (ATD83A, Schule, Pos. 2)

Dies findet sich in den Codierungen zum Perspektivwechsel wieder, da die Perspektive der *eigenen Person und Familie* in der ASL-Gruppe nur in Verbindung mit dem Klimawandel-/ Umweltargument und einmal mit dem Versorgungssicherheitsargument auftrat. In der Schulgruppe hingegen trat diese Perspektive zusätzlich in Verbindung mit dem Arbeitsplatzargument auf.

In der ASL-Gruppe wurde das Thema seltener in einem sozialen Kontext diskutiert, sondern in einem wirtschaftlichen Kontext. Es wurde des Weiteren ein kombinierter Kontext identifiziert, welcher zwar konkrete Menschen in den Blick nimmt, jedoch direkte individuelle Konsequenzen der Arbeitslosigkeit nicht diskutiert. Die Verteilung der Kontexte auf die beiden Gruppen ist in Tab. 1

Tab. 1 Verteilung der Kontextualisierungen des Arbeitsplatzarguments

–	ASL	Schule
Wirtschaftlich	18	17
Kombiniert	10	5
Sozial	3	16

dargestellt. Die Verteilung unterscheidet sich nach einem exakten Fisher-Test signifikant ($p = 0,0054$).

Diese Beobachtung kann eventuell zu einem Teil erklären, warum die regionale Perspektive in der Schulgruppe häufiger ausführlich diskutiert wurde. Die sozialeren Diskussionen sind in Teilen elaborierter als pauschale Aussagen zu „Arbeitsplätzen“: „Sie sichern auch viele Arbeitsplätze in der Region“ (ENS31N, ASL, Pos. 2).

6.2.3 Versorgungssicherheit

Das Thema der Versorgungssicherheit mit elektrischer Energie tritt in der Schulgruppe am häufigsten auf, in der ASL-Gruppe am zweithäufigsten. In der Kraftwerksführung und im Erklärvideo für die Schulgruppe nimmt dieses Thema eine große Stellung ein. In einem qualitativen Vergleich der zu dieser Kategorie gehörenden Segmente konnten zwei Unterschiede zwischen den Gruppen festgestellt werden.

Nur in der ASL-Gruppe wird der konkrete Wert der Netzfrequenz (50 Hz) direkt angesprochen. Auch eine ausführlichere Erklärung der Funktionsweise des Stromnetztes „[…] Unser Stromnetz funktioniert jedoch nur, wenn jederzeit so viel Strom eingespeist wie verbraucht wird […]“ (AAS02X, ASL, Pos. 3) tritt nur in der ASL-Gruppe auf.

Drei Personen der ASL-Gruppe postulieren einen erhöhten Bedarf an Stromimporten nach dem Kohleausstieg. Diese Position wurde ebenfalls von den Kraftwerksführer*innen vertreten. Werden in der Schulgruppe Stromimporte angesprochen, so immer in der Form, dass durch einen erhöhten Anteil an erneuerbaren Energien im Netz weniger Strom importiert werden muss.

6.2.4 Anzahl inhaltlich verschiedener Themen

Abb. 4 stellt dar, wie viele unterschiedliche Themen die Schüler*innen in Summe angesprochen haben. Man erkennt, dass die Schüler*innen der ASL-Gruppe mehr verschiedene Themen betrachtet haben als ihre Kamerad*innen aus der Schulgruppe. In der ASL-Gruppe wurden im Median vier verschiedene Themen angesprochen, in der Schulgruppe sind es nur drei. Dieser Unterschied ist nach einem Mann–Whitney-U-Test signifikant ($p = 0,0074$).

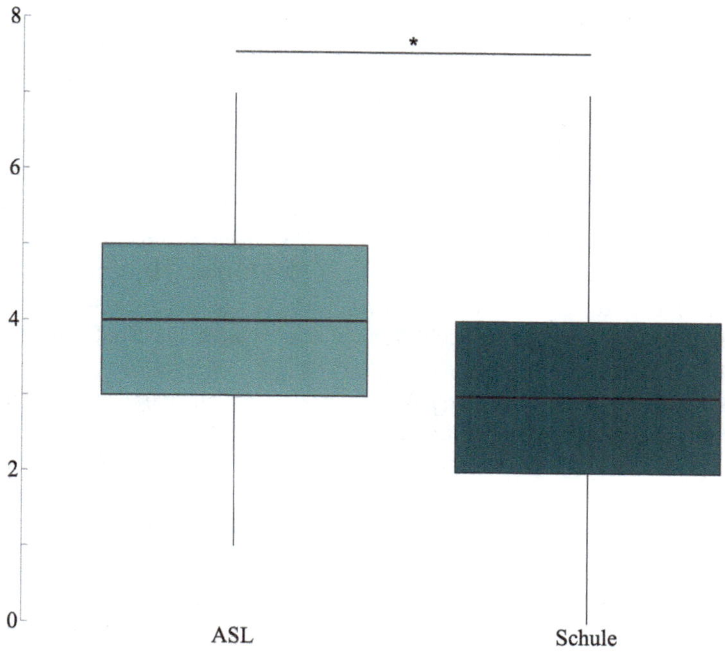

Abb. 4 Boxplot Anzahl inhaltlich verschiedener Themen

7 Diskussion

Im Folgenden werden die Ergebnisse im Kontext des ANM diskutiert. Dabei wird vor allem auf mögliche Wirkungen des Lernorts und der Aktivitäten dort auf Perspektivwechsel und Argumentationen eingegangen.

Ein Einfluss der Interaktion mit den Expert*innen kann bei der Bereicherung der regionalen Perspektive durch inhaltliche Informationen zur Wasserproblematik und der Übernahme des Stromimportarguments vermutet werden. Auch das Aber-China-Argument wurde in einem Interview mit den Kraftwerksführer*innen von diesen unaufgefordert angesprochen. Es kann daher nicht ausgeschlossen werden, dass dieses Argument auch in der Führung formuliert wurde. Diese Beobachtungen zeigen die Bedeutung der Kommunikation mit den Expert*innen für die Argumentationen der Schüler:innen auf. Bereits Kahn und Zeidler (2019) forderten Kontakt zu SSI-Betroffenen zur Förderung von Perspektivwechsel. Herman et al. (2018, S. 2105 f.) berichten ebenfalls von einem Einfluss der *stakeholder* auf die Argumentationen.

Der Einfluss der erlebten Primärerfahrungen auf die Argumentationen wird besonders deutlich beim Verweis auf die Weiterverwendung des Gipses des Kraftwerks. Das Sehen des Gipsberges erhöht die Präsenz dieses Arguments im Vergleich zu einer Erwähnung im Erklärvideo. Dies ist im Einklang mit den Beobachtungen von Kinslow et al. (2019, S. 405 f.) und Herman et al. (2018, S. 2104 f.). Die Anwesenheit im Kraftwerk, also der räumliche Kontext (Falk und Dierking 2000), kann eine Ursache für die unterschiedliche Kontextualisierung des Klimawandelarguments sein.

Bei der Entwicklung des Perspektivwechsels wird ein möglichst weiter, von konkreten Individuen entkoppelter Blick angestrebt. Die Perspektive der Schüler*innen sollte sich lösen von ihrer eigenen, individuellen Perspektive zu einem elaborierteren Blick auf gesamtgesellschaftliche Entwicklungen. In Abb. 2 würde sich dies in einer stärkeren Ausprägung der rechten oberen Ecke manifestieren. Ein solcher Unterschied zwischen den Gruppen konnte jedoch nicht festgestellt werden. Eine mögliche Ursache ist die vergleichsweise kurze Intervention.

Die höhere Anzahl berücksichtigter Themen in der ASL-Gruppe zeigt auf, dass die Exkursion den Schüler*innen geholfen hat, die Komplexität des Problems besser zu erkennen. Das ist nach Romine et al. (2020, S. 2993) förderlich für elaborierte Perspektivwechsel.

7.1 Limitationen

Die Studie weist einige Limitationen auf. Die größte Limitation sind die sich teilweise unterscheidenden Interventionen für die beiden Gruppen. Die ursprüngliche Planung der Intervention sah vor, dass nach der Kraftwerksführung im Informationszentrum des Kraftwerks dasselbe Erklärvideo zum Treibhauseffekt angesehen wird wie in der Schulgruppe. Da die Wiedergabe von Ton am Tag der Kraftwerksführung nicht möglich war, wurde das Thema spontan in einem Plenumsgespräch behandelt. Dieses Plenumsgespräch könnte eine intensivere Auseinandersetzung mit dem Thema initiiert haben, als es das bloße Betrachten des Erklärvideos und das Bearbeiten des zugehörigen Arbeitsblatts kann. Dies erklärt eventuell die unterschiedliche Häufigkeit des Klimawandelarguments sowie die unterschiedliche Kontextualisierung.

Auch die am Thema verbrachte Zeit unterscheidet sich durch den mehrstündigen Lernortbesuch zwischen den Gruppen. Bei dieser Intervention handelt es sich dennoch um eine kurze Intervention. Die bisherige Forschung zeigt, dass mehrwöchige Interventionen für messbare Änderungen des SSR notwendig sind (Romine et al. 2017). Jedoch konnte in dieser Studie bereits mit einer kurzen Intervention ein Einfluss darauf, wie Schüler*innen über ein spezifisches SSI denken, identifiziert werden. Eine Follow-up-Erhebung konnte aufgrund der Sommerferien nicht durchgeführt werden.

7.2 Implikationen

Der mehrfach identifizierte Einfluss der Position bzw. Argumentation der Kraftwerksführer*innen zeigt deutlich auf, dass dieser bei der Unterrichtsplanung berücksichtigt werden muss. Entsprechend der Lernziele kann eine Kontrastierung der Expert*innenposition erforderlich sein. Dies forderten bereits Karpa et al. (2015). Bei gesellschaftlich hoch diskutierten SSI wie dem Kohleausstieg ist es denkbar, an einem Tag eine weitere Exkursion durchzuführen, bei welcher die Schüler*innen mit einer konträren Position konfrontiert werden. Die Ergebnisse der Studie zeigen jedoch auch, dass eine Diskussion der zur Position des ASL konträren Position noch am Lernort selbst bereits ausreichen kann, um eine differenzierte Betrachtung des Themas zu ermöglichen.

Die Ergebnisse dieser Studie zeigen, dass ein Lernortbesuch eine sinnvolle Ergänzung des Unterrichts ist, wenn man das Komplexitätserkennen und Wahrnehmen anderer Perspektiven unterrichtlich fördern will.

Literatur

Alfs, N., von Waldegge, K. H.& Hößle, C. (2012). Bewertungsprozesse verstehen und diagnostizieren. *ZISU, 1*(1), 83–112.

Eggert, S. & Bögeholz, S. (2006). Göttinger Modell der Bewertungskompetenz – Teilkompetenz „Bewerten, Entscheiden und Reflektieren" für Gestaltungsaufgaben Nachhaltiger Entwicklung. *ZfDN, 12,* 177–197.

Falk, J. & Storksdieck, M. (2005). Using the contextual model of learning to understand visitor learning from a science center exhibition. *Sci Educ., 89*(5), 744–778. https://doi.org/10.1002/sce.20078

Falk, J. H. & Dierking, L. D. (2000). *Learning from museums. Visitor experiences and the making of meaning*. AltaMira Press.

Greeno, J. G. &Moore, J. L. (1993). Situativity and symbols: Response to Vera and Simon. *Cogn Sci, 17*(1), 49–59. https://doi.org/10.1207/s15516709cog1701_3

Helmke, A. (2014). *Unterrichtsqualität und Lehrerprofessionalität. Diagnose, Evaluation und Verbesserung des Unterrichts* (5. Aufl.). Klett Kallmeyer.

Herman, B. C., Newton, M. H. & Zeidler, D. L. (2021). Impact of place-based socioscientific issues instruction on students' contextualization of socioscientific orientations. *Sci Educ., 105*(4), 585–627. https://doi.org/10.1002/sce.21618

Herman, B. C., Zeidler, D. L. & Newton, M. (2018). Students' emotive reasoning through place-based environmental socioscientific issues. *Res. Sci. Educ., 50,* 2081–2109. https://doi.org/10.1007/s11165-018-9764-1

Hostenbach, J., Fischer, H. E., Kauertz, A., Mayer, J., Sumfleth, E. & Walpuski, M. (2011). Modellierung der Bewertungskompetenz in den Naturwissenschaften zur Evaluation der nationalen Bildungsstandards. *ZfDN, 17,* 261–288.

Hößle, C. (2001). *Moralische Urteilsfähigkeit. Eine Interventionsstudie zur moralischen Urteilsfähigkeit von Schülern zum Thema Gentechnik*. Studien Verlag.

Hößle, C. (2007). Ethische Bewertungskompetenz im Biologieunterricht. In S. Jahnke-Klein, H. Kiper & L. Freisel (Hrsg.), *Gymnasium heute: Zwischen Elitebildung und Förderung der Vielen* (S. 111–127). Schneider Verlag Hohengehren.

Kahn, S. & Zeidler, D. L. (2019). A conceptual analysis of perspective taking in support of socioscientific reasoning. *Sci & Educ, 28,* 605–638. https://doi.org/10.1007/s11191-019-00044-2

Karpa, D., Lübbecke, G. & Adam, B. (Hrsg.) (2015). *Außerschulische Lernorte. Theorie, Praxis und Erforschung außerschulischer Lerngelegenheiten* (1. Aufl.). Prolog.

Kinslow, A. T., Sadler, T. D. & Nguyen, H. T. (2019). Socio-scientific reasoning and environmental literacy in a field-based ecology class. *Environ. Educ. Res., 25*(3), 388–410. https://doi.org/10.1080/13504622.2018.1442418

Klafki, W. (2007). *Neue Studien zur Bildungstheorie und Didaktik. Zeitgemäße Allgemeinbildung und kritisch-konstruktive Didaktik* (6., neu ausgestattete Aufl.). Beltz.

Kuckartz, U. & Rädiker, S. (2022). *Qualitative Inhaltsanalyse. Methoden, Praxis, Computerunterstützung* (5. Aufl.). Beltz Juventa.

Kuske-Janßen, W., Niethammer, M., Pospiech, G., Wieser, D., Wils, J.-T. & Wilsdorf, R. (2020). Außerschulische Lernorte – Theoretische Grundlagen und Forschungsstand. In G. Pospiech, M. Niethammer, D. Wieser & F.-M. Kuhlemann (Hrsg.), *Begegnungen mit der Wirklichkeit. Chancen für fächerübergreifendes Lernen an außerschulischen Lernorten* (S. 21–49). hep.

Labudde, P. & Möller, K. (2012). Stichwort: Naturwissenschaftlicher Unterricht. *ZfE, 15*(1), 11–36. https://doi.org/10.1007/s11618-012-0257-0

Lave, J. (1991). Situating learning in communities of practice. In L. B. Resnick, J. M. Levine & S. D. Teasley (Hrsg.), *Perspectives on socially shared cognition* (S. 63–82). American Psychological Association.

Law, L.-C. (2000). Die Überwindung der Kluft zwischen Wissen und Handeln aus situativer Sicht. In H. Mandl & J. Gerstenmaier (Hrsg.), *Die Kluft zwischen Wissen und Handeln. Empirische und theoretische Lösungsansätze* (S. 253–287). Hogrefe.

Mandl, H., Gruber, H. & Renkl, A. (2002). Situiertes Lernen in multimedialen Lernumgebungen. In L. J. Issing & P. Klisma (Hrsg.), *Information und lernen mit Multimedia und*

Internet. Lehrbuch für Studium und Praxis (3., vollst. überarb. Aufl., S. 138–148). Beltz PVU.

Moegling, K. & Brandt, T. (2015). Zwischen Ökonomie und Ökologie. Der Konflikt um die Salzlaugenentsorgung von Kali+Salz – ein fächerübergreifender Unterrichtsversuch an einem außerschulischen Lernort. In D. Karpa, B. Overwien & O. Plessow (Hrsg.), *Außerschulische Lernorte in der politischen und historischen Bildung* (Bd. 8, S. 109–123). Prolog.

Niethammer, M., Wils, J.-T., Wilsdorf, R. & Pospiech, G. (2020). Fächerübergreifendes Lernen an außerschulischen Lernorten – Herausforderungen für das didaktisch-methodische Handeln. In G. Pospiech, M. Niethammer, D. Wieser & F.-M. Kuhlemann (Hrsg.), *Begegnungen mit der Wirklichkeit. Chancen für fächerübergreifendes Lernen an außerschulischen Lernorten* (S. 175–193). hep.

Reitschert, K. (2010). Elemente und Niveaus ethischer Bewertungskompetenz. In D.V. zur Förderung des mathematischen und naturwissenschaftlichen Unterrichts e.V. (Hrsg.), *MNU Dokumentation der 14. Fachleitertagung Biologie. „Biologie erfolgreich lehren – zwischen Ausbildungsstandards und Fachwissenschaft“* (S. 51–62).

Reitschert, K. & Hößle, C. (2007). Wie Schüler ethisch bewerten. Eine qualitative Untersuchung zur Strukturierung und Ausdifferenzierung von Bewertungskompetenz in bioethischen Sachverhalten bei Schülern der Sek. I. *ZfDN, 13*(1), 125–143

Resnick, L. B. (1994). Situated rationalism: Biological and social preparation for learning. In L. A. Hirschfeld & S. A. Gelman (Hrsg.), *Mapping the mind: Domain specificity in cognition and culture* (S. 474–494). Cambridge: Cambridge University Press. https://doi.org/10.1017/CBO9780511752902.020

Romine, W. L., Sadler, T. D., Dauer, J. M. & Kinslow, A. (2020). Measurement of socio-scientific reasoning (SSR) and exploration of SSR as a progression of competencies. *Int. J. Sci. Educ., 42*(18), 2891–3002. https://doi.org/10.1080/09500693.2020.1849853

Romine, W. L., Sadler, T.D.& Kinslow, A. T. (2017). Assessment of scientific literacy: Development and validation of the quantitative assessment of socio-scientific reasoning (QuASSR). *J. Res. Sci. Teach., 54*(2), 274–295. https://doi.org/10.1002/tea.21368

Sadler, T. D., Barab, S. A. & Scott, B. (2007). What do students gain by engaging in socioscientific inquiry? *Res. Sci. Educ., 37,* 371–391. https://doi.org/10.1007/s11165-006-9030-9

Sadler, T. D. & Donnelly, L. A. (2006). Socioscientific argumentation: The effects of content knowledge and morality. *Int. J. Sci. Educ., 28*(12), 1463–1488. https://doi.org/10.1080/09500690600708717

Sadler, T. D., Klosterman, M. L. & Topcu, M. S. (2011). Learning science content and socioscientific reasoning through classroom explorations of global climate change. In T. D. Sadler (Hrsg.), *Socio-scientific issues in the classroom. teaching, learning and research* (Bd. 39, S. 45–77). Springer.

Sander, H. & Höttecke, D. (2018). Orientierungen von Jugendlichen beim Urteilen und Entscheiden in Kontexten nachhaltiger Entwicklung. *ZfDN, 24,* 83–98.

Schreiber, J.-R. & Siege, H. (2016). *Orientierungsrahmen für den Lernbereich globale Entwicklung* (2. akualisierte und erweiterte Aufl.). Engagement Global.

Schuh, H. (2001). Entscheidungsverfahren zur Umsetzung einer nachhaltigen Entwicklung. *Dresdner Beiträge zur Betriebswirtschaftslehre, 45*(01).

Sekretariat der Ständigen Konferenz der Kultusminister der Länder in der Bundesrepublik Deutschland (KMK) (2020). *Bildungsstandards im Fach Physik für die allgemeine Hochschulreife*. Carl Link Verlag.

Sjöström, J. & Eilks, I. (2018). Reconsidering different visions of scientific literacy and science education based on the concept of Bildung. In Y. J. Dori, Z. R. Mevarech & D. R. Baker (Hrsg.), *Cognition, metacognition, and culture in STEM education: Learning, teaching and assessment* (S. 65–88). Springer Nature. https://doi.org/10.1007/978-3-319-66659-4_16

Tan, O. S. (2002). Problem-based learning: More problems for teacher education. *REACT, 21*(1), 43–55.

Thomas, B. (2009). Lernorte außerhalb der Schule. In K.-H. Arnold, U. Sandfuchs & J. Wiechmann (Hrsg.), *Handbuch Unterricht* (2., aktual. Aufl., S. 283–287). Klinkhardt.

Wu, Y.-T. & Tsai, C.-C. (2007). High school students' informal reasoning on a socio-scientific issue: Qualitative and quantitative analyses. *Int. J. Sci. Educ., 29*(9), 1163–1187. https://doi.org/10.1080/09500690601083375

Potenziale und Herausforderungen non-formaler MINT-Bildung in der Oberlausitz aus Sicht ihrer Akteur*innen

Anna Noémie Verheggen, Sebastian Schellhammer und Christian Tiller

1 Einleitung

Akteur*innen non-formaler Lernorte bereichern mit Bildungsangeboten für außerschulischen Unterricht und Freizeit regionale Bildungslandschaften und tragen zum Kompetenzerwerb von Kindern und Jugendlichen bei. In der Oberlausitz, wo der Strukturwandel als Folge des Kohleausstiegs durch Fachkräftemangel erschwert wird, nehmen sie eine besondere Rolle ein. Doch welche Potenziale non-formaler MINT-Bildung sehen die Akteur*innen und welche Herausforderungen begegnen ihnen in ihrer Arbeit? Diese Frage wird im Folgenden diskutiert und dabei Bezug auf Ergebnisse leitfadengestützter Interviews genommen.

A. N. Verheggen (✉)
Zentrum für Lehrerbildung, Schul- und Berufsbildungsforschung, Technische Universität Dresden, Dresden, Deutschland
E-Mail: noemie_anna.verheggen@tu-dresden.de

S. Schellhammer
Institut für Angewandte Physik, Technische Universität Dresden, Dresden, Deutschland
E-Mail: sebastian.schellhammer@tu-dresden.de

C. Tiller
Zentrum für Wissenstransfer und Bildung (ZWB), Hochschule Zittau/Görlitz (HSZG), Zittau, Deutschland
E-Mail: Christian.Tiller@hszg.de

A. Wenzel und T. Schmäing (Hrsg.), *Außerschulisches Lernen in der naturwissenschaftlichen Bildung*, https://doi.org/10.1007/978-3-658-50864-7_23

1.1 Die Lausitz zwischen Strukturwandel und Fachkräftemangel

Die Lausitz ist eine ländliche, überwiegend von Kleinstädten und Dörfern durchzogene Region mit relativ geringer Bevölkerungsdichte. Im Vergleich zu anderen Regionen Deutschlands weist sie ein unterdurchschnittliches Einkommensniveau und eine überdurchschnittliche Arbeitslosenquote auf, wobei starke lokale Unterschiede bestehen (Haas 2020; Rosa-Luxemburg-Stiftung 2019). Die öffentliche Infrastruktur ist lückenhaft, insbesondere in Bezug auf die Gesundheitsversorgung, die Verfügbarkeit von Kindertageseinrichtungen und Schulen sowie den öffentlichen Nahverkehr (Haas 2020).

Durch die politischen Planungen zum Ende der Kohleverstromung in Deutschland bis 2038 wurde in der Lausitz ein Strukturwandel induziert, der die Region vor enorme wirtschaftliche und gesellschaftliche Transformationsherausforderungen stellt. Zentral für die Weiterentwicklung der Lausitz werden in den kommenden Jahren daher der Ausbau zukunftsträchtiger Wirtschaftszweige (z. B. erneuerbare Energien), die Ansiedlung neuer Unternehmen sowie die Schaffung attraktiver und gut bezahlter Arbeitsplätze außerhalb der Kohleindustrie sein (Rosa-Luxemburg-Stiftung 2019).

Erste positive Entwicklungen in diese Richtung sind bereits erkennbar. So werden in den kommenden Jahren bedeutende Großforschungszentren in der Oberlausitz[1] aufgebaut, darunter das Deutsche Zentrum für Astrophysik (DZA) und das Bundesforschungszentrum für klimaneutrales und ressourceneffizientes Bauen *Living Art of Building* (LAB), die einen hohen Bedarf an qualifizierten Arbeitskräften haben und somit zahlreiche Arbeitsplätze, insbesondere im MINT-Bereich, zur Verfügung stellen werden. Dies bietet einerseits eine große Chance für die Oberlausitz, erfordert andererseits jedoch Umstrukturierungen in der Bildungslandschaft im Jugend- und Erwachsenenbereich, um den Anforderungsprofilen dieser Arbeitsplätze gerecht zu werden.

Gleichzeitig kämpft die Region mit einem ausgeprägten Fachkräftemangel, der durch den anhaltenden Bevölkerungsschwund weiter verschärft wird (ebd.). Die Abwanderung junger Menschen zu stoppen, indem ihnen eine attraktive berufliche Perspektive geboten wird, und ihnen gleichzeitig eine gute Bildung zu

[1] Die Region Lausitz wird in die nördliche Teilregion Niederlausitz und die südliche Teilregion Oberlausitz gegliedert. Die folgenden Ausführungen fokussieren auf die Region Oberlausitz, genauer auf die Landkreise Bautzen und Görlitz in Sachsen.

ermöglichen, sind daher weitere zentrale Aufgaben für die nächsten Jahre. Damit Rückkehrprogramme und die Akquirierung von nationalen und internationalen Fachkräften fruchten, braucht es ebenso eine attraktive Bildungslandschaft.

1.2 Stärkung der regionalen Bildungslandschaft durch das Projekt „Zukunftslernort Oberlausitz"

In den vergangenen Jahren sind mehrere Initiativen entstanden, die darauf abzielen, die Bildungslandschaft der Oberlausitz durch non-formale bzw. außerschulische Bildungsangebote zu stärken. Beispielsweise wurde, gefördert durch das Bundesministerium für Bildung und Forschung (BMBF), das MINT-Cluster *MINTmachRegion Ostsachsen* (MINOS) aufgebaut, das insbesondere eine engere Zusammenarbeit zwischen den regionalen Bildungsakteur*innen anstrebt. Die Technische Universität Dresden (TU Dresden) befasste sich im Rahmen des BMBF-geförderten Projekts *Synergetische Lehrerbildung im exzellenten Rahmen* (TUD-SYLBER) u. a. mit der Vernetzung von außerschulischen Lernorten und Lehrkräften. Dabei wurden Seminare für Lehramtsstudierende in Zusammenarbeit mit außerschulischen Lernorten der Regionen Lausitz und Osterzgebirge durchgeführt, Fortbildungen für Lehrkräfte entwickelt und eine digitale „Lernlandkarte"[2] erstellt, um die Sichtbarkeit der außerschulischen Lernorte Sachsens für Lehrkräfte zu erhöhen. Im Rahmen der Bildungsinitiative *Zukunftslernort Oberlausitz* (ZukLOS) baut die Hochschule Zittau/Görlitz (HSZG) in Zusammenarbeit mit weiteren Akteur*innen, wie dem Deutschen Zentrum für Luft- und Raumfahrt (DLR), neue stationäre und mobile außerschulische Lernorte auf und gestaltet bedarfsorientierte Bildungsangebote (s. Abb. 1).[3] Ziel ist es, die MINT-Bildung von Kindern und Jugendlichen in der Oberlausitz zu fördern, ihre regionale Verbundenheit zu steigern und perspektivisch zu einer regionalen Stärkung des Fachkräftenachwuchses im naturwissenschaftlich-technischen Bereich beizutragen.

Zur konzeptionellen Vorbereitung der Lernortgründungen kooperierte die HSZG im BMBF-geförderten Projekt „Zukunftslernort Oberlausitz – Analyse und

[2] https://lernorte.sachsen.schule/p/

[3] Für weiterführende Informationen zur Bildungsinitiative „Zukunftslernort Oberlausitz" (ZukLOS) der HSZG s. https://zuklos.hszg.de/.

Abb. 1 Überblick über die Lernorte, die in der Bildungsinitiative ZukLOS durch die HSZG aufgebaut werden. Deutschlandkarte[4] modifiziert durch die Autor*innen

Entwicklung außerschulischer MINT-Bildung"[5] mit dem Zentrum für Lehrerbildung, Schul- und Berufsbildungsforschung (ZLSB) der TU Dresden. Das Vorhaben verfolgte als ein Arbeitsziel die Identifikation von Potenzialen, Herausforderungen und Bedarfen der non-formalen MINT-Bildung in der Region aus Sicht der an ihr beteiligten Akteur*innen, was Gegenstand dieses Beitrags ist.

2 Theoretischer Hintergrund und Forschungsstand

Die MINT-Bildung von Kindern und Jugendlichen abseits des Klassenzimmers ist durch eine große Vielfalt an Akteur*innen und Aktivitäten charakterisiert. Für die Bezeichnung „außerschulischer Lernort" liegen „[…] unterschiedliche, alternative und sich zum Teil ergänzende Begriffsbestimmungen sowie Systematisierungen vor" (Baar und Schönknecht 2018, S. 15), wobei in der Betrachtung außerschulischen Lernens nicht selten freiwillige Lernaktivitäten außerhalb des Schulkontextes explizit ausgeschlossen werden (Kuske-Janßen et al. 2020). Im Rahmen der Befragung innerhalb des Projekts *Zukunftslernort Oberlausitz – Analyse und Entwicklung außerschulischer MINT-Bildung* wurden hingegen Lernorte

[4] Tim Reckmann, https://ccnull.de/foto/deutschlandkarte/1003751. Zugegriffen: 23.10.2024.

[5] Das Projekt war Bestandteil des WIR-Bündnisses „Lausitz – Life and Technology" (L&T). Die BMBF-Programmlinie „WIR! – Wandel durch Innovation in der Region" verfolgt das Ziel, die Innovationsfähigkeit strukturschwacher Regionen zu stärken und langfristig Perspektiven für Wachstum und Beschäftigung zu schaffen.

betrachtet, die schwerpunktmäßig Bildungsangebote für Kinder und Jugendliche bereitstellen, die diese in ihrer Freizeit wahrnehmen können (s. Abschn. 3.3). Lernen findet hier primär in strukturierten Arrangements mit einem hohen Grad an Freiwilligkeit statt, die – im Vergleich zum formalen Lernen an Schulen – nicht geprüft werden. Aus diesem Grund wird in diesem Beitrag von non-formalen Lernorten gesprochen, auch wenn zusätzlich formales Lernen und informelles, das heißt nicht institutionalisiertes, Lernen erfolgen kann.

Bisherige Forschungsarbeiten im deutschsprachigen Raum konzentrieren sich vor allem auf die Wirksamkeit und die didaktisch-methodische Gestaltung außerschulischen Unterrichts (Karpa et al. 2015; Pospiech et al. 2020). Böning und Pospiech untersuchten beispielsweise die Förderung von Perspektivwechseln im Rahmen außerschulischen Physikunterrichts (Böning und Pospiech 2026, in diesem Sammelband). In ihrer Studie sind regionale Bezüge durch das regional relevante Thema des Kohleausstiegs in der Lausitz stark ausgeprägt. Mit einem geeigneten Regionalbezug kann außerschulischer Unterricht das Erlangen einer regionalen Identität und die gesellschaftliche Teilhabe fördern (Kuske-Janßen et al. 2020), was insbesondere in einer Region, die von Bevölkerungsrückgang betroffen ist, von Bedeutung ist. Als weitere Potenziale gelten die Stärkung des Lebenswelt- und Wissenschaftsbezugs, die Schaffung von Primärerfahrungen und Expert*innen-Lai*innen-Kommunikation sowie der Zugang zu Lerninhalten in authentischen Kontexten (Kuske-Janßen et al. 2020). Insgesamt kann Unterricht an außerschulischen Lernorten damit schulisches Lernen sinnvoll erweitern und trägt zu einer Öffnung der Institution Schule bei (Pries und Wiesmüller 2011).

Über die Chancen und Herausforderungen non-formaler MINT-Bildung ist vergleichsweise wenig bekannt, obwohl vielfältige Studien (Furtner-Kallmünzer et al. 2002; Harring et al. 2007) gezeigt haben, dass Bildungsprozesse auch wesentlich außerhalb des schulischen Kontexts stattfinden. Vorliegende Forschung konzentriert sich, bedingt durch die Aufteilung in wissenschaftliche Fachbereiche, nicht selten auf spezifische Typen von Lernorten, wie Schüler*innenlabore (z. B. Guderian et al. 2006), Makerspaces (Heinzel et al. 2020) – auch im Kontext von Bibliotheken (Kim et al. 2022) – oder Museen (Filippoupoliti und Koliopoulos 2014). Auch die Didaktik der dort gestalteten Bildungsangebote ist Gegenstand zahlreicher Untersuchungen, etwa im Hinblick auf selbstbestimmtes Lernen bzw. das Lernen in free-choice-settings (Wilde 2007). Abgesehen von Makerspaces (Kim et al. 2022) werden Befragungen in diesem Kontext überwiegend mit Nutzer*innen und Lehrkräften durchgeführt (Busch et al. 2020; Halonen und Aksela 2018; Lewalter und Geyer 2009; Tischer et al. 2022) und vergleichsweise selten mit den Unterstützer*innen (Bliesmer und Komorek 2022) oder Anbieter*innen (Limpinsel et al. 2021; MINTvernetzt 2023). Empirische Zugänge finden sich vor allem in der Forschung zu Bildungslandschaften, bspw. zum Stadtteil Köln-Kalk (Thimmel 2016), der StädteRegion Aachen (Veldkamp und Wevering 2014) oder der kommunalen Bildungslandschaft Ulm (Eisnach 2011), die vorwiegend dem regionalen Bildungsmonitoring dienen. Spezifische Untersuchungen zu Bildungsangeboten im ländlichen Raum hingegen sind rar (Kim et al. 2022). Für die Lausitzer Bildungslandschaft führte das Netzwerkbüro Bildung in der Lausitz 2024 eine Analyse durch. Ziel dabei war, die Bildungsakteur*innen der Region und ihre Verbindungen untereinander systematisch zu erfassen (Netzwerkbüro Bildung in der Lausitz 2024). Weitere empirische Auseinandersetzungen mit der Bildungslandschaft der (Ober-)Lausitz fehlen jedoch bisher.

3 Befragung non-formaler Bildungsakteur*innen in der Oberlausitz

3.1 Ziel der Untersuchung und Forschungsfrage

Wie in Abschn. 1.1 skizziert, steht die Oberlausitz vor weitreichenden Herausforderungen, die auch andere ländlich geprägte Regionen in Deutschland und darüber hinaus betreffen. Mit dem Strukturwandel ergeben sich für die Oberlausitz aber auch Chancen, weil umfangreiche finanzielle Mittel zur Verfügung gestellt werden, bspw. auch zur Stärkung der Bildungslandschaft inklusive ihrer non-formalen Lernorte. So sollen zum einen bestehende Strukturen und Akteur*innen gefördert und zum anderen bedarfsorientiert neue Bildungsangebote, wie im Rahmen der Initiative ZukLOS durch die HSZG, geschaffen werden. Die vorliegenden Forschungsergebnisse, insbesondere zu non-formaler Bildung, sind jedoch zu lückenhaft, um diese Prozesse hinreichend zu unterstützen. Zudem erfordern derart regionalspezifische Maßnahmen eine empirische Auseinandersetzung mit der Region.

Ziel der Befragung war daher die Identifikation von Potenzialen, Herausforderungen und Bedarfen der regionalspezifischen non-formalen MINT-Bildung aus Sicht derjenigen, die diesen Bereich selbst mitgestalten. Die zentrale Forschungsfrage lautete: *Welche Potenziale, Herausforderungen und Bedarfe benennen Akteur*innen der non-formalen MINT-Bildung für Kinder und Jugendliche hinsichtlich ihrer Arbeit in der Oberlausitz?*

Daraus wurden folgende Untersuchungsfragen[6] abgeleitet:

1. Über welche Bildungsangebote verfügen die Lernorte im MINT-Bereich? Welche Ziele werden damit verfolgt?
2. Welche Zielgruppen haben die Angebote der Lernorte? Inwiefern gelingt es, diese Zielgruppen zu erreichen? Wie gestaltet sich die Teilnehmendenstruktur hinsichtlich Alter, Geschlechterverteilung und Schulform?
3. Wie gestaltet sich die Zusammenarbeit mit Schulen und anderen Lernorten der Region?
4. Welche aktuellen Herausforderungen identifizieren die Befragten in ihrer Arbeit am Lernort?
5. Wo liegen Stärken und Potenziale der non-formalen MINT-Bildung in der Region aus Sicht der Befragten? Wo bestehen dem gegenüber Herausforderungen und welche Handlungsbedarfe leiten die Akteur*innen daraus ab?

3.2 Methodik

3.2.1 Erhebungsmethode: Leitfadengestützte qualitative Interviews

Aufgrund des lückenhaften Forschungsstands in Bezug auf die Forschungsfrage und der Konzentration auf eine spezifische Region, die in wissenschaftlichen Untersuchungen bisher kaum betrachtet wurde, wurde ein exploratives Vorgehen gewählt (Günter und Mruck 2020). Damit sollte auch eine Grundlage für eine zukünftige standardisierte Befragung non-formaler Lernorte der Region geschaffen werden, um repräsentative Aussagen treffen zu können.

Für die Durchführung der Interviews wurde ein Leitfaden entwickelt, der den Gesprächsverlauf hinsichtlich der Forschungs- und Untersuchungsfragen strukturierte. Auf diese Weise konnte sichergestellt werden, dass alle relevanten Themen innerhalb sämtlicher Interviews besprochen wurden und eine hinreichende Vergleichbarkeit der Interviews gegeben war (Misoch 2019). Gleichzeitig wurde darauf geachtet, den Akteur*innen genug Spielraum zu geben, um eigene, für sie relevante Themen in das Interview einzubringen.

Aus zeitökonomischen Gründen wurden Gruppeninterviews durchgeführt, wenn von Seiten der Lernorte der Wunsch bestand, dass mehr als eine Person an

[6] Aufgrund bisher weitestgehend fehlender Studien wurden die Fragen aus dem zu beforschenden Gegenstand heraus entwickelt.

dem Interview teilnehmen sollte. Daher fanden zwei Interviews mit zwei Personen und ein Interview mit drei Personen statt. Bei den restlichen Interviews handelte es sich um Einzelinterviews.

3.2.2 Stichprobe

Im Sinne des gezielten Samplings wurden für die Auswahl der non-formalen Lernorte vorab Kriterien festgelegt. Ein Kriterium bestand darin, dass die Lernorte MINT-Angebote für Kinder und Jugendliche vorhalten, wobei sie nicht ausschließlich diese Altersgruppe ansprechen mussten. Weiterhin wurde auf eine räumliche und institutionelle Diversität der Lernorte Wert gelegt, da davon ausgegangen wurde, dass je nach Ort und Art des Lernortes unterschiedliche Herausforderungen und Bedarfe bestehen können. Auf diese Weise sollte eine der Region angemessene Vielfalt in die Untersuchung einbezogen werden.

Die Interviews wurden jeweils mit den Leitenden der Lernorte durchgeführt. Auf Wunsch der Leitenden konnten weitere Mitarbeitende an den Gesprächen teilnehmen. Insgesamt wurden Interviews mit Vertreter*innen von sechs Lernorten (zwei Vereine, ein Museum, ein Makerspace, ein soziokulturelles Zentrum mit Makerspace und ein mobiler Lernort) bzw. 10 Befragten durchgeführt. Die Interviews fanden von Dezember 2021 bis Februar 2022 statt und wurden aufgrund der damaligen COVID-19-Infektionslage bzw. der geltenden Hygieneregelungen mit Ausnahme eines Interviews digital durchgeführt.

Die Hälfte der in die Befragung einbezogenen Lernorte besteht seit mindestens 20 Jahren, der jüngste Lernort wurde 2019 gegründet. Die jüngste interviewte Person ist 17 Jahre alt, die älteste befindet sich bereits im Ruhestand. Die Mehrheit der Interviewten ist männlich, nur zwei der Interviewten sind weiblich, was ein Abbild der eher männlich dominierten non-formalen MINT-Bildung der Region darstellt. Zwei der insgesamt zehn Befragten sind pädagogisch ausgebildet.[7]

3.2.3 Auswertungsmethode: Strukturierende qualitative Inhaltsanalyse

Zur Auswertung der Daten wurden die Interviews transkribiert und mittels der inhaltlich strukturierenden qualitativen Inhaltsanalyse nach Kuckartz und Rädiker (2024) analysiert. Für die Codierung der Interviews wurde dabei sowohl mit deduktiv als auch induktiv gebildeten Kategorien gearbeitet. Zunächst wurden Hauptkategorien anhand der Forschungs- und Untersuchungsfragen sowie des In-

[7] Um die Anonymität der Befragten zu wahren, wird auf detaillierte Angaben zu den Lernorten und Befragten verzichtet.

terviewleitfadens entwickelt und die Interviews anhand dieser codiert (Kuckartz und Rädiker 2024). Insofern sich dabei zusätzliche als relevant bewertete Themen ergaben, wurden weitere Hauptkategorien abgeleitet (induktive Kategorienbildung). Anschließend erfolgte die Bildung von Unterkategorien, anhand derer die Interviews erneut codiert wurden (ebd.). Zur besseren Vergleichbarkeit der Interviews wurde schließlich eine tabellarische Fallübersicht erstellt, die aufgrund der geringen Anzahl an Fällen eine übersichtliche Grundlage für die anschließende Auswertung der von den Befragten genannten Themen (Haupt- und Unterkategorien) bildete (ebd.).

3.3 Ergebnisse

Wie anhand der Untersuchungsfragen (s. Abschn. 3.1) deutlich wird, wurde in die Interviews eine große Vielfalt an Themen einbezogen. Dieser Beitrag fokussiert auf die genannten Potenziale, Herausforderungen und Bedarfe sowie auf die Zusammenarbeit mit Schulen. Die Ergebnisse werden anhand der gebildeten Kategorien dargestellt. Die Überschriften 3.3.1 bis 3.3.8 spiegeln dabei die Hauptkategorien wider, kursive Überschriften verweisen auf die dazugehörigen Unterkategorien.

3.3.1 Ziele der Lernorte

Die Interviewten verfolgen an ihren Lernorten und mit ihren Bildungsangeboten klare Ziele. Zentrales Anliegen ist die Schaffung von Erfahrungs- und Begegnungsräumen für Kinder und Jugendliche, in denen sie sich angstfrei ausprobieren, Fehler machen und Fragen stellen können. Hierbei stehen das Wecken von Neugierde, Freude und Begeisterung sowie die Förderung von Kreativität und Selbstwirksamkeit im Vordergrund. Zudem wird die Vermittlung von berufsrelevantem Wissen und einschlägigen Kompetenzen angestrebt, insbesondere hinsichtlich des Umgangs mit moderner Technik und Künstlicher Intelligenz (KI). Dabei sollen die Kinder und Jugendlichen durch Erfolgserlebnisse an Selbstvertrauen im Umgang mit Technik gewinnen. So beschreibt ein Interviewter die Intention des Lernortes folgendermaßen:

> *„Im Zentrum unserer Bemühungen […] steht eigentlich der Wunsch, dass wir diese Hemmschwellen vor Technik abbauen wollen, das ist also eigentlich das/ die primäre Herangehensweise, weil Microcontroller, Microchips, Programmierung, das sind Dinge, die durchaus abschrecken können, weil es relativ schnell sehr schwierig wird, das zu verstehen und wir sind eben daran interessiert, Interesse dafür zu erzeugen und diese Angst gar nicht aufkommen zu lassen, also Erfolgserlebnisse herzustellen."* (Interview 2, Interviewpartner 2, Absatz 74)

3.3.2 Angebote der Lernorte

Entsprechend ihrer Ziele weisen alle Lernorte ein breites Spektrum an MINT-Angeboten, insbesondere im technischen Bereich (z. B. Workshops mit 3D-Druck, Programmierung, AG Kfz-Technik), auf. Kein Lernort legt den Fokus jedoch ausschließlich auf den MINT-Bereich. Zwei Lernorte benennen weitere Themengebiete, in denen Angebote für Kinder und Jugendliche organisiert werden, z. B. internationale Jugendarbeit und Kunst. Die übrigen Lernorte verknüpfen MINT-Themen in ihren Angeboten häufig mit künstlerischen, kulturellen oder nachhaltigen Aspekten.

3.3.3 Zielgruppe der Lernorte

Die Lernorte fokussieren in ihrer Bildungsarbeit vor allem auf die Zielgruppe Kinder und Jugendliche. Allerdings konzentrieren sich nicht alle Lernorte ausschließlich auf diese Personengruppe. Bspw. ist das Museum – wie bei dieser Art von Lernorten üblich – für Menschen aller Altersgruppen zugänglich und bietet u. a. Angebote zur Technikbildung für Senior*innen an.

3.3.4 Zusammenarbeit mit Schulen

Alle befragten Akteur*innen berichten über Kooperationen mit Schulen, wobei der Umfang dieser Zusammenarbeit variiert. Drei der Lernorte sind fest in das Ganztagsangebot (GTA) mehrerer Schulen unterschiedlicher Schultypen integriert. Andere Lernorte arbeiten eher punktuell mit Schulen zusammen, etwa im Rahmen von Projekttagen. Eine Einbindung in den regulären Schulunterricht erfolgt nur selten. Regelmäßige Besuche durch Schulklassen verzeichnen lediglich das Museum sowie der mobile Lernort, der seine Angebote zwar am jeweiligen Schulstandort, jedoch außerhalb des Schulgebäudes durchführt.

Vorhandensein von Angeboten mit Lehrplanbezug

Mit Ausnahme des Museums haben die befragten Akteur*innen bisher keine Angebote mit explizitem Lehrplanbezug entwickelt. Stattdessen greifen ihre Angebote die Lehrplanthemen eher im weiteren Sinne und oft fächerübergreifend im Rahmen von Projekttagen oder GTA auf.

Grundsätzlich zeigen sich die Akteur*innen offen für die Entwicklung von Angeboten mit Lehrplanbezug, sehen den Prozess jedoch als sehr aufwendig und kompliziert an, vor allem aufgrund der begrenzten personellen Ressourcen (s. Abschn. 3.3.7):

> *„Wenn man jetzt neue Angebote entwickeln will, ist ja die Schwierigkeit, das zu koordinieren und mit den wirklich/ mit einzelnen Lehrern auch drüber sprechen zu können […] Das ist halt so, dass das von uns als Anbieter erwartet wird, dass wir auf magische Art und Weise uns damit beschäftigt haben, was geht, wenn man bezahlte Leu- Mitarbeiter hat, die wirklich Zeit da rein investieren können, aber so nebenbei ist das halt mal eben im Lehrplan lesen und dort die richtigen Zitate rauspicken oder na ja, ist ja mehr, man muss es ja auch noch umsetzen, das ist halt schwierig"* (Interview 1, Interviewpartner 2, Absatz 58)

Einige Akteur*innen äußern zudem die Befürchtung, auf diese Weise zu stark als Dienstleister zu fungieren oder sich dem Schulsystem zu sehr anpassen zu müssen:

> *„Man müsste dann gucken, wenn man sich so dem Schulsystem unterwirft im Hinblick auf den Lehrplan, wie weit das dann geht, also ob man das Thema einfach, was lehrplanbezogen ist, behandelt oder ob man auch noch mehr Korsett dann irgendwie hat, das finde ich dann/ das würde ich dann eher ablehnen, da würden wir uns selbst verraten glaub ich."* (Interview 3, Interviewpartner 1, Absatz 53)

Gewinnung der Zielgruppe durch Kooperationen

Die befragten Akteur*innen haben ein großes Interesse an Schulkooperationen. Insbesondere bei den Lernorten, die wöchentlich Angebote im Freizeitbereich zur Verfügung stellen, wird deutlich, wie wichtig der direkte Zugang zur Zielgruppe ist. Schulen werden dabei neben Eltern als zentrale Möglichkeit gesehen, um Kinder und Jugendliche zu erreichen, da diese über GTA und Workshops, die direkt in den Schulen stattfinden, auf für sie bislang unbekannte Lernorte, Angebote und Themen aufmerksam werden können:

> *„[…] also es sind viele bei uns hängen geblieben, die mal in einem Workshop bei uns waren, der von der Schule organisiert wurde im Rahmen von einer Projektwoche […] Deswegen, wir brauchen diesen, diesen Player Schule einfach"* (Interview 3, Interviewpartner 1, Absatz 9)

Bewertung der Zusammenarbeit

Die Mehrheit der Interviewten beschreibt die Zusammenarbeit mit Schulen als eher mühevoll. Sowohl die Kontaktaufnahme als auch die Pflege einer dauerhaften Kooperation werden als herausfordernd empfunden. Zudem wird die Corona-Pandemie als ein hemmender Faktor benannt, Kooperationen anzuregen bzw. aufrechtzuerhalten, da Schulen in dieser Zeit mit vielen Herausforderungen konfrontiert waren und daher keine Kapazitäten für die Zusammenarbeit mit anderen Lernorten hatten.

In drei Interviews wird bemängelt, dass Schulen außerschulische Bildungsangebote eher als Mehraufwand und nicht als Entlastung im Schulbetrieb wahrnehmen würden. Demgegenüber sind zwei Lernorte zum Zeitpunkt des Interviews sehr zufrieden mit der Zusammenarbeit und berichten von keinerlei Schwierigkeiten bei der Kontaktaufnahme. Vor allem der mobile Lernort erfreut sich durch den Umstand, dass er in der Lage ist, auch kleinste Orte der Region anzufahren, großer Beliebtheit. Hier befinden sich die Akteur*innen in der besonderen Lage, dass sie selbst keinen Kontakt zu Schulen suchen müssen, da sie regelmäßig eine Vielzahl an Anfragen erhalten, die ihre vorhandenen Kapazitäten deutlich übersteigen.

3.3.5 Potenziale der Lernorte

Zusammenarbeit mit Unternehmen

Alle Befragten sehen ein großes Potenzial in der Zusammenarbeit mit regionalen Unternehmen, sowohl für die Unternehmen selbst als auch für Kinder und Jugendliche sowie für die Lernorte, von denen einige bereits Kooperationen mit Unternehmen unterhalten:

> *„[...] ich denke, das ist auch wichtig, weil man als Standort dadurch auch Unterstützung bekommt, aber die Firmen auch unterstützen kann. Also ich denke, das ist so ein Geben und (Nehmen?).“* (Interview 4, Interviewpartnerin 1, Absatz 102)

Der Vorteil für Unternehmen liege darin, über gemeinsame Angebote mit den Lernorten – wie thematisch passende Workshops, Firmenführungen etc. – Kinder und Jugendliche für ihre Themen zu begeistern und Interesse an einer Ausbildung oder späteren Berufstätigkeit in dem Unternehmen zu wecken. Dies sei aufgrund des herrschenden Fachkräftemangels in der Region von zentraler Bedeutung.

Für die Zielgruppe bestehe der Vorteil darin, die regionale Wirtschaft besser kennenzulernen, die sich durch viele, vor allem kleinere und recht unbekannte Unternehmen auszeichne. Die Lernorte könnten wiederum von der Unterstützung der Unternehmen in Form von Materialien, Technik oder auch finanziellen Mitteln profitieren. Zudem könnten auf diese Weise fachlich qualifizierte Arbeitskräfte als Workshopleiter*innen gewonnen werden, die punktuell Themen an Kinder und Jugendliche vermitteln könnten, die außerhalb des Wissensbereichs der Lernortmitarbeitenden liegen bzw. für welche die passende Ausstattung (etwa spezielle Technik) fehle (z. B. Blutuntersuchungen in einem medizinischen Labor). Eine Herausforderung dabei sei jedoch, dass kleinere Unternehmen oft nicht über die personellen Ressourcen verfügen, um Mitarbeitende für eine strukturierte Zusammenarbeit freizustellen.

Potenziale im Kontrast zur Schulbildung

Bei der Frage nach den Potenzialen non-formaler MINT-Bildung für die Oberlausitz werden von den Akteur*innen auch Faktoren angesprochen, die überregionale Gültigkeit besitzen. Besonders auffällig sind dabei die Kontrastierung und bewusste Abgrenzung zur Schulbildung. So werde an den Lernorten eine andere Lernumgebung geschaffen, die es Kindern und Jugendlichen ermögliche, andere Lernformen als in der Schule kennenzulernen. Bildung könne so in einem Setting stattfinden, das näher am Leben und an individuellen Interessen orientiert sei:

> *„[…] dass sich die jungen Leute außerhalb der Schule treffen können, dass sie/ dass Bildung nicht mehr als Schulthema begriffen wird. […] Dass Bildung auch in einem Setting passieren kann, was nah am Leben ist und nicht melden und Noten kriegen, sondern, dass das […] eine Sache ist, die man wollen kann, ohne dahin zu müssen […] nicht in einem Wettbewerb, nicht in einem, in so einem Zwang du, du, du, du, du, du aber hier Hände auf den Tisch und Hausaufgabenheft raus, sondern interessengeleitet, mit einem hohen Maß an Selbstwirksamkeit. Das sehe ich als ein wichtiges Potenzial an der Stelle.“* (Interview 6, Interviewpartner 2, Absatz 134)

Zudem könnten Kinder und Jugendliche mit (moderner) Technik arbeiten, die ihnen in der Schule oftmals nicht zur Verfügung stünde und nach ihren Vorstellungen Dinge ausprobieren. Ebenso fände eine größere Durchmischung hinsichtlich Alter/Klassenstufe und Schulform statt, wodurch mehr Vielfalt in der Zusammenarbeit und im Austausch entstehe als beim Lernen in der Schule. Während in der Schule eher die Vermittlung von theoretischen Grundlagen in den MINT-Fächern im Vordergrund stünde, würden Kinder und Jugendliche an non-formalen Lernorten zudem erfahren, wozu MINT im Alltag nützlich sei und auf welche Weise man sich damit selbst verwirklichen könne. Über Projekte werde MINT fächerübergreifend behandelt und praktisch angewandt.

3.3.6 Kritik am Schulsystem

In fast allen Interviews kommt eine latente Kritik am Schulsystem zum Vorschein (s. Abschn. 3.3.5). In drei Interviews wird das ambivalente Verhältnis zur Schulbildung noch einmal explizit durch die Lernortbeschäftigten eingebracht. Zentraler Kritikpunkt ist dabei, dass das Schulsystem veraltet sei und nicht mehr den Anforderungen der heutigen Zeit gerecht werde. Es müsse dringend reformiert werden, verändere sich aber nicht so schnell, wie es eigentlich notwendig sei. Ein Akteur beschreibt dies besonders anschaulich mit folgenden Worten:

„[…] das staatliche Schulkonstrukt ist so ein veralteter Dinosaurier" (Interview 3, Interviewpartner 1, Absatz 106)

3.3.7 Herausforderungen der Lernorte

Zusätzlich zu den beschriebenen Herausforderungen, die sich in der Zusammenarbeit mit Schulen ergeben, werden in den Interviews weitere Herausforderungen genannt. Dabei wird vor allem auf den Fachkräftemangel in der Region und fehlendes Personal an den Lernorten, eine fehlende finanzielle Grundlage und, damit einhergehend, Kritik an der Fördermittelpraxis sowie auf die Corona-Pandemie eingegangen. Neben diesen zentralen Aspekten werden in den Interviews noch weitere Herausforderungen (z. B. ein schlechter Gebäudezustand, Konflikte mit Pressevertreter*innen) thematisiert, bei denen es sich jedoch um Einzelnennungen handelt, weshalb sie an dieser Stelle nicht weiter vertieft werden.

Fachkräfte- und Personalmangel

Alle Akteur*innen geben an, auf die ein oder andere Art und Weise mit dem regionalen Fachkräftemangel bzw. fehlendem Personal an den Lernorten zu kämpfen. Insbesondere fehle es an pädagogisch geschultem Personal, auch in Form von Honorarkräften für Projekte, wie etwa Sozial- und Medienpädagog*innen. Einige Lernorte beklagen, dass sie bewilligte Projekte zum Teil nicht umsetzen könnten, da es an qualifiziertem Personal fehle. Auch bei Schulen beliebte Angebote könnten mitunter nicht der Nachfrage entsprechend durchgeführt werden, da es auch hierfür an Personal an den Lernorten mangele. Darüber hinaus würden fehlende personelle (und damit einhergehende zeitliche) Ressourcen dazu führen, dass neue Ideen für Bildungsangebote nicht umgesetzt werden könnten. So beschreibt ein Interviewpartner:

> *„Aber man merkt natürlich auch überall, dass die Personaldecke sehr dünn ist und dass alle irgendwo am Limit fahren und so für neue Ideen wenig Freiraum ist von der Zeit her, die mal zu verwirklichen. Also das merken wir auch immer, wenn wir Klausur haben und wir dann eben die Planung unserer Projekte machen, dass wir sagen eigentlich müssten wir anderes weglassen, wenn wir was Neues ausprobieren wollen, weil es vom Zeitkontingent her nicht möglich ist oder eben wir werben um neue Leute, die entweder ehrenamtlich oder eben wenn es Projektgelder gibt auch auf Honorarbasis, aber es stehen auch noch/ auch nur noch wenige/ es ist ja nicht mehr so wie vor fünfzehn oder zwanzig Jahren, wo es arbeitslose Erzieher und Lehrer gab, die (lacht), die bereitstanden einfach/ oder auch mal ein Feriencamp mitgestaltet haben oder so. […] man hat keine Fachleute, […] die Langeweile haben. Einfach mal so zur Verfügung stehen."* (Interview 1, Interviewpartner 1, Absatz 64)

Finanzielle Einschränkungen

In direktem Zusammenhang mit dem Personalmangel an den Lernorten steht der Mangel an finanziellen Ressourcen. So sei es umso schwerer, gut ausgebildete Fachkräfte zu gewinnen, wenn keine kontinuierliche Finanzierung bereitgestellt werden könne. Dies gelte insbesondere für Fachkräfte, die auf dem freien Markt eine hohe Vergütung erzielen, z. B. Programmierer*innen oder Expert*innen für KI.

Eine bessere Finanzierung würde es ermöglichen, qualifiziertes Personal langfristig zu binden. Durch die schlechte finanzielle Perspektive müssten Arbeitskräfte jedoch in besonderem Maße engagiert sein, um sich an der Arbeit der Lernorte beteiligen zu wollen. Ohne eine Grundfinanzierung müsse zudem stets viel Zeit und Kraft in die Fördermittelakquise gesteckt werden, die einige Komplikationen bereithalte. Beispielsweise wird von der Herausforderung berichtet, finanzielle Mittel für bereits bestehende, gut funktionierende Projekte zu erhalten, da Förderprogramme oftmals auf neuartige Projekte ausgerichtet seien. Positiv wird von den Interviewten jedoch angeführt, dass aufgrund des Strukturwandels vermehrt Fördermittel für die Oberlausitz bereitgestellt würden.

Corona-Pandemie

Eine zentrale Herausforderung, die von den Befragten immer wieder thematisiert wird, ist die Corona-Pandemie, da sie sowohl die Zusammenarbeit mit Schulen als auch die Durchführung von Freizeitangeboten erschwert. Die Befragten bedauern, dass der Zugang zur Zielgruppe zum Zeitpunkt der Interviews immer wieder eingeschränkt bzw. nur phasenweise möglich sei, wenn Kontaktbeschränkungen entfallen oder gelockert werden. Der Kontakt zu Schulen und die regelmäßige Zusammenarbeit hätten sich durch die Maßnahmen zur Einschränkung der Pandemie notgedrungen ebenfalls verschlechtert. Zudem bestehe keine Planbarkeit, bspw. von Ferienangeboten, da für die Akteur*innen nicht absehbar sei, wann es möglicherweise zu einem erneuten Lockdown komme. Gleichzeitig seien Angebote kaum in den digitalen Raum übertragbar, sodass sie ersatzlos ausfallen müssten. Auch Angebote mit Kindern und Jugendlichen aus anderen Nationen könnten nicht wie gewohnt stattfinden.

3.3.8 Handlungsbedarfe hinsichtlich der non-formalen MINT-Bildung der Oberlausitz

Finanzierung der Lernorte

Im Gegensatz zu den Herausforderungen, zu denen sich in den Äußerungen der Befragten viele Gemeinsamkeiten identifizieren lassen, gestaltet sich das Bild bei den Bedarfen deutlich heterogener. Einzig beim Thema Finanzierung der Lernorte zeigen sich Gemeinsamkeiten – analog zu der lernortübergreifend als herausfordernd geschilderten finanziellen Lage. So wird von mehreren Akteur*innen der Bedarf nach einer Grundfinanzierung anstelle von Projektförderungen geäußert oder zumindest die Aufstockung personeller Ressourcen sowie Förderungen von längerer Dauer gefordert.

Darüber hinaus finden sich in den Interviews diverse Handlungsbedarfe, bei denen es sich um Einzelnennungen handelt, weshalb nur beispielhaft auf sie verwiesen werden soll. So äußert ein Interviewter, dass es die Arbeit der Lernorte erleichtern würde, wenn Ganztagsangebote nicht nur innerhalb des Schulgeländes, sondern auch an den Lernorten selbst stattfinden dürften. Dadurch könnte eine bessere Umsetzung der Angebote ermöglicht werden, da in den Lernorten andere Technik als in den Schulen vorhanden sei.

Ein anderer Interviewter spricht sich für den Einsatz eines Shuttledienstes aus, der Kinder und Jugendliche aus dem ländlichen Raum zu den Lernorten bringen könnte. Dies wäre eine Möglichkeit, um zu verhindern, dass Kinder und Jugendliche aufgrund von Mobilitätshürden nicht an Bildungsangeboten teilnehmen könnten.

4 Diskussion

Die vorliegende Untersuchung gibt erste Einblicke in die Potenziale, Herausforderungen und Bedarfe der non-formalen Bildung in der Oberlausitz. Trotz der Diversität der Lernorte hinsichtlich ihrer Organisationsform, zeigen sich bei vielen Themen ausgeprägte Übereinstimmungen in den Ansichten der Akteur*innen. Alle Befragten zielen auf die Förderung selbstgesteuerten und selbstwirksamen Lernens, das Ängste nehmen und Selbstbewusstsein aufbauen soll, insbesondere hinsichtlich des Umgangs mit Technik.[8] Damit sieht man sich nicht nur als Ergänzung, sondern teilweise sogar als Korrektiv zur schulischen Bildung, die u. a. als veraltet und zu theorieorientiert angesehen wird. Dies spiegelt eine Wahrnehmung schulischer Bildung wider, wie sie sich in Teilen auch in einer Befragung von Eltern gezeigt hat: So ist die Mehrheit der Eltern der Ansicht, dass es Schulen wenig bis gar nicht gelingt, Schüler*innen diejenigen Kenntnisse zu vermitteln bzw. bei ihnen diejenigen Fähigkeiten zu fördern, die für ihre berufliche Zukunft relevant

[8] Diese Zieldimensionen finden sich u. a. auch in der Studie von Sajons (2020) zu Schülerlaboren wieder.

sind (forsa 2024). Damit knüpfen die Lernorte implizit an bildungstheoretische Überlegungen zur Bedeutung von Autonomie, Motivation und Selbstwirksamkeit für gelingende Lernprozesse und nachhaltigen Lernerfolg an (Bandura 1997; Boekaerts 2010; Ryan und Deci 2002) und übernehmen Funktionen, die Schulen unter derzeitigen strukturellen Bedingungen – etwa Lehrkräftemangel oder curriculare Restriktionen – nur eingeschränkt erfüllen können.

Während die Zusammenarbeit mit Unternehmen als positiv und für beide Seiten gewinnbringend bewertet wird, überwiegen für viele Befragte die Herausforderungen bei der Zusammenarbeit mit Schulen und der Entwicklung von Bildungsangeboten mit curricularem Bezug. Dennoch wird der Kontakt zur Schule im Sinne des Zugangs zur Zielgruppe gebraucht und daher immer wieder aktiv gesucht.

Überraschenderweise werden von den Akteur*innen kaum regionalspezifische Potenziale und Herausforderungen benannt. Entsprechend könnten einzelne Ergebnisse, wie beispielsweise Herausforderungen bei der Finanzierung oder durch Fachkräftemangel, auch über die Oberlausitz hinaus übertragbar sein, was Gegenstand zukünftiger Untersuchungen sein sollte und Implikationen bspw. für die bedarfsorientierte finanzielle Förderung non-formaler MINT-Bildung in Sachsen oder anderen Regionen Deutschlands erlauben könnte.

Durch das explorative Design der Studie finden sich in den Ergebnissen auch Aussagen abseits der Untersuchungsfragen, bspw. zur Begeisterung von Mädchen und jungen Frauen für MINT. Diese geben interessante weiterführende Einblicke in die non-formale MINT-Bildung der Region und bieten eine Grundlage für zukünftige Studien. Auch der Zusammenhang zwischen der Teilnahme an non-formaler MINT-Bildung und langfristiger Bindung an die Region bzw. beruflicher Orientierung im MINT-Bereich könnte in vertiefenden Studien in den Blick genommen werden.

4.1 Limitationen

Die Ergebnisse der Untersuchung lassen sich aufgrund der geringen Anzahl an Lernorten bzw. Interviewpartner*innen nur bedingt für die Region verallgemeinern, auch wenn Themen, die von (nahezu) allen Interviewten genannt wurden, erste Tendenzen aufzeigen, bspw. was die genannten Herausforderungen betrifft. Hier bietet es sich an, anhand der Ergebnisse und identifizierten Themen eine standardisierte Befragung der non-formalen Akteur*innen der Oberlausitz[9] durchzuführen, um ein für die Region repräsentatives Gesamtbild zu erhalten. Auf diese Weise ließe sich auch untersuchen, welche Relevanz den Aspekten zukommt, die nur von einzelnen Befragten genannt wurden. Die hier präsentierte qualitative Befragung leistet dafür als explorative Studie eine wichtige Vorarbeit.

Gruppeninterviews sind als eine Methode der Interviewführung in der Literatur kaum theoretisch fundiert und werden selten angewandt (Misoch 2019). Im Rahmen der Untersuchung verlief ihre Durchführung jedoch unproblematisch. Die Redebeiträge der einzelnen Interviewten waren zumeist ohne Eingreifen ausgeglichen, da die Interviewten an ihren Lernorten bereits ein Team bilden und wertschätzend miteinander kommunizieren. Zudem wurde es als förderlich für den Interviewverlauf wahrgenommen, dass die Akteur*innen sich gegenseitig auf Aspekte aufmerksam machen konnten, auf die sie in Einzelinterviews möglicherweise nicht gestoßen wären.

Die transkribierten Interviews konnten aus Ressourcengründen bisher nur von einer Person codiert werden. Nachteile durch die überwiegend digitale Durchführung der Interviews wurden bei der Reflexion der Entstehungsbedingungen der Interviews nicht erkannt.

4.2 Implikationen

4.2.1 Stärkung des Austauschs und der Zusammenarbeit von non-formalen Lernorten und Schulen

Wie in den Interviews deutlich wurde, besteht vonseiten der Akteur*innen großes Interesse an einer intensiven Zusammenarbeit mit Schulen. Viele der Lernorte sind bereits über Ganztagsangebote und Projekttage in den Schulalltag eingebunden, was verdeutlicht, dass Schulen prinzipiell gerne auf die Angebote non-formaler Bildungsakteur*innen zurückgreifen.

Eine große Chance, um die Zusammenarbeit mit Schulen zu intensivieren, bieten Bildungsangebote mit curricularem Bezug. Diese stellen für Lehrkräfte einen wichtigen Anreiz zur Nutzung außerschulischer Lernorte dar, da sie auf diese Weise Entlastung erfahren können. Angebote mit Lehrplanbezug wurden von den befragten Akteur*innen bislang allerdings kaum entwickelt. Auch wenn hierfür

[9] Darüber hinaus wäre eine Analyse der gesamten Region Lausitz interessant, um mögliche Unterschiede zwischen der brandenburgischen Niederlausitz und der sächsischen Oberlausitz zu identifizieren.

grundsätzlich Interesse bei ihnen besteht, betonen sie die Schwierigkeiten, die mit einer solchen Angebotsentwicklung einhergehen.

An außerschulischen MINT-Lernorten arbeiten häufig Personen, die aus der MINT-Praxis stammen und somit keinen pädagogischen Hintergrund aufweisen (MINTvernetzt 2023), wodurch ihnen das Wissen fehlt, entsprechende curriculare Angebote zu konzipieren. Hierfür benötigen sie entweder Unterstützung vonseiten der Schulen, die durch den Lehrkräftemangel aber ebenfalls häufig nicht in der Lage sein dürften, die Lernorte in ihrer Arbeit zu unterstützen, oder bedarfsorientierte Weiterbildungsangebote. Die Teilnahme an letzteren wird durch die angespannte Personallage an den Lernorten jedoch ebenfalls erschwert (ebd.). Lehrkräfte und Fachkräfte non-formaler Bildung benötigen daher Freiräume für gemeinsame Planung, Abstimmung und Reflexion. Ohne entsprechende Ressourcen – sowohl zeitlich als auch personell – bleibt die Zusammenarbeit oft projektbezogen und bruchstückhaft.

Die Ergebnisse der vorliegenden Untersuchung legen nahe, dass Kooperationen vor allem dann gelingen, wenn sie durch stabile Netzwerke und Ansprechpartner*innen auf beiden Seiten getragen werden. Übergeordnete, regional etablierte Institutionen, die sowohl bei Schulen als auch bei den Bildungsakteur*innen anerkannt sind, könnten in diesem Kontext unterstützend wirken. In der Oberlausitz versuchen bspw. das MINT-Cluster MINOS und der Landesverband Sächsischer Jugendbildungswerke (LJBW) diese Rolle durch eine Vernetzung und niedrigschwellige Qualifikation der Lernorte wahrzunehmen. Im Rahmen der Bildungsinitiative ZukLOS werden zudem neue Bildungsangebote entwickelt, die bereits in der Konzeptionsphase Lehrkräfte und Unternehmen einbinden, um bedarfsgerechte und didaktisch fundierte Angebote zu schaffen (s. Abb. 1).

4.2.2 Stärkung der Zusammenarbeit mit regionalen Unternehmen

In allen Interviews wurde das Potenzial non-formaler Lernorte im Hinblick auf die Nachwuchsgewinnung für regionale Unternehmen thematisiert. Um Kindern und Jugendlichen Einblicke in die regionale Wirtschaft zu bieten, ihre regionale Verbundenheit zu stärken und Unternehmen zu ermöglichen, in direkten Kontakt mit potenziellen Auszubildenden zu treten, bietet sich eine intensivere Zusammenarbeit von non-formalen Lernorten und Unternehmen an. Um dies zu fördern, wären sichtbare regionale Best-Practice-Beispiele besonders hilfreich, da auf beiden Seiten – sowohl bei den Unternehmen als auch bei den Lernorten – die Rahmenbedingungen aufgrund von Fachkräftemangel und fehlenden pädagogischen Qualifikationen nicht selten unzureichend sind. Grundsätzlich könnten Unternehmen non-formale Lernorte sowohl ideell als auch finanziell unterstützen, wie es in mehreren Interviews beschrieben wurde. Gleichzeitig könnten sie von der pädagogischen Expertise der Lernorte sowie deren Zugang zu Kindern und Jugendlichen profitieren. Dies stellt eine wertvolle Möglichkeit dar, ihre Attraktivität als Ausbildungsbetrieb zu erhöhen und frühzeitig persönliche Beziehungen zu potenziellen Bewerber*innen aufzubauen. Eine solche Partnerschaft könnte demnach langfristig nicht nur die Nachwuchsgewinnung in der Region stärken, sondern auch Passungsprobleme bei Ausbildungsberufen beheben und die regionale Bildungs- und Wirtschaftslandschaft insgesamt bereichern (Heumannskämper 2023).

4.2.3 Investition in mobile Lernorte

Die öffentliche Infrastruktur in der Oberlausitz ist im Vergleich zu städtisch geprägten Regionen schwach ausgebaut. Dies gilt besonders für den Bereich des öffentlichen Personennahverkehrs (Haas 2020). Für Jugendliche in ländlichen Regionen, die kaum auf organisierte freizeitliche Angebote in ihrem Umfeld zurückgreifen können, stellt es daher eine große Herausforderung dar, an Angeboten in größeren Städten teilzunehmen (Bundeszentrale für politische Bildung 2021). Häufig sind sie zur Überwindung von Mobilitätshürden auf ihre Eltern angewiesen, was die Teilnahme nicht nur erschwert, sondern ihre Chancen zusätzlich sozial ungleich verteilt. Eine Stärkung der Verkehrsstruktur wäre an dieser Stelle hilfreich, doch auch mobile Lernorte und Busshuttle stellen eine geeignete Option dar, um Kindern und Jugendlichen die Teilnahme an non-formalen Bildungsangeboten zu ermöglichen. Busshuttle können sie aus unterschiedlichen Regionen der Lausitz zu den Lernorten bringen. Mobile Lernorte wiederum sind in der Lage, Bildungsangebote und moderne Technik auch in die entlegeneren Regionen der Lausitz zu transportieren. Für dieses Modell spricht auch, dass für den in die Befragung einbezogenen mobilen Lernort eine hohe Nachfrage besteht. Allerdings übersteigt die Nachfrage das aktuelle Angebot, was darauf hinweist, dass mehrere Fahrzeuge und/oder Anbieter erforderlich wären. Dies untermauert die Notwendigkeit, das Angebot weiter auszubauen und zusätzliche Kapazitäten zu schaffen.

5 Fazit & Ausblick

Durch den geplanten Kohleausstieg fließen derzeit sowie in den kommenden Jahren große Summen an Fördermitteln in die Lausitz, um die Region bei ihrem Strukturwandel und den damit verbundenen Herausforderungen zu unterstützen. Gefördert wird dabei auch der Bildungsbereich, was sich am Beispiel der Bildungsinitiative ZukLOS zeigt.

Innerhalb des einjährigen Projekts *Zukunftslernort Oberlausitz – Analyse und Entwicklung außerschulischer MINT-Bildung* wurden erste Weichen für die Entwicklung neuer außerschulischer Lernorte in der Region Oberlausitz gestellt. Die dabei durchgeführten Interviews mit Bildungsakteur*innen non-formaler Lernorte zeigen, dass insbesondere die Zusammenarbeit mit Schulen von den Akteur*innen als besonders relevant erachtet wird, weshalb es lohnenswert erscheint, diese in Zukunft stärker zu fördern. Eine erfolgreiche Kooperation setzt dabei voraus, dass die unterschiedlichen Perspektiven, Arbeitslogiken und Verständnisse von Bildung wechselseitig anerkannt und konstruktiv zusammengeführt werden. Während schulische Bildung stärker an curricularen Vorgaben und formalen Leistungserwartungen orientiert ist, zeichnen sich non-formale Bildungsorte durch offene, erfahrungsbasierte und interessengeleitete Lernformate aus. Diese Unterschiede bergen Spannungen, bieten zugleich aber ein großes Potenzial für gegenseitiges Lernen und innovative Bildungsansätze.

Damit dieses Potenzial ausgeschöpft werden kann, bedarf es auf beiden Seiten einer gezielten Qualifizierung von Fachkräften für kooperatives Arbeiten – z. B. durch Fortbildungen zu multiprofessioneller Teamarbeit oder sozialräumlicher Bildungsarbeit.

Auch die Zusammenarbeit mit Unternehmen sowie die Förderung mobiler Lernorte stellen sinnvolle Maßnahmen dar, die sich aus den Interviews ableiten lassen. Eine Investition in mobile Lernorte bedeutet dabei nicht nur eine Reaktion auf Mobilitätsdefizite, sondern kann auch als strategischer Beitrag zur Stärkung von Bildungsgerechtigkeit im ländlichen Raum verstanden werden. Sie eröffnet Kindern und Jugendlichen – unabhängig von Wohnort oder familiären Ressourcen – neue Erfahrungs- und Lernräume und leistet so einen wichtigen Beitrag zur Teilhabe an non-formaler MINT-Bildung in strukturschwachen Regionen.

An diese Ergebnisse knüpft auch die Hochschule Zittau/Görlitz mit der Bildungsinitiative ZukLOS an. Ergänzend zu den bestehenden vielfältigen Angeboten in der Region entstehen mit der Juniorakademie Zittau, dem Experimentierhaus Görlitz, einem mobilen Labor und dem Angebot Campus4You neue außerschulische MINT-Lernorte und MINT-Angebote (s. Abb. 1, Abschn. 1.2). Dabei setzt die HSZG von Beginn an auf eine enge Zusammenarbeit mit regionalen Akteur:innen und Schulen, um bedarfsorientierte Angebote für Kinder und Jugendliche anzubieten und die Bildungslandschaft Oberlausitz weiter zu stärken. Durch die Entwicklung eines mobilen Labors, das Schulen und Bildungseinrichtungen im ländlichen Raum anfährt, erleichtert die HSZG zudem den Zugang zu Bildung unabhängig vom Wohnort und stärkt die regionale Bildungsgerechtigkeit.

Bundesministeriums für Bildung und Forschung Das diesem Beitrag zugrundeliegende Vorhaben wurde im Rahmen des Förderprogramms „WIR – Wandel durch Innovation in der Region“ von Bund und Ländern mit Mitteln des Bundesministeriums für Bildung und Forschung unter den Förderkennzeichen 03WIR2708A und 03WIR2708B gefördert. Die Verantwortung für den Inhalt dieser Veröffentlichung liegt bei den Autor*innen.

Literatur

Baar, R., & Schönknecht, G. (2018). *Außerschulische Lernorte: didaktische und methodische Grundlagen.* Weinheim/Basel: Beltz.

Bandura, A. (1997). *Self-efficacy: The exercise of control.* New York: Freeman.

Bliesmer, K., & Komorek, M. (2022). Bedeutung des non-formalen Lernens für die MINT-Bildung: Interviewstudie mit Stakeholdern. *PhyDid B - Didaktik der Physik - Beiträge Zur DPG-Frühjahrstagung, 1*, 493–500.

Böning, P., & Pospiech, G. (2026). Perspektivwechsel durch außerschulische Lernorte? Eine Vergleichsstudie. In A. Wenzel & T. Schmäing (Hrsg.), Außerschulisches Lernen in der naturwissenschaftlichen Bildung. Eine multiperspektive Betrachtung.

Boekaerts, M. (2010). The crucial role of motivation and emotion in classroom learning. In H. Dumont, D. Istance & F. Benavides (Hrsg.), *The Nature of Learning: Using Research to Inspire Practice* (S. 91–111). Paris: OECD Publishing.

Bundeszentrale für politische Bildung (2021). *Bildung in ländlichen Räumen und die Rolle der Lehrerbildung.* https://www.bpb.de/themen/stadt-land/laendliche-raeume/335923/bildung-in-laendlichen-raeumen-und-die-rolle-der-lehrerbildung/. Zugegriffen: 04.03.2025.

Busch, G., Rottensteiner, A., & Gauly, M. (2020). Schule am Bauernhof: Perspektiven für außerschulische Lernorte in Südtirol. In S. Elsen, S. Angeli, A. Bernhard & S. Nicli (Hrsg.), *Perspektiven der Sozialen Landwirtschaft unter besonderer Berücksichtigung der Entwicklungen in Italien* (S. 231–241). Bozen: Bozen-Bolzano University Press.

Eisnach, K. (2011). *Ganztagsschulentwicklung in einer kommunalen Bildungslandschaft. Möglichkeiten und Grenzen von Unterstützungsstrukturen.* Wiesbaden: VS Verlag für Sozialwissenschaften.

Filippoupoliti, A., & Koliopoulos, D. (2014). Informal and Non-formal Education: History of Science in Museums. In M. Matthews (Hrsg.), *International Handbook of Research in History, Philosophy and Science Teaching* (S. 1565–1582). Dordrecht: Springer.

forsa (2024). Wie Eltern auf KI und deren Rolle in Alltag, Schule und Arbeitswelt blicken. Ergebnisse einer repräsentativen Befragung von Eltern mit Kindern im Alter von 12 bis 18 Jahren. https://koerber-stiftung.de/site/assets/files/41372/bericht_eltern_im_fokus_2024_forsa.pdf Zugegriffen: 26.03.2025.

Furtner-Kallmünzer, M., Hössl, A., Kellermann, D., Lipski, J., & Janke, D. (2002). *In der Freizeit für das Leben lernen. Eine Studie zu den Interessen von Schulkindern.* München: DJI Verlag Deutsches Jugendinstitut.

Guderian, P., Priemer, B., & Schön, L.-H. (2006). In den Unterricht eingebundene Schülerlaborbesuche und deren Einfluss auf das aktuelle Interesse an Physik. *PhyDid A – Physik und Didaktik in Schule und Hochschule, 2*(5), 142–149.

Günter, M., & Mruck, K. (2020). *Handbuch Qualitative Forschung in der Psychologie. Band 2: Designs und Verfahren.* (2. Auflage). Wiesbaden: Springer.

Haas, T. (2020). Die Lausitz im Strukturwandel. Der Kohleausstieg im Spannungsfeld zwischen autoritärem Populismus und progressiver Erneuerung. *PROKLA, 50*(198), 151–169.

Halonen, J., & Aksela, M. (2018). Non-formal science education: The relevance of science camps. *LUMAT: International Journal on Math, Science and Technology Education, 6*(2), 64–85.

Harring, M., Rohlfs, C., & Palentien, C. (Hrsg.). (2007). *Perspektiven der Bildung. Kinder und Jugendliche in formellen, nicht-formellen und informellen Bildungsprozessen.* Wiesbaden: VS Verlag für Sozialwissenschaften.

Heinzel, V., Seidl, T., & Stang, R. (Hrsg.). (2020). *Lernwelt Makerspace.* Berlin/Boston: De Gruyter Saur.

Heumannskämper, A (2023). TRIO-Kooperationen des Projektes MINTcon.cept des Fachbereichs Bildung der Stadt Mannheim. Eine neue Kooperationsform im Bildungsbereich. *heiEDUCATION Journal, 11*, 79–89.

Karpa, D., Lübbecke, G., & Adam, B. (Hrsg.). (2015). *Außerschulische Lernorte. Theorie, Praxis und Erforschung außerschulischer Lerngelegenheiten.* Immenhausen bei Kassel: Prolog-Verlag.

Kim, S. H., Jung, Y. J., & Choi, G. W. (2022). A systematic review of library makerspaces research. *Library & Information Science Research, 44*(4), 101202.

Kuckartz, U., & Rädiker, S. (2024). *Qualitative Inhaltsanalyse. Methoden, Praxis, Umsetzung mit Software und künstlicher Intelligenz* (6., überarbeitete und erweiterte Auflage). Weinheim/Basel: Beltz Juventa.

Kuske-Janßen, W., Niethammer, M., Pospiech, G., Wieser, D., Wils, J.-T., & Wilsdorf, R. (2020). Außerschulische Lernorte – theoretische Grundlagen und Forschungsstand. In G. Pospiech, M. Niethammer, D. Wieser & F.-M. Kuhlemann (Hrsg.), *Begegnungen mit der Wirklichkeit. Chancen für fächerübergreifendes Lernen an außerschulischen Lernorten* (S. 21–49). Bern: hep verlag.

Lewalter, D., & Geyer, C. (2009). Motivationale Aspekte von schulischen Besuchen in naturwissenschaftlich-technischen Museen. *Zeitschrift für Erziehungswissenschaft, 12*, 28–44.

Limpinsel, I. L., Engemann, M., Neuberger, O., Serova, K., & Aßmann, S. (2021). Schule und außerschulische Bildungspartner an der Schnittstelle von formalen und non-formalen Bildungsprozessen – Empirische Befunde zur Kooperation und professionellen Handlungskompetenz. In K. Kunze, D. Petersen, G. Bellenberg, M. Fabel-Lamla, J.-H. Hinzke, A. Moldenhauer, L. Peukert, C. Reintjes, K. Te Poel (Hrsg.), *Kooperation – Koordination – Kollegialität: Befunde und Diskurse zum Zusammenwirken pädagogischer Akteur*innen an Schule(n)* (S. 227-246). Bad Heilbrunn: Verlag Julius Klinkhardt.

MINTvernetzt (2023). *Didaktik an außerschulischen MINT-Lernorten. Chancen und Herausforderungen der außerschulischen MINT-Bildung.* https://www.mint-vernetzt.de/content/uploads/2024/02/Langfassung_Studie__Didaktik_FINAL.pdf. Zugegriffen: 21.10.2024.

Misoch, S. (2019). *Qualitative Interviews* (2., erweiterte und aktualisierte Auflage). Berlin/Boston: De Gruyter.

Netzwerkbüro Bildung in der Lausitz (2024). *Netzwerke des Strukturwandels. Eine Analyse der Lausitzer Bildungslandschaft.* https://bildung-lausitz.de/wp-content/uploads/2024/10/Publikation_Netzwerke-des-Strukturwandels_Eine-Analyse-der-Lausitzer-Bildungslandschaft_Netzwerkbuero-Bildung-in-der-Lausitz.pdf. Zugegriffen: 02.06.2025.

Pospiech, G., Niethammer, M., Wieser D., & Kuhlemann, F.-M. (Hrsg.). (2020). *Begegnungen mit der Wirklichkeit. Chancen für fächerübergreifendes Lernen an außerschulischen Lernorten.* Bern: hep verlag.

Pries, M., & Wiesmüller, C. (2011). Schule ergänzende Orte für Bildung. *Karlsruher pädagogische Beiträge*, *77*, 98–114.

Rosa-Luxemburg-Stiftung (2019). *Nach der Kohle. Alternativen für einen Strukturwandel in der Lausitz*. https://www.rosalux.de/fileadmin/rls_uploads/pdfs/Studien/Studien_4-19_Nach_der_Kohle.pdf. Zugegriffen: 06.08.2024.

Ryan, R. M., & Deci, E. L. (2002). An overview of self-determination theory: An organismic-dialectical perspective. In E. L. Deci & R. M. Ryan (Hrsg.), *Handbook of Self-Determination Research* (S. 3–33). Rochester: University of Rochester Press.

Sajons, C. M. (2020). *Kognitive und motivationale Dynamik in Schülerlaboren. Kontextualisierung, Problemorientierung und Autonomieunterstützung der didaktischen Struktur analysieren und weiterentwickeln.* Berlin: Logos Verlag Berlin.

Thimmel, A. (2016). Der Bildungsatlas Kalk: Stadtteilorientierte Bildungslandschaften unter Einbeziehung nonformaler Bildung in Köln-Kalk. In M. Ottersbach, A. Platte, L. Rosen (Hrsg.), *Soziale Ungleichheiten als Herausforderung für inklusive Bildung. Interkulturelle Studien* (S. 287–305). Wiesbaden: Springer VS.

Tischer, J., Sajons, C., & Komorek, M. (2022). Physikalische Bildung in komplementär vernetzten non-formalen Lernangeboten. *PhyDid B - Didaktik der Physik - Beiträge Zur DPG-Frühjahrstagung*, *1*, 535–542.

Veldkamp, G., & Wevering, F. (2014). *Außerschulische Bildung in der StädteRegion Aachen 2014. Schwerpunktbericht Kinder und Jugendliche.* https://www.staedteregion-aachen.de/fileadmin/user_upload/A_43/Dateien/Bildungsmonitoring/Bericht_Ausserschulische_Bildung_2014_web.pdf. Zugegriffen: 20.10.2024

Wilde, M. (2007). Das Contextual Model of Learning — ein Theorierahmen zur Erfassung von Lernprozessen in Museen. In D. Krüger & H. Vogt (Hrsg.), *Theorien in der biologiedidaktischen Forschung* (S. 165–175). Berlin/Heidelberg: Springer.

Überzeugungen von Lehrkräften zu außerschulischen Lernorten

Malte Foss-Jähn, Hannah Greving und Till Bruckermann

1 Einleitung

Überzeugungen von Lehrkräften beeinflussen neben dem Professionswissen maßgeblich ihre Handlungen und haben deshalb großen Einfluss auf das Lernen. Bei Überzeugungen handelt es sich um affektiv-motivationale Komponenten professioneller Kompetenz. Sie umfassen subjektive Bewertungen und Erklärungssysteme zum Lernen im Allgemeinen und im spezifischen Unterrichtsfach und werden von Erfahrungen in der Schulzeit und durch berufsbezogene Lerngelegenheiten geprägt (Kunter et al. 2020).

Neben ihrer Relevanz in schulischen Kontexten kommt Überzeugungen auch eine hohe Bedeutung in außerschulischen Kontexten zu. Um Praxisbeispiele für ihren Unterricht oder inhaltliche Erweiterungen zum Lernstoff zu geben, können Lehrkräfte mit ihren Schüler*innen einen außerschulischen Lernort, wie zum Beispiel ein Museum oder ein Forschungslabor, besuchen. Überzeugungen können dabei beeinflussen, wie effektiv und erfolgreich diese Orte als Erweiterung

M. Foss-Jähn · H. Greving · T. Bruckermann (✉)
Institut für Erziehungswissenschaft, Leibniz Universität Hannover, Hannover, Deutschland
E-Mail: till.bruckermann@iew.uni-hannover.de

M. Foss-Jähn
E-Mail: malte.foss-jaehn@iew.uni-hannover.de

H. Greving
E-Mail: hannah.greving@iew.uni-hannover.de

A. Wenzel und T. Schmäing (Hrsg.), *Außerschulisches Lernen in der naturwissenschaftlichen Bildung*, https://doi.org/10.1007/978-3-658-50864-7_24

zum Unterricht genutzt werden. Daher sind Überzeugungen in diesem Kontext äußerst relevant (Kunter et al. 2020).

Um mehr über die Überzeugungen von Lehrkräften hinsichtlich außerschulischer Lernorte zu erfahren, ist es wichtig, Überzeugungen angemessen beschreiben zu können. Dazu eignen sich Fragebögen, die die Strukturen des Überzeugungssystems genauer erfassen. Für den schulischen Kontext liegen bereits Fragebögen vor (Gimbel et al. 2018), wohingegen das im außerschulischen Kontext weniger der Fall ist. Eine Ausnahme ist ein Fragebogen, der sich mit den Überzeugungen zum außerschulischen Lernen in Museen beschäftigt (Karnezou et al. 2021). Dieser Fragebogen wurde auf Grundlage einer durchgeführten Interviewstudie (Karnezou et al. 2013) entwickelt und danach für eine Befragung (angehender) Lehrkräfte eingesetzt (Karnezou et al. 2021). Durch die Befragung konnten die Überzeugungen anhand der drei Subskalen Überzeugungen zum 1) kognitionsbezogenen Lernen, 2) affektbezogenen Lernen und 3) einstellungsbezogenen Lernen in Museen beschrieben werden.

Dieser Fragebogen ist daher ein adäquates Maß, um Überzeugungen anhand von drei unterschiedlichen Subskalen zu beschreiben. Bisher liegt der Fragebogen aber zum einen nur auf Englisch vor. Zum anderen bezieht er sich ausschließlich auf den Besuch von Museen und es werden keine weiteren außerschulischen Lernorte berücksichtigt. Daher ist die Zielsetzung dieser Arbeit, den genannten Fragebogen zur Erhebung der Überzeugungen von (angehenden) Lehrkräften für die deutsche Sprache und für außerschulische Lernorte allgemein zu adaptieren.

2 Theorie und Forschungsstand

Überzeugungen sind Teil der professionellen Kompetenzen von Lehrkräften (Baumert und Kunter 2013) und sie werden als „zentrale Handlungsressource für das unterrichtliche Handeln verstanden" (Harms und Riese 2018, S. 285). Die professionellen Kompetenzen von Lehrkräften untergliedern sich in zwei Bereiche. Zum einen gibt es einen kognitiven Bereich, der Fachwissen, fachdidaktisches und pädagogisches Wissen (d. h. das Professionswissen) umfasst. In diesem Beitrag wird es aber nicht um den kognitiven Bereich gehen, so dass er nicht weiter fokussiert wird. Zum anderen gibt es einen affektiv-motivationalen Bereich, der unter anderem die Überzeugungen umfasst (König 2020). Als psychologisches Konstrukt sind Überzeugungen individuelle Erklärungssysteme, Bewertungen und Annahmen, die von Individuen mit diesen Überzeugungen als zutreffend bewertet werden (Kunter et al. 2020; Richardson 1996). Die individuellen Bewertungen und Erklärungssysteme können vom wissenschaftlichen Wissen abweichen oder angemessen sein (Kunter et al. 2020). Sie beeinflussen, wie Lehrkräfte handeln, weshalb sie für Lernerfahrungen eine maßgebliche Rolle spielen (Fives und Buehl 2008, 2012; König 2020). Da professionelle Kompetenzen als ein Kontinuum aus Dispositionen und situationsspezifischen Fähigkeiten, die in ein Handeln münden, beschrieben werden können (Blömeke et al. 2015), haben Überzeugungen in der Situation eine Filterfunktion der Wahrnehmung, eine Rahmenfunktion der Bewertung und eine Steuerfunktion des Handelns (Wilde und Kunter 2016; Fives und Buehl 2012, S. 478). Überzeugungen von Lehrkräften beeinflussen deshalb, wie sie den Unterricht gestalten (z. B. Blömeke et al. 2012) und inwiefern sie bestimmte Lehr-Lernkonzepte übernehmen (Fives und Buehl 2008, 2012).

2.1 Inhalte und Veränderbarkeit von Überzeugungen

Überzeugungen von Lehrkräften zum Lehren und Lernen können grundsätzlich in einem allgemeinen Überzeugungssystem zusammenfasst werden, in dem all ihre existierenden Überzeugungen verortet sind (Five und Buehl 2012). Innerhalb dieses Systems gibt es unterschiedliche Bezugssysteme (Kunter et al. 2020). Selbstbezogene Überzeugungen beziehen sich auf die eigene Identität und die eigenen Fähigkeiten, stehen allerdings nicht im Fokus dieses Beitrags. Auf den Lehr-Lernkontext bezogene Überzeugungen beziehen sich allgemein auf das Lehren und Lernen im Schulkontext, auf einen bestimmten Lernbereich oder sogar auf spezifische Fachinhalte (Gimbel et al. 2018).

Überzeugungen von (angehenden) Lehrkräften sind veränderbar, weil sie sich im Sinne eines Konzeptwechsels *(conceptual change)* als subjektive Bewertungen bzw. Erklärungssysteme entwickeln können (Pajares 1992; Vosniadou et al. 2020). Hinsichtlich ihrer Entwicklung werden auf den Lehr-Lernkontext bezogene Überzeugungen zunächst von den Erfahrungen in der Schulzeit geprägt (Lortie 2007). Diese intuitiven Überzeugungen zum Lehren und Lernen sind weniger differenziert und begründet. Überzeugungen können sich aber im Kontext einer Herausforderung der eigenen Überzeugungen verändern, wenn diese Veränderung im individuellen Erklärungssystem als persönlich relevant wahrgenommen wird und die entsprechenden Ressourcen vorhanden sind (Gregoire 2003). Im Gegensatz zu Beobachtungen in der eigenen Schulzeit entwickeln sich die Überzeugungen zum Lehren und Lernen durch die formale Ausbildung und die Erfahrungen in der Schulpraxis weiter (Kunter et al. 2020). In dieser Zeit bieten sich den (angehenden) Lehrkräften Lerngelegenheiten, um ihre intuitiven Überzeugungen hin zu professionellen Überzeugungen, die im Einklang mit ihrem wissenschaftlichen Wissen stehen (Wilde und Kunter 2016), weiterzuentwickeln. Die professionellen Überzeugungen von angehenden Lehrkräften zeichnen sich durch die strukturierte Reflexion von Praxis aus, während solche der unterrichtenden Lehrkräfte insbesondere die Bildung einer *community of practice* umfassen (Fives und Buehl, 2012). Somit sind Überzeugungen von (angehenden) Lehrkräften veränderbar und entwickeln sich im Sinne eines Konzeptwechsels während der Berufslaufbahn weiter. Daher ist auch anzunehmen, dass sich die Überzeugungen von angehenden Lehrkräften und Lehrkräften, die bereits im Berufsdienst sind, voneinander unterscheiden (vgl. Vosniadou et al. 2020). Diese beschriebenen Inhalte von und die Veränderbarkeit der auf den Lehr-Lernkontext bezogenen Überzeugungen können sich aber nicht nur auf den schulischen Kontext beziehen. Sie sind ebenso relevant im außerschulischen Kontext (Karnezou et al. 2013, 2021).

2.2 Überzeugungen zu außerschulischen Lernorten

Um Lehrkräfteüberzeugungen neben dem Lehren und Lernen in schulischen Kontexten auch für das Lehren und Lernen in außerschulischen Kontexten beschreiben zu können, wurden Überzeugungen anhand kognitions-, affekt- und einstellungsbezogener Aspekte des Lernens in Museen differenziert. In einer Interviewstudie wurden Lehrkräfte zu ihren Überzeugungen hinsichtlich des Besuchs eines Museums als außerschulischer Lernort befragt (Karnezou et al. 2013). Die Studie zeigte, dass die Lehrkräfteüberzeugungen hinsichtlich eines Museumsbesuchs sowohl kognitions- als auch affektbezogene Aspekte beinhalteten. Zentraler Aspekt waren Überzeugungen der kognitionsbezogenen Dimension, da Lehrkräfte fachliche Lernziele mit begründetem Lehrplanbezug formulierten. Aber auch Überzeugungen der affektbezogenen Dimension waren relevant, da den Lehrkräften auch emotionales Lernen wichtig war. Somit belegte diese Studie, dass Überzeugungen zu außerschulischen Lernorten vermutlich in verschiedene Dimensionen unterteilt werden können (Karnezou et al. 2013).

Um dieses Ergebnis empirisch zu überprüfen, wurde eine weitere Studie durchgeführt, in der die Überzeugungen von Lehrkräften zum Besuch eines Museums anhand eines Fragebogens ermittelt wurden (Karnezou et al. 2021). In dieser Studie konnte zum einen erneut gezeigt werden, dass die kognitions- und die affektbezogene Dimension relevante Aspekte der außerschulischen Überzeugungen hinsichtlich eines Museumsbesuchs waren. Zum anderen wurde zusätzlich eine einstellungsbezogene Dimension der Überzeugungen identifiziert, welche dem Museumsbesuch selbst einen Wert einräumte. Daher belegt diese Studie, dass außerschulische Lehrkräfteüberzeugungen hinsichtlich von Museumsbesuchen in kognitions-, affekt- und einstellungsbezogene Aspekte differenziert werden können. Außerdem können sich Überzeugungen zum außerschulischen Lernen auf unterschiedliche Phasen des Besuches beziehen, welche die Ziele, die Vorbereitung, die Aktivitäten, die erwarteten Lernergebnisse und die Rolle der Lehrkraft umfassen (Karnezou et al. 2013).

Die Relevanz dieser drei Aspekte für außerschulisches Lernen wird durch weitere empirische Befunde gestützt (Bell et al. 2009; Wilde et al. 2019). Hinsichtlich der kognitionsbezogenen Dimension fördert außerschulisches Lernen den kognitiven Lernerfolg der Lernenden, wie beispielsweise ihre Schulleistung (Haidari et al. 2024). Für die affektbezogene Dimension gibt es Belege, dass außerschulisches Lernen für die affektiv-motivationale Entwicklung der Lernenden relevant ist, wie zum Beispiel ihr Interesse (Lewalter et al. 2021). Andere, frühere Studien belegen, dass Lehrkräfte die kognitions- und affektbezogenen Aspekte außerschulischen Lernens zwar wahrnehmen, sie jedoch als komplementär bzw. konträr betrachten (Anderson et al. 2006) und Besuche an außerschulischen Lernorten vorrangig kognitiv gestalten (Lewalter und Geyer 2009). Somit ist es möglich, dass die verschiedenen Aspekte der Überzeugungen nicht immer kohärent, sondern auch widersprüchlich zueinander oder fragmentiert sein können (Karnezou et al. 2021). Die Dimensionen der Überzeugungen sollten deshalb in ihrem Gesamtgefüge und nicht isoliert voneinander betrachtet werden, so dass Zusammenhänge zwischen Überzeugungen erklärt (Pajares 1992) und die Struktur von Überzeugungssystemen aufgedeckt werden können (Vosniadou et al. 2020). Dazu sind Fragebögen notwendig, aus denen valide Schlussfolgerungen gezogen werden können. In der vorliegenden Studie betrifft das die Schlussfolgerungen aus einem Fragebogen zu Überzeugungen von (angehenden) Lehrkräften (Karnezou et al. 2021), der auf außerschulische Lernorte bezogen eingesetzt werden soll.

2.3 Validitätsaspekte des Fragebogens

Beim Einsatz eines Fragebogens zu Überzeugungen von (angehenden) Lehrkräften muss die Validität von Schlussfolgerungen aus einem solchen Fragebogen berücksichtigt werden (z. B. Großschedl et al. 2019). Unter Validität wird inzwischen verstanden, inwieweit theoretische Annahmen und empirische Beobachtungen die Interpretation der Fragebogendaten unterstützen (Kane 2013). Validität ist also keine Eigenschaft eines Fragebogens, sondern bezieht sich auf die Interpretation der Fragebogendaten mit einem bestimmten Ziel (American Educational Research Association, American Psychological Association und National Council on Measurement in Education [AERA] 2014).

Für die Überprüfung der Grundannahmen der Validität (Hartig et al. 2020) sind für die vorliegende Studie zwei Validitätsaspekte wichtig. Anhand des Validitätsaspekts der*internen Struktur* kann geprüft werden, inwieweit Zusammenhänge und Übereinstimmungen zwischen den Fragebogenitems und Subskalen des Fragebogens und dem darunterliegenden psychologischen Konstrukt bestehen (AERA et al. 2014). Mithilfe des Validitätsaspekts der *Beziehung zu anderen Variablen* kann geprüft werden, inwieweit basierend auf theoretischen Annahmen Zusammenhänge zwischen den Fragebogenitems und einer anderen Variable bestehen, beispielsweise unterschiedlichen Personenmerkmalen (AERA et al. 2014).

Bezogen auf den Fragebogen zu den Überzeugungen (angehender) Lehrkräfte zum außerschulischen Lernen (Karnezou et al. 2021) bedeutet das, dass der Fragebogen einerseits die Überzeugungen als psychologisches Konstrukt und kohärentes Überzeugungssystem abbilden können sollte (Validitätsaspekt der internen Struktur). Andererseits sollte der Fragebogen sensitiv für unterschiedliche Personenmerkmale sein und Schlussfolgerungen über die Entwicklung von Überzeugungen für beispielsweise unterschiedliche Berufsphasen der (angehenden) Lehrkräfte ermöglichen (Validitätsaspekt der Beziehung zu anderen Variablen).

3 Ziel der Studie

Der Fragebogen von Karnezou und Kolleg*innen (2021) zur Beschreibung von Lehrkräfteüberzeugungen zum Museumslernen liegt bisher nur in englischer Sprache vor und es fehlt an einem äquivalenten Fragebogen in deutscher Sprache. Zudem liegt bisher kein Fragebogen vor, mit dem die Überzeugungen von Lehrkräften zu außerschulischen Lernorten im Allgemeinen (d. h. die Lernorte übergreifend) beschrieben werden können. Durch eine Verallgemeinerung der Lehrkräfteüberzeugungen kann ein weiteres Bezugssystem der Überzeugungen zum Lehren und Lernen an außerschulischen Lernorten überprüft werden, welches dem Bezugssystem Museen übergeordnet ist (Kunter et al. 2020).

Daher ist das Ziel der vorliegenden Studie zu untersuchen, inwiefern der Fragebogen in deutscher Sprache und zu außerschulischen Lernorten allgemein die Überzeugungen (angehender) Lehrkräfte abbilden kann. Zum einen muss dazu der Validitätsaspekt der internen Struktur für den Fragebogen (Karnezou et al. 2021) überprüft werden. Weitergehend muss anhand der Berufsphasen der (angehenden) Lehrkräfte und des Unterrichtens naturwissenschaftlicher Fächer der Validitätsaspekt der Beziehung zu anderen Variablen für den Fragebogen (Karnezou et al. 2021) überprüft werden. Hinsichtlich der Veränderbarkeit von Überzeugungen wird deutlich, dass gerade im Übergang von der Schulzeit über die Lehramtsausbildung bis hin zu Lehrkräften in der Berufspraxis sich die Überzeugungen weiterentwickeln (vgl. Vosniadou et al. 2020). Außerdem hat außerschulisches Lernen insbesondere in den Naturwissenschaften einen hohen Stellenwert (DeWitt und Osborne 2007), weshalb es vielfach Teil der Lehrkräftebildung in den Naturwissenschaften ist (z. B. Brovelli et al. 2011). Daher ist davon auszugehen, dass (angehende) Lehrkräfte, die naturwissenschaftliche Fächer unterrichten, ausgeprägtere Überzeugungen haben als (angehende) Lehrkräfte, die keine naturwissenschaftlichen Fächer unterrichten. Zu beiden Validitätsaspekten werden die folgenden Forschungsfragen und jeweiligen Hypothesen untersucht:

Fragestellung 1: Inwiefern werden die drei Dimensionen der Überzeugungen zum außerschulischen Lernen im Fragebogen wiedergefunden?
Hypothese 1: Die Überzeugungen können in eine kognitionsbezogene, affektbezogene und einstellungsbezogene Dimension differenziert werden.
Fragestellung 2: Inwiefern ergeben sich Unterschiede in den Überzeugungen zum außerschulischen Lernen für verschiedene Entwicklungsstufen der (angehenden) Lehrkräfte und für das Unterrichten von naturwissenschaftlichen Fächern? Hypothese 2: Die Überzeugungen unterscheiden sich abhängig von der Berufserfahrung und der Anzahl naturwissenschaftlicher Fächer.

4 Methode

4.1 Stichprobe

Die vorliegende Stichprobe wurde im Rahmen von Seminaren der Leibniz Universität Hannover sowie der Schulbesuche im Rahmen der universitären Schulprojekte als Gelegenheitsstichprobe erhoben. Sie umfasste 193 (angehende) Lehrkräfte von denen 111 Personen ausgebildete, berufstätige Lehrkräfte, 22 Personen Referendar*innen und 60 Personen Lehramtsstudierende waren. Von den 193 Personen unterrichteten 79 Personen ein oder zwei naturwissenschaftliche Fächer (d. h. Biologie, Physik, Chemie) und 93 Personen kein naturwissenschaftliches Fach (21 Personen haben ihr Unterrichtsfach nicht angegeben).

4.2 Fragebogen

Der verwendete Fragebogen basierte auf einem Fragebogen zu den Überzeugungen zum Lernen in Museen von Lehrkräften (Karnezou et al. 2013, 2021). Dieser Fragebogen wurde in zwei Schritten adaptiert: Zunächst wurde die englische Version des Fragebogens ins Deutsche übersetzt. Danach wurde der Fragebogen vom Lernen in Museen hin zum Lernen an außerschulischen Lernorten verallgemeinert.

Insgesamt beinhaltete der verwendete Fragebogen 15 Items. Mit jeweils fünf Items wurden die drei Subskalen kognitionsbezogene Überzeugungen (z. B. „Vor dem Besuch eines außerschulischen Lernorts sollte die Lehrperson prüfen, ob die Inhalte mit den von ihr unterrichteten Schulfächern verknüpft sind.“), affektbezogene Überzeugungen (z. B. „Bei dem Besuch eines außerschulischen Lernorts sollten die Schüler*innen vor allem ihre Zeit am Lernort genießen.“) und einstellungsbezogene Überzeugungen (z. B. „Von dem Besuch eines außerschulischen Lernorts erwartet man, dass die Schüler*innen eine positive Einstellung zu den Inhalten des Lernorts entwickeln.“) erfasst. Das Antwortformat des Fragebogens war eine vierstufige Ratingskala von (1) stimme gar nicht zu bis (4) stimme voll zu. Zusätzlich zu den Überzeugungen wurden weitere Angaben, wie die Berufserfahrung und die unterrichteten Fächer, erfasst.

4.3 Statistische Auswertung

Zur Beantwortung der Forschungsfragen wurden vier Auswertungsschritte durchgeführt. Im ersten Schritt wurden die Korrelationen der Items untereinander für jede der drei Subskalen näher betrachtet und Items, deren Korrelation ein $p > .05$ mit anderen Items aufwiesen, aus dem Fragebogen entfernt. Auf Basis dieser Auswertung wurde in einem zweiten Schritt anhand einer explorativen Faktorenanalyse getestet, inwiefern sich die Items des Fragebogens auf die drei Subskalen (d. h. kognitionsbezogene Überzeugungen, affektbezogene Überzeugungen, einstellungsbezogene Überzeugungen) aufteilen lassen. Hierfür wurde die Maximum-Likelihood-Methode mit der Varimax-Rotationsmethode verwendet (Field 2009). Eine feste Faktorenanzahl wurde nicht vorgegeben, sondern die Anzahl der Faktoren wurde basierend auf der Anzahl der Eigenwerte ≥ 1 bestimmt.

Im dritten Schritt wurde ermittelt, inwiefern sich die drei identifizierten Subskalen in einem Modell darstellen lassen. Anhand einer früheren Studie (Karnezou et al. 2021) wurden dazu vier verschiedene Modelle aufgestellt und getestet.

In Modell 1 wurden die drei Subskalen kognitionsbezogene Überzeugungen, affektbezogene Überzeugungen und einstellungsbezogene Überzeugungen als für sich stehende, unkorrelierte latente Faktoren betrachtet, welche sich jeweils aus den entsprechenden, zu den Subskalen gehörenden manifesten Items des Fragebogens ergaben (siehe Anhang, Abb. A1). Modell 2 wurde genauso aufgestellt wie Modell 1 mit dem Unterschied, dass die Korrelationen der latenten Faktoren untereinander hinzugefügt wurden (siehe Anhang, Abb. A2). In Modell 3 wurde ein übergeordneter latenter Faktor zu den allgemeinen Überzeugungen zum außerschulischen Lernen hinzugefügt, der sich wiederum aus den drei latenten Faktoren der drei Subskalen ergab. Die drei latenten Faktoren der Subskalen waren in diesem Modell dadurch wieder unkorreliert, aber Teil des übergeordneten Faktors (siehe Anhang, Abb. A3). In Modell 4 wurde der latente Faktor zu den allgemeinen Überzeugungen zum außerschulischen Lernen wie in Modell 3 beibehalten. Allerdings entfielen die drei latenten Faktoren der drei Subskalen, wodurch sich der latente Faktor zu den allgemeinen Überzeugungen direkt aus den manifesten Items des Fragebogens ergab (siehe Anhang, Abb. A4; vgl. Karnezou et al. 2021).

Zur Überprüfung der Güte der Modelle und ihrer Passung zu den Daten (d. h. ihrem Fit) wurden die χ^2/df-, CFI- und RMSEA-Werte betrachtet. Der χ^2/df-Wert ist ein gängiger Fit-Wert. Liegt er unter 2, dann weist das auf einen exzellenten

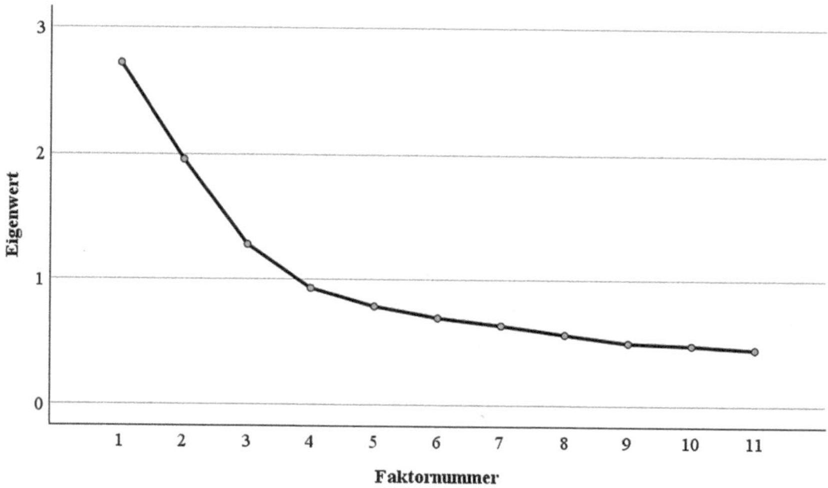

Abb. 1 Screeplot der explorativen Faktorenanalyse mit Varimax-Rotation

Fit hin. Werte zwischen 2 und 3 deuten auf einen guten Fit hin, während Werte größer als 3 einen akzeptablen bis hin zu schlechten Fit angeben. Der CFI-Wert ist ein guter Fit-Wert für kleine Stichproben, da er bereits eine Korrektur dafür verwendet (Byrne 2016). Es liegt ein akzeptabler bis guter Fit bei Werten ab.90 vor. Bei Werten ab .95 weisen die Werte einen exzellenten Fit auf. Der RMSEA-Wert wird ebenfalls herangezogen, weil er eines der aussagekräftigsten Kriterien für die Modellierung von Kovarianzstrukturen darstellt. Hier deuten Werte unter 0.06 auf eine gute Passung von Modellen hin, während Werte zwischen 0.08 und 0.10 einen mäßigen Fit darstellen und Werte über 0.10 auf begründete Fehler hinweisen.

In einem vierten Schritt wurden zur Beantwortung der zweiten Forschungsfrage *t*-Tests für unabhängige Stichproben durchgeführt. Als unabhängige Variablen dienten die Berufserfahrung (berufstätige Lehrkräfte und Referendar*innen vs. Lehramtsstudierende) und das Lehren von naturwissenschaftlichen Fächern (ein oder zwei naturwissenschaftliche Fächer vs. kein naturwissenschaftliches Fach). Die abhängigen Variablen waren die drei Subskalen des Fragebogens, d. h. die kognitionsbezogenen Überzeugungen, affektbezogenen Überzeugungen und einstellungsbezogenen Überzeugungen. Alle Auswertungsschritte wurden mit Hilfe von IBM SPSS und IBM SPSS Amos Version 29 (IBM Corporation 2023) durchgeführt (Byrne 2016; Field 2009).

5 Ergebnisse

Im ersten Schritt wurden die Korrelationen der Items pro Subskala untereinander näher betrachtet. Für die kognitionsbezogenen Überzeugungen ergaben sich für alle Items einheitliche Korrelationen, alle *r*s >.16, alle *p*s <.05, sodass alle Items für diese Subskala verwendet wurden. Für die affektbezogenen Überzeugungen waren die Ergebnisse der Korrelationsanalyse gemischt. Es zeigte sich, dass das erste Item kaum mit dem dritten und fünften Item korrelierte, beide *p*s >.38. Außerdem korrelierte das dritte Item kaum mit den anderen vier Items, alle *p*s > .14. Daher wurden das erste und dritte Item nicht weiter berücksichtigt, sodass diese Subskala aus dem zweiten, vierten und fünften Item bestand, welche untereinander korrelierten, alle *r*s >.26, alle *p*s <.05. Für die einstellungsbezogenen Überzeugungen ergaben sich für die ersten drei Items hohe Korrelationen untereinander, alle *r*s >.35, alle *p*s <.05 Es wurde aber auch deutlich, dass das vierte und fünfte Item niedrigere Korrelationen mit den anderen Items aufwiesen und beispielsweise mit dem zweiten Item kaum korrelierten, *p*s >.10. Daher wurden für die weiteren Berechnungen nur die ersten drei Items für diese Subskala verwendet.

Im zweiten Schritt wurde die explorative Faktorenanalyse entsprechend mit allen Items der Subskala kognitionsbezogene Überzeugungen, mit dem zweiten, vierten und fünften Item der Subskala affektbezogene Überzeugungen und mit den ersten drei Items der Subskala einstellungsbezogene Überzeugungen durchgeführt. Die Ergebnisse der Analyse zeigten, dass die Daten faktorfähig und somit für die Durchführung einer Faktorenanalyse geeignet waren (gemäß Kaiser–Meyer–Olkin-Kriterium >.70). Zudem zeigte der Bartlett-Test, dass die Items signifikant und stark genug für eine Faktorenanalyse miteinander korrelierten. Der Screeplot der Analyse (siehe Abb. 1) ergab drei Eigenwerte, die größer als 1 waren und zusammen 38.39 % der Gesamtvarianz erklärten. Davon wurden 14.17 % der Varianz durch den ersten Faktor, 13.54 % durch den zweiten Faktor und 10.68 % durch den dritten Faktor erklärt. Die rotierte Faktorenmatrix zeigte, dass die Items der Subskala einstellungsbezogene Überzeugungen auf den ersten Faktor, die Items der Subskala kognitionsbezogene Überzeugungen auf den zweiten Faktor und die Items der Subskala affektbezogene Überzeugungen auf den dritten Faktor geladen hatten (siehe Tab. 1).

Im dritten Schritt wurden die vier Modelle getestet und deren Fit-Werte überprüft (siehe Tab. 2). Modell 1 wies mit einem $\chi 2$/df-Wert von 2.52, CFI-Wert von .80 und RMSEA-Wert von 0.09 keine guten Fit-Werte auf. Bei Modell 2 lagen die Fit-Werte mit einem $\chi 2$/df-Wert von 2.15, CFI-Wert von.86 und RMSEA-Wert von 0.08 nahe der unteren Grenze akzeptabler Werte. Modell 3 lag ebenfalls mit einem $\chi 2$/df-Wert von 2.15, CFI-Wert von .86 und RMSEA-Wert von 0.08 an dieser unteren Grenze. Der schwächste Fit der Modelle ergab sich für Modell 4 mit einem $\chi 2$/df-Wert von 4.61, CFI-Wert von .52 und RMSEA-Wert von 0.14. Diese Werte deuteten auf begründete Fehler bei der Passung des Modells zu den vorliegenden Daten hin.

Im vierten Schritt wurde getestet, ob sich hinsichtlich der Berufserfahrung und des Unterrichtens von naturwissenschaftlichen Fächern Unterschiede für die kognitionsbezogenen Überzeugungen, affektbezogenen Überzeugungen und einstellungsbezogenen Überzeugungen ergaben (siehe Tab. 3). Bezüglich der Berufsphase (berufstätige Lehrkräfte und Referendar*innen vs. Lehramtsstudierende) zeigten sich keine signifikanten Unterschiede für die kognitionsbezogenen Überzeugungen, $p = .677$, $d = -.065$, und die affektbezogenen Überzeugungen, $p = .525$, $d = .099$. Für die einstellungsbezogenen Überzeugungen gab es einen signifikanten Effekt, $p < .01$, $d = -.851$. Berufstätige Lehrkräfte und Referendar*innen fokussierten stärker auf einstellungsbezogene Überzeugungen als Lehramtsstudierende. Zwischen den (angehenden) Lehrkräften mit bzw. ohne naturwissenschaftliche Fächer ergaben sich keine signifikanten Effekte (kognitionsbezogene Überzeugungen: $p = .155$, $d = -.219$; affektbezogene Überzeugungen: $p = .844$, $d = -.030$; einstellungsbezogene Überzeugungen: $p = .132$, $d = .232$).

Tab. 1 Faktorladungen ($\geq$ 0.3) von allen verwendeten Items für die drei identifizierten Faktoren

Items		Faktor	
	1	2	3
Item 1: Vor dem Besuch eines außerschulischen Lernorts sollte die Lehrperson prüfen, ob die Inhalte mit den von ihr unterrichteten Schulfächern verknüpft sind.		.589	
Item 2: Von dem Besuch eines außerschulischen Lernorts erwartet man, dass den Schüler*innen geholfen wird, die Lernziele der entsprechenden Schulstunde zu erreichen.		.653	
Item 3: Während des Besuchs an einem außerschulischen Lernort unterstütze ich meine Schüler*innen, unsere Schulstunden und das, was sie am außerschulischen Lernort sehen, zu verbinden.		.522	
Item 4: Während des Besuchs sollte das Personal des außerschulischen Lernorts die Führung mit dem Schulunterricht verknüpfen.		.379	
Item 5: Besuche an außerschulischen Lernorten sollten mit den Zielen des Lehrplans verbunden sein.		.431	
Item 6: Von dem Besuch eines außerschulischen Lernorts erwartet man, dass die Schüler*innen eine positive Einstellung zu den Inhalten des Lernorts entwickeln.	.660		
Item 7: Der Besuch eines außerschulischen Lernorts ist wichtig, weil die Schüler*innen den Inhalt des außerschulischen Lernorts schätzen werden.	.757		
Item 8: Das Ziel eines Besuchs an einem außerschulischen Lernort ist es, das Interesse der Schüler*innen am Lernen zu wecken.	.558		
Item 12: Bei dem Besuch eines außerschulischen Lernorts sollten die Schüler*innen vor allem ihre Zeit am Lernort genießen.			.509
Item 14: Von dem Besuch eines außerschulischen Lernorts verspricht man sich, dass die Schüler*innen eine Pause vom Schulalltag haben.			.780
Item 15: Der eigentlich interessante Teil des Besuchs an einem außerschulischen Lernort ist der Besuch selbst und nicht der Lerneffekt für die Schüler*innen.			.422
Erklärte Varianz (in %) 38.39	14.17	13.54	10.68

Tab. 2 Fit-Werte (χ^2/df, p, CFI, RMSEA) für Modell 1–4

Modell	χ^2/df	*p*	CFI	RMSEA
Modell 1	2.52	<.001	0.80	0.09
Modell 2	2.15	<.001	0.86	0.08
Modell 3	2.15	<.001	0.86	0.08
Modell 4	4.61	<.001	0.52	0.14

Tab. 3 Mittelwerte, Standardabweichungen und Teststatistiken (*t*, *p*, Cohen's *d*, 95 %-CI) für Unterschiede in der Berufserfahrung (Studium vs. im Dienst) für die kognitionsbezogene Dimension, affektbezogene Dimension und einstellungsbezogene Dimension

	Berufs-erfahrung	*n*	*M*	*SD*	*t*	*p*	*d*	95 %-CI
Kognitiv	Studium	60	3.017	0.500	−0.418	.677	−0.065	−0.370–0.240
	Im Dienst	132	3.052	0.551				
Affektiv	Studium	60	2.278	0.629	0.636	.525	0.099	−0.206–0.404
	Im Dienst	132	2.215	0.641				
Einstellung	Studium	60	2.889	0.622	−5.466	<.001	−0.851	−1.167–0.533
	Im Dienst	132	3.399	0.589				

6 Diskussion

Das Ziel der vorliegenden Studie war es, zu untersuchen, ob die Struktur von Überzeugungen (angehender) Lehrkräfte anhand eines für die deutsche Sprache und für außerschulische Lernorte allgemein adaptierten Fragebogens erfasst werden kann. Dazu wurde zunächst geprüft, inwiefern aus dem Fragebogen Rückschlüsse hinsichtlich der Struktur von Überzeugungen zu außerschulischen Lernorten möglich sind (Validitätsaspekt der internen Struktur). Die Ergebnisse zeigen insgesamt, dass der Fragebogen in deutscher Sprache und für außerschulische Lernorte funktioniert und eine kohärente, interne Struktur anhand von drei Subskalen abbildet. Somit erweitert die vorliegende Studie bisherige Befunde (Karnezou et al. 2013, 2021), indem sie den Fragebogen für außerschulische Lernorte verallgemeinert und zeigt, dass aus dem Fragebogen Rückschlüsse hinsichtlich der Dimensionen von Lehrkräfteüberzeugungen zu außerschulischen Lernorten möglich sind.

Genauer betrachtet konnte der verwendete Fragebogen die Überzeugungen zu außerschulischen Lernorten als dreidimensionales Konstrukt beschreiben. Die drei Dimensionen konnten anhand einer explorativen Faktorenanalyse nachgewiesen werden. Im Vergleich zum Originalfragebogen zu Museen mit denselben drei Faktoren konnte eine ähnliche, wenn auch etwas niedrigere Gesamtvarianz in den Antworten von (angehenden) Lehrkräften aufgeklärt werden. Ursächlich für diese niedrigere Varianz war vermutlich die Reduktion der Items von 15 auf 11, wodurch weniger Items zur Erklärung der Varianz zur Verfügung standen.

Außerdem zeigten die Ergebnisse, dass die Überzeugungen zu außerschulischen Lernorten in einem Modell als Überzeugungssystem abgebildet werden konnten. Am passendsten zu den Daten waren Modell 2 und 3, welche die gleichen und zudem besten Fit-Werte aufwiesen. In beiden Modellen stellten die Dimensionen drei latente Faktoren dar, die entweder untereinander korrelierten (Modell 2) oder auf ein übergeordnetes Konstrukt luden (Modell 3). Weniger passend zu den Daten waren Modell 1 und 4, bei denen die drei Dimensionen entweder als drei für sich stehende, unkorrelierte Faktoren nebeneinanderstanden (Modell 1) oder alle Items auf einen übergeordneten Faktor geladen haben, ohne dass die drei Dimensionen eine Rolle spielten (Modell 4). Aus den Modellen 2 und 3 wird gefolgert, dass es sich bei den drei Dimensionen nicht um fragmentierte oder für sich stehende Faktoren handelte (Karnezou et al. 2021). Vielmehr stellten sie ein Gesamtgefüge hinsichtlich der Überzeugungen (angehender) Lehrkräfte zu außerschulischen Lernorten dar. Zudem stützen theoretische Überlegungen zum Überzeugungssystem (Karnezou et al. 2021), dass die Daten vor allem zu Modell 3 passen: kognitionsbezogene, affektbezogene und einstellungsbezogene Überzeugungen können auf das übergeordnete Konstrukt der Überzeugungen zu außerschulischen Lernorten zurückgeführt werden, sodass dieses Modell auch erklärungsmächtiger ist.

Weitergehend war das Ziel der vorliegenden Studie, zu prüfen, ob der Fragebogen geeignet ist, Unterschiede in den drei Dimensionen zwischen (angehenden) Lehrkräften in verschiedenen Berufsphasen sowie mit bzw. ohne naturwissenschaftliche Fächer abzubilden (Validitätsaspekt der Beziehung zu anderen Variablen). Die Ergebnisse zeigten, dass Lehrkräfte mit mehr Berufserfahrung höhere einstellungsbezogene Überzeugungen hatten als angehende Lehrkräfte mit weniger Berufserfahrung. Dieses Ergebnis entspricht früheren Befunden, dass die Berufserfahrung eine positive Auswirkung auf die einstellungsbezogene Dimension und keine Auswirkung auf die affektbezogene Dimension hatte (Karnezou et al. 2021). Gleichzeitig wiesen Karnezou und Kollegen (2021) Unterschiede für die kognitionsbezogene Dimension nach, indem angehende Lehrkräfte dieser Dimension eine höhere Bedeutung zumaßen als Lehrkräfte mit mehr Berufserfahrungen. Dieser Umstand wurde durch die geänderte universitäre Ausbildung in

Griechenland erklärt, die kognitive Lernziele an außerschulischen Lernorten fokussiert (Karnezou et al. 2021). Dieser Befund kann mit den vorliegenden Ergebnissen allerdings nicht unterstützt werden. Eine mögliche Erklärung ist, dass die universitäre Ausbildung (im deutschsprachigen Raum) bisher in geringerem Umfang (als erwartet) die Einbindung außerschulischer Lernorte für kognitive Lernziele thematisiert und „die angewandten Leitideen und Vorgehensweisen von bestandenen Lehrpersonen wie auch Lehramtsstudierenden stark auf überkommener Pragmatik basieren und sowohl theoretisch-konzeptionell als auch empirisch meist nur schwach untermauert sind“ (Brovelli et al. 2011, S. 343). Für valide Schlussfolgerungen aus dem verwendeten Fragebogen bedeutet das, dass der Fragebogen durchaus zur Differenzierung der Überzeugungen zwischen (angehenden) Lehrkräften mit unterschiedlicher Berufserfahrung herangezogen werden kann.

Für das Unterrichten von naturwissenschaftlichen Fächern durch die (angehenden) Lehrkräfte konnten keine Unterschiede festgestellt werden, sodass zwischen den Unterrichtsfächern differenzierende Schlussfolgerungen aus dem Fragebogen nicht möglich sind. Überzeugungen von Lehrkräften können üblicherweise auch auf der Fachebene differenziert vorliegen (Gimbel et al. 2018). Aus diesem Grund schien es naheliegend, dass sich die fachspezifischen Vorstellungen von (angehenden) Lehrkräften mit naturwissenschaftlichen Fächern von denen anderer Unterrichtsfächer unterscheiden. Die fehlenden Unterschiede könnten darin begründet sein, dass unter die Kategorie der (angehenden) Lehrkräfte mit naturwissenschaftlichen Fächern sowohl (angehende) Lehrkräfte mit einem als auch mit zwei oder mehr naturwissenschaftlichen Fächern gefallen sind (cf. Welter et al. 2022). Außerdem war auch nicht deutlich, ob sich die (angehenden) Lehrkräfte beim Ausfüllen des Fragebogens auf naturwissenschaftliche oder alternative Lernorte bezogen hatten. Das bedeutet im Umkehrschluss aber auch, dass der Fragebogen fächerübergreifend für die Erfassung von Überzeugungen (angehender) Lehrkräfte genutzt werden kann.

6.1 Implikationen

Die vorliegende Studie stellt relevante Erweiterungen eines früheren Fragebogens zu Lehrkräfteüberzeugungen (Karnezou et al. 2021) dar. Sie zeigt, dass das Bezugssystem der im Fragebogen erfassten Überzeugungen zu außerschulischen Lernorten verallgemeinert werden kann. Außerdem können mit dem deutschsprachigen Fragebogen auch für die Kultur innerhalb des deutschen Bildungssystems valide Ergebnisse erzielt werden. Es konnte festgestellt werden, dass der Fragebogen die Überzeugungen von (angehenden) Lehrkräften hinsichtlich außerschulischer Lernorte allgemein – und nicht nur spezifisch für Museen – erfassen kann.

Zudem ist der Fragebogen ein fächerübergreifendes Instrument und kann die Entwicklung der Überzeugungen entsprechend der Berufserfahrung darstellen. Somit stellt der Fragebogen ein Instrument dar, aus dem valide Schlussfolgerungen zu den Überzeugungen zu außerschulischen Lernorten von (angehenden) Lehrkräften gezogen werden können.

Die erfolgreiche Überprüfung des Fragebogens im Hinblick auf die Berufserfahrung ermöglicht es, den Fragebogen in der Lehrkräftebildung einzusetzen, in der die Entwicklung der Überzeugungen ein bedeutendes Ziel ist. Mit dem Fragebogen könnte gezielter überprüft werden, inwiefern sich die Überzeugungen der angehenden Lehrkräfte entsprechend des wissenschaftlichen Stands weiterentwickelt haben. Solche Entwicklungen von Überzeugungen sind leichter zu erreichen und auch transparenter zu kommunizieren, wenn die Überzeugungsstrukturen bekannt sind. Mithilfe der Ergebnisse über die Struktur der Überzeugungen können demnach angepasste und verbesserte Lerngelegenheiten zur Professionalisierung entworfen werden und langfristig die Qualität der Professionalisierungsangebote für angehende Lehrkräfte verbessert werden. Beispielsweise könnte ein Seminar in der ersten Seminarsitzung damit beginnen, dass die Studierenden den Fragebogen beantworten und den ausgefüllten Fragebogen in einem Briefumschlag bis zum Ende des Semesters aufheben. Anschließend werden während des Semesters Inhalte zum außerschulischen Lernen vermittelt. Am Ende des Semesters wird der gleiche Fragebogen erneut von den Studierenden ausgefüllt. Nun können die Studierenden beide Fragebögen vergleichen und sehen, wie sich ihre Überzeugungen über das Seminar hinweg verändert haben. Diese Vorgehensweise bringt zwei große Vorteile mit sich. Zum einen können die Studierenden ihre eigenen Veränderungen in den Überzeugungen reflektieren. Dies verdeutlicht den eigenen Fortschritt, den sie durch das Seminar erlangt haben, und festigt gleichzeitig das Gelernte, da sie aktiv über die Veränderungen ihrer Überzeugungen nachdenken und diese inhaltlich begründen können. Zum anderen wird den Lehrenden ein Instrument zur Kontrolle an die Hand gegeben. Durch den Vergleich der Ergebnisse wird den Lehrenden Feedback darüber gegeben, ob und inwiefern Vorstellungen der Seminarteilnehmenden verändert wurden. Diese Ergebnisse können wiederum als Grundlage für eine Anpassung des Seminars genutzt werden.

6.2 Stärken und Limitationen

Die vorliegende Studie stellt eine der ersten Studien dar, welche einen Fragebogen zur Erhebung von Überzeugungen von (angehenden) Lehrkräften hinsichtlich außerschulischer Lernorte allgemein und für den deutschsprachigen Raum adaptiert, getestet und anhand von zwei Validitätsaspekten überprüft hat. Dazu wurde auf eine relevante Stichprobe und solide Stichprobengröße zurückgegriffen. Für die statistische Auswertung wurden gängige Methoden und Vorgehensweisen verwendet. Die Modellierung angenommener latenter Konstrukte stellt zudem ein aussagekräftiges Verfahren dar. Die Befunde geben erste Hinweise, dass der Fragebogen funktioniert und – hinsichtlich seiner internen Struktur und Beziehung zu anderen Variablen – valide Schlussfolgerungen zu den Überzeugungen zu außerschulischen Lernorten anhand von drei Dimensionen (d. h. kognitionsbezogene Überzeugungen, affektbezogene Überzeugungen, einstellungsbezogene Überzeugungen) zulässt.

Neben den Stärken hat die vorliegende Studie auch Limitationen. Die Fit-Werte der vier getesteten Modelle lagen zumeist unter den Schwellenwerten für eine sehr gute Passung der Daten zu den Modellen. Hierfür kann es verschiedene Erklärungen geben. Die gezogene Gelegenheitsstichprobe könnte ein Problem bei der Auswertung dargestellt haben, wodurch es möglicherweise schwierig gewesen war, zu den gesamten Daten passende und funktionierende Modelle zu identifizieren. Auch die Übersetzung der Items könnte nicht völlig sinngemäß durchgeführt worden sein, da die Übersetzung aus dem Englischen erfolgte, der Originalfragebogen aber auf Griechisch formuliert wurde. Außerdem könnte auch der Einsatz des Fragebogens bei (angehenden) Lehrkräften im deutschen Bildungssystem die Ergebnisse beeinflusst haben, wodurch die Diskrepanzen hinsichtlich der Fit-Werte der getesteten Modelle zwischen den vorliegenden und früheren Ergebnissen (Karnezou et al. 2021) erklärt werden könnten. Hinsichtlich der Modell-Daten-Passung muss auch festgehalten werden, dass für Modell 2 bzw. 3 der χ^2/df- und RMSEA-Wert auf eine immerhin gute Passung der Daten zum Modell hindeuteten und Modell 3 früheren Befunden entspricht. Lediglich der CFI-Wert lag knapp unter der Grenze der akzeptablen Fit-Werte. Zukünftige Studien sollten daher die Passung ihrer Daten zu den hier beschriebenen Modellen testen.

6.3 Schlussfolgerung

Zusammenfassend wurde in der vorliegenden Studie ein ins Deutsche übersetzter Fragebogen zur Erhebung von Überzeugungsstrukturen eingesetzt und hinsichtlich der Validität von Schlussfolgerungen über die Struktur und Veränderbarkeit der Überzeugungen überprüft. Der Fragebogen hatte das Ziel, die Überzeugungsstrukturen von (angehenden) Lehrkräften zu außerschulischen Lernorten allgemein aufzudecken, aber auch die individuelle Fokussierung von (angehenden) Lehrkräften auf bestimmte Überzeugungsdimensionen zu erfassen und Veränderungen in diesen entsprechend messen zu können. Es konnte gezeigt werden, dass der Fragebogen in der Lage war, zum einen die interne Struktur der Überzeugungen anhand eines kohärenten Überzeugungssystems mit drei Dimensionen (affektbezogene Überzeugungen, kognitionsbezogene Überzeugungen, einstellungsbezogene Überzeugungen) abzubilden. Zum anderen konnte der Fragebogen die Beziehung zu anderen Variablen ermitteln und hinsichtlich der Berufserfahrung Veränderungen von Überzeugungen messen. Insgesamt deutet dies darauf hin, dass der Fragebogen auch mit Bezug zu außerschulischen Lernorten im Allgemeinen valide die Struktur der Überzeugungen (angehender) Lehrkräfte messen kann.

Anhang

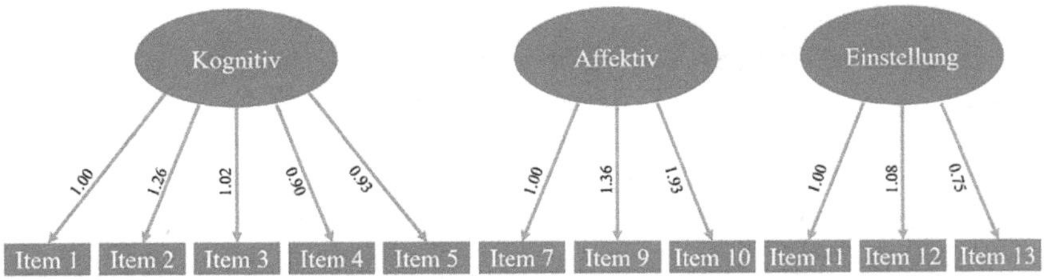

Abb. A1 Pfaddiagramm der konfirmatorischen Faktorenanalyse erster Ordnung zu den Überzeugungen zu außerschulischen Lernorten mit den drei Dimensionen als latente, unkorrelierte Faktoren (Modell 1)

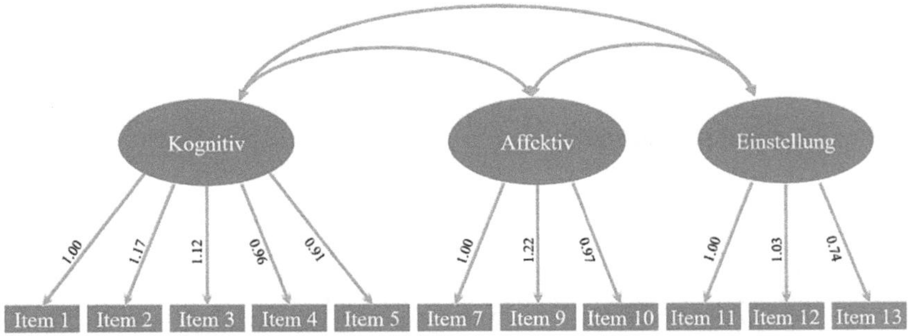

Abb. A2 Pfaddiagramm der konfirmatorischen Faktorenanalyse erster Ordnung zu den Überzeugungen zu außerschulischen Lernorten mit den drei Dimensionen als latente, untereinander korrelierte Faktoren (Modell 2)

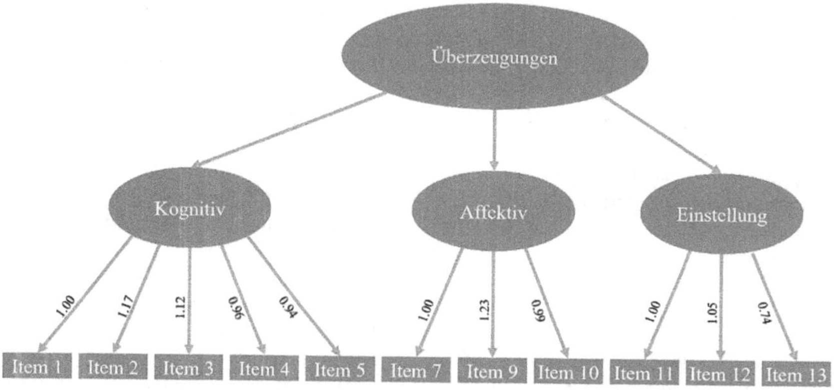

Abb. A3 Pfaddiagramm der konfirmatorischen Faktorenanalyse höherer Ordnung zu den Überzeugungen zu außerschulischen Lernorten mit den drei Dimensionen als latente Faktoren erster Ordnung und einem übergeordneten latenten Faktor zweiter Ordnung zu den Überzeugungen zu außerschulischen Lernorten (Modell 3)

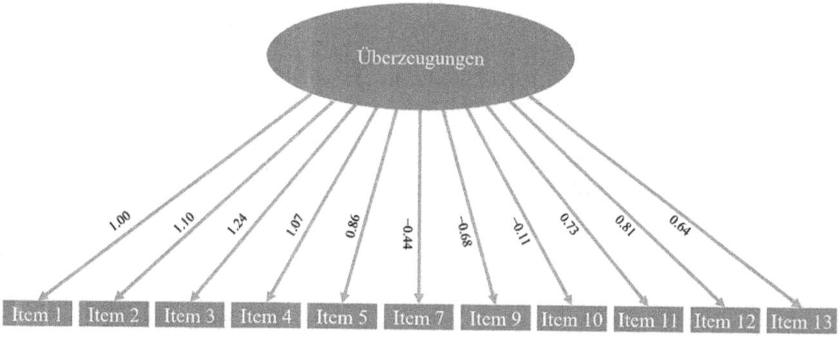

Abb. A4 Pfaddiagramm der konfirmatorischen Faktorenanalyse erster Ordnung zu den Überzeugungen zu außerschulischen Lernorten mit einem latenten Faktor zu den Überzeugungen zu außerschulischen Lernorten (Modell 4)

Literatur

American Educational Research Association, American Psychological Association, & National Council on Measurement in Education. (2014). *Standards for educational and psychological testing*. American Educational Research Association.

Anderson, D., Kisiel, J. & Storksdieck, M. (2006). Understanding Teachers' Perspectives on Field Trips: Discovering Common Ground in Three Countries. *Curator: The Museum Journal, 49*(3), 365–386. https://doi.org/10.1111/j.2151-6952.2006.tb00229.x

Baumert, J., & Kunter, M. (2013). Professionelle Kompetenz von Lehrkräften. *Stichwort: Zeitschrift für Erziehungswissenschaft,* 277–337. https://doi.org/10.1007/978-3-658-00908-3_13

Bell, P., Lewenstein, B. V., Shouse, A., & Feder, M. (Hrsg.). (2009). *Learning science in informal environments: People, places, and pursuits.* National Academies Press.

Blömeke, S., Gustafsson, J.-E. & Shavelson, R. J. (2015). Beyond Dichotomies: Competence Viewed as a Continuum. *Zeitschrift für Psychologie, 223*(1), 3–13. https://doi.org/10.1027/2151-2604/a000194

Blömeke, S., Suhl, U., & Döhrmann, M. (2012). Zusammenfügen was zusammengehört. Kompetenzprofile am Ende der Lehrerausbildung im internationalen Vergleich. *Zeitschrift für Pädagogik, 58*(4), 422–440.

Brovelli, D., Niederhäusern, R. v. & Wilhelm, M. (2011). Ausserschulische Lernorte in der Lehrpersonenbildung. –Theorie, Empirie und Umsetzung an der PHZ Luzern. *Beiträge zur Lehrerbildung, 29*(3), 342–352. https://doi.org/10.25656/01:13789

Byrne, B. M. (2016, June). *Structural Equation Modeling With AMOS: Basic Concepts, Applications, and Programming*, Third Edition. Routledge. https://doi.org/10.4324/9781315757421

DeWitt, J., & Osborne, J. (2007). Supporting teachers on science-focused school trips: Towards an integrated framework of theory and practice. *International Journal of Science Education, 29*(6), 685–710. https://doi.org/10.1080/09500690600802254

Field, A. P. (2009). *Discovering statistics using SPSS.* SAGE Publications.

Fives, H., & Buehl, M. M. (2008). What do teachers believe? Developing a framework for examining beliefs about teachers' knowledge and ability. *Contemporary Educational Psychology, 33*(2), 134–176. https://doi.org/10.1016/j.cedpsych.2008.01.001

Fives, H. & Buehl, M. M. (2012). Spring cleaning for the "messy" construct of teachers' beliefs: What are they? Which have been examined? What can they tell us? In K. R. Harris, S. Graham, T. Urdan, S. Graham, J. M. Royer & M. Zeidner (Hrsg.), *APA handbooks in psychology: Bd. 2. APA educational psychology handbook: Individual differences and cultural and contextual factors* (S. 471–499). American Psychological Association. https://doi.org/10.1037/13274-019

Gimbel, K., Ziepprecht, K., & Mayer, J. (2018). Überzeugungen angehender Lehrkräfte fachspezifisch und inhaltsspezifisch operationalisieren und erfassen. *Kohärenz in der universitären Lehrerbildung*,S. 179–198.

Gregoire, M. (2003). Is it a challenge or a threat? A dual-process model of teachers' cognition and appraisal processes during conceptual change. *Educational psychology review, 15*, 147–179.

Großschedl, J., Welter, V., & Harms, U. (2019). A new instrument for measuring pre-service biology teachers' pedagogical content knowledge: The PCK-IBI. *Journal of Research in Science Teaching, 56*(4), 402–439. https://doi.org/10.1002/tea.21482

Haidari, S. M., Karakuş, F. & Kanadlı, S. (2024). Short and long-term effects of out-of-school learning activities on student achievement: A mixed-research synthesis. *Educational Research Review, 44*, 100628. https://doi.org/10.1016/j.edurev.2024.100628

Harms, U. & Riese, J. (2018). Professionelle Kompetenz und Professionswissen. In D. Krüger, I. Parchmann & H. Schecker (Hrsg.), *Theorien in der naturwissenschaftsdidaktischen Forschung* (S. 283–298). Springer Berlin Heidelberg. https://doi.org/10.1007/978-3-662-56320-5_17

Hartig, J., Frey, A., & Jude, N. (2020). Validität von Testwertinterpretationen. In: H. Moosbrugger & A. Kelava (Hrsg.), *Testtheorie und Fragebogenkonstruktion* (S. 529–545). Springer-Verlag. https://doi.org/10.1007/978-3-662-61532-4_21

IBM Corporation. (2023). *IBM SPSS Statistics for Windows, Version 29.0.2.0.* IBM Corporation, Armonk, New York, USA.

Kane, M. T. (2013). Validating the Interpretations and Uses of Test Scores. *Journal of Educational Measurement*, *50*(1), 1–73. https://doi.org/10.1111/jedm.12000

Karnezou, M., Avgitidou, S., & Kariotoglou, P. (2013). Links Between Teachers' Beliefs and Their Practices in a Science and Technology Museum Visit. *International Journal of Science Education*, Part B, 3, 246–266. https://doi.org/10.1080/21548455.2013.773467

Karnezou, M., Pnevmatikos, D., Avgitidou, S., & Kariotoglou, P. (2021). The structure of teachers' beliefs when they plan to visit a museum with their class. *Teaching and Teacher Education*, 99, 103254. https://doi.org/10.1016/j.tate.2020.103254

König, J. (2020). Lehrerkompetenzen. In Hascher, T., Idel, T. S. und Helsper, W. (Eds.), *Handbuch Schulforschung* (1–18). Springer Fachmedien. https://doi.org/10.1007/978-3-658-24734-8_61-1

Kunter, M., Pohlmann, B., Decker, AT. (2020). Lehrkräfte. In: Wild, E., Möller, J. (Hrsg.), *Springer-Lehrbuch. Pädagogische Psychologie* (3. Aufl., S. 269–288). Springer Berlin Heidelberg. https://doi.org/10.1007/978-3-662-61403-7_11

Lewalter, D., Gegenfurtner, A. & Renninger, K. A. (2021). Out-of-school programs and interest: Design considerations based on a meta-analysis. *Educational Research Review*, *34*, 100406. https://doi.org/10.1016/j.edurev.2021.100406

Lewalter, D. & Geyer, C. (2009). Motivationale Aspekte von schulischen Besuchen in naturwissenschaftlich-technischen Museen. *Zeitschrift für Erziehungswissenschaft*, *12*(1), 28–44. https://doi.org/10.1007/s11618-009-0060-8

Lortie, D. C. (2007). *Schoolteacher: A sociological study* (2. Aufl.). University of Chicago Press.

Pajares, M. F. (1992). Teachers' Beliefs and Educational Research: Cleaning Up a Messy Construct. *Review of Educational Research*, *62*(3), 307–332. https://doi.org/10.3102/00346543062003307

Richardson, V. (1996). The Role of Attitudes and Beliefs in Learning to Teach. In J. P. Sikula, T. Buttery & E. Guyton (Hrsg.), *Handbook of research on teacher education* (2. Aufl., S. 102–119). Macmillan Library Reference USA.

Vosniadou, S., Lawson, M. J., Wyra, M., van Deur, P., Jeffries, D. & I Gusti Ngurah, D. (2020). Pre-service teachers' beliefs about learning and teaching and about the self-regulation of learning: A conceptual change perspective. *International Journal of Educational Research*, *99*, 101495. https://doi.org/10.1016/j.ijer.2019.101495

Welter, V. D. E., Herzog, S., Harms, U., Steffensky, M. & Großschedl, J. (2022). School subjects' synergy and teacher knowledge: Do biology and chemistry teachers benefit equally from their second subject? *Journal of Research in Science Teaching*, *59*(2), 285–326. https://doi.org/10.1002/tea.21728

Wilde, A. & Kunter, M. (2016). Überzeugungen von Lehrerinnen und Lehrern. In M. Rothland (Hrsg.), *Schulpädagogik. Beruf Lehrer/Lehrerin. Ein Studienbuch* (299–315). Waxmann.

Wilde, M., Retzlaff-Fürst, C., Scheersoi, A., Basten, M. & Groß, J. (2019). Non-formales Biologielernen mit Schulbezug. In J. Groß, M. Hammann, P. Schmiemann & J. Zabel (Hrsg.), *Biologiedidaktische Forschung: Erträge für die Praxis* (S. 251–268). Springer Berlin Heidelberg. https://doi.org/10.1007/978-3-662-58443-9_14

Adressierung von Mädchen an außerschulischen MINT-Lernorten

Janne Groß, Elisabeth Hofer und Simone Abels

1 Einleitung

In den letzten Jahren hat sich die Förderung der Chancengerechtigkeit von Menschen aller Genderausprägungen in den MINT-Fächern (Mathematik, Informatik, Naturwissenschaften und Technik) zu einem zentralen Thema der Bildungs- und Gleichstellungspolitik entwickelt. Bis heute verhindern allgegenwärtige Genderstereotype nicht nur eine freie Persönlichkeitsentwicklung von Kindern und Jugendlichen und eine Gleichberechtigung von Menschen aller Genderausprägungen, sondern können (genderisierte) soziale Ungleichheiten sogar forcieren (Schafferschik et al. 2023). Insbesondere in MINT wird eine Hierarchie zwischen *männlich* und *weiblich* konstatiert, die in unterschiedliche Lernerfahrungen und Berufswahlentscheidungen mündet. Beispielsweise kann sich die männliche Konnotation von MINT-Fächern benachteiligend auf das Selbstbild junger Frauen bei ihrer Berufswahl auswirken (Elsen 2020; Schafferschik et al. 2023; Stich 2024). Trotz vielfältiger Bemühungen durch (bildungs-)politische (Förder-)Zielsetzun-

J. Groß (✉) · S. Abels
Didaktik der Naturwissenschaften, Leuphana Universität Lüneburg, Lüneburg, Deutschland
E-Mail: janne.gross@leuphana.de

S. Abels
E-Mail: simone.abels@leuphana.de

E. Hofer
Institut für Didaktik der Chemie, Universität Wien, Wien, Österreich
E-Mail: elisabeth.hofer@univie.ac.at

A. Wenzel und T. Schmäing (Hrsg.), *Außerschulisches Lernen in der naturwissenschaftlichen Bildung*, https://doi.org/10.1007/978-3-658-50864-7_25

gen, wie z. B. der Verankerung gleichberechtigter Zugänge zu Bildungsangeboten im Grundgesetz sowie der schrittweisen Annäherung an einen androgynen Wissenschaftstyp, bleiben genderspezifische Ungleichheiten in MINT weiterhin bestehen (z. B. BMBF 2024; Schafferschik et al. 2023). Traditionelle Geschlechterrollen, Stereotype und fehlende Vorbilder wirken mitunter als Barrieren für Mädchen und junge Frauen, eine berufliche Karriere in MINT zu verfolgen (z. B. acatech und Joachim Herz Stiftung 2022).

Außerschulische Lernorte haben das Potenzial, diese Hürden zu überwinden, indem sie Möglichkeiten bieten, MINT-Fächer in einem Umfeld ohne schulischen Leistungsdruck und ohne traditionelle Rollenbilder erlebbar zu machen (Baar und Schönknecht 2018). In offenen, experimentellen Settings können Teilnehmende schulergänzende, praxisnahe Erfahrungen in MINT sammeln sowie eine positive Beziehung zu MINT aufbauen. Der bloße Besuch ist jedoch nicht ausreichend, die relevanten Prozesse tatsächlich anzustoßen (Beyer et al. 2020). Wie Baar und Schönknecht (2018, S. 16) ausführen, „bedarf [es] demnach zunächst eines eigens kreierten didaktischen Settings, um den Ort zum Lernort zu machen".

In diesem Beitrag stellen wir eine – von der Friedrich-Naumann-Stiftung für die Freiheit geförderte – Studie vor, die untersucht, wie Mädchen an einem ausgewählten außerschulischen MINT-Lernort in Deutschland adressiert werden. Dieser non-formale Lernort hat zum Ziel, Kinder und Jugendliche für MINT zu begeistern und ihnen eine informierte Berufswahl zu ermöglichen. Das Portfolio des Lernorts umfasst Angebote für gesamte Schulklassen (im Rahmen des Unterrichts am Vormittag) als auch für individuelle Kinder und Jugendliche (als Freizeitangebot am Nachmittag oder in den Ferien). Für Letzteres konnte in den vergangenen Jahren eine stetig abnehmende Anzahl teilnehmender Mädchen festgestellt werden. Es stellt sich die Frage, welche Ursachen dem zugrunde liegen und welche Rolle diverse Einflussfaktoren, u. a. die Adressierung von Mädchen durch die Lehrenden, dabei spielen.

2 Gender und MINT in (außer)schulischen Settings

Es ist längst Konsens, dass unterschiedliche Sozialisationserfahrungen und -bedingungen die Zugänge zu gesellschaftlichen Ressourcen wesentlich vorherbestimmen und damit zu unterschiedlichen individuellen Entwicklungschancen führen (Schafferschik et al. 2023; Stich 2024). Insbesondere bei der Betrachtung der stereotypen Ausprägungen *Frauen* und *Männer* sind deutlich sichtbare Unterschiede zu erkennen, deren Ursachen seit den 1970er Jahren zu einem nicht unerheblichen Teil dem Bildungssystem zugeschrieben werden (Onnen 2015).

Kontextfaktoren und Orientierungen wie gesellschaftliche Normen, Rollenerwartungen und etablierte hierarchische Strukturen beeinflussen dabei nicht nur die Gestaltung und den Zugang zu Ressourcen und Möglichkeiten (Angebot), sondern auch deren individuelle Nutzung (Helmke 2017). Um Gendergerechtigkeit in stark stereotyp geprägten Fachkulturen wie jene der MINT-Fächer, zu fördern, reicht es demnach nicht aus, formal gleichberechtigte Angebote zu schaffen, wenn gleichzeitig strukturelle und kulturelle Barrieren deren Zugang und Nutzung einschränken. Seit Jahren werden den MINT-Fächern Genderblindheit und Strukturen vorgeworfen, die weiterhin Tendenzen genderstereotyper Berufswahl und Ausbildung fördern (Onnen 2015; Stich 2024). Es gilt deshalb sowohl für schulische als auch außerschulische MINT-Settings, nicht nur die Angebote an sich, sondern auch die Faktoren, die die Nutzung dieser Angebote beeinflussen, in den Blick zu nehmen.

2.1 Gender und MINT in der Schule

Im schulpflichtigen Alter verbringen Heranwachsende mindestens die Hälfte ihres Lebens in Bildungsinstitutionen, wo sie nicht nur eine Bandbreite an fachspezifischem Wissen und Kompetenzen entwickeln, sondern auch viel über soziales (darunter auch genderstereotypes) Rollenverhalten lernen (Elsen 2020). Die Schule gilt nicht nur als eine der Sozialisationsinstanzen mit dem größten Einfluss auf Heranwachsende, sondern auch als Lebensraum, wo gesellschaftliche Strukturen (z. B. Genderausprägungen) konstruiert werden und wirksam sind (Stich 2024). Es handelt sich bei Schule also keinesfalls um einen genderneutralen Raum (Rendtorff 2003; Schafferschik et al. 2023). Vielmehr manifestiert sich – wie auch in anderen Bereichen der Gesellschaft – „[Gender] als zentrale Achse der Differenz(ierung)“ (Wedl und Bartsch 2015, S. 10). Solche genderspezifischen Differenzlinien tragen dazu bei, dass Chancengerechtigkeit verhindert und etablierte Hierarchien aufrechterhalten werden (Stich 2024). Dies zeigt sich auch im *heimlichen Lehrplan,* der genderspezifische soziale Lernerfahrungen von Schüler*innen im Schulalltag beschreibt (Onnen 2015; Onnen-Isemann und Bollmann 2010). Lehrkräften kommt dabei eine zentrale Rolle zu, indem sie „als Vorbild [fungieren], (…) vermitteln, schlichten, korrigieren, steuern und bewerten“ (Elsen 2020, S. 215). Laut Jenderek (2015) ist die genderstereotype Prägung durch die Lehrkräfte sogar stärker als durch die Eltern. „Als Mitglied[er] eines bestimmten ([genderspezifisch] konnotierten) Gesellschaftssystems“ verfügen Lehrkräfte über stereotypgeleitete Verhaltensmuster und Erfahrungshaltungen, die sich in dem unterrichtlichen Handeln einschließlich Körpersprache, Mimik oder

Stimme widerspiegeln und (in der Regel) zu einer unbewussten Ungleichbehandlung von Mädchen und Jungen führen (Onnen 2015, S. 91; Elsen 2020; Spreng 2005). Beispielsweise erhalten Jungen im Unterricht mehr Aufmerksamkeit und nehmen scheinbar aktiver am Unterrichtsgeschehen teil, während Mädchen weniger beachtet und ihre Stärken weniger anerkannt werden. Auch wird gleiches Benehmen im Unterricht je nach Genderzuschreibung eher toleriert bzw. getadelt (Elsen 2020). In verschiedenen Studien konnten entsprechende Zusammenhänge zwischen den Leistungserwartungen der Lehrenden und dem tatsächlichen Leistungsverhalten ihrer Schüler*innen nachgewiesen werden (Übersicht bei Onnen 2015).

Das unterrichtliche Handeln von Lehrkräften wird dabei nicht nur durch ihr Fachwissen und ihre pädagogischen Orientierungen bestimmt, sondern wesentlich von subjektiven Wertevorstellungen und Überzeugungen beeinflusst (Elsen 2020; Hand et al. 2017; Helmke 2017). Genderstereotype Denkmuster über Aussehen, Interessen, fachspezifische Kompetenzen oder Verhalten von Schüler*innen (u.a. „Männlichkeits- und Weiblichkeitsbilder") fließen in Benotungen, die Art und Weise der Präsentation von Inhalten, die Wahl und Ausgestaltung instruktionaler Strategien sowie in direkte Interaktionen mit Schüler*innen ein und haben somit einen enormen Einfluss auf das (fachbezogene) Selbstbild sowie das Vertrauen der Schüler*innen in ihre eigene Leistungsfähigkeit (Elsen 2020; Onnen 2015; Spreng 2005).

Wie groß diese historisch bedingte Durchsetzungskraft genderspezifischer Stereotype ist, spiegelt sich bis heute in den MINT-Fächern und deren Fachkulturen wider (Onnen 2015; Stich 2024). Eine Didaktik, die sich für alle Genderausprägungen im MINT-Unterricht öffnet, kann nur von Lehrkräften in die Tat umgesetzt werden, die über Gender-Kompetenzen (inklusive Gender-Wissen sowie Gender-Sensibilität) verfügen (Schafferschik et al. 2023; Stich 2024). Die Umsetzung einer genderdidaktischen Qualifizierung an Hochschulen steht jedoch weiterhin aus (Brovelli 2024; Onnen 2015). Aktuelle Forschung konnte aufzeigen, dass angehende MINT-Lehrkräfte über wenig ausgeprägte Genderkompetenzen verfügen (Atanasova et al. 2023; Brovelli et al. 2019; Lindner et al. 2022). Für eine entsprechende Kompetenzentwicklung müssten Lehrkräfte „vor dem Hintergrund der reflexiven Auseinandersetzung mit ihrer eigenen [Gender]sozialisation die Fähigkeiten entwickeln, ihre Unterrichtsmethoden, -materialien und -inhalte auf den Prüfstand zu stellen" (Onnen 2015, S. 94). Da das Verhalten von Schüler*innen wie auch das eigene Verhalten diesbezüglich verzerrt und nicht selten falsch eingeschätzt werden (Elsen 2020), könnten viele Lehrkräfte von dem dargelegten Handlungsbedarf einer genderdidaktischen Qualifizierung nicht überzeugt sein. Eine über einen längeren Zeitraum andauernde, schrittweise Sensibilisierung mit angemessenen Reflexionsanlässen erscheint deshalb als besonders wichtig – insbesondere für Lehrkräfte, die in stark stereotyp geprägten Fachkulturen sozialisiert wurden.

2.2 Gender in außerschulischen MINT-Lernorten

Mit Blick auf gegenwärtige globale Entwicklungen und Herausforderungen der Gesellschaft sowie der grundsätzlichen Forderung an die Bildungsinstitution Schule, sich mehr für die Erschließung der Welt zu öffnen, nimmt die Bedeutung außerschulischer Lernorte als Komplementärangebot zum schulischen Unterricht stetig zu (Baar und Schönknecht 2018; Beyer et al. 2020). Insbesondere im MINT-Bereich wurde in den letzten 20 Jahren eine starke Zunahme von Lernorten verzeichnet, die eigene pädagogisch-didaktische Konzepte entwickeln und sich mit ihren Programmen explizit an Schulklassen richten. Die Vielfalt außerschulischer MINT-Lernorte reicht dabei von Science Centern über Schüler*innenlabore und Museen für Wissenschaft und Technik bis hin zu umwelt- wie auch erlebnispädagogisch ausgerichteten Einrichtungen. Durch Industrie- und Handelskammern sowie privaten Wirtschaftsunternehmen und Interessensverbänden gegründete Lernorte erweitern die große Bandbreite an außerschulischen Angeboten (Baar und Schönknecht 2018; Beyer et al. 2020).

Angesichts beständiger Nachwuchsprobleme sowie des sich verschärfenden MINT-Fachkräftemangels verfolgt die Mehrzahl der außerschulischen MINT-Lernorte das übergeordnete Ziel, Kinder und Jugendliche für MINT zu begeistern und das Interesse an entsprechenden Berufen zu wecken (Archer et al. 2021; Baar und Schönknecht 2018; Beyer et al. 2020). Die Adressierung von Mädchen und jungen Frauen als Minderheit in MINT ist nicht selten eines der zentralen Prinzipien bei der Gründung außerschulischer MINT-Lernorte (Archer et al. 2021). Die Lernorte haben beispielsweise das Potenzial, anhaltende genderspezifische Machtverhältnisse in Frage zu stellen und insbesondere diejenigen Schüler*innen für MINT-Themen und -Aktivitäten zu animieren, die sich im herkömmlichen Schulunterricht am wenigsten angesprochen fühlen oder durch genderspezifische Diskurse bereits ausgeschlossen worden sind (Dawson 2019; Silfver 2018).

Forschungsergebnisse zeigen jedoch, dass pädagogische Ansätze, die ursprünglich darauf abzielten, allen Kindern und Jugendlichen Partizipation an MINT-Bildung zu ermöglichen, genderspezifische Hierarchien eher aufrechterhalten als diese abzubauen (Archer et al. 2021). Dabei gibt es Gründe zur Annahme, dass die an außerschulischen MINT-Lernorten tätigen Lehrenden eine zentrale Rolle bei der Reproduktion dieser Genderhierarchien spielen. Während eine breite Datenbasis über den genderstereotypen Einfluss von Lehrkräften an Schulen existiert (Übersicht bei Elsen 2020), liegen für Lehrende an außerschulischen Lernorten bislang wenig bis keine Ergebnisse vor (Archer et al. 2021; Rodéhn 2019; Silfver 2018). Vor dem Hintergrund, dass diese Lehrenden (insbesondere an Lernorten ohne Anbindung an pädagogische Institutionen) oft über ein breites Spektrum an beruflichen Erfahrungen verfügen, häufig aber keine pädagogische Qualifizierung haben (Tran 2008), kann nicht davon ausgegangen werden, dass sie im Umgang mit Gender in MINT erfahren oder qualifiziert sind (Rodéhn 2019). Forschungsbasierte Erkenntnisse und Entwicklungen aus dem schulischen Bereich können hier somit nicht einfach übertragen werden. Darüber hinaus ist es laut Silfver (2018) für diesen Diskurs nicht unerheblich, dass Schüler*innen mit bereits etablierten Gender- und Machtbeziehungen sowie genderspezifischen Vorstellungen in MINT an den außerschulischen Lernort kommen. Umso mehr ist es von Bedeutung, den Lernort-Besuch mitsamt der Arbeitsaufträge, Räume und pädagogischen Aushandlungen zusammen mit den Schüler*innen zu reflektieren (Silfver 2018).

Die von Çolakoğlu (2024) entwickelte Broschüre adressiert das Problem der Reproduktion von Genderhierarchien an außerschulischen MINT-Lernorten. Zentral dabei ist, dass es nicht an dem Interesse von Frauen an MINT liegt, sondern an der historisch kulturell geprägten Wahrnehmung von MINT in Deutschland (Çolakoğlu 2024; Steegh und Groth 2022). Mitunter zählen die männliche Kultur von MINT, das Gefühl des *Nicht-Dazugehörens* sowie Angebote, die vornehmlich auf stereotypen Vorstellungen basieren und die Vielfalt innerhalb der Zielgruppe übersehen, zu den Einflüssen, die sich negativ auf das Zugehörigkeitsgefühl von Mädchen in MINT auswirken (Çolakoğlu 2024).

Demnach gelten ein bewusstes Aufbrechen von gender- und fachbezogenen Stereotypen in MINT, das Arbeiten mit positiven Rollenvorbildern, eine ganzheitliche, auch emotionale Unterstützung und nicht zuletzt die Stärkung einer Identität und des Zugehörigkeitsgefühls in MINT als zentrale Implikationen für die Öffnung außerschulischer MINT-Angebote für Menschen mit Genderausprägungen abseits des MINT-Prototyps (Çolakoğlu 2024; Steegh und Groth 2022).

3 Ziel des Projekts

In Anlehnung an Archer et al. (2021) und Helmke (2017) spielt das Angebot des Lernorts (einschließlich der Machtverhältnisse, der Struktur und der Lehrenden) für die Umsetzung genderoffener Programme eine wichtige Rolle. Forschende haben sich bislang auf die Notwendigkeit konzentriert, die Motivation, die Identität oder das Interesse junger Menschen an MINT zu verändern (Archer et al. 2021; Rodéhn 2019). Jüngste Ergebnisse zeigen jedoch, dass sich die Forschung auch auf die Veränderung des Angebots vor Ort konzentrieren sollte, um das Potenzial außerschulischer Lernorte für die Partizipation aller Kinder und Jugendlichen zu nutzen sowie Genderhierarchien in MINT zu minimieren (Archer et al. 2021; Rodéhn 2019; Silfver 2018). Die Orientierungen der Lehrenden am außerschulischen MINT-Lernort spielen dabei eine zentrale Rolle, da diese ihr Handeln wesentlich beeinflussen.

Wie bereits eingangs dargelegt, berichten die Lehrenden des ausgewählten außerschulischen MINT-Lernorts von einem stetigen Problem, Mädchen zur Teilnahme an den Freizeit-Angeboten zu begeistern. Um zu untersuchen, warum sich Mädchen vom Angebot des außerschulischen Lernorts potenziell weniger angesprochen fühlen als Jungen, gilt es deshalb folgende übergeordnete Forschungsfrage zu bearbeiten:

Wie werden Mädchen von Lehrenden am außerschulischen MINT-Lernort (nicht) adressiert?

Auch wenn sich in aktuellen Entwicklungen im Bereich Gender und MINT eine schrittweise Öffnung in Richtung einer Gendervielfalt abzeichnet, bedienen sich vorangegangene Forschungsergebnisse aufgrund der (noch) aktuell geringen Sichtbarkeit von Menschen, die sich als non-binär identifizieren, vornehmlich einer binären Ausprägung. Dass sich Studien der Bildungsforschung bevorzugt auf binäre Genderausprägungen stützen, scheint der Versuch einer Einordnung aktueller Forschungsergebnisse über die dichotome Gegenüberstellung von *männlich* und *weiblich* hinaus (noch) nicht möglich. Diese Umstände und die Tatsache, dass die Interviewpartner*innen in diesem Projekt durchgehend von Mädchen und Jungen in einer dichotomen Gegenüberstellung sprechen, sind Gründe für den Rückbezug auf die binäre Genderausprägung in diesem Beitrag.

4 Design & Methoden

Für die Beantwortung der Forschungsfrage wurde eine explorative Fallstudie mit Lehrenden (n = 3) durchgeführt, die hauptberuflich am beschriebenen außerschulischen MINT-Lernort arbeiten. Die berufliche Qualifizierung der Lehrenden variiert stark hinsichtlich des Fachgebiets, Ausbildungsniveaus und Bezugs zu Lehrtätigkeiten (Ausbildung in Tischlerei, Promotion in Geologie sowie abgeschlossenes Studium in Maschinenbau mit Vertiefung in Luft- und Raumfahrttechnik).

Zum Zeitpunkt der Datenerhebung hat keine der befragten Personen eine pädagogisch-didaktische Ausbildung oder ein entsprechendes Studium abgeschlossen. HA_001 identifiziert sich als weiblich. Zum Zeitpunkt des Interviews ist sie 56 Jahre alt und weist zwölf Jahre Berufserfahrung vor. Als Mensch identifiziert sich HA_002, ist 41 Jahre alt und arbeitet am außerschulischen MINT-Lernort seit ca. drei Monaten. Zwischen vier und fünf Jahren ist HA_003 am MINT-Lernort beschäftigt. Der 38-Jährige identifiziert sich als männlich.

4.1 Methode der Datenerhebung: episodische Interviews

Als vorwiegend offene und erzählgenerierende Interviewform zeichnen sich episodische Interviews im Gegensatz zu narrativen Interviews durch die Kombination zweier methodischer Zugänge aus: Erzählung und Befragung (Flick 2011b). Da das Forschungsinteresse das gesellschaftlich sensitive Thema *Gender* umfasst (Wolter 2022), ist diese methodeninterne Triangulation für die Minimierung des Einflusses sozialer Erwünschtheit auf Antworten und gleichzeitig für den Gewinn qualitativer Daten geeignet, die Rückschlüsse auf das implizite Wissen der Lehrenden in Bezug auf Mädchen in MINT zulassen.

Durch die Kombination aus Erzählung und Befragung wird ein Zugang zu narrativ-episodischem sowie semantisch-begrifflichem Wissen als zentrale Bestandteile des Alltags- und Handlungswissens der Lehrenden ermöglicht. Narrativ-episodisches Wissen basiert auf Situationen und Kontexten, in denen Lehrende bestimmte Erfahrungen mit dem Forschungsgegenstand (hier: Mädchen in MINT) gemacht haben. Insbesondere in Erzählungen und Beschreibungen der Lehrenden ist ihr implizites, handlungsleitendes Wissen über Mädchen in MINT eingebettet (Bohnsack et al. 2013; Nohl 2017; Rabe et al. 2023). Semantisch-begriffliches Wissen ordnet sich hingegen unabhängig von Situationen und Kontexten um Begriffe, Definitionen und ihre Beziehungen zueinander an (Flick 2011a, b).

Für die episodischen Interviews ermöglicht ein teilstrukturierter Interviewleitfaden eine flexible Anpassung der Impulse und (Nach-)Fragen an den jeweiligen Gesprächsverlauf. Ungeachtet des (jeweils) inhaltlichen Schwerpunkts, sichert der Leitfaden eine Vergleichbarkeit der Interviewsessions wie auch eine strukturierte sowie zielorientierte Interviewführung (Heinze 2013). Die episodischen Interviews dauerten durchschnittlich zwei Stunden und beinhalteten, dem Interviewleitfaden entsprechend, vier aufeinanderfolgende Phasen (Tab. 1; nach Reinders 2015):

Tab. 1 Phasen des episodischen Interviews. (Darstellung von Janne Groß)

Phase	Konkrete Schritte der Durchführung
Einstiegsphase	Jedes episodische Interview begann mit dieser Phase, in der grundlegende Informationen über den Ablauf des bevorstehenden Interviews und über die anschließende Datenverarbeitung erläutert wurden.
Aufwärmphase	Diese Phase diente der Auflockerung der Gesprächssituation, indem die Lehrenden Fragen in Hinblick auf ihre Hauptanstellung am MINT-Lernort beantworteten. Auch wurden die Lehrenden auf diese Weise auf den inhaltlichen Schwerpunkt des Interviews eingestimmt: ihre Erfahrungen, Eindrücke und Beobachtungen während ihrer Tätigkeit als Lehrenden am außerschulischen Lernort.
Hauptphase	Diese Phase bildete den Kern jedes episodischen Interviews und wurde mit dem Erzählimpuls „Wenn du an die Zeit vor dem Ausbruch des Corona Virus denkst: Wie laufen deine Workshops ab?" eingeleitet. Hier kamen – abhängig von den jeweils vorangegangenen Erzählungen der Lehrenden – Nachfragen (Wie gehst du als Lehrende*r damit um?) und weitere Erzählimpulse („Inwieweit ist dieser Sachverhalt auch in anderen deiner Workshops sichtbar?") zum Einsatz.
Ausstiegsphase	In dieser abschließenden Phase wurden die Lehrenden gedanklich wieder aus der Interviewsituation herausgeführt, indem sie zunächst die Möglichkeit erhielten, Wünsche und/oder Erwartungen an das Projekt zu äußern und noch offene Fragen zu klären. Zum Schluss erfolgte mit ihrer Zustimmung die Abfrage einzelner demografischer Daten, wie ihr Alter, ihre beruflichen Vorerfahrungen oder mit welcher Genderausprägung sich die Lehrenden identifizieren.

4.2 Methode der Datenauswertung: Dokumentarische Methode

Die episodischen Interviews wurden dokumentarisch nach Nohl (2017) ausgewertet. Als tiefgreifende, rekonstruierende Analysemethode ist die Dokumentarische Methode (DM) besonders dafür geeignet, einen vertieften Einblick in implizite, (ggf.) genderspezifische Orientierungen der Lehrenden zu erhalten (Nohl 2010, 2017). Auf diese Weise konnte ihr implizites, handlungsleitendes Wissen über Mädchen in MINT rekonstruiert werden, auf das sie selbst keinen Zugriff haben (Bohnsack et al. 2013; Rabe et al. 2023). Dementsprechend verfolgt die DM im Gegensatz zu anderen Auswertungsmethoden der qualitativen Sozialforschung, wie z. B. der Qualitativen Inhaltsanalyse (Kuckartz und Rädiker 2022), keine von (Regel-)Wissen geleitete Analyse mit einem umfänglich gesättigten Wahrheitsanspruch.

Die formulierende und die darauffolgende reflektierende Interpretation bilden die Kernstücke der DM, die von Anfang an von der komparativen Sequenzanalyse begleitet werden. Abb. 1 stellt das Vorgehen der DM im Überblick dar.

Im Fokus der formulierenden Interpretation steht die thematische Zusammenfassung des Gesagten, die mit der Datenaufbereitung beginnt (Nohl 2017). Dabei wurden die Audiodateien mit dem Programm *f4x* zunächst schriftlich transkribiert. Nachdem diese Verschriftlichungen auditiv überprüft und geglättet worden waren, dienten sie als Grundlage für die Erstellung thematischer Verläufe durch die Software MaxQDA (Version 2022 und 2024), wodurch ein – im Vergleich zur tabellarischen Erstellung der Verläufe (nachzulesen bei Bohnsack 2014; Nohl 2017) – alternatives, weniger zeitintensives Vorgehen möglich wurde, die Interviews einzeln abzuhören und alle angesprochenen Themen entlang des gesamten Interviewverlaufs in Ober- und Unterthemen zusammenzufassen. Anhand der the-

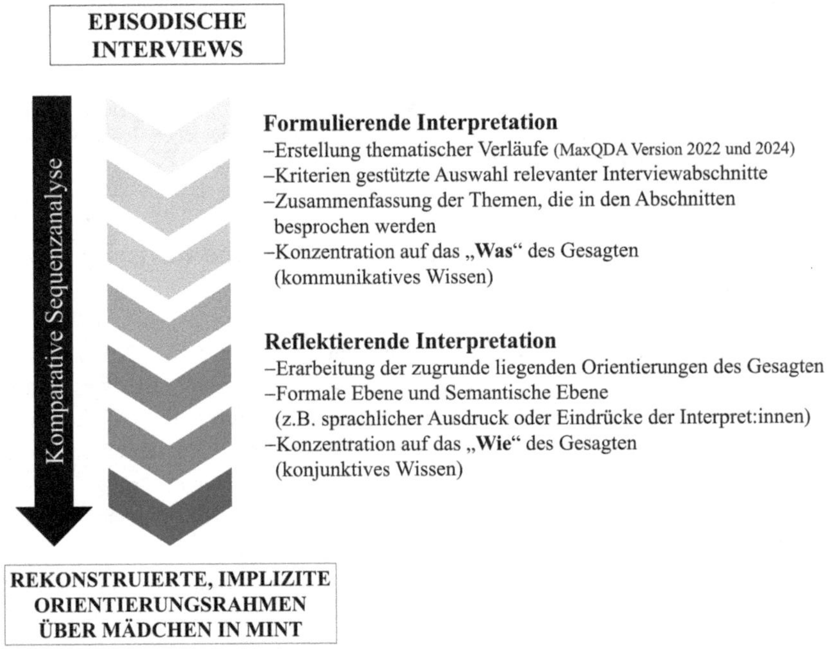

Abb. 1 Ablauf der Dokumentarischen Methode (Grafik: Janne Groß)

matischen Verläufe konnte nicht nur ein Überblick über alle angesprochenen Themen geschaffen werden, sondern es konnten auch die Themen identifiziert werden, die für das Forschungsinteresse der Studie auf den ersten Blick relevant sein könnten (Nohl 2017). Für diesen Beitrag stehen jene Abschnitte der Interviews im Fokus, die sich auf Informationen über Mädchen in MINT beziehen.

Darüber hinaus sind jene Interviewabschnitte für die Analyse von Interesse, die Möglichkeiten der Kontrastierung auf thematischer und/oder sprachlicher Ebene (z. B. inhaltliche Kohärenz, sprachliche Diskontinuitäten, Brüche u. a.) bieten (Rabe et al. 2023). Eine entsprechende Auswahl relevanter Abschnitte erfolgte unter Hinzunahme der von Nohl (2017, S. 30) aufgestellten Kriterien.

Über die relevanten Interviewabschnitte hinaus wurde die Eingangserzählung jedes Interviews ebenfalls in der Analyse berücksichtigt, da dieser Abschnitt vornehmlich durch die individuelle Erzählstruktur der Lehrenden geprägt ist und die Kontrastierung innerhalb eines Falls aber auch zwischen den Fällen unterstützt (Nohl 2017). Die Feintranskription dieser ausgewählten Abschnitte erfolgte mit dem Programm *f4transcript* mit Transkriptionsregeln auf Grundlage von Asbrand und Martens (2018), Bohnsack (2021) sowie Kuckartz und Rädiker (2022).

Im weiteren Verlauf der formulierenden Interpretation wurden alle besprochenen Themen der ausgewählten Abschnitte inhaltlich zusammengefasst (Nohl 2017). Durch die Reformulierung des „explizierte[n] Sinngehalt[s] verbaler und nonverbaler Handlungen" erfolgte eine inhaltliche Distanzierung der interpretierenden Person selbst (Rabe et al. 2023, S. 165; Nohl 2017; Schäffer 2006), indem das Gesagte der außerschulischen Lehrenden nicht bewertet wurde (Bohnsack 2021; Rabe et al. 2023). „Das heißt, es interessiert nicht, ob die Darstellungen (faktisch) wahr oder richtig sind, sondern es interessiert, was sich in ihnen über die Darstellenden und deren Orientierungen *dokumentiert*" (Bohnsack 2008, S. 64, Herv. i. O.).

Die zugrundeliegenden Orientierungen des Gesagten wurden durch die anschließende reflektierende Interpretation herausgearbeitet. „Gesucht wird in diesem Interpretationsschritt nach dem *modus operandi,* also der spezifischen Art und Weise, wie [Mädchen in MINT] bearbeitet wird, der sich in verschiedenen Sequenzen oder Interaktionseinheiten niederschlägt" (Rabe et al. 2023, S. 165, Herv. i. O.). Diese ermöglichte die Herausarbeitung von Konsistenzen und Brüchen des *Wie* des Gesagten zwischen Interviewabschnitten, die thematisch nicht nur fallintern, sondern auch im Vergleich mit anderen Fällen auftraten (Nohl 2017; Rabe et al. 2023). Wenn sich unter der Hinzunahme thematisch vergleichbarer und kontrastierender Horizonte überschneidende implizite Orientierungen rekonstruieren lassen, bilden diese zusammen einen themenspezifischen Orientierungsrahmen. Die sinngenetische Bildung von Basistypiken nach Nohl (2017) erfolgt im Anschluss, bei der ähnliche themenspezifische Orientierungsrahmen von Einzelfällen abstrahiert und in eine gemeinsame Typik überführt werden.

Regelmäßige Teilnahmen an Forschungs- und Interpretationswerkstätten dienten als Kontrollinstanz der eigenen Interpretationen. Dabei wurde die wissenschaftliche Qualität der getätigten Interpretationen überprüft, indem sie von anderen rekonstruktiv analysierenden Wissenschaftler*innen durchgeführt und kritisch diskutiert wurden. Mit der Teilnahme an Werkstätten wird die Reflexion und daraufhin die Überwindung der eigenen Standortgebundenheit angestrebt (Rabe et al. 2023).

5 Erste Ergebnisse – Orientierungen zu Mädchen in MINT

Zunächst werden die angesprochenen Themen als Ergebnisse der formulierenden Interpretation überblicksartig dargestellt. Daran schließt die Beschreibung der herausgearbeiteten modi operandi an (reflektierende Interpretation). Die Beschreibung einer sinngenetischen Basistypik bildet den Schluss dieses Kapitels.

5.1 Formulierende Interpretation – Thematischer Verlauf

Der außerschulische Lernort allgemein, Mädchen in MINT allgemein und Mädchen in MINT im Kontext des außerschulischen Lernorts können als drei übergeordnete Themenschwerpunkte mit entsprechenden Unterthemen identifiziert werden (Abb. 2). Für die Beantwortung der Forschungsfrage steht in dieser Studie insbesondere das Gesagte der außerschulischen Lehrenden über Mädchen in MINT am außerschulischen Lernort im Fokus. Neben Agieren der Mädchen und Jungen in den Workshops kam das Unterthema Organisatorische Gestaltung der Workshops am häufigsten zur Sprache, das sich – wie in Abb. 2 ersichtlich – wiederum in weitere Unterthemen, wie die inhaltliche Ausrichtung der Workshops unterteilt.

Darüber hinaus konnte ein binäres Genderverständnis als Rahmung der getätigten Aussagen bei allen außerschulischen Lehrenden abgeleitet werden, sodass in ihren Formulierungen Mädchen als kontrastierende Ausprägung von Jungen abgebildet werden. Diese ausschließlich dichotome Genderausprägung, die in genderspezifische Stereotype über Mädchen und Jungen mündet, kommt kontextunabhängig über alle Interviewfälle hinweg zum Tragen.

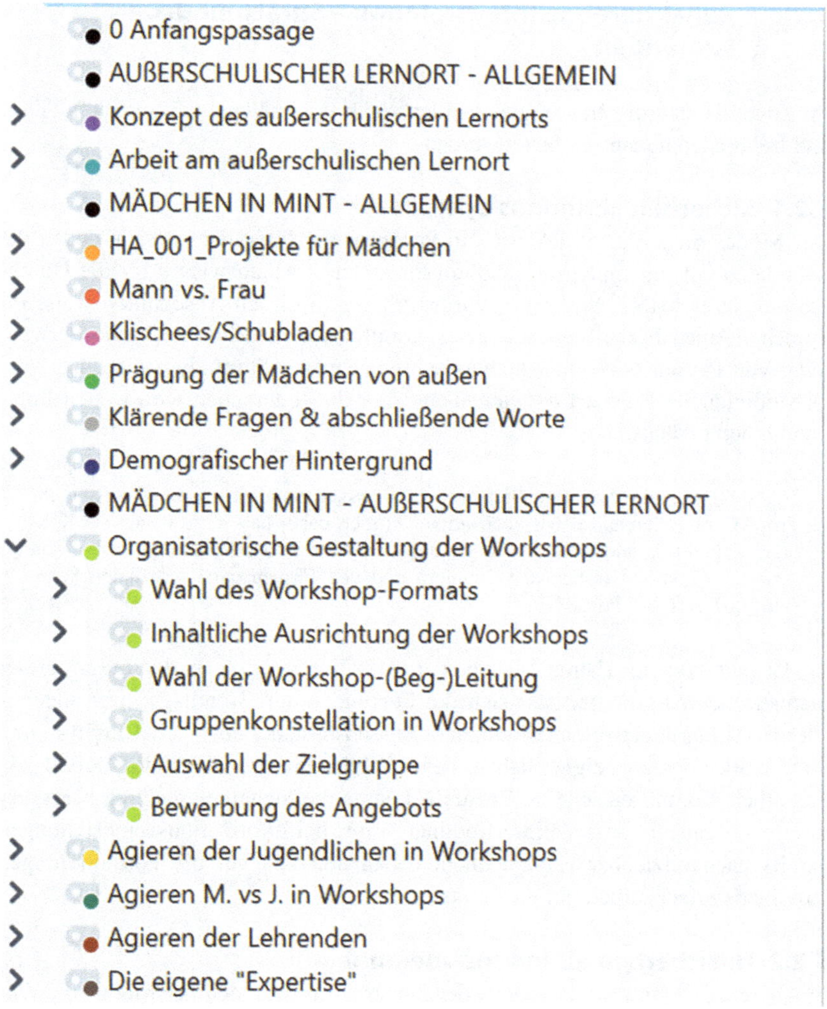

Abb. 2 Übersicht angesprochener Themen, Auszug aus Max QDA (Version 2024)

5.2 Reflektierende Interpretation – Sprachmodi der Lehrenden

Im Zuge der interpretativ-vergleichenden Analyse konnten zwei Sprachmodi der drei Lehrenden herausgearbeitet werden.

5.2.1 Sicherheit als modus operandi

Der Modus *Sicherheit* drückt sich in Passagen der Interviews aus, in denen die Lehrenden auf ihr implizites handlungspraktisches Alltagswissen für die Durchführung ihrer MINT-Workshops zurückgriffen. In diesen Abschnitten weist ihr Sprechen einen Erzählfluss auf, der sich durch die natürlich wirkende Verwendung von Pausen oder einer authentisch entspannten Stimmdynamik ausdrückt. Die individuelle Eigenart des Sprechens aller drei Lehrenden wird in den Interpretationen berücksichtigt:

> **HA_002:** (…) wo wir eigentlich ne Abschluss**veranstaltung** haben, wo die ihr Projekt präsentieren, wo wir auch immer Firmen dabei haben, zu denen sie Kontakte knüpfen können, die sich dann diese Projekte auch angucken, also wo son *Austausch* quasi zwischen den Schülern und den Firmen auch stattfinden kann. (HA_002_refl_Int, Pos. 84)

Im Gegensatz zum Thema Mädchen in MINT zeigt sich in der Lesart dieser thematischen Abschnitte, dass sich die Lehrenden auf Grundlage ihrer angereicherten Erfahrungen einen impliziten Wissensbestand über die Durchführung ihrer Workshops angeeignet haben, der bei ihnen ein grundlegendes Gefühl von Sicherheit auszulösen scheint. Ebenfalls könnte die Sicherheit dadurch hervorgerufen worden sein, dass sie ihre Routinen bspw. bei Informationsveranstaltungen bereits nachvollziehbar versprachlicht haben und nun auf die Formulierungen (automatisierter) zurückgreifen können.

5.2.2 Unsicherheit als modus operandi

In Abgrenzung zum Sprachmodus der Sicherheit drückt sich der Modus der *Unsicherheit* bei den Lehrenden durch eine hohe Stimmdynamik aus. Beim Thema Mädchen in MINT weist ihre Art des Sprechens eine hohe Varianz in Hinblick auf die Lautstärke und das Tempo auf. Auch kommen die Lehrenden häufig ins Stocken, versprechen sich, brechen ihre eigenen Sätze ab oder machen auffällig lange Pausen. Nicht zuletzt greifen sie vermehrt auf Interjektionen, wie „ähm", zurück und verwenden stark abschwächende („vielleicht"), distanzierende („man") sowie verallgemeinernde („irgendwas") Formulierungen.

5.3 Sinngenetische Basistypik: „MINT ist männlich"

Der herausgearbeitete, unsichere Sprachmodus beruht auf der Basistypik *MINT ist männlich,* die bei den Lehrenden implizit hervorruft, Mädchen und MINT als nicht miteinander kompatibel anzusehen. Dass Mädchen von Technik automatisch abgeschreckt sind, führt HA_001 beispielsweise auf ihre implizite Überzeugung von einer naturgegebenen Männlichkeit von Technik zurück:

> **I:** Ja du hattest ja gesagt, ja da steckt ja schon das Wort *Technik* mit drin und dass das Mädchen ja eher so abschreckte. (2) wieso könnte das denn sein?
>
> **HA_001:** (6) Ich weiß es nicht, haha. ((lacht)) äh (.) ich glaube, äh es steckt ((Händeklatschen)) einfach so ein bisschen in ihnen drin. aber ich weiß nicht, warum es so- so drin steckt. (HA_001_refl_Int_Pos. 111–112)

Jungen werden als Norm und Mädchen als Norm abweichend in MINT definiert. Auf Grundlage dieser Basistypik lässt sich unter den Lehrenden ein kollektiv geteilter Orientierungsrahmen ableiten, der die Adressierung von Mädchen als Zielgruppe mit Sonderbedarf in MINT charakterisiert. Handlungsleitend zeigt sich dieser Orientierungsrahmen darin, dass die Lehrenden alle implizit davon überzeugt sind, eine größere Anzahl an Mädchen in den MINT-Workshops ausschließlich mit einem notwendigen Mehraufwand zu gewinnen. Auf Grundlage des jetzigen Analysestandes äußert sich dieser Mehraufwand in der Wahl eigener Themen sowie einer eigenen Sprache in den MINT-Workshops.

5.3.1 Mädchen brauchen eigene Themen in MINT

Um gezielt mehr Mädchen als Zielgruppe mit Sonderbedarf in MINT anzusprechen, herrscht bei den außerschulischen Lehrenden unter Rückgriff auf gender- und fachbezogene Stereotype implizit Einigkeit darüber, dass sie Themen brauchen, die *als Mädchen* nutzbar sind. Vor diesem Hintergrund werden Themen, wie Naturkosmetik oder Wearables, für Workshops gewählt, die laut HA_003 „klassische Mädchenthemen" sind, auch wenn sie „natürlich Rollenklischees bestätigen" (HA_003_refl_Int, Pos. 128).

Bei HA_001 schlägt sich diese implizite Überzeugung mitunter in der Äußerung nieder, dass der Bau eines Schminkspiegels mit integriertem Bewegungssensor für Mädchen eine entsprechende Öffnung des technischen Themas „Bau einer Alarmanlage" biete. Bei der Programmierung selbst gewählter Apps mithilfe des Programms Scratch beobachtet HA_002 Rennspiele mit Autos oder „irgendetwas mit Abschießen" als thematische Schwerpunkte, „die eher für die

Jungs“ ausgewählt sind (HA_002_refl_int, Pos. 157). Damit auch Mädchen mehr Interesse am Programmieren von Apps entwickeln, kann sich HA_002 vorstellen, Mädchen für die Entwicklung von Apps zu bestärken, die auf das Striegeln und Streicheln von Pferden und Katzen ausgerichtet sind. Die implizit männliche Ausrichtung von MINT drückt sich bei HA_002 auch über scheinbar normierte (und damit tolerierte) Verhaltensweisen von Jungen gegenüber Mädchen in den Workshops aus:

> **HA_002:** (…) wenn Mädchen dann komm und sich noch nich so sicher sind in der Gruppe, die überwiegend durch *Jungs* dominiert ist, dass man n offenes Ohr hat (…) auch wenn es vielleicht von den Jungs *runtergemacht* wird, in Anführungszeichen, weil es halt *kein* Autorennspiel ist; oder nichts zum Abschießen. sondern eher ein, **keine Ahnung** äh **Tamagotchi Style**, wie fütter ich meine **Katze?** (HA_002_refl_Int, Pos. 157)

5.3.2 Mädchen brauchen eine eigene Sprache in MINT

Die kollektiv geteilte Überzeugung der Lehrenden, auf Ebene der Sprache einen Mehraufwand für die Adressierung von Mädchen in MINT leisten zu müssen, spiegelt sich beispielsweise in folgender Aussage von HA_003 wider:

> **HA_003:** und ähm (2) das is was, was glaub ich, (.) für *Mädchen* jetzt (.) erstmal eher abschreckend wirkt so. (…) wenn dann halt so *gefachsimpelt* wird über irgendwas, ne? (…) Wenns dann °so- so ins Programmi-° in diese **Programmier- äh** Fachbegriffe geht. (HA_003_refl_Int, Pos. 76-80)

Dass Mädchen sich im Gegensatz zu Jungen durch die bloße Verwendung von Wörtern, die auf die Fächer Mathematik, Technik oder Programmieren hinweisen, zurückziehen und damit für die Lehrenden nicht mehr erreichbar seien, unterstützt die implizite Annahme, dass Mädchen von Natur aus Angst gegenüber diesen fachlichen Ausrichtungen entwickeln, die in die für Mädchen abschreckende Wirkung von Mathematik, Technik und Programmieren mündet. Das bestätigt auch HA_002 aus eigener Erfahrung während der Schulzeit: „Wenn dann das Fachvokabular rauskam (…) da war ich sofort abgehängt. [Ich] habe sofort gedacht so, öh ok, ich sage nichts mehr“ (HA_002_refl_Int, Pos. 112). Dementsprechend wichtig sei es, die Verwendung dieser „Reizwörter“ zu vermeiden. HA_001 betont an dieser Stelle, „dass man da [sonst] nen essenziellen Fehler sozusagen machen kann“ (HA_001_refl_Int, Pos. 290).

Bei der Anwesenheit von Mädchen automatisch darauf achten zu müssen, welche Wörter die Lehrenden in ihren Workshops verwenden, scheint somit ein deutlicher Hinweis auf die implizite Annahme für die Notwendigkeit einer Sprache zu sein, die Mädchen erst für MINT empfänglich macht. Ausgehend von diesen gender- bzw. fachspezifischen Stereotypen scheinen Mädchen in Abgrenzung zu Jungen nur dann offen für Mathematik, Technik oder das Programmieren zu sein, wenn diese Disziplinen auf sprachlicher Ebene mädchenkonform kommuniziert oder sogar verschleiert werden.

6 Diskussion

Wie exemplarisch dargelegt, zeigen die Daten, dass unter den Lehrenden die implizite Grundhaltung *MINT ist männlich* verbreitet ist und sich daraus verschiedene genderstereotype Orientierungen ableiten lassen, die alle in einem als verpflichtend angesehenen Mehraufwand für (mehr) Mädchen in MINT münden. Gleichzeitig wirken sich diese auf das (ggf. benachteiligende) Handeln der Lehrenden in den Workshops aus. Begleitet werden diese impliziten Orientierungen durch eine grundlegende Unsicherheit als modus operandi aller Lehrenden, der sich im Sprechen über Mädchen in MINT ausdrückt.

Die, meist unbewusste, Unterscheidung auf Grundlage gender- und fachspezifischer Stereotype sorgt dafür, dass Mädchen im Vergleich zu Nicht-Mädchen (z. B. Jungen) nicht nur inhaltlich, sondern auch sprachlich auf eine andere, mädchenkonforme Art und Weise adressiert werden müssen, um ihr Interesse an MINT zu fördern oder ihre Motivation für die Auseinandersetzung mit MINT zu wecken. Diese Herangehensweise steht im Widerspruch mit dem übergeordneten Ziel außerschulischer MINT-Lernorte, MINT-Themen für alle Kinder und Jugendlichen zu öffnen und erlebbar zu machen (Archer et al. 2021; Baar und Schönknecht 2018; Beyer et al. 2020). Die von den Lehrenden vorgenommene Unterscheidung zwischen Mädchen und Jungen (als Nicht-Mädchen) in ihren Workshops kann entscheidend dazu beitragen, dass gender- wie auch fachspezifische Stereotype vor Ort nicht abgebaut, sondern vielmehr reproduziert werden.

Nach Sichtung der Ergebnisse stellt sich die Frage, wie solch stark ausgeprägte genderstereotype Orientierungen bei den Lehrenden trotz scheinbarem Bewusstsein für die Problematik *Mädchen fühlen sich nicht angesprochen* bestehen bleiben können. Möglicherweise hatten die Lehrenden im Rahmen ihrer Tätigkeit am außerschulischen MINT-Lernort bis heute nicht die Möglichkeit, sich mit dem Einfluss ihrer Rolle in den Workshops retrospektiv auseinander zu setzen. Gleichzeitig könnte die Wirkmacht der genderstereotypen Orientierungen so stark sein, dass retrospektive Maßnahmen der Lehrenden am MINT-Lernort nicht ausreichen. Nicht zuletzt kann die fehlende pädagogische Qualifikation der außerschulischen Lehrenden mitverantwortlich für den deutlich erkennbaren Einfluss der impliziten Orientierungen sein, was empirisch zu untersuchen wäre.

Mit Rückbezug auf die von Çolakoğlu (2024) entwickelte Broschüre (Abschn. 2.2) erscheinen die auf Mädchen zugeschnittenen (außerschulischen) Angebote als safe spaces in MINT vor dem Hintergrund der männlich-elitären Umgebung zunächst sinnvoll, um das Zugehörigkeitsgefühl von Mädchen zu stärken. Allerdings unterliegen diese zugleich einem sehr exklusiven Charakter abseits regulärer, auch formaler (Schul-)Angebote. Dementsprechend sorgen diese Formate auf lange Sicht dafür, dass implizite Überzeugungen über die Notwendigkeit eines Mehraufwandes für Mädchen als Zielgruppe mit Sonderbedarf in MINT bestätigt, gender- und fachbezogene Stereotype reproduziert und die Teilnahme von Mädchen an MINT aufgrund fehlenden Zugehörigkeitsgefühls weiterhin gehemmt wird (Çolakoğlu 2024).

Eine breite Datenbasis über die Wirksamkeit von Besuchen außerschulischer MINT-Lernorte auf affektive Aspekte, wie das Interesse von Mädchen an MINT, besteht bereits (Baar und Schönknecht 2018; Tillmann und Wegner 2021). Welche Einflüsse aber konkret für das Fortbestehen dieser impliziten Orientierungen sorgen, kann im Rahmen dieser Studie nicht beantwortet werden, sondern bedarf weiterer Forschung. Auf Grundlage der Daten kann die von Rodéhn (2019), Silfver (2018) und Tran (2008) postulierte Notwendigkeit weiterer Forschung über die Rolle außerschulischer Lehrender insbesondere an außerschulischen MINT-Lernorten ohne pädagogische Trägerschaft eindeutig unterstützt werden: „[M]ore research needs to be paid [on] how educators perform in museums and science centres and their understanding of gender in order to also further understand students' gender performances“ (Rodéhn 2019, S. 164).

7 Zusammenfassung und Ausblick

Es zeichnet sich die Dringlichkeit ab, den Fokus außerschulischer MINT-Forschung vermehrt auf die Rolle der Lehrenden und ihre Gender-Kompetenzen zu lenken. Angesichts der gegenwärtigen Reproduktion genderspezifischer Stereotype in MINT am außerschulischen Lernort wird das übergeordnete, vom Lernort eigens formulierte Ziel verfehlt (Archer et al. 2021; Baar und Schönknecht 2018; Beyer et al. 2020). Infolgedessen besteht dringender Handlungsbedarf, die Wirkmacht der impliziten genderstereotypen Orientierungen von Lehrenden über Mädchen in MINT nachhaltig zu minimieren. Bei Überlegungen über entsprechende Qualifizierungsmaßnahmen ist zu bedenken, dass angesichts der dargelegten Vielfalt außerschulischer MINT-Lernorte kein übergeordnetes Konzept zur Qualifikation von außerschulischen Lehrenden bezüglich Gender in MINT erstellt werden kann und soll.

Vielmehr stellt eine zentrale Implikation dieser Studie dar, aufzuzeigen, wie wichtig es ist, praktizierende Lehrende ungeachtet ihres beruflichen Hintergrundes laufend zur Reflexion der eigenen, genderstereotypen Orientierungen anzuregen (Çolakoğlu 2024). Konkret wäre ein vertrauensvoller, wertfreier Austausch unter Kolleg*innen über Erfolge und Herausforderungen aus der eigenen (genderoffenen) Handlungspraxis denkbar. Ein hilfreiches Werkzeug kann dafür der *Equity-Compass* (Deutsch: Gerechtigkeits-Kompass) sein, der an diese zentrale Herausforderung der Partizipation marginalisierter Gruppen an außerschulischen MINT-Angeboten ansetzt (YESTEM 2022).

Darüber hinaus legen die Ergebnisse dieser Studie nahe, entsprechende Einstellungsvoraussetzungen bzw. begleitende Professionalisierungsmaßnahmen für Personen zu formulieren, die als außerschulische Lehrende künftig an MINT-Lernorten arbeiten wollen. Standortgebundene Bedingungen der MINT-Lernorte sowie pädagogische Qualifizierungen der Lehrenden (insbesondere) in Bezug auf Gender in MINT müssen dabei im Einzelfall berücksichtigt werden. Zukünftige Forschungsarbeiten sollten zunehmend in den Blick nehmen, ob sich die von einem außerschulischen Lernort pädagogisch-didaktischen Zielsetzungen in Bezug auf die Chancengerechtigkeit von Menschen aller Genderausprägungen auch im Handeln der Lehrenden abbilden. Neben der Untersuchung der Wirksamkeit von Lernort-Besuchen in klassischen Pre-Post-Befragungs-Settings könnten dafür insbesondere die Interaktionen von Teilnehmenden und Lehrenden vor Ort in den Blick genommen werden. Damit wäre die Frage der Adressierung sowohl angebots- als auch nutzungsseitig erfassbar, was konkrete Implikationen zur Weiterentwicklung der Angebote im Sinne von Chancengerechtigkeit aller Menschen erwarten lässt. Nicht zuletzt wäre es wünschenswert, wenn zukünftige Arbeiten vermehrt so ausgerichtet würden, dass eine Gendervielfalt – statt binärer Kategorien – berücksichtigt bzw. abgebildet werden kann.

Literatur

acatech & Joachim Herz Stiftung (2022). *MINT Nachwuchsbarometer 2022.* Verfügbar unter: www.acatech.de/publikation/mint-nachwuchsbarometer-2022 [28. 09. 2024].

Archer, L., Godec, S., Calabrese, Barton A., Dawson, E., Mau, A. & Patel U. (2021). Changing the field: A Bourdieusian analysis of educational practices that support equitable outcomes among minoritized youth on two informal science learning programmes. *Science Education, 105*, 166–203. https://doi.org/10.1002/sce.21602

Asbrand, B. & Martens, M. (2018). *Dokumentarische Unterrichtsforschung*. Wiesbaden: Springer VS.

Atanasova, S., Robin, N., & Brovelli, D. (2023). Genderkompetenz messen – Erfassung der situationsbezogenen Fähigkeiten von Lehrpersonen in Bezug auf genderrelevante Aspekte im Physikunterricht. *Unterrichtswissenschaft, 51*(3), 423–453.

Baar, R. & Schönknecht, G. (2018). *Außerschulische Lernorte: didaktische und methodische Grundlagen*. Weinheim: Beltz.

Beyer, L., Gorr, C, Kather., C, Komorek, M., Röben, P. & Selle, S. (2020). Außerschulische Lernorte und die Weiterentwicklung in der Bildungslandschaft. In L. Beyer, C. Gorr, C. Kather, M. Komorek, P. Röben & S. Selle (Hrsg.), *Orte und Prozesse außerschulischen Lernens erforschen und weiterentwickeln. Tagungsband zur 6. Tagung außerschulische Lernorte an der Carl von Ossietzky Universität Oldenburg vom 29.-31. August 2018*. LIT Verlag, 11–24.

BMBF (Bundesministerium für Bildung und Forschung) (2024). *Zweite Richtlinie zur Förderung von Forschungsprojekten zu Gelingensbedingungen guter MINT-Bildung, Bundesanzeiger vom 08.05.2024.°Förderziele*. Verfügbar unter: https://www.bmbf.de/SharedDocs/Bekanntmachungen/DE/2024/05/2024-05-08-Bekanntmachung-MINT-Bildung.html [05.01.25].

Bohnsack, R. (2021). *Rekonstruktive Sozialforschung. Einführung in qualitative Methoden* (10. Aufl.) Opladen u. a.: utb.

Bohnsack, R. (2014). *Rekonstruktive Sozialforschung. Einführung in Methodologie und Praxis qualitativer Forschung* (9. Aufl.). Opladen u.a.: utb.

Bohnsack, R. (2008). *Rekonstruktive Sozialforschung. Einführung in qualitative Methoden*. Opladen u. a.: utb.

Bohnsack, R., Nentwig-Gesemann, I. & Nohl, A.-M. (2013). Einleitung: Die dokumentarische Methode und ihre Forschungspraxis. In R. Bohnsack, I. Nentwig-Gesemann & A.-M. Nohl (Hrsg.), *Die dokumentarische Methode und ihre Forschungspraxis. Grundlagen qualitativer Sozialforschung* (3. Aufl.) (S. 9–32). Wiesbaden: Springer VS.

Brovelli, D. (2024). Gendersensibilisierung in der Ausbildung von Natur- und Techniklehrpersonen. *Atti Del 5° Convegno Sulle Didattiche Disciplinari*, 19–25. https://doi.org/10.33683/dida.22.05.06

Brovelli, D., Vogler, E., & Schmid, A. (2019). Geschlechtersensibler Naturwissenschafts- und Technikunterricht–eine Vignettenstudie bei angehenden Lehrpersonen. *Gendersensible Berufsorientierung und Berufswahl. Beiträge aus Forschung und Praxis*. hep verlag ag

Çolakoğlu, J. (2024). *MINT für alle*. Leibniz-Institut für die Pädagogik der Naturwissenschaften und Mathematik (IPN) Kiel. Verfügbar unter: https://www.leibniz-ipn.de/de/fuer-die-gesellschaft/unterrichtsergaenzende-angebote/science-seas.

Dawson, E. (2019). *Equity, exclusion and everyday science learning: The experiences of minoritised groups*. Routledge.

Elsen, H. (2020). *Gender – Sprache – Stereotype*. Tübingen: Narr Francke Attempto Verlag.

Flick, U. (2011a). Das episodische Interview. In G. Oelerich & H.-U. Otto (Hrsg.), *Empirische Forschung und Soziale Arbeit. Ein Studienbuch* (S. 273–280). Wiesbaden: Springer Fachmedien.

Flick, U. (2011b). *Triangulation. Eine Einführung* (3. Aufl.). Wiesbaden: VS Verlag für Sozialwissenschaften.

Hand, S., Rice, L. & Greenlee, E. (2017). Exploring teachers' and students' gender role bias and students' confidence in STEM fields. *Social Psychology of Education, 20,* 929–945. https://doi.org/10.1080/02783193.2012.686424.

Heinze, F. (2013). Das Leitfadeninterview. In B. Drinck (Hrsg.), *Forschen in der Schule. Ein Lehrbuch für (angehende) Lehrerinnen und Lehrer* (S. 227–251). Opladen u. a.: Barbara Budrich.

Helmke, M. (2017). *Unterrichtsqualität und Lehrerprofessionalität. Diagnose, Evaluation und Verbesserung des Unterrichts*. Seelze-Velber: Klett & Kallmeyer.

Jenderek, L. (2015). Der Einsatz von geschlechterunterscheidenden Materialien in der Schule. In J. Wedl & A. Bartsch (Hrsg.), *Teaching Gender? Zum reflektierten Umgang mit Geschlecht im Schulunterricht und in der Lehramtsausbildung* (S. 45–66). transcript. https://doi.org/10.1515/9783839428221-003.

Kuckartz, U. & Rädiker, S. (2022). *Qualitative Inhaltsanalyse. Methoden, Praxis, Computerunterunterstützung* (5. Aufl.). Weinheim: Beltz Juventa.

Lindner, J., Makarova, E., Bernhard, D., & Brovelli, D. (2022). Toward gender equality in education—teachers' beliefs about gender and math. *Education Sciences, 12*(6), 373.

Nohl, A.-M. (2017). *Interview und Dokumentarische Methode. Anleitungen für die Forschungspraxis* (5. Aufl.). Springer VSNohl, A.-M. (2013). *Relationale Typenbildung und Mehrebenenvergleich: Neue Wege der dokumentarischen Methode. Qualitative Sozialforschung*. Wiesbaden: Springer VS.

Nohl, A.-M. (2010). Narrative Interview and Documentary Interpretation. In R. Bohnsack, N. Pfaff & W. Weller (Hrsg.), *Qualitative analysis and documentary method in international educational research* (S. 195–217). Opladen u. a.: Barbara Budrich. https://nbn-resolving.org/urn:nbn:de:0168-ssoar-317517.

Onnen, C. (2015). Studying Gender to Teach Gender. Zur Vermittlung von Gender-Kompetenzen. In J. Wedl & A. Bartsch (Hrsg.), *Teaching Gender? Zum reflektierten Umgang mit Geschlecht im Schulunterricht und in der Lehramtsausbildung* (S. 83–102). Bielefeld: transcript.

Onnen-Isemann, C., Bollmann, V. (2010). *Studienbuch Gender & Diversity. Eine Einführung in Fragestellungen, Theorien und Methoden*. Peter Lang-Internationaler Verlag der Wissenschaften.

Rabe, T., Abels, S., Menthe, J. (2023). Naturwissenschaftsdidaktik und Dokumentarische Methode. *Zeitschrift für Didaktik der Naturwissenschaften (ZfDN), 29*(1),16. https://doi.org/10.1007/s40573-023-00165-w.

Reinders, H. (2015). Interview. In H. Reinders, H. Ditton, C. Gräsel & B. Gniewosz (Hrsg.), *Empirische Bildungsforschung. Strukturen und Methoden* (2. Aufl.) (S. 93–107). Wiesbaden: Springer VS.

Rendtorff, B. (2003): *Kindheit, Jugend und Geschlecht. Einführung in die Psychologie der Geschlechter*. Weinheim: Beltz.

Rodéhn, C. (2019). Science centres, gender and learning. *Cultural Studies of Science Education, 14*, 157–167. https://doi.org/10.1007/s11422-018-9880-2.

Schäffer, B. (2006). Gruppendiskussionen lehren und lernen. Aspekte einer rekonstruktiven Didaktik qualitativer Forschung. In Bohnsack, R., Przyborski, A. & Schäffer, B. (Hrsg.), *Das Gruppendiskussionsverfahren in der Forschungspraxis* (S. 85–299). Opladen: Barabara Budrich.

Schafferschik, A., Binanzer, A., Supik, L. (2023). Geschlechtersensibilität im Lehramtsstudium?! Diskriminierungskritische Bildung am Beispiel der Differenzlinie Geschlecht. Herausforderung Lehrer*innenbildung. *Zeitschrift zur Konzeption, Gestaltung und Diskussion*, *6*(1), 218–234. https://doi.org/10.11576/hlz-5164.

Silfver, E. (2018). Gender performance in an out-of-school science context. *Cultural Studies of Science Education, 14*, 139–155. https://doi.org/10.1007/s11422-017-9851-z

Spreng, M. (2005). *Geschlechtsrollenstereotype von Grundschulkindern. Dimensionen, Ausmaß, Veränderbarkeit*. Dr. Kovac.

Steegh, A. & Groth, H. (2022). *Rollenvorbilder für Mädchen in MINT*. IPN Kiel. Verfügbar unter: https://www.leibniz-ipn.de/de/dasipn/aktuelles/archiv/RollenvorbilderfuerMaedcheninMINTBroschuere.pdf?show_navhelper=1.

Stich, G. (2024). *Berufswahl und Geschlecht. Empirische Befunde zur pädagogischen Bearbeitung von geschlechterbezogenen Berufswahlentscheidungen*. Wiesbaden: Springer VS.

Tillmann, J. & Wegner, C. (2021). Weiterentwicklung eines klassischen Schülerlabors – Darstellung des aktuellen Forschungsstandes. *Progress in Science Education*, *4*(2), 5–39. https://doi.org/10.25321/prise.2021.1076.

Tran, L. U. (2008). The professionalization of educators in science museums and centers. *Journal of Science Communication*, *7*(4), 1–6.

Wedl, J. & Bartsch, A. (2015). Teaching Gender? Zum reflektierten Umgang mit Geschlecht im Schulunterricht und in der Lehramtsausbildung In J. Wedl & A. Bartsch (Hrsg.), *Teaching Gender? Zum reflektierten Umgang mit Geschlecht im Schulunterricht und in der Lehramtsausbildung* (S. 10–31). Bielefeld: transcript.

Wolter, F. (2022). Sensitive und heikle Themen. In N. Baur & J. Blasius (Hrsg.), Handbuch Methoden der empirischen Sozialforschung (S. 359–370). 3. Auflage. Springer VS

YESTEM (2022). *The Equity Compass*. Verfügbar unter: https://yestem.org/tools/the-equity-compass/ [14.03.2025].

Außerschulisches Lernen mit Citizen Science

Vanessa van den Bogaert und Lena Finger

1 Einleitung

Wissenschaftliches Wissen dient zunehmend als wichtige Grundlage für das Treffen von Entscheidungen in vielfältigen Lebensbereichen. Eine fundamentale Voraussetzung für die effektive Nutzung dieses Wissens und damit für die aktive Teilhabe am gesellschaftlichen Diskurs ist eine fundierte naturwissenschaftliche Grundbildung, die als *Scientific Literacy* bezeichnet wird (Millar 2006). Diese Grundbildung umfasst nicht nur das Verständnis grundlegender wissenschaftlicher Begriffe und Zusammenhänge, sondern vermittelt auch ein kritisches Bewusstsein dafür, dass wissenschaftliches Wissen veränderlich ist und bestimmte Grenzen besitzt (Fischler et al. 2018; OECD 2007). Darüber hinaus wird das Interesse an Wissenschaft als zentrale Komponente dieser naturwissenschaftlichen Grundbildung angesehen (Krapp und Prenzel 2011; OECD 2007). Die Förderung dieser naturwissenschaftlichen Grundbildung ist ein zentrales Anliegen der Wissenschaftsvermittlung und wird sowohl in formalen Bildungsinstitutionen als auch in außerschulischen Kontexten verfolgt (Hahn et al. 2013). Ein entscheidender Faktor für den Erfolg der außerschulischen Wissenschaftsvermittlung ist

V. van den Bogaert (✉)
Institut für Erziehungswissenschaft, Leibniz Universität Hannover,
Hannover, Deutschland
E-Mail: vanessa.bogaert@iew.uni-hannover.de

L. Finger
Institut für Erziehungswissenschaft, Ruhr-Universität Bochum, Bochum, Deutschland
E-Mail: lena.finger@rub.de

A. Wenzel und T. Schmäing (Hrsg.), *Außerschulisches Lernen in der naturwissenschaftlichen Bildung,* https://doi.org/10.1007/978-3-658-50864-7_26

deren hohe Authentizität, die den Lernenden ermöglicht, reale wissenschaftliche Prozesse und Anwendungen nachzuvollziehen (Chinn und Malhotra 2002; Euler et al. 2015).

Citizen-Science-Projekte stellen nach dem Authentizitäts-Modell von Betz et al. (2016), das die Gestaltung von Lernumgebungen fokussiert, ein objektiv authentisches Format der außerschulischen Wissenschaftsvermittlung dar. Diese Projekte ermöglichen es Personen, die nicht professionell in der Wissenschaft tätig sind, in Zusammenarbeit mit Wissenschaftler*innen an Forschungsfragen zu arbeiten und somit zum wissenschaftlichen Fortschritt beizutragen (Bonn et al. 2016). Neben Vorteilen für die Wissenschaft zielt die Möglichkeit der aktiven Beteiligung an Citizen-Science-Projekten darauf ab, das projektspezifische Wissen der Teilnehmenden zu erweitern und deren Interesse sowie ein tiefes Verständnis für wissenschaftliche Konzepte zu fördern (Bruckermann 2024; Phillips et al. 2014). Ein Citizen-Science-Ansatz in der Wissenschaftsvermittlung hat zudem ein erhebliches Potenzial, das öffentliche Verständnis für wissenschaftliche Methoden und Erkenntnisse zu verbessern, die naturwissenschaftliche Bildung zu stärken und somit auch die Fähigkeit zum kritischen Denken in der Gesellschaft zu fördern (ebd.).

Diese zunächst normativen Erwartungen an eine authentische Form der Wissenschaftsvermittlung stehen den bisher kaum generalisierbaren empirischen Befunden von Ursache-Wirkungszusammenhängen gegenüber (u. a. Finger et al. 2023; Peter et al. 2019). Gleichzeitig zeigen Studien aus der Schüler*innenlaborforschung, dass außerschulische Wissenschaftsvermittlung das Interesse und die Motivation der Teilnehmenden signifikant steigern kann (Engeln 2004; Glowinski 2007; Guderian 2007; Pawek 2009). Diese Befunde stützen die Annahme, dass auch die aktive Teilnahme an Citizen-Science-Projekten positive Effekte auf zentrale Aspekte der *Scientific Literacy* haben könnte.

Im Rahmen einer experimentellen Feldstudie mit randomisierter Gruppeneinteilung wurde daher untersucht, ob die Teilnahme an einem Citizen-Science-Projekt bei Schüler*innen zu Veränderungen in zentralen motivationalen Variablen, wie dem Interesse am Projektthema und der Freude an den Naturwissenschaften sowie in epistemologischen Überzeugungen bezüglich der Herkunft und Reflexivität des (naturwissenschaftlichen) Wissens führt. Angesichts der Tatsache, dass die Wahrnehmung der Lernumgebung eine entscheidende Rolle bei der Veränderung von Personenmerkmalen spielt (Betz et al. 2016), wurde zudem untersucht, ob die Schüler*innen das aktive Mitwirken in einem Citizen-Science-Projekt als subjektiv authentisch wahrnehmen und welche Rolle eine zusätzliche Reflexion ihrer wissenschaftlichen Denk- und Arbeitsweisen dabei spielt.

2 Theoretischer Hintergrund

2.1 Die Rolle der individuellen Wahrnehmung der Lernumgebung

In den letzten Jahren haben Citizen-Science-Projekte erheblich an Popularität gewonnen, was unter anderem auf das hohe Maß an (objektiver) Authentizität zurückzuführen ist, das diesem Ansatz innewohnt. Authentizität in der Wissenschaftsvermittlung beschreibt die Annäherung einer Lernumgebung an reale Anwendungssituationen bzw. die gelungene Inszenierung realer wissenschaftlicher Kontexte (Honebein et al. 1993). Eine Lernumgebung gilt als authentisch, wenn sie die wissenschaftlichen Routinen sowie Denk- und Arbeitsweisen von Wissenschaftler*innen realitätsnah abbildet und eine spezifische Komplexität aufweist.

Authentizität kann als mehrdimensionales Konstrukt operationalisiert und in ein Wirkungsmodell integriert werden, das zeigt, dass eine objektiv authentische Lernumgebung allein noch keine Effekte auf affektive, kognitive oder verhaltensbezogene Variablen hervorruft. Vielmehr ist eine individuelle Wahrnehmung von Authentizität erforderlich (siehe Abb. 1). Das Modell der Wahrnehmung von Authentizität (Betz et al. 2016) verdeutlicht, welche zentrale Rolle der individuellen Wahrnehmung von Authentizität in der außerschulischen Wissenschaftsvermittlung zukommt.

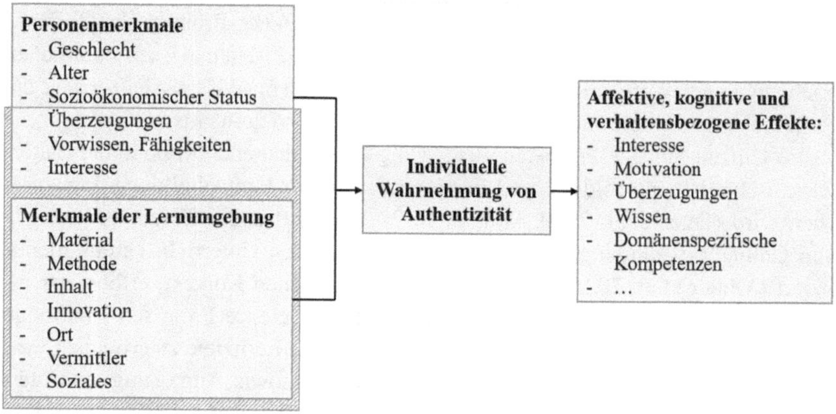

Abb. 1 Modell zur Rolle der Wahrnehmung von Authentizität in der Wissenschaftsvermittlung (in Anlehnung an Betz et al. 2016)

Betz et al. (2016) zeigen auf, dass das subjektive Empfinden von Authentizität aus der Interaktion zwischen individuellen Personenmerkmalen und Eigenschaften der Lernumgebung entsteht. Zu diesen Personenmerkmalen zählen insbesondere individuelle Überzeugungen zur Natur der Naturwissenschaften und wissenschaftliche Denk- und Arbeitsweisen. Diese Überzeugungen können auf stereotypen Vorstellungen von Wissenschaft basieren und wirken sich ganz basal bereits auf die Empfänglichkeit der Lernenden für die Lernumgebung aus sowie auf ihre Wahrnehmung der Kultur der (Natur-)Wissenschaften (Bromme und Kienhues 2012; Mason 2010; Schommer-Aikins und Hutter 2002).

2.2 Citizen Science als authentische Wissenschaftsvermittlung

Insgesamt zeichnen sich Citizen-Science-Projekte durch einen informellen Charakter aus, da die Projekte freiwillig und für (nicht-)organisierte Zivilgesellschaft (alle Bürger*innen) zugänglich sind. Teilnehmende haben oft die Möglichkeit, ihre Aktivitäten flexibel zu gestalten und individuell zu entscheiden, in welchem Ausmaß sie sich mit den wissenschaftlichen Fragestellungen auseinandersetzen möchten.

Ein charakteristisches Merkmal der Lernumgebung innerhalb von Citizen-Science-Ansätzen ist der hohe Innovationsgrad, der aus der Bearbeitung offener realer Forschungsfragen resultiert. Im Gegensatz zu klassischen Schüler*innenlabor-Projekten, die häufig extracurriculare Themenbereiche behandeln und auf das Einüben wissenschaftlicher Methoden sowie die Reproduktion bereits bekannter Ergebnisse abzielen, ermöglichen Citizen-Science-Projekte den Teilnehmenden, substanziell zum Erkenntnisgewinn in spezifischen wissenschaftlichen Fachgebieten beizutragen. Diese direkte Anwendung von Wissenschaft macht die Projekte nicht nur relevant, sondern auch praxisnah und authentisch.

Da Citizen-Science-Projekten gleichzeitig eine bedeutende Rolle in der (naturwissenschaftlichen) Bildung und insbesondere in der Umweltbildung zugesprochen wird (Peter et al. 2019; Wals et al. 2014), wurden die Herausforderungen und Gelingensbedingungen zur Implementation in den Unterricht bereits identifiziert (Müller et al. 2025). Integriert in den schulischen Kontext, erfährt der informelle und non-formale Charakter von Citizen-Science-Projekten vielfältige Veränderungen. Die Projekte dienen dazu, spezifische Lernziele zu erreichen, was eine zusätzliche Strukturierung und Formalisierung sowie Anpassung an Unterrichtszeiten erfordert. In diesem Rahmen kann die Teilnahme an Citizen-Science-Projekten auch Teil der Leistungsbewertung werden, was die ursprünglich freiwillige Natur der Beteiligung beeinflussen kann.

2.3 Citizen Science und motivationale Effekte

Trotz der Unterschiede zwischen Citizen-Science-Projekten in Bezug auf den Umfang der Einbindung von Laien, die beteiligten wissenschaftlichen Disziplinen und die verwendeten Methoden, streben alle Projekte danach, einen Nutzen für die Wissenschaft oder die Teilnehmenden zu schaffen (Brossard et al. 2005; European Citizen Science Association 2015).

Der individuelle Nutzen aus der Teilnahme an Citizen-Science-Projekten kann mithilfe des Modells von Phillips et al. (2014) genauer differenziert werden (Abb. 2). Im Folgenden werden exemplarisch Aspekte des individuellen Mehrwerts einer Teilnahme erläutert.

Eins der Merkmale, das durch die Teilnahme an Citizen-Science-Projekten beeinflusst werden kann, ist das Interesse der Teilnehmenden. Hierbei wird zwischen dem generellen Interesse an Wissenschaft und dem spezifischen Interesse an den Inhalten der jeweiligen Projekte differenziert.

Phillips et al. (2014) identifizieren die Motivation zur Teilnahme an wissenschaftlichen oder umweltbezogenen Aktivitäten als ein weiteres entscheidendes Personenmerkmal. Basierend auf der Selbstbestimmungstheorie der Motivation von Ryan und Deci (2002), führt bereits die Erfüllung der drei sogenannten *psychologischen Grundbedürfnisse* nach *Kompetenz, Autonomie* und *sozialer Eingebundenheit* zu einer höheren Motivation bzw. Änderung der Motivationsqualität. In Citizen-Science-Projekten werden diese Bedürfnisse oftmals stark angesprochen, da die Teilnehmenden aktiv in den wissenschaftlichen Erkenntnisgewinnungsprozess eingebunden werden,

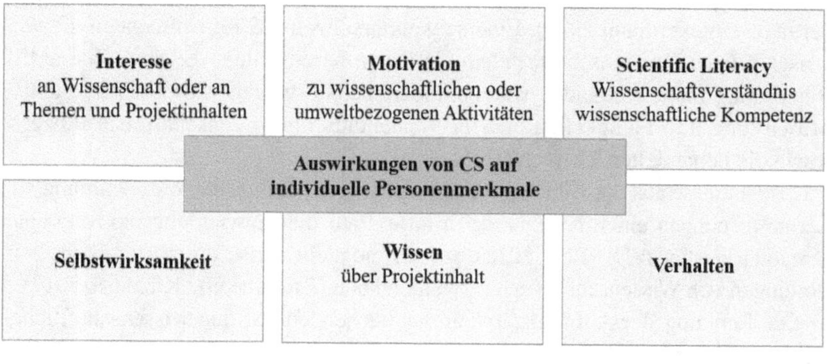

Abb. 2 Differenzierung des individuellen Mehrwerts einer Teilnahme an CS (in Anlehnung an Phillips et al. 2014)

selbstbestimmt und unmittelbar zur Beantwortung von Forschungsfragen beitragen und Teil einer großen wissenschaftlichen Gemeinschaft werden (Bonney et al. 2009; Spicer et al. 2020). Citizen-Science-Projekte befassen sich häufig mit Themen wie Umweltüberwachung oder Klimawandel, die einen direkten Lebensweltbezug für die Teilnehmenden haben. Dadurch kann das Gefühl von Relevanz und Bedeutung weiter steigen. Zusätzlich kann die Möglichkeit, den Zuwachs des Datensatzes durch das Einspeisen gesammelter Daten direkt mitzuerleben, dazu führen, dass sich die Teilnehmenden bestätigt und motiviert fühlen.

Roche et al. (2020) betonen, dass auch die Förderung des Wissenschaftsverständnisses und der Kompetenzen im Bereich der naturwissenschaftlichen Erkenntnisgewinnung in Verbindung mit der Bearbeitung realer wissenschaftlicher Fragestellungen eine zentrale Zieldimension von Citizen-Science-Ansätzen darstellt. Bouillion et al. (2001) argumentieren, dass der direkte Kontakt mit Wissenschaftler*innen und die Teilnahme an wissenschaftlichen Prozessen in Citizen-Science-Projekten dazu beitragen können, dass Teilnehmende ein differenzierteres Verständnis von der Herkunft und der Natur der Naturwissenschaften entwickeln.

3 Fragestellungen und Hypothesen

Das Hauptziel dieser Studie besteht darin, die Wirkung der Teilnahme an einem Citizen-Science-Projekt auf spezifische Personenmerkmale von Schüler*innen zu beleuchten.

Citizen-Science-Projekte fördern eine doppelte Wissenskonstruktion, die sowohl zur Generierung wissenschaftlicher Erkenntnisse als auch zur Weiterentwicklung der Fähigkeiten, des Wissens und der Einstellungen der Teilnehmenden beiträgt (Bruckermann 2024). Einerseits unterstützen die Teilnehmenden die wissenschaftliche Gemeinschaft, indem sie Daten bereitstellen, die ohne ihre aktive Beteiligung nicht vorhanden wären. Andererseits erweitern sie durch ihre aktive Mitwirkung ihre Fähigkeiten und ihr Verständnis für wissenschaftliche Prozesse sowie die behandelten Themen (ebd.).

Erkenntnisse aus der Bildungsforschung legen nahe, dass die Wahrnehmung von Lernumgebungen einen bedeutenden Einfluss auf die Entwicklung motivationaler Variablen ausübt (z. B. Betz 2018), jedoch möglicherweise durch stereotype Vorstellungen von Wissenschaft verzerrt werden kann (Bromme und Kienhues 2012).

Die Lenkung der Aufmerksamkeit der Lernenden auf den wissenschaftlichen Charakter ihrer Tätigkeiten im Rahmen der Mitwirkung in einem Citizen-Science-Projekt könnte als eine Art Verstärker fungieren. Bereits Schraw et al. (2006) heben die Bedeutung einer expliziten Reflexion über die wissenschaftlichen Denk- und Arbeitsweisen als eine von drei wesentlichen Aktivitäten einer authentischen Wissenschaftsvermittlung hervor. Durch das Reflektieren und Überprüfen der einzelnen Schritte des naturwissenschaftlichen Erkenntnisgewinns können Schüler*innen ihr Verständnis für wissenschaftliches Arbeiten vertiefen (De Bruin et al. 2017). Insbesondere Reflexionsprozesse, die zu einer kognitiven Diskrepanz führen, könnten helfen, Stereotypen aufzubrechen und die Wahrnehmung der Authentizität zu stärken. Darüber hinaus könnte eine angeleitete Reflexion direkte motivationale Effekte haben: Indem die Schüler*innen zur Reflexion ihrer eigenen Tätigkeiten aufgefordert werden, werden sie sich ihrer Fähigkeiten bewusster, was ihr Selbstkonzept positiv beeinflussen kann (Efklides und Tsiora 2002; Panadero et al. 2016).

Metakognitive Prozesse, wie sie von Pintrich (2002) beschrieben werden, stärken die intrinsische Motivation, indem die Lernenden nachvollziehen, wie ihre eigenen Aktivitäten innerhalb des Projekts zu neuen Erkenntnissen führen. Herrington und Oliver (2000) zeigen, dass authentische Lernumgebungen, die durch kritische Reflexion verstärkt werden, das Relevanzempfinden und das Engagement der Lernenden erhöhen, indem sie die praktische Anwendung und den Nutzen des Erlernten verdeutlichen. Vor diesem Hintergrund wurde ein Set von drei Forschungsfragen entwickelt.

F1: Führt die Teilnahme an einem Citizen-Science-Projekt bei Schüler*innen zu einer Veränderung des Interesses am Projektthema, einer Steigerung der Freude an Naturwissenschaften sowie einer Veränderung der epistemologischen Überzeugungen bezüglich der Herkunft und Reflexivität von Wissen?
H1: Die Teilnahme an einem Citizen-Science-Projekt führt bei Schüler*innen zu einer Steigerung des Interesses am Projektthema (H1a) und der Freude an Naturwissenschaften (H1b) sowie zu einer Veränderung der epistemologischen Überzeugungen zur Herkunft und Reflexivität des Wissens (H1c).

F2: Welchen Einfluss hat die Reflexion der eigenen wissenschaftlichen Tätigkeiten auf die Wahrnehmung der Authentizität eines Citizen-Science-Projekts?
H2: Schüler*innen, die das eigene wissenschaftliche Vorgehen am Projekttag reflektieren, nehmen das Citizen-Science-Projekt als authentischere Form der Wissenschaftsvermittlung wahr als Schüler*innen, die keine angeleitete Reflexion durchführen.

F3: Inwiefern beeinflusst die angeleitete Reflexion der eigenen wissenschaftlichen Vorgehensweise die Freude an Naturwissenschaften und die Motivation, eigenständig wissenschaftlich zu arbeiten, bei Schüler*innen in einem Citizen-Science-Projekt?
H3: Schüler*innen, die das eigene wissenschaftliche Vorgehen am Projekttag reflektieren, zeigen eine größere Motivation zum wissenschaftlichen Arbeiten (H3a) und eine größere Freude an Naturwissenschaften (H3b) als Schüler*innen, die nicht reflektieren.

4 Methode

4.1 Stichprobe und Design

Die experimentelle Feldstudie mit einem Prä-Post-Design wurde 2022 mit 91 Schüler*innen (57,7 % weiblich, $M_{Alter} = 14{,}53$, $SD_{Alter} = 1{,}38$) aus vier verschiedenen Gymnasialklassen durchgeführt. Die Schüler*innen nahmen in zwei unterschiedlichen Bedingungen am Projekttag teil, die sich ausschließlich in der Instruktion zur Reflexion ihrer Aktivitäten unterschieden (siehe Abschn. 4.3). Dazu erhielten die Schüler*innen entweder externe Standards zur Unterstützung der Reflexion (EG) oder keine externen Standards (KG). Durch eine randomisierte Gruppeneinteilung wurde sichergestellt, dass zwischen der Experimentalgruppe ($n = 46$) und der Kontrollgruppe ($n = 45$) bezüglich der Variablen Geschlecht, Klassenstufe und Alter keine signifikanten Unterschiede bestanden.

4.2 Material

Für die experimentelle Feldstudie wurde das Projekt „Treechecker" ausgewählt und als eintägiger mobiler Projekttag des Schüler*innenlabors der Ruhr-Universität Bochum durchgeführt. Dieses vom Schulbiologiezentrum Hannover initiierte Citizen-Science-Projekt zielt darauf ab, die Gesundheit von Bäumen im urbanen Raum zu untersuchen. Der Schwerpunkt des Projekts liegt auf zentralen Themen wie Ökologie und Klimaanpassung und zielt mit seiner Datenerhebung sowie frei verfügbaren Datenbank auf die Entwicklung von Kompetenzen im Bereich der Erkenntnisgewinnung ab, wodurch es sich besonders gut für die Durchführung im Klassenverband eignet (Walitzek 2020).

Das Citizen-Science-Projekt

- **Name:** TreeChecker – Welche Straßenbäume für die Stadt der Zukunft?
- **Institution:** Schulbiologiezentrum Hannover
- **URL:** http://www.treechecker.de/
- **Kontext:** Städte fungieren im Sommer zunehmend als urbane Hitzeinseln; Erhöhter Stress für Stadtbäume durch Faktoren wie Bodenverdichtung, Trockenheit und Hitze
- **Ziel:** Erforschung geeigneter Stadtbaumarten unter Berücksichtigung höchstmöglicher Biodiversität
- **Wissenschaftliche Denk- und Arbeitsweisen:** Bestimmung von Baumarten und Erkennung von Baumkrankheiten; Erfassung und Analyse von Daten zu Gesundheitszuständen
- **Ressourcen:** Beobachtungsmaterialien und Hilfen zur Baumbestimmung; Zugriff auf erfasste Baumdaten über *TreeChecker*-Karte und Daten-Downloads

4.3 Vorgehen

Im Verlauf eines Projekttages, der von etwa 9 bis 14 Uhr stattfand, durchliefen alle Schüler*innen den gesamten Prozess der naturwissenschaftlichen Erkenntnisgewinnung. Zu Beginn wurden sie über die wesentlichen Denk- und Arbeitsschritte einer naturwissenschaftlichen Untersuchung informiert (Formulierung von Forschungsfragen und Hypothesen, Planung einer Untersuchung, Datenerhebung, Analyse und Interpretation der Daten sowie Präsentation). Zudem wurden gängige Standards thematisiert, wie die Notwendigkeit der Überprüfbarkeit von Hypothesen. Nach der Erarbeitung eigener Forschungsfragen erhoben die Schüler*innen eigenständig Daten in kleinen Gruppen. Die Datenerhebung fand in unmittelbarer Umgebung der Schule statt und dauerte etwa eine Stunde, wobei u. a. Art, Größe und Gesundheitszustand von Bäumen bestimmt wurden. Anschließend werteten sie die erhobenen Daten aus, luden die Daten in der Online-Datenbank hoch und präsentierten die Ergebnisse im Plenum.

Die Schüler*innen wurden insgesamt dreimal zur Reflexion ihrer wissenschaftlichen Vorgehensweise angeregt: nach (1) dem Formulieren der Hypothesen, (2) dem Sammeln der Daten und (3) dem Analysieren und Präsentieren ihrer

Erkenntnisse. Alle Teilnehmenden erhielten in ihrem Laborheft die allgemeine Anweisung: „Nehmt euch einen Moment Zeit, um darüber nachzudenken, wie gut es euch gelungen ist, die wissenschaftlichen Standards bei (1) der Formulierung von Hypothesen, (2) dem Sammeln der Daten und (3) der Datenanalyse zu erfüllen.“ Die EG erhielt zusätzlich drei bis vier spezifische Standards für die jeweiligen Schritte des Erkenntnisprozesses. Ein Beispiel hierfür lautet: „Wie gut ist es dir gelungen, die Ergebnisse unter Berücksichtigung deiner Hypothese zu interpretieren, d. h. die Hypothese zu bestätigen oder zu verwerfen?“ Die Schüler*innen konnten ihre eigene Vorgehensweise anhand dieser externen Standards auf einer Skala von 1 *(gar nicht gelungen)* bis 5 *(sehr gut gelungen)* bewerten. Zudem hatten sie die Möglichkeit, anzugeben, wenn ein Standard überhaupt nicht umgesetzt oder berücksichtigt wurde. Im Gegensatz dazu erhielten die Schüler*innen der KG keine zusätzlichen Standards; sie führten die Bewertung ebenfalls in ihrem Laborheft durch, wurden jedoch nicht explizit instruiert.

4.4 Messinstrumente

Um mögliche Effekte der Teilnahme an dem Citizen-Science-Projekt auf Personenmerkmale zu untersuchen, sind verschiedene Messinstrumente im Prä- und/oder Posttest eingesetzt worden (Tab. 1).

Die im Rahmen der Studie eingesetzten Messinstrumente erfassten das Interesse am Projektthema, die Freude an Naturwissenschaften sowie die epistemologischen Überzeugungen sowohl im Prä- als auch im Posttest. Dadurch war es möglich, Gruppenunterschiede zu überprüfen und mögliche Effekte der Teilnahme am Citizen-Science-Projekt zu analysieren. Im Gegensatz dazu wurden Instrumente zur Messung der Motivation und der wahrgenommenen Authentizität ausschließlich im Posttest verwendet, da sie sich nur für diese Anwendung eignen. Folglich können damit nur Unterschiede zwischen den Schüler*innen der Kontroll- und Experimentalgruppe hinsichtlich ihrer Motivation und der wahrgenommenen Authentizität des Projekttages festgestellt werden. Da ein Prätest für diese Instrumente fehlt, lassen sich keine Aussagen über Veränderungen der Motivation durch die Teilnahme am Citizen-Science-Projekt treffen.

Tab. 1 Übersicht der Messinstrumente

Konstrukt	MZP	Beispielitem und Antwortskala	Itemanzahl (Reliabilität prä/post)	Quelle
Interesse am Projektthema	Prä/post	Die Beschäftigung mit dem Thema Klima und Umwelt macht mir … (1) Spaß … (4) keinen Spaß	10 (α = 0,899) 10 (α = 0,919)	van den Bogaert et al. 2017
Freude an Naturwissenschaften	Prä/post	Ich beschäftige mich gerne mit naturwissenschaftlichen Problemen (*1 = stimmt gar nicht, 4 = stimmt völlig*)	5 (α = 0,877) 5 (α = 0,875)	Frey et al. 2009
Epistemologische Überzeugungen (Reflexivität des Wissens)	Prä/post	Nach intensivem Nachdenken sieht man Probleme oft mit anderen Augen (*1 = stimmt gar nicht, 5 = stimmt völlig*)	5 (α = 0,693) 5 (α = 0,855)	Moschner und Gruber 2017
Epistemologische Überzeugungen (Herkunft des Wissens)	Prä/post	Nur Wissenschaftler können wissenschaftliche Methoden anwenden (*1 = stimmt gar nicht, 5 = stimmt völlig*)	5 (α = 0,721) 5 (α = 0,786)	Kremer 2010
Motivation zum wissenschaftlichen Arbeiten	Post	Ich fand die Tätigkeit im Projekt sehr interessant (*1 = trifft überhaupt nicht zu, 5 = trifft sehr zu*)	12 (α = 0,714)	Deci und Ryan 2003; Wilde et al. 2009
Wahrgenommene Authentizität des Projekttags	Post	Ich habe wissenschaftliche Methoden angewendet (*1 = trifft überhaupt nicht zu, 5 = trifft sehr zu*)	13 (α = 0,789)	Finger et al. 2022

5 Ergebnisse

Die Datenanalyse wurde mit IBM SPSS Version 26 durchgeführt. Für alle statistischen Analysen wurde ein Alpha-Niveau von.05 verwendet. Durch eine randomisierte Zuteilung der Schüler*innen auf die Kontroll- und die Experimentalbedingung kann eine Vergleichbarkeit der beiden Gruppen grundsätzlich angenommen werden. In der statistischen Überprüfung fanden sich keine signifikanten Unterschiede in den beiden Bedingungen hinsichtlich des Alters, $t(76) = -0{,}244$, $p = 0{,}808$, $d \approx 0{,}056$, und des Geschlechts, $t(76) = -1{,}229$, $p = 0{,}223$, $d \approx 0{,}282$.

Der Vergleich des Interesses am Projektthema vor und nach der Teilnahme am Citizen-Science-Projekt zeigt keine signifikanten Unterschiede, $F(76) = 0{,}677$, $p = 0{,}506$, $\eta^2_p = 0{,}009$. Die Hypothese H1a kann nicht bestätigt werden.

Auch in Bezug auf die Freude an Naturwissenschaften (H1b) zeigt der Vergleich zwischen Prä- und Posttest keine statistisch signifikanten Unterschiede $F(76) = 0{,}447$, $p = 0{,}412$, $\eta^2_p = 0{,}006$.

Der Vergleich der Überzeugungen zur Herkunft des Wissens vor und nach dem Projekt (H1c) zeigt keine statistisch signifikante Veränderung, $F(78) = 3{,}771$, $p = 0{,}056$, $\eta^2_p = 0{,}046$. Es zeigt sich jedoch eine Tendenz, die auf eine mögliche positive Entwicklung dieser Überzeugungen hindeuten könnte. Deskriptiv betrachtet waren die Schüler*innen nach dem Projekt tendenziell eher der Ansicht, dass auch Laien in der Lage sind, wissenschaftliche Methoden anzuwenden. Dieser Effekt ist in der Stichprobe jedoch statistisch nicht signifikant.

Die Analyse der epistemologischen Überzeugungen zur Reflexivität des Wissens (H1c) zeigt eine signifikante Veränderung zwischen dem Prä- und dem Posttest, $F(78) = 8{,}928$, $p = 0{,}004$, $\eta^2_p = 0{,}103$. Nach Abschluss des Projekts vertraten die Schüler*innen weniger häufig die Auffassung, dass bestehendes Wissen veränderlich ist und durch neue Erkenntnisse in Frage gestellt oder Wissensbestände ergänzt werden können. Diese nicht intendierte Veränderung in den epistemologischen Überzeugungen ist tendenziell als unerwünscht zu bewerten, da die Vorstellung von unveränderlichen Wissensbeständen als weniger differenziert angesehen wird. Fördermaßnahmen zielen in der Regel darauf ab, eine Entwicklung in die entgegengesetzte Richtung zu erzielen.

Bezüglich der Wahrnehmung der Authentizität (H2) unterschieden sich EG und KG nicht signifikant voneinander, $t(83{,}09) = 0{,}328$, $p = 0{,}744$, $d \approx 0{,}072$. Dies gilt auch für die Motivation zum wissenschaftlichen Arbeiten (H3), $t(89) = -0{,}192$, $p = 0{,}848$, $d \approx -0{,}041$. Auch die Unterschiede in der Freude an Naturwissenschaften (H3) sind – bezogen auf die Ausgestaltung der Reflexion der eigenen Tätigkeiten – nicht statistisch signifikant, $t(88) = -0{,}748$, $p = 0{,}456$, $d \approx -0{,}159$.

Bei der gemeinsamen Betrachtung aller Schüler*innen zeigt sich im Posttest jedoch eine mittlere positive Korrelation ($r = 0{,}34$, $p \leq 0{,}01$) zwischen der Bewertung der eigenen Fähigkeiten, die im Rahmen der (angeleiteten) Reflexion abgegeben worden sind, und der Freude an Naturwissenschaften, was die Rolle der Selbstwirksamkeit für motivationale Effekte andeuten könnte.

6 Diskussion

Die vorliegende Studie untersucht die Effekte der Teilnahme an einem Citizen-Science-Projekt auf verschiedene Personenmerkmale von Schüler*innen, einschließlich ihres Interesses am Projektthema, ihrer Freude an Naturwissenschaften und epistemologischen Überzeugungen. Durch die randomisierte Zuteilung auf Kontroll- und Experimentalbedingungen konnte eine grundlegende Vergleichbarkeit der beiden Gruppen angenommen werden, ohne signifikante Unterschiede in Alter und Geschlecht.

Die Befunde deuten darauf hin, dass die Teilnahme an einem eintägigen Citizen-Science-Projekt in der gegebenen Form möglicherweise nicht ausreichte, um motivationsbezogene Variablen wie Interesse und Freude an Naturwissenschaften zu beeinflussen.

Ein zentraler Punkt könnte die unzureichende Thematisierung der Relevanz des Projekts für die Lebenswelt der Schüler*innen sein. Diese fehlende Verbindung könnte verhindert haben, dass die Teilnehmenden einen persönlichen Bezug zwischen dem Citizen-Science-Projekt und ihren eigenen Interessen oder Zielen herstellen, was die Entwicklung von Interesse gehemmt haben könnte (Barron und Darling-Hammond 2008; Dohn 2013).

Zusätzlich konzentrierte sich das Projekt stark auf die Datenproduktion, während interaktive und explorative Elemente der eigenen Lebenswelt, die das Engagement der Schüler*innen fördern könnten, vernachlässigt wurden.

Bei der Untersuchung der epistemologischen Überzeugungen konnte zwar keine signifikante Änderung in den Überzeugungen zur Herkunft von Wissen nachgewiesen werden, jedoch zeigte sich eine Tendenz, dass die Schüler*innen nach dem Projekt eher glaubten, dass auch Laien wissenschaftliche Methoden anwenden können. Diese grundsätzlich positive Entwicklung der epistemologischen Überzeugungen zur Herkunft des Wissens dürfte bei länger andauernden Citizen-Science-Projekten noch deutlicher ausfallen, da Überzeugungen ein stabiles Personenmerkmal darstellen, das sich nicht leicht durch eine kurze Intervention verändern lässt (u. a. Ledermann 1992).

Umso überraschender zeigte sich ein signifikanter, aber unerwünschter Effekt bei den Überzeugungen zur Reflexivität des Wissens. Nach dem Projekt waren Schüler*innen weniger überzeugt davon, dass Wissen veränderbar und durch neue Erkenntnisse ergänzbar ist.

Um den Schüler*innen eine Teilnahme an der wissenschaftlichen Forschung in dem engen zeitlichen Rahmen eines Projekttages zu ermöglichen, war die Darstellung naturwissenschaftlicher Prozesse und deren Komplexität möglicherweise zu stark vereinfacht. Diese Vereinfachung könnte den Eindruck vermittelt haben, dass wissenschaftliche Erkenntnisse endgültig und unveränderlich sind (Driver et al. 1994).

Die wohlgemeinte Reduzierung von Komplexität mindert das Potenzial, wissenschaftliches Wissen und Prozesse als dynamisch und reflexiv zu vermitteln. Der unbeabsichtigte Eindruck von „statischer" Wissenschaft könnte damit wenig elaborierte epistemologische Überzeugungen gefördert haben.

Auch die Reflexion im Projekt, die auf die materialgestützten Ansätze beschränkt war, hat möglicherweise nicht im erforderlichen Maß den dynamischen Charakter wissenschaftlicher Prozesse betont, was zu einer statischen Wahrnehmung führen könnte (Sandoval und Reiser 2004). Fehlender Raum für Diskussionen über wissenschaftliche Erkenntnismethoden könnte die Annahme unveränderlicher Wissensbestände weiter verstärkt haben (Osborne et al. 2003).

Während in der Erwartung stand, dass Schüler*innen durch Reflexion ihrer Vorgehensweise das Citizen-Science-Projekt als authentischere Form der Wissenschaftsvermittlung wahrnehmen würden, zeigte sich, dass die angeleitete Reflexion keinen signifikanten Unterschied in der Wahrnehmung der Authentizität oder in der Motivation zum wissenschaftlichen Arbeiten erzielte. Dies unterstreicht die Notwendigkeit, Reflexionsmechanismen so zu gestalten, dass sie die Verbindung zwischen praktischen Tätigkeiten im Projekt und realen wissenschaftlichen Praktiken schärfer beleuchten.

Um diese Herausforderungen zu überwinden, sind Citizen-Science-Projekte gefordert, bewusst die Veränderlichkeit von Wissen und das innovative Potenzial der Wissenschaften zu thematisieren. Projekte sollten den charakteristischen diskursiven Charakter der Wissenschaft verdeutlichen, um die Vorstellung zu vermeiden, dass wissenschaftliche Erkenntnisse unveränderlich sind (Duit und Treagust 2003). Reflexionsphasen sind dabei von entscheidender Bedeutung, um den Bezug zu realen wissenschaftlichen Praktiken klar zu machen (Chinn und Malhotra 2002).

Zusammengefasst verdeutlichen die Ergebnisse, dass Citizen-Science-Projekte nur durch eine gezielte Planung und Umsetzung zur Förderung eines dynamischen und realistischen Wissenschaftsverständnisses bei Schüler*innen beitragen können. Durch Citizen-Science-Projekte, die die Veränderlichkeit von Wissen und deren Realitätsbezug klarer adressieren, kann das volle Potenzial zur Vermittlung eines dynamischeren und realistischeren Verständnisses von Wissenschaft ausgeschöpft werden. Dies ist essentiell, um nachhaltigen Einfluss auf die wissenschaftlichen Einstellungen und das Interesse der Schüler*innen zu nehmen.

6.1 Limitationen

Die vorliegende Studie zeichnet sich insbesondere durch ihr starkes Forschungsdesign aus, das eine randomisierte Zuteilung der Schüler*innen zu Experimental- und Kontrollgruppen beinhaltet. Diese Vorgehensweise minimiert systematische Verzerrungen und ermöglicht es, Unterschiede in den Ergebnissen primär auf die Intervention zurückzuführen. Darüber hinaus wurde die Durchführung der Reflexionsphasen stark standardisiert, um eine systematische Variation innerhalb der Bedingungen sicherzustellen und potenzielle Variabilität zu reduzieren. Diese Aspekte tragen wesentlich zur hohen internen Validität der Studie bei. Weiterhin wird durch einen Feldzugang eine hohe externe Validität angestrebt.

Der Feldzugang führt jedoch auch dazu, dass die saubere Umsetzung der experimentellen Manipulation in der vorliegenden Studie möglicherweise nicht gelungen ist. Die Schüler*innen beider Untersuchungsbedingungen haben den Projekttag gemeinsam verbracht und könnten sich im Laufe des Tages über die unterschiedlichen Reflexionsbedingungen ausgetauscht haben. Dadurch dürfte der Effekt der experimentellen Manipulation verringert worden sein.

Gleichzeitig könnten durch die hohe Standardisierung der Reflexion zugunsten der internen Validität Einbußen hinsichtlich der externen Validität resultieren, da in realen Unterrichtssituationen die Abläufe stärker an die spezifischen Bedürfnisse der Lerngruppe angepasst wären.

Um die Aussagekraft der Ergebnisse vollständig zu verstehen und Ansatzpunkte für zukünftige Forschung zu identifizieren, sollten darüber hinaus drei zentrale Bereiche näher betrachtet werden.

Die erste wesentliche Limitation der vorliegenden Studie liegt in ihrer statistischen Power, die in einem Bereich von etwa 0,3 bis 0,4 liegt. Diese geringe Power impliziert, dass nur kleine Effekte mit einer relativ niedrigen Wahrscheinlichkeit entdeckt werden konnten, was die Aussagekraft der Ergebnisse einschränkt. Die geringe Stichprobengröße trägt zu erhöhten Stichprobenfehlern bei, was die Entdeckung signifikanter Effekte weiter erschwert. Eine größere Stichprobe hätte die Stichprobenfehler reduziert und damit die Wahrscheinlichkeit erhöht, tatsächlich vorhandene Effekte zu identifizieren. Zukünftige Studien sollten eine größere Teilnehmerzahl anstreben, um die statistische Power zu erhöhen und die Robustheit der Erkenntnisse zu verbessern.

Die zweite Limitation besteht darin, dass ausschließlich ein einzelnes Citizen-Science-Projekt betrachtet wurde. Dies schränkt die Möglichkeit ein, die Ergebnisse und Erkenntnisse auf andere Projekte zu übertragen. Um robustere Befunde zu erhalten, wäre es notwendig, eine Vielzahl von Projekten zu untersuchen.

Durch die Betrachtung mehrerer Projekte könnten die Ergebnisse in einen breiteren Kontext gestellt und möglicherweise allgemeingültige Aussagen über die Wirksamkeit und Herausforderungen unterschiedlicher Projektansätze getroffen werden.

Die dritte Limitation dieser Studie ist, dass das Zusammenspiel der beteiligten Variablen noch nicht vollständig aufgeklärt ist. Es wurde lediglich eine direkte Verbindung zwischen bestimmten Faktoren untersucht, ohne dabei potenzielle Wirkmechanismen wie Mediationen oder Moderationen umfassend zu analysieren. Durch die Untersuchung solcher Mechanismen könnte ein tieferes Verständnis darüber gewonnen werden, wie und warum bestimmte Effekte zustande kommen. Künftige Forschung sollte daher die Möglichkeit in Betracht ziehen, diese dynamischen Prozesse genauer zu untersuchen, um ein umfassenderes Bild der zugrunde liegenden Zusammenhänge zu erhalten.

6.2 Implikationen und Ausblick

Die Ergebnisse dieser Studie ordnen sich in die bestehenden empirischen Erkenntnisse zu Citizen Science ein, insbesondere was die Schwierigkeit betrifft, epistemologische Überzeugungen nachhaltig zu verändern. Diese Beobachtung wird durch frühere Arbeiten unterstützt, die darauf hinweisen, dass Einstellungen und Überzeugungen gegenüber Wissenschaft bemerkenswert stabil sind (Bonney et al. 2016).

Mit Blick auf die unerwartete Veränderung der Überzeugungen zur Reflexivität von Wissen sollten zukünftige Fördermaßnahmen stärker darauf abzielen, das dynamische Wesen von Wissenschaft explizit zu vermitteln und stereotype Vorstellungen aktiv zu thematisieren.

Ebenfalls unerwartet sind die Befunde hinsichtlich des ausbleibenden Anstiegs von Interesse und Freude während der Teilnahme am Citizen-Science-Projekt, welche den theoretischen Annahmen widersprechen. Diese Diskrepanz könnte darauf hindeuten, dass die theoretisch postulierten Faktoren in der Praxis anders wirken oder dass zusätzliche, bislang unberücksichtigte Variablen eine Rolle spielen.

Ein weiteres Ergebnis der Studie ist die fehlende Auswirkung angeleiteter Reflexion auf die Wahrnehmung der Authentizität des Projekts. Möglicherweise wurden die Reflexionsphasen nicht optimal umgesetzt oder ihre Bedeutung in den Laborheften nicht ausreichend vermittelt. Zukünftige Untersuchungen sollten die Wirkung gezielter und expliziter Reflexionsanlässe daher weiter erforschen, um deren potenziellen Einfluss genauer zu bestimmen.

Obwohl zwischen den Gruppen kein signifikanter Unterschied in Bezug auf die Freude an Naturwissenschaften festgestellt wurde, verdeutlicht die positive Korrelation zwischen der Selbstbewertung und der Freude an Naturwissenschaften eine potenziell wichtige Variable: die empfundene Selbstwirksamkeit. Diese Erkenntnis deutet darauf hin, dass das Gefühl der eigenen Kompetenz als ein entscheidender Motivationsfaktor weiter untersucht werden sollte.

Unser Fazit ist, dass die Teilnahme an einem Citizen-Science-Projekt allein oft nicht ausreicht, um alle damit verbundenen normativen Erwartungen zu erfüllen. Es ist vielmehr entscheidend, die Passung zwischen den Projektzielen und den eingesetzten Methoden kontinuierlich zu optimieren. Dies erfordert eine sorgfältige Abstimmung, um sowohl den anspruchsvollen Zielen der Projekte als auch den spezifischen Bedürfnissen der Zielgruppen gerecht zu werden. Eine verbesserte Passung kann durch die frühzeitige Einbindung der Zielgruppen oder Lehrkräfte in die Planung und Entwicklung der Projekte erreicht werden.

Zukünftige Forschung könnte sich darauf konzentrieren, *Best-Practice-Modelle* zu identifizieren, die zeigen, wie Citizen-Science-Projekte effektiv an die Bedürfnisse ihrer Teilnehmenden angepasst werden können, ohne die ursprünglichen wissenschaftlichen Ziele aus den Augen zu verlieren. Diese Ansätze könnten dazu beitragen, eine Brücke zwischen den hohen Erwartungen und den tatsächlichen Ergebnissen in Citizen-Science-Projekten zu schlagen und deren volles Potenzial auszuschöpfen.

Damit dies gelingt, ist eine gezielte Planung und Ausgestaltung der Projekte notwendig. Zunächst müssten klare Lernziele definiert werden, die durch die gemeinsame Arbeit im Projekt erreicht werden sollen. Diese Ziele sollten sich an den Inhalten der Bildungsstandards orientieren und darauf abzielen, spezifische Kompetenzen zu fördern. Ein Bereich, in dem Citizen-Science-Projekte besonders wirksam sein könnten, ist der Kompetenzbereich der Erkenntnisgewinnung.

Damit die Projekte effektiv sind, müssen sie dann kontinuierlich auf die Bedürfnisse der Lerngruppen angepasst werden können. Eine kontinuierliche Unterstützung durch Lehrkräfte und zusätzlich (fach-)didaktisch kompetentes Fachpersonal ist unerlässlich, ebenso wie eine sorgfältige Vor- und Nachbereitung der Projekte. Diese Maßnahmen sind entscheidend, um die gesteckten Lernziele zu erreichen und eine Lernumgebung zu schaffen, die das Entstehen weiterführender Fragestellungen begünstigt. Erst durch eine professionelle Begleitung wird gewährleistet, dass die Teilnehmenden nicht nur die gewonnenen Erkenntnisse nachvollziehen, sondern auch Kompetenzen entwickeln, die über das konkrete Projekt hinaus von Bedeutung sind.

Danksagung Die vorliegende Studie wurde innerhalb des Promotionskollegs „Metakognitives Monitoring in authentischen Lehr-/Lernkontexten im Schülerlabor" (MeMo-akS) durch die Professional School of Education der Ruhr-Universität Bochum gefördert.

Literatur

Barron, B., & Darling-Hammond, L. (2008). Teaching for meaningful learning: A review of research on inquiry-based and cooperative learning. In D. Darling-Hammond, L. Bransford (Hrsg.), *Preparing teachers for a changing world: What teachers should learn and be able to do* (S. 199–224).

Betz, A. (2018). Der Einfluss der Lernumgebung auf die (wahrgenommene) Authentizität der linguistischen Wissenschaftsvermittlung und das situationale Interesse von Lernenden. *Unterrichtswissenschaft, 46*, 261–278. https://doi.org/10.1007/s42010-018-0021-0.

Betz, A., Flake, S., Mierwald, M., & Vanderbeke, M. (2016). Modelling authenticity in teach-ing and learning contexts: a contribution to theory development and empirical investiga-tion of the construct. In: C. K. Looi, J. Polman, U. Cress, & P. Reimann (Hrsg.), *Trans-forming learning, empowering earners: The International Conference of the Learning Sciences 2016* (S. 815–818). International Society of the Learning Sciences. https://doi.org/10.22318/icls2016.11.

Bonn, A., Richter, A., Vohland, K., Pettibone, L., Brandt, M., Feldmann, R. et al. (2016). *Green Paper Citizen Science Strategy 2020 for Germany*. GEWISS.

Bonney, R., Ballard, H., Jordan, R. et al. (2009). *Public participation in scientific research: defining the field and assessing its potential for informal science education. A CAISE inquiry group report.* Center for Advancement of Informal Science Education (CAISE).

Bonney, R., Phillips, T., Ballard, H. L. et al. (2016). Can citizen science enhance public under-standing of science? *Public Understanding of Science*, 25(1), 2–16. https://doi.org/10.1177/0963662515607406.

Bouillion, L. M., & Gomez, L. M. (2001). Connecting school and community with science learning: Real world problems and school–community partnerships as contextual scaffolds*. *Journal of Research in Science Teaching, 38,* 878–898. https://doi.org/10.1002/tea.1037

Bromme, R., & Kienhues, D. (2012). Rezeption von Wissenschaft – mit besonderem Fokus auf Bio- und Gentechnologie und konfligierende Evidenz. In M.-D. Weitze et al. (Hrsg.), *Biotechnologie-Kommunikation* (S. 303–348). Springer.

Brossard, D., Lewenstein, B., & Bonney, R. (2005). Scientific knowledge and attitude change: The impact of a citizen science project. *International Journal of Science Education, 27*(9), 1099–1121. https://doi.org/10.1080/09500690500069483.

Bruckermann, T. (2024). Forschungspartizipation und Bürgerwissenschaften: Lernen durch kollaborative Wissenskonstruktion. In G. Reinmann, & R. Rhein (Hrsg.), *Wissenschaftskommunikation* (S. 279–300). (Wissenschaftsdidaktik; Nr. IV). transcript Verlag. https://doi.org/10.14361/9783839462973.

Chinn, C. A., & Malhotra, B. A. (2002). Epistemologically authentic inquiry in schools. A theoretical framework for evaluating inquiry tasks. *Science Education, 86*(2), 175–218. https://doi.org/10.1002/sce.10001.

De Bruin, A. B. H., Dunlosky, J., & Cavalcanti, R. B. (2017). Monitoring and regulation of learning in medical education: the need for predictive cues. *Medical Education, 51*, 575–584. https://doi.org/10.1111/medu.13267.

Deci, E. L., & Ryan, R. M. (2003). *Intrinsic Motivation Inventory*. https://selfdeterminationtheory.org/intrinsic-motivation-inventory/.

Dohn, N. B. (2013). Upper secondary students' situational interest: A case study of the of a zoo visit in a biology class. *International Journal of Science Education, 35*(16), 2732–2751. https://doi.org/10.1080/09500693.2011.628712.

Driver, R., Leach, J., Millar, R., & Scott, P. (1994). *Young people's images of science*. McGraw-Hill Education.

Duit, R., & Treagust, D. F. (2003). Conceptual change: A powerful framework for improving science teaching and learning. *International Journal of Science Education, 25*(6), 671–688. https://doi.org/10.1080/09500690305016.

Efklides, A., & Tsiora, A. (2002). Metacognitive experiences, self-concept, and self-regulation. *Psychologia, 45*, 222–236.

Engeln, K. (2004). *Schülerlabors: Authentische, aktivierende Lernumgebungen als Mög-lich-keit, Interesse an Naturwissenschaften und Technik zu wecken*. Logos.

Euler, M., Schüttler, T., & Hausamann, D. (2015). Schülerlabore: Lernen durch Forschen und Entwickeln. In E. Kircher, R. Girwidz & P. Häußler (Hrsg.), *Physikdidaktik* (S. 759–782). Springer.

European Citizen Science Association (2015). *Ten Principles of Citizen Science*. Berlin. https://doi.org/10.17605/OSF.IO/XPR2N.

Finger, L., van den Bogaert, V., Schmidt, L., Fleischer, J., Stadtler, M., Sommer, K., & Wirth, J. (2023). The Science of Citizen Science: A Systematic Literature Review on Educational and Scientific Outcomes. *Frontiers in Education, 8*. https://doi.org/10.3389/feduc.2023.1226529.

Finger, L., van den Bogaert, V., Fleischer, J., Raimann, J., Sommer, K., & Wirth, J. (2022). Das Schülerlabor als Ort authentischer Wissenschaftsvermittlung? Entwicklung und Validierung eines Fragebogens zur Erfassung der Authentizitätswahrnehmung der Wissenschaftsvermittlung im Schülerlabor. *Zeitschrift für Didaktik der Naturwissenschaften, 28*(2). https://doi.org/10.1007/s40573-022-00139-4.

Fischler, H., Gebhard, U., & Rehm, M. (2018). Naturwissenschaftliche Bildung und Scientific Literacy. In D. Krüger et al. (Hrsg.), *Theorien in der naturwissenschaftsdidaktischen Forschung* (S. 11–29). https://doi.org/10.1007/978-3-662-56320-5_2.

Frey, A., Taskinen, P., Schütte, K., Prenzel, M., Artelt, C. et al. (Hrsg.) (2009). *PISA 2006 Skalenhandbuch. Dokumentation der Erhebungsinstrumente*. Münster: Waxmann.

Glowinski, I. (2007). *Schülerlabore im Themenbereich Molekularbiologie als Interesse fördernde Lernumgebungen* [Dissertation, Christian-Albrechts-Universität Kiel].

Guderian, P. (2007). *Wirksamkeitsanalyse außerschulischer Lernorte. Der Einfluss mehrmaliger Besuche eines Schülerlabors auf die Entwicklung des Interesses an Physik* [Disser-tation, Humboldt-Universität Berlin].

Hahn, I., Schöps, K., Rönnebeck, S., Martensen, M., Hansen, S., Saß, Steffani, Dalehefte, I. M., & Prenzel, M. (2013). *Die Erfassung naturwissenschaftlicher Kompetenz über die Lebensspanne - eine Beschreibung der Rahmenkonzeption und der Entwicklung des NEPS Naturwissenschaftstests*. https://doi.org/10.25656/01:8427.

Herrington, J., & Oliver, R. (2000). An instructional design framework for authentic learning environments. *Educational Technology Research and Development, 48*(3), 23–48. https://doi.org/10.1007/BF02319856

Honebein, P. C., Duffy, T. M., & Fishman, B. J. (1993). Constructivism and the design of learning environments: context and authentic activities for learning. In T. M. Duffy, J. Lowyck, D. H. Jonassen & T. M. Welsh (Hrsg.), *Designing environments for constructive learning* (S. 87–108). Springer.

Lederman, N. G. (1992), Students' and teachers' conceptions of the nature of science: A review of the research. *Journal of Reserch in Science Teaching*, 29: 331–359. https://doi.org/10.1002/tea.3660290404.

Krapp, A., & Prenzel, M. (2011) Research on Interest in Science: Theories, Methods and Find-ings. *International Journal of Science Education*, *33*(1), 27–50. https://doi.org/10.1080/09500693.2010.518645.

Kremer, K. H. (2010). Die Natur der Naturwissenschaften verstehen - Untersuchungen zur Struktur und Entwicklung von Kompetenzen in der Sekundarstufe I [Dissertation, Universität Kassel].

Mason, L. (2010). Beliefs about knowledge and revision of knowledge: on the importance of epistemic beliefs for intentional conceptual change in elementary and middle school stu-dents. In: L. D. Bendixen, & F. C. Feucht (Hrsg.), *Personal epistemology in the classroom* (S. 258–291). Cambridge.

Millar, R. (2006). Twenty First Century Science: Insights from the Design and Implementation of a Scientific Literacy Approach in School Science. *International Journal of Science Education*, *28*, 1499–1521. https://doi.org/10.1080/09500690600718344.

Moschner, B., & Gruber, H. (2017). Erfassung epistemischer Überzeugungen mit dem FEE. In A. Bernholt, H. Gruber & B. Moschner (Hrsg.), *Wissen und Lernen* (S. 17–38). Waxmann.

Müller, M., van den Bogaert, V., Foss-Jähn, M., Klein, P., Lorke, J., & Bruckermann, T. (2025). What factors affect the implementation of citizen science in secondary school science classrooms? A scoping review. *International Journal of Science Education, Part B*, 1–20. https://doi.org/10.1080/21548455.2025.2462797.

OECD (2007). *PISA 2006. Science Competencies for Tomorrow's World.*

Osborne, J., Simon, S., & Collins, S. (2003). Attitudes towards science: A review of the literature and its implications. *International Journal of Science Education, 25*(9), 1049–1079.

Panadero, E., Brown, G. T., & Strijbos, J.-W. (2016). The Future of Student Self-Assessment: a Review of Known Unknowns and Potential Directions. Educational Psychology Re-view, 28(4), 803–830. https://doi.org/10.1007/s10648-015-9350-2.

Pawek, C. (2009). *Schülerlabore als interessefördernde außerschulische Lernumgebungen für Schülerinnen und Schüler aus der Mittel- und Oberstufe* [Dissertation, Christian-Alb-rechts-Universität Kiel].

Peter, M., Diekötter, T., & Kremer, K. (2019). Participant Outcomes of Biodiversity Citizen Science Projects: A Systematic Literature Review. Sustainability, 11: 2780. https://doi.org/10.3390/su11102780.

Phillips, T., Ferguson, M., Minarchek, M. et al. (2014). *User's guide for evaluating learning outcomes in citizen science*. Cornell Lab of Ornithology.

Pintrich, P. (2002). The Role of Metacognitive Knowledge in learning, Teaching, and Assessing. *Theory into Practice, 41,* 219–226. https://doi.org/10.1207/s15430421tip4104_3

Roche, J., Bell, L., Galvão, C., Golumbic, Y. N., Kloetzer, L. Knoben, N. et al. (2020). Citizen science, education, and learning: Challenges and opportunities. *Frontiers in Sociology, 5*, 613814. https://doi.org/10.3389/fsoc.2020.613814.

Ryan, R. M., & Deci, E. L. (2002). Overview of self-determination theory: An organismic-dialectical perspective. In: E. L. Deci, & R. M. Ryan (Hrsg.), *Handbook of self-determi-nation research* (S. 3–33). University of Rochester Press.

Sandoval, W., & Reiser, B. (2004). Explanation-driven inquiry: Integrating conceptual and epistemic scaffolds for scientific inquiry. *Science Education, 88,* 345–372. https://doi.org/10.1002/sce.10130.

Schommer-Aikins, M. & Hutter, R. (2002). Epistemological Beliefs and Thinking About Everyday Controversial Issues. *The Journal of Psychology, 136*(1), 5–20.

Schraw, G., Crippen, K. J., & Hartley, K. (2006). Promoting Self-Regulation in Science Education: Metacognition as Part of a Broader Perspective on Learning. *Research in Science Education, 36*, 111–139. https://doi.org/10.1007/s11165-005-3917-8.

Spicer, H. E., Nadolny, D., & Fraser, E. (2020). Going squirrelly: Evaluating educational outcomes of a curriculum-aligned citizen science investigation of non-native squirrels. *Citizen Science: Theory and Practice, 5*(1).

van den Bogaert, V., Wilde, M., & Wirth, J. (2017). Konstruktion und Validierung eines Fra-gebogens zur Erfassung von situationalem und individuellem Interesse. 21. Conference of FDdB, Universität Halle.

Walitzek, E. (2020). Jugend forscht. Ausflug in die Wissenschaft statt Klassenfahrt. *Bildung spezial* (2), 42–44.

Wals, A. E. J., Brody, M., Dillon, J., & Stevenson, R. B. (2014). Convergence between science and environmental education. Science, 344(6184), 583–584.

Wilde, M., Bätz, K., Kovaleva, A., & Urhahne, D. (2009). Überprüfung einer Kurzskala intrinsischer Motivation (KIM). *Zeitschrift für Didaktik der Naturwissenschaften, 15,* 31–45.